"十二五"职业教育国家规划教材

经全国职业教育教材审定委员会审定

化工单元操作及设备

第二版

冷士良　陆清　宋志轩　主编

王德堂　主审

化学工业出版社

·北京·

本教材分上下两篇，上篇包括流体输送、传热和冷冻，下篇包括非均相物系分离、蒸馏、气体吸收、干燥、蒸发、结晶、萃取和新型单元操作及分离方法的选择，可供学习者根据实际选学选用。通过"写给读者的话"引导读者高效使用教材，每章明确学习目标，章后配有思考题、习题和自测题，以便于教师指导学生开展研究性学习和激发自主学习兴趣。

　　本书可以作为化工技术类各专业及相关专业的教材及化工职业资格培训教材，也可以作为各类化工应用型人才及教师的参考书。

图书在版编目（CIP）数据

化工单元操作及设备/冷士良，陆清，宋志轩主编.
2版. —北京：化学工业出版社，2014.7（2022.4重印）
"十二五"职业教育国家规划教材
ISBN 978-7-122-20560-5

Ⅰ.①化…　Ⅱ.①冷…②陆…③宋…　Ⅲ.①化工单元操作-高等职业教育-教材②化工设备-高等职业教育-教材　Ⅳ.①TQ02②TQ05

中国版本图书馆 CIP 数据核字（2014）第 087021 号

责任编辑：于　卉　　　　　　　　　　文字编辑：冯国庆
责任校对：边　涛　　　　　　　　　　装帧设计：关　飞

出版发行：化学工业出版社（北京市东城区青年湖南街 13 号　邮政编码 100011）
印　　装：天津盛通数码科技有限公司
787mm×1092mm　1/16　印张 26½　字数 706 千字　2022 年 4 月北京第 2 版第 7 次印刷

购书咨询：010-64518888　　　　　　　售后服务：010-64518899
网　　址：http://www.cip.com.cn
凡购买本书，如有缺损质量问题，本社销售中心负责调换。

定　　价：49.80 元

前　言

　　《化工单元操作及设备》自出版以来，由于内容可靠、难度适中、指导性强、符合教学规律、贴近生产实际、适应性好、便于自主学习等特点，得到了国内兄弟院校同仁的广泛认同，得到了政府及课程专家的肯定。2008 年被评为普通高等教育"十一五"国家级规划教材。在我国化工技术类专业教学改革中起到了一定的示范和推动作用。在此，我们对全国各地的读者深表感谢。

　　几年过去了，化工进展对化工高等职业教育提出了新的要求，新知识、新观念、新技术及新方法有必要成为化工单元操作的新内容；高等职业教育改革的深化对第一版的结构体系及局部内容提出了调整和优化需求；各地读者对第一版提出的好建议需要采纳；国家对普通高等教育"十二五"国家级规划教材提出了新的要求等。所以我们决定升级第一版，主要修订内容如下。

　　从构建中、高职衔接以及高职和本科衔接的角度出发，对主要单元操作内容进行了调整，适当增加了学生持续学习需要的内容，增加了单元操作技术进展内容。

　　从节能、环保角度出发，增加了主要化工单元操作节能技术或案例，有利于树立绿色化工和人文关怀的健康安全环保理念。

　　增加了自测题及参考答案，以方便学生检验学习效果，个别章节调整了思考题，增加了案例，以方便教师组织研究性学习。

　　从技术进展角度出发，更换了部分插图。

　　对文字进一步推敲，修订了一些表述方法，增强了语言表现力和感染力。

　　在本次修订中，仍由第一版的编写人员参与，具体分工同第一版，此外，中石化扬子公司朱圣华高级工程师编写了节能及技术进展部分的内容，通读了全书并从工程实际应用角度提出了修订建议；徐州工业职业技术学院具有 15 年化工企业经验的刘鹏升老师审阅了书稿并提供了多个案例分析；刘郁老师编制了自测题，在此表示感谢！

　　第二版内容更全面，方法更新颖，可读性和实操性更强。相信看过第一版的你一定会从这个版本中得到更多的收获。鉴于笔者知识水平所限，敬请读者朋友们批评、指正。笔者愿意与读者一道，为我国高职化工技术类专业教学改革努力，打造教材精品。

编者

2015 年 5 月

第一版前言

本教材是在全国化工高职教学指导委员会化工原理课程组指导下，根据教育部有关高职高专教材编写的文件精神，以高职高专化工技术类专业高技术、高技能型人才培养目标为依据编写的，是根据 2005 年化工原理课程教学改革会议的精神，对化工原理课程进行改革的产物。

教材尊重学科，但不恪守学科，从职业岗位需要出发，以能力培养主线组织内容，自始至终贯彻了"了解概念、理论够用、强化应用"的职业教学理念。即了解与岗位相关的工程概念，从技术应用角度去介绍必要的理论，重点在于运用概念和理论解决工程实际问题。

在教材编写过程中，征求了企业专家的意见。各章中的流程及操作举例均由企业提供，再把概念、理论与之结合起来进行编写。因此教材实际、实用，既符合岗位工作需要，又符合认知规律。高职教育与生产实际相结合的特色在教材中得到了充分的展示。

教材每章开始为学习目标，能够使学习者明确学习目的；章后配有一定的思考题，以引发学习者思考和提高学习兴趣；章后还配有习题，方便学习者学以致用，复习提高。

教材淡化了没有实用价值的推导及计算，以物料平衡及能量的平衡为重点，致力于解决工程实际问题。把工程技术观点的培养作为重点，努力把培养用工程技术观点观察、分析和解决单元操作中的操作问题的能力落到实处。

教材中的物理量，统一采用法定计量单位，符号采用国家标准 GB 3100～3102—1993。

教材根据当前高职生源的实际状况，力求深浅适中，简单明了，层次分明，难点生动化，重点实例化，方便学习者自主学习。

教材分上篇和下篇，上篇主要介绍流体输送、传热和冷冻，它们是下篇的基础；下篇主要是化工分离操作，内容既涉及了化工生产中的常见分离操作，也涉及了应用不十分广泛的单元操作，还涉及了新型单元操作，以便各校根据各地区经济及专业实际选择教学内容。

教材共分十二章，冷士良、陆清、宋志轩担任主编。绪论、附录、第 4、5、9、12 章及篇前过渡由冷士良编写；第 7、8 章由陆清编写；第 1 章由宋志轩编写；第 2、3、11 章由何灏彦编写；第 6、10 章由郑幼松编写；张文革在编写过程中给予了支持。全书由冷士良统稿；王德堂审阅了书稿。

在本教材编写过程中，得到企业专家和同行的无私支持，在此一并表示感谢。

由于笔者水平所限，时间仓促，不完善之处在所难免，敬请读者和同仁们指正，以便今后修订。

编者
2007.5

目 录

绪论 ·················· 1
　0.1　化工生产过程 ·········· 1
　0.2　单元操作 ············· 2
　0.3　本门课程的性质、内容和任务 ·· 3
　0.4　本课程解决问题的主要方法 ···· 4
　　0.4.1　物料衡算 ········· 4

　　0.4.2　能量衡算 ········· 5
　　0.4.3　平衡关系 ········· 5
　　0.4.4　过程速率 ········· 6
　0.5　单位的正确使用 ········· 6
　思考题 ················ 7
　自测题 ················ 7

上　篇

第1章　流体输送 ·········· 11
　学习目标 ··············· 11
　1.1　概述 ··············· 11
　　1.1.1　流体输送在化工生产中的应用 ·· 12
　　1.1.2　常见流体输送方式 ····· 12
　　1.1.3　流体的物理性质及测定 ·· 12
　1.2　输送任务的表达 ········· 18
　　1.2.1　流量与流速 ········ 18
　　1.2.2　流量方程式 ········ 19
　　1.2.3　连续性方程 ········ 19
　1.3　化工管路 ············ 21
　　1.3.1　化工管路的构成与标准化 ·· 21
　　1.3.2　化工管路的布置与安装 ·· 24
　1.4　伯努利方程及其应用 ······ 26
　　1.4.1　伯努利方程 ········ 26
　　1.4.2　伯努利方程的应用 ····· 29
　1.5　流体输送时的流动阻力 ····· 34
　　1.5.1　流体阻力产生的原因 ···· 34
　　1.5.2　流体阻力计算 ······· 35
　　1.5.3　管路设计时减少流体阻力的
　　　　　措施 ············· 43
　1.6　流量测量 ············ 43
　　1.6.1　孔板流量计 ········ 44
　　1.6.2　文丘里流量计 ······· 46
　　1.6.3　转子流量计 ········ 46
　1.7　流体输送设备 ·········· 47
　　1.7.1　离心泵 ··········· 47
　　1.7.2　其他类型泵 ········ 58
　　1.7.3　往复式压缩机 ······· 62
　　1.7.4　离心式压缩机 ······· 63
　　1.7.5　其他气体压送机械 ····· 65
　1.8　流体输送节能技术简介 ····· 68

　思考题 ················ 68
　习题 ················· 69
　自测题 ················ 73
　本章主要符号说明 ·········· 75

第2章　传热 ············· 76
　学习目标 ··············· 76
　2.1　概述 ··············· 76
　　2.1.1　传热在化工生产中的应用 ·· 76
　　2.1.2　传热过程的类型 ····· 77
　　2.1.3　载热体及其选择 ····· 77
　　2.1.4　工业换热方法 ······· 77
　2.2　传热的基本方式 ········· 78
　　2.2.1　传导传热 ········· 79
　　2.2.2　对流传热 ········· 79
　　2.2.3　辐射传热 ········· 79
　2.3　间壁传热 ············ 79
　　2.3.1　总传热速率方程及其应用 ·· 79
　　2.3.2　传热速率 ········· 80
　　2.3.3　传热推动力的计算 ···· 83
　　2.3.4　传热系数的获取方法 ···· 87
　　2.3.5　强化与削弱传热 ····· 98
　　2.3.6　传热计算举例 ······ 101
　2.4　换热器 ············· 104
　　2.4.1　换热器的分类 ······ 104
　　2.4.2　间壁式换热器简介 ···· 105
　　2.4.3　列管换热器的型号与系列标准 ·· 110
　　2.4.4　列管式换热器的选用与设计原则 ·· 111
　　2.4.5　换热器的使用与维护 ··· 113
　2.5　换热与节能 ··········· 116
　　2.5.1　采用集成设计技术和建立联合
　　　　　装置 ············ 116

2.5.2 采用气电或热电联产技术 ……… 116
2.5.3 合理利用低温热能和蒸汽 ……… 117
2.5.4 采用新型节能技术 …………… 117
2.5.5 换热系统气阻的危害案例分析 … 117
思考题 ……………………………… 117
习题 ………………………………… 118
自测题 ……………………………… 119
本章主要符号说明 ………………… 121

第3章 冷冻 ……………………… 123
学习目标 …………………………… 123
3.1 概述 …………………………… 123
3.1.1 工业生产中的冷冻操作 ……… 123
3.1.2 人工制冷方法 ………………… 123
3.2 压缩制冷基本原理 …………… 124
3.2.1 单级压缩蒸发制冷的工作过程 … 124

3.2.2 操作温度的选择 ……………… 125
3.2.3 多级压缩制冷 ………………… 126
3.3 冷冻能力 ……………………… 128
3.3.1 冷冻能力的表示 ……………… 128
3.3.2 标准冷冻能力 ………………… 128
3.4 冷冻剂与载冷体 ……………… 129
3.4.1 冷冻剂 ………………………… 129
3.4.2 载冷体 ………………………… 130
3.5 压缩制冷装置 ………………… 131
3.5.1 压缩机 ………………………… 132
3.5.2 冷凝器 ………………………… 132
3.5.3 蒸发器 ………………………… 132
3.5.4 节流膨胀阀 …………………… 133
思考题 ……………………………… 134
自测题 ……………………………… 134
本章主要符号说明 ………………… 134

下　篇

第4章 非均相物系分离 ………… 137
学习目标 …………………………… 137
4.1 概述 …………………………… 137
4.1.1 非均相物系分离在化工生产中的
应用 …………………………… 137
4.1.2 常见非均相物系分离的方法 … 138
4.2 沉降 …………………………… 138
4.2.1 重力沉降 ……………………… 139
4.2.2 离心沉降 ……………………… 143
4.3 过滤 …………………………… 147
4.3.1 过滤的基本知识 ……………… 148
4.3.2 过滤设备 ……………………… 150
4.4 气体的其他净制方法 ………… 154
4.4.1 惯性除尘器 …………………… 154
4.4.2 静电除尘器 …………………… 154
4.4.3 文丘里除尘器 ………………… 155
4.4.4 泡沫除尘器 …………………… 155
4.4.5 袋滤器 ………………………… 155
4.5 非均相物系分离方法的选择 … 155
4.5.1 气体非均相物系 ……………… 156
4.5.2 液体非均相物系 ……………… 156
思考题 ……………………………… 156
习题 ………………………………… 156
自测题 ……………………………… 157
本章主要符号说明 ………………… 158

第5章 蒸馏 ……………………… 159
学习目标 …………………………… 159
5.1 概述 …………………………… 159

5.1.1 蒸馏在化工生产中的应用 …… 159
5.1.2 气液相平衡 …………………… 160
5.1.3 精馏原理和流程 ……………… 163
5.2 精馏的物料衡算 ……………… 165
5.2.1 全塔物料衡算 ………………… 165
5.2.2 精馏段物料衡算 ……………… 166
5.2.3 提馏段物料衡算 ……………… 167
5.2.4 加料板物料衡算 ……………… 167
5.3 塔板数的确定 ………………… 169
5.3.1 实际板数与板效率 …………… 169
5.3.2 理论板数的确定方法 ………… 169
5.4 连续精馏的操作分析 ………… 174
5.4.1 进料状况对精馏的影响 ……… 174
5.4.2 回流比的影响 ………………… 175
5.4.3 操作温度及压力的影响 ……… 177
5.5 精馏过程的热量平衡与节能 … 178
5.5.1 热量衡算 ……………………… 178
5.5.2 节能措施 ……………………… 180
5.6 其他蒸馏方式 ………………… 182
5.6.1 简单蒸馏 ……………………… 182
5.6.2 闪蒸 …………………………… 182
5.6.3 间歇精馏 ……………………… 183
5.6.4 多组分精馏 …………………… 183
5.6.5 特殊精馏 ……………………… 184
5.7 精馏设备 ……………………… 185
5.7.1 板式塔 ………………………… 186
5.7.2 辅助设备 ……………………… 188
5.8 精馏塔的操作 ………………… 189
5.8.1 操作步骤 ……………………… 189

5.8.2　不正常现象及处理 ·········· 190
思考题 ································· 190
习题 ··································· 191
自测题 ································· 192
本章主要符号说明 ·················· 194

第6章　气体吸收 ···················· 195
学习目标 ····························· 195
6.1　概述 ····························· 195
　　6.1.1　气体吸收在化工生产中的应用 ··· 196
　　6.1.2　气体吸收的分类 ············ 197
　　6.1.3　吸收剂的选择 ············· 197
6.2　从溶解相平衡看吸收操作 ········ 198
　　6.2.1　气液相平衡关系 ············ 198
　　6.2.2　吸收条件 ················· 205
　　6.2.3　气液相平衡关系对吸收操作的
　　　　　意义 ····················· 205
6.3　吸收速率 ······················· 206
　　6.3.1　传质基本方式 ············· 206
　　6.3.2　双膜理论 ················· 208
　　6.3.3　吸收速率 ················· 209
　　6.3.4　影响吸收速率的因素 ······· 213
6.4　吸收的物料衡算 ················· 214
　　6.4.1　全塔物料衡算 ············· 214
　　6.4.2　吸收操作线 ··············· 216
　　6.4.3　吸收剂用量 ··············· 218
6.5　塔径的计算 ····················· 221
6.6　填料层高度的确定 ··············· 221
　　6.6.1　填料层高度的确定方法 ····· 221
　　6.6.2　填料层高度的计算 ········· 224
6.7　吸收操作分析 ··················· 229
　　6.7.1　影响吸收操作的因素 ······· 229
　　6.7.2　吸收塔的操作 ············· 233
6.8　其他吸收与解吸 ················· 234
　　6.8.1　化学吸收 ················· 234
　　6.8.2　高浓度吸收 ··············· 235
　　6.8.3　多组分吸收 ··············· 235
　　6.8.4　解吸 ····················· 236
6.9　吸收设备 ······················· 239
　　6.9.1　填料塔 ··················· 239
　　6.9.2　填料 ····················· 240
　　6.9.3　辅助设备 ················· 247
　　6.9.4　填料塔的流体力学性能 ····· 249
思考题 ································· 250
习题 ··································· 251
自测题 ································· 252
本章主要符号说明 ·················· 254

第7章　干燥 ······················· 255
学习目标 ····························· 255
7.1　概述 ····························· 255
　　7.1.1　干燥在工业生产中的应用及干燥
　　　　　方法 ····················· 255
　　7.1.2　对流干燥的条件和流程 ····· 257
7.2　湿空气的性质 ··················· 258
　　7.2.1　湿度 ····················· 258
　　7.2.2　相对湿度 ················· 259
　　7.2.3　比体积 ··················· 259
　　7.2.4　比热容 ··················· 260
　　7.2.5　比焓 ····················· 260
　　7.2.6　干球温度 ················· 261
　　7.2.7　露点 ····················· 261
　　7.2.8　湿球温度 ················· 261
　　7.2.9　绝热饱和温度 ············· 262
7.3　湿空气的湿度图 ················· 262
　　7.3.1　H-I 图的构成 ············· 263
　　7.3.2　H-I 图的应用 ············· 265
7.4　湿物料中水分的性质 ············· 266
　　7.4.1　湿物料含水量的表示方法 ···· 266
　　7.4.2　平衡水分与自由水分 ······· 267
　　7.4.3　结合水分与非结合水分 ····· 267
7.5　干燥过程的物料衡算 ············· 268
　　7.5.1　干燥产品流量 G_2 ········· 268
　　7.5.2　水分蒸发量 W ··········· 269
　　7.5.3　空气消耗量 L ··········· 269
7.6　干燥速率 ······················· 270
　　7.6.1　干燥速率 ················· 270
　　7.6.2　影响干燥速率的因素 ······· 271
7.7　干燥设备 ······················· 272
　　7.7.1　对干燥设备的基本要求 ····· 272
　　7.7.2　干燥器的选择 ············· 272
　　7.7.3　常用的工业干燥器 ········· 275
7.8　干燥器的操作 ··················· 278
　　7.8.1　干燥过程控制的参数 ······· 278
　　7.8.2　典型干燥器的操作 ········· 280
7.9　热泵干燥技术 ··················· 281
　　7.9.1　热泵干燥原理 ············· 281
　　7.9.2　热泵干燥技术的特点 ······· 281
　　7.9.3　热泵干燥技术的前景 ······· 282
思考题 ································· 282
习题 ··································· 282
自测题 ································· 283
本章主要符号说明 ·················· 284

第8章　蒸发 ······················· 285

学习目标 ················· 285
8.1　概述 ················· 285
　8.1.1　蒸发在工业生产中的应用 ··· 285
　8.1.2　蒸发的类型与特点 ······· 286
8.2　单效蒸发 ············· 287
　8.2.1　单效蒸发流程 ········· 287
　8.2.2　单效蒸发计算 ········· 287
8.3　多效蒸发 ············· 290
　8.3.1　多效蒸发对节能的意义 ···· 290
　8.3.2　多效蒸发流程 ········· 291
8.4　蒸发设备 ············· 292
　8.4.1　自然循环型蒸发器 ······ 292
　8.4.2　强制循环蒸发器 ······· 294
　8.4.3　膜式蒸发器 ·········· 295
　8.4.4　浸没燃烧蒸发器 ······· 296
8.5　蒸发器的操作 ·········· 296
　8.5.1　蒸发操作的几个问题 ····· 296
　8.5.2　典型蒸发器的操作 ······ 297
思考题 ················· 300
习题 ·················· 300
自测题 ················· 300
本章主要符号说明 ·········· 302

第9章　结晶 ············· 303
学习目标 ················· 303
9.1　概述 ················· 303
　9.1.1　结晶现象及其工业应用 ···· 303
　9.1.2　固液体系相平衡 ······· 304
　9.1.3　晶核的形成 ·········· 306
　9.1.4　晶体的成长 ·········· 307
9.2　结晶方法 ············· 308
　9.2.1　冷却结晶 ··········· 308
　9.2.2　蒸发结晶 ··········· 309
　9.2.3　真空冷却结晶 ········· 309
　9.2.4　盐析结晶 ··········· 309
　9.2.5　反应沉淀结晶 ········· 309
　9.2.6　升华结晶 ··········· 310
　9.2.7　熔融结晶 ··········· 310
9.3　结晶设备与操作 ········· 310
　9.3.1　常见结晶设备 ········· 310
　9.3.2　结晶操作要求 ········· 313
思考题 ················· 314
习题 ·················· 314
自测题 ················· 314

第10章　萃取 ············· 316
学习目标 ················· 316

10.1　概述 ················ 316
　10.1.1　萃取在化工生产中的应用 ·· 316
　10.1.2　萃取剂的选择 ········· 317
　10.1.3　萃取操作流程 ········· 318
10.2　部分互溶物系的相平衡 ····· 321
　10.2.1　部分互溶物系的相平衡 ··· 321
　10.2.2　单级萃取在相平衡图上的
　　　　　表示 ············ 327
10.3　萃取设备 ············ 332
　10.3.1　塔式萃取设备 ········ 333
　10.3.2　萃取塔的操作 ········ 337
10.4　超临界流体萃取技术 ······ 339
　10.4.1　超临界流体萃取
　　　　　技术的发展与特点 ····· 339
　10.4.2　超临界流体萃取原理 ···· 340
　10.4.3　超临界流体萃取过程简介 ·· 342
　10.4.4　超临界流体萃取的工业应用 · 343
思考题 ················· 344
习题 ·················· 344
自测题 ················· 345
本章主要符号说明 ·········· 346

第11章　新型单元操作简介 ····· 347
学习目标 ················· 347
11.1　膜分离 ············· 347
　11.1.1　概述 ············· 347
　11.1.2　膜分离装置与工艺 ····· 349
　11.1.3　典型膜分离过程及应用 ··· 352
11.2　吸附 ··············· 355
　11.2.1　概述 ············· 355
　11.2.2　吸附速率 ·········· 357
　11.2.3　吸附工艺简介 ········ 357
11.3　色谱分离技术 ·········· 360
　11.3.1　概述 ············· 360
　11.3.2　色谱分配系数 ········ 361
　11.3.3　柱色谱的分离过程及应用 ·· 361
思考题 ················· 363

第12章　分离方法的选择 ······ 364
学习目标 ················· 364
12.1　分离方法的比较 ········· 364
12.2　分离方法的选择 ········· 365
　12.2.1　经济合理性 ········· 365
　12.2.2　技术可行性 ········· 365
　12.2.3　系统适应性 ········· 365
　12.2.4　方法可靠性 ········· 366
　12.2.5　公共安全性 ········· 366

附录 ······ 367

一、中华人民共和国法定计量单位
（摘录） ······ 367

二、某些气体的重要物理性质 ······ 368

三、某些液体的重要物理性质 ······ 369

四、干空气的物理性质（101.33kPa） ······ 370

五、水的物理性质 ······ 371

六、常用固体材料的密度和比热容 ······ 372

七、饱和水蒸气（以温度为基准） ······ 373

八、饱和水蒸气（以压力为基准） ······ 374

九、某些液体的热导率 ······ 376

十、某些气体和蒸气的热导率 ······ 377

十一、某些固体材料的热导率 ······ 378

十二、液体的黏度共线图 ······ 379

十三、101.33kPa 压力下气体的黏度共
线图 ······ 381

十四、液体的比热容共线图 ······ 383

十五、气体的比热容共线图

（101.33kPa） ······ 385

十六、蒸发潜热（汽化热）共线图 ······ 387

十七、某些有机液体的相对密度共线图 ······ 389

十八、壁面污垢热阻（污垢系数） ······ 390

十九、离子泵的规格（摘录） ······ 391

二十、管壳式换热器系列标准（摘录） ······ 396

二十一、某些二元物系在 101.3kPa（绝压）
下的气液平衡组成 ······ 399

二十二、热轧无缝钢管规格与质量
（摘自 GB 8163—87） ······ 400

二十三、冷拔无缝钢管规格与质量
（摘自 GB 8163—87） ······ 404

自测题参考答案 ······ 406

参考文献 ······ 410

绪　论

0.1　化工生产过程

化工生产过程是指化学工业的一个个具体的生产过程，简单地说，就是化工产品的加工过程。化学工业是指以工业规模（而不是实验室规模）对原料进行加工处理，使其发生物理和化学变化而制造生产资料或生活资料的加工业。显然，化学变化是化工生产过程的最显著特征，也是过程的核心。但是，为了使化学反应过程得以经济、有效、安全的进行，必须创造并维持适宜的反应条件，如一定的温度、压力、流速、物料的配比等。因此，原料必须经过适当的预处理（前处理），以除去其中对反应有害的成分、达到必要的纯度、营造适宜的温度和压力条件；而反应混合物必须经过分离（后处理），以获得符合质量标准的产品；在提倡物尽其用节能减排的今天，未反应完的原料还必须循环利用，以提高资源利用率，减少排放。以上这些前、后处理及循环操作主要是物理过程（少数也涉及化学反应），发生的是物理变化。可见，化工生产过程是由若干个物理过程与若干个化学反应过程的串联组合。对化工生产来说，研究物理变化规律同研究化学变化规律同样重要，甚至更加重要。

化学工业品种多，工艺更多，但基本上可用图 0-1 的框图模式来表示。

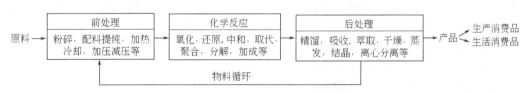

图 0-1　化工生产基本模式

化工生产与国民经济各部门、国防建设及人民生活有着十分密切的关系，化学工业已成为国民经济重要支柱产业。化工产品与技术推动了世界经济的发展和人类社会的进步，提高了人民的生活质量与健康水平。我国化学工业已形成盐化工、煤化工、石油化工、天然气化工、精细化工、酸碱、林产化工等 20 多个行业，4 万多个品种和规格的化工产品，主要化工产品产量已跃居世界前列：电石、染料、合成氨居世界第一位；化肥、农药、纯碱居世界第二位；硫酸、烧碱居世界第三位；乙烯、轮胎、涂料、合成材料等也名列前茅。其前进的脚步越来越引起世界瞩目。

化工生产的原料来源丰富，最原始原料为煤、石油、天然气、化学矿、空气和水等天然资源及农、林业副产品等。由于化石能源的不可再生性，提高资源利用率及开发生物资源等新型化工原料都将是实现化工可持续发展的重要途径。

化工生产的生产路线多，控制参数多，技术含量高，新技术的应用研究尤其重要。大型生产装置或关键设备常常采用过程控制系统完成生产工艺参数的检测、显示、记录、调节、控制、报警等功能，它对提高化工生产线的作业率，改善产品质量及缩短新产品、新工艺的开发周期起着极其重要的作用。可以既安全可靠又经济高效地完成生产任务。目前，国内先进的大中型过程控制基本上以采用 PLC 和 DCS 为主，但是，由 DCS 与 PLC 发展而来的 FCS 将广泛地应用在化工生产中。

化工生产经常涉及有毒、有害、腐蚀性、易燃、易爆等物料，经常需要在高温、高压、低温、低压等条件下进行。因此，化学工业也带来了生态、环境及社会安全等问题。在 21 世纪，化工生产必须不断采用新的工艺、新的技术，提高对原料的利用率，消除或减少对环境的污染，维护人们的健康与安全，实现可持续发展。因此，保持化工持续、安全、健康、环保并快速增长的课题是值得研究的。在化工企业推行 QSHE 管理体系，使员工按规范化的工作程序开展各项工作，已经是化工生产企业管理的必然趋势。

0.2　单元操作

如前所述，一个化工产品的生产是通过若干个物理操作过程与若干个化学反应过程实现的。长期的实践与研究发现，尽管化工产品千差万别，生产工艺多种多样，但这些产品的生产过程所包含的物理过程并不是很多的，而且是相似的。比如，流体输送不论用来输送何种物料，其目的都是将流体从一个设备输送至另一个设备；加热与冷却的目的都是得到需要的操作温度；分离提纯的目的都是得到指定浓度的混合物等。把这些包含在不同化工产品生产过程中，发生同样的物理变化，遵循共同的物理学规律，使用相似设备，具有相同功能的基本物理操作，称为单元操作。

已经为人们所熟知的单元操作有流体流动与输送、传热、蒸馏、吸收、蒸发、结晶、萃取、干燥、沉降、过滤、离心分离、静电除尘、湿法除尘等；近年来，随着新技术的应用，像膜分离、吸附、超临界萃取、反应与分离偶合等新的单元操作，也得到了越来越广泛的应用。

从前面的分析可以看出，一个化工产品的生产过程是若干个单元操作与若干个单元反应的串联组合，在不同的化工产品生产过程中，可以包括同一种单元操作，如硫酸生产及合成氨生产中都包括流体输送、换热、吸收等单元操作。显然，对单元操作的研究，得到具有共性的结果，可以用来指导多种相关产品的生产和化工设备的设计，对于化工生产的进步是重要、必要和有效的。

根据操作方式的不同，单元操作可以分为连续操作和间歇操作两种方式。

在连续操作过程中，物质（物料）与能量持续不断地流入或流出设备，过程的不同环节在不同的空间位置上同时进行，即原料进入、加工、合格产品采出等是同时进行的。其特点是，同一空间位置上所进行的操作与时间无关，同一时刻在不同空间进行不同的操作。操作稳定、物料损失少，劳动投入少，便于自动控制。大型化工生产多数为连续操作。

在间歇操作过程中，物质（物料）与能量流入或流出设备不是同时进行的，过程的不同环节按时间顺序进行，即原料进入、加工、合格产品采出等在时间上是有先后的。其特点是，过程的各个环节是按一定的程序顺次进行的，表现出一定的周期性。以间歇反应釜生产为例，反应物进入反应釜并达到一定的液位后，停止进料，然后创造反应需要的条件进行化学反应，反应一定时间后达到规定要求，停止反应，再排出反应混合物料，最后清理恢复到原始状态，重复进行上述过程。间歇操作设备投入少，操作简单，灵活性大。适应于小批量、多品种的生产过程。

化工生产中，有时为了方便操作，还采用半间歇式操作，其特点介于连续操作与间歇操作之间。

根据操作过程参数的变化规律，单元操作可以分为定态操作（稳定操作）和非定态操作（不稳定操作）两种形式。

定态操作指操作参数只与位置有关而时间无关的操作，如定态流动和定态传热等。连续化工生产通常属于定态操作。定态操作的特点是过程进行的速率是稳定的，系统内没有物质或能量的积累。

非定态操作指操作参数既与位置有关又与时间有关，如非定态流动和非定态传热等。间歇生产通常属于非定态操作。非定态操作的特点是过程进行的速率是随时间变化的，系统内存在物质或能量的积累。

长期以来，人们把研究单元操作的学科叫《化工原理》，对化学工程师来说，无论从事化工过程开发、设计还是生产工作，《化工原理》都是重要的和不可取代的。鉴于化工高等职业技术教育的培养目标是生产一线的技术性技能型操作人才，在学习和研究单元操作时更加注重过程的操作控制，其重点不在于研究单元操作的原理及其设备设计，而在于如何运用单元操作的规律实现其设备的有效操作与控制等原因，因此把《化工原理》更名为《化工单元操作及设备》。

0.3　本门课程的性质、内容和任务

《化工单元操作及设备》是化工技术类专业核心课程，带有很强的技术性、工程性及实用性，是构造化工高等技术应用性专门人才知识结构、素质结构与能力结构的必修课，是培养学生工程技术观点与化工核心实践技能的重要课程。它以化工生产过程作为自己的研究对象，主要研究化工单元操作过程规律在化工生产中的应用，使学生熟练掌握常见的化工单元操作的基本知识与基本技能，初步形成用工程观点观察问题、分析问题、处理操作中遇到的问题的能力，树立良好的职业意识和职业道德观念，为学生学习后续专门课程和将来从事化工生产、建设、管理和服务工作做好准备，为提高职业能力打下基础。

《化工单元操作及设备》课程的任务是使学生获得常见化工单元操作过程及设备的基础知识，并能够运用这些知识进行物料平衡、能量平衡及设备操作维护，以适应不同的生产要求；使学生得到用工程技术观点观察问题、分析问题和解决常见操作问题的训练，在操作发生故障时能够寻找故障的缘由；使学生初步树立创新意识、安全生产意识、质量意识和环境保护意识；使学生了解新型单元操作在化工生产中的应用。

《化工单元操作及设备》的主要内容是化学工程学科"三传一反"（质量传递、热量传递、动量传递及化学反应）中的三传部分，具体包括流体输送、传热、冷冻、非均相物系分离、蒸馏、气体吸收、干燥等传统化工单元操作，随着化学工程从"三传一反"的知识结构向"三传一反＋X"的扩展，也包括一些新产生的单元操作。本教材内容分为两篇，上篇主要介绍流体输送技术、传热技术和制冷技术；下篇主要介绍分离技术，见表0-1。

表0-1　本书主要内容一览表

篇　名	章　名	操　作　目　标
上篇	流体输送	将流体从一个设备输送到另一设备
	传热	创造并维持一定的温度条件
	冷冻	创造并维持低于环境温度的条件
下篇	非均相物系分离	使非均相混合物中各组分相互分离
	蒸馏	依据各组分挥发能力不同分离均相液体混合物
	气体吸收	依据各组分溶解能力不同分离气体混合物
	干燥	用热能让固体湿物料中的部分湿分气化除去
	蒸发	用热能让不挥发物料中的部分溶剂气化除去
	结晶	让溶液中的某组分变成晶体而析出
	萃取	依据各组分溶解能力不同分离液体混合物
	新型单元操作简介	利用新技术实现混合物分离
	分离方法的选择	正确、合理选用分离方法

0.4 本课程解决问题的主要方法

《化工单元操作及设备》所要解决的问题均具有明显的工程性，主要原因是：①影响因素多（物性因素、操作因素及结构因素等）；②制约因素多（原辅材料来源、设备性能、自然条件等）；③评价指标多（经济、健康、安全、环保等评价指标）；④经验与理论并重。因此，解决单元操作问题仅仅通过解析的方法是难以实现的，常常需要理论与实践相结合。历史上，使用过工业放大法、因次分析法、模型法等。化工高职人才主要在化工生产一线从事生产操作控制工作，在解决相关单元操作问题时，主要运用物料衡算、能量衡算方法及平衡关系和过程速率。这些内容在各章节（具体某种单元操作）中均有介绍，亦可参阅有关文献资料。

0.4.1 物料衡算

将质量守恒定律应用到化工生产过程，以确定过程中物料量及组成的分布情况，称为物料衡算。其通式为

输入系统的物料量－输出系统的物料量＝系统中物料的积累量

衡算时，方程两边计量单位应保持一致。在物料衡算时，首先要选择控制体（衡算范围，可以用框图框出）和衡算基准（时间基准和物质基准），然后再列方程计算。

在过程没有化学变化时，全部物质的总量是平衡的，其中任何一个组分（物质）也是平衡的；在过程有化学变化时，全部物质的总量是平衡的，其中任何一种元素也是平衡的。

对于定态连续操作，过程中没有物质的积累（读者想一想，为什么？），输入系统的物料量等于输出系统的物料量，在物料衡算时，物质的量通常以单位时间为计算基准；对于间歇操作，操作是周期性的，物料衡算时，常以一批投料作为计算基准。

在化工生产中，物料衡算是一切计算的基础，是保持系统物质平衡的关键，能够确定原料、中间产物、产品、副产品、废弃物中的未知量，分析原料的利用及产品的产出情况，寻求减少副产物、废弃物的途径，提高原料的利用率。

【例 0-1】 用蒸发器连续将质量分数为 0.20（下同）的 KNO_3 水溶液蒸发浓缩到 0.50，处理能力为 1000kg/h，再送入结晶器冷却结晶，得到的 KNO_3 结晶产品中含水 0.04，含 KNO_3 0.375 的母液循环至蒸发器。试计算结晶产品的流量、水的蒸发量及循环母液量。

解：根据题意，画出流程示意图（图 0-2）如下。

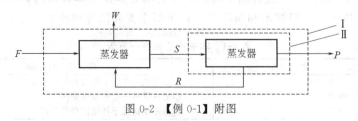

图 0-2 【例 0-1】附图

（1）求结晶产品量 P 以图中框 I 作为物料衡算的范围，以 KNO_3 为物质对象，以 1h 为衡算基准，则有物料衡算式

$$Fx_{W_F} = Px_{W_P}$$

式中，$F = 1000\text{kg/h}$；$x_{W_F} = 0.20$；$x_{W_P} = 1 - 0.04 = 0.96$。

代入得

$$P = \frac{1000 \times 0.20}{0.96} = 208.3\text{kg/h}$$

（2）求水分蒸发量 W　以图中框 I 作为物料衡算的范围，以水为物质对象，以 1h 为衡算基准，则有物料衡算式

$$F = W + P$$

因此，
$$W = F - P = 1000 - 208.3 = 791.7 \text{kg/h}$$

（3）求循环母液量 R　以图中框 II 作为物料衡算的范围，并设进入结晶器的物料量为 S，单位为 kg/h。分别以总物料和 KNO_3 为物质对象，以 1h 为衡算基准，则有物料衡算式

$$S = R + P$$
$$Sx_{W_S} = Rx_{W_R} + Px_{W_P}$$

式中，$x_{W_S} = 0.50$；$x_{W_R} = 0.375$；其他同前。

两式联合解得
$$R = 766.6 \text{kg/h}$$

0.4.2　能量衡算

将能量守恒定律应用到化工生产过程，以确定过程中能量的分配情况，称为能量衡算。其通式为

输入系统的能量－输出系统的能量＝系统中物料的积累量

衡算时，方程两边计量单位应保持一致。与物料衡算相似，能量衡算时，也要先确定控制体和衡算基准，不过能量衡算时还必须有能量的计算基准。

能量包括物料自身的能量（内能、动能、位能等）、系统与环境交换的能量（功、热等）等，因此能量的形式是多种多样的。同物料衡算相比，能量衡算要复杂，有时还复杂得多。但是，在化工生产中，特别是单元操作过程中，其他形式的能量在过程前后常常是不发生变化的，发生变化的多是热量，此时，能量衡算可以简化为热量衡算，热量衡算的通式为

进入系统物料的焓－离开系统物料的焓＋系统与环境交换的热量＝系统内物料焓的积累量

上式中，当系统获得热量时，系统与环境交换的热量取正值，否则取负值。

对于定态连续操作，过程中没有焓的积累（读者想一想，为什么?），输入系统的物料的焓与输出系统的物料的焓之差等于系统与环境交换的热量，通常以单位时间为计算基准；对于间歇操作，操作是周期性的，热量衡算时，常以一批投料作为计算基准。

选取焓的计算基准通常以简单方便为准，通常包括基准温度、压力和相态。比如，物料都是气态时，基准态应该选气态，都是液态时应该选择液态。基准温度常选 0℃，基准压力常选 100kPa。还要考虑数据来源，应尽量使基准与数据来源一致。

在化工生产中，热量衡算主要用于保持系统能量的平衡，能够确定热量变化、温度变化、热量分配、热量损失、加热或冷却剂用量等，寻求控制热量传递的办法，减少热量损失，提高热量利用率。热量衡算的基础是物料衡算，其衡算过程与方法均与物料衡算相似，此不举例，见传热及蒸发等单元操作的例题。

0.4.3　平衡关系

一个过程所能够达到的极限状态，称为平衡态。比如相平衡状态、传质平衡、传热平衡、化学反应平衡等。平衡状态下，各参数是不随时间变化而变化的，并保持特定的关系。平衡时各参数之间的关系称为平衡关系。平衡是动态的，当条件发生变化时，旧的平衡将被打破，新的平衡将建立，但平衡关系不发生变化。比如，当水的液位不同时，连通就会发生流动现象，当液位相同时达到流动平衡，平衡关系就是液位 1 等于液位 2，不论流动平衡时，液位多高，平衡关系都是一样，即两液位相等。再如，当温度不同时，会发生热量传递，当温度相同时，达到传热平衡，平衡关系就是温度 1 等于温度 2，不论传热平衡时温度是多少，平衡关系都是一样，即两温度相等。

在化工生产中，平衡关系用于判定过程能否进行以及进行的方向和限度。操作条件确定后，可以通过平衡关系分析过程的进行情况，以确定过程方案、适宜设备等，明确过程限度和努力方向。

比如，当确定用某种液体吸收某混合气体中的溶质时，如果操作条件定了，就可以根据溶解相平衡关系分析吸收所能达到的极限，反过来，也能根据所要得到的吸收液浓度或尾气浓度分析需要的吸收条件。

0.4.4 过程速率

物系处在平衡时，称之为平衡状态，当实际状态偏离平衡状态时，就会发生从实际状态向平衡状态转化的过程，过程进行的快慢，称为过程速率。影响过程的因素很多，不同过程影响因素也不一样，因此，没有统一的解析方法计算过程速率。工程上，按照相似理论，仿照电学中的欧姆定律，认为过程速率正比于过程推动力，反比于过程阻力，即

$$过程速率 \propto \frac{过程推动力}{过程阻力}$$

过程推动力是实际状态偏离平衡状态的程度，对于传热来说，就是温度差，对传质来说，就是浓度差等。显然，在其他条件相同的情况下，推动力越大，过程速率越大。

过程阻力是阻碍过程进行的一切因素的总和，与过程机理有关。阻力越大，速率越小。

在化工生产中，过程速率用于确定过程需要的时间或需要的设备大小，也用于确定控制过程速率办法。比如，通过研究影响过程速率的因素，可以确定改变哪些条件，以控制过程速率的大小，达到预期目的。这一点，对于一线操作人员来说非常重要。

0.5 单位的正确使用

《化工单元操作及设备》涉及大量物理量，物理量的正确表达是单位与数字统一的结果，比如，管径是 300mm，管长是 6m 等。因此，正确使用单位是正确表达物理量的前提。正确使用单位对于日常生活及国内外贸易也非常重要。

由于国际单位制（SI 制）具有一贯性与通用性两大优点，世界各国都在积极推广 SI 制，我国也于 1984 年颁发了以 SI 制为基础的法定计量单位，读者应该自觉使用法定计量单位。

但是，由于数据来源不同，常常会出现单位不统一或不一定符合公式需要的情况，必须进行单位换算。本课程涉及的公式有两种，一种是物理量方程，另一种是经验公式。前者是有严格的理论基础的，要么是某一理论或规律的数学表达式，要么是某物理量的定义式，比如，$p=F/A$，这类公式中各物理量的单位只要统一采用同一单位制下的单位就可以了；而后者则是由特定条件下的实验数据整理得到的，经验公式中，物理量的单位均为指定单位，使用时必须采用指定单位，否则公式就不成立了。如果想把经验公式计算出的结果换算成 SI 制单位，最好的办法就是先按经验公式的指定单位计算，最后再把结果转换成 SI 制单位，不要在公式中换算。

单位换算是通过换算因子来实现的，换算因子就是两个相等量的比值。比如，1m＝100cm，当需要把 m 换算成 cm 时，换算因子为 100cm/1m；当需要把 cm 换算成 m 时，换算因子为 1m/100cm。在换算时只要用原来的量乘上换算因子，就可以得到期望的单位了。

【例 0-2】 一个标准大气压（1atm）等于 $1.033kgf/cm^2$，等于多少 Pa？

解： $1atm=10.33 \ kgf/cm^2=10.33 \times \dfrac{kgf}{cm^2} \times \dfrac{98.1N}{1kgf} \times \left(\dfrac{100cm}{1m}\right)^2=1.013 \times 10^5 \, Pa$

可见，当多个单位需要换算时，只要将各换算因子相乘即可。

【例 0-3】 三氯乙烷的饱和蒸气压可用如下经验公式计算，即

$$\lg p^0 = \frac{-1773}{T} + 7.8238$$

式中 p^0——三氯乙烷的饱和蒸气压，mmHg；

T——三氯乙烷的温度，K。

试求 300K 时，三氯乙烷的饱和蒸气压（Pa）。

解：将温度 $T=300$K 代入得

$$\lg p^0 = \frac{-1773}{T} + 7.8238 = \frac{-1773}{300} + 7.8238 = 1.9138$$

因此 $p^0 = 81.9974$mmHg （注意，只能是 mmHg，而不能是 Pa）

$= 81.9974 \times 133.3$Pa $= 10.93$kPa

建议读者用两种方法计算，当三氯乙烷的饱和蒸气压为 10.93kPa 时，三氯乙烷的温度是多少？第一种方法是将 10.93kPa 直接代入上面的公式，第二种方法是将 10.93kPa 换算成 mmHg 后代入上面的公式。比较两种方法的结果，判断哪一种算法正确。

思 考 题

1. 通过检索资料，进一步了解化工生产在国民经济的地位与作用，了解化学工业的发展现状及趋势，并对国内外化工发展的情况进行比较，提出对我国发展化学工业的建议。

2. 什么是单元操作？它与化工生产的关系如何？通过检索资料，了解单元操作的类型、发展及应用。

3. 举例说明，理论公式与经验公式在使用中有何不同。

自 测 题

填空

1. 化工生产经常涉及三种传递过程，简称"三传"，它们是＿＿＿＿、＿＿＿＿、＿＿＿＿。

2. 化工生产按照操作方式可以分为＿＿＿＿ 操作和＿＿＿＿操作两种；按操作参数是否与时间有关分为＿＿＿＿ 操作和＿＿＿＿操作两种。

3. 任何一个化工产品的生产工艺，都是若干个＿＿＿＿＿＿与若干个＿＿＿＿＿ 的串联组合。

4. 定态操作是指与操作有关的参数仅与所处的＿＿＿＿ 有关，而与＿＿＿＿＿无关。

5. 过程速率正比于＿＿＿＿ ，反比于＿＿＿＿ 。

6. 化工单元操作学习过程中，经常会涉及两类方程式，指的是否＿＿＿＿方程和＿＿＿＿公式。

7. 描述过程达到平衡态时各参数的关系，称为＿＿＿＿，平衡态是过程进行的＿＿＿＿ 。

8. 举出你所知道的平衡（至少 4 个）＿＿＿＿、＿＿＿、＿＿＿。

9. 举出你所知道的单元操作（至少 5 个）＿＿＿＿、＿＿＿、＿＿＿、＿＿＿、＿＿＿操作。

上　篇

第 1 章　流体输送

学习目标

1. 了解

流体基本性质与主要特征；气体与液体异同点；流量方程式的应用；内能、静压能、动能、位能及压头的概念；流体阻力及其产生的根本原因；层流和湍流的特点；流量及压力测量对化工生产的意义；化工生产中流体输送的方法；流体输送机械的作用、类型与特点；离心泵的主要性能、性能曲线及密度、黏度、转速等对其性能的影响；气缚、气蚀现象产生的原因；往复式压缩机的构造、工作过程与性能特点；化工管路的构成、质材、保温、涂色、布置、补偿、安装的原则。

2. 理解

温度、压力对密度、黏度的影响；流量、流速、流通截面积的相互关系；稳定流动与不稳定流动；连续性方程；静止流体中压力的变化规律；伯努利方程及其应用；转子、孔板、文丘里等流量计的工作原理；流体物性、流动条件、流速等变化对阻力的影响；阻力计算的原理。

3. 掌握

转子、孔板、文丘里等流量计的使用要点；密度、压力、黏度、流量的获得方法；压力的正确表示与单位换算；液位测量、液封高度确定、分层器控制等方法；流动型态的判定方法；化工管路拆装方法；避免气缚、汽蚀现象发生的方法；离心泵的选型与安装高度；离心泵的使用与维护要点。

1.1　概　述

具有流动性的物质称为流体，包括液体和气体两大类，气体是可压缩的，液体是难以压缩的。化工生产过程中所处理的物料常常为流体。例如，在碱、合成氨、煤气的生产过程中，以及在石油化工、高分子化工等工业中，无一例外地涉及流体。图 1-1 为用水洗涤煤气以除去其中焦油等杂质的流程示意图。清水用泵输送到洗塔顶，从喷头淋下，在填料塔中与煤气充分接触后，由塔底排出。煤气用鼓风机从塔底送入，经洗涤后由塔顶排出。此例中，水和煤气都是流体，输送过程及使用的管路、设备、机械、流量计、压差计、水封等都涉及流体力学问题。其中，流体在泵（风机）、流量计以及管道设备中的流动是流体动力学问题；而流体在压差计、水封箱中处于静止状态，则是流体静力学问题。因此，研究流体在流动和静止状态下的规律，对于确定管径、动力消耗、输送设备选型、过程参数测量及控制等均具有重要意义。

此外，流体流动过程的基本原理和规律性，对于传热、传质过程也是非常重要的。

1.1.1 流体输送在化工生产中的应用

化工生产过程中所处理的物料，包括原料、中间体和产品，绝大多数都是流体，或者是包括流体在内的非均相混合物。在处理这些物料的过程中，通常要将它们从一个地方输送至另一个地方，从某一个设备转移至另一个设备。因此，流体的流动与输送是化工生产过程中最基本和最普遍的单元操作之一。

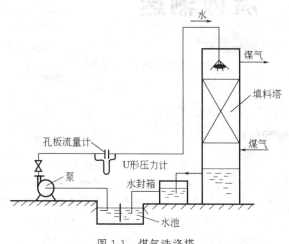

图 1-1 煤气洗涤塔

图 1-2 是工业上生产盐酸的流程示意图。氢气和氯气在合成炉内进行化学反应，生成的氯化氢气体经冷却、降温之后，在吸收塔内溶解于自上而下流动的水中，形成了浓度为 31% 左右的盐酸，从塔底送入产品贮槽内，然后经泵送到高位槽，通过槽下阀门的控制，使其装入瓷坛或铁路槽车内，作为成品运出。不难看出，在这一生产过程中，原料、中间产品和最后的产品全都是流体，整个生产过程就是一个流体的流动与输送过程。化工产品成千上万，几乎每一个产品的生产都与流体的流动及输送有关。

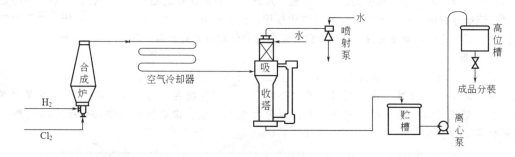

图 1-2 盐酸生产流程图

流体输送系统是由管路、设备、输送机械及仪表等构成的，但对于不同的生产输送系统，其管路走向与尺寸、设备的类型与大小、输送机械的类型与规格、仪表的种类与数量等都是不同的。当输送任务确定后，应选择什么样的管子？要安装哪些管件和阀门？应配备什么样的输送机械？要使用何种测量与控制仪表？这些均需要解决。本章将运用流体力学规律解决这些问题。

1.1.2 常见流体输送方式

在化工生产过程中，为了满足工艺条件的要求，常需将流体从低处送至高处，或从低压处送至高压处，或沿管道送至较远的地方。为了做到科学、合理、有效，流体输送可以从生产实际出发，采取不同的输送方式。这些方式主要有高位槽送液、真空抽料、压缩空气送料和流体输送机械送料等。

1.1.3 流体的物理性质及测定

物质是由大量的彼此之间有一定间隙的分子组成，每个分子都处于永不停息的随机热运动和相互碰撞之中，因此，表征流体物理性质和运动参数的物理量在空间和时间上的分布是不连续的。但在工程技术领域，为了使用连续函数，引入流体的连续介质的假定，即认为流体是由连续质点构成的，质点的运动也是连续的。所谓"质点"，是大量分子的集合，但其大小与容器大小相比微不足道。实践证明，对于大多数情况来说，连续性假定都是符合实际的，但对高真空稀薄气体或流体通道极小的情况下就不适用了。

1.1.3.1 流体的密度与相对密度

（1）密度与相对密度的定义　单位体积流体所具有的质量称为流体的密度，其表达式为

$$\rho = \frac{m}{V} \tag{1-1}$$

式中　m——流体的质量，kg；

V——流体的体积，m^3；

ρ——流体的密度，kg/m^3。

单位质量流体所具有的体积称为流体的比体积，用 ν 表示，单位为 m^3/kg，实质是密度的倒数。

$$\nu = \frac{1}{\rho} \tag{1-2}$$

物质的密度和某一标准物质的密度之比称为该物质的相对密度。对于液体，标准物质通常取特定温度（如 277K）下的水；对于气体，标准物质通常取特定温度和压力（标准态）的空气。相对密度是无量纲量，其表达式为

$$s = \frac{\rho}{\rho_{标}} \tag{1-3}$$

式中　s——相对密度，无量纲量；

ρ——该物质的密度，kg/m^3；

$\rho_{标}$——某一标准物质的密度，kg/m^3，277K 的水的密度为 $1000kg/m^3$。

（2）纯组分流体的密度　纯净物的密度可以实测也可以查取，气体还可以计算。

① 液体的密度　由于液体的密度随压强变化很小，常可忽略其影响，仅视作是温度的函数，其值可以实测或从手册中查得或由公式计算求取，见附录及有关专书。

② 气体的密度　由于气体的体积随温度、压强有较大的变化，因此密度也有较大变化。一般在温度不太低、压强不太高的情况下，气体可按理想气体处理，于是

$$pV = nRT = \frac{m}{M}RT$$

变化得

$$\rho = \frac{m}{V} = \frac{pM}{RT} \tag{1-4}$$

式中　p——气体的绝对压强，kPa；

T——气体的温度，K；

M——气体的千摩尔质量（数值上等于气体的分子量），kg/kmol；

R——通用气体常数，$8.314kJ/(kmol \cdot K)$。

气体的密度也可以通过一个已知状态下的密度 ρ_0，由式(1-5) 计算。

$$\rho = \rho_0 \frac{T_0}{T} \times \frac{p}{p_0} \tag{1-5}$$

式中　ρ_0——已知状态下气体的密度，kg/m^3，在标准状态下，$\rho_0 = \frac{M}{22.4}$；

ρ——当前状态下气体的密度，kg/m^3；

T_0，p_0——已知状态下的温度和压力，对于标准状态，为 273K 和 $101.325kPa$；

T，p——当前状态下的温度和压力。

（3）混合物的密度 混合物在化工生产中是常见的。除少数混合物外，混合物的密度是不能通过查表或图直接得到的，只能通过试验来测定，或用近似公式来计算。

① 液体混合物的密度 对于液体混合物，各组分的含量常用质量分数来表示。现以1kg 混合液体为基准，假设各组分在混合前后其体积不变，则 1kg 混合物的体积等于各组分单独存在时的体积之和。

则
$$\frac{1}{\rho_m}=\frac{x_{W_A}}{\rho_A}+\frac{x_{W_B}}{\rho_B}+\cdots+\frac{x_{W_n}}{\rho_n}=\sum_{i=1}^{n}\frac{x_{W_i}}{\rho_i} \quad (i=1,2,\cdots,n) \tag{1-6}$$

式中　　　　ρ_m——液体混合物的平均密度，kg/m^3；

$x_{W_A}, x_{W_B}, \cdots, x_{W_n}, x_{W_i}$——混合物中各组分的质量分数；

$\rho_A, \rho_B, \cdots, \rho_n, \rho_i$——各纯组分的密度，$kg/m^3$。

② 气体混合物的密度 对于气体混合物，各组分的含量常用体积分数（等于摩尔分数）来表示，现以 $1m^3$ 混合气体为基准，若各组分在混合前后其压强与温度不变，根据质量守恒定律，得

$$\rho_m=\rho_A y_A+\rho_B y_B+\cdots+\rho_n y_n=\sum_{i=1}^{n}\rho_i y_i \quad (i=1,2,\cdots,n) \tag{1-7}$$

式中　　　　ρ_m——气体混合物的平均密度，kg/m^3；

$y_A, y_B, \cdots, y_n, y_i$——混合物中各组分的摩尔分数（等于体积分数）；

$\rho_A, \rho_B, \cdots, \rho_n, \rho_i$——同温同压下，各纯组分的密度，$kg/m^3$。

理想气体混合物的密度也可直接按式(1-8) 计算。

$$\rho_m=\frac{pM_m}{RT} \tag{1-8}$$

式中　　p——混合气体的总压强，kPa；

　　　　T——气体的温度，K；

　　　　R——通用气体常数，$8.314kJ/(kmol \cdot K)$；

　　M_m——混合气体的平均千摩尔质量，$kg/kmol$，数值上等于其平均分子质量。

$$M_m=M_A y_A+M_B y_B+\cdots+M_n y_n=\sum_{i=1}^{n}M_i y_i \quad (i=1,2,\cdots,n) \tag{1-9}$$

式中　$y_A, y_B, \cdots, y_n, y_i$——混合物中各组分的摩尔分数（等于体积分数）；

$M_A, M_B, \cdots, M_n, M_i$——混合气体中各组分的千摩尔质量，$kg/kmol$。

【例 1-1】 求干空气在常压（$p=101.3kPa$）、20℃下的密度。

解：

① 直接从附录查得 20℃下干空气的密度为 $1.205kg/m^3$。

② 由式(1-8) 计算。从手册查得，空气的千摩尔质量 $M_m=28.95kg/kmol$，则

$$\rho_{mg}=\frac{pM_m}{RT}=\frac{101.3\times28.95}{8.314\times(273+20)}=1.204kg/m^3$$

③ 查 101.3kPa、0℃下空气的密度 $\rho_0=1.293kg/m^3$，代入式(1-5) 得

$$\rho=\rho_0\frac{T_0}{T}\times\frac{p}{p_0}=1.293\times\frac{273}{273+20}=1.205kg/m^3$$

④ 干空气中，含 21% 氧气和 79% 氮气，由式(1-8) 计算如下。

干空气的千摩尔质量 M_m 由式(1-9) 求得。

$$M_m=M_{O_2}y_{O_2}+M_{N_2}y_{N_2}=32\times0.21+28\times0.79=28.84kg/kmol$$

$$\rho_m = \frac{pM_m}{RT} = \frac{101.3 \times 28.84}{8.314 \times (273+20)} = 1.200 \text{kg/m}^3$$

由以上计算结果比较可知，前三种结果相近，第四种结果较前三种相差较大，原因是把空气当作只有氧气和氮气组成的混合气体，忽略了空气中其他微量组分，对氮气的分量也做了圆整，使 M_m 值偏低，但误差仍很小。可以满足工程计算的精度要求。

【例 1-2】 由 A 和 B 组成的某混合液，其中 A 的质量分数为 0.40。已知常压、20℃下 A 和 B 的密度分别为 879kg/m^3 和 1106kg/m^3，试求该条件下混合液的密度。

解： 由式(1-6)计算

$$\frac{1}{\rho_m} = \frac{x_{w_A}}{\rho_A} + \frac{x_{w_B}}{\rho_B} = \frac{0.40}{879} + \frac{1-0.40}{1106} = 9.98 \times 10^{-4}$$

故
$$\rho_m = 1002 \text{kg/m}^3$$

1.1.3.2　压强（力）

流体内部任一点处均受到周围流体对它的作用力，该力的方向总是与界面垂直，单位面积上所受到的此种作用力称为流体的压强，工程上常称其为压力，用符号 p 表示。其表示式为

$$p = \frac{P}{A} \tag{1-10}$$

式中　P——垂直作用于表面的力，N；

　　　A——作用面的面积，m^2；

　　　p——作用在表面 A 上的压强，也称压力，N/m^2，即 Pa(称帕斯卡)。

本教材中，若无特殊说明，压强一律称压力。由于历史的原因，压力的单位有很多，其换算关系见附录。

在化工生产中，压力的测定是通过压力表或真空表完成的。压力表的读数是容器设备内的压力比大气压高出的部分，称为表压（力）；真空表的读数是容器设备内的压力比大气压低出的部分，称为真空度。因此，两者的测量值或读数都不是真实压力而是压差。通常，把以绝对零压为标准计算的压力称为绝对压力，也就是容器设备的真实压力。显然

绝对压强＝表压＋大气压强

真空度＝大气压强－绝对压强

真空度＝－表压

绝压、表压、真空度之间的关系如图 1-3 所示。目前工业上也有使用真空-压力表测量压力的，此表既可以测量表压，也可以测量真空度，如图 1-4 所示。

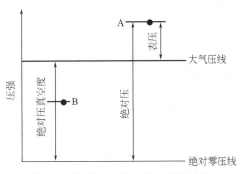

图 1-3　绝压、表压、真空度的关系

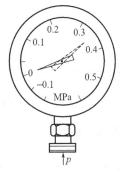

图 1-4　真空-压力表示意图

工程上为了避免错误，当压强以表压或真空度表示时，应在其单位的后面用括号注明，

例如 1500Pa（真空度）、800kPa（表压）等。对未加注明的，一律视为绝对压强。

【例 1-3】 某流动系统中，压力表和真空表的读数分别为 0.6MPa 和 92kPa，若当地大气压为 100kPa，试换算成绝对压力。

解： 压力表处的绝对压力＝表压＋大气压力

$$=0.6\times10^3+100$$

$$=700\text{kPa}$$

真空表处的绝对压力＝大气压力－真空度

$$=100-92$$

$$=8\text{kPa}$$

1.1.3.3 黏度

流体的黏度是表示又一物质特征（黏性）的物理量。它反映了流体发生运动或存在运动趋势时，抵抗运动或均势的能力，用符号 μ 表示。油的流动性比水差，蜂蜜的流动性比油差，说明油的黏度比水大，蜂蜜的黏度比油大。

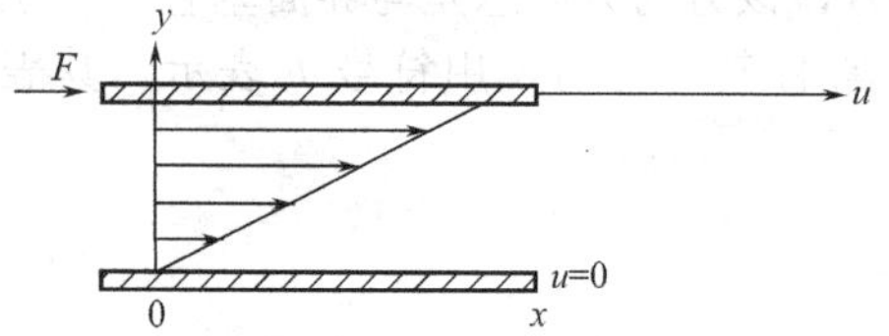

图 1-5 平板间液体速度变化

如图 1-5 所示，有两块面积很大的平行板，与板面积相比其间距很小，首先两板间充满静止液体。将液体下面的板固定，对液体上面的板施加一个恒定的平行于平板的外力 F，使其以一个很低的速度 u 沿水平方向 x 作等速直线运动。由于液体的黏性作用，可认为紧贴下面板的一层液体和木板处于静止状态，而紧贴上面板的一层液体将与木板一起以速度 u 向右平行流动，当到达正常状况后，板间各层液体的流速沿垂直方向 y 由 0 渐增至 u，说明各平行液体层间存在一定的速度差。各层静止液层之所以被拖动以及各层液体间之所以发生相对运动，是由于各层液体间发生了水平方向的作用力与反作用力，运动较快的上层液体层对相邻的下层液体施加一个 x 向的正向力拖动运动较慢的下层液体层，依据牛顿力学第三定律，下层液体层必然对上层液体层施加一个反作用力制约其运动，这种作用于运动着的流体内部相邻平行流动层间、方向相反、大小相等的相互作用力称为流体的内摩擦力，这种内摩擦力是由于流体的黏性而产生的，故又称黏滞力。从作用方向上看，这种内摩擦力总是起着阻止流体层间发生相对运动的作用。当流动达到正常以后，各层的速度恒定，每一流体层上下两侧 x 向的内摩擦力达到平衡。牛顿黏性定律表明，单位流体层面积上的剪应力 τ，正比于层间速度梯度 $\dfrac{\mathrm{d}u}{\mathrm{d}y}$，即

$$\tau=\frac{F}{A}=\mu\frac{\mathrm{d}u}{\mathrm{d}y} \tag{1-11}$$

式中　τ——剪应力，N/m^2；

F——流体相邻层间的内摩擦力，N；

A——相邻流体层间的作用面积（与流动方向平行），m^2；

$\dfrac{\mathrm{d}u}{\mathrm{d}y}$——流体层流动速度 u 沿 y 向（垂直于流动平面，故为法向）的变化率，称为速度梯度，s^{-1}；

μ——比例系数，称为黏性系数或绝对黏度或动力黏度，简称黏度，Pa·s。

满足牛顿黏性定律的流体称为牛顿型流体，气体、水及大多数液体均为牛顿型流体。油墨、泥浆、高分子溶液、涂料以及高固体含量的悬浮液等不服从牛顿黏性定律的流体称为非牛顿型流体。本章仅讨论牛顿型流体。

在物理单位制中，黏度的单位是泊（P），有时还会遇到厘泊（cP）这个单位。它们的关系为

$$1Pa \cdot s = 10P = 1000cP$$

有时在资料中可以看到动力黏度的概念，它是黏度 μ 与密度 ρ 的比值，用 ν 表示，即

$$\nu = \frac{\mu}{\rho}$$

运动黏度的单位为 m^2/s；在物理单位制中为 cm^2/s，称为斯托克斯，简称沲，以 St 表示。

$$\frac{1m^2}{s} = 10^4 St$$

流体的黏度与温度和压力有关，但压力的影响较小。液体的黏度随温度升高而减小，而且，黏度越大的液体，其变化越明显。这可能是温度升高时分子间的距离加大，分子间的摩擦力减小所致。对于气体，虽然温度升高也引起体积膨胀。但分子运动的速度增加更快，流层之间的摩擦力加大，从而导致气体的黏度随温度升高而增大。压强对黏度的影响不大，除在极高或极低压强下才考虑其对气体黏度的影响，否则不予考虑。

流体的黏度可以通过黏度计测量，纯组分的黏度也可以从手册中查取，对于混合物，在缺乏实验数据时，其平均黏度 μ_m 可按式(1-12) 近似计算。

对于常压下的气体混合物

$$\mu_m = \frac{\sum_{i=1}^{n}(y_i\mu_i M_i^{\frac{1}{2}})}{\sum_{i=1}^{n}(y_i M_i^{\frac{1}{2}})} \tag{1-12}$$

式中　y_i——气体混合物中 i 组分的摩尔分数（即体积分数）；

　　　μ_i——与混合气体相同温度下 i 组分的黏度，$Pa \cdot s$；

　　　M_i——i 组分的千摩尔质量，如前所述，其数值与分子量同。

对于分子不缔合的液体混合物

$$\lg\mu_m = \sum_{i=1}^{n} x_i \lg\mu_i \tag{1-13}$$

式中　x_i——混合液中 i 组分的摩尔分数；

　　　μ_i——与混合液相同温度下 i 组分的黏度，$Pa \cdot s$。

【例 1-4】　甲烷和丙烷的混合气中，甲烷的摩尔分数为 0.4。试求在常压、293K 时，混合物的平均黏度。

解：下标 1、2 分别表示甲烷和丙烷，那么

已知　　　　　　　　　$y_1 = 0.4$　　　　　　　　$y_2 = 0.6$

又查附录得　　　　　　$\mu_1 = 0.0107mPa \cdot s$　　　$\mu_2 = 0.0077mPa \cdot s$

从分子式可以算出　　　$M_1 = 16$　　　　　　　　$M_2 = 44$

代入式(1-12) 可以算出平均黏度。

$$\mu_m = \frac{0.4 \times 0.0107 \times 16^{\frac{1}{2}} + 0.6 \times 0.0077 \times 44^{\frac{1}{2}}}{0.4 \times 16^{\frac{1}{2}} + 0.6 \times 44^{\frac{1}{2}}} = 0.00856mPa \cdot s$$

【例 1-5】　设混合液中含甲苯 0.9，邻二甲苯 0.1(均为摩尔分数)，试求，在 300K 时混合液的平均黏度。

解：从附录查得，300K 时

甲苯的黏度 $\mu_1 = 0.55mPa \cdot s$

邻二甲苯的黏度 $\mu_2 = 0.75mPa \cdot s$

代入式(1-13) 得 $\lg\mu_m = 0.9 \times \lg0.55 + 0.1 \times \lg0.75 = -0.246$

$$\mu_m = 0.567\text{mPa} \cdot \text{s}$$

1.2 输送任务的表达

化工生产中，流体的输送任务通常都是通过每批处理多少流体或单位时间内处理多少流体来描述的。这就需要使用流量、流速等参数。事实上，流量、流速等基本参数是工业生产中应用最广泛的参数。因此，正确表示和运用这些参数对化工生产来说，是十分必要的。

1.2.1 流量与流速

1.2.1.1 流量

单位时间内流过管道任一截面的流体量，称为流量。当流体量用体积计量时，称为体积流量，用 q_V 表示，单位为 m^3/s；当流体量用质量计量时，称为质量流量，用 q_m 表示，单位为 kg/s；当流体量用物质的量计量时，称为摩尔流量，用 q_n 表示，单位为 mol/s。本章主要使用质量流量和体积流量。

当流体密度为 ρ 时，体积流量与质量流量的关系为

$$q_m = \rho q_V \tag{1-14}$$

由于气体的体积随温度、压强而变化明显，当使用体积流量时必须注明所处的温度和压力，否则说体积流量没有任何意义。

1.2.1.2 流速

流速是指流体质点在单位时间内在其流动方向上所流经的距离。由于黏性的存在，流体在管道同一截面上各点的流速是不同的，在管道中心处速度最大，愈靠近管壁速度愈小，在紧靠管壁处，由于流体质点黏附于管壁上，其速度等于零。速度在管截面上的分布规律与很多因素有关，是一个复杂的问题，将在后面述及。工程上主要研究流体的集体行为，故常使用平均速度，是指单位时间内，同一截面上所有质点在流动方向平均移动的距离，用 u 表示，单位 m/s。本书如无特别说明，流速均指平均流速。根据几何知识，其表达式应为

$$u = \frac{q_V}{A} \tag{1-15}$$

式中 u——通道截面上流体的平均流速，m/s；

q_V——流体的体积流量，m^3/s；

A——垂直于流向的通道径向截面积，m^2。

对于气体，由于体积流量随温度、压力的改变而变化，导致流速也随温度和压力变化，使用时也必须注明温度及压力条件。为了准确表达气体的流量，工程上也用质量流速表示气体的流速。单位截面积的质量流量，称为质量流速，用 G 表示，单位 $\text{kg}/(\text{m}^2 \cdot \text{s})$。其表示式为

$$G = \frac{q_m}{A} = \frac{q_V \rho}{A} = u\rho \tag{1-16}$$

当条件发生变化时，气体的体积流量和流速均随压力和温度的变化而改变，但质量流速是不变的。在这种情况下，采用质量流速计算较为简便。

【例 1-6】 用内径 50mm 的管道来输送 98% 的硫酸（293K），要求输送量为 12.97t/h，试求该管道中硫酸的体积流量和流速。

解：根据式(1-14)，硫酸的体积流量为

$$q_V = \frac{q_m}{\rho}$$

从附录中查得，293K 时，98% 硫酸的密度 $\rho = 1836\text{kg/m}^3$，则

$$q_V = \frac{q_m}{\rho} = \frac{12.97 \times 10^3}{1836 \times 3600} = 1.962 \times 10^{-3}\text{m}^3/\text{s}$$

根据式(1-15)，硫酸的流速为

$$u = \frac{q_V}{A} = \frac{1.962 \times 10^{-3}}{\frac{\pi}{4} \times (50 \times 10^{-3})^2} = 1\text{m/s}$$

1.2.2 流量方程式

由式(1-14)和式(1-15)可得

$$q_m = q_V \rho = uA\rho \tag{1-17}$$

式(1-17)称为流量方程式，流量方程式反映了同一截面处流量、流速及流通截面积之间的关系，在工程中，主要用于确定管径和塔径。

对内径为 d 的圆形管道，式(1-15)可改写为

$$u = \frac{q_V}{A} = \frac{q_V}{\frac{\pi}{4}d^2} = \frac{q_V}{0.785d^2} \tag{1-18}$$

式(1-18)整理可得

$$d = \sqrt{\frac{q_V}{0.785u}} \tag{1-19}$$

当输送生产任务确定后，由式(1-19)可知，管子直径 d 取决于流速 u，流速越大，所需管子的直径 d 越小，设备投资费用也小。但同时，流速越大，流体阻力越大（见后面阻力一节），输送流体的动力消耗等操作费用将增大，因此，最适宜的流速应使设备折旧费及操作费用之和为最小。但由于影响因素复杂，找到这一最适宜流速是不容易的，工程上常常从经验值中选取。总的原则是，密度较大和黏度较大的流体，流速要取小一些。生产中常用的适宜流速范围列于表1-1，可供参考选用。

表 1-1 某些流体在管道中的常用流速范围

流体的种类及状态	流速范围/(m/s)	流体的种类及状态	流速范围/(m/s)
自来水	1~1.5	低压空气	12~15
低黏度流体	1.5~3.0	高压空气	15~25
高黏度流体	0.5~1.0	鼓风机吸入口	10~15
工业供水	1.5~3.0	鼓风机排出口	15~20
饱和蒸汽	20~40	离心泵吸入口（水）	1.5~2.0
过热蒸汽	30~50	离心泵排出口（水）	2.5~3.0

1.2.3 连续性方程

1.2.3.1 稳定流动与不稳定流动

稳定流动是流体流经它所占据的空间各点时的流动参数（流速、压力、密度等），不随时间而改变的流动，如图1-6所示，水箱中水面用补充水维持其恒定，当开启阀门时，在排水管路上，虽然不同位置的流速、压力等流动参数不同，但对同一截面，这些流动参数不随时间而改变。

不稳定流动是流体流经它所占据的空间各点时的流动参数（流速、压力、密度等），不仅随位置不同而改变，而且随时间变化而变化，如图1-7所示，若水箱中无水补充，水面随时间延长而下降，管路各截面上的流动参数随时间延长而不断减小。

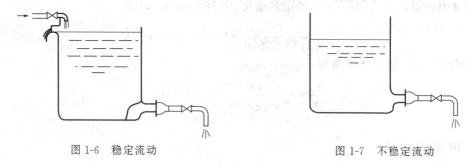

图1-6 稳定流动　　　　　　　　　　　图1-7 不稳定流动

总之，稳定流动的流动参数只与位置有关，而与时间无关；不稳定流动的流动参数既与位置有关，又与时间有关。化工生产中的连续操作过程，多属于稳定流动，间歇操作多属于不稳定流动。本书仅讨论流体稳定流动的规律。

1.2.3.2　连续性方程

如图1-8所示，在稳定流动系统中，流体在管道中流动时，可选定任意两截面（图中1—1和2—2）间的流动体系作为研究对象（控制体），根据质量守恒定律和稳定流动的特点，流入任一控制体的流体质量必然等于流出控制体的流体质量，表达此规律的方程式，称为连续性方程。

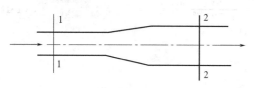

图1-8 控制体中的质量守恒

对于串联管路（图1-8），流体在任一截面处的质量流量均相等，即

$$q_{m_1} = q_{m_2} = \cdots = q_{m_i} = q_m \tag{1-20}$$

对于分支管路（如图1-9），流体在上游截面处的质量流量等于各分支管流质量流量之和，即

$$q_m = q_{m_1} + q_{m_2} + \cdots + q_{m_n} \tag{1-20a}$$

连续方程也可以用体积流量表示，只需要将式(1-14)和式(1-15)代入式(1-20)及式(1-20a)即可。不难看出，连续性方程反映了不同截面间流量、流速和流通截面积之间的关系，主要用于通过一截面的流动参数求取另一截面的流动参数。进一步分析可知，在稳定流动系统中，流通截面积越小的地方，流速越快，对于圆管，流速与管径的平方成反比（见【例1-7】）。

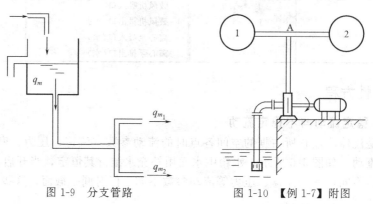

图1-9 分支管路　　　　　　　　　　　图1-10 【例1-7】附图

【例 1-7】　今有如图 1-10 所示的输液系统。设泵的吸入管内径为 100mm，流速为 1m/s；泵的压出管内径为 50mm，设从管端 A 点分出两个支管至用户，其中第一支管的流量为第二支管的流量的两倍，两个支管的流速均为 3m/s，试求泵的压出管内流速以及两个支管的直径。

解：① 求泵的压出管内的流速

由式(1-20) 可以导出

$$u_入 d_入^2 = u_出 d_出^2$$

已知　$d_入 = 100\text{mm}$，$d_出 = 50\text{mm}$，$u_入 = 1\text{m/s}$

则

$$u_出 = \left(\frac{d_入}{d_出}\right)^2 \times u_入 = \left(\frac{0.1}{0.05}\right)^2 \times 1 = 4\text{m/s}$$

② 求支管直径

由式(1-20a) 可以导出

$$u_出 d_出^2 = u_1 d_1^2 + u_2 d_2^2$$

根据题意有：$q_{m_1} = 2q_{m_2}$　　　　$u_1 = u_2 = 3\text{m/s}$

因此　　　　　　　　　　$u_1 \frac{\pi}{4} d_1^2 = 2u_2 \frac{\pi}{4} d_2^2$

则　　　　　　　　　　　$d_1^2 = 2d_2^2$

联合可以推出　　　　　　$u_出 d_出^2 = 9d_2^2$

于是　　　　　$d_2 = \sqrt{\frac{4}{9}} \times d_出 = \frac{2}{3} \times 50 = 33(\text{mm})$

则　　　　　　　$d_1 = \sqrt{2} d_2 = 47\text{mm}$

1.3　化工管路

在化工生产中，管路是最常见投资内容之一。在大型化工厂中，各种材质、长度、管径及设备所构成的化工管路，像人体的血管一样，组成化工过程的"供血"管网，没有化工管路，是无法完成化工生产任务的。

化工管路分为简单管路和复杂管路，前者指只改变管径和方向的管路，没有分支管路；后者则有分支。

为了使流体输送过程科学合理、经济高效、安全环保，化工管路必须精心设计，合理布置，方便操作。因此，了解化工管路的基本知识对流体输送是重要的。

1.3.1　化工管路的构成与标准化

化工管路是由不同长度的管子及不同用途的管件和阀门等按一定的排布方式连接所组成的输送流体的系统。管件是管路连接中所用的各种零件（元件）的统称。阀门是用于调节和控制流量的管路部件的统称。

为了便于选用、安装和维修，管子、管件及阀门已经系列化和标准化。

1.3.1.1　管子

在实际化工生产中，由于输送流体物料的性质和工艺条件不同，用于连接设备和输送流体物料的管子不仅要满足强度和通过物料能力的要求，还要适应耐温（高温或低温）、耐压（高压或低压）、耐腐蚀（酸、碱）、导热等性能的要求。以下简单介绍常见的化工用管的种类及用途等。

（1）管子的标准 在化学工业中由于所输送流体的种类、性质和工作条件的不同，所用管子的规格和材料是多种多样的。应当按照不同的用途从管子的系列标准中选择管子。管子的标准主要有"公称直径"和"公称压力"。

① 公称直径 用符号 DN 表示。公称直径是与管子内、外径相近的整数，有时可能等于内径或外径。DN50mm 表示管子的公称直径是 50mm。

② 公称压力 用符号 pN 表示。任何管材所能承受的压力都有一定限度。公称压力是制造和使用管材的统一标准。管材的最大允许工作压力应等于或小于公称压力。温度越高，管材的机械强度下降，允许的压力限度也越小。pN2.5MPa 表示管子的公称压力是 2.5MPa。

不同材质管子的规格见本书附录，经常用 $\phi 32mm \times 3.5mm$ 的形式表示管子的规格，其含义是管子外径是 32mm，壁厚是 3.5mm。但有些管子（如铸铁管）是用内径×壁厚表示的，使用时应特别注意。

（2）管子的材料 常用管材分为金属管和非金属管两大类。金属管有有缝钢管、无缝钢管、铸铁管、合金钢管、有色金属管等。非金属管有陶瓷管、玻璃管、塑料管、橡胶管等。

① 有缝钢管 即水、煤气管，分成镀锌的白铁管和不镀锌的黑铁管两种。一般用于输送水、蒸汽、煤气、压缩空气和腐蚀性小的低压流体等。普通有缝钢管耐压 $6 \times 10^5 \sim 10 \times 10^5 Pa$，加厚钢管耐压 $10 \times 10^5 \sim 15 \times 10^5 Pa$。

② 无缝钢管 分热轧和冷拔两种，按材料又分为碳钢、优质碳钢、低合金钢、不锈钢、耐热铬钢管等。一般用于输送各种压力下的流体，包括有毒、易爆易燃流体，常用于换热器、蒸发器、裂解炉等化工设备中。

③ 铸铁管 此钢管耐腐蚀而价廉，常用于地下供水总管、煤气总管和下水管。不宜用于输送高压、有毒或易爆炸气体。

④ 合金钢管 各种不锈钢管都是无缝管，用于输送高压、高温、有腐蚀性的流体。

⑤ 有色金属管 紫铜管和黄铜管用于无腐蚀性流体的换热器中。铅管用于输送稀硫酸。铝管用于输送甲酸、乙酸、硝酸等。

⑥ 陶瓷管 耐腐蚀性能好，但质脆，不耐压和高温。一般用于输送 $2 \times 10^5 Pa$ 和 423K 以下的腐蚀性流体（除氟氢酸以外），多用于地下管路中。

⑦ 玻璃管 耐腐蚀性能好，用于输送 $4 \times 10^5 \sim 8 \times 10^5 Pa$ 和 $303 \sim 423K$ 范围内的腐蚀性流体。

⑧ 塑料管 硬聚乙烯管耐酸碱性能好，密度小，易于加工，但耐热性能差，最高工作温度不超过 333K，用于输送腐蚀性流体。目前，塑料管的使用越来越广。

⑨ 橡胶管 分耐压 $2 \times 10^5 \sim 5 \times 10^5 Pa$ 的和 $10^6 Pa$ 的两种，不能用于输送油类或有机液体。

（3）管路的连接 管路的连接包括管子与管子、管子与各种管件、阀门以及设备接口处的连接，目前工程上比较常见的管路连接方法有 4 种，见图 1-11。

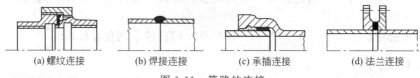

| (a) 螺纹连接 | (b) 焊接连接 | (c) 承插连接 | (d) 法兰连接 |

图 1-11 管路的连接

① 螺纹连接 一般适用于管径≤50mm、工作压强＜1MPa、介质温度≤100℃的黑管、镀锌焊接钢管或硬聚氯乙烯塑料管的管路连接。

② 焊接连接　适用于有压管道及真空管道，视管径和壁厚的不同选用电焊或气焊。这种连接方式简单、牢固且严密，多用于无缝钢管、有色金属管的连接，但拆分比较困难。

③ 承插连接　适用于埋地或沿墙铺设的低压给、排水管，如铸铁管、陶瓷管、石棉水泥管等，采用石棉水泥、沥青玛蹄脂、水泥砂浆等作为封口材料。

④ 法兰连接　广泛应用于大管径、耐温、耐压与密封性要求高的管路连接以及管路与设备的连接。法兰的形式和规格已经标准化，可根据管子的公称口径、公称压力、材料和密封要求选用。

1.3.1.2　管件

根据管件在管路中的作用不同可以分成如下 5 类。

① 改变管路方向　如图 1-12 中的 (a)～(d)，通常将其统称为弯头。

② 连接支管　如图 1-12 中的 (e)～(i)，通常把它们统称为"三通"、"四通"。

③ 连接两段管子　如图 1-12 中的 (j)～(l)。其中 (j) 称为外接头，俗称为"管箍"；(k) 称为内接头，俗称为"对丝"；(l) 称为活接头，俗称为"油任"。

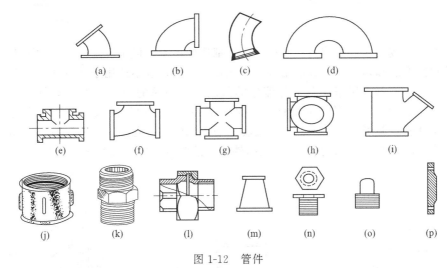

图 1-12　管件

④ 改变管路的直径　如图 1-12 中的 (m)、(n)，通常把前者称为大小头，把后者称为内外螺纹管接头，俗称为内外丝或补芯。

⑤ 堵塞管路　如图 1-12 中的 (o)、(p) 等。它们分别称为丝堵和盲板。

必须注意，管件和管子一样，也是标准化、系列化的。选用时必须注意和管子的规格一致。

1.3.1.3　阀门

为了对生产进行有效的控制，必须使用阀门。阀门通常用铸铁、铸钢、不锈钢以及合金钢等制成。阀门的类型很多，有手动的、气动的和电动的，选用时注意查看产品说明书。下面简介几种工程上比较常用的阀门。

(1) 截止阀　也称球心阀，其构造如图 1-13 所示。其关键零件是阀体内的阀座和底盘，通过手轮使阀杆上下移动，可以改变阀盘与阀座之间的距离，从而达到开启、切断以及调节流量的目的。

截止阀的特点是严密可靠，可以准确地调节流量，但对流体的阻力比较大，常用于蒸汽、压缩空气、真空管路以及一般的液体管路中，但不能用于带有固体颗粒和黏度较大的介质。

截止阀有方向性，在安装截止阀时，应保证流体从阀盘的下部向上流动，否则，在流体压强较大的情况下难以打开。

（2）闸（板）阀　闸阀的构造如图 1-14 所示。它相当于在管道中插入一块和管径相等的闸门，闸门通过手轮来进行升降，从而达到启闭管路的目的。

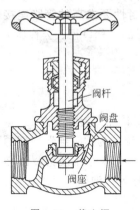

图 1-13　截止阀

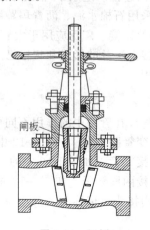

图 1-14　闸阀

闸阀的形体较大，造价较高，制造和维修都比较困难，但全开时对流体的阻力小，常用于大型管路的开启和切断，一般不用来调节流量的大小，也不适用于含有固体颗粒的料液。

（3）旋塞　旋塞是用来调节流体流量的阀门中最简单的一种，工厂里通常称"考克"，其结构如图 1-15 所示。它的主要部件是一个全空心铸件。中间插入一个锥形旋塞，旋塞的中间有一个通孔，并可以在阀体内自由旋转，当旋塞的孔朝着阀体的进口时，流体就从旋塞中通过；当它转动 90°时，其孔完全被阀门挡住，液体则不能通过而完全切断。

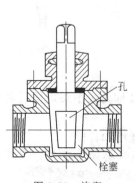

图 1-15　旋塞

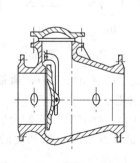

图 1-16　旋启式止回阀

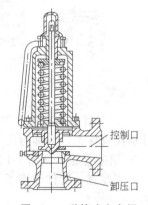

图 1-17　弹簧式安全阀

旋塞的优点是结构简单，启闭迅速，全开时对流体的阻力小，可适用于带固体颗粒的流体。其缺点是不能精密地调节流量，旋转时比较费劲，不适用于口径较大、压力较高或温度较低的场合。

如图 1-16 所示是用来控制流体只能朝一个方向流动并能自动启闭的止回阀（又名单向阀）；如图 1-17 所示是用于中、高压设备上，当压强超过规定值时即可自动泄压的安全阀。这里不一一介绍，可参阅有关专业书籍。

1.3.2　化工管路的布置与安装

化工管路按连接方式的不同，可分为简单管路和复杂管路。复杂管路又有并联管路、分支管路和管网之分。

有兴趣的读者可结合前面的学习，任选一个输送流程示意图，列出需要的管子、管件及阀门等清单，以熟悉化工管路的构成。若有条件，可以按清单要求领回物件，并在规定时间内完成流体输送的管线布置与安装，从而提高实际操作能力。

在管路布置与安装时，应科学处理各种管路的交叉与重合，应尽可能减少基建费用和操作费，还要考虑到安装、检修、操作上的方便及安全性。常见的注意事项如下。

1.3.2.1　从安装、检修、操作等方面考虑

① 在安装时除了下水道、上水总管和煤气总管外，管路铺设应尽可能采用明线，便于安装、检修及操作。

② 在安装时并列管路上的管件和阀应互相错开，避免在检修及操作时的不方便。

③ 在安装时车间内的管路应尽可能沿厂房墙壁，管与管之间和管与墙之间的距离以能容纳活动接头或法兰以及便于检修为宜，具体数据可参阅表 1-2 的规定。

表 1-2　管与墙的安装距离

公称直径/mm	25	40	50	80	100	125	150
管中心与墙距离/mm	120	150	170	170	190	210	230

④ 在安装时管路的倾斜度通常为 $3/1000 \sim 5/1000$，对含有固体结晶或颗粒较大的物料管应大于等于 $1/100$。

⑤ 在安装时为了便于区别各种类型的管路，应在管路的保护层或保温层表面涂上颜色加以区别。其具体颜色及其涂色方法可查阅有关资料。

1.3.2.2　从保障操作与人身安全考虑

① 输送流体的管路，特别是输送腐蚀性介质的管路，为防止因滴漏而造成对人体的伤害，在穿越通道时，不得装设各种管件、阀门以及可拆卸连接。

② 铺设各种管路离地面的高度应便于检修，通过路、桥的高度应按标准执行，如通过人行横道不得小于 2m；通过公路不得小于 4.5m；通过铁路与轻轨不得小于 6m。

③ 管路的跨距（两支座之间的距离）一般不得超过表 1-3 的规定。

表 1-3　管路的跨距

管子内径/mm	50	76	100	125	150	200	250	300	400
跨距/m	3.0	4.0	4.5	5.0	6.0	7.0	8.0	9.0	9.0

④ 输送腐蚀性介质的管路与其他管路并列时，两者应保持一定距离，而且其位置应略低一些，以免发生滴漏时影响其他管路，或采用如图 1-18 所示的三角支架。

⑤ 物料流动时常有静电产生而使管路成为带电体，为了防止静电积聚，必须将管路可靠接地。在输送易燃易爆（如醇类，液体烃类等）物料时，更要如此，避免发生事故。

⑥ 在温差变化较大的管路中，应考虑到热胀冷缩，

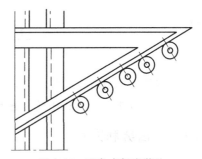

图 1-18　三角支架安装法

以免产生热应力，造成管路弯曲或破裂。一般情况下，管路温度在 335K 以上时，就应当考虑安装伸缩器以解决冷热变形的补偿问题，伸缩器又名补偿器，型式较多，图 1-19(a) 所示的凸面式补偿器，结构紧凑，但补偿能力有限，应用较少。图 1-19(b) 所示的填料函式补

偿器结构紧凑，又具有相当大的补偿能力（通常可达 200mm 以上），但轴向力大，填料需经常维修，介质可能泄漏，安装要求也高，只在铸铁和陶瓷等管路中使用。如中国北方的城市供暖系统中有的地方设计成如图 1-19(c) 型，就是一种防止温差较大时产生应力的一种补偿器，图 1-19(c) 所示的圆角弯方形补偿器的优点是结构简单，易于制造，补偿能力大，是目前使用较多的一种。此外，当管路呈垂直或任意角度相交时，利用管路本身的弹性变形，可以自动地补偿管路的热变形，如管路在拐弯时形成的弯度，也可以补偿热应力。

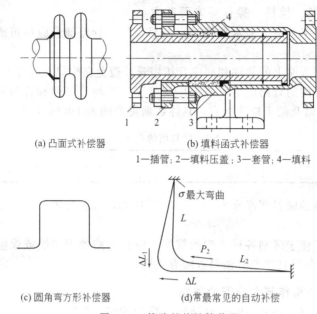

(a) 凸面式补偿器　　　　　　(b) 填料函式补偿器
1—插管；2—填料压盖；3—套管；4—填料

(c) 圆角弯方形补偿器　　　(d) 常最常见的自动补偿

图 1-19　管路的热补偿装置

1.3.2.3　从降低成本考虑
① 各种管路铺设时要尽量走直线，少拐弯，少交叉，以减小阻力。
② 各种管路应集中铺设，这样可以共同利用管架，降低基建费用。
③ 冷、热管同时铺设时，应将热的管路安装在最上面。

管路安装完毕后，应按规定进行强度和气密性试验。未经试验合格，焊接及连接处不得涂漆及保温。为防止管路中有杂质而引起事故发生，管路在第一次使用前需用压缩空气或惰性气体进行吹扫，以除去管中的杂质。

1.4　伯努利方程及其应用

在流体流动过程中，能量是可以相互转化并守恒的，伯努利方程是反映这一规律的最重要形式，对解决流体输送中的问题具有不可取代的地位。

1.4.1　伯努利方程

如图 1-20 所示，流动系统中任一处流体均具有一定的能量，主要包括内能和机械能（位能、动能、压强能），同时，流体在流动过程中，还与外界有能量交换，主要包括功、热和损失的能量。但根据能量守恒定律，总能量是守恒的。根据工程特点，通常可以通过选择控制体以使内能和热能不发生变化，于是，能量守恒只涉及余下的几种能量形式了。

以 1kg 流体作为计算基准，进行衡算。

1.4.1.1　流体自身的能量

（1）位能　因流体质量中心偏离基准面而具有
的能量称为位能。从物理学可知，位能的大小与基
准面有关，质量为 $m(\mathrm{kg})$ 的流体因偏离基准面 z
（m）而具有的位能，相当于将其从基准面升高 z
（m）时为克服重力而做的功，即其位能 $=mgz$，而
单位质量流体的位能则为

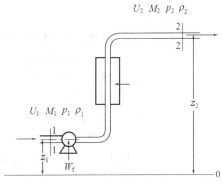

图 1-20　稳定流动能量衡算

$$\frac{mgz}{m}=gz\quad \mathrm{J/kg}$$

（2）动能　因流体具有一定的速度所具有的能
量称为动能。对于质量为 $m(\mathrm{kg})$，速度为 $u(\mathrm{m/s})$ 的运动流体，由动能计算式知，单位质量
流体的动能为

$$\frac{\dfrac{mu^2}{2}}{m}=\frac{1}{2}u^2\quad \mathrm{J/kg}$$

（3）压强能　因流体具有一定压力而具有的能量称为压强能，也称静压能。根据物理学
的概念，当压力为 p 时，作用于面积 $A(\mathrm{m}^2)$ 上的作用力 $F=pA$，而在此力的作用下，流体
移动的距离应为流过的流体体积与截面积 $A(\mathrm{m}^2)$ 之比。而对于质量为 $m(\mathrm{kg})$，密度为
$\rho(\mathrm{kg/m}^3)$ 的流体，体积为 $m/\rho(\mathrm{m}^3)$。对于压强 p 下，通过流体流动的距离为 $\dfrac{m\rho}{A}(\mathrm{m})$，那么
其所做的功为 $pA\dfrac{m\rho}{A}=\dfrac{mp}{\rho}$（J），此即计算压强能的公式。单位质量流体因为具有压力 p 而
具有的压强能为

$$\frac{m\dfrac{p}{\rho}}{m}=\frac{p}{\rho}\quad \mathrm{J/kg}$$

1.4.1.2　流体与环境交换的能量

（1）功　当系统中安装有流体输送机械时，它将对系统做功，即将外部的能量（如电
能）转化为流体的机械能。反之，流体也可以通过某种水力机械向外界做功而输出能量。通
常将流体与外部机械所交换的能量称为外功，用 W_e 表示单位质量流体与外部机械所交换的
能量，其单位为 J/kg。流体接受外功时 W_e 为正值；流体对外做功时 W_e 为负值。

（2）流体阻力　流体流动过程中因克服自身内部之间及其与管路设备间摩擦力而消耗的
能量称为流体阻力，单位质量流体的流体阻力用 E_f 表示，其单位为 J/kg，将在后面专门
介绍。

1.4.1.3　流动系统的能量衡算——伯努利方程

流体在如图 1-20 所示的管路中稳定流动，以 1—1 截面和 2—2 截面间的管路为控制体，
根据能量衡算，得

流体在截面 1—1 处的机械能＋输入系统功＝流体在截面 2—2 处的机械能＋流体阻力
以 1kg 流体作为计算基准，则有

$$gz_1+\frac{u_1^2}{2}+\frac{p_1}{\rho_1}+W_\mathrm{e}=gz_2+\frac{u_2^2}{2}+\frac{p_2}{\rho_2}+E_\mathrm{f}\quad \mathrm{J/kg}\tag{1-21}$$

式中　z_1，z_2——对应截面至基准面的垂直距离，m；

u_1，u_2——流体在 1—1 和 2—2 处的流速，m/s；

p_1，p_2——流体在 1—1 和 2—2 处的压强，Pa；

ρ_1，ρ_2——流体在 1—1 和 2—2 处的密度，kg/m³，对于液体，$\rho_1 = \rho_2 = \rho$，对于气体取两截面平均值后也可以视作相等；

W_e——输入系统的功，称为外加功，J/kg，是流体从 1—1 流到 2—2 的过程中得到的功；

E_f——流体阻力，J/kg，是流体从 1—1 流到 2—2 的过程中，因为克服摩擦力而消耗的能量。

式(1-21) 是以单位质量流体为基准的，若以 1N 或 1m³ 流体为基准，则可以变换得到

$$z_1 + \frac{u_1^2}{2g} + \frac{p_1}{\rho g} + H_e = z_2 + \frac{u_2^2}{2g} + \frac{p_2}{\rho g} + h_f \qquad (1\text{-}21a)$$

$$\rho g z_1 + \frac{\rho u_1^2}{2} + p_1 + \rho W_e = \rho g z_2 + \frac{\rho u_2^2}{2} + p_2 + \rho E_f \qquad (1\text{-}21b)$$

式(1-21a) 中，各项单位为 $\dfrac{J}{N} = \dfrac{Nm}{N} = m$，是单位质量（重力）流体所具有的能量，工程上又称为压头。对应的分别称为位压头、动压头、静压头，$H_e = \dfrac{W_e}{g}$ 称为外加压头，$h_f = \dfrac{E_f}{g}$ 称为损失压头。

式(1-21b) 中，各项单位为 Pa，是单位体积流体所具有的能量，其中，$\Delta p_f = \rho E_f$ 称为压强降，是流体因为能量损失而造成的压力降。必须注意，压力降与压力差是不同的，前者是能量损失，用压力单位表示；后者则表示两压力之差。

式(1-21)、式(1-21a) 和式(1-21b) 称为伯努利方程式。它是研究流体流动规律中最重要的方程之一，应用范围很广，几乎所有流体流动问题（包括静止）都要通过这个方程来求解。

1.4.1.4 伯努利方程的特例

（1）流体为理想流体 不具有黏性从而流动过程中没有能量损失的流体称为理想流体，对理想流体流动系统，无能量损失，因而也不需额外功，式(1-21) 可写成

$$g z_1 + \frac{u_1^2}{2} + \frac{p_1}{\rho} = g z_2 + \frac{u_2^2}{2} + \frac{p_2}{\rho} \quad \text{J/kg} \qquad (1\text{-}22)$$

此式表明，机械能是守恒的。虽然理想流体在实际生产和生活中是不存在的，但利用此方程分析问题可以比较简单，有利于生产实际问题的解决。

（2）流体为静止流体 当流体处在静止状态时，$u_1 = u_2 = 0$，没有外加能量和损失能量，此时式(1-21) 变为

$$g z_1 + \frac{p_1}{\rho} = g z_2 + \frac{p_2}{\rho} \quad \text{J/kg} \qquad (1\text{-}23)$$

此方程称为流体静力学基本方程式。它表明，在静止均质的流体内部，位能和静压能之和为常数。即位置较高的地方压力较低；反之，位置越低，其压力越大。

若令 $h = z_2 - z_1$，式(1-23) 可改写为

$$p_2 = p_1 + \rho g h \qquad (1\text{-}23a)$$

式(1-23a) 是静力学基本方程的另一种形式。它表明，在静止、连续、均质的流体内

部，处在同一水平面上的各点的压力相等，当一点的压力发生变化时，其他各点的压力也将发生同样大小与方向的变化。

静力学方程式在工程上非常有用，可用来确定系统压力、液位高度、安全液封高度、控制出料、判断流体流向等。

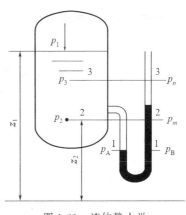

图 1-21　流体静力学

通常，把静止流体内部静压强相等的点所组成的面称为等压面（重力场中等压面为水平面）。很多静力学问题都是通过等压面解决的。如图 1-21 所示的系统中，当贮槽内的溶液与 U 形管内的指示液为不同液体时，不难判断出，1—1 面为等压面，$p_A = p_B$，但 2—2 与 3—3 面均不是等压面，所以 $p_2 \neq p_m$，$p_3 \neq p_n$，因为 2—2 和 3—3 截面都不符合等压面的条件。

1.4.1.5　伯努利方程应用时注意问题

① 衡算范围　伯努利方程是能量衡算范畴，因此必须确定适宜的衡算范围或控制体，可以根据题意画出流动示意图，并标明流体流动的方向，定出上、下游截面，框出流动体系的衡算范围。衡算范围内流体在两截面间应是连续的，所选取的上、下游截面，均应与流动方向垂直，待求的未知量应在截面上或在两截面之间。

② 基准面　基准水平面可以任意选定，但必须是水平面。但为了计算的方便，通常选两个截面中相对位置较低的一个作基准面。

③ 单位　方程中涉及的项比较多，计算中必须注意单位的一致性，压力可采用绝压或表压，但不能采用真空度。

④ 参数　方程中 p、u、z 等参数均为对应截面上各参数的平均值，而外加功和流体阻力则不属于任何截面，却与两截面相关。

1.4.2　伯努利方程的应用

几乎所有的流体流动问题都可以用伯努利方程来解决，从方程上看，可以确定容器的相对位置、系统的压力、流速或流量、外加功、流体阻力等，下面举例说明。

1.4.2.1　高位槽位置的确定

在化工生产中，利用设备位置的高差产生流体所要的流速（或流量）的应用很多，如水塔、高位槽等，高位槽位置的确定实质上是确定设备之间的液位差。高位槽的高度必须保证足够的流量。

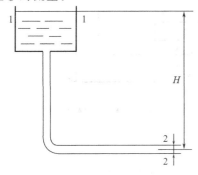

图 1-22　【例 1-8】附图

【**例 1-8**】　在图 1-22 所示的输水系统中，已知管子内径为 38mm，要求水管出口处的流量为 $6.12\text{m}^3/\text{h}$，系统中总的能量损失 $E_f = 130 \dfrac{u_2^2}{2}$，试求水塔液面至地面的距离。

解：取水塔液面为 1—1 截面，水管出口为 2—2 截面，并以管出口中心线所在的水平面为基准水平面，则 $z_1 = H$，$z_2 = 0$。

由于水塔的截面积比水管的截面积大得多，故 $u_1 \approx 0$；因两截面均与空气直接相通，故 $p_1 = p_2 = 0$（表压）；系统中无外加能量输入，$W_e=0$；$E_f=130\dfrac{u_2^2}{2}$。

$$u_2=\frac{q_V}{\frac{\pi}{4}d^2}=\frac{\frac{6.12}{3600}}{0.785\times(0.038)^2}=1.5\text{m/s}$$

$$gz_1+\frac{u_1^2}{2}+\frac{p_1}{\rho}+W_e=gz_2+\frac{u_2^2}{2}+\frac{p_2}{\rho}+E_f$$

代入伯努利方程得

$$H=z_2+131\frac{u_2^2}{2g}=2+\frac{131\times1.5^2}{2g}=17\text{m}$$

1.4.2.2 酸蛋压力的确定

酸蛋又称蛋形升酸器，是利用压缩空气（蒸汽或惰性气体）的压力以输送液体的蛋形装置，主要由卧式或直立式的密闭受压容器、进出液管、空气管等所构成。被输送液体依靠重力从进口阀注入（或真空抽入）容器，同时打开排空阀以排出空气。输出时，关闭液体进口阀与排空阀，开启压缩气进口阀与液体输出阀，使压缩空气进入，液体被压排出。酸蛋没有运动部分，不易磨蚀损坏，适用于输送腐蚀性液体，广泛应用于酸、碱、有毒液体、污浊悬浮液等。输送易爆或易燃液体时，不能用空气，而以惰性气体（氮气）代替。通常采用间歇操作，操作效率很低，目前也使用自动操作的酸蛋。显然，酸蛋压力必须能够满足提升高度和流量的要求。

【例 1-9】 如图 1-23 所示，某车间利用压缩空气压送 98％ 的浓硫酸，每批压送量为 0.3m^3，要求在 10min 内压送完毕，提升高度为 15m。已知硫酸温度为 293K，采用内径为 $\phi32\text{mm}$ 的无缝钢管，截面 1—1 和截面 2—2 间的流体阻力为 7.85J/kg，高位槽与大气相通，试求压缩空气的压强（酸蛋压力）。

解：在贮槽液面 1—1 与管出口截面 2—2 间应用伯努利方程，并以 1—1 截面作为基准水平面（实际输送中，此截面是不断变化的，取临界状态，视为不变），得

$$gz_1+\frac{u_1^2}{2}+\frac{p_1}{\rho}=gz_2+\frac{u_2^2}{2}+\frac{p_2}{\rho}+E_f$$

变化可得 $p_1=\rho\times\left[(z_2-z_1)g+\frac{1}{2}(u_2^2-u_1^2)\right]+p_2+\rho E_f$

式中，$z_1=0$；$z_2=15\text{m}$；$u_1=0$；$p_2=0$（表压）。

又从附录中查得，硫酸的密度 $\rho=1836\text{kg/m}^3$。

而 $$u_2=\frac{q_V}{\frac{\pi}{4}d^2}=\frac{\frac{0.3}{10\times60}}{0.875\times0.032^2}=0.622\text{m/s}$$

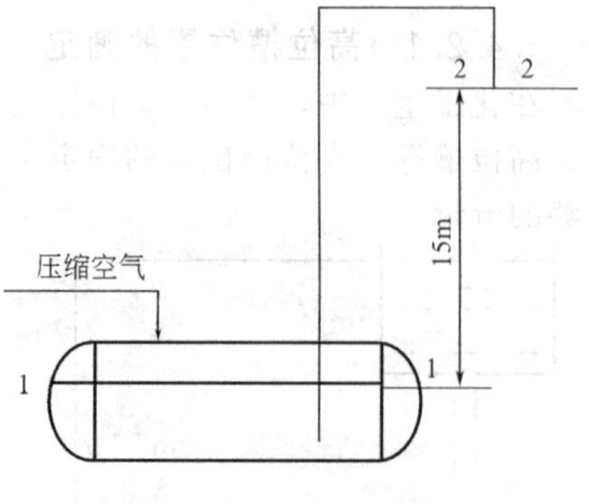

图 1-23 【例 1-9】附图

将已知条件代入方程得

$$p_1=1836\times\left(15g+\frac{0.622^2}{2}\right)+1836\times7085=0.285\text{MPa（表压）}$$

1.4.2.3　输送能量的确定（外加功）

在化工生产中，利用输送机械输送流体是最常见的输送方式。此时，需要确定完成指定输送任务需要提供的外加功的大小，以确定输送机械的规格、型号及功率。

【**例 1-10**】　如图 1-24 所示，某化工厂用泵将地面上贮液池中的水输送至吸收塔顶，经喷嘴喷出，泵的进口管为内径是 52mm 的钢管，送水量为 15m³/h，贮液池中水深度为 1.5m。池底到塔顶喷嘴的垂直距离为 20m，水流经所有管路的总阻力为 49J/kg，喷嘴处的压力为 125kPa（表压），水的密度为 1000kg/m³。试求：单位质量流体从输送机械所获得的外加能量。

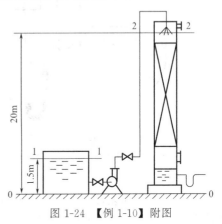

图 1-24　【例 1-10】附图

解： 在水槽液面为 1—1 截面与喷嘴 2—2 截面间应用伯努利方程，并以地面作为基准水平面，得

$$gz_1 + \frac{u_1^2}{2} + \frac{p_1}{\rho} = gz_2 + \frac{u_2^2}{2} + \frac{p_2}{\rho} + E_f$$

变化得

$$W_e = (z_2 - z_1)g + \frac{1}{2}(u_2^2 - u_1^2) + \frac{1}{\rho}(p_2 - p_1) + E_f$$

式中，$z_2 - z_1 = 20 - 1.5 = 18.5\text{m}$；$u_1 = 0$；$p_1 = 0$（表压）。

$$p_2 = 125 \times 10^3 \text{Pa}（表压），E_f = 49\text{J/kg}。$$

$$u_2 = \frac{q_V}{\frac{\pi}{4}d^2} = \frac{\frac{15}{3600}}{\frac{\pi}{4} \times 0.052^2} = 1.96\text{m/s}$$

代入得

$$W_e = 18.5g + \frac{1.96^2}{2} + \frac{125 \times 10^3}{1000} + 49 = 356.4\text{J/kg}$$

1.4.2.4　液位测量与控制

液位是化工生产中经常需要测量和控制的参数，测量液面高度的装置很多，如玻璃管液面计、浮标液面计、液柱压强液面计等。

普通玻璃液位计是在容器器壁的上下部均开一个小孔，并用玻璃管将两孔相连接。根据静力学原理，玻璃管内液面高度即为容器内液面的高度。其特点是方便、简单，但易于破损，且不便于远距离观测。

如图 1-25 所示为基于流体静力学原理的液位计。在容器或设备的外面连接一个称为平衡器的小室，其内装入与容器内相同的液体，让平衡器内液体液面的高度维持在容器液面所能达到的最大高度处。用一个装有指示液的 U 形管压差计将容器与平衡器连通起来，则由压差计读数便可求出容器内的液面高度。容器的液面愈低，压差计的读数愈大；当液面达到最大高度时，压差计读数为零。

【**例 1-11**】　为了测量某地下贮罐内油品的液位，采用如图 1-26 所示的装置。压缩空气经调节阀 1 调节后进入鼓泡观察器 2。管路中空气的流速控制得很小，使鼓泡观察器 2 内能观察到有气泡缓慢逸出即可，故气体通过吹气管 4 的流动阻力可以忽略不计。吹气管某截面处的压力用 U 形管压差计 3 来计量。压差计读数 R 的大小，即反映贮罐 5 内液面的高度。

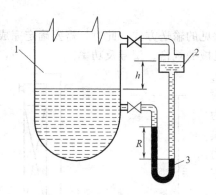

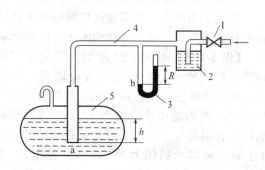

图 1-25 压差法测量液位   图 1-26 【例 1-11】附图

1—容器；2—平衡室；3—U 形管压差计   1—调节阀；2—鼓泡观察器；3—U 形管压差计；

                                               4—吹气管；5—贮罐

已知 U 形管压差计的指示液为水银，其读数 $R=100mm$，罐内液体的密度 $\rho=900kg/m^3$，贮罐上方与大气相通。试求贮罐中液面离吹气管出口的距离 h。

解： 吹气管内空气流速很低，可近似当作静止流体来处理，且空气的密度很小，故吹气管出口处与 U 形管压差计 b 处的压力近似相等，即 $p_a \approx p_b$。

若 p_a、p_b 均以表压力表示，根据流体静力学平衡方程得

$$p_a = \rho g h \qquad\qquad p_b = \rho_{Hg} g R$$

整理得

$$h = \frac{\rho_{Hg} R}{\rho} = 13600 \times \frac{0.1}{900} = 1.51 m$$

1.4.2.5 液封高度的确定

在化工生产中，为了保证生产能安全正常的进行，往往要利用液柱高度所产生的压力把气体封闭在设备内，当设备内气体压力小于液封液柱压力时，气体则不能流出，这样可以达到防止气体泄漏、倒流或有毒气体逸出的目的，当设备内气体的压力大于液封液柱压力时，气体将突破液封逃逸出来，从而达到防止压力过高、保护设备的目的。这种利用液柱高差来封闭气体的装置称为液封。由于通常使用的液体为水，所以常称为水封，有时叫安全水封。

【例 1-12】 真空蒸发操作中产生的水蒸气，通常送入如图 1-27 所示的混合冷凝器中与冷水直接接触而冷凝。为了维持操作的真空度，在冷凝器上方接有真空泵，以抽走其内的不凝气。同时，为防止外界空气由气压管漏入并保证冷凝水正常排出，气压管必须插入液封槽中，并保持足够的高度。显然，在负压条件下水会在管内上升一定的高度 h，形成液封（水封）。若真空表的读数为 $70 \times 10^3 Pa$，试求气压管中水上升的高度 h。

解： 设气压管内水面上方的绝对压力为 p，作用于液封槽内水面的压力为大气压力 p_a，则

$$p_a = p + \rho g h$$

整理得

$$h = \frac{p_a - p}{\rho g}$$

式中

$$p_a - p = 70 \times 10^3 （真空表读数）$$

则

$$h = \frac{70 \times 10^3}{1000 \times 9.81} = 7.14 m$$

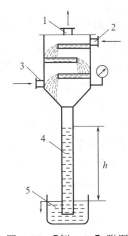

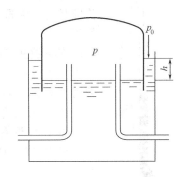

图 1-27　【例 1-12】附图　　　　　　　　　　　图 1-28　【例 1-13】附图

1—与泵相通的不凝气出口；2—冷水进口；

3—水蒸气进口；4—气压管；5—液封槽

【例 1-13】　如图 1-28 所示的煤气柜由 4mm 厚钢板制成，已知其直径为 7m，高为 6m。设已知钢的相对密度为 7.85，忽略钟罩浸入水中的浮力，试求：

（1）煤气压力要多大才能将气柜的钟罩顶起？

（2）水封高度（钟罩内外水面的高差）是多少？

解：要想将钟罩顶起，必须使气体对气柜钟罩产生的升力大于或等于钟罩的重力。

已知

钟罩的直径 $D=7\text{m}$

钟罩的高度 $H=6\text{m}$

钢板厚度 $\delta=0.004\text{m}$

钢板密度 $\rho_s=7.85\times10^3\,\text{kg/m}^3$

将钟罩近似视为平顶，则钟罩的重力为

$$G=V\rho_s g=\left[\frac{\pi}{4}D^2+H(\pi D)\right]\delta\rho_s g$$

$$=\left[\frac{\pi}{4}\times7^2+6\times(7\pi)\right]\times0.004\times7.85\times10^3 g=52.47\text{kN}$$

设煤气的表压为 p，则气体对钟罩的升力为

$$F=pA=\frac{\pi}{4}\times7^2 p=38.47p$$

若将气柜的钟罩顶起，煤气的升力应等于钟罩的重力（忽略浮力不计）。

$$38.47p=52.47$$

$$p=1.36\times10^3\text{Pa（表压）}$$

取钟罩内水面为等压面，则

$$p=\rho gh=1.36\times10^3\text{（表压）}$$

$$h=\frac{1.36\times10^3}{1000g}=0.139\text{m}$$

想一想，此例中，为什么都是用表压计算的？如果用绝对压力计算，结果还一样吗？

1.4.2.6　系统压力的确定

压力是化工生产中又一个经常需要测定和控制的参数，压力的测量是通过压力测量仪表

完成的，虽然种类较多，但多数都是通过流体力学原理设计的。

以 U 形压力计为例说明测量原理，如图 1-29 所示。在 U 形玻璃管内装有被称为指示液的某种液体，指示液必须和被测的流体不互溶，并不产生化学作用，价廉易得，无毒无害等。若测量水平两点 1 和 2 的压力差，可通过软管等将 U 形压力剂的两支管分别连接到测压点 1 和 2 上，测点到指示液间充满被测流体。假定 1 点的压强大于 2 点的压强，即 $p_1 > p_2$，则 U 形压力计的两支管中，指示液的液位就会出现位差 R。设被测流体的密度为 ρ，指示液的密度为 ρ_i，根据静力学基本方程式

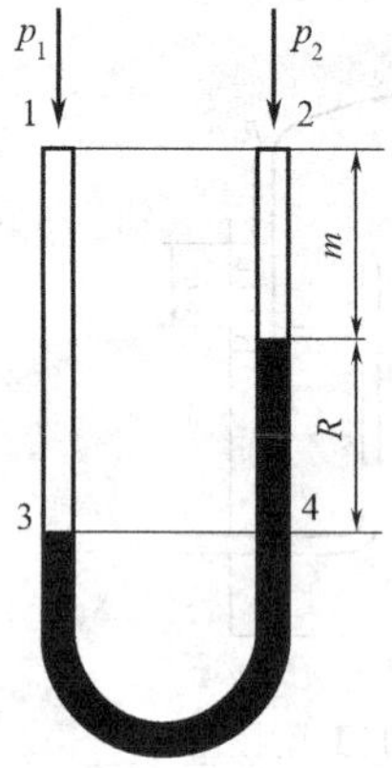

在 U 形管左侧　　　　　$p_3 = p_1 + (m+R)\rho g$

在 U 形管右侧　　　　　$p_4 = p_2 + m\rho g + R\rho_i g$

根据等压面则　　　　　　　　$p_3 = p_4$

所以　　　　　　$p_1 + (m+R)\rho g = p_2 + m\rho g + R\rho_i g$

移项化简后得到

$$\Delta p = p_1 - p_2 = R(\rho_i - \rho)g \tag{1-24}$$

图 1-29　U 形管液
柱压强计

如被测流体为气体，其密度与指示液的密度比较可以忽略不计，则

$$\Delta p = R\rho_i g \tag{1-24a}$$

可以看出：U 形压力计所测定压差，其读数 R 只与指示液及被测流体的密度有关，而与 U 形管的粗细和长短无关。当 Δp 一定时，$(\rho_i - \rho)$ 的数值越小，读数 R 越大，相对误差越小。常用的指示液有水银、四氯化碳、水、煤油、酒精等，尤以水银应用最普遍。当压差很小时，也用空气作指示剂，通过倒 U 形压力计测量压差（压力）。

显然，若将 U 形管压力计的一端通大气，则测量的是被测点的表压力或真空度，这就是压力表及真空表的设计原理。

想一想，如果被测点 1 与 2 不在同一水平面上，式(1-24)还可以用来计算此两点的压差吗？为什么？

【例 1-14】　有一个处于真空状态下的容器，用 U 形管压力计测量某真空操作的容器的压力，U 形管一端与容器相连，另一端放空，指示液为水银，读数 $R = 0.3\text{m}$，求真空度。

解：一端放空，其压强等于大气压力，真空度等于大气压与容器真实压力之差。

考虑到被测流体为气体，根据式(1-24a)

$$\Delta p = R\rho_i g = 0.3 \times 13.6 \times 10^3 \times 9.81 = 4 \times 10^4 \text{Pa}$$

1.5　流体输送时的流动阻力

实际流体流动时因克服摩擦阻力而消耗能量，称为流动阻力。影响流体阻力的因素除黏性等流体性质外，还与流体流动的边界条件有关，其大小还与流体流动的形态等有关。从前面伯努利方程的应用中可以看出，解决流体输送中的问题，必须先知道流体阻力的大小。

1.5.1　流体阻力产生的原因

1.5.1.1　流体阻力产生的内因

前已述及，任何实际流体都具有黏性，因此，当流体发生运动时，就会产生内摩擦力。

尽管在相同情况下，不同的流体所产生的内摩擦力的大小不同，但对于牛顿型流体，均遵守牛顿黏性定律。显然，因为内摩擦力的存在，将导致一定的能量损失，此损失的能量即流体阻力。理想流体因为没有黏性，所以不存在流体阻力。因此，黏性是流体阻力产生的根本原因。

1.5.1.2　流体阻力产生的外因

同一种流体在不同管路中流过时，产生的流体阻力不同，说明流体流动的外部条件也是影响流体阻力的因素，显然，不同的外部条件对流体流动的阻碍作用是不同的。

化工管路系统主要由直管及管件、阀门等构成。流体经过直管时，因为克服摩擦力而消耗的能量称为直管阻力，也叫延程阻力，以 E_f 表示。流体流经管件、阀门等局部元件时，由于流速大小及方向的突然改变而消耗的能量称为局部阻力，也称形体阻力，以 E_f' 表示。

流体在圆内流动时的总阻力为

$$\sum E_f = E_f + E_f' \tag{1-25}$$

1.5.1.3　影响流体阻力大小的因素

通过以上分析可知，流体本身的黏度及流动的外部条件是流体阻力产生的主要原因，也是影响流体阻力大小的重要因素。但研究表明，同一种流体在同一条管路中流动时，也能产生不同大小的流体阻力，这说明，还有其他因素影响流体阻力的大小。雷诺经过大量的实验证明，流体流动是存在不同形态的，流动形态是影响流体阻力大小的重要因素。

1.5.2　流体阻力计算

1.5.2.1　流体的流动型态

雷诺实验是在如图 1-30 所示的装置中进行的。由水箱 A 引入玻璃管 B，用出口阀 C 调节水箱 A 的流量。容器 D 内装有密度与水相近的有色水，经细管沿中心线流入玻璃管 B 中，阀门 F 可调节有色水的流量。另有一个注入管，当阀门 C 打开时水箱 A 中的液面保持不变。

实验装置设置在周围环境无振动的室内，流体处于稳定流动状态，这样对实验性能影响最小，取得的效果最好。

试验开始时，打开阀门 C，使玻璃管 B 内水的流速很小，然后打开阀门 F，放出少量有色水，这时可见玻璃管内有色水呈一细直的流线，不同液层间毫不相混。这种流动型态称为层流，如图 1-30(a) 所示；继续开

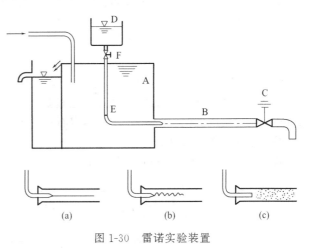

图 1-30　雷诺实验装置

大阀门 C，则流速增加到一定值时，有色水出现摆动，呈现一曲折流线，如图 1-30(b) 所示；阀门继续开大，则有色水迅速与周围清水掺混，如图 1-30(c) 所示，此时液体质点的运动轨迹是随机的，既有沿流动方向的位移，又有垂直于流动方向的位移，流速的大小和方向随时间而变化，这种流动型态称为湍流。

以上实验表明，流体的流动存在着层流和湍流两种流动形态，不同形态下流体质点运动的方式是不同的。显然，由于湍流质点杂乱无章的运动，使湍流时的流体阻力大于层流时的流体阻力。因此，计算流体阻力前必须首先确定流体的流动形态。

雷诺及其以后的实验者曾对直径不同的圆管和多种液体进行了实验，发现流动形态不仅与流速 u 有关，还与管径 d、流体的黏性 μ 和密度 ρ 等因素有关。通过量纲分析，雷诺将上述四个因素组合成一个无量纲的特征数，称雷诺数，用 Re 表示，即

$$Re=\frac{du\rho}{\mu}=\frac{du}{\nu} \tag{1-26}$$

并指出，可以通过 Re 的大小判定流体的流动形态。

当 $Re<2000$ 时，流动形态为稳定的层流。

当 $Re>4000$ 时，流动形态为明显的湍流。

当 $2000<Re<4000$ 时，流动形态可能是层流，也可能是湍流，但即使是层流也是很不稳定的，稍有刺激可能会转变为湍流，故称为过渡流，此时，流动条件等外界条件对流动的影响较大。必须指出，过渡流并不是一种流动形态，只是不能用 Re 判断其流动形态。

如果管路截面积不是圆形，Re 计算式中 d 应当用当量直径 d_e 代替。当量直径按式 (1-27) 计算。

$$d_e=4\times\frac{管路截面积}{润湿周边长度} \tag{1-27}$$

不同管路截面代入式 (1-27) 可得相应的计算公式如下。

长宽分别为 a 和 b 的矩形截面 $\qquad d_e=\dfrac{2ab}{a+b}$ $\qquad\qquad$ (1-27a)

外管内径为 D_i，内管外径为 d_0 的环形截面 $\qquad d_e=D_i-d_0$ $\qquad$ (1-27b)

边长为 a 的等边三角形截面 $\qquad d_e=\dfrac{a}{\sqrt{3}}$ $\qquad\qquad\qquad$ (1-27c)

边长为 a 的正方形截面 $\qquad d_e=a$ $\qquad\qquad\qquad\qquad$ (1-27d)

此外，通过雷诺实验可以发现：①即使流体作湍流流动，紧靠管壁附近总有一层作层流流动的流体薄层，此层流体称层流内层（或称滞流底层），此层对流体中的传质与传热均有很大影响，这将在以后的章节中学习；②同一截面上各点的流速是不同的，中心最快而越靠近壁面越慢。

【例 1-15】 用内径 $d=100mm$ 的管道输送水，已知输送量为 $12kg/s$，水温为 $5℃$，试确定管内水的流动形态。如果用这条管道输送同样质量流量的石油，已知石油密度 $\rho=850$ kg/m^3，运动黏度 $\nu=1.14cm^2/s$，试确定石油的流动形态。

解：①求水的流动形态

查附录得，$5℃$水的 $\rho=1000kg/m^3$，$\mu=1.5\times10^{-3}Pa\cdot s$

水的流速 $\quad u=\dfrac{q_V}{\frac{\pi}{4}d^2}=\dfrac{q_m}{\frac{\pi}{4}d^2\rho_{H_2O}}=\dfrac{12}{\frac{\pi}{4}\times(100\times10^{-3})^2\times1000}=1.53m/s$

$$Re=\frac{du\rho}{\mu}=\frac{0.1\times1.53\times10^3}{1.5\times10^{-3}}=10199$$

$$Re=10199>4000$$

所以水的流动形态为湍流。

② 求石油的流动形态

$$\nu=1.14cm^2/s=1.14\times10^{-4}m/s$$

$$u=\frac{q_V}{\frac{\pi}{4}d^2}=\frac{q_m}{\frac{\pi}{4}d^2\rho_{oil}}=\frac{12}{\frac{\pi}{4}\times(100\times10^{-3})^2\times850}=1.80m/s$$

$$Re = \frac{du\rho}{\mu} = \frac{du}{\nu} = \frac{0.1 \times 1.80}{1.14 \times 10^{-4}} = 1578$$

$$Re = 1578 < 2000$$

所以石油的流动形态为层流。

【例 1-16】 有一个圆管形风道，内径为 200mm，输送的空气温度为 20℃，求气流保持层流时的最大流量。若输送的空气量为 250kg/h，气流是层流还是湍流？

解： 查附表得 20℃ 的空气，$\mu = 1.81 \times 10^{-5}$ Pa·s，$\rho = 1.205$ kg/m³

$$Re = \frac{du\rho}{\mu} = 2000$$

$$u = \frac{2000\mu}{d\rho} = \frac{2000 \times 1.81 \times 10^{-5}}{0.2 \times 1.205} = 0.15 \text{m/s}$$

所以，气流保持层流时的最大流量为

$$q_V = \frac{\pi}{4} d^2 u = \frac{\pi}{4} \times 0.2^2 \times 0.15 = 4.7 \times 10^{-3} \text{m}^3/\text{s} = 16.9 \text{m}^3/\text{h}$$

$$q_m = q_V \rho = 4.7 \times 10^{-3} \times 1.205 = 5.7 \times 10^{-3} \text{kg/s} = 20.2 \text{kg/h}$$

若空气的质量流量为 250kg/h，则

$$q_V = \frac{\frac{q_m}{3600}}{\rho} = \frac{\frac{250}{3600}}{1.205} = 0.0576 \text{m}^3/\text{s}$$

$$u = \frac{q_V}{\frac{\pi}{4} d^2} = \frac{4 \times 0.0576}{\pi \times 0.2^2} = 1.83 \text{m/s}$$

$$Re = \frac{du\rho}{\mu} = \frac{0.2 \times 1.83 \times 1.205}{1.81 \times 10^{-5}} = 243000$$

$$Re = 243000 > 4000$$

所以当输送空气量为 250kg/h 时，气流为湍流。

1.5.2.2 直管阻力损失的计算

流体在如图 1-31 所示的水平管路中稳定流动，取一段管路，列伯努利方程得

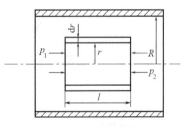

$$gz_1 + \frac{u_1^2}{2} + \frac{p_1}{\rho} + W_e = gz_2 + \frac{u_2^2}{2} + \frac{p_2}{\rho} + E_f$$

所以，流体阻力 $E_f = g(z_1 - z_2) + \frac{u_1^2 - u_2^2}{2} + \frac{p_1 - p_2}{\rho}$。

图 1-31 管内流体受力

此式表明，流体阻力在数值上等于位能、动能及压力能变化之和，对于水平等径直管，位能及动能均不发生变化，于是

$$E_f \rho = p_1 - p_2 = \Delta p \tag{1-28}$$

式(1-28) 表明，水平等径直管的流体阻力所造成的压力降刚好等于压力之差，即 $\Delta p_f = \Delta p$。

在图 1-31 中取一段等直径水平管段，长度为 l，流体的速度为 u，以 1、2 截面与管内壁间的流体柱为控制体，在匀速运动时，流体柱底面上受到的压力 P_1 和 P_2 及其受到的剪切力 F_W 间刚好达到平衡，即

$$P_1 - P_2 + F_W = 0$$

而

$$P_1 - P_2 = (p_1 - p_2)\frac{\pi}{4} d^2 = \Delta p_f \frac{\pi}{4} d^2$$

$$F_W = \pi d l \tau_W$$

整理得

$$\Delta p_f = \frac{4l\tau_W}{d}$$

上式反映了压力降 Δp_f 与剪应力 τ_W 的关系。由于 Δp_f 与 u 有关,所以,把 Δp_f 用流体动能的倍数表示,于是

$$\Delta p_f = \frac{4l\tau_W}{d} = 8\frac{\tau_W}{\rho u^2} \times \frac{l}{d} \times \frac{\rho u^2}{2}$$

令

$$\lambda = 8\frac{\tau_W}{\rho u^2}$$

则

$$\Delta p_f = \lambda \frac{l}{d} \times \frac{\rho u^2}{2} \tag{1-29}$$

$$E_f = \frac{\Delta p_f}{\rho} = \lambda \frac{l}{d} \times \frac{u^2}{2} \tag{1-30}$$

$$h_f = \frac{\Delta p_f}{\rho g} = \lambda \frac{l}{d} \times \frac{u^2}{2g} \tag{1-31}$$

式(1-29)~式(1-31)称为直管阻力的计算通式,其中式(1-30)称为范宁公式。可以看出,三式应用的关键是确定 λ 值,λ 是一个无量纲系数,称为摩擦系数(或摩擦因数),其大小与流动类型(Re)及管壁状况有关。可以通过经验公式或查图表获得。

对于层流,可以通过推导求得 λ 值,即

$$\lambda = \frac{64}{Re} \tag{1-32}$$

【例 1-17】 用内径为 27mm 的塑料管输送流体,设已知其流速为 0.874m/s,黏度 $\mu = 1499 \times 10^{-3} Pa \cdot s$,密度 $\rho = 1261kg/m^3$,试求流体流经 100m 长直管时的能量损失和压强降。

解: $d = 0.027m$ $u = 0.874m/s$ $\mu = 1499 \times 10^{-3} Pa \cdot s$ $\rho = 1261kg/m^3$

$$Re = \frac{du\rho}{\mu} = \frac{0.027 \times 0.874 \times 1261}{1499 \times 10^{-3}} = 19.85$$

因此,流动形态为层流,摩擦系数 λ 为

$$\lambda = \frac{64}{Re} = \frac{64}{19.85} = 3.224$$

每 100m 管路的阻力损失为

$$E_f = \lambda \frac{l}{d} \times \frac{u^2}{2} = 3.224 \times \frac{100}{0.027} \times \frac{0.874^2}{2} = 4560 J/kg$$

每 100m 管路的压力降为

$$\Delta p_f = \rho E_f = 1261 \times 4560 = 5750 kPa$$

对于湍流,不能像层流流动时那样简单地作力学分析便得出计算摩擦系数 λ 的公式,而只能根据实验得到的公式、图表或曲线进行计算或查取。最为常用的图如图 1-32 所示,称为莫狄(Moody)摩擦系数图。该图反映的是摩擦系数、雷诺数及管子相对粗糙度(ε/d)三者之间的关系。图中有四个不同的区域。

① 层流区 $Re < 2000$,摩擦系数 λ 仅随雷诺数而变,与管子的相对粗糙度 ε/d 无关,$\lg\lambda$ 与 $\lg Re$ 呈直线关系。此区内,流体阻力与速度一次方呈正比。

② 过渡区 $2000 < Re < 4000$,在查此区域内的摩擦系数 λ 时,层流或湍流的 λ-Re 曲线均

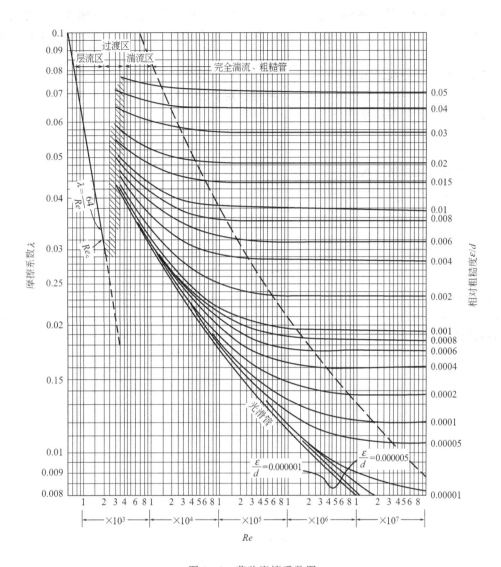

图 1-32　莫狄摩擦系数图

可应用。工程上为安全起见，常做湍流处理，即将湍流时的曲线外伸到此区域，再查取 λ 值。

　　③ 湍流区　$Re>4000$ 及图中虚线以下所构成的区域，在此区域内，摩擦系数 λ 不仅和 Re 有关，而且还与管壁相的相对粗糙度 ε/d 有关。管子的粗糙度 ε 可以根据经验查取，见表 1-4。工程中即使同一材质制成的管子，随着使用时间长短、腐蚀、结垢等情况的不同，管壁的粗糙度也会有变化，通常新管子可以选小些。

表 1-4　某些工业管材的粗糙度

管　材　类　别		粗糙度 ε/mm	管　材　类　别		粗糙度 ε/mm
金属管	无缝黄铜管、铜管及铝管	0.01~0.05	非金属管	干净玻璃管	0.0015~0.01
	新无缝钢管或镀锌铁管	0.1~0.2		橡胶管	0.01~0.03
	新铸铁管	0.3		木管道	0.25~1.25
	轻腐蚀的无缝钢管	0.2~0.3		陶土排水管	0.45~6.0
	显著腐蚀的无缝钢管	0.5 以上		平整的水泥管	0.33
	旧铸铁管	0.85 以上		石棉水泥管	0.03~0.8

④ **完全湍流区** 图中虚线以上的区域，在该区域内，摩擦系数 λ 仅随管子的相对粗糙度 ε/d 而变，与 Re 无关。因此 $\Delta p_f \propto u^2$，阻力与速度的平方呈正比，故该区又称阻力平方区。

将图中任一条曲线回归成方程，就可得到一个经验公式，因此也可以通过经验公式计算摩擦系数。必须注意，经验公式很多，使用时一定要符合使用条件，谨慎选取。举例如下。

适应于光滑管的布拉修斯公式。

$$\lambda = \frac{0.3164}{Re^{0.25}}$$

湍流粗糙管则可选下式。

湍流区
$$\lambda = \frac{1.42}{\left[\lg\left(Re\,\dfrac{d}{\varepsilon}\right)\right]^2}$$

完全平方区
$$\lambda = \frac{1}{\left(1.74 + 2\lg\dfrac{r}{\varepsilon}\right)^2}$$

【例 1-18】 用直径 d 为 250mm、绝对粗糙度 ε 为 0.5mm 的管子输送温度为 10℃的水，试计算，流量分别为 6×10^{-3} m³/s、220×10^{-3} m³/s 时的直管摩擦阻力系数，并把计算的 λ 值与用莫狄图查取的 λ 值加以对比。若管长 $l = 500$m，试计算直管阻力。

解: 查附表，10℃的水的 $\rho = 999.7$kg/m³，$\mu = 130.77\times10^{-5}$ Pa·s。

① $q_{V_1} = 6\times10^{-3}$ m³/s 时

$$u_1 = \frac{4q_{V_1}}{\pi d^2} = \frac{4\times6\times10^{-3}}{\pi\times(0.25)^2} = 0.12\text{m/s}$$

$$Re_1 = \frac{du\rho}{\mu} = \frac{0.25\times0.12\times999.7}{130.77\times10^{-5}} = 22934$$

因此，
$$\lambda = \frac{1.42}{\left[\lg\left(Re\,\dfrac{d}{\varepsilon}\right)\right]^2} = \frac{1.42}{\left[\lg\left(22934\times\dfrac{250}{0.5}\right)\right]^2} = 0.0285$$

$$\frac{\varepsilon}{d} = \frac{0.5}{250} = 0.002,\ Re_1 = 22934$$

利用莫狄图查取 $\lambda = 0.03$，计算值与查图值十分接近。

$$\Delta p_{f_1} = \lambda_1\frac{l}{d}\times\frac{\rho u^2}{2} = 0.0285\times\frac{500}{0.25}\times\frac{10^3\times0.12^2}{2} = 410\text{Pa}$$

② $q_{V_2} = 220\times10^{-3}$ m³/s 时

$$u_2 = \frac{4q_{V_2}}{\pi d^2} = \frac{4\times220\times10^{-3}}{\pi\times(0.25)^2} = 4.48\text{m/s}$$

$$Re_2 = \frac{du\rho}{\mu} = \frac{0.25\times4.48\times999.7}{130.77\times10^{-5}} = 856209$$

雷诺数很大，应处在完全平方区，故

$$\lambda_2 = \frac{1}{\left(1.74 + 2\lg\dfrac{r}{\varepsilon}\right)^2} = \frac{1}{\left(1.74 + 2\lg\dfrac{125}{0.5}\right)^2} = 0.0234$$

$$\frac{\varepsilon}{d} = \frac{0.5}{250} = 0.002,\ Re_2 = 856209$$

利用莫狄图查取 $\lambda = 0.024$，两种方法结果很接近。

$$\Delta p_{f_2} = \lambda_2 \frac{l}{d} \times \frac{\rho u^2}{2} = 0.0234 \times \frac{500}{0.25} \times \frac{10^3 \times 4.48^2}{2} = 469647 \text{Pa}$$

1.5.2.3　局部及总阻力计算

局部阻力损失是流体通过管路中的管件（如三通、弯头等）、阀门、流量计以及管径的扩大、缩小（如图 1-33 所示）等局部元件时所产生的能量损失。由于流体的流动方向或流道截面积的变化，加剧了流体质点间的相对运动，同样长度的局部阻力要比直管阻力大。

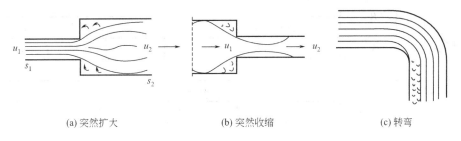

(a) 突然扩大　　　　　　　　(b) 突然收缩　　　　　　　(c) 转弯

图 1-33　局部阻力的形成

由于局部元件种类繁多，规格不一，目前工程上通常采用两种方法，求取局部阻力。

（1）阻力系数法　把单位质量流体通过某一局部障碍处所造成的能量损失，按流体在管路中动压能的倍数计算，这种方法称为阻力系数法，即

$$E'_f = \zeta \frac{u^2}{2} \qquad (1\text{-}33)$$

则全管路的流体阻力

$$\Sigma E_f = \left(\lambda \frac{l}{d} + \Sigma \zeta \right) \frac{u^2}{2} \qquad (1\text{-}34)$$

式中，ζ 为局部阻力系数，其值由实验确定或查图表获得，见表 1-5。

【例 1-19】　有一段 $\phi108\text{mm} \times 4\text{mm}$ 的管路，已知直管长 100m，管路中装有两个 90°标准弯头和一个半开的截止闸，设已知管内液体的流速为 1.5m/s，试求这三个局部元件处所造成的总能量损失。

解：已知 $u = 1.5\text{m/s}$，从表 1-5 中查出各局部障碍处的各阻力系数如下。

两个 90°标准弯头　　　　$2 \times 0.75 = 1.5$
半开的截止阀

$$\Sigma \zeta = 9.5 + 1.5 = 11$$

$$E'_f = \Sigma \zeta \frac{u^2}{2} = 11 \times \frac{1.5^2}{2} = 12.4 \text{J/kg}$$

（2）当量长度法　把流体通过某一局部元件所造成的能量损失，折合成一定长度的等径直管（当量长度 l_e）的流体阻力，然后用直管阻力的计算方法计算局部阻力。这种方法称为当量长度法，即

$$E'_f = \lambda \frac{l_e}{d} \times \frac{u^2}{2} \qquad (1\text{-}35)$$

总的能量损失

$$\Sigma E_f = \lambda \frac{l + \Sigma l_e}{d} \times \frac{u^2}{2} \qquad (1\text{-}36)$$

式中，l_e 由实验测定或从图表中查取，见表 1-6，例如全开的截止阀的 l_e/d 为 300，如

果管道的内径为100mm，则其当量长度 $l_e=300\times0.1=30m$，即一个阀门造成的阻力相当于30m长直管的流体阻力。可见，局部阻力通常比直管阻力大得多。

表 1-5 管件和阀件的阻力系数 ζ 值

管件和阀件名称	ζ 值										
标准弯头	45°，$\zeta=0.35$						90°，$\zeta=0.75$				
90°方形弯头	1.3										
180°回弯头	1.5										
活管接	0.4										

弯 管	R/d	φ						
		30°	45°	60°	75°	90°	105°	120°
	1.5	0.08	0.11	0.14	0.16	0.175	0.19	0.20
	2.0	0.07	0.10	0.12	0.14	0.15	0.16	0.17

突然扩大	$\zeta=(1-A_1/A_2)^2$　　$h_f=\zeta u_1^2/2$										
	A_1/A_2	0	0.1	0.2	0.3	0.4	0.5	0.6	0.7	0.8	0.9	1.0
	ζ	1	0.81	0.64	0.49	0.36	0.25	0.16	0.09	0.04	0.01	0

突然缩小	$\zeta=0.5(1-A_2/A_1)$　　$h_f=\zeta u_2^2/2$										
	A_2/A_1	0	0.1	0.2	0.3	0.4	0.5	0.6	0.7	0.8	0.9	1.0
	ζ	0.5	0.45	0.40	0.35	0.30	0.25	0.20	0.15	0.10	0.05	0

流器入的出大口容	$\zeta=1$（用管中流速）

入管口（管器→管）	$\zeta=0.5$　　$\zeta=0.25$　　$\zeta=0.04$　　$\zeta=0.56$　　$\zeta=3\sim1.3$　　$\zeta=0.5+0.5\cos\theta+0.2\cos^2\theta$

水泵进口	没有底阀	2~3							
	有底阀	d/mm	40	50	75	100	150	200	250	300
		ζ	12	10	8.5	7.0	6.0	5.2	4.4	3.7

闸阀	全开	3/4 开	1/2 开	1/4 开
	0.17	0.9	4.5	24

标准截止阀（球心阀）	全开 $\zeta=6.4$			1/2 开 $\zeta=9.5$		

蝶阀	α	5°	10°	20°	30°	40°	45°	50°	60°	70°
	ζ	0.24	0.52	1.54	3.91	10.8	18.7	30.6	118	751

旋塞	θ	5°	10°	20°	40°	60°
	ζ	0.05	0.29	1.56	17.3	206

角阀（90°）	5

单向阀	摇板式 $\zeta=2$	球式 $\zeta=70$

水表（盘形）	7

表 1-6　某些管件、阀门的当量长度数据

名　称	当量长度与管径之比 l_e/d	名　称	当量长度与管径之比 l_e/d
45°弯头（标准）	17	截止阀（全开）	300
90°弯头（标准）	35	球心阀（全开）	300
三通	50	单向阀	135
回弯头	75	底阀	420
管接头	2	吸入阀	70
活接头	2	由容器入管口	20
闸阀（全开）	9	由管口入容器	40
闸阀（半开）	225	文式流量计	12
角阀（全开）	145	盘式流量计	400

【**例 1-20**】　如图 1-34 所示，在高位槽与反应器之间的管路上装有两个半开的截止阀和两个 90°标准弯头。若管内液体的流速为 1m/s，摩擦系数 $\lambda = 0.35$，试求该管路上的局部阻力。

解：已知 $u=1$m/s，从表 1-6 中查出各局部元件的如下 l_e/d。

由容器入管口	20
两个 1/2 开的截止阀	$2 \times 200 = 400$
两个 90°标准弯头	$2 \times 40 = 80$
由管口入容器	40

因此

$$\frac{\sum l_e}{d} = 540$$

代入式（1-25）得

$$E_f' = \lambda \frac{\sum l_e}{d} \times \frac{u^2}{2} = 0.035 \times 540 \times \frac{1}{2} = 9.45 \text{J/kg}$$

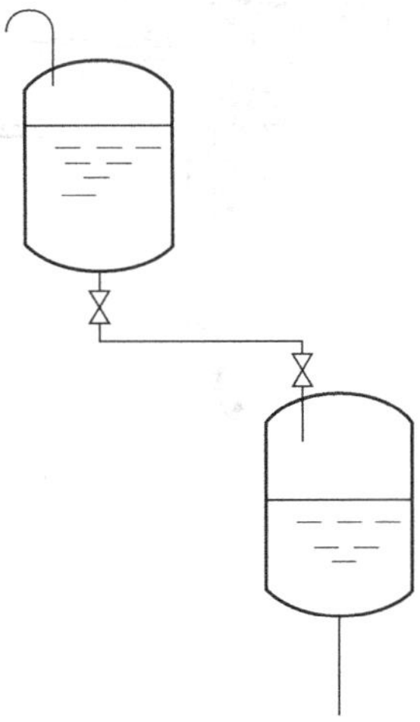

图 1-34　【例 1-20】附图

当管路较长时，局部元件数量很多，究竟采用哪种方法计算，主要取决于不同数据来源，即看局部阻力系数和当量长度的数据哪个更容易得到，在数据不全时，也可以采用两种方法的结合，即一部分阻力用阻力系数法计算，而另一部分阻力则用当量长度法计算。

1.5.3　管路设计时减少流体阻力的措施

在输送流体时，应尽量减少流体在流动过程中的能量损失，从而达到节约能源和降低消耗的目的。从阻力的计算式可以看出，减少阻力的主要措施如下。

①　在完成任务的情况下，管路应尽可能短，且多走直线、少拐弯。

②　尽量少装管件和阀门等。

③　在选择管径时尽可能选大管径，从流量方程式和阻力计算式可以看出，管径变化，阻力变化很大。

④　在被输送物料中加入某些药物，如丙烯酰胺、聚氧乙烯氧化物等，以减少腐蚀和污垢的形成。

⑤　尽可能利用大自然的能量，如重力场等。

1.6　流量测量

流量（流速）是化工生产过程中经常需要测量与控制的参数，测定流体流量的方法很

多，其原理也各不相同，其中，节流式流量计就是应用非常广泛的一种装置。目前，工程上比较常用的有皮托管（或称测速管）、孔板流量计、文丘里流量计、转子流量计等多种形式。节流式流量计利用流体流动过程中能量相互转换的原理，通过节流元件使流体在流动过程中产生局部的收缩，造成压力差，再通过测定压力差后，利用伯努利方程式确定流体的流量或流速。仅以孔板流量计为例说明测量原理，其他只简单介绍。

1.6.1 孔板流量计

如图 1-35 所示，在管道法兰之间装上一块中心开孔的金属板（常为不锈钢板），称为孔

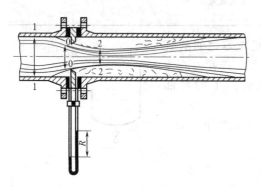

板。当流体通过时，由于流道直径的突然缩小，流速骤增，但由于慢性作用，最大流速并不在孔口 0—0 处，而在孔口下游某个位置的 2—2 截面处，流速最大的 2—2 截面处称为"缩脉"。由于流速增大，静压头势必减小，从而在孔板前后将形成一定的压强差。显然，流体的流量越大，则流速越大，压强差值也越大。因此，可以通过压强差的方法来测定流体的流量。

为了讨论的方便，先不考虑能量损失，于 0—0 与 2—2 截面之间列伯努利方程式。

图 1-35　孔板流量计

$$z_0 g + \frac{u_0^2}{2} + \frac{p_0}{\rho} = z_2 g + \frac{u_2^2}{2} + \frac{p_2}{\rho}$$

水平管道，$z_0 = z_2$。

则

$$\frac{u_2^2 - u_0^2}{2} = \frac{p_0 - p_2}{\rho}$$

$$u_2^2 - u_0^2 = 2\frac{p_0 - p_2}{\rho} = \frac{2\Delta p}{\rho}$$

根据连续性方程

$$u_2 = \frac{d_0^2}{d_2^2} u_0$$

所以

$$u_2^2 - u_0^2 = \left(\frac{d_0^2}{d_2^2} u_0\right)^2 - u_0^2 = \left(\frac{d_0^4}{d_2^4} - 1\right) u_0^2$$

则

$$\left(\frac{d_0^4}{d_2^4} - 1\right) u_0^2 = \frac{2\Delta p}{\rho}$$

由图可知，U 形管的取压点在紧靠孔板的前后，因此，U 形测压计的读数 R 并不能准确表达上式中的 Δp，为此加修正系数 C_1；缩脉的截面大小不易准确测定且与流量有关，若用管道直径 d 代替 d_2，又需加修正系数 C_2；而流体流过孔板时其能量损失是很大的，前面的推导中忽略此损失不计，为此也需加修正系数 C_3 进行修正。

则

$$\left(\frac{d_0^4}{d^4} - 1\right) u_0^2 = C_1 C_2 C_3 \frac{2R(\rho_i - \rho)g}{\rho}$$

令

$$C_0 = \sqrt{\frac{C_1 C_2 C_3}{\left(\dfrac{d_0^4}{d^4} - 1\right)}}$$

所以

$$u_0 = C_0 \sqrt{\frac{2R(\rho_i - \rho)}{\rho}} \tag{1-37}$$

式中的 C_0 称为孔流系数，一般由实验测定，其数据可从化工仪表的有关手册中查取。图 1-36 即为常用查取 C_0 的 C_0-Re 关系曲线图。图中 A_0、A 分别代表孔口和管道的截面积，Re 则为按管道内径计算的雷诺数。由图可知，当 Re 一定时，A_0/A 越大，C_0 值也越大；而当 A_0/A 为定值时，Re 大于某个数值后，C_0 即为常数。孔板流量计的使用范围，一般应该在 C_0 不随 Re 而变化的区域。例如，当 $A_0/A=0.5$ 时，则应用于 $Re>2\times10^5$ 的流动区域。

若 C_0 已知，测压计指示液的密度 ρ_i 和流体的密度 ρ 一定时，只要有一个读数 R，就对应着一个 u_0，即可求出一个对应的流量。其流量计算式为

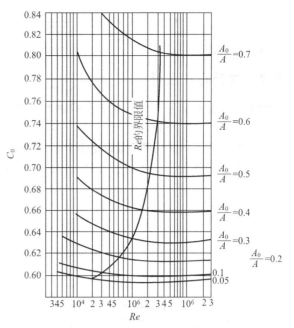

图 1-36 C_0 与 Re 关系曲线图

$$q_V=A_0u_0=C_0A_0\sqrt{\frac{2R(\rho_i-\rho)g}{\rho}}$$

(1-38)

孔板流量计结构简单，更换方便，价格低廉，但阻力损失大，不宜在流量变化很大的场合使用。安装时孔板的中心线必须与被测管路的中心线重合，而且在孔板前后都必须有稳定段。稳定段是指一段大于 50 倍管路直径直管。

【例 1-21】 在内径为 156mm 的管路中，装有一个孔径为 78mm 的孔板流量计，用以测定管内苯液的流量。已知苯的温度为 293K，流量计的 U 形管中指示液为汞，压力计的读数 $R=60$mm，试求管路中苯的流量。

解：已知 $d_0=0.078$m，$d=0.156$m。

$$\frac{A_0}{A}=\frac{d_0^2}{d^2}=\frac{0.078^2}{0.156^2}=0.25$$

由图 1-36 可知，当 $\frac{A_0}{A}=0.25$ 时，C_0 为常数，其数值约为 0.625，对应的 Re 应大于 7×10^4。设 $C_0=0.625$，又由附录查得 293K 时苯的密度 $\rho=879$kg/m^3，汞的密度 $\rho_i=13600$kg/m^3，已知 $R=0.06$m。将所有数据代入式可得

$$q_V=C_0A_0\sqrt{\frac{2R(\rho_i-\rho)g}{\rho}}=0.625\times\frac{\pi}{4}\times0.078^2\times\sqrt{\frac{2\times0.06\times(13600-879)\times9.81}{879}}$$
$$=0.0123\text{m}^3/\text{s}$$

即

$$q_{Vh}=0.0123\times3600=44.35\text{m}^3/\text{h}$$

计算后，还应验证 Re 是否大于 7×10^4。

查附录可知，293K 时苯的黏度 $\mu=0.59\times10^{-3}$Pa·s

计算苯液在管内的流速 u。

$$u=\frac{q_V}{A}=\frac{0.0123}{\frac{\pi}{4}\times0.156^2}=0.64\text{m/s}$$

所以
$$Re=\frac{du\rho}{\mu}=\frac{0.156\times0.64\times879}{0.59\times10^{-3}}=1.48\times10^{5}>7\times10^{4}$$

因此假设成立。

1.6.2 文丘里流量计

为了克服孔板流量计阻力损失大的缺点，可以使用文丘里流量计来代替孔板测量流量，显然其工作原理与孔板相同。

如图 1-37 所示，文丘里流量计是由渐缩管和渐扩管构成的，图中 $\alpha_1=15°\sim20°$，$\alpha_2=5°\sim7°$。同孔板流量计相比，文丘里流量计的能量损失极小，但结构精密，造价高。

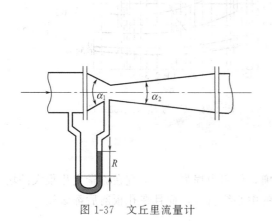

图 1-37　文丘里流量计

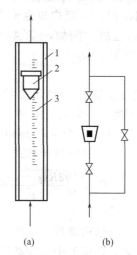

图 1-38　转子流量计
1—锥形管；2—转子；3—刻度

1.6.3 转子流量计

1.6.3.1 构造

转子流量计由一个截面积自下而上逐渐扩大的锥形玻璃管构成，管内装有一个由金属或其他材料制作的转子，由于流体流过转子时，能推转子旋转，故有此名。如图 1-38 所示，图中（a）是结构示意图，（b）是安装示意图。

1.6.3.2 原理

当流体自下而上流过转子流量计时，由于受到转子与锥壁之间环隙的节流作用，在转子上下游形成压差，在压差的作用下，转子被推动上升，但随着转子的上升，环隙面积扩大使流速减小，因此转子上下游压差也减小，当压差减小到一定数值时，因压差形成的、对转子的向上推力刚好等于转子的净重力，于是转子就停止上升，而留在某一高度。当流量增加时，转子又会向上运动而停在新的高度。因此，转子停留高度与流量之间有一定的对应关系。根据这种对应关系，把转子的停留高度做成刻度，代表一定的流量，就可以通过转子的停留高度读出流量了。

转子停留高度与流量间的关系也可以通过伯努利方程获得。

1.6.3.3 主要特点与适用场合

转子流量计的最大优点在于可以直接读出流量，而且能量损失小，不需要设置稳定段。因此，应用十分广泛。但必须垂直安装，玻璃制品不耐压，不宜在 $4\sim5atm$（1atm＝

101325Pa）以上的工作条件下使用。

与孔板流量计相比，转子流量计的节流面积是随流量改变的，而转子上下游的压差是不变的，因此，也称转子流量计为变截面型流量计。孔板流量计则相反，节流面积是不变的，而孔板两侧的压差是随流量改变的。因此也称孔板流量计为变压差型流量计。

需要说明的是，转子流量计的读数是生产厂家在一定的条件下用空气或水标定的，当条件变化或输送其他流体时，应进行标定，标定方法参阅产品手册或有关书籍。

1.7　流体输送设备

在输送流体时，不仅需提供给流体以足够的能量，而且必须达到一定的输送流量的要求。为液体提供能量的输送设备称为泵；为气体提供能量的输送设备则按不同情况分别称为机或泵。由于被输送流体种类繁多，有强腐蚀性、高黏度、易燃易爆、有毒或为易挥发、含有悬浮物的等，其性质千差万别；输送任务（流量及压头等）及操作条件（温度、压力等）也有较大差别，为了适应生产上各种不同的要求，输送机械种类也是多种多样的，规格更是十分广泛。按照工作原理，流体输送机械可分为以下类型。

① 动力式　利用高速旋转的叶轮向流体施加能量，其中包括离心式、轴流式、漩涡式、混流式等。

② 容积式（又称正位移式）　利用转子或活塞的挤压作用使流体获得能量，包括往复式、旋转式输送机械。容积式流量恒定，不能直接用出口阀调节其流量，应特别引起注意。

③ 流体作用式　利用流体能量转换原理而输送流体，包括空气升液器、蒸汽或水喷射泵、虹吸管等。

气体输送机械则按用途又可分为通风机、鼓风机、压缩机和真空泵，前两者主要用于输送目的，对增压要求不高，后两者主要用于维持工艺系统所要求的较高压力或一定的真空度。气体输送机械的基本结构和原理大体上与液体输送机械类似，但有自身特点。

流体输送机械称为通用机械，因为可被用于很多工业行业及日常生活中。

1.7.1　离心泵

离心泵是依靠高速旋转的叶轮对液体做功的机械，在生产与生活中应用最广。

1.7.1.1　离心泵结构

离心泵的主要部件包括供能和转能两部分。

（1）离心泵的叶轮　带有叶片的叶轮是离心泵的关键部件，为离心泵的供能装置，具有不同的结构形式。按其机械结构，叶轮可分为闭式、半闭式和开式三种，如图 1-39 所示。闭式叶轮效率高，适用于输送清洁液体；半闭式和开式叶轮适用于输送含有固体颗粒的悬浮液，其效率相对较低。

闭式和半闭式叶轮在运转时，离开叶轮的一部分高压液体可漏入叶轮与泵壳之间的空腔中，因叶轮前侧液

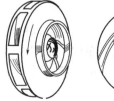

(a) 闭式　　　　(b) 半闭式　　　　(c) 开式

图 1-39　离心泵的叶轮

体吸入口处压力低，故液体作用于叶轮前、后侧的压力不等，便产生了指向叶轮吸入口侧的

轴向推力。该力推动叶轮向吸入口侧移动，引起叶轮和泵壳接触处的磨损，严重时造成泵的振动，破坏泵的正常操作。在叶轮后盖板上钻若干个小孔，可减少叶轮两侧的压力差，从而减轻了轴向推力的不利影响，但同时也降低了泵的效率。这些小孔称为平衡孔。

按吸液方式不同可将叶轮分为单吸式与双吸式两种，如图1-40所示。单吸式叶轮结构简单，液体只能从一侧吸入。双吸式叶轮可同时从叶轮两侧对称地吸入液体，它具有较大的吸液能力，而且基本上消除了轴向推力。

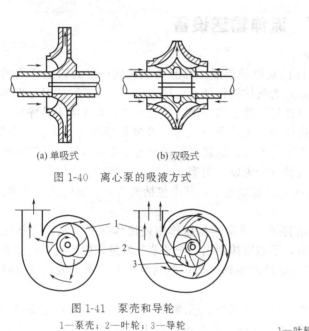

(a) 单吸式　　　　(b) 双吸式

图 1-40　离心泵的吸液方式

图 1-41　泵壳和导轮
1—泵壳；2—叶轮；3—导轮

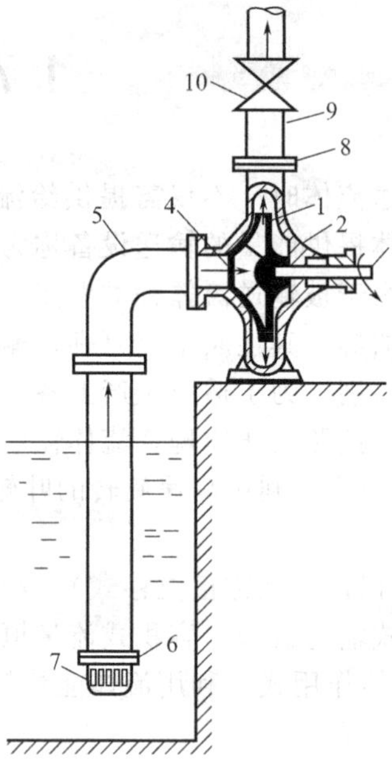

图 1-42　离心泵装置简图
1—叶轮；2—泵壳；3—泵轴；4—吸入口；5—吸入
管；6—单向底阀；7—滤网；8—排出口；
9—排出管；10—调节阀

（2）离心泵的泵壳和导轮　离心泵的泵壳多制成蜗牛形，壳内有一个截面逐渐扩大的液体通道，如图1-41所示。泵壳不仅起汇集液体的作用，而且逐渐扩大的液体通道有利于液体的动能有效地转化为静压能。

为了减少离开叶轮的液体直接进入泵壳时因流体冲击而引起的能量损失，在叶轮与泵壳之间有时安装一个固定不动而带有叶片的导轮。导轮中的叶片使进入泵壳的液体逐渐转向而且流道连续扩大，使部分动能有效地转化为静压能。多级离心泵通常均安装导轮。蜗牛形的泵壳、叶轮上的后弯叶片及导轮均能提高动能向静压能的转化率，所以可以看做转能部件。

（3）离心泵的轴封装置　泵轴与泵壳之间的密封称为轴封，其作用是防止泵内高压液体从间隙漏出，或避免外界空气进入泵内。常用的轴封装置有填料密封和机械密封两大类，后者适用于密封要求较高的场合，如酸、碱、易燃、易爆及有毒液体的输送。

1.7.1.2　离心泵的工作原理

泵体的主要部件是高速旋转的叶轮和固定的泵壳。有若干个（通常为4～12个）后弯叶片的叶轮紧固于泵轴上，并随泵轴由电机驱动作高速旋转。叶轮是直接对泵内液体做功的部件，为离心泵的供能装置。泵壳中央的吸入口与吸入管路相连接，吸入管路的底部装有单向底阀。泵壳旁侧的排出口与装有调节阀门的排出管路相连接。如图1-42所示为离心泵的装置简图。

离心泵的工作原理是依靠高速旋转的叶轮使叶片间的液体在惯性离心力的作用下自叶轮中心被甩向外周，使其压力和能量均有提高，直接表现为静压能的提高。当液体自叶轮中心甩向外周，由于蜗牛形泵壳中的流道不断扩大，流速逐渐降低，一部分动能转变为静压能，于是，流体以较大压强被压出。同时叶轮中心形成低压区，在贮槽液面与叶轮中心总压差的作用下，液体被吸进叶轮中心。依靠叶轮的不断运转，液体便连续地被吸入和排出。离心泵之所以能够输送流体，主要靠离心力的作用，故称为离心泵。

需要特别指出，离心泵无自吸力，在启动之前，必须向泵内灌满被输送的液体，称为灌泵。若在启动离心泵之前没向泵内灌满液体，由于空气密度低，叶轮旋转后产生的离心力小，叶轮中心区不足以形成吸入贮槽内液体的低压，因而虽启动离心泵也不能输送液体，此现象称为"气缚"。吸入管路安装单向底阀是为了防止启动前灌入泵壳内的液体从泵内流出。空气从吸入管道进到泵壳中也会造成"气缚"。在实际应用中应注意这一点。

1.7.1.3　离心泵主要性能参数

离心泵的主要性能包括流量、扬程、功率、效率等参数，掌握这些参数的含义及其相互联系，对正确地选择和使用离心泵有重要意义。为了便于人们了解，制造厂在每台泵上都附有一块铭牌，上面标明了泵在最高效率点时的各种性能。

（1）流量　即泵的送液能力。通常以单位时间内泵排出液体的体积流量计算，用符号 Q 表示，工程上通常以 m^3/h 计。

一台泵所提供的流量大小，取决于它的结构（如单吸或双吸等）、尺寸（主要是叶轮的直径 D 和宽度 B）、转速 n 以及密封装置的可靠程度等。

（2）扬程　即泵的做功能力，是泵赋予单位质量（力）流体的有效能量，又称为离心泵的压头，用符号 H 表示，其单位为 $N \cdot m/N$，即 m。

离心泵扬程的大小，取决于泵的结构（如叶轮的直径 D，叶片的弯曲情况等）、转速 n 和流量 Q。离心泵的扬程与管路无关。离心泵的扬程目前还不能通过理论公式进行精确计算，而只能实际测定。

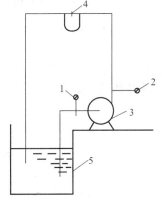

如图 1-43 所示，在管路中装上一个流量计，可测得其流速，在吸入口及排出口分别装一块真空表和压力表，读数分别为 p_1 和 p_2。在泵的吸入口 1—1 截面和排出口 2—2 截面间列伯努利方程，得

$$z_1 + \frac{u_1^2}{2g} + \frac{p_1}{\rho g} + H = z_2 + \frac{u_2^2}{2g} + \frac{p_2}{\rho g} + h_f$$

由于进、出口间的管路很短，其损失压头可忽略不计，故

$$H = (z_2 - z_1) + \frac{u_2^2 - u_1^2}{2g} + \frac{p_2 - p_1}{\rho g}$$

图 1-43　测定流量和
扬程的实验装置
1—真空表；2—压力表；3—离心泵；
4—流量计；5—水箱

【**例 1-22**】　某生产厂为测定一台离心泵的扬程，以 20℃ 的清水为介质，测得出口处的表压为 0.48MPa，入口处的真空度为 0.02MPa，泵出入口的管径相同，两测压点之间的高度差为 0.4m，试计算该泵的扬程。

解：已知 $z = 0.4m$，$p_2 = 0.48MPa$（表压），$p_1 = -0.02MPa$（表压），因出入口管径相同，则 $u_1 = u_2$，从附表中查 293K 清水的密度 $\rho = 998.2kg/m^3$。

将以上数值代入公式得

$$H = z + \frac{u_2^2 - u_1^2}{2g} + \frac{p_2 - p_1}{\rho g} = 0.4 + \frac{(0.48 + 0.02) \times 10^6}{998.2 \times 9.81} = 51\text{m}$$

必须指出，扬程与流动系统中液体的升扬高度不是同概念。根据伯努利方程式

$$H = (z_2 - z_1) + \frac{u_2^2 - u_1^2}{2g} + \frac{p_2 - p_1}{\rho g}$$

式中的 $(z_2 - z_1)$ 是系统的初始位置与终止位置之间的位置差，称为升扬高度，是表示位压头差。由于在流体输送系统中不可避免地有能量损失，即便在 $u_1 = u_2$、$p_1 = p_2$ 的情况下，升扬高度也只能是离心泵扬程中的一部分。例如 IS 50-32-200 型离心泵，当流量为 15m³/h 时，其扬程为 48m，但它绝不可能把液体升高到 48m 的高度。

（3）转速　离心泵的转速是指泵轴在单位时间内的转数，以符号 n 表示。转速以每秒钟的转数计，单位为 Hz。工程上仍然主要以每分钟转数计，其单位为 r/min。额定转速通常为 2900r/min。

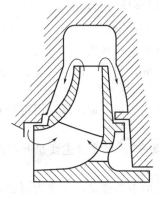

图 1-44　泵内的能量损耗

（4）轴功率和效率　单位时间内流体从泵所获得的实际能量，称为有效功率，用符号 P_e 表示，单位为 W 或 J/s。有效功率的大小可以按下式计算。

$$P_e = q_m W_e \tag{1-39}$$

式中　P_e——泵的有效功率，W 或 J/s；

q_m——泵的送液能力用质量流量表示，kg/s；

W_e——单位质量流体经过泵得到的能量，J/kg。

将 $q_m = Q\rho$、$W_e = H/g$ 代入式(1-39) 得

$$P_e = q_m W_e = QH\rho g N_e \tag{1-40}$$

在离心泵运转过程中有一部分高压液体将像图 1-44 所示的那样流回到泵的入口，甚至漏到泵外，必然要消耗一部分能量；液体流经叶轮和泵壳时，流体流动方向和速度的变化以及流体间的相互撞击等，也要消耗一部分能量；此外，泵轴与轴承和轴封之间的机械摩擦等还要消耗一部分能量，因此，要求泵轴所提供的能量 P 必须大于有效功率 P_e。换句话说，轴功率不可能全部传给流体而成为流体的有效功率。工程上通常用总效率反映能量损失的程度，并以符号 η 表示，即

$$\eta = \frac{P_e}{P} \tag{1-41}$$

离心泵效率的高低与泵的大小、类型以及加工的状况、流量等有关。一般小型泵为 50%～70%，大泵可达 90% 左右。每一种泵的具体数值由实验测定。

由于泵在启动中会出现电机启动电流增大的情况，因此，制造厂用来配套的电动机功率 P_d 往往按 (1.1～1.2)P 计算。但由于电动机的功率是标准化的，因此，实际电机的功率往往比计算的要大得多。

（5）汽蚀余量 Δh　它是一个便于用户计算安装高度的参数，其意义将在以后介绍。

必须注意，泵的铭牌或样本上所列出的各种参数值，都是以常温、常压下的清水（密度为 10^3kg/m^3、黏度为 1mPa·s）为介质、效率为最高的条件下测出的。当使用条件与实验条件不同时，某些参数需要必要的修正，其修正方法如下。

密度对流量、扬程和效率没有影响，但对轴功率有影响，轴功率可以用式(1-44)校正。

$$\frac{P_1}{P_2} = \frac{\dfrac{QH\rho_1 g}{\eta}}{\dfrac{QH\rho_2 g}{\eta}} = \frac{\rho_1}{\rho_2} \tag{1-42}$$

黏度增加时，液体在泵内运动时的能量损失增加，从而导致泵的流量、扬程和效率均下降，但轴功率增加。当液体的运动黏度大于 $2.0\times10^{-6}\,\mathrm{m^2/s}$ 时，离心泵的性能必须校正。

$$Q_1=c_Q Q；H_1=c_H H；\eta_1=c_\eta \eta \tag{1-43}$$

式中　Q_1，H_1，η_1——操作状态下的流量、扬程、效率；

　　　Q，H，η——实验状态下的流量、扬程、效率，由泵手册提供；

　　　c_Q，c_H，c_η——流量、扬程、效率的校正系数，可从手册上查取。

1.7.1.4　离心泵的特性曲线与工作点

（1）特性曲线　实验表明，离心泵在工作时的扬程、功率和效率等主要性能参数并不是固定的，而是随着流量的变化而变化。生产厂把 Q-H、Q-P 和 Q-η 的变化关系绘制在同一坐标系中，称为特性曲线，如图 1-45 所示。泵的样本或说明书上均提供特性曲线图，供用户选泵和操作时参考。

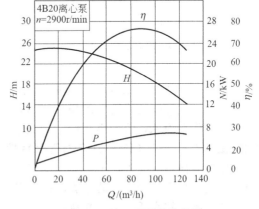

不同型式的离心泵，特性曲线也不同，对于同一泵，当转速和叶轮直径不同时，其特性曲线也不同，因此，在特性曲线图的左上角通常注明泵的形式和转速。尽管不同泵的特性曲线不同，但它们具有以下的共同规律。

图 1-45　离心泵的特性曲线

Q-H 曲线表明：扬程 H 随流量 Q 变化而变化，流量越大，扬程越小。这是因为速度增大，系统中能量损失加大的缘故，它揭示了泵的两个最重要、最有实用意义的性能参数之间的关系。

Q-P 曲线表明：流量越大，泵所需的功率越大。当 $Q=0$，所需的功率最小。因此，在离心泵启动时，应将出口阀门关闭，使电机功率最小，待完全启动后再逐渐打开阀门，这样可以避免因启动功率过大而烧坏电机。

Q-η 曲线表明：泵的效率开始随流量增大而升高，达到最高值之后，则随流量的增大而降低。显然，实际生产中应尽可能让泵在接近于最高效率时运行。一般认为，在不低于最高效率90%的区域内工作都是比较经济的。目前，在泵的产品样本和铭牌上标示的数据，都是最高效率下的参数，称为额定参数。

（2）工作点　对于给定的管路系统，通过运用伯努利方程和阻力计算式，可得

$$H_e=\Delta z+\frac{\Delta p}{\rho g}+\frac{\Delta u^2}{2g}+\left[\lambda\left(\frac{l+\sum l_e}{d}\right)+\sum\zeta\right]\frac{u^2}{2g} \tag{1-44}$$

式(1-44)中只有两项与速度有关，进而与流量有关，将流量方程式代入可得

$$H_e=A+Bq_V^2 \tag{1-44a}$$

式(1-44a)表明，对于给定的输送系统，输送任务 q_V 与完成任务需要的外加压头 H_e 之间存在特定关系，称为管路特性方程，它所描述的曲线称为管路特性曲线，显然管路特性与泵无关，正像泵的特性与管路无关一样。

如果把泵的特性曲线（Q-H）和管路特性曲线（q_V-H_e）描绘在同一坐标图上，如图 1-46 所示，可以看出，两条曲线相交于一点。泵在该点状态下工作时，可以满足管路系统的需要，因此此点被称为离心泵的工作点。显然，对于某特定的管路系统和一定的离心泵只能有一个工作点（两方程的解或两曲线的交点）。

（3）离心泵的流量调节　在实际生产中，当工作点流量和压头不符合生产任务要求时，

必须进行工作点调节。显然，改变管路特性和改变泵的特性都能达到改变工作点的目的。

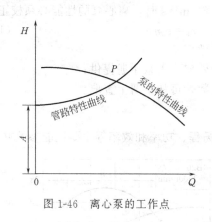

图 1-46 离心泵的工作点

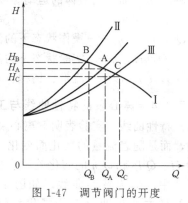

图 1-47 调节阀门的开度
改变管路的流量

① 改变管路特性 在实际操作中，离心泵的出口管路上通常都装有流量调节阀门，改变阀门的开度就可改变管路中的局部阻力，进而改变泵的流量。由图 1-47 可见，阀门在某一开度下工作点为 A，若关小阀门，相当于局部阻力大大增加，使 B 值增加，于是管路特性曲线变得更为陡峭（见图 1-47 的管路特性曲线Ⅱ），工作点则移至 B 点；反之，开大阀门，管路特性曲线变为Ⅲ，工作点移至 C 点。用调节出口阀门的开度大小改变管路特性来调节流量是十分简便和灵活的方法，在生产中广为使用。对于流量调节幅度不大，且需要经常调节的系统是较为适宜的。其缺点是用关小阀门开度来减小流量时，增加了管路中的机械能损失，并有可能使工作点移至低效率区，也会使电机的效率降低。

② 改变泵的特性 对同一个离心泵改变其转速或叶轮直径可使泵的特性曲线发生变化，从而使其与管路特性曲线的交点移动。当效率变化不大时，转速变化引起流量、压头和功率的变化符合比例定律，即

$$\frac{Q_1}{Q_2}=\frac{n_1}{n_2}; \quad \frac{H_1}{H_2}=\left(\frac{n_1}{n_2}\right)^2; \quad \frac{P_1}{P_2}=\left(\frac{n_1}{n_2}\right)^3 \tag{1-45}$$

在转速相同时，如果叶轮切削率不大于 20%，则叶轮直径变化引起流量、压头和功率的变化符合切割定律，即

$$\frac{Q_1}{Q_2}=\frac{D_1}{D_2}; \quad \frac{H_1}{H_2}=\left(\frac{D_1}{D_2}\right)^2; \quad \frac{P_1}{P_2}=\left(\frac{D_1}{D_2}\right)^3 \tag{1-46}$$

这种方法不会额外增加管路阻力，并在一定范围内仍可使泵处在高效率区工作。一般来说，改变叶轮直径显然不如改变转速简便，且当叶轮直径变小时，泵和电机的效率也会降低，可调节幅度也有限，所以常用改变转速的方法来调节流量。特别是近年，变频无级调速装置的使用，可以很方便地通过改变输入电机的电流频率来改变转速，具有调速平稳、效率较高的特点，是一种节能的调节手段，但其价格较贵。

1.7.1.5 离心泵的类型

由于化工生产及实际生活中被输送液体的性质相差悬殊，对流量和扬程的要求各有不同，因而设计和制造出种类繁多的离心泵。离心泵有多种分类方法，按叶轮数目分为单级泵和多级泵；按吸液方式分为单吸泵和双吸泵；按泵送液体性质和使用条件分为清水泵、油泵、耐腐蚀泵、杂质泵、屏蔽泵、高温泵、高温高压泵、低温泵、液下泵、磁力泵等。清水泵又包括单级单吸离心清水泵（IS 型）、多级离心清水泵（D 型）和双吸离心清水泵（Sh 型）。各种类型离心泵按其结构特点自成一个系列，同一系列中又有多种规格。为了选用方

便，下面对几种主要类型的离心泵作简要介绍。

（1）清水泵（IS 型、D 型、Sh 型）

IS 型清水泵是化工厂生产最常用的泵，如图 1-48 所示，适用于输送清水及类似于水的液体。这种泵是我国第一个按国际标准（ISO）设计、研制的产品，它具有结构可靠、振动小、噪声低、效率高等特点，同我国以前生产的老产品（B 型或 BA 型）比较，其效率提高 3%～6%，是理想的节能产品。此类泵只有一个叶轮，从泵的一侧吸液，叶轮

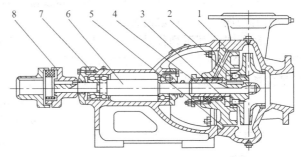

图 1-48　IS 型清水泵的结构图
1—泵体；2—叶轮；3—密封环；4—护轴套；
5—后盖；6—泵轴；7—机架；8—联轴器部件

装在伸出轴承外的轴端处，好像是伸出的手臂一样，又称为单级单吸悬臂式离心泵。

IS 型泵的型号以字母加数字组成。例如 IS 100-80-125 型泵中，IS 代表泵的型号，单级单吸离心水泵；100 代表泵的吸入管内径为 100mm；80 代表泵的排出管内径为 80mm；125 代表泵的叶轮直径为 125mm。

D 型清水泵表示多级，用在生产所要求的压头较高而流量不太大时，如图 1-49 所示。这种泵实际上是将几个叶轮并装在一个轴上，但却是串联工作。液体依次通过各个叶轮时，受离心力作用，能量依次增大，所以扬程较高。多级泵的每一级都安装导轮，以有效提高液体的静压能。国产多级离心泵的叶轮多为 2～9 级，最多为 12 级。全系列扬程范围为 14～351m，流量范围为 10.8～850m³/h。多级离心泵的系列代号为 D，具体表示如 D12-25×3 型泵：D 代表型号；12 表示效率最高时流量为 12m³/h；25 代表每一级的扬程是 25m；乘号后的 3 表示级数为 3 级，即该泵在效率最高时的总扬程为 75m。

S 型离心泵是双吸泵的代号，即原 Sh 型泵，应用在泵送液体的流量较大而所需压头并不高时，如图 1-50 所示。其型号如 100S90 型泵，100 代表是泵的吸入口的直径为 100mm；S 代表是双吸泵；90 代表最高效率时的扬程为 90m。全系列扬程范围为 9～140m，流量范围为 120～12500m³/h。

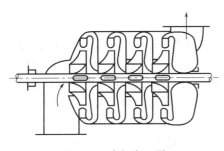

图 1-49　多级离心泵

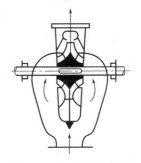

图 1-50　双吸泵示意图

（2）油泵（Y 型）　输送石油产品的泵称为油泵。因为油品易燃易爆，因而要求油泵有良好的密封性能。当输送高温油品（200℃以上）时，需采用具有冷却措施的高温泵。油泵有单吸与双吸、单级与多级之分。国产油泵系列代号为 Y，双吸式为 YS。其型号如 50Y-60A 型，50 代表泵的吸入口的直径为 50mm；Y 代表型号；60 代表该泵在最高效率时的扬程为 60m；A 代表装配的叶轮比该型号的基本型小一级。全系列扬程范围为 5～670m，流量范围为 5～1270m³/h。

（3）防腐蚀泵（F型） 当输送酸、碱及浓氨水等腐蚀性液体时应采用防腐蚀泵，该类泵中所有与腐蚀液体接触的部件都用抗腐蚀材料制造，F型泵多采用机械密封装置，以保证高度密封要求。其系列代号为F，如25F-16A，25代表吸入口的直径25mm；F代表耐腐蚀泵；16代表泵在最高效率时的扬程为16m；A代表装配的叶轮比该型号的基本型小一级。F泵全系列扬程范围为15～105m，流量范围为2～400m³/h。

（4）杂质泵（P型） 用于输送悬浮液及稠厚的浆液时用杂质泵，其系列代号为P。这类泵的特点是叶轮流道宽，叶片数目少，常采用半闭式或开式叶轮，泵的效率低。

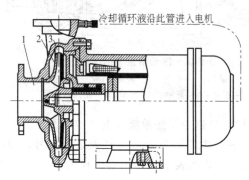

图1-51 屏蔽泵
1—吸入口；2—叶轮；3—集液室

（5）屏蔽泵 近年来，输送易燃、易爆、剧毒及具有放射性液体时，常采用一种无泄漏的屏蔽泵，如图1-51所示。其结构特点是叶轮和电机连接为一个整体封在同一泵壳内，不需要轴封装置，又称无密封泵。

G系列低噪声管道屏蔽电泵采用全封闭、无机械密封的独特结构。定转子采用不锈钢套分别屏蔽密封，输送液体可进入电机内部冷却，从而解决了普通管道电泵因使用机械密封而导致输送介质易泄漏、污染环境、运行可靠性差、维护困难等问题。转动部分则采用石墨轴承支承、输送介质润滑，是低噪声绿色环保型升级换代产品。由于其低噪声、无泄漏、运行可靠、免维护等优点，G系列低噪声管道屏蔽电泵主要用于暖通空调冷热水循环，工业、城市建筑给水，消防管道增压，远距离输水等场合。扬程范围为5～105m；流量范围为1～1080m³/h。

（6）磁力泵（C型） 磁力泵是高效节能的特种离心泵。采用永磁联轴驱动，无轴封装置，消除液体渗透，使用极为安全；在泵运转时无机械摩擦，非常节能。主要用于输送不含固体颗粒的酸、碱、盐溶液和挥发性、剧毒性液体等。特别适用于易燃、易爆液体的输送。C型磁力泵全系列扬程范围为1.2～100m，流量范围为0.1～100m³/h。

1.7.1.6 离心泵的选型

根据工艺条件来选用一种合适的泵，或由于工艺条件变化，判断已有的泵能否满足实际生产的需要，都统称为泵的选型问题。解决这类问题步骤如下。

① 根据被输送液体的性质和操作条件，确定适宜的类型，并查它在输送系统的情况下流量、扬程变化的范围是否处在泵的最高效率附近。例如输送清水或性质与水相近的料液宜用清水泵；输送酸碱腐蚀性介质应使用耐腐蚀泵；输送石油产品则使用油泵等。

② 根据管路系统在最大流量 q_V 下需要的外加压头 H_e 确定泵的型号。在选泵的型号时，要使所选泵所能提供的流量 Q 和压头 H 比工艺要求值稍大一点，即 $Q \geqslant q_V$、$H \geqslant H_e$，或者让点（q_V，H_e）处在 Q-H 线下，还要保证所选泵能在高效范围内运行。选出泵的型号后，列出泵的有关性能参数和转速。若有几种型号的泵能同时满足要求，应从经济及操作上考虑，选择效果最好的型号。

③ 当单台泵的流量或扬程不能满足管路要求时，要考虑泵的串联和并联。远距离输送流体时，应考虑在适当的位置增加泵，以增加输送能力和能量。

④ 核算泵的轴功率。若输送液体的密度大于水的密度，则要核算泵的轴功率。泵的样本或铭牌上标注的性能参数，都是以常温、常压下的水在最高效率点的流量为依据的。但是，实际工作流量不一定与其吻合，其扬程等参数也可能比标注的要大或要小。特别是当输

送介质的密度比水的密度大得较多时，必须校核轴功率，以及校核泵所配用的电机是否够用，从而保证泵运行安全可靠。

【例 1-23】　某输液系统中欲安装一台离心泵，现已知系统所要求的最大流量为 18m³/h，根据系统能量衡算得出，要求泵提供的外加压头为 33m，该料液的相对密度为 1.1，其余性质与水相近，试选定一台合适的泵型。

解：① 确定泵的类型

因为是输送与水性质相近的液体，所以可选用清水泵，然后将系统所要求的能量和外加压头与几种清水泵进行比较。比较可以看出，IS 型泵和 D 型泵均可以满足其流量与压头的要求，但考虑到 D 型泵结构比较复杂，维修不便，价格较高，故选用 IS 型泵。

② 根据要求确定 Q 和 H

从附录中选定 IS 65-50-160 型泵，其性能见表 1-7。

表 1-7　IS 65-50-160 型泵的性能

$Q/(\text{m}^3/\text{h})$	H/m	P/kW	$P_电/\text{kW}$	$\eta/\%$	$\Delta h/\text{m}$
15	35	2.65	5.5	54	2.0
25	32	3.35	5.5	65	2.0
30	30	3.71	5.5	66	2.5

用插入法求得实际工作流量 $Q=18\text{m}^3/\text{h}$ 时其性能

$$Q=18\text{m}^3/\text{h}；H=34.1\text{m}；P=2.86\text{kW}；\eta=0.573；\Delta h=2\text{m}$$

在泵实际运行过程中，要保证要求的输液量，必须将出口阀门关小以增加系统的压头损失，也就是通过流量调节改变工作点。使实际需要的压头为 34.1m，轴功率、效率等参数均有相应的变化。

③ 校核功率

由
$$\eta=\frac{P_e}{P} \text{ 及 } P_e=\frac{Q\rho H}{102}$$

得
$$P=\frac{Q\rho H}{102\eta}=\frac{18\times1100\times34.1}{3600\times102\times0.573}=3.2\text{kW}$$

由计算结果看出，实际消耗的轴功率小于该泵在最大流量（30m³/h）下的轴功率（3.71kW），若按所需电机功率 1.2 倍计算

$$P_d=1.2P=1.2\times3.2=3.84\text{kW}$$

也小于实际配置的电机功率（5.5kW），因此所选的 IS 65-50-160 型的泵适合工艺条件。

1.7.1.7　离心泵安装及操作

（1）**离心泵的安装高度确定**　在生产实际过程中，首先根据工艺要求选定了一台合适的离心泵之后，其次考虑的是泵的使用问题。其中，首先要确定泵的安装位置。在化工生产中，离心泵的入口往往与一个贮槽相连，贮槽液面至泵入口中心线的最大垂直距离，称为泵的允许安装高度或允许吸上高度。泵的允许安装高度可以通过伯努利方程确定。

如图 1-52 所示，设液面压强为 p_1，泵的入口处的压强为 p_2，液体的密度为 ρ，吸入管路中液体的流速为 u_2，吸入管路中的压头损失为 h_f。在贮液槽液面和泵入口之间列伯努利方程，得

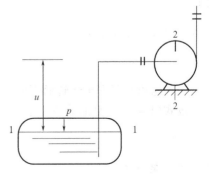

图 1-52　泵安装高度示意图

$$z_1 + \frac{u_1^2}{2g} + \frac{p_1}{\rho g} = z_2 + \frac{u_2^2}{2g} + \frac{p_2}{\rho g} + h_f$$

若以贮液槽液面为基准面，由于贮液槽液面远大于管径的截面，所以有 $z_1 = 0$，$u_1 = 0$。

因此

$$z_2 = \frac{p_1 - p_2}{\rho g} - \frac{u_2^2}{2g} - h_f \tag{1-47}$$

设液面为标准大气压，泵入口处的压强为绝对真空，即压力为 0，并且将式中的动能和阻力损失忽略不计，输送介质为水，此时泵的最大安装高度为

$$z_2 = \frac{p_1 - p_2}{\rho g} - \frac{u_2^2}{2g} - h_f = \frac{p_1 - p_2}{\rho g} = \frac{101.3 \times 10^3}{10^3 \times 9.81} = 10.33\text{m}$$

实际上，泵入口处不可能达到绝对真空，后面两项也不能忽略不计，因此，10.33m 是一个无法实现的理论最大值。不过，它充分说明了泵的安装高度是有限度的。

通过整理伯努利方程有 $p_2 = p_1 - \left(z_2 + h_f + \frac{u_2^2}{2g}\right)\rho g$，由此可知，泵的安装高度 z 越大，泵入口处压力 p_2 越小。而泵入口处压力并非泵内压力最低处，研究表明，离心泵叶轮进口处为泵内压力最低处。这样，当泵的安装高度大到一定程度，即泵入口处压力 p_2 小至某个数值时，泵内压强最低的叶轮进口处压强将等于该条件下被输送液体在输送温度下的饱和蒸气压 p_V，此时液体将汽化产生大量气泡，这些气泡随液体进入叶轮后，由于压力增加，气泡在瞬间破裂形成若干局部真空，其周围的液体质点将在瞬间冲向破裂的气泡中心，其速度是极大的，从而在这些冲击点上产生很高的局部压力，使叶轮表面或泵内表面被击成若干麻点和裂缝而遭到破坏，严重时，泵壳内表面和叶轮将烂成海绵状以致整块地脱落，此种现象称为离心泵的汽蚀。当汽蚀现象发生时，泵体震动、发出噪声，其流量和扬程均将明显下降，严重时泵将无法正常运转，是工业生产中必须杜绝发生的现象。因此，离心泵的允许安装高度应以保证不发生汽蚀现象为前提。

由于汽蚀现象发生在泵进口处压力降低至被输送液体在输送温度下的饱和蒸气压时，为此，可以规定一个保证泵内任一处均不发生汽蚀的进口压强 p_2，其值应比输送液体在输送温度下的饱和蒸气压 p_V 大一个足够的量。目前，工程上对各种泵都作了统一规定，即离心泵入口处液体的静压头及动压头之和必须大于液体在操作温度下的饱和蒸气压头，并将它们之间的压头差称为汽饱余量，用符号 Δh 表示，即

$$\Delta h = \left(\frac{p_2}{\rho g} + \frac{u_2^2}{2g}\right) - \frac{p_V}{\rho g} \tag{1-48}$$

移项得

$$\frac{p_2}{\rho g} + \frac{u_2^2}{2g} = \Delta h - \frac{p_V}{\rho g}$$

代入式(1-47) 得，离心泵的最大安装高度

$$z_2 = \frac{p_1 - p_V}{\rho g} - \Delta h - h_f \tag{1-49}$$

为确保离心泵安全运转而不发生汽蚀，工程上还规定了 1m 的安全余量，即实际安装高度比按式(1-49) 计算的数值再小 1m。

$$z_2 = \frac{p_1 - p_V}{\rho g} - \Delta h - h_f - 1 \tag{1-50}$$

离心泵样本上的 Δh 是以 293K 的清水为介质测定的。当输送其他液体时，应按式(1-51)进行校正。

$$\Delta h' = \varphi \Delta h \tag{1-51}$$

式中，Δh 为样本中所查到的允许汽蚀余量；$\Delta h'$ 为输送某液体时的实际允许汽蚀余量；φ 为校正系数。

当输送液态烃时，其 φ 值可以根据它在操作温度下的密度与饱和蒸气的值由 Δh 校正图查出。当饱和蒸气压小于标准大气压时，$\varphi = 1$，即可以不予校正。

【例 1-24】 利用一台 IS 50-32-125 离心泵输送车间的冷凝热水，已知水温大约为 343K、压强为 2×10^{-4}MPa（表压），设最大流量下吸入管路的损失压头为 4.6m，试确定此泵的安装高度。当地大气压按标准大气压计。

解： 从附录中查出 IS 50-32-125 型泵在最大流量时的允许汽蚀余量 $\Delta h = 2$m。又查得 343K 时，水的 $\rho = 980$kg/m³，$p_V = 31.16 \times 10^{-3}$MPa，已知贮槽液面上压力为

$$p_1 = 101.3 \times 10^{-3} + 2 \times 10^{-4} = 101.5 \times 10^{-3} \text{MPa}$$

由于 p_V 小于 0.1MPa，可取 $\varphi = 100\%$，故直接计算。将以上各值代入式(1-50)，得

$$z_2 = \frac{p_1 - p_V}{\rho g} - \Delta h - h_f - 1 = \frac{(101.5 - 31.16) \times 10^3}{980 \times 981} - 2 - 406 - 1 = -0.28 \text{m}$$

安装高度为负值，说明该泵应安装在贮槽液面下方至少 0.28m 处。这种进液管处在贮槽液面下方的进液方式称为灌注，是化工生产中常见的离心泵吸液方式，广泛用在高温流体的输送中（如本例）。

【例 1-25】 某工厂使用一台 80Y-100 油泵输送某种烃类液体，已知槽内液面压力为 0.38MPa，液面降到最低时比泵入口中心线低 4.8m。操作条件下物料的密度为 580kg/m³，饱和蒸气压为 0.34MPa，泵吸管路的压头损失为 2m，允许气蚀余量校正系数 $\varphi = 0.95$。试确定该泵能否正常工作。

解： 判断这台泵能否正常工作，主要是核算其安装高度是否符合不发生汽蚀的要求。为此，先算出其允许的安装高度。

$$z_2 = \frac{p_1 - p_V}{\rho g} - \Delta h - h_f - 1$$

已知：$p_1 = 0.38$MPa，$p_V = 0.34$MPa，$\rho = 580$kg/m³，由附录查得 80Y-100 油泵在最大流量时的 $\Delta h = 3.2$m。

则

$$\Delta h' = \varphi \Delta h = 0.95 \times 3.2 = 3.04 \text{m}$$

代入泵安装高度的计算式，得

$$z_2 = \frac{p_1 - p_V}{\rho g} - \Delta h - h_f - 1 = \frac{(0.38 - 0.34) \times 10^6}{580 \times 9.81} - 3.04 - 1 = 0.99 \text{m}$$

由于泵的实际安装高度为 4.8m，远大于允许的安装高度 0.99m，因此该泵不能正常工作。

（2）离心泵在操作过程应注意事项

在离心泵的安装与使用过程中，应当注意以下几个事项。

① 工业生产中的用泵点，多数采用两台并联安装，一用一备。一方面便于检修及维护；另一方面一旦出现故障，可以保障生产正常运行。

② 确保每台泵的安装高度均等于或小于允许安装高度。

③ 为防止变径处积存空气而发生"气缚"现象。安装时尽可能降低吸入管路中的能量损失，管路尽可能短而直。吸入口的直径不应小于入口的直径，如果采用的管径大于吸入口直径，应当避免图 1-53(a) 所示的错误连接方式。

④ 在泵启动时，为了防止"气缚"现象的发生，在泵启动前，必须向泵内灌满液体，直至泵壳顶部排气嘴处在打开状态下有液体冒出为止。

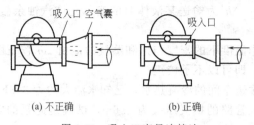

(a) 不正确   (b) 正确

图 1-53　吸入口变径连接法

⑤ 在泵启动时，为了不致因启动时电流过大而烧坏电机，泵启动前，应将泵出口阀完全关闭，待电机运转正常后再打开出口阀。

⑥ 在泵使用过程中，由于生产任务的变化，有可能出现泵的额定流量与生产要求不相适应的情况，此时，应及时调节出口阀的开度，以有效地满足生产要求。

⑦ 为了保证密封可靠和避免轴过度磨损，在泵的运转过程中还应经常检查密封的泄漏和发热情况。当使用填料密封时，填料压得过紧就会造成轴的磨损和发热，甚至将填料和轴烧坏。如果压得过松，则起不到密封作用。合理的松紧程度通常以每秒钟泄漏 1 滴为宜。

⑧ 在停车时，为了保护设备，停车前应首先关闭出口阀，再关闭电机。否则压出管中的高压液体可能反冲入泵内，造成叶轮高速反转以致损坏。若停车时间长，应将泵内和管路内的液体放尽，以免锈蚀或冬天被冻裂。

⑨ 运转过程中，应当注意有无不正常的噪声，观察压力表是否正常，并定期检查。

1.7.2　其他类型泵

1.7.2.1　往复泵

往复泵是最早发明的提升液体的机械。目前由于离心泵具有显著优点，往复泵已逐渐被离心泵所取代，所以应用范围逐渐减少。但由于往复泵在压头剧烈变化时仍能维持几乎不变的流量特性，所以往复泵仍然有所应用。它适于小流量、高扬程情况下输送高黏性液体，例如机械装置中的润滑设备和水压机等处，小型锅炉和采暖炉房中，利用锅炉饱和蒸汽为动力的蒸汽活塞泵向锅炉补给水。

如图 1-54 所示，往复泵属于容积泵，主要部件包括泵缸 1、活塞（或柱塞）2、活塞杆 3、吸入阀 4 和排出阀 5、阀门、泵缸与活塞构成泵的工作室。

当活塞自左向右移动时，工作室内容积增大，形成低压。贮液池内的液体在压差的作用下，被压进吸入管，顶开吸入阀而进入工作室，此时排出阀因受压而关闭。当活塞移到右端时，工作室的容积为最大，吸入液体量达到最大值。此后活塞便开始向左移动，工作室内液体受压压力升高，使吸入阀关闭，排出阀被推开，液体进入排出管，当活塞移到左端时，排液完毕，完成一个工作循环。此后，活塞向右移动，开始了下一个循环。

对于电动往复泵，电动机通过减速箱和曲柄连杆机构与泵相连，变旋转运动为往复运动。

对于蒸汽往复泵，泵的活塞和蒸汽机的活塞共同连在一根活塞杆上，构成一个总的机组。

图 1-54 为单动往复泵，活塞往复一次吸液排液各一次。图 1-55 为双动往复泵，此泵不采用活塞而用柱塞，柱塞两侧都有吸入阀（下方）和排出阀（上方）。柱塞向右移动时，左侧的吸液阀开启，右侧的吸液阀关闭，液体经左侧吸入阀进入工作室，同时左侧排出阀关闭，右侧排出阀开启，液体从右侧的工作室排出。当柱塞向左移动时，右侧吸液阀开启吸液，而右侧排出阀关闭，左侧排出阀开启排液，其左侧吸液阀关闭。如此往复循环。在一个工作循环中，吸液排液各两次。对三联泵，一个工作循环中，吸液排液各三次。

图 1-56 为往复泵的流量曲线，（a）为单动泵的流量曲线，一个工作循环中排液只一次，间断供液，且一次供液过程中，流量由零到最大值，又由最大值到零，这是因为活塞通过连杆和曲柄带动，它在两个端点之间的往复运动速度是变化的，液体的流速也随着变动，所以流量脉动且不均衡；（b）为双动泵的流量曲线，虽然流量均衡性有所改善，但仍然不均匀；

（c）为三联泵的流量曲线，流量比较均匀，但还是存在脉动现象。

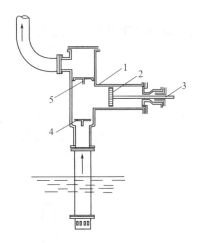

图 1-54 单动往复泵装置简图

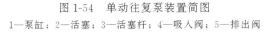

1—泵缸；2—活塞；3—活塞杆；4—吸入阀；5—排出阀

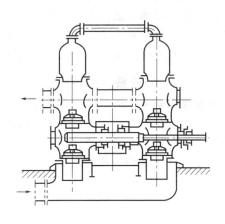

图 1-55 双动往复泵

在图 1-55 中，两排出阀的上方有两个扩大的空间，称空气室，能起到减少流量的波动的作用。一个循环中，一侧的排液量大时，一部分液体便被压入该侧的空气室；该侧排出量小时，空气室内一部分液体又回到排出口，从而使流量变得均匀些。

往复泵的流量只与工作室的容积及活塞的往复频率有关，因此，其流量是恒定的。这种特性称为正位移特性，它决定了往复泵不能像离心泵那样直接通过出口阀调节流量。但可以通过改变活塞的往复频率和冲程改变往复泵的流量。

往复泵和离心泵一样，借助贮液池液面上的大气压力来吸入液体，所以安装高度也有一定限制。但是，往复泵的吸液是靠工作室容积的扩张完成的，所以在启动之前泵内没有液体也能完成吸液，因此，往复泵有自吸能力，不需要灌泵。

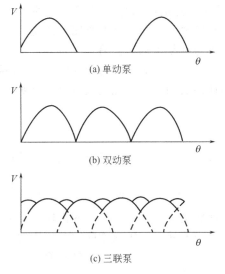

图 1-56 往复泵的流量曲线图

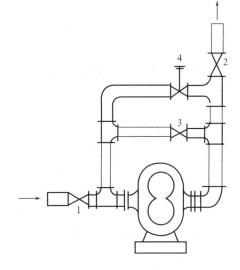

图 1-57 正位移泵的流量调节管路

1—吸入管路上阀；2—排出管路上阀；
3—支路阀；4—安全阀

工业生产中，正位移泵的流量都是通过旁路调节的，往复泵也不例外。如图 1-57 所示。

通过排出管路上阀2和支路阀3调节进入下游管路的流量，在开车时，两阀中必须有一个是开着的。安全阀4的作用是限压。

往复泵的效率一般在 $70\%\sim90\%$，适于输送高压、高黏度液体及对流量稳定性要求不高的场合。但不宜直接输送腐蚀性液体和有固体颗粒的悬浮液。为了保证系统的稳定性，也可以先用往复泵将流体送入高位槽，再送到系统中。

1.7.2.2　计量泵（比例泵）

计量泵的基本构造与往复泵相同，但它可准确方便地改变柱塞行程以调节流量。化工生产中有时要求精确地输送恒定流量的液体或将几种液体按一定比例输送，而计量泵可以满足这些要求。如化工生产中的反应器有时可通过一台电机带动几台计量泵按比例供液，如图 1-58 所示为计量泵的一种形式。

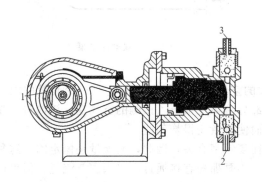

图 1-58　计量泵

1—可调整的偏心装置；2—吸入口；3—排出口

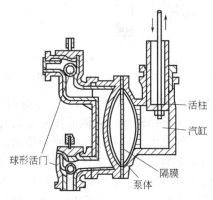

图 1-59　隔膜泵

1.7.2.3　隔膜泵

隔膜泵也是柱塞往复泵，专用于输送腐蚀性液体或含有悬浮物的液体。它用弹性薄膜（橡胶、皮革、塑料或弹性金属薄片等）将泵分隔成不连通的两部分，如图 1-59 所示，被输送的液体位于隔膜一侧，柱塞位于另一侧，彼此不相接触，避免了柱塞受腐蚀或受磨损，柱塞往复运动通过介质（油或水）传递给薄膜，隔膜也做往复运动，使另一侧被输送的液体经球形活门吸入或排出。通过隔膜使易于磨损的柱塞不与腐蚀性液体或悬浮物液体直接接触，与液体接触的活动部件是活门，这样使该泵设计与使用成为可能。隔膜泵可以用活塞或柱塞带动，也可用压缩空气来带动。

1.7.2.4　旋转泵

旋转泵靠泵内一个或多个转子的旋转来吸入和排出液体，又称转子泵。旋转泵的形式有多种，操作原理则大致相同，现举两例说明如下。

（1）齿轮泵　齿轮泵的结构示意图如图 1-60 所示，泵壳内有两个齿轮，一个由电机直接带动，称为主动轮，另一个是靠与主动轮相啮合而转动，称为从动轮。两齿轮与泵壳间形成吸入与排出两个空间，当齿轮按图中所示的箭头方向旋转时，吸入空间内两齿轮的齿互相拨开，形成低压而吸入液体，然后分为两路沿壳壁被齿轮嵌住，并随齿轮转动而达到排出空间。排出空间内两齿轮的齿互相啮合，于是形成高压而将液体排出。

齿轮泵的特点是压头高而流量小，可用于输送黏稠液体以至膏状物料，但切忌输送有固体颗粒的悬浮液。同往复泵相比，其流量要均匀得多。

（2）螺杆泵　螺杆泵主要由泵壳与一根或两根及以上的螺杆构成。图 1-61 所示为双螺杆泵，实际上与齿轮泵十分相似，利用两根互相啮合的螺杆来吸收液体并排出液体。当所需的压力很高时，可采用较长的螺杆。

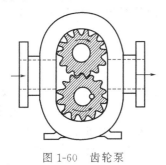

图 1-60　齿轮泵

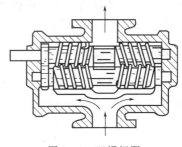

图 1-61　双螺杆泵

螺杆泵压头高、效率高、噪声小，适于在高压下输送黏稠液体。同样不能输送含固体颗粒的液体。

1.7.2.5　漩涡泵

漩涡泵是一种特殊类型的离心泵，如图 1-62(b) 所示，由泵壳与叶轮组成；图 1-62(a) 为叶轮，叶轮是一个圆盘，叶轮圆盘外周两侧加工成许多凹槽，凹槽之间铣成叶片 4。由图 1-62(b)可以看出泵壳的吸入口与排出口之间设有隔离壁 1，隔离壁与叶轮间的缝隙很小，使泵内分隔为吸入腔 2 与压出腔 3。吸入腔与压出腔外侧，绕叶轮周边有不大的混合室，见图 1-62(c)。

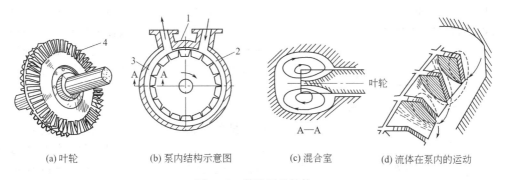

(a) 叶轮　　　(b) 泵内结构示意图　　　(c) 混合室　　　(d) 流体在泵内的运动

图 1-62　漩涡泵的结构

1—隔离壁；2—吸入腔；3—压出腔；4—叶片

叶轮旋转时带动来自吸入口的液体前进，同时液体在叶片间的流道内借离心力加压后到达混合室，在混合室内部分地转换为压力能，然后又被叶轮带动向前重新进入叶片流道内加压。由此分析可知，液体可视为受多级离心泵的作用被多次增压，这种增压作用直到压出腔末端引向排出口。流体在泵内的流动情况见图 1-62(d)。

液体在叶片间的流道内反复迂回是靠离心力的作用而加压的，故漩涡泵在开动前也要灌满液体。

漩涡泵的最高效率比离心泵的低，特性曲线与离心泵有所差异，如图 1-63 所示。当流量减小时，压头升高很快，轴功也增加，所以此泵操作应避免在太小的流量下或出口阀关闭的情况作长时运转。为此也采用正位移泵所用旁路调节法调节流量，以保证

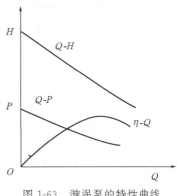

图 1-63　漩涡泵的特性曲线

泵与电机的安全。漩涡泵 $P\text{-}Q$ 线是下倾的,当流量为零时,轴功率最大,所以泵启动时,出口阀必须打开。

漩涡泵适于输送量小、压头高而黏度不大的液体〔液体黏度不大于 $(5\sim6)\times10^{-6}\,m^2/s$〕,且输送液体不能含有固体颗粒。

1.7.3 往复式压缩机

往复压缩机的基本结构和工作原理与往复泵相似。主要部件有汽缸、活塞、吸气阀和排气阀。依靠活塞的往复运动将气体吸入和压出。但是,由于往复压缩机处理的气体密度小、具有可压缩性,压缩后气体的温度升高,体积变小。因此往复压缩机又有其特殊性。为了便于分析往复压缩机的工作过程,以单动往复式压缩机为例,并假定被压缩气体为理想气体,气体在流经气阀时的阻力可以忽略不计,压缩过程中没有泄漏,因此在吸气过程中,汽缸内的气体压力恒等于入口处的压力;在排气过程中汽缸内的压力恒等于出口处的压力。

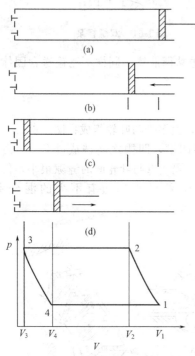

图 1-64　往复式压缩机的工作循环

1.7.3.1 往复式压缩机的工作过程

单动往复机的压缩循环过程按图 1-64 上所示的四个阶段进行,即压缩阶段、排气阶段、膨胀阶段和吸气阶段。

(1) 压缩阶段　活塞自最右端向左运动,由于吸气阀和排气阀都是关闭的,气体的体积逐渐缩小,压力逐渐升高,直至汽缸内气体的压力升高至排气阀外的气体压力 p_2 为止,此时对应的气体体积为 V_2。若压缩过程为等温过程,则气体状态变化如图 1-64 中曲线 1-2 所示。

(2) 排气阶段　当汽缸内气体压力达到稍大于 p_2 时,排气阀被顶开,气体排出(此时气体压力可认为等于 p_2),直至活塞达到左端的极限位置为止。此时的状态以点 3,汽缸内压强为 p_3,汽缸内气体体积为 V_3。

(3) 膨胀阶段　活塞达到左端最大位置时,活塞与汽缸盖之间必须有一段很小的间隙,否则将发生碰撞。这个间隙通常称为“余隙”。由于余隙的存在,汽缸内将保存一部分高压气体,当活塞从左死点向右移动时,这部分气体将逐渐膨胀;压力逐渐降低,直至略小于进口压强,此时在外界大气压的作用下吸入阀门打开为止,其状态以点 4,汽缸内压力为 p_4,汽缸内气体体积为 V_4。

(4) 吸气阶段　吸入阀门打开之后,气体被吸入汽缸内,活塞继续移动,气体则不断吸入,压力保持 p_2 不变,直至活塞达到右端点,状态回复到点 1 为止,汽缸内压强为 p_1,汽缸内气体体积为 V_1。

综上所述,活塞往复运动一次,压缩机实现了一个工作循环,往复式压缩机的工作循环由吸气-压缩-排气-膨胀四个阶段组成,$p\text{-}V$ 图上四条对应线段代表了这四个阶段的变化过程。

1.7.3.2 往复压缩机的主要性能参数

(1) 排气量　往复压缩机的排气量又称压缩机的生产能力,它是指压缩机单位时间排出的气体体积，其值以入口状态计算。若无余隙存在，往复压缩机的理论吸气量计算式和往复泵的相类似，但由于压缩机余隙的存在，气体通过阀门的流动阻力、气体吸入汽缸后温度的升高及压缩机的各种泄漏等因素的影响，使压缩机的生产能力比理论值为低。

（2）轴功率和效率　实际所需的轴功率比理论功率要大，即

$$P = \frac{P_e}{\eta} \tag{1-52}$$

式中　P——压缩机的轴功率，kW；

P_e——压缩机的理论功率，kW；

η——总效率，一般取 $\eta = 0.7 \sim 0.9$，大型压缩机的总效率大于 0.8。

（3）压缩比和多级压缩　压缩比是压缩机出口压力和进口压力之比。当生产过程的压缩比大于 8 时，因压缩造成的升温会导致吸气无法完成或润滑失效或润滑油燃烧，因此，当压缩比较高时，常采取多级压缩。所谓多级压缩是指气体连续依次经过若干汽缸的多次压缩，两级压缩之间设置冷却，从而安全达到最终压力。多级压缩的优点是：①避免排出气体温度过高；②提高汽缸容积利用率；③减少功率消耗；④压缩机的结构更为合理，从而提高压缩机的经济效益。但若级数过多，则会使整个压缩系统结构复杂，能耗加大。

1.7.3.3　往复压缩机的类型和选用

往复压缩机的形式很多，分类方法也很多：①按所压缩气体的种类分为空气压缩机、氧压缩机、氢压缩机、氨压缩机以及石油气压缩机等；②按活塞在往复一次过程中吸、排气的次数分为单动、双动和多动泵；③按气体受压缩的次数分为单级、双级和多级等；④按压缩机的生产能力分为小型（$10\text{m}^3/\text{min}$ 以下）、中型（$10 \sim 30\text{m}^3/\text{min}$）和大型（$30\text{m}^3/\text{min}$ 以上）三种；⑤按压缩机出口压力分为低压（1MPa 以下）、中压（$1 \sim 10$MPa）、高压（$10 \sim 100$MPa）以及超高压（100MPa）四种；⑥按汽缸在空间的位置分为立式、卧式、角式和对称平衡式等。

按空间位置分类的方法最为普遍，立式的汽缸中心线是与地面垂直的，代号为 Z。由于活塞上下运动，对汽缸的作用力较小，磨损小并较为均匀；另外，活塞往复运动的惯性力与地面垂直，所以振动小，基础小，整个机器的占地面积也小。卧式的汽缸中心线是水平的，代号为 P，卧式压缩机的特点是机身低而长，水平方向的惯性力大，占地面积大，对基础的要求也比较高，但操作维修方便。角式，即两个汽缸的中心线按一定的角度排列，又分为 L 型、V 型、W 型等。角式压缩机最主要的优点在于其活塞往复运动的惯性力有可能被转轴上的平衡重量所平衡，其基础比立式的还要小。但由于有的汽缸是倾斜的，检修不大方便，一般在中、小型压缩机中采用。对称平衡式，即汽缸对称地布置在电动机飞轮两侧，有 H 型和 M 型。对称平衡式压缩机的平衡性能好，运转平稳，整个机器处在管理人员的视线范围之内，操作和维修都很方便，在大型压缩机中采用。

生产上选用压缩机时，首先应根据压缩气体的性质以确定压缩机的种类，如空压机、氨压机等。然后根据生产任务及厂房的具体条件选定压缩机的结构形式，如立式、卧式、角式等。最后根据生产上所要求的排气量和排气压力，从压缩机的样本或产品目录中选择合适的型号。必须注意，样本或说明书上标注的生产能力都是指标准状态下的体积流量，如果实际操作状态与其相差较大，则应进行校正。

1.7.4　离心式压缩机

离心式压缩机又称透平式压缩机。它的主要特点是转速高（可高达 1×10^4r/min 以上）、运转平稳、气量大。随着化工生产日益朝着大型化发展，离心式压缩机在大型化工生产中的应用越来越多，特别是在一些要求中、低压强，而排气量很大的情况下，它已经显示出取代

往复压缩机的趋势。据资料介绍，目前全世界日产600t以上的合成氨生产中已全部采用了离心式压缩机。在我国，近年来引进的一些大型化工生产装置中也多数采用了离心式压缩机。为此，本书将对离心式压缩机的工作原理以及与操作有关的问题作简要介绍。

1.7.4.1 离心式压缩机的结构和工作原理

离心式压缩机的结构和工作原理和多级离心泵相似，气体在叶轮带动下做旋转运动，由

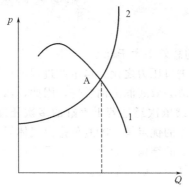

图 1-65 离心式压缩机的工作点

于离心力的作用使气体压强增高，经过多级的增压作用，最后可以得到相当高的排气压强。离心式压缩机的工作点见图1-65。目前离心式压缩机的生产能力可以达到3500m³/min，出口最大压力可以达到几十兆帕。

由于气体的压力增高较多，气体的体积变化较大，所以叶轮的直径应制成不同的大小，一般是将其分成几段，每段包括若干级，每段叶轮的直径和宽度依次缩小。段与段之间设置中间冷却器，以避免气体的温度过高。

与往复式压缩机相比较，离心式压缩机具有体积小、重量轻、占地少、运转平稳、排量大而均匀，操作维修简单等优点，但也存在着制造精度要求高、不易加工、给气量变动时压强不稳定、负荷不足时效率显著下降等缺点。

1.7.4.2 离心式压缩机的特性曲线、工作点与气量调节

（1）特性曲线及工作点　和离心泵一样，离心式压缩机的特性曲线都是对特定的压缩机、在一定的转速下，通过实验测定的，它表示了该压缩机的压缩比 ε（或排气压强 p_2）、流量 Q、功率 P 以及效率 η 随排气量（按进气状态计算）变化而变化的规律。对大多数透平式压缩机而言，$Q\text{-}\varepsilon$（或 $Q\text{-}p$）曲线是一条在气量不为零处有一个最高点、呈驼峰状的曲线，在最高点右侧，压缩比 ε（或排气压力 p_2）随着流量的增大而急剧降低。在一定范围内，透平式压缩机的功率 P、效率 η 随着流量 Q 增大而增大，但当增至一定限度后，却随流量增大而减小。

气体通过管网时，要克服一系列的阻力，还需要保持一定的压力。表示气流通过管网所需的压强 p 和流量 Q 之间关系的曲线（$Q\text{-}p$ 曲线），称为管网性能曲线。和离心泵相似，压缩机的管网特性曲线是一条抛物线，它和压缩机特性曲线的交点 A 便是该压缩机的工作点。

（2）气量调节　压缩机安装在特定管路中，工作点只有一个，如果工作点不是任务需要的，就必须进行调节，以满足用户的需要。这种改变特性曲线的位置、以适应工作需要的方法，称为离心式压缩机的气量调节。

离心压缩机不能像离心泵那样通过出口阀来实现气量调节，因为这样会造成整个管网系统中的能耗增大。目前，多采用进口节流调节，即通过调整进口阀门的开度来改变压缩机的特性曲线。如图1-66所示，若把进口阀门关小，压缩机的特性曲线由原来的曲线1变为曲线1′，工作点由原来的 A 变为 A′，相应的流量和压力都发生了变化。在气量调节时，改变压缩机本身的特性曲线，而不是改变管路特性（此处称管网特性）曲线，这是与离心泵的流量调节的显著区别。在实际操作中，不可避免地会出现某些干扰因素，如进气条件的变化、气流的不均匀、气流速度的微小变化以及管网阻力的变化等，都可能造成工作点的偏移。如果压缩机的工作点 A 在 $Q\text{-}\varepsilon$（$Q\text{-}p$）曲线最高点的右侧，随着机器的继续运行，工作点将自动地返回至原来的 A 点。如图1-67(a)所示，系统的流量发生瞬间变化，从 Q 变化为 Q_1，管网上的压力增大为 p_{B_1}，而压缩机出口压力则降为 p_{A_1}，这样压缩机与管网之间出现了压力

差（$p_{B_1} - p_{A_1}$），它促使压缩机中的流量减小，即由 Q_1 回复到 Q，工作点又回到 A 点。同样，当出现 $Q_2 < Q$ 时，压缩机的排气压力大于管网上的压强，将会促使流量变大，有使整个系统恢复到正常的趋势。因此，在 Q-p 曲线最高点右侧是一个稳定工作区。如果压缩机工作点是在 Q-p 曲线最高点的左侧，当操作中因出现某些干扰因素而造成 1 工作点偏移时，工作点不可能再回复到原来的 A 点，它是一个不稳定的工作区。如图 1-67（b）所示，系统的流量发生瞬间变化，从 Q 变为 Q_1，机器的出口压力相应地降为 p_{A_1}，由于气体的可压缩性，管网上气体的压力不可能很快下降，即形成一定的压力差，通过压缩机的气流将因受到阻碍而造成流量进一步减小，出口压力也进一步降低，以致最后造成管路中的气流倒流到压缩机内。这时，管路中的压力很快下降，倒流的气量也将迅速减少。管网中的压力低于压缩机的出口压力时，倒流停止，压缩机又开始向管网供气，经过压缩机的气量也逐渐增大。但是，当管网中的压强恢复到原来大小时，压缩机的流量又开始减小，气流倒流又一次产生，就这样，在整个系统内将出现周期性的气流振荡，这种现象称为喘振。喘振现象一旦发生，噪声加剧，整个机器强烈地振动，并可能损坏压缩机的轴承和密封，造成严重的事故。

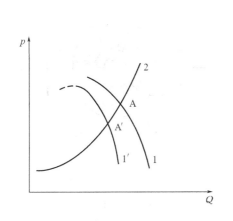

图 1-66　进口节流调节原理

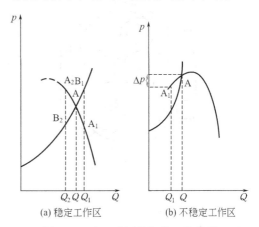

(a) 稳定工作区　　(b) 不稳定工作区

图 1-67　离心式压缩机的工作状况

　　喘振现象可以凭借实际操作中的经验来判断：当压缩机正常运转时，噪声较低且是连续的，出口压强指示计上的指针总是在平均值附近摆动，而且变动的幅度不大，整个机器振动也比较大。喘振时气流所发出的噪声加剧，而且时高时低，出现明性的变化，压强指示计指针的摆动幅度很大，机器处在强烈的振动状态。

　　通常在压缩机的管路中装有防止喘振的装置。在出口管路中安装放空阀或部分放空并回流，就是其中的两种防止喘振的方法。当压缩机的排气量降低到接近喘振点时，将放空阀打开，使一部分气流放空或回至吸气管内，促使通过压缩机的气量总是大于管网上的气量，从而保证系统总是处在正常的工作状态。

1.7.5　其他气体压送机械

1.7.5.1　离心式鼓风机

　　其工作原理是由电机直接带动叶轮进行高速旋转，形成压力差。结构外壳也为蜗壳形，只是外壳直径和宽度都大、叶轮的叶片数目较多、转速较高。单级离心鼓风机的出口表压相对比较小，当出口表压较高时，均采用多级离心鼓风机。

1.7.5.2　罗茨鼓风机

　　罗茨鼓风机的基本结构如图 1-68 所示，其主要部件是机壳内有两个特殊形状的转子

（常为腰形或三星形）。

罗茨鼓风机的工作原理和齿轮泵相似，两个转子的旋转方向相反，气体从机壳一侧吸入，从另一侧排出，其流量范围在 $2\sim500\text{m}^3/\text{min}$，最大可达 $1400\text{m}^3/\text{min}$。

罗茨鼓风机属于容积式机械，其排气量与转速成正比。当转速一定时，风量与风机出口压力无关，表压为 40kPa 上下时效率较高。罗茨鼓风机一般通过旁路调节法调节流量，其出口应安装气体稳压罐并配置安全阀。

1.7.5.3 液环压缩机

液环压缩机又称纳氏泵，它主要由略似椭圆的外壳和旋转叶轮组成，壳中盛有适量的液体，其装置如图 1-69 所示。当叶轮旋转时，由于离心力的作用，液体被抛向壳体，形成椭圆形的液环，在椭圆形长轴两端形成两个月牙形空隙。当叶轮回转一周时，叶片和液环间所形成的密闭空间逐渐变大和变小各两次，气体从两个吸入口进入机内，而从两个排出口排出。吸气量可达 $30\text{m}^3/\text{min}$。

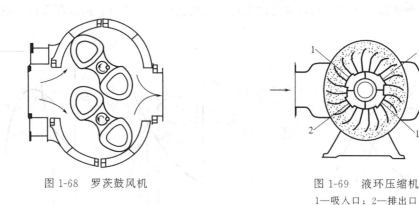

图 1-68　罗茨鼓风机　　　　　　图 1-69　液环压缩机
　　　　　　　　　　　　　　　　　1—吸入口；2—排出口

液环压缩机内的液体将被压缩的气体与机壳隔开，气体仅与叶轮接触，只要叶轮用耐腐蚀材料制造，则适宜于输送腐蚀性气体。壳内的液体应与被输送气体不起作用，例如压送氯气时，壳内的液体可采用硫酸。液环压缩机的压缩比可达 $6\sim7$，但出口表压在 $150\sim180\text{kPa}$ 的范围内时效率最高。

1.7.5.4 真空泵

从设备或系统中抽出气体使其绝对压力低于大气压的机械称为真空泵。从原则上讲，真空泵就是在负压下吸气，一般是大气压排气的输送机械。在真空技术中，通常把真空状态按绝对压力高低划分为低真空、中真空、高真空、超高真空及极高真空 5 个真空区域。为了产生和维持不同真空区域的压力，设计出多种类型的真空泵。化工生产中用来产生低、中真空的真空泵有往复真空泵、旋转真空泵（包括液环真空泵、旋片真空泵）和喷射真空泵等。

（1）往复真空泵　往复真空泵属于干式真空泵，其构造和工作原理与往复式压缩机基本相同。但是，由于真空泵所抽吸气体的压力很小，且其压缩比又很高（通常大于20），因而真空泵吸入和排出阀门必须更加轻巧灵活、余隙容积必须更小。为了减小余隙的不利影响，真空泵汽缸设有连通活塞左右两侧的平衡气道。若气体具有腐蚀性，可采用隔膜真空泵。

（2）液环真空泵　用液体作工作介质的粗抽泵称为液环真空泵。其中，用水作工作介质的叫水环真空泵，其他还可用油、硫酸及乙酸等作工作介质。工业上水环真空泵应用居多，其结构如图 1-70 所示。

　　水环真空泵的外壳内偏心地安装有叶轮，叶轮上有辐射状叶片 2，泵壳内约充有一半容积的水。当叶轮旋转时，形成水环 3。水环有液封作用，使叶片间空隙形成大小不等的密封小室。当小室的容积增大时，气体通过吸入口 4 被吸入；当小室变小时，气体从排出口 5 排出。水环真空泵运转时，要不断补充水以维持泵内液封。水环真空泵属湿式真空泵，吸气中可允许夹带少量液体。当被抽吸的气体不宜与水接触时，泵内可充以其他液体。

　　（3）旋片真空泵　旋片泵是获得低、中真空的主要真空泵种之一。它可分为油封泵和干式泵。根据所要求的真空度，可采用单级泵（极限压力为 4Pa，通常为 50～200Pa）和双级泵（极限压力为 0.06～0.01Pa），其中以双级真空泵应用更为普遍。

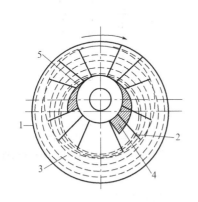
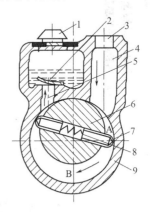

图 1-70　水环真空泵简图
1—外壳；2—叶片；3—水环；4—吸入口；5—排出口

图 1-71　单级旋片真空泵
1—排气口；2—排气阀片；3—吸气口；4—吸气管；
5—排气管；6—转子；7—旋片；8—弹簧；9—泵体

　　以图 1-71 所示的单级旋片真空泵为例来介绍泵的工作过程。当带有两个旋片 7 的偏心转子按图中箭头方向旋转时，旋片在弹簧 8 的压力及自身离心力的作用下，紧贴着泵体 9 的内壁滑动，吸气工作室的容积不断扩大，被抽气体流经吸气口 3 和吸气管 4 进入其中，直到旋片偏转到垂直位置时完成一次吸气过程，吸入的气体被旋片隔离。转子继续旋转，被隔离气体逐渐被压缩，压力升高。当压力超过排气阀片 2 上的压力时，则气体从排气口 1 排出。转子每旋转一周有两次吸气和排气过程。

　　旋片真空泵具有使用方便、结构简单、工作压力范围宽、可在大气压下直接启动等优点，应用比较广泛。但旋片真空泵不适用于抽除含氧过高、有爆炸性、有腐蚀性、对油起化学反应及含颗粒尘埃的气体。

　　（4）喷射泵　喷射泵是利用流体高速流动时所造成的低压而抽送流体的。工作流体既可以是蒸汽，也可以是液体。被抽送的流体可是气体，也可以是液体。化工生产中，喷射泵常用于抽真空，故它又称为喷射真空泵。

　　图 1-72 所示为单级蒸汽喷射泵。工作蒸汽以很高的速度从喷嘴 3 喷出，在喷射过程中，蒸汽的静压能转变为动能，产生低压，而将气体吸入。吸入的气体与蒸汽混合后进入扩散管 5，使部分动能转变为静压能，而后从压出口排出。

　　单级蒸汽喷射泵可达到 99% 的真空度，若要获得更高的真空度，可以采用多级蒸汽喷射泵。图 1-73 所示为三级蒸汽喷射泵。工作蒸汽与被抽气体先进入第一级喷射泵，混合气体经冷凝器 2 使蒸汽冷凝，气体则进入第二级喷射泵 3，而后顺序通过冷凝器 4、第三级喷射泵 5 及冷凝器 6，最后由排出喷射泵 7 排出。辅助喷射泵 8 与主要喷射泵并联，用以增加启动速度。当系统达到指定的真空度时，辅助喷射泵可停止工作。由于被抽送流体与工作流体混合，喷射真空泵的应用范围受到一定限制。

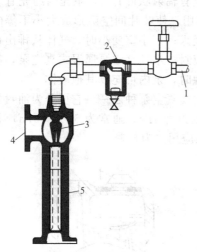

图 1-72 单级蒸汽喷射泵

1—工作蒸汽入口；2—过滤器；

3—喷嘴；4—吸入口；5—扩散管

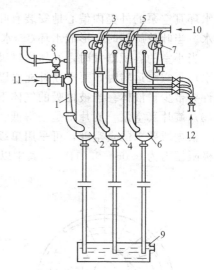

图 1-73 三级蒸汽喷射泵

1,3,5—第一级、第二级、第三级喷射泵；2,4,6—冷凝器；7—排出喷射泵；8—辅助喷射泵；9—槽；10—工作蒸汽；11—气体入口；12—水进口

1.8 流体输送节能技术简介

随着世界能源的日趋紧张，节能减排已经成为世界能源发展的重要组成部分。为了应对能源紧张的严峻现实，我国相继出台了多种法规来促进节能减排工作。石油和化工企业作为高耗能企业，节能减排既是国家政策的要求和必须完成的任务，也是提高自身竞争力的重要手段之一。在石油和化工企业中，多数物料都是以流体形式存在的，流体输送十分普遍，因此，降低流体输送的能量消耗对于节能减排具有重要意义。

在流体输送过程中，造成能量消耗过多的主要原因如下。

第一，流体输送机械的选型错误。一些老企业的旧工艺系统仍在使用低效率的输送机械。

第二，在流体输送系统设计阶段，选择的余量过大，导致机械在低效率下工作。比如，设计任务书不明确，流体输送负荷计算往大的靠；运用单位负荷指标估算，一旦选大了，会造成其后很多参数均被放大的后果；重复考虑安全系数，层层加码，余量越加越大；对复杂输送系统，流体输送机械的参数计算或组合配置错误。

第三，安装过程不够精细或不够合理，造成能量的额外消耗。比如，存在堵气现象；水力不平衡造成涡流损失；存在堵塞现象。

第四，没有采用自动控制手段，控制手段相对落后且没有得到优化。

第五，阀门关闭不严；输送机械效率不高。

第六，存在跑、漏、堵塞等现象。

实现流体输送节能主要应该在输送机械选型和控制手段的优化等方面下工夫。常用的手段有：按最佳工况运行原则，准确找到设备与流体输送相匹配的最佳工况点；选用高效节能的输送机械；注意监测，及时整改系统存在的不利因素并提出最佳方案；安装必要的自动控制系统等。

思 考 题

1. 密度在化工生产中有什么用途？如何获得？

2. 说明表压、绝压和真空度的概念及其关系。

3. 联系实际说明流体黏性的存在，并分析其对流体流动的影响。

4. 比较连续性方程与流量方程式的异同。

5. 分析化工管路中各组成部分的作用。

6. 输送硫酸应该使用什么材料的管子？

7. 管子规格为 $\phi35mm \times 2.5mm$，分析各部分的含义。

8. 如何降低流体阻力？

9. 离心泵的"气缚"是怎样产生的？为防止"气缚"现象的产生应采取哪些措施？

10. 离心泵的工作点是怎样确定的？改变工作点的方法有哪些？如何改变工作点的？

11. 试说明以下几种泵的规格中各组字符的含义。

    IS 50-32-125   D 12-25×3   120S80   65Y-60A   100F-92A

12. 怎样判断喘振现象发生？并说明防止喘振现象发生的措施。

13. 比较各种类型泵的性能特点，指导它们的适应场合。

习 题

1-1 某气柜的最大容积为 $6000m^3$，若气柜内压力为 $106.8kPa$，温度为 $40℃$，已知各组分气体的体积分数为：H_2 40%，N_2 20%，CO 32%，CO_2 7%，CH_4 1%，试计算气柜满载时各组分的质量。

1-2 若将密度为 $830kg/m^3$ 的油与密度为 $720kg/m^3$ 的油各 $120kg$ 混合在一起，试求混合油的密度。

1-3 空气大约由 21% 的氧气和 79% 的氮气所组成（均为体积分数），试求在 $150kPa$、$380K$ 时空气的密度。

1-4 已知甲、乙两地区的平均大气压分别为 $93.2kPa$ 和 $101.3kPa$，在甲地区的某真空设备装有一真空表，其读数为 $25kPa$，若改在乙地区操作，真空表的读数为多少才能维持该设备的绝对压力与甲地区操作相同？

1-5 空气由 21% 的氧气和 79% 的氮气所组成（均为体积分数），试求在 $101.33kPa$、$273K$ 时空气的黏度。

1-6 甲乙两种流体混合，已知其摩尔分数为 0.8 和 0.2，试求在常压下和 $293K$ 时的平均黏度。

1-7 密度为 $1600kg/m^3$ 的某液体经一内径为 $50mm$ 的管道输送到另一处，若其平均流速为 $0.9m/s$，求该液体的体积流量和质量流量？

1-8 在一管径为 $80mm$ 的管道中，输送相对密度为 1.2 的某液体，已知其流量为 $58.2t/h$，试求其体积流量和质量流量。

1-9 某一输送液体的管子使用两根内径分别为 $60mm$ 和内径为 $85mm$ 管串联而成，已知内径为 $60mm$ 内的流速为 $3m/s$，求 $85mm$ 管子内的流速。

1-10 硫酸流经变径管分别为 $\phi57mm \times 3.5mm$ 和 $\phi76mm \times 4mm$ 的管子，硫酸的密度为 $1830kg/m^3$，体积流量为 $9000m^3/h$，试分别求硫酸在两种规格管中的：①质量流量；②平均速度；③质量流速。

1-11 如附图所示的系统中，已知塔顶管路与喷头连接处的压强为 $0.33MPa$（表压），槽内液面上方压强为 $0.65MPa$（表压），管子内径为 $140mm$，每小时输送量为 $40t$，料液密度为 $600kg/m^3$，管路的能量损失为 $147.2J/kg$。试核算将料液从贮槽送到塔顶是否需泵？

1-12 现需用压缩空气将地下贮槽里的料液压送到车间的敞口高位槽内。已知压料量为 $11.5m^3/h$，地下槽液面与管路出口之间的垂直距离为 $4m$，料液的密度为 $1360kg/m^3$，管子规格为 $\phi57mm \times 3.5mm$，全部能量损失为 $118J/kg$。试求地下贮槽内的压强。

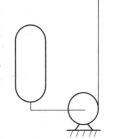

习题 1-11 附图

1-13 现需用压缩空气将封闭贮槽中的硫酸输送至高位槽，如附图所示，在输送结束时两槽的液面高度差为 $5m$，硫酸在管中的流速为 $1m/s$，管路中能量损失为 $15J/kg$，硫酸密度为 $1800kg/m^3$，求槽内应保持多大的压力（表压）？

1-14 在化工生产中，将物料均匀地加入到精馏塔内，如附图所示，先用泵将料液输送至高位槽内，然后经导管流到塔内，已知料液的密度为 $800kg/m^3$，流量为 $5.4m^3/h$，全部管道均采用 $\phi37mm \times 3.5mm$ 的钢管。三个设备为常压操作，高位槽与低位槽之间的位差为 20m，高位槽与低位槽之间的能量损失为 14.7 J/kg，高位槽与精馏塔之间的压头损失为 1.5m。设高位槽内液面恒定。试求：①高位槽液面与精馏塔进料口之间的距离；②泵需要提供的外加能量。

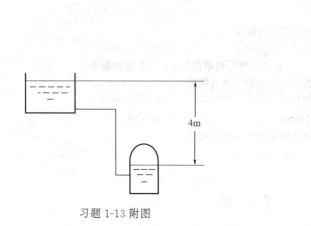

习题 1-13 附图

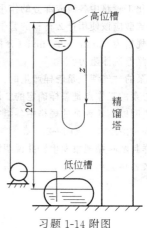

习题 1-14 附图

1-15 将常温下的水由水池输送至一高位桶，桶的水平面高于池面 50m，管路摩擦损失为 20J/kg，流量为 34m³/h，问需从系统外加多大理论功率才能达到要求？

1-16 如附图所示用泵 2 将贮槽 1 中的石油送至精馏塔 3 中进行分离，已知贮槽内液面恒定，其上方压力为 101.3kPa，液体的密度为 850kg/m³。精馏塔进料口处的塔内压力为 125kPa，进料口高于贮槽内的液面 8m，输送管直径为 ϕ76mm×4mm，进料量为 20m³/h，料液流经全部管道的能量损失为 70J/kg，求泵的有效功率。

1-17 如附图所示，密度为 850kg/m³ 的料液从高位槽送入塔中，高位槽内的液面维持恒定。塔内表压为 9.8×10³Pa，进料量为 6m³/h。连接管为 ϕ37mm×3.5mm 的钢管，料液在连接管内流动的阻力为 30J/kg。试求高位槽内的液面应比塔的进料口高出多少？

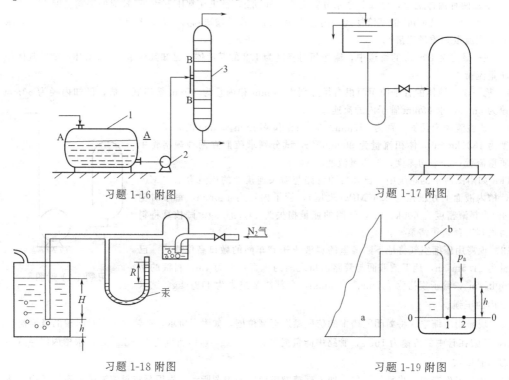

习题 1-16 附图　　　　　　　　　　　习题 1-17 附图

习题 1-18 附图　　　　　　　　　　　习题 1-19 附图

1-18 利用如附图所示的远距离测量控制装置测定液位，已知贮槽容器内装有油品其密度为 800kg/m³，指示液为汞，读数为 $R=130mm$，吹气管出口端距槽底距离 $h=0.2m$，该容器为矩形，长 2m，宽 3m，试问该贮槽内存了多少吨油品？

1-19　某生产厂为了控制乙炔发生炉内的压力不超过 114.4kPa(绝压)，在炉外装一个安全液封管即水封装置，如附图所示，液封的作用是，当炉内压力超过规定值时，气体便从液封管排出。试求此炉的安全液封管应插入槽内水面下的深度（当地标准大气压为 101.3kPa）。

1-20　某生产厂流化床反应器上装有两个 U 形管压差计，如附图所示，读数分别为 $R_1=400mm$，$R_2=70mm$，指示液为水银。为防止水银蒸气向空间扩散，在右侧的 U 形管与大气相通的玻璃内灌入高度为 $R_3=100mm$ 的一段水，试求 A、B 两点的表压力。

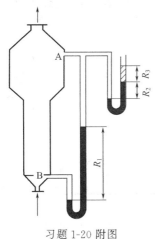

习题 1-20 附图

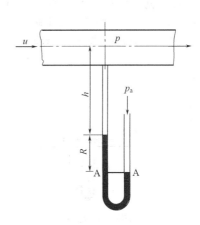

习题 1-21 附图

1-21　为测水在管道内流动的压力，在管道某截面处连接 U 形管压差计，如附图所示，指示液为水银，读数为 $R=100mm$，$h=800mm$。为防水银扩散到空气中，在水银液面上方灌入少量水，其高度忽略不计。已知当地大气压力为 101.3kPa，试求管路中心处流体的压力。

1-22　某生产厂输送温度为 293K 的乙酸，已知管子规格为 $\phi37mm\times3.5mm$，流量为 3200kg/h，试判断其流动类型。

1-23　在一输液管中，输送 293K 的清水溶液，清水的密度为 $1000kg/m^3$，输送量为 300kg/h，试求保证为湍流时所需的管径。

1-24　某厂输送密度为 $1100kg/m^3$、黏度为 $1.5mPa\cdot s$ 的液体，通过一根 $\phi37mm\times3.5mm$ 的不锈钢管，其流量为 $2.0m^3/h$。试求每 100m 直管的压强降。

1-25　某液体以 $2.7\times10^{-2}m^3/s$ 的流量流过内径为 50mm 的铸铁管。操作条件下水的黏度为 $1.09mPa\cdot s$，密度为 $998kg/m^3$。求液体通过 80m 水平管段的阻力损失。

1-26　某液体流过普通无缝钢管 $\phi273mm\times11mm$，管壁粗糙度为 2.5mm，管长为 200m，允许阻力损失为 5.5m 液柱。已知液体的黏度为 $2.19mPa\cdot s$，试确定其体积流量。

1-27　某混合油料以 $28.9m^3/h$ 流过一普通无缝钢管，总管长为 640m，允许阻力损失为 80J/kg，混合油料在操作条件下密度为 $890kg/m^3$，黏度为 $3.8mPa\cdot s$，管壁粗糙度为 0.5mm，试选择适宜的管子规格。

1-28　有一个长 2000m、内径为 150mm 的自来水铸铁管，其中有 5 个 $90°$ 的标准弯头，2 个全开的闸阀和 1 个全开的球心阀，设水温为 283K，流量为 $63.7m^3/h$，试用当量长度法求总的能量损失和压强降。

1-29　如附图所示的输料系统，高位槽的液面保持恒定，料液的密度为 $700kg/m^3$，黏度为 $0.23mPa\cdot s$，输送量为 $2.26m^3/h$。管子规格为 $\phi25mm\times2.5mm$，管路中的阀门为闸阀（1/2 开），弯头为 $90°$ 标准弯头，全部直管长 20m，试求高位槽液面应比出口高多少？

1-30　将 293K 的空气由鼓风机输送至稳压气柜，再从稳压气柜经 100m 长，内径为 80mm 的钢管送出，系统有 4 个 $90°$ 标准弯头，1 个

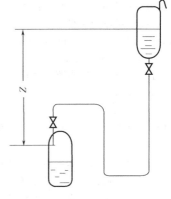

习题 1-29 附图

全开的闸阀，1 个 1/2 开的球心阀，已知空气流量为 250m³/h，密度为 1.2 kg/m³，试采用阻力系数法求从入稳压气柜起至出口管之间的全部能量损失及其压强降。

1-31 用泵将贮槽中某料液以 40m³/h 的流量输送到高位槽，两槽的液位差为 20m。输送管内径为 100mm，管子总长为 450m（包括各种局部阻力的当量长度在内）。试计算泵所需的有效功率。设两槽液面恒定，油品的密度为 890kg/m³，黏度为 0.187Pa·s。

1-32 如附图所示，槽的底部与内径为 100mm 的水管相连，管路上装有一个闸阀，距管路入口端 15m 处装有以水银为指示液的 U 形管压差计，其一侧与管道相连，另一侧通大气，压差计连接管内充满了水，测压点与管路出口端之间的直管长度为 20m，贮槽内水位维持不变。①当闸阀关闭时，测得 $R=600mm$，$h=1500mm$；当闸阀部分开启时，测得 $R=400mm$，$h=1400mm$。摩擦系数 λ 为 0.025，管路入口处的局部阻力系数为 0.5。求每小时从管中流出的水量？②当闸阀全开时（闸阀全开时摩擦系数仍可近似取 0.025），U 形管压差计测压处的压力为多少（表压）？

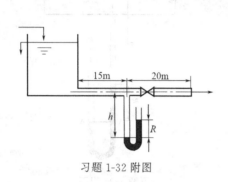

习题 1-32 附图

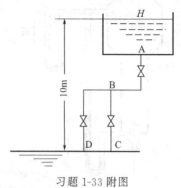

习题 1-33 附图

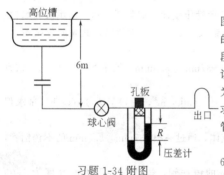

习题 1-34 附图

1-33 水槽中水经管道可以从 C、D 两支管同时放出，如附图所示，水槽液面维持恒定，AB 段管长为 6m（忽略 AB 间所有的局部阻力），管内径为 41mm，BC 长为 6m，当阀门全开时该段局部阻力总和的当量长度为 9m，BD 段长 9m，当阀门全开时该段局部阻力总和的当量长度为 15m，BD 和 CD 段管路内径均为 25mm。设管内摩擦系数取 0.03 不变，其余数据见附图。试求：①当 D 管阀门关闭而 C 管阀门全开时的流量；②当 C、D 两管阀门全都开时各自的流量和总流量。

1-34 如附图所示，用来标定流量计的管路，高位水槽高 6m，管径为 $\phi57mm\times3.5mm$，管路全长 10m，孔板的直径为 25mm（汞的密度为 13600kg/m³，水的密度为 1000kg/m³）。①若调节球心阀，读得孔板的水银压差计读数 R 为 200mm，而测得水流出的流量为 7.7m³/h，试求此时孔板的孔流系数为多少？②在①基础上若除球心阀和孔板外，其余的管路阻力忽略不计，而球心阀在全开时的阻力系数为 6.4，孔板的阻力为孔前后压差的 90%，试计算当球心阀全开时水的流量应为多少？

1-35 某车间装有一台离心泵，用来输送常温的冷却水，现场测定，流量为 45m³/h，泵出口压力表读数为 255kPa（表压），进口处的真空度为 26.7kPa，两测压点的高差为 0.8m，泵的进出口管径相等，轴功率为 6kW，试求该泵的效率。

1-36 有一台离心泵，进出口相等，输水量为 72m³/h，入口处的真空度为 19.62kPa，出口压强为 441.5kPa，两测压点间的距离为 0.4m，设已知泵的效率为 0.7，试确定该泵所配用的电机功率。

1-37 用泵将贮槽中温度为 273K、密度为 1200kg/m³ 的硝基苯送至反应器中，进料量为 3×10^4 kg/h，贮槽液面上为大气压，反应器内压力为 1.0×10^4 Pa（表压）。管路为 $\phi89mm\times4mm$ 的不锈钢管，总长 45m，其上装有孔板流量计（阻力系数 8.25）一个，全开闸阀两个和 90°标准弯头 4 个。贮槽液面与反应器入口之间垂直距离为 15m，若泵的总效率为 0.65，液面稳定，求泵的轴功率。

1-38 如附图所示输液系统，料液密度为 1120kg/m³，黏度与水相近，要求输送量为 144m³/h，高位槽中的表压为 400kPa，管子规格为 $\phi140mm\times4.5mm$，管路中的全部压头损失为 6m，试选择合适的泵型。

1-39 工厂某车间将 293K 的盐酸（31.5％）从地面贮槽输送至高位槽内，已知其升扬高度为 15m，高位槽的表压为 200kPa，输送管的规格为 $\phi57mm \times 3.5mm$，输送量为 0.004m^3/s，全部系统中压头损失为 5m，试选择一台合适的泵。

1-40 将相对密度 1.5 的硝酸送入反应器，流量 8m^3/h，升举高度为 8m，反应器内压力为 400kPa，管路的压力降为 30kPa。试在附录的耐腐蚀泵性能表中选定一个型号，并估计泵的轴功率。

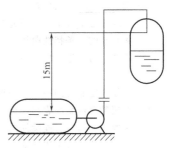

习题 1-38 附图

1-41 要将某减压精馏塔中的液体产品用离心泵输送至高位槽中，如附图所示塔中真空度为 6.67×10^4Pa(其中液体处于沸腾状态，即其饱和蒸气压等于塔中绝对压力)。泵位于地面上，吸入管总阻力为 0.87m液柱，液体的密度为 986kg/m^3，已知泵的汽蚀余量为 4.2m，试求该泵的安装位置是否合适？若不合适怎样安排？

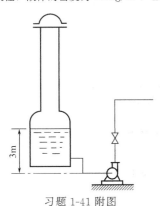

习题 1-41 附图

1-42 用离心泵将某真空精馏塔的釜残液送至常压贮槽。塔底液面上的绝对压力为 32.5kPa(即输送温度下溶液的饱和蒸气压)。已知吸入管路压头损失为 1.46m，泵的必需汽蚀余量为 2.3m，该泵安装在塔内液面下 3.0m 处，试核算该泵能否正常操作。

1-43 某厂一生产车间想用一台离心泵将敞口贮水池内的水送至一个高位槽内，其流量和扬程均符生产要求，已知铭牌上标示的汽蚀余量为 4.8m，水温 353K，吸入管路中的全部压头损失为 1.5m，试确定该泵的安装高度。

1-44 由于工作需要用一台 IS 100-80-125 型泵在海拔 1000m、压强为 89.83kPa 的地方抽 293K 的河水，已知该泵吸入管路中的全压头损失为 1m，该泵安装在水源水面上 1.5m 处，问此泵能否正常工作？

1-45 某厂的贮罐内贮存有 303K 的液烃，罐内液面压强为 0.4MPa，罐内量低面比泵入口中心线低 6.4m。已知使用温度下料液的饱和蒸气压为 0.34MPa，密度为 600kg/m^3，吸入管路的压头损失为 1.25m，泵铭牌标示的汽蚀余量为 3.2m。①问这台能否正常操作？②若液面压强为 0.32MPa，其他条件不变，该泵是否仍能正常操作？如不能，可采取何种办法使其正常操作？

自 测 题

一、填空

1. 流速 u 与管截面积成_____，面积_____，流速越大；反之，截面积_____，流速越小。

2. 雷诺数的表达式为_____。密度 $\rho = 1000$kg/m^3，黏度 $\mu = 1$mPa·s 的水，在内径 $d = 100$mm 的管内以流速 1m/s 的速度流动时，其雷诺数等于_____，其流动类型为_____。

3. 真空度与大气压和绝对压力之间的关系是_____。表压与大气压和绝对压力之间的关系是_____。

4. 离心泵的主要部件包括_____、_____、_____。

5. 常压下操作的离心泵，其安装高度_____10m。

6. 写出 5 种液体输送设备：_____、_____、_____、_____、_____。

7. 流体自身具有的能量形式包括____、____、____、____。

8. 管径为 D 的管道中流体的流速为 1m/s，现将管径缩小 4 倍，则管内的流速为_____ m/s。

9. 离心泵的工作点是_____特性曲线和_____特性曲线的交点。

10. 调节离心泵流量的方法有_____、_____、_____。

11. 写出 4 种气体输送设备_____、_____、_____、_____。

12. 流体与外界交换的能量形式有_____、_____、_____等。

13. 泵的性能参数主要有____、____、____、____。

14. 测量流体流量的流量计有（写出 3 种）_____、_____、_____；测量管内流体点的速度，则用_____。

15. 根据连通器原理，静止、连续的同一种流体中，处在同一水平面上的各点的压强_____。

16. 流体在圆形直管中作湍流流动时，摩擦系数是_____和_____的函数，若处于阻力平方区，则摩擦系数是_____的函数，与_____无关。

17. 单级离心泵开车时，应先关闭_____，再启动_____，目的是减小电机启动负载。

18. 离心泵的三条特性曲线分别是_____、_____、_____。

19. 流体阻力产生的根本原因是流体具有_____。

20. 流体的总阻力包括_____和_____。局部阻力的计算方法有_____法和_____法。

21. 往复式压缩机的一个工作周期包括_____、_____、_____、_____4个过程。

22. 牛顿黏性定律的表达式为_____，该公式适应于_____流体和作_____流动的流体。

23. 在静止、匀质、连续的同一种流体内部，任一点位能与静压能之和为_____。

24. 流体在管内作湍流流动时，在管壁处速度为_____，邻近管壁处存在_____内层，通常，Re值越大，该层厚度越_____。

25. 离心泵通常采用_____调节流量；往复泵必须采用_____调节流量。

二、单项选择题

1. 当流体在圆管内流动时，管中心流速最大，若为滞流时，平均速度与管中心的最大流速的关系为（　　）。

A. $U_m = 3/2 U_{max}$ 　　　B. $U_m = 0.8 U_{max}$ 　　　C. $U_m = 1/2 U_{max}$ 　　　D. $U_m = 1/3 U_{max}$

2. 层流与湍流的本质区别是：（　　）。

A. 湍流流速＞层流流速　　　　　　　　B. 流道截面大的为湍流，截面小的为层流

C. 层流的雷诺数＜湍流的雷诺数　　　　D. 层流无径向脉动，而湍流有径向脉动

3. 柏努利方程式中的 gz 项表示单位质量流体所具有的（　　）。

A. 位能　　　　　　B. 动能　　　　　　C. 静压能　　　　　　D. 有效功

4. 流体在非圆形管路中流动，当量直径等于四倍的流通截面积除以（　　）。

A. 流经周边长度　　B. 直管周边长度　　C. 被润湿周边长度　　D. 横截面周边长度

5. 离心泵开动以前必须充满液体是为了防止发生（　　）。

A. 气缚现象　　　　B. 汽蚀现象　　　　C. 汽化现象；　　　　D. 气浮现象

自测题第6题附图

6. 如图，若水槽液位不变，①、②、③点的流体总机械能的关系为（　　）。

A. 阀门打开时①＞②＞③

B. 阀门打开时①＝②＞③

C. 阀门打开时①＝②＝③

D. 阀门打开时①＞②＝③

7. 转子流量计的主要特点是（　　）。

A. 恒截面、恒压差　　　　　　　　B. 变截面、变压差

C. 恒流速、恒压差　　　　　　　　D. 变流速、恒压差

8. 离心泵的扬程反映的是其做功能力的大小，与（　　）无关。

A. 泵的结构　　　　B. 管路特性　　　　C. 泵的转速　　　　D. 泵的流量

9. 以下物理量不属于离心泵的性能参数（　　）。

A. 扬程　　　　　　B. 效率　　　　　　C. 轴功率　　　　　　D. 理论功率（有效功率）

10. 可能造成离心泵发生气缚的原因是（　　）。

A. 安装高度太高　　　　　　　　　B. 泵内流体平均密度太小

C. 入口管路阻力太大　　　　　　　D. 关闭了泵的出口阀

11. 温度升高时，（　　）。

A. 液体和气体的黏度都降低　　　　B. 液体和气体的黏度都升高

C. 液体的黏度升高，气体的黏度降低　D. 液体的黏度降低，气体的黏度升高

12. 液体从大管水平流至小管时，变径前后能量转化关系是（　　）。

A. 动能转化为静压能　　　　　　　B. 位能转化为动能

C. 静压能转化为动能　　　　　　　D. 动能转化为位能

13. 可能造成泵发生气蚀现象的是（　　）。

A. 灌泵　　　　　　　　　　　　　B. 安装高度太高

C. 进口管路漏液　　　　　　　　　D. 流体温度低

14. 流体在圆形直管内作层流流动时，阻力与流速的（　　）成比例，作完全湍流时，则与流速的（　　）成比例。

　　A. 一次方、二次方　　B. 二次方、一次方　　C. 一次方、一次方　　D. 二次方、二次方

15. 要求强度高、密封性好、方便拆卸的化工管路，通常采用（　　）。

　　A. 法兰连接　　　　B. 承插连接　　　　C. 焊接　　　　D. 螺纹连接

16. 离心泵铭牌上标明的扬程是指（　　）。

　　A. 功率最大时的扬程　B. 最大流量时的扬程　C. 泵的最大扬程　　　D. 效率最高时的扬程

17. 输送膏状物料，通常选用（　　）。

　　A. 离心泵　　　　　B. 往复泵　　　　　C. 齿轮泵　　　　D. 压缩机

18. （　　）属容积式泵。

　　A. 齿轮泵和螺杆泵　B. 隔膜泵和离心泵　C. 往复泵和轴流泵　D. 柱塞泵和叶片泵

19. 离心泵停车时应该（　　）。

　　A. 首先断电，再关闭出口阀　　　　　　B. 先关出口阀，再断电

　　C. 关阀与断电不分先后　　　　　　　　D. 只有多级泵才先关出口阀

20. 在法定单位制中，黏度的单位为（　　）。

　　A. cp　　　　　　　B. p　　　　　　　C. $g/(cm \cdot s)$　　　D. $Pa \cdot s$

本章主要符号说明

英文字母

A——流通截面积，m^2；

A_0——孔板流量计的孔口截面积；

C_1，C_2，C_3——修正系数；

C_0——孔板流量计的孔流系数；

d——管道的内径，m；

DN——公称直径，m；

E_f——直管阻力，J/kg；

E_f'——局部阻力，J/kg；

$\sum E_f$——总流体阻力，J/kg；

g——重力场强度，m/s^2；

H——泵的扬程，m；

$\sum H_f$——总损失压头，m；

H_e——外加压头压头，m；

H_f——损失压头，m；

Δh——离心泵的汽蚀余量，m；

l——直管的长度，m；

l_e——局部元件的当量长度，m；

m——流体的质量，kg；

M——流体的摩尔质量，kg/kmol；

M_m——流体的平均摩尔质量，kg/kmol；

n——转速，r/min；

P，P_e——输送机械的有效功率与轴功率，W；

p——流体的压力，kPa；

pN，p_s——公称压力、试验压力，Pa；

Δp_f——压力降，Pa；

Q——输送能力，m^3/s；

q_m——质量流量，kg/s；

q_V——体积流量，m^3/s；

R——U 形压力计的读数，m；

R——通用气体常数，$8.314 kJ/(kmol \cdot K)$；

Re——雷诺数，无因次；

T——流体的温度，K；

u——平均流速（流速），m/s；

V——流体的体积，m^3；

W_e——外加功，J/kg；

y_A，y_B，…，y_n，y_i——混合物中各组分的摩尔分数；

z_1、z_2——对应截面至基准面之间的垂直距离，m。

希腊字母

ρ——流体的密度，kg/m^3；

ρ_m——流体的平均密度，kg/m^3；

ρ_1，ρ_2，…，ρ_i，ρ_n——构成混合物的各纯组分的密度，kg/m^3；

x_{W_1}，x_{W_2}，x_{W_3}，…，x_{W_n}——混合物中各组分的质量分数；

φ——离心泵气蚀余量校正系数；

ϕ_1，ϕ_2，…，ϕ_i，ϕ_n——混合物中各组分的体积分数；

ν——运动黏度，m^2/s；

μ——动力黏度，$Pa \cdot s$；

ζ——局部阻力系数，无因次；

τ——剪应力，N/m^2；

ε——管子的粗糙度，mm；

ε/d——相对粗糙度；

λ——摩擦系数，也称摩擦因数，无因次。

第2章 传 热

学习目标

1. 了解

传热在化工生产中的应用；传热的基本方式、特点与规律；工业换热类型；传热基本方程的应用；换热器的传热速率与热负荷；平壁导热与圆筒壁导热的特点；常见换热器的结构特点、主要性能及应用场合。

2. 理解

传热基本方程；热传导的规律；流体无相变、有相变时对流传热的影响因素；换热器的选型与设计方法。

3. 掌握

热量衡算；强化传热的措施；间壁式换热器的操作。

2.1 概 述

2.1.1 传热在化工生产中的应用

传热，即热量的传递，是自然界和工程技术领域中普遍存在的一种现象。无论在化工、医药、能源、动力、冶金等工业部门，还是在农业、环境保护等部门中都涉及许多传热问题。在日常生活中，也存在着许多传热现象。

化学工业与传热的关系尤为密切。无论生产中的化学过程（单元反应），还是物理过程（单元操作），几乎都伴有热量的传递。归纳起来，传热在化工生产过程中的应用主要有以下方面。

① 化学反应中的供热、移热　化学反应是化工生产的核心，化学反应都要求有一定的温度条件，例如：合成氨的操作温度为 $470\sim520$℃。为了达到要求的反应温度，必须对原料进行加热；若这些反应是放热反应，为了保持最佳反应温度，则必须及时移走放出的热量（若是吸热反应，要保持反应温度，则需及时补充热量）。

② 化工单元操作中的供热、移热　在某些单元操作（例如蒸发、结晶、蒸馏和干燥等）中，需要输入或输出热量，才能使这些单元操作正常的进行。例如：在蒸馏操作中，为使塔釜内的液体不断汽化从而得到操作所必需的上升蒸汽，就需要向塔釜内的液体输入热量，同时，为了使塔顶出来的蒸汽冷凝得到回流液和液体产品，就需要从塔顶冷凝器中移出热量。

③ 化工生产中热能的合理利用和余热的回收　化工生产中的化学反应大都为放热反应，其放出的热量可回收利用，以降低生产的能量消耗。例如：在上例中，合成氨的反应气温度很高，有大量的余热需要回收，通常可设置余热锅炉生产蒸汽甚至发电。

④ 隔热与节能　为了减少热量（或冷量）的损失，以降低生产成本，改善劳动条件，往往需要对设备和管道进行保温。

因此，传热设备在化工厂的设备投资中占有很大的比例，据统计，在一般的石油化工企业中，换热设备的费用占总投资的 30%～40%，在提倡节能的当今社会，研究传热及传热设备具有现实意义。

2.1.2　传热过程的类型

化工生产过程中对传热的要求可分为两种情况：一种是强化传热，如各种换热设备中的传热，要求传热速率快，传热效果好；另一种是削弱传热，如设备和管道的保温，要求传热速率慢，以减少热量（或冷量）的损失。

化工传热过程既可连续进行也可间歇进行。若传热系统（例如换热器）中的温度仅与位置有关而与时间无关，此种传热称为稳态传热，其特点是系统中不积累能量（即输入的能量等于输出的能量），传热速率（单位时间传递的热量）为常数。若传热系统中各点的温度既与位置有关又与时间有关，此种传热称为非稳态传热。化工生产中的传热大多可视为稳态传热，因此，本章只讨论稳态传热。

2.1.3　载热体及其选择

生产中的热量交换通常发生在两流体之间。在换热过程中，参与换热的流体称为载热体，温度较高、放出热量的流体称为热载热体，简称为热流体；温度较低、吸收热量的流体称为冷载热体，简称为冷流体。同时，根据换热的目的不同，载热体又有其他的名称。若换热的目的是为了将冷流体加热，此时热流体称为加热剂；若换热的目的是将热流体冷却（或冷凝），此时冷流体称为冷却剂（或冷凝剂）。

工业中常用的加热剂有热水（40～100℃）、饱和水蒸气（100～180℃）、矿物油或联苯或二苯醚混合物等低熔点混合物（180～540℃）、烟道气（500～1000℃）等；除此外还可用电来加热。当要求温度低于 180℃时，常用饱和水蒸气作加热剂。其优点是饱和水蒸气的压强和温度一一对应，调节其压强就可以控制加热温度，使用方便；饱和水蒸气冷凝放出潜热，潜热远大于显热，因此所需的蒸汽量小。其缺点是饱和水蒸气冷凝传热能达到的温度受压强的限制。

常用的冷却剂有水（20～30℃）、空气、冷冻盐水、液氨（-33.4℃）等。水的来源广泛，热容量大，应用最为普遍。从资源节约角度看，应让冷却水最大限度地循环使用。在水资源较缺乏的地区，宜采用空气冷却，但空气传热速度慢。

2.1.4　工业换热方法

在工业生产中，要实现热量的交换，需要用到一定的设备，这种用于交换热量的设备称为热量交换器，简称为换热器。根据换热器的换热原理不同，工业换热分为如下几种方法。

2.1.4.1　间壁式换热

需要进行热量交换的两流体被固体壁面分开，互不接触，热量由热流体（放出热量）通过壁面传给冷流体（吸收热量）。间壁式换热使用的换热器称为间壁式换热器，又称表面式换热器或间接式换热器。这类换热的特点是两流体在换热过程中不发生混合，从而避免了因换热带来的污染，因此，间壁式换热在工业中应用最广，各种管式和板式结构的换热器中所进行的换热均属于间壁式换热。其中，最常用的是列管式换热。

图 2-1 为单程固定管板式列管换热器，主要由壳体、封头、管束、管板等部件构成。操作时一种流体由封头上的接管 3 进入器内，经封头与管板间的空间（分配室）分配至各管

内，流过管束后，从另一端封头上的接管 4 流出换热器。另一种流体由壳体上的接管 3 流入，壳体内装有若干块折流挡板 7，流体在壳体内沿折流挡板作折流流动，从壳体上的接管 4 流出换热器。两流体借管壁的导热作用交换热量。通常将流经管内的流体称为管程（管方）流体；将流经管外的流体称为壳程（壳方）流体。

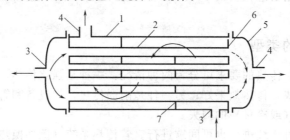

图 2-1　单程固定管板式列管换热器
1—壳体；2—管束；3,4—接管；5—封头；6—管板；7—折流挡板

2.1.4.2　直接接触式换热

两流体直接混合进行的换热。使用的设备称直接接触式换热器，又称混合式换热器。此类换热的特点是换热器结构简单，传热效率高，适用于两流体允许混合的场合。比如，用冷水冷却热水，或用冷水冷凝（冷却）低压蒸汽。混合式蒸汽冷凝器（图 2-2）、凉水塔、洗涤塔、喷射冷凝器等设备中进行的换热均属于直接接触式换热。

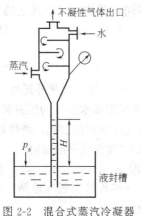

图 2-2　混合式蒸汽冷凝器

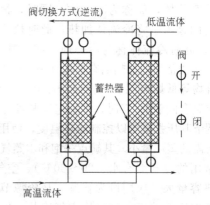

图 2-3　蓄热式换热器

2.1.4.3　蓄热式换热

借助于热容量较大的固体蓄热体，将热量由热流体传给冷流体的换热方法。使用的设备称蓄热式换热器，又称回流式换热器或蓄热器。操作时，让热、冷流体交替进入换热器，热流体将热量贮存在蓄热体中，然后由冷流体取走，从而达到换热的目的，见图 2-3。此类换热具有设备结构简单，可耐高温等优点，常用于高温气体热量的回收或冷却。其缺点是设备体积庞大，热效率低，且不能完全避免两流体的混合，石油化工中，蓄热式裂解炉中所进行的换热就属于蓄热式换热。

2.2　传热的基本方式

根据传热机理的不同，热量传递有三种基本方式，即传导传热（热传导）、对流传热

（热对流）和辐射传热。传热可依靠其中的一种或几种方式进行。不管以何种方式传热，净的热量总是由高温处向低温处传递。

2.2.1　传导传热

传导传热又称热传导或导热，是由于物质的分子、原子或电子的运动或振动而将热量从物体内高温处向低温处传递的过程。任何物体，不论其内部有无质点的相对运动，只要存在温度差，就必然发生热传导。可见热传导不仅发生在固体中，而且也是流体内的一种传热方式。气体、液体、固体的热传导进行的机理各不相同。在气体中，热传导是由不规则的分子热运动引起的；在大部分液体和不良导体的固体中，热传导是由分子或晶格的振动传递动量来实现的；在金属固体中，热传导主要依靠自由电子的迁移来实现。因此，良好的导电体也是良好的导热体。热传导不能在真空中进行。

2.2.2　对流传热

对流传热也叫热对流，是指流体中质点发生宏观位移而引起的热量传递。热对流仅发生在流体中。由于引起流体质点宏观位移的原因不同，对流又可分为强制对流和自然对流。由于外力（泵、风机、搅拌器等作用）而引起的质点运动称为强制对流。由于流体内部各部分温度不同而产生密度的差异，造成流体质点相对运动，称为自然对流。在流体发生强制对流时，往往伴随着自然对流，但一般强制对流的强度比自然对流的强度大得多。

在化工传热过程中，往往并非以单纯的对流方式传热，而是流体流过固体壁面时发生的对流和传导联合作用的传热，即流体与固体壁面间的传热过程，通常将其称为对流传热（或给热）。一般并不讨论单纯的热对流，而是着重讨论具有实际意义的对流传热。

2.2.3　辐射传热

因热的原因物体发出辐射能并在周围空间传播而引起的传热，称为辐射传热。它是一种通过电磁波传递能量的方式。具体地说，物体将热能转变成辐射能，以电磁波的形式在空中进行传送，当遇到另一个能吸收辐射能的物体时，即被其部分或全部吸收并转变为热能。辐射传热就是不同物体间相互辐射和吸收能量的总结果。由此可知，辐射传热不仅是能量的传递，同时还伴有能量形式的转换。热辐射不需要任何媒介，换言之，可以在真空中传播。这是热辐射不同于其他传热方式的另一特点。应予指出，只有物体温度较高时，辐射传热才能成为主要的传热方式。

实际上，传热过程往往不是以某种传热方式单独出现的，而是两种或三种传热方式的组合。例如生产中普遍使用的间壁式换热器中的传热，主要是以热对流和热传导相结合的方式进行的，下面将详细介绍。

2.3　间壁传热

2.3.1　总传热速率方程及其应用

2.3.1.1　间壁式换热器内的传热过程

如图 2-4 所示，热、冷流体在间壁式换热器内被固体壁面（如列管换热器的管壁）隔开，它们分别在壁面的两侧流动，热量由热流体通过壁面传给冷流体的过程为：热流体以对流传热（给热）的方式将热量传给壁面一侧，壁面以导热方式将热量传到壁面另一侧，再以对流传热（给热）的方式传给冷流体。

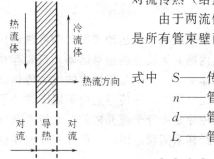

图2-4 间壁两侧流体间的传热

由于两流体的传热是通过管壁进行的，故列管换热器的传热面积是所有管束壁面的面积，即

$$S = n\pi dL \tag{2-1}$$

式中　S——传热面积，m^2；

　　　n——管数；

　　　d——管径（内径或外径），m；

　　　L——管长，m。

2.3.1.2　总传热速率方程及其应用

在传热过程中，热量传递的快慢用传热速率来表示。传热速率是指单位时间内通过传热面传递的热量，用 Q 表示，其单位为 W。热通量是指单位传热面积、单位时间内传递的热量，用 q 表示，其单位为 W/m^2。

与其他传递过程类似，传热速率可表示为

$$传热速率 = \frac{传热推动力（温度差）}{传热阻力（热阻）} = \frac{\Delta t}{R} \tag{2-2}$$

间壁式换热器的传热速率与换热器的传热面积、传热推动力等有关。传热速率与传热面积成正比，与传热推动力成正比，即

$$Q \propto S\Delta t_m \tag{2-3}$$

引入比例系数，写成等式，即

$$Q = KS\Delta t_m \tag{2-4}$$

或

$$Q = \frac{\Delta t_m}{\dfrac{1}{KS}} = \frac{\Delta t_m}{R} \tag{2-4a}$$

式中　　　Q——传热速率，W；

　　　　　K——比例系数，称为传热系数，$W/(m^2 \cdot K)$；

　　　　　S——传热面积，m^2；

　　　　Δt_m——换热器的传热推动力，或称传热平均温度差，K；

　$R = 1/(KS)$——换热器的总热阻，K/W。

式（2-4）称为传热基本方程，又称总传热速率方程。

化工过程的传热问题可分为两类：一类是设计型问题，即根据生产要求，选定（或设计）换热器；另一类是操作型问题，即计算给定换热器的传热量、流体的流量或温度等。两者均以传热基本方程为基础进行求解。

2.3.2　传热速率

2.3.2.1　传热速率与热负荷的关系

化工生产中，为了达到一定的生产目的，将热、冷流体在换热器内进行换热，要求换热器单位时间传递的热量称为换热器的热负荷，热负荷是生产任务，与换热器结构与关。

传热速率是换热器单位时间能够传递的热量，是换热器的生产能力，主要由换热器自身的性能决定。为保证换热器完成传热任务，换热器的传热速率应大于至少等于其热负荷。

在换热器的选型（或设计）中，计算所需传热面积时，需要先知道传热速率，但当换热

器还未选定或设计出来之前，传热速率是无法确定的。而其热负荷则可由生产任务求得。所以，在换热器的选型（或设计）中，一般按如下方式处理：先用热负荷代替传热速率，求得传热面积后，再考虑一定的安全裕量。这样选择（或设计）出来的换热器，就一定能够按要求完成传热任务。

2.3.2.2　热负荷的确定

（1）热量衡算　对于间壁式换热器以单位时间为基准，换热器中热流体放出的热量（或称热流体的传热量）等于冷流体吸收的热量（或称冷流体的传热量）加上散失到空气中的热量（即热量损失，简称热损），即

$$Q_h = Q_c + Q_l \tag{2-5}$$

式中　　Q_h——热流体放出的热量，kJ/h 或 kW；

$\quad\quad Q_c$——冷流体吸收的热量，kJ/h 或 kW；

$\quad\quad Q_l$——热损，kJ/h 或 kW。

热量衡算在生产中应用很普遍，主要用于确定载热体的流量或一端温度。

（2）热负荷的确定　当换热器保温性能良好，热损失可以忽略不计时，式（2-5）可变为

$$Q_h = Q_c \tag{2-6}$$

此时，热负荷取 Q_h 或 Q_c 均可。

当换热器的热损不能忽略时，必定有 $Q_h \neq Q_c$，此时，热负荷取 Q_h 还是 Q_c，需根据具体情况而定。

以套管换热器为例，如图 2-5(a) 所示，热流体走管程，冷流体走壳程，可以看出，此时经过传热面（间壁）传递的热量为热流体放出的热量，因此，热负荷应取 Q_h；再如图 2-5(b)所示，冷流体走管程，热流体走壳程，经过传热面传递的热量为冷流体吸收的热量，因此，热负荷应取 Q_c。

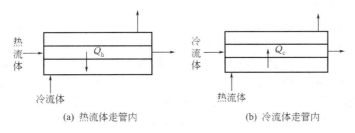

(a) 热流体走管内　　　　　　　　(b) 冷流体走管内

图 2-5　热负荷的确定

总之，哪种流体走管程，就应取该流体的传热量作为换热器的热负荷。

2.3.2.3　载热体传热量的计算

（1）显热法　流体在相态不变的情况下，因温度变化而放出或吸收的热量称为显热。若流体在换热过程中没有相变化，且流体的比热容可视为常数或可取为流体进、出口平均温度下的比热容时，其传热量可按下式计算。

$$Q_h = q_{mh} C_{ph} (T_1 - T_2) \tag{2-7}$$

$$Q_c = q_{mc} C_{pc} (t_2 - t_1) \tag{2-7a}$$

式中　q_{mh}、q_{mc}——热、冷流体的质量流量，kg/s；

$\quad\quad C_{ph}$，C_{pc}——热、冷流体的定压比热容，kJ/(kg·K)；

$\quad\quad T_1$，T_2——热流体的进、出口温度，K；

$\quad\quad t_1$，t_2——冷流体的进、出口温度，K。

注意 C_p 的求取：一般由流体换热前后的平均温度（即流体进出换热器的平均温度）

$(T_1+T_2)/2$ 或 $(t_1+t_2)/2$ 查得。本书附录中列有有关比热容的图（表），供读者使用。

（2）潜热法 流体在温度不变相态发生变化的过程中吸收或放出的热量称为潜热。若流体在换热过程中仅仅发生相变化（饱和蒸汽变为饱和液体或反之），而没有温度变化，其传热量可按下式计算。

$$Q_h = q_{mh} r_h \tag{2-8}$$
$$Q_c = q_{mc} r_c \tag{2-8a}$$

式中 r_h，r_c——热、冷流体的比汽化潜热，kJ/kg。

若流体在换热过程中既有相变化又有温度变化，则可把上述两种方法联合起来求取其传热量。例如：饱和蒸汽冷凝后，冷凝液出口温度低于饱和温度（或称冷凝温度）时，其传热量可按式(2-9) 计算。

$$Q_h = q_{mh}[r_h + C_{ph}(T_s - T_2)] \tag{2-9}$$

式中 T_s——冷凝液的饱和温度，K。

（3）焓差法 在等压过程中，物质吸收或放出的热量等于其焓变。若能够得知流体进、出状态时的焓，则不需考虑流体在换热过程中是否发生相变，其传热量均可按下式计算。

$$Q_h = q_{mh}(I_{h_1} - I_{h_2}) \tag{2-10}$$
$$Q_c = q_{mc}(I_{c_2} - I_{c_1}) \tag{2-10a}$$

式中 I_{h_1}，I_{h_2}——热流体进、出状态时的比焓，kJ/kg；

I_{c_1}，I_{c_2}——冷流体进、出状态时的比焓，kJ/kg。

需要注意的是，当流体为几个组分的混合物时，很难直接查到其比热容、比汽化潜热和比焓。此时，工程上常常采用加合法近似计算，即

$$B_m = \sum(B_i x_i) \tag{2-11}$$

式中 B_m——混合物中的 C_{pm} 或 r_m 或 I_m；

B_i——混合物中 i 组分的 C_p 或 r 或 I；

x_i——混合物中 i 组分的分数，C_p 或 r 或 I，如果是以 kg 计，用质量分数，如果是以 kmol 计，则用摩尔分数。

【例 2-1】 在一个套管换热器内用 0.16MPa 的饱和蒸汽加热空气，饱和蒸汽的消耗量为 10kg/h，冷凝后进一步冷却到 100℃，空气流量为 420kg/h，进、出口温度分别为 30℃ 和 80℃。空气走管程，蒸汽走壳程。试求：（1）热损；（2）换热器的热负荷。

解：（1）在本题中，要求得热损，必须先求出两流体的传热量。

① 蒸汽的传热量

对于蒸汽，既有相变，又有温度变化，可用式(2-9) 或式(2-10) 进行计算。

从附录查得 $p=0.16$MPa 的饱和蒸汽的有关参数如下。

$$T_s = 113℃, \quad r_h = 2224.2\text{kJ/kg}, \quad I_{h_1} = 2698.1\text{kJ/kg}$$

已知 $T_2 = 100℃$，则其平均温度 $T_m = (113+100)/2 = 106.5℃$。

从附录查得此温度下水的比热容 $C_{ph.m} = 4.23\text{kJ/(kg·K)}$。由式(2-9) 有

$$Q_h = q_{mh}[r_h + C_{ph}(T_s - T_2)]$$
$$= \frac{10}{3600} \times [2224.2 + 4.23 \times (113 - 100)]$$
$$= 6.33\text{kW}$$

从附录中得得 100℃时水的焓 $I_{h_2} = 418.68\text{kJ/kg}$。由式(2-10) 有

$$Q_h = q_{mh}(I_{h_1} - I_{h_2})$$
$$= \frac{10}{3600} \times (2698.1 - 418.68) = 6.33\text{kW}$$

需要注意的是：有时由于物性数据存在偏差，会使不同方法的计算结果略有不同。

② 空气的传热量

空气的进、出口平均温度为 $t_m = (30+80)/2 = 55℃$

从附录中查得此温度下空气的比热容 $C_{pc.m} = 1.005kJ/(kg \cdot K)$。由式(2-7a) 有

$$Q_c = q_{mc}C_{pc}(t_2 - t_1)$$
$$= \frac{420}{3600} \times 1.005 \times (80-30) = 5.86kW$$

热损
$$Q_l = Q_h - Q_c$$
$$= 6.33 - 5.86 = 0.47kW$$

（2）因为空气走管程，所以换热器的热负荷应为空气的传热量，即

$$Q = Q_c = 5.86kW$$

2.3.3　传热推动力的计算

在传热基本方程中，Δt_m 为换热器的传热温度差，代表整个换热器的传热推动力。但大多数情况下，换热器在传热过程中各传热截面的传热温度差是不相同的，各截面温差的平均值就是整个换热器的传热推动力，此平均值称为传热平均温度差（或称传热平均推动力）。

传热平均温度差的大小及计算方法与换热器中两流体的相互流动方向及温度变化情况有关。

换热器中两流体间有不同的流动形式。若两流体的流动方向相同，称为并流 ［图 2-6 （b）］；若两流体的流动方向相反，称为逆流 ［图 2-6(a)］；若一种流体沿一个方向流动，另一种流体发生反向流动，称为折流；若两流体的流动方向垂直交叉，称为错流（图 2-7）。

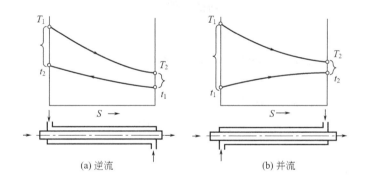

图 2-6　变温传热时的温度变化

2.3.3.1　恒温传热时的传热平均温度差

当两流体在换热过程中均只发生相变时，热流体温度 T 和冷流体温度 t 都始终保持不变，称为恒温传热。此时，各传热截面的传热温度差完全相同，并且流体的流动方向对传热温度差也没有影响。换热器的传热推动力可取任一传热截面上的温度差，即 $\Delta t_m = T-t$。蒸发操作中，使用饱和蒸汽作为加热剂，溶液在沸点下汽化时，其传热过程可近似认为是恒温传热。

2.3.3.2　变温传热时的传热平均温度差

大多数情况下，间壁一侧或两侧的流体温度沿换热器管长而变化，称为变温传热，如图 2-6 所示。变温传热时，各传热截面的传热温度差各不相同。由于两流体的流向不同，对平

均温度差的影响也不相同，故需分别讨论。

（1）并、逆流时的传热平均温度差　通过推导，此时的平均推动力可用下式的对数平均值计算，即

$$\Delta t_{\mathrm{m}} = \frac{\Delta t_1 - \Delta t_2}{\ln \dfrac{\Delta t_1}{\Delta t_2}} \tag{2-12}$$

式中　Δt_{m}——换热器中热、冷流体的平均温度差，K；

Δt_1，Δt_2——换热器两端热、冷流体温度差，K。

并流时 $\Delta t_1 = T_1 - t_1$，$\Delta t_2 = T_2 - t_2$；逆流时 $\Delta t_1 = T_1 - t_2$，$\Delta t_2 = T_2 - t_1$。

当 $\Delta t_1 / \Delta t_2 \leqslant 2$ 时，可近似用算术平均值 $(\Delta t_1 + \Delta t_2)/2$ 代替对数平均值，其误差不超过 4%。

【例 2-2】　在套管换热器内，热流体温度由 90℃ 冷却到 70℃，冷流体温度由 20℃ 上升到 60℃。试分别计算：①两流体作逆流和并流时的平均温度差；②若操作条件下，换热器的热负荷为 585kW，其传热系数 K 为 300W/(m²·K)，两流体作逆流和并流时所需的换热器的传热面积。

解：① 传热平均推动力

逆流时　热流体温度 T　　90℃　⟶　70℃
　　　　冷流体温度 t　　60℃　⟵　20℃
　　　　两端温度差 Δt　　30℃　　　50℃

所以

$$\Delta t_{\mathrm{m}} = \frac{\Delta t_1 - \Delta t_2}{\ln \dfrac{\Delta t_1}{\Delta t_2}} = \frac{50 - 30}{\ln \dfrac{50}{30}} = 39.2℃$$

由于 50/30＜2，也可近似取算术平均值，即

$$\Delta t_{\mathrm{m}} = \frac{50 + 30}{2} = 40℃$$

并流时　热流体温度 T　　90℃　⟶　70℃
　　　　冷流体温度 t　　20℃　⟶　60℃
　　　　两端温度差 Δt　　70℃　　　10℃

所以

$$\Delta t_{\mathrm{m}} = \frac{\Delta t_1 - \Delta t_2}{\ln \dfrac{\Delta t_1}{\Delta t_2}} = \frac{70 - 10}{\ln \dfrac{70}{10}} = 30.8℃$$

② 所需传热面积

逆流时

$$S = \frac{Q}{K \Delta t_{\mathrm{m}}} = \frac{585 \times 10^3}{300 \times 39.2} = 49.74\mathrm{m}^2$$

并流时

$$S = \frac{Q}{K \Delta t_{\mathrm{m}}} = \frac{585 \times 10^3}{300 \times 30.8} = 63.31\mathrm{m}^2$$

（2）错、折流时的传热平均温度差　在大多数换热器中，为了强化传热、加工制作方便

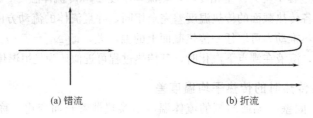

(a) 错流　　　　　　　(b) 折流

图 2-7　错流和折流示意图

等原因，两流体并非作简单的并流和逆流，而是比较复杂的折流或错流，如图 2-7 所示。

对于错流和折流时传热平均温度差，由于其复杂性，不能像并流、逆流那样，直接推导出其计算式。通常的求取方法是，先按逆流计算对数平均温度差 $\Delta t'_m$，再乘以校正系数 $\varphi_{\Delta t}$，即

$$\Delta t_m = \varphi_{\Delta t} \Delta t'_m \tag{2-13}$$

式中　$\varphi_{\Delta t}$——温度差校正系数，其大小与流体的温度变化有关，可表示为两参数 R 和 P 的函数，即

$$\varphi_{\Delta t} = f(R、P)$$

$$P = \frac{t_2 - t_1}{T_1 - t_1} = \frac{冷流体的温升}{两流体的最初温度差}$$

$$R = \frac{T_1 - T_2}{t_2 - t_1} = \frac{热流体的温降}{冷流体的温升}$$

$\varphi_{\Delta t}$ 可根据 R 和 P 两参数由图查取。图 2-8 适用于单壳程情形，每个壳程内的管程可以是 2 程、4 程、6 程、8 程，对于其他流向的 $\varphi_{\Delta t}$ 值可从有关传热手册及书籍中查得。工程上，为了节约能量，提高传热效益，要求换热器的温差校正系数大于 0.8。

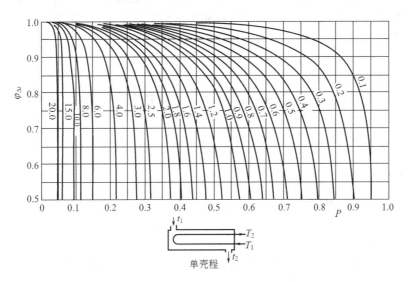

图 2-8　温度差修正系数图

【**例 2-3**】　在一个单壳程、二管程的列管换热器中，用水冷却热油。水走管程，进口温度为 20℃，出口温度为 40℃，热油走壳程，进口温度为 100℃，出口温度为 50℃。试求传热平均温度差。

解：先按逆流计算，即：$\Delta t'_m = \dfrac{\Delta t_1 - \Delta t_2}{\ln \dfrac{\Delta t_1}{\Delta t_2}} = \dfrac{(100-40)-(50-20)}{\ln \dfrac{100-40}{50-20}} = 43.3℃$

$$P = \frac{t_2 - t_1}{T_1 - t_1} = \frac{40-20}{100-20} = 0.25$$

$$R = \frac{T_1 - T_2}{t_2 - t_1} = \frac{100-50}{40-20} = 2.5$$

由图 2-8 查得：$\varphi_{\Delta t} = 0.89$

所以　　　　　　　　　　　　$\Delta t_m = \varphi_{\Delta t} \Delta t'_m = 0.89 \times 43.3 = 38.5℃$

2.3.3.3 不同流向传热温度差的比较及流向的选择

假定热、冷流体进出换热器的温度相同。

（1）两侧均恒温或一侧恒温、一侧变温 此种情况下，平均温度差的大小与流向无关，即 $\Delta t_{m逆} = \Delta t_{m错,折} = \Delta t_{m并}$。

（2）两侧均变温 平均温度差逆流时最大，并流时最小，即 $\Delta t_{m逆} > \Delta t_{m错,折} > \Delta t_{m并}$。

生产中为提高传热推动力，尽量采用逆流，例如：在换热器的热负荷和传热系数一定时，若载热体的流量一定，可减小所需传热面积，从而节省设备投资费用（参见【例2-2】）；若传热面积一定，则可减小加热剂（或冷却剂）用量，从而降低操作费用（参见【例2-4】）。但出于某些其他方面的考虑时，也采用其他流向，例如：当工艺要求被加热流体的终温不高于某一定值，或被冷却流体的终温不低于某一定值时，采用并流比较容易控制；从图2-6可以看出，采用并流时，进口端温差较大，对加热黏性大的冷流体较为适宜，因为冷流体进入换热器后温度可迅速提高，黏度降低，有利于提高传热效果，改善流动状况；采用错流或折流可以有效地降低传热热阻，降低热阻往往比提高传热推动力更为有利，所以工程上多采用错流或折流。

【例2-4】 在一个传热面积 S 为 $50m^2$ 的列管换热器中，采用并流操作，用冷却水将热油从 $110℃$ 冷却至 $80℃$，热油放出的热量为 $400kW$，冷却水的进、出口温度分别为 $30℃$ 和 $50℃$。忽略热损。①计算并流时冷却水用量和传热平均温度差；②如果采用逆流，仍然维持油的流量和进、出口温度不变，冷却水进口温度不变，试求冷却水的用量和出口温度（假设两种情况下换热器的传热系数 K 不变）。

解： ① 并流时

从附录中查得 $(30+50)/2 = 40℃$ 下，水的比热容为 $4.174kJ/(kg \cdot K)$，则冷却水用量为

$$q_{mc} = \frac{Q}{C_{pc}(t_2-t_1)} = \frac{400 \times 3600}{4.174 \times (50-30)} = 1.725 \times 10^4 \, kg/h$$

传热平均温度差为

$$\Delta t_m = \frac{\Delta t_1 - \Delta t_2}{\ln \frac{\Delta t_1}{\Delta t_2}} = \frac{(110-30)-(80-50)}{\ln \frac{110-30}{80-50}} = 51℃$$

② 采用逆流

在此题中，采用逆流后，换热器的传热面积 S、传热系数 K 及热负荷 Q 均不变，则其传热平均温度差也和并流时相同，故有

$$\Delta t_m = 51℃$$

假设此时 $\Delta t_1 / \Delta t_2 \leqslant 2$，则可用算术平均值，即

$$\Delta t_m = \frac{(110-t_2)+(80-30)}{2} = 51℃$$

解得：$t_2 = 58℃$

则 $\Delta t_1 = 110-58 = 52℃$，$\Delta t_2 = 80-30 = 50℃$，$\Delta t_1 / \Delta t_2 = 52/50 < 2$，假设正确。因此，冷却水的出口温度为 $t_2 = 58℃$。

从附录查得 $(30+58)/2 = 44℃$ 时水的比热容为 $4.174kJ/(kg \cdot ℃)$，则逆流时冷却水用量为

$$q_{mc} = \frac{Q}{C_{pc}(t_2-t_1)} = \frac{400 \times 3600}{4.174 \times (58-30)} = 1.232 \times 10^4 \, kg/h$$

2.3.4　传热系数的获取方法

2.3.4.1　热传导

（1）物体的导热规律　在物体内部，凡在同一瞬间、温度相同的点所组成的面，称为等温面。两相邻等温面的温度差与其垂直距离之比的极限称为温度梯度。

傅里叶定律是导热的基本定律，表明导热速率与温度梯度以及垂直于热流方向的等温面面积成正比，即

$$Q \propto -S \frac{\mathrm{d}t}{\mathrm{d}n}$$

写成等式，即

$$Q = -\lambda S \frac{\mathrm{d}t}{\mathrm{d}n} \tag{2-14}$$

式中　Q——导热速率，J/s 或 W；

　　　λ——比例系数，称为热导率，J/(s·m·K) 或 W/(m·K)；

　　　S——导热面积，m²；

$\mathrm{d}t/\mathrm{d}n$——温度梯度。

式中负号表示热流方向与温度梯度方向相反。

热导率是表征物质导热性能的一个物性参数，λ 越大，导热性能越好。导热性能的大小与物质的组成、结构、温度及压强等有关。

物质的热导率通常由实验测定。各种物质的热导率数值差别极大，一般而言，金属的热导率最大，非金属的次之，液体的较小，而气体的最小。工程上常见物质的热导率可从有关手册中查得，本书附录也有部分摘录。

与液体和固体相比，气体的热导率最小，对导热不利，但却有利于保温、绝热。工业上所使用的保温材料，如玻璃棉等，就是因为其空隙中有大量空气，所以其热导率很小，适用于保温隔热。

（2）导热速率的计算　如图 2-9 所示，设单层平壁的热导率为常数（取平均温度下的值），其面积与厚度相比是很大的，则从边缘处的散热可以忽略，壁内温度只沿垂直于壁面的 x 方向发生变化，即所有等温面都是垂直于 x 轴的平面，且壁面的温度不随时间变化。对此种平壁一维稳态导热，导热速率 Q 和导热面积 S 均为常数。应用式(2-14) 得

$$Q = -\lambda S \frac{\mathrm{d}t}{\mathrm{d}x}$$

当 $x=0$ 时，$t=t_1$；$x=b$ 时，$t=t_2$；且 $t_1 > t_2$，积分上式可得

$$Q = \frac{\lambda}{b} S(t_1 - t_2) \tag{2-15}$$

或

$$Q = \frac{t_1 - t_2}{\dfrac{b}{\lambda S}} = \frac{\Delta t}{R} \tag{2-15a}$$

式中　b——平壁厚度，m；

　　　Δt——$\Delta t = t_1 - t_2$，导热推动力，K；

　　　R——$R = \dfrac{b}{\lambda S}$，导热热阻，K/W。

【**例 2-5**】　普通砖平壁厚度为 500mm，一侧温度为 300℃，另一侧温度为 30℃，已知平壁的平均热导率为 0.9W/(m·℃)，试求：①通过平壁的导热通量，W/m²；②平壁内距离高温侧 300mm 处的

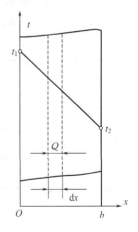

图 2-9　单层平壁
的热传导

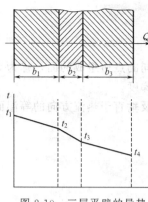

图 2-10 三层平壁的导热

温度。

解： ① 由式（2-15）有

$$q=\frac{Q}{S}=\frac{t_1-t_2}{\dfrac{b}{\lambda}}=\frac{300-30}{\dfrac{0.5}{0.9}}=486\text{W/m}^2$$

② 由式（2-15）可得

$$t=t_1-q\frac{b}{\lambda}=300-486\times\frac{0.3}{0.9}=168.8\text{℃}$$

工程上常常遇到多层不同材料组成的平壁，例如工业用的窑炉，其炉壁通常由耐火砖、保温砖以及普通建筑砖由里向外构成，其中的导热称为多层平壁导热。下面以图 2-10 所示的三层平壁为例，说明多层平壁导热的计算方法。由于是平壁，各层壁面面积可视为相同，设均为 S，各层壁面厚度分别为 b_1、b_2 和 b_3，热导率分别为 λ_1、λ_2 和 λ_3，假设层与层之间接触良好，即互相接触的两表面温度相同。各表面温度分别为 t_1、t_2、t_3 和 t_4，且 $t_1>t_2>t_3>t_4$，则在稳态导热时，通过各层的导热速率必定相等，即 $Q_1=Q_2=Q_3=Q$。

$$Q=\frac{\Delta t_1}{R_1}=\frac{\Delta t_2}{R_2}=\frac{\Delta t_3}{R_3}=\frac{\Delta t_1+\Delta t_2+\Delta t_3}{R_1+R_2+R_3} \tag{2-16}$$

即

$$Q=\frac{t_1-t_4}{\dfrac{b_1}{\lambda_1 S}+\dfrac{b_2}{\lambda_2 S}+\dfrac{b_3}{\lambda_3 S}} \tag{2-17}$$

式（2-16）表明，在多层稳态导热时，某层的热阻越大，则该层两侧的温度差（推动力）也越大，换言之，温度差与相应的热阻成正比；三层壁面的导热，可看成是三个热阻串联导热，导热速率等于任一分热阻的推动力与对应的分热阻之比，也等于总推动力与总热阻之比，总推动力等于各分推动力之和，总热阻等于各分热阻之和。

对 n 层平壁，其导热速率方程式为

$$Q=\frac{\displaystyle\sum_{i=1}^{n}\Delta t_i}{\displaystyle\sum_{i=1}^{n}R_i}=\frac{t_1-t_{n+1}}{\displaystyle\sum_{i=1}^{n}\dfrac{b_i}{\lambda_i S}} \tag{2-18}$$

式中，下标 i 为平壁的序号。

化工生产中，经常遇到圆筒壁的导热问题，它与平壁导热的不同之处在于圆筒壁的传热面积和热通量不再是常量，而是随半径而变，同时温度也随半径而变，但传热速率在稳态时依然是常量。对单层圆筒壁，工程上可用圆筒壁的内、外表面积的平均值来计算圆筒壁的导热速率。

$$Q=\frac{\lambda S_m(t_1-t_2)}{b}=\frac{\lambda S_m(t_1-t_2)}{r_2-r_1} \tag{2-19}$$

式中 t_1，t_2——圆筒壁的内、外表面温度，且设 $t_1>t_2$，K；

r_1，r_2——圆筒壁的内、外半径，m。

圆筒壁的内、外表面积的平均值 S_m 可分别采用对数平均值（$S_{m_2}/S_{m_1}\geqslant 2$ 时）或算术平均值（$S_{m_2}/S_{m_1}\leqslant 2$ 时）加以计算。

当 $S_{m_2}/S_{m_1}\leqslant 2$ 时

$$S_m=\frac{S_2-S_1}{\ln\dfrac{S_2}{S_1}}=\frac{2\pi r_2 L-2\pi r_1 L}{\ln\dfrac{2\pi r_2 L}{2\pi r_1 L}}=\frac{2\pi L(r_2-r_1)}{\ln\dfrac{r_2}{r_1}} \tag{2-20}$$

代入式(2-19)，得

$$Q=\frac{S_{m}\lambda(t_{1}-t_{2})}{r_{2}-r_{1}}=\frac{2\pi L\lambda(t_{1}-t_{2})}{\ln\frac{r_{2}}{r_{1}}}=\frac{t_{1}-t_{2}}{\dfrac{\ln\left(\dfrac{r_{2}}{r_{1}}\right)}{2\pi L\lambda}}=\frac{\Delta t}{R} \tag{2-21}$$

式(2-21) 即为单层圆筒壁的导热速率方程式。式中 $R=\dfrac{\ln\left(\dfrac{r_{2}}{r_{1}}\right)}{2\pi L\lambda}$，即为单层圆筒壁的导热热阻。

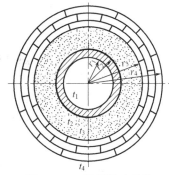

图 2-11　三层圆筒壁导热

在工程上，多层圆筒壁的导热情况也比较常见，例如：在高温或低温管道的外部包上一层乃至多层保温材料，以减少热损（或冷损）；在反应器或其他容器内衬以工程塑料或其他材料，以减小腐蚀；在换热器换热管的内、外表面形成污垢等。

以三层圆筒壁为例，如图 2-11 所示，假设各层之间接触良好，各层的热导率分别为 λ_{1}、λ_{2} 和 λ_{3}，厚度分别为 $b_{1}=r_{2}-r_{1}$、$b_{2}=r_{3}-r_{2}$ 和 $b_{3}=r_{4}-r_{3}$，根据串联导热过程的规律，可写出三层圆筒壁的导热速率方程式为

$$Q=\frac{\Delta t_{1}+\Delta t_{2}+\Delta t_{3}}{R_{1}+R_{2}+R_{3}}=\frac{t_{1}-t_{4}}{\dfrac{\ln\left(\dfrac{r_{2}}{r_{1}}\right)}{2\pi L\lambda_{1}}+\dfrac{\ln\left(\dfrac{r_{3}}{r_{2}}\right)}{2\pi L\lambda_{2}}+\dfrac{\ln\left(\dfrac{r_{4}}{r_{3}}\right)}{2\pi L\lambda_{3}}} \tag{2-22}$$

或

$$Q=\frac{t_{1}-t_{4}}{\dfrac{b_{1}}{\lambda_{1}S_{m_{1}}}+\dfrac{b_{2}}{\lambda_{2}S_{m_{2}}}+\dfrac{b_{3}}{\lambda_{3}S_{m_{3}}}} \tag{2-23}$$

对 n 层圆筒壁

$$Q=\frac{t_{1}-t_{n+1}}{\displaystyle\sum_{i=1}^{n}\frac{\ln\left(\dfrac{r_{i+1}}{r_{i}}\right)}{2\pi L\lambda_{i}}} \tag{2-24}$$

或

$$Q=\frac{t_{1}-t_{n+1}}{\displaystyle\sum_{i=1}^{n}\frac{b_{i}}{\lambda_{i}S_{mi}}} \tag{2-25}$$

2.3.4.2　对流传热

在间壁式换热器内，热量从热流体到固体壁面一侧以及从固体壁面另一侧到冷流体侧是通过对流传热进行传递。当流体沿壁面作湍流流动时，在靠近壁面处总有一个滞流内层存在。在滞流内层和湍流主体之间有一个过渡层。图 2-12 表示了壁面两侧流体的流动情况以及和流动方向垂直的某一截面上流体的温度分布情况。

在湍流主体内，由于流体质点湍动剧烈，所以在传热方向上，流体的温度差极小，各处的温度基本相同，热量传递主要依靠对流进行，传导所起作用很小。在过渡层内，流体的温度发生缓慢变化，传导和对流同时起作用。在滞流内层中，流体仅沿壁面平行流动，在传热方向上没有质点位移，所以热量传递主要依靠传导进行，由于流体的热导率很小，使滞流内层中的导热热阻很大，因此在该层内流体温度差较大。

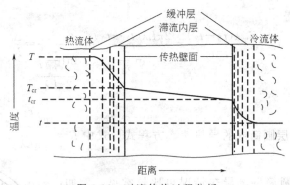

图 2-12 对流传热过程分析

由此可知，在对流传热（或称给热）时，热阻主要集中在滞流内层，因此，减薄滞流内层的厚度是强化对流传热的重要途径。

（1）对流传热基本方程——牛顿冷却定律 由前面分析可知，对流传热是一个相当复杂的传热过程。为简便起见，将对流传热速率表达成如下形式。

$$Q = \frac{\Delta t}{\dfrac{1}{\alpha S}} = \alpha S \Delta t \qquad (2\text{-}26)$$

式中 $1/(\alpha S)$——对流传热热阻，K/W；

$\qquad Q$——对流传热（或给热）速率，W；

$\qquad S$——对流传热面积，m^2；

$\qquad \Delta t$——流体与壁面（或反之）间温度差的平均值，K；

$\qquad \alpha$——对流传热系数（或称为给热系数），$W/(m^2 \cdot K)$。

式(2-26)又称为牛顿冷却定律。当流体被加热时，$\Delta t = t_W - t$；当流体被冷却时，$\Delta t = T - T_W$。

必须注意，对流传热系数一定要和传热面积及温度差相对应，例如，若热流体在换热器的管内流动，冷流体在换热器的管外流动，则它们的对流传热系数分别为

$$Q = \alpha_i S_i (T - T_W) \qquad (2\text{-}27)$$

$$Q = \alpha_o S_o (t_W - t) \qquad (2\text{-}27a)$$

式中 S_i，S_o——换热管内、外表面积，m^2；

$\qquad \alpha_i$，α_o——换热管内、外侧的对流传热系数，$W/(m^2 \cdot K)$。

对流传热系数表示在单位传热面积上，流体与壁面（或反之）的温度差为 1K 时，单位时间以对流传热方式传递的热量。它反映了对流传热的强度，对流传热系数 α 越大，说明对流强度越大，对流传热热阻越小。

对流传热系数 α 不同于热导率 λ，它不是物性，而是受诸多因素影响的一个参数，下面将讨论有关的影响因素。表 2-1 列出了几种对流传热情况下的 α 值，从中可以看出，气体的 α 值最小，载热体发生相变时的 α 值最大，且比气体的 α 值大得多。

表 2-1 α 值的范围

对流传热类型(无相变)	$\alpha/[W/(m^2 \cdot K)]$	对流传热类型(有相变)	$\alpha/[W/(m^2 \cdot K)]$
气体加热或冷却	5~100	有机蒸气冷凝	500~2000
油加热或冷却	60~1700	水蒸气冷凝	5000~15000
水加热或冷却	200~15000	水沸腾	2500~25000

（2）影响对流传热系数的因素 通过理论分析和实验证明，影响对流传热的因素有以下

方面。

① 流体的种类及相变情况　流体的状态不同，如液体、气体和蒸汽，它们的对流传热系数各不相同。流体有无相变，对传热有不同影响，一般流体有相变时的对流传热系数较无相变时的大。

② 流体的性质　影响对流传热系数的因素有热导率、比热容、黏度和密度等。对同一种流体，这些物性又是温度的函数，有些还与压强有关。

③ 流体的流动状态　当流体呈湍流时，随着 Re 的增大，滞流内层的厚度减薄，对流传热系数增大。当流体呈滞流时，流体在传热方向上无质点位移，故其对流传热系数较湍流时的小。

④ 流体流动的原因　自然对流与强制对流的流动原因不同，其传热规律也不相同。一般强制对流传热时的对流传热系数较自然对流传热的大。

⑤ 传热面的形状、位置及大小　传热面的形状（如管内、管外、板、翅片等）、传热面的方位、布置（如水平或垂直放置、管束的排列方式等）及传热面的尺寸（如管径、管长、板高等）都对对流传热系数有直接的影响。

（3）对流传热系数特征数关联式　由于影响对流传热系数的因素很多，要建立一个通式来求各种条件下的对流传热系数是不可能的。目前，常采用量纲分析法，将众多的影响因素（物理量）组合成若干无量纲数群（特征数），再通过实验确定各特征数之间的关系，即得到各种条件下的 α 关联式。

表 2-2 列出了各特征数的名称、符号及意义，供使用 α 关联式时参考。

表 2-2　特征数的名称、符号及意义

特征数名称	符　号	特征数表达式	意　　义
努塞尔特征数	Nu	$\alpha l/\lambda$	表示对流传热系数的特征数
雷诺特征数	Re	$lu\rho/\mu$	确定流动状态的特征数
普朗特征数	Pr	$c_p\mu/\lambda$	表示物性影响的特征数
格拉斯霍夫特征数	Gr	略	表示自然对流影响的特征数

对于强制对流的传热过程，Nu、Re、Pr 三个特征数之间的关系大多数为指数函数的形式，即

$$Nu = CRe^m Pr^n \tag{2-28}$$

这种特征数之间的关系式称为特征数关联式。式中 C、m、n 都是常数，都是针对各种不同情况的具体条件进行实验测定的。当这些常数被实验确定后，即可用该式来求算对流传热系数。

由于特征数关联式是一种经验公式，在使用时应注意以下几个方面。

① 应用范围　关联式中 Re、Pr 等特征数的数值范围，关联式不得超范围使用。

② 特征尺寸　Nu、Re 等特征数中 l 应如何取定，由关联式指定，不得改变。

③ 定性温度　各特征数中流体的物性应按什么温度确定，由关联式指定。

每一个 α 关联式对上述三个方面都有明确的规定和说明。

（4）流体无相变时的对流传热系数关联式　应予指出，在传热中，滞流、湍流的 Re 值区间为

滞流　　$Re < 2300$

湍流　　$Re > 10000$

过渡区　$2300 \leqslant Re \leqslant 10000$

流体在换热器内作强制对流时，为提高传热系数，流体多呈湍流流动，较少出现滞流状

态。因此，下面只介绍湍流和过渡区的对流传热系数关联式。

① 流体在圆形直管内作强制湍流

a. 低黏度（小于 2 倍常温水的黏度）流体

$$Nu = 0.023 Re^{0.8} Pr^n \tag{2-29}$$

或

$$\alpha = 0.023 \frac{\lambda}{d_i} \times \left(\frac{d_i u \rho}{\mu} \right)^{0.8} \times \left(\frac{c_p \mu}{\lambda} \right)^n \tag{2-29a}$$

式中，n 值随热流方向而异，当流体被加热时，$n=0.4$；当流体被冷却时，$n=0.3$。

应用范围：$Re > 10000$，$0.7 < Pr < 120$；管长与管径比 $L/d_i \geqslant 60$。若 $L/d_i < 60$，需将由式(2-29) 算得的 α 乘以 $[1+(d_i/L)^{0.7}]$ 加以修正。

特征尺寸：Nu、Pr 特征数中的 l 取为管内径 d_i。

定性温度：取为流体进、出口温度的算术平均值。

b. 高黏度液体

$$Nu = 0.023 Re^{0.8} Pr^{0.33} \varphi_w \tag{2-30}$$

应用范围、特征尺寸和定性温度与式(2-29) 相同。

φ_w 为黏度校正系数，当液体被加热时，$\varphi_w=1.05$；当液体被冷却时，$\varphi_w=0.95$。

【例 2-6】 常压空气在内径为 50mm、长度为 3m 的管内由 20℃加热到 80℃，空气的平均流速为 15m/s，试求管壁对空气的对流传热系数。

解：定性温度 $t_m = \dfrac{t_1+t_2}{2} = \dfrac{20+80}{2} = 50℃$

在附录中查得 50℃下空气的物性如下。

$\mu = 1.96 \times 10^{-5} Pa \cdot s$ $\lambda = 2.83 \times 10^{-2} W/(m \cdot K)$ $\rho = 1.093 kg/m^3$ $Pr = 0.698$

$$Re = \frac{d_i u \rho}{\mu} = \frac{0.05 \times 15 \times 1.093}{1.96 \times 10^{-5}} = 41824$$

$$\frac{L}{d_i} = \frac{3}{0.05} = 60$$

Pr、Re 及 L/d_i 值均在式(2-29) 应用范围内，故可用该式计算 α。又气体被加热，取 $n=0.4$，则

$$\alpha = 0.023 \frac{\lambda}{d_i} Re^{0.8} Pr^n$$

$$= 0.023 \times \frac{2.83 \times 10^{-2}}{0.05} \times 41824^{0.8} \times 0.698^{0.4}$$

$$= 56.1 W/(m^2 \cdot K)$$

② 流体在圆形直管内作强制过渡流　当 $Re = 2300 \sim 10000$ 时，属于过渡区，对流传热系数可先按湍流计算，然后将算得结果乘以校正系数 Φ，即

$$\Phi = 1 - \frac{6 \times 10^5}{Re^{1.8}}$$

③ 流体在弯管内作强制对流　流体在弯管内流动时，由于受惯性离心力的作用，流体的湍动程度增大了，使对流传热系数值较直管内的大，此时，α 可按式(2-31) 计算。

$$\alpha' = \alpha \left(1 + 1.77 \frac{d}{R} \right) \tag{2-31}$$

式中　α'——弯管中的对流传热系数，$W/(m^2 \cdot K)$；

　　　α——直管内的对流传热系数，$W/(m^2 \cdot K)$；

　　　d——管内径，m；

　　　R——弯管轴的曲率半径，m。

④ 流体在非圆形管内作强制对流　当流体在非圆形管内作强制对流时，对流传热系数的计算仍可用上述关联式，只要将式中管内径换成当量直径即可。当量直径可用第 1 章介绍的公式计算，但有些关联式需要采用传热当量直径。传热当量直径定义为

$$d'_e = \frac{4 \times 流体流动截面积}{被流体润湿的传热周边长度}$$

例如，在套管换热器环隙内传热时，其传热当量直径为

$$d'_e = \frac{4 \times \frac{\pi}{4}(d_1^2 - d_2^2)}{\pi d_2} = \frac{d_1^2 - d_2^2}{d_2}$$

在传热计算中，究竟采用哪个当量直径，由具体的关联式决定。

⑤ 流体在换热器管间流动　对于常用的列管换热器，由于壳体是圆筒，管束中各列管子数目并不相等，而且大多装有折流挡板，使得流体的流向和流速不断变化，因而当 $Re>100$ 时，即可达到湍流。此时对流传热系数的计算，要视具体结构选用相应的计算公式。

列管换热器折流挡板的形式较多，其中以弓形（圆缺形）挡板最为常见。当换热器内装有圆缺形挡板（缺口面积约为 25% 壳体内截面积）时，壳内流体的对流传热系数可用下式计算，即

$$Nu = 0.36 Re^{0.55} Pr^{1/3} \varphi_w \tag{2-32}$$

或

$$\alpha = 0.36 \frac{\lambda}{d_e} \left(\frac{d_e u \rho}{\mu}\right)^{0.55} \left(\frac{c_p \mu}{\lambda}\right)^{1/3} \varphi_w \tag{2-32a}$$

应用范围：$Re = 2 \times 10^3 \sim 1 \times 10^6$。

定性温度：取为流体进、出口算术平均值。

特征尺寸：当量直径 d_e。

对液体，黏度校正系数 φ_w 取值与式（2-29）相同；对气体，无论是被加热还是被冷却，$\varphi_w = 1$。

当量直径 d_e 根据管子的排列方式的不同，分别采用不同的公式进行计算。

管子为正方形排列时

$$d_e = \frac{4\left(t^2 - \frac{\pi}{4} d_o^2\right)}{\pi d_o} \tag{2-33}$$

管子为正三角形排列时

$$d_e = \frac{4\left(\frac{\sqrt{3}}{2} t^2 - \frac{\pi}{4} d_o^2\right)}{\pi d_o} \tag{2-34}$$

式中　t——相邻两管的中心距，m；

d_o——管外径，m。

式（2-32）、式（2-32a）中的流速根据流体流过管间最大截面积 A 计算，即

$$A = hD\left(1 - \frac{d_o}{t}\right) \tag{2-35}$$

式中　h——两挡板间的距离，m；

D——换热器壳体内径，m。

若换热器的管间无挡板，则管外流体将沿管束平行流动，此时，可用管内强制对流的关联式进行计算，只需将式中的直径换为当量直径即可。

（5）**流体有相变时的对流传热**　在对流热时，流体发生相变，分为蒸汽冷凝和液体沸腾两种。

① 蒸汽冷凝过程的对流传热 如果蒸汽处于比其饱和温度低的环境中，将出现冷凝现象。在换热器内，当饱和蒸汽与温度较低的壁面接触时，蒸汽将释放出潜热，并在壁面上冷凝成液体，发生在蒸汽冷凝和壁面之间的传热称为冷凝对流传热，简称冷凝传热。冷凝传热速率与蒸汽的冷凝方式密切相关。蒸汽冷凝主要有两种方式：膜状冷凝和珠状冷凝（或称滴状冷凝）。如果冷凝液能够润湿壁面，则会在壁面上形成一层液膜，称为膜状冷凝；如果冷凝液不能润湿壁面，则会在壁面上杂乱无章地形成许多小液珠（滴），称为珠状冷凝。

在膜状冷凝过程中，壁面被液膜所覆盖，此时蒸汽的冷凝只能在液膜的表面进行，即蒸汽冷凝放出的潜热必须通过液膜后才能传给壁面。因此冷凝液膜往往成为膜状冷凝的主要热阻。冷凝液膜在重力作用下沿壁面向下流动时，其厚度不断增加，所以壁面越高或水平放置的管子管径越大，则整个壁面的平均对流传热系数也就越小。

在珠状冷凝过程中，壁面的大部分直接暴露在蒸汽中，由于在这些部位没有液膜阻碍热流，故其对流传热系数很大，是膜状冷凝的十倍左右。

蒸汽冷凝时，往往在壁面形成液膜，液膜的厚度及其流动状态是影响冷凝传热的关键。凡有利于减薄液膜厚度的因素都可以提高冷凝传热系数。

若蒸汽中含有空气或其他不凝性气体，由于气体的热导率小，气体聚集成薄膜附着在壁面后，将大大降低传热效果。研究表明，当蒸汽中含有 1% 的不凝性气体时，对流传热系数将下降 60%。

② 液体沸腾过程的对流传热 将液体加热到操作条件下的饱和温度时，整个液体内部都将会有气泡产生，这种现象称为液体沸腾。发生在沸腾液体与固体壁面之间的传热称为沸腾对流传热，简称为沸腾传热。

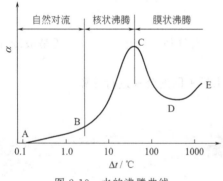

图 2-13 水的沸腾曲线

图 2-13 为实验得到的常压下水的沸腾曲线，它表示了水在池内沸腾时对流传热系数 α 与传热壁面和液体的温度差 Δt 之间的关系。

实验表明，当传热壁面与液体的温度差较小时，只有少量气泡产生，传热以自然对流为主，对流传热系数和传热速率都比较小，如图中 AB 段；随着温度差的增大，液体在传热壁面受热后生成的气泡数量增加很快，并在向上浮动中，对液体产生剧烈的扰动，因此，对流传热系数上升很快，这个阶段称为泡核沸腾，如图中 BC 段；当温度差增大到一定程度，气泡生成速度大于气泡脱离壁面的速度时，气泡将在传热壁面上聚集并形成一层不稳定的气膜，这时热量必须通过这层气膜才能传到液相主体中去，由于气体的热导率比液体的小得多，对流传热系数反而下降，这个阶段称为过渡区，如图中 CD 段；当温度差再增大到一定程度时，产生的气泡在传热壁面形成一层稳定的气膜，此后，温度差再增大时，对流传热系数基本不变，这个阶段称为膜状沸腾，如图中 DE 段。实际上一般将 CDE 段称为膜状沸腾。

由于泡核沸腾的传热系数比膜状沸腾的大，工业生产中总是设法控制在泡核沸腾下操作。

（6）提高对流传热系数的措施 提高对流传热系数，即减小对流传热热阻，是强化对流传热的关键。

① 无相变时的对流传热 增大流速和减小管径都能增大对流传热系数，但以增大流速更为有效。此外，不断改变流体的流动方向，也能使 α 得到提高。在换热流体许可时（如冷却水），可将纳米级粒子混于换热流体中，一起流过换热器，增大给热速率。

目前，在列管换热器中，为提高 α，通常采取如下具体措施。

a. 在管程，采用多程结构，可使流速成倍增加，流动方向不断改变，从而大大提高了 α，但当程数增加时，流动阻力会随之增大，故需全面权衡。

b. 在壳程，也可采用多程，即装设纵向隔板，但限于制造、安装及维修上的困难，工程上一般不采用多程结构，而广泛采用折流挡板，这样，不仅可以局部提高流体在壳程内的流速，而且迫使流体多次改变流向，从而强化了对流传热。

c. 还可通过内置螺旋条、扭曲带、网栅等湍流促进器以促进湍流。湍流促进器一般可使管式换热器的传热系数增加，但流体的压力降随之增大，且换热器拆洗困难，采用时需具体分析，全面权衡。

② 有相变时的对流传热 对于冷凝传热，除了及时排除不凝性气体外，还可以采取一些其他措施，例如在管壁上开一些纵向沟槽或装金属网，以阻止液膜的形成。对于沸腾传热，实践证明：设法使表面粗糙化，或在液体中加入如乙醇、丙酮等添加剂，均能有效地提高对流传热系数。

（7）对流-辐射联合传热系数 在化工生产中，许多设备和管道的外壁温度往往高于周围环境温度，此时热量将以对流和辐射两种方式散失于周围环境中。为了减少热损，许多温度较高或较低的设备，如换热器、塔器和蒸汽管道等都必须进行保温。设备的热损应等于对流传热和辐射传热之和，若分别计算，会使得过程非常繁杂，同时又没有必要，因为工程上，重要的是了解总的热损为多少，至于对流损失中有多少辐射损失则是不重要的。因此，往往把对流-辐射联合作用下的总热损用下式计算。

$$Q = \alpha_T S_w (t_w - t) \tag{2-36}$$

式中 α_T——对流-辐射联合传热系数，$W/(m^2 \cdot K)$；

S_w——设备或管道的外壁面积，m^2；

t_w，t——设备或管道的外壁温度和周围环境温度，K。

对流-辐射联合系数 α_T 可用如下经验式估算。

① 室内（$t_w < 150℃$，自然对流）

对圆筒壁（$D < 1m$）

$$\alpha_T = 9.42 + 0.052(t_w - t) \tag{2-37}$$

对平壁（或 $D \geqslant 1m$ 的圆筒壁）

$$\alpha_T = 9.77 + 0.07(t_w - t) \tag{2-38}$$

② 室外

$$\alpha_T = \alpha_0 + 7\sqrt{u} \tag{2-39}$$

对于保温壁面，一般取 $\alpha_0 = 11.63 W/(m^2 \cdot K)$；对于保冷壁面，一般取 $\alpha_T = 7 \sim 8 W/(m^2 \cdot K)$；$u$ 为风速，m/s。

【例 2-7】 有一个室外蒸汽管道，敷上保温层后外径为 0.4m，已知其外壁温度为 33℃，周围空气的温度为 25℃，平均风速为 2m/s。试求每米管道的热损。

解：由式(2-39)可知联合传热系数为

$$\alpha_T = \alpha_0 + 7\sqrt{u} = 11.63 + 7\sqrt{2} = 21.53 W/(m^2 \cdot K)$$

由式(2-36)有

$$Q = \alpha_T S_w (t_w - t) = \alpha_T \pi dL (t_w - t)$$

即

$$\frac{Q}{L} = \alpha_T \pi d (t_w - t) = 21.53\pi \times 0.4 \times (33 - 25) = 216.44 W/m$$

2.3.4.3 传热系数获取方法

由传热基本方程得 $K = \dfrac{Q}{(S\Delta t_m)}$，传热系数在数值上等于单位传热面积、热流体与冷流体温度差为 1K 时换热器的传热速率。传热系数是评价换热器传热性能的重要参数，也是对传热设备进行工艺计算的依据。影响传热系数 K 值的因素很多，主要有换热器的类型、流体的种类和性质以及操作条件等。在换热器的工艺计算中，传热系数 K 的来源主要有以下三个方面。

（1）取经验值 选取工艺条件相仿、设备类似而又比较成熟的经验数据，表 2-3 列出了列管换热器传热系数的大致范围，可供参考。

表 2-3 列管换热器传热系数的大致范围

热 流 体	冷 流 体	传热系数 $K/[W/(m^2 \cdot K)]$
水	水	850～1700
轻油	水	340～910
重油	水	60～280
气体	水	17～280
水蒸气冷凝	水	1420～4250
水蒸气冷凝	气体	30～300
低沸点烃类蒸气冷凝(常压)	水	455～1140
高沸点烃类蒸气冷凝(减压)	水	60～170
水蒸气冷凝	水沸腾	2000～4250
水蒸气冷凝	轻油沸腾	455～1020
水蒸气冷凝	重油沸腾	140～425

（2）现场测定 对于已有的换热器，可以测定有关数据，如设备的尺寸、流体的流量和进出口温度等，然后求得传热速率 Q、传热温度差 Δt_m 和传热面积 S，再由传热基本方程计算 K 值。这样得到的 K 值可靠性较高，但是其使用范围受到限制，只有与所测情况相一致的场合（包括设备的类型、尺寸、流体性质、流动状况等）才准确。但若使用情况与测定情况相似，所测 K 值仍有一定参考价值。

实测 K 值的意义，不仅可以为换热器计算提供依据，而且可以分析了解换热器的性能，寻求提高换热器传热能力的途径。

（3）公式计算 传热系数 K 的计算公式可利用串联热阻叠加原理导出。当热、冷流体在换热器中通过间壁换热时，其传热机理如下（为方便起见，假设热流体走管程，冷流体走壳程）。

热流体对壁面的对流传热

$$Q = \frac{\Delta t_1}{R_1} = \frac{(T - T_w)_m}{\dfrac{1}{\alpha_i S_i}}$$

壁面内的导热

$$Q = \frac{\Delta t_2}{R_2} = \frac{(T_w - t_w)_m}{\dfrac{b}{\lambda S_m}}$$

壁面对冷流体的对流传热

$$Q = \frac{\Delta t_3}{R_3} = \frac{(t_w - t)_m}{\dfrac{1}{\alpha_o S_o}}$$

可知，热、冷流体通过间壁的传热是一个"对流-传导-对流"的串联过程。上述三式分别表示了通过各步的传热速率。对于稳态传热，各串联环节速率相等，总推动力等于各分推动力之和，总阻力等于各分阻力之和（热阻叠加原理）。综合式（2-4a）和上面三式，可得到如下计算式。

$$Q = \frac{\Delta t_m}{\dfrac{1}{KS}} = \frac{(T - T_w)_m + (T_w - t_w)_m + (t_w - t)_m}{\dfrac{1}{\alpha_i S_i} + \dfrac{b}{\lambda S_m} + \dfrac{1}{\alpha_o S_o}}$$

可知

$$\frac{1}{KS}=\frac{1}{\alpha_i S_i}+\frac{b}{\lambda S_m}+\frac{1}{\alpha_o S_o} \tag{2-40}$$

式(2-40)即为计算 K 值的基本公式，具体计算时，等式左边的传热面积 S 可选传热面（管壁面）的外表面积 S_o 或内表面积 S_i 或平均表面积 S_m，但传热系数 K 必须与所选传热面积相对应。S 取 S_o，则

$$\frac{1}{K_o S_o}=\frac{1}{\alpha_i S_i}+\frac{b}{\lambda S_m}+\frac{1}{\alpha_o S_o} \tag{2-41}$$

即

$$\frac{1}{K_o}=\frac{S_o}{\alpha_i S_i}+\frac{b S_o}{\lambda S_m}+\frac{1}{\alpha_o} \tag{2-41a}$$

或

$$K_o=\frac{1}{\dfrac{S_o}{\alpha_i S_i}+\dfrac{b S_o}{\lambda S_m}+\dfrac{1}{\alpha_o}} \tag{2-41b}$$

同理，当 S 取 S_i 或 S 取 S_m 时，得

$$K_i=\frac{1}{\dfrac{1}{\alpha_i}+\dfrac{b S_i}{\lambda S_m}+\dfrac{S_i}{\alpha_o S_o}} \tag{2-42}$$

$$K_m=\frac{1}{\dfrac{S_m}{\alpha_i S_i}+\dfrac{b}{\lambda}+\dfrac{S_m}{\alpha_o S_o}} \tag{2-43}$$

式中　S_o，S_i，S_m——传热壁面的外表面积、内表面积、平均表面积，m^2；

　　　K_o，K_i，K_m——基于 S_o、S_i、S_m 的传热系数，$W/(m^2 \cdot K)$。

应予指出，在传热计算中，选择何种面积作为计算基准，结果完全相同。但工程上，大多以外表面积为基准，除了特别说明外，手册中所列 K 值都是基于外表面积的传热系数，换热器标准系列中的传热面积也是指外表面积。因此，传热系数 K 的通用计算式为

$$\frac{1}{K}=\frac{S_o}{\alpha_i S_i}+\frac{b S_o}{\lambda S_m}+\frac{1}{\alpha_o} \tag{2-44}$$

$$K=\frac{1}{\dfrac{S_o}{\alpha_i S_i}+\dfrac{b S_o}{\lambda S_m}+\dfrac{1}{\alpha_o}} \tag{2-44a}$$

换热器在使用过程中，传热壁面常有污垢形成，对传热产生附加热阻称为污垢热阻。通常，污垢热阻比传热壁面的热阻大得多，因而在传热计算中应考虑污垢热阻的影响。影响污垢热阻的因素很多，主要有流体的性质、传热壁面的材料、操作条件、清洗周期等。由于污垢热阻的厚度及热导率难以准确地估计，因此通常选用经验值，表 2-4 列出了一些常见流体的污垢热阻的经验值。

表 2-4　常见流体的污垢热阻 R_{S_i}

流　体	$R_{S_i}/[(m^2 \cdot K)/kW]$	流　体	$R_{S_i}/[(m^2 \cdot K)/kW]$
水(>50℃)		水蒸气	
蒸馏水	0.09	优质不含油	0.052
海水	0.09	劣质不含油	0.09
清净的河水	0.21	液体	
未处理的凉水塔用水	0.58	盐水	0.172
已处理的凉水塔用水	0.26	有机物	0.172
已处理的锅炉用水	0.26	熔盐	0.086
硬水、井水	0.58	植物油	0.52
气体		燃料油	0.172～0.52
空气	0.26～0.53	重油	0.86
溶剂蒸气	0.172	焦油	1.72

设管内、外壁面的污垢热阻分别为 R_{si}、R_{so}，根据串联热阻叠加原理，式（2-44）变为

$$\frac{1}{K_o} = \frac{S_o}{\alpha_i S_i} + R_{si} + \frac{b S_o}{\lambda S_m} + R_{so} + \frac{1}{\alpha_o} \qquad (2\text{-}45)$$

或

$$K_o = \frac{1}{\dfrac{S_o}{\alpha_i S_i} + R_{si} + \dfrac{b S_o}{\lambda S_m} + R_{so} + \dfrac{1}{\alpha_o}} \qquad (2\text{-}45a)$$

式（2-45）表明，换热器的总热阻等于间壁两侧流体的对流热阻、污垢热阻及壁面导热热阻之和。

若传热壁面为平壁或薄管壁时，S_i、S_o、S_m 相等或近似相等，则式（2-45）可简化为

$$\frac{1}{K} = \frac{1}{\alpha_i} + R_{si} + \frac{b}{\lambda} + R_{so} + \frac{1}{\alpha_o} \qquad (2\text{-}46)$$

2.3.5 强化与削弱传热

2.3.5.1 强化传热途径

所谓强化传热，就是设法提高换热器的传热速率。从传热基本方程 $Q = KS\Delta t_m$ 可以看出，增大传热面积 S、提高传热推动力 Δt_m 以及提高传热系数 K 都可以达到强化传热的目的，但是，实际效果却因具体情况而异。下面分别予以讨论。

（1）增大传热面积 增大传热面积可以提高换热器的传热速率，但是增大传热面积不能靠简单地增大设备尺寸来实现，因为这样会使设备的体积增大，金属耗用量增加，设备费用相应增加。实践证明，从改进设备的结构入手，增加单位体积的传热面积，可以使设备更加紧凑，结构更加合理，目前出现的一些新型换热器，如螺旋板式、板式换热器等，其单位体积的传热面积大大超过了列管换热器。同时，还研制出并成功使用了多种高效能传热面，如图 2-14 所示的几种带翅片或异形表面的传热管，便是工程上在列管换热器中经常用到的高效能传热管，它们不仅使传热表面有所增加，而且强化了流体的湍动程度，提高了对流传热系数，使传热速率显著提高。

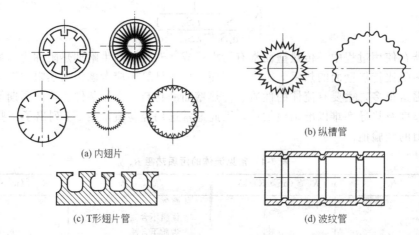

(a) 内翅片　　(b) 纵槽管　　(c) T形翅片管　　(d) 波纹管

图 2-14　高效能传热管的形式

（2）提高传热推动力 增大传热平均温度差可以提高换热器的传热速率。传热平均温度差的大小取决于两流体的温度大小及流动形式。一般来说，物料的温度由工艺条件所决定，不能随意变动，而加热剂或冷却剂的温度，可以通过选择不同介质和流量加以改变。例如：用饱和水蒸气作为加热剂时，增加蒸汽压强可以提高其温度；在水冷器中增大冷却水流量或以冷冻盐水代替普通冷却水，可以降低冷却剂的温度等。但需要注意的是，改变加热剂或冷

却剂的温度，必须考虑到技术上的可行性和经济上的合理性。另外，采用逆流操作或增加壳程数，均可得到较大的平均传热温度差。

（3）提高传热系数　增大传热系数，可以提高换热器的传热速率。增大传热系数，实际上就是降低换热器的总热阻。为分析方便起见，总热阻的求取按平壁考虑，即依据式(2-45)分析。

$$\frac{1}{K} = \frac{1}{\alpha_i} + R_{si} + \frac{b}{\lambda} + R_{so} + \frac{1}{\alpha_o}$$

由此可见，要降低总热阻，可减小各项分热阻中的任一个即可。但不同情况下，各项分热阻所占比例不同，故应具体问题具体分析，抓住主要矛盾，设法减小所占比例大的分热阻。一般来说，在金属换热器中，壁面较薄且热导率高，不会成为主要热阻；污垢热阻是一个可变因素，在换热器刚投入使用时，污垢热阻很小，可不予考虑，但随着使用时间的加长，污垢逐渐增加，便可成为阻碍传热的主要因素；对流传热热阻经常是传热过程的主要矛盾，必须重点考虑。

提高 K 值的具体途径和措施如下。

① 对流传热热阻占主导地位　当壁面热阻（b/λ）和污垢热阻（R_{si}、R_{so}）可以忽略时，式(2-46) 可简化为

$$\frac{1}{K} = \frac{1}{\alpha_i} + \frac{1}{\alpha_o} \tag{2-47}$$

若 $\alpha_i \gg \alpha_o$，则 $K \approx \alpha_o$，此时，欲提高 K 值，关键在于提高管外侧的对流传热系数；若 $\alpha_o \gg \alpha_i$，则 $K \approx \alpha_i$，此时，欲提高 K 值，关键在于提高管内侧的对流传热系数。总之，当两 α 相差很大时，欲提高 K 值，应该采取措施提高 α 小的那一侧的对流传热系数。

若 α_i 与 α_o 较为接近，此时，必须同时提高两侧的对流传热系数，才能提高 K 值。

提高对流传热系数的具体措施前面已经介绍，在此不再重复。

② 污垢热阻占主导地位　当壁面两侧对流传热系数都很大，即两侧的对流传热热阻都很小，而污垢热阻很大时，欲提高 K 值，则必须设法减缓污垢的形成，同时及时清除污垢。

减小污垢热阻的具体措施有：提高流体的流速和扰动，以减弱垢层的沉积；加强水质处理，尽量采用软化水；加入阻垢剂，防止和减缓垢层形成；定期采用机械或化学的方法清除污垢。

【例 2-8】 有一个用 $\phi25mm \times 2mm$ 无缝钢管 $[\lambda = 46.5W/(m \cdot K)]$ 制成的列管换热器，管内通以冷却水，$\alpha_i = 400W/(m^2 \cdot K)$，管外为饱和水蒸气冷凝，$\alpha_o = 10000W/(m^2 \cdot K)$，由于换热器刚投入使用，污垢热阻可以忽略。试计算：①传热系数 K 及各分热阻所占总热阻的比例；②将 α_i 提高一倍（其他条件不变）后的 K 值；③将 α_o 提高一倍（其他条件不变）后的 K 值。

解： ① 由于壁面较薄，此处按平壁近似计算。根据题意：$R_{si} = R_{so} = 0$，由式(2-46) 有

$$K = \frac{1}{\dfrac{1}{\alpha_i} + \dfrac{b}{\lambda} + \dfrac{1}{\alpha_o}} = \frac{1}{\dfrac{1}{400} + \dfrac{0.002}{46.5} + \dfrac{1}{10000}} = 378.4W/(m^2 \cdot K)$$

各分热阻及所占比例的计算直观而简单，故省略计算过程，直接将计算结果列于下表。

热 阻 名 称	热阻值/($\times 10^3 m^2 \cdot K/W$)	比例/%
总热阻 $1/K$	2.64	100
管内对流热阻 $1/\alpha_i$	2.5	94.7
管外对流热阻 $1/\alpha_o$	0.1	3.8
壁面导热热阻 b/λ	0.04	1.5

从各分热阻所占比例可以看出，管内对流热阻占主导地位，所以提高 K 值的有效途径应该是减小管内对流热阻，即提高 α_i。下面的计算结果可以印证这一结论。

② 将 α_i 提高一倍（其他条件不变），即 $\alpha_i' = 800\text{W}/(\text{m}^2 \cdot \text{K})$。

$$K' = \cfrac{1}{\cfrac{1}{800} + \cfrac{0.002}{46.5} + \cfrac{1}{10000}} = 717.9\text{W}/(\text{m}^2 \cdot \text{K})$$

增幅为：

$$\frac{717.9 - 378.4}{378.4} \times 100\% = 89.7\%$$

③ 将 α_o 提高一倍（其他条件不变），即 $\alpha_o' = 20000\text{W}/(\text{m}^2 \cdot \text{K})$。

$$K'' = \cfrac{1}{\cfrac{1}{400} + \cfrac{0.002}{46.5} + \cfrac{1}{20000}} = 385.7\text{W}/(\text{m}^2 \cdot \text{K})$$

增幅为：

$$\frac{385.7 - 378.4}{378.4} \times 100\% = 1.9\%$$

【例 2-9】 在【例 2-8】中，当换热器使用一段时间后，形成了垢层，需要考虑污垢热阻，试计算此时的传热系数 K 值。

解：根据表 2-4 所列数据，取水的污垢热阻 $R_{S_i} = 0.58(\text{m}^2 \cdot \text{K})/\text{kW}$，水蒸气的 $R_{S_o} = 0.09(\text{m}^2 \cdot \text{K})/\text{kW}$。则由式(2-46)有

$$K''' = \cfrac{1}{\cfrac{1}{\alpha_i} + R_{S_i} + \cfrac{b}{\lambda} + R_{S_o} + \cfrac{1}{\alpha_o}}$$

$$= \cfrac{1}{\cfrac{1}{400} + 0.00058 + \cfrac{0.002}{46.5} + 0.00009 + \cfrac{1}{10000}}$$

$$= 301.8\text{W}/(\text{m}^2 \cdot \text{K})$$

由于垢层的产生，使传热系数下降了

$$\frac{K - K'''}{K} \times 100\% = \frac{378.4 - 301.8}{378.4} \times 100\% = 20.2\%$$

通过本例说明，垢层的存在，确实大大降低了传热速率，因此在实际生产中，应该尽量减缓垢层的形成并及时清除污垢。

2.3.5.2 削弱传热

削弱传热，就是设法减少热量传递，主要用于隔热。在化工生产中，只要设备（或管道）与环境（周围空气）存在温度差，就会有热损失（或冷损失）出现。利用热导率很低、导热热阻很大的保温隔热材料对高温和低温设备进行保温隔热，以减少设备与环境间的热交换，从而减少热损失。常见的保温隔热材料见表 2-5。

表 2-5 常见的保温隔热材料

材料名称	主要成分	密度/(kg/m³)	热导率/[W/(m·K)]	特 性
碳酸镁石棉	85%石棉纤维,15%碳酸镁	180	0.09~0.12(50℃)	保温用涂抹材料耐温 300℃
碳酸镁砖		380~360	0.07~0.12(50℃)	泡花碱黏结剂耐温 300℃
碳酸镁管		280~360	0.07~0.12(50℃)	泡花碱黏结剂耐温 300℃
硅藻土材料	$SiO_2 \cdot Al_2O_3 \cdot Fe_2O_3$	280~450	<0.23	耐温 800℃
泡沫混凝土		300~570	<0.23	耐温 250~300℃大规模保温
矿渣棉	高炉渣制成棉	200~300	<0.08	耐温 700℃大面积保温填料
膨胀蛭石	镁铝铁含水硅酸盐	60~250	<0.07	耐温<1000℃

材料名称	主要成分	密度/(kg/m³)	热导率/[W/(m·K)]	特 性
蛭石水泥管		430～500	0.09～0.14	耐温<800℃
蛭石水泥板		430～500	0.09～0.14	耐温<800℃
沥青蛭石管		350～400	0.08～0.1	保冷材料
超细玻璃棉		18～30	0.032	
软木	常绿树木栓层制成	120～200	0.035～0.058	保冷材料

2.3.5.3　化工管道设备的保温

保温，就是减少热量传递，是一种最重要的节能措施。化工生产经常伴随热量和能量的变化，设备和管线的保温是企业在安装和检修过程的一项常规工作，主要目的是减少能量损失，节约能源；保证生产过程温度满足工艺要求；减少环境的高温（低温）危险，实现生产环境安全。

保温应该在满足生产工艺要求的同时，充分考虑设备管线特点、作业环境安全和投入费用廉价等问题。

化工生产常用的保温措施：在设备或管线外包上一层或多层保温隔热材料，保温的基本模型是设备或管线→防腐层→保温层→外层（装饰加固）。常用的保温材料主要有岩棉被、板、管、带；膨胀珍珠岩；复方硅酸铝、聚氨酯发泡材料、耐火纤维及耐火砖等。

岩棉管主要用于较低温度环境的水、蒸汽等较小管径管线，如 1in（$DN25$、$\phi32$）、2in（$DN50$、$\phi57$）、4in（$DN100$、$\phi108$）。岩棉被主要用于反应釜、旋风分离器等外形复杂设备的保温，用法通常是先用扎丝固定，再在外部缠绕玻璃丝布，最后用涂料涂刷。适应温度小于 200℃。

膨胀珍珠岩是一种轻型、球形（直径 3～5mm）、中空的保温材料，主要用于反应釜、旋风分离器、塔等设备和大管径管线的保温，采用黏合剂拌和，涂层干燥后使用，外用丝网固定涂刷涂料，适应温度小于 500℃。

复合硅酸铝主要用于管线保温，根据管线尺寸规格选用同规格型材，用铝箔或不锈钢板材进行固定。适应温度较高，施工成本较高。

聚氨酯发泡材料是目前企业广泛使用的保温材料，施工特点是根据现场设备或管线进行现场成型，主要用于塔、罐、槽和各类管线，采用铝箔或不锈钢薄板进行装饰加固。

耐火纤维和耐火砖用于化工高温环境的保温，如各类化工窑炉等。

2.3.6　传热计算举例

热量衡算式、传热基本方程 $Q=KS\Delta t_m$ 等是解决传热问题的主要公式，了解方程中各参数的单位、意义和求取方法，对分析和解决工业传热实际问题大有裨益。

【例 2-10】　在一个单壳程、四管程的列管换热器中，用冷水将 1.25kg/s 的某液体 ［比热容为 1.9kJ/(kg·K)］ 从 80℃冷却到 50℃。水在管内流动，进、出口温度分别为 20℃和 40℃。换热器的管子规格为 $\phi25mm\times2.5mm$，若已知管内、外的对流传热系数分别为 1.70kW/(m²·K) 和 0.85kW/(m²·K)，试求换热器的传热面积。假设污垢热阻、壁面热阻及换热器的热损均可忽略。

解：换热器的传热面积可由传热基本方程求得，即

$$S_o = \frac{Q}{K_o \Delta t_m}$$

换热器的传热量为

$$Q=q_{mh}C_{ph}(T_1-T_2)=1.25\times1.9\times(80-50)=71.25\text{kW}$$

平均温度差先按逆流计算，然后校正，即

$$\Delta t'_{m}=\frac{\Delta t_1-\Delta t_2}{\ln\dfrac{\Delta t_1}{\Delta t_2}}=\frac{(80-40)-(50-20)}{\ln\dfrac{80-40}{50-20}}=34.8℃=34.5\text{K}$$

而 $\qquad P=\dfrac{t_2-t_1}{T_1-t_1}=\dfrac{40-20}{80-20}=0.33\qquad R=\dfrac{T_1-T_2}{t_2-t_1}=\dfrac{80-50}{40-20}=1.5$

由图 2-8 查得：$\varphi_{\Delta t}=0.91$

则 $\qquad\qquad\qquad\qquad\Delta t_{m}=\varphi_{\Delta t}\Delta t'_{m}=0.91\times34.8=31.67\text{K}$

依题意，传热系数的计算只需考虑两个对流热阻，即

$$K_o=\frac{1}{\dfrac{d_o}{\alpha_i d_i}+\dfrac{1}{\alpha_o}}=\frac{1}{\dfrac{0.025}{1.7\times0.02}+\dfrac{1}{0.85}}=0.52\text{kW/(m}^2\cdot\text{K)}$$

所以 $\qquad\qquad\qquad\qquad S_o=\dfrac{Q}{K_o\Delta t_m}=\dfrac{71.25}{0.52\times31.67}=4.33\text{m}^2$

【例 2-11】 在一套管换热器中，苯在管内流动，流量为 3000kg/h，进、出口温度分别为 80℃和 30℃，在平均温度下，苯的比热容可取 1.9kJ/(kg·K)。水在环隙中流动，进、出口温度分别为 15℃和 30℃。逆流操作，换热器的传热面积为 2m²，热损可以忽略不计。试求换热器的传热系数。

解： 由传热基本方程有

$$K=\frac{Q}{S\Delta t_m}$$

换热器的传热量

$$Q=q_{mh}C_{ph}(T_1-T_2)=\frac{3000}{3600}\times1.9\times(80-30)=21.93\text{kW}$$

平均温度差

$$\Delta t'_{m}=\frac{\Delta t_1-\Delta t_2}{\ln\dfrac{\Delta t_1}{\Delta t_2}}=\frac{(80-30)-(30-15)}{\ln\dfrac{80-30}{30-15}}=29℃$$

所以，传热系数为

$$K=\frac{21.93}{2\times29}=0.378\text{kW/(m}^2\cdot\text{K)}$$

【例 2-12】 流量为 2000kg/h 的某气体在列管式换热器的管程流过，温度由 150℃降至 80℃；壳程冷却用水的进口温度为 15℃，出口温度为 65℃，与气体作逆流流动，两者均处于湍流。已知气体侧的对流传热系数远小于冷却水侧的对流传热系数，管壁热阻、污垢热阻和热损失均可忽略不计，气体平均比热容为 1.02kJ/(kg·℃)，水的比热容 4.17kJ/(kg·℃)，试求：①冷却水用量；②如冷却水进口温度上升为 20℃，仍用原设备达到相同的气体冷却程度，此时的出口水温将为多少？冷却水用量又为多少？

解： ① 冷却水用量为

$$Q=q_{mc}C_{pc}(t_2-t_1)=q_{mh}C_{ph}(T_1-T_2)$$
$$Q=q_{mc}\times4.17\times(65-15)=2000\times1.02\times(150-80)$$
$$q_{mc}=685\text{kg/h}$$

② 如冷却水进口温度上升为 20℃，仍用原设备达到相同的气体冷却程度。

原情况 $\qquad Q=q_{mc}C_{pc}(t_2-t_1)=q_{mh}C_{ph}(T_1-T_2)=K_iS_i\Delta t_m=\alpha_iS_i\Delta t_m$ （a）

新情况 $\qquad Q'=q'_{mc}C_{pc}(t'_2-t'_1)=q_{mh}C_{ph}(T_1-T_2)=K'_iS'_i\Delta t'_m=\alpha'_iS'_i\Delta t'_m$ （b）

因 $\alpha_水\gg\alpha_气$，$K\approx\alpha_气$，换热器与气体的情况未变，则

$$Q=Q' \quad \alpha_i=\alpha'_i \quad S'_i=S_i$$

故
$$\Delta t'_m = \Delta t_m$$

假设 $\Delta t'_1/\Delta t'_2 < 2$，则可采用算术平均值计算 $\Delta t'_m$，即

$$\Delta t_m = \frac{(150-65)+(80-15)}{2} = 75℃$$

$$\Delta t'_m = \frac{(150-t'_2)+(80-20)}{2} = \frac{210-t'_2}{2}$$

则
$$t'_2 = 60℃。$$

因 $\Delta t'_1/\Delta t'_2 = 90/60 < 2$，则假设成立，$\Delta t'_m$ 用算术平均值计算合适。

对新情况下的热量进行衡算

$$Q' = q'_{mc} \times 4.17 \times (60-20) = 2000 \times 1.02 \times (150-80)$$

故
$$q'_{mc} = 856\text{kg/h}$$

【例 2-13】　某车间需要安装一台换热器，将流量为 $30\text{m}^3/\text{h}$、浓度为 10% 的 NaOH 水溶液由 $20℃$ 预热到 $60℃$。加热剂为 $127℃$ 的饱和蒸汽。蒸汽走壳程，NaOH 水溶液走管程。该车间现库存一台两管程列管式换热器，其规格为 $\phi 25\text{mm} \times 2\text{mm}$；长度为 3m；总管数为 72 根。试问库存的换热器能否满足传热任务？操作条件下，蒸汽冷凝膜系数 $\alpha_o = 1 \times 10^4 \text{W}/(\text{m}^2 \cdot \text{K})$，污垢热阻总和 $\sum R_s = 0.0003(\text{m}^2 \cdot \text{K})/\text{W}$，钢的热导率 $\lambda = 46.5\text{W}/(\text{m} \cdot \text{K})$，NaOH 溶液的物性参数为 $\rho = 1100\text{kg/m}^3$，$\lambda = 0.58\text{W}/(\text{m} \cdot \text{K})$，$C_p = 3.77\text{kJ}/(\text{kg} \cdot \text{K})$，$\mu = 1.5\text{mPa} \cdot \text{s}$。

解：（1）对库存换热器进行传热能力核算

$$Q = K_o S_o \Delta t_m$$

其中
$$S_o = n\pi d_o L = 72 \times 3.14 \times 0.025 \times 3 = 17.0\text{m}^2$$

$$\Delta t_m = \frac{(T-t_1)-(T-t_2)}{\ln\dfrac{T-t_1}{T-t_2}} = \frac{t_2-t_1}{\ln\dfrac{T-t_1}{T-t_2}} = \frac{60-20}{\ln\dfrac{127-20}{127-60}} = 85.4℃$$

（2）求管内 NaOH 水溶液一侧的 α_i

$$u = \frac{30}{3600 \times 0.785 \times 0.021^2 \times 72/2} = 0.67\text{m/s}$$

$$Re = \frac{d_i u \rho}{\mu} = \frac{0.021 \times 0.67 \times 1100}{1.5 \times 10^{-3}} = 10300 > 10^4$$

$$Pr = \frac{C_p \mu}{\lambda} = \frac{3.77 \times 10^3 \times 1.5 \times 10^{-3}}{0.58} = 9.75$$

$$\frac{L}{d_i} = \frac{3}{0.021} = 143 > 60$$

$$\alpha_i = 0.023 \times \frac{\lambda}{d}(Re)^{0.8}(Pr)^{0.4}$$

$$= 0.023 \times \frac{0.58}{0.021} \times (10300)^{0.8} \times (9.75)^{0.4} = 2560\text{W}/(\text{m}^2 \cdot \text{K})$$

（3）换热器的传热系数

$$\frac{1}{K_o} = \frac{1}{\alpha_o} + \frac{d_o}{\alpha_i d_i} + \frac{bd_o}{\lambda d_i} + \sum R$$

$$= \frac{1}{10000} + \frac{0.025}{2560 \times 0.021} + \frac{0.002 \times 0.025}{46.5 \times 0.023} + 0.0003 = 0.000912$$

$$K_o = 1097\text{W}/(\text{m}^2 \cdot \text{K})$$

（4）换热器的传热速率

$$Q=K_{o}S_{o}\Delta t_{m}=1097\times17.0\times85.4=1593\text{kW}$$

（5）该换热器的热负荷

$$Q_{c}=q_{mc}C_{pc}(t_{2}-t_{1})=\frac{30\times1100}{3600}\times3.77\times(60-20)=1382\text{kW}$$

因为 $Q>Q_{c}$，所以库存的换热器能够完成传热任务。

2.4 换热器

换热器是化工、石油、动力等许多工业部门的通用设备。由于生产物料的性质、传热的要求各不相同，因此换热器种类很多，它们的特点不一，选用设计时必须根据生产工艺要求进行选择。

2.4.1 换热器的分类

换热器的类型，除第一节介绍的按作用原理不同分为间壁式换热器、直接接触式换热器、蓄热式换热器三种外，还可按其他方式进行分类。

2.4.1.1 按换热器的用途分类

① 加热器　加热器用于把流体加热到所需的温度，被加热流体在加热过程中不发生相变。

② 预热器　预热器用于流体的预热，以提高整套工艺装置的效率。

③ 过热器　过热器用于加热饱和蒸汽，使其达到过热状态。

④ 蒸发器　蒸发器用于加热液体，使其蒸发汽化。

⑤ 再沸器　再沸器是蒸馏过程的专用设备，用于加热已冷凝的液体，使其再受热汽化。

⑥ 冷却器　冷却器用于冷却流体，使其达到所需的温度。

⑦ 冷凝器　冷凝器用于冷凝饱和蒸汽，使其放出潜热而凝结液化。

2.4.1.2 按换热器传热面形状和结构分类

① 管式换热器　管式换热器通过管子壁面进行传热。按传热管的结构不同，可分为列管式换热器、套管式换热器、蛇管式换热器和翅片管式换热器等几种。管式换热器应用最广。

② 板式换热器　板式换热器通过板面进行传热。按传热板的结构形式，可分为平板式换热器、螺旋板式换热器、板翅式换热器和热板式换热器等几种。

③ 特殊形式换热器　这类换热器是指根据工艺特殊要求而设计的具有特殊结构的换热器。如回转式换热器、热管换热器、同流式换热器等。

2.4.1.3 按换热器所用材料分类

① 金属材料换热器　金属材料换热器是由金属材料制成的，常用金属材料有碳钢、合金钢、铜及铜合金、铝及铝合金、钛及铁合金等。由于金属材料的热导率较大，故该类换热器的传热效率较高，生产中用到的主要是金属材料换热器。

② 非金属材料换热器　非金属材料换热器由非金属材料制成，常用非金属材料有石墨、玻璃、塑料以及陶瓷等。该类换热器主要用于具有腐蚀性的物料。由于非金属材料的热导率较小，所以其传热效率较低。近年来搪玻璃换热器在制药行业有着广泛用途。

2.4.2 间壁式换热器简介

2.4.2.1 管式换热器

（1）列管换热器 列管换热器又称管壳式换热器，是一种通用的标准换热设备。它具有结构简单、坚固耐用、用材广泛、清洗方便、适用性强等优点，在生产中得到广泛应用，在换热设备中占主导地位。列管式换热器根据结构特点分为以下几种。

① 固定管板式换热器 如图 2-15 所示。其结构特点是两块管板分别焊在壳体的两端，管束两端固定在两管板上。其优点是结构简单、紧凑，管内便于清洗。其缺点是壳程不能进行机械清洗，且当壳体与换热管的温差较大（大于 50℃）时，产生的温差应力（又叫热应力）具有破坏性，需在壳体上设置膨胀节，因而壳程压力受膨胀节强度限制不能太高。固定管板式换热器适用于壳程流体清洁且不结垢，两流体温差不大或温差较大但壳程压力不高的场合。

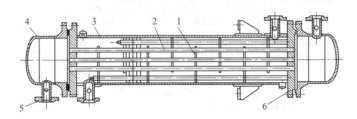

图 2-15 固定管板式换热器

1—折流挡板；2—管束；3—壳体；4—封头；5—接管；6—管板

② 浮头式换热器 如图 2-16 所示，其结构特点是两端管板之一不与壳体固定连接，可以在壳体内沿轴向自由伸缩，该端称为浮头。此种换热器的优点是当换热管与壳体有温差存在，壳体或换热管膨胀时，互不约束，不会产生温差应力；管束可以从管内抽出，便于管内和管间的清洗。其缺点是结构复杂、用材量大、造价高。浮头式换热器适用于壳体与管束温差较大或壳程流体容易结垢的场合。

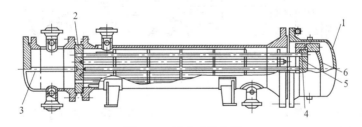

图 2-16 浮头式换热器

1—壳盖；2—固定管板；3—隔板；4—浮头勾圈法兰；5—浮动管板；6—浮头盖

③ U 形管式换热器 如图 2-17 所示，其结构特点是只有一个管板，管子呈 U 形，管子两端固定在同一管板上。管束可以自由伸缩，当壳体与管子有温差时，不会产生温差应力。

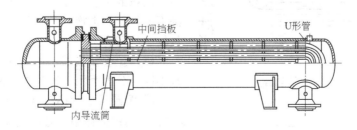

图 2-17 U 形管式换热器

U形管式换热器的优点是结构简单，只有一个管板，密封面少，运行可靠，造价低；管间清洗较方便。其缺点是管内清洗较困难；可排管子数目较少；管束最内层管间距大，壳程易短路。U形管式换热器适用于管、壳程温差较大或壳程介质易结垢而管程介质不易结垢的场合。

④ 填料函式换热器 如图 2-18 所示，其结构特点是管板只有一端与壳体固定，另一端采用填料函密封。管束可以自由伸缩，不会产生温差应力。该换热器的优点是结构较浮头式换热器简单，造价低；管束可以从壳体内抽出，管、壳程均能进行清洗。其缺点是填料函耐压不高，一般小于 4.0MPa；壳程介质可能通过填料函外漏。填料函式换热器适用于管、壳程温差较大或介质易结垢需要经常清洗且壳程压力不高的场合。

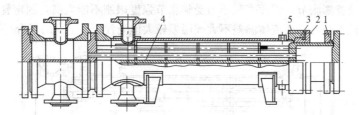

图 2-18 填料函式换热器

1—活动管板；2—填料压盖；3—填料；4—填料函；5—纵向隔板

⑤ 釜式换热器 如图 2-19 所示，其结构特点是在壳体上部设置蒸发空间。管束可为固定管板式、浮头式或 U 形管式。釜式换热器清洗方便，并能承受高温、高压。它适用于液-汽（气）式换热（其中液体沸腾汽化），可作为简单的废热锅炉。

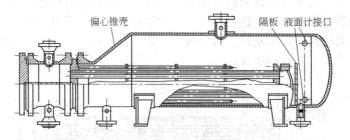

图 2-19 釜式换热器

（2）套管换热器 套管换热器是由两种直径不同的直管套在一起组成同心套管，然后将若干段这样的套管连接而成，其结构如图 2-20 所示。每一段套管称为一程，程数可根据所需传热面积的多少而增减。

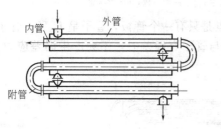

图 2-20 套管换热器

套管换热器的优点是结构简单，能耐高压，传热面积可根据需要增减。其缺点是单位传热面积的金属耗量大，管子接头多，检修清洗不方便。此类换热器适用于高温、高压及流量较小的场合。

（3）蛇管换热器 蛇管换热器根据操作方式不同，分为沉浸式和喷淋式两类。

① 沉浸式蛇管换热器 此种换热器通常以金属管弯绕而成，制成适应容器的形状，沉浸在容器内的液体中。管内流体与容器内液体隔着管壁进行换热。几种常用的蛇管形状如图2-21所示。此类换热器的优点是结构简单，造价

低，便于防腐，能承受高压。其缺点是管外对流传热系数小，常需加搅拌装置，以提高传热系数。

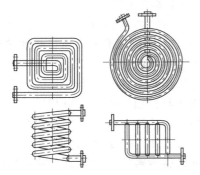

图 2-21 沉浸式蛇管换热器的蛇管形状

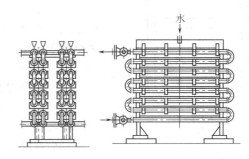

图 2-22 喷淋式蛇管换热器

② 喷淋式蛇管换热器 喷淋式蛇管换热器的结构如图 2-22 所示。此类换热器常用于用冷却水冷却管内热流体。各排蛇管均垂直地固定在支架上，蛇管的排数根据所需传热面积的多少而定。热流体自下部总管流入各排蛇管，从上部流出再汇入总管。冷却水由蛇管上方的喷淋装置均匀地喷洒在各排蛇管上，并沿着管外表面淋下。该装置通常置于室外通风处，冷却水在空气中汽化时，可以带走部分热量，以提高冷却效果。与沉浸式蛇管换热器相比，喷淋式蛇管换热器具有检修清洗方便、传热效果好等优点。其缺点是体积庞大，占地面积多，冷却水耗用量较大，喷淋不均匀等。

（4）翅片管换热器 翅片管换热器又称管翅式换热器，其结构特点是在换热管的外表面或内表面或同时装有许多翅片，常用翅片有纵向和横向两类，如图 2-23 所示。

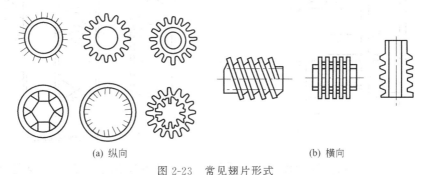

(a) 纵向　　　　　　　　　　　　(b) 横向

图 2-23 常见翅片形式

化工生产中常遇到气体的加热或冷却问题，因气体的对流传热系数较小，所以当换热的另一方为液体或发生相变时，换热器的传热热阻主要在气体一侧。此时，在气体一侧设置翅片，既可增大传热面积，又可增加气体的湍动程度，减少了气体侧的热阻，提高了传热效率。一般情况下，当两种流体的对流传热系数之比超过 3∶1 时，可采用翅片换热器。工业上常用翅片换热器作为空气冷却器，用空气代替水，不仅可在缺水地区使用，即使在水源充足的地方也较经济。

2.4.2.2 板式换热器

（1）夹套换热器 夹套换热器的结构如图 2-24 所示。它由一个装在容器外部的夹套构成，容器内的物料和夹套内的加热剂或冷却剂隔着器壁进行换热，器壁就是换热器的传热面。其优点是结构简单，容易制造，可与反应器或容器构成一个整体。其缺点是传热面积小，器内流体处于自然对流状态，传热效率低，夹套内部清洗困难。夹套内的加热剂和冷却

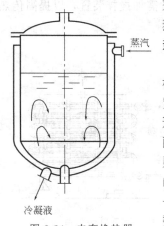

图 2-24 夹套换热器

剂一般只能使用不易结垢的水蒸气、冷却水和氨等。夹套内通蒸汽时，应从上部进入，冷凝水从底部排出；夹套内通液体载热体时，应从底部进入，从上部流出。

（2）平板式换热器 平板式换热器简称板式换热器，其结构如图 2-25 所示。它是由若干块长方形薄金属板叠加排列，夹紧组装于支架上构成。两相邻板的边缘衬有垫片，压紧后板间形成流体通道。每块板的四个角上各开一个孔，借助于垫片的配合，使两个对角方向的孔与板面一侧的流道相通，另两个孔则与板面另一侧的流道相通，这样，使两流体分别在同一块板的两侧流过，通过板面进行换热。除了两端的两个板面外，每一块板面都是传热面，可根据所需传热面积的变化，增减板的数量。

板片是板式换热器的核心部件。为使流体均匀流动，增大传热面积，促使流体湍动，常将板面冲压成各种凹凸的波纹状，常见的波纹形状有水平波纹、人字形波纹和圆弧形波纹等，如图 2-26 所示。

板式换热器的优点是结构紧凑，单位体积设备提供的传热面积大；组装灵活，可随时增减板数；板面波纹使流体湍动程度增强，从而具有较高的传热效率；装拆方便，有利于清洗和维修。其缺点是处理量小；受垫片材料性能的限制，操作压力和温度不能过高。此类换热器适用于需要经常清洗、工作空间要求十分紧凑，操作压力在 2.5MPa 以下，温度在 $-35\sim$ 200℃的场合。

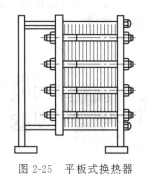

图 2-25 平板式换热器

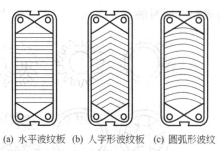

(a) 水平波纹板 (b) 人字形波纹板 (c) 圆弧形波纹

图 2-26 板式换热器的板片

（3）螺旋板式换热器 螺旋板式换热器的结构如图 2-27 所示。它是由焊在中心隔板上的两块金属薄板卷制而成，两薄板之间形成螺旋形通道，两板之间焊有一定数量的定距撑以维持通道间距，两端用盖板焊死。两流体分别在两通道内流动，隔着薄板进行换热。其中一种流体由外层的一个通道流入，顺着螺旋通道流向中心，最后由中心的接管流出；另一种流体则由中心的另一个通道流入，沿螺旋通道反方向向外流动，最后由外层接管流出。两流体在换热器内作逆流流动。

由于螺旋板两端的端盖被焊死，通道内无法进行清洗（这种结构称为Ⅰ型），因此，在有的换热器中，改为一个通道的两端为焊接密封，另一个通道的两端则是敞开的，敞开的通道与两端可拆封头上的接管相通（这种可拆结构称为Ⅱ型）。这样，便可对敞开通道进行清洗。在Ⅱ型换热器中，一种流体沿封闭通道作螺旋流动，另一种流体则在敞开通道中沿换热器作轴向流动。螺旋板式换热器除了Ⅰ型和Ⅱ型外，还有Ⅲ型和 G 型，详细情况参看有关资料。

螺旋板式换热器的优点是结构紧凑；单位体积设备提供的传热面积大，为列管换热器的 3 倍；流体在换热器内作严格的逆流流动（对Ⅰ型），可在较小的温差下操作，能充分利用低温能源；由于流向不断改变，且允许选用较高流速，故传热系数大，为列管换热器的 1～2 倍；又由于流速较高，同时有惯性离心力的作用，污垢不易沉积。其缺点是制造和检修都比较困难；流动阻力大，在同样物料和流速下，其流动阻力为直管的 3～4 倍；操作压强和温度不能太高，压强一般在 2MPa 以下，温度则不超过 400℃。

（4）板翅式换热器　板翅式换热器为单元体叠加结构，其基本单元体由翅片、隔板及封头组成，如图 2-28（a）所示。翅片上下放置隔板，两侧边缘由封条密封，并用钎焊焊牢，即构成一个翅片单元体。将一定数量的单元体组合起来，并进行适当排列，然后焊在带有进出口的集流箱上，便可构成具有逆流、错流或错逆流等多种形式的换热器，如图 2-28（b）～（d）所示。

板翅式换热器的优点是结构紧凑，单位体积设备具有的传热面积大；一般用铝合金制造，轻巧牢固；由于翅片促进了流体的湍动，其传热系数很高；由于所用铝合金材料，在低温和超低温下仍具有较好的导热性及抗拉强度，故可在 -273～200℃ 范围内使用；同时因翅片对隔板有支撑作用，其允许操作压力也较高，可达 5MPa。其缺点是易堵塞，流动阻力大；清洗检修困难。故要求介质洁净，同时对铝不腐蚀。

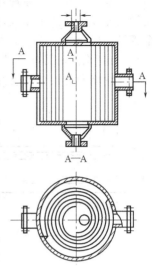

图 2-27　螺旋板式换热器

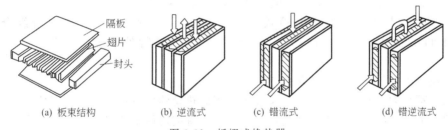

(a) 板束结构　　(b) 逆流式　　(c) 错流式　　(d) 错逆流式

图 2-28　板翅式换热器

板翅式换热器因其轻巧、传热效率高等许多优点，其应用领域已从航空、航天、电子等少数部门逐渐发展到石油化工、天然气液化、气体分离等更多的工业部门。

（5）热板式换热器　热板式换热器是一种新型高效换热器，其基本单元为热板，热板结构如图 2-29 所示。它是将两层或多层金属平板点焊或滚焊成各种图形，并将边缘焊接密封成一体。平板之间在高压下充气形成空间，得到最佳流动状态的流道形式。各层金属板道厚度可以相等，也可以不相等，板数可以为双层，也可以为多层，这样就构成了多种热板传热表面形式。热板式换热器具有流动阻力小、传热效率高、根据需要可做成各种形状等优点，可用于加热、保温、干燥、冷凝等多种场合。作为一种新型换热器，具有广阔的应用前景。

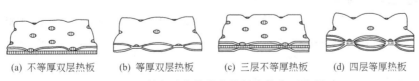

(a) 不等厚双层热板　　(b) 等厚双层热板　　(c) 三层不等厚热板　　(d) 四层等厚热板

图 2-29　热板式换热器的热板传热表面形式

2.4.2.3　热管换热器

热管换热器是用一种称为热管的新型换热元件组合而成的换热装置。热管的种类很多，但其基本结构和工作原理基本相同。以吸液芯热管为例，如图 2-30 所示，在一根密闭的金属管内充以适量的工作液，紧靠管子内壁处装有金属丝网或纤维等多孔物质，称为吸液芯。全管沿轴向分成三段：蒸发段（又称热端）、绝热段（又称蒸汽输送段）和冷凝段（又称冷端）。当热流体从管外流过时，热量通过管壁传给工作液，使其汽化，蒸汽沿管子的轴向流动，在冷端向冷流体放出潜热而凝结，冷凝液在吸液芯内流回热端，再从热流体处吸收热量

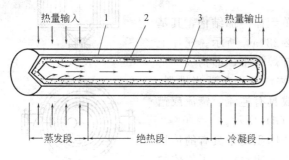

图 2-30　热管结构示意图
1—壳体；2—吸液芯；3—工作介质蒸汽

而汽化。如此反复循环，热量便不断地从热流体传给冷流体。

热管按冷凝液循环方式分为吸液芯热管、重力热管和离心热管三种。吸液芯热管的冷凝液依靠毛细管力回到热端；重力热管的冷凝液靠重力流回热端；离心热管的冷凝液则依靠离心力流回热端。

热管按工作液的工作温度范围分为四种：深冷热管，在 200K 以下工作，工作液有氮、氢、氖、氧、甲烷、乙烷等；

低温热管，在 200～550K 范围内工作，工作液有氟里昂、氨、丙酮、乙醇、水等；中温热管，在 550～750K 范围内工作，工作液有导热姆 A、钾、铯、水、钾钠混合液等；高温热管，在 750K 以上范围内工作，工作液有钾、钠、锂、银等。

目前使用的热管换热器多为箱式结构，如图 2-31 所示。把一组热管组合成一个箱形，中间用隔板分为热、冷两个流体通道，一般热管外壁上装有翅片，以强化传热效果。

热管换热器的传热特点是热量传递分汽化、蒸汽流动和冷凝三步进行，由于汽化和冷凝的对流强度都很大，蒸汽的流动阻力又较小，因此热管的传热热阻很小，即使在两端温度差很小的情况下，也能传递很大的热流量。因此，它特别适用于低温差传热的场合。热管换热器具有传热能力大、结构简单、工作可靠等优点，展现出很广阔的应用前景。如图 2-32 所示为热管换热器的两个应用实例。

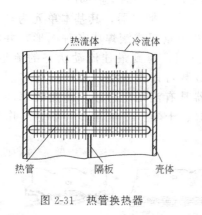

图 2-31　热管换热器

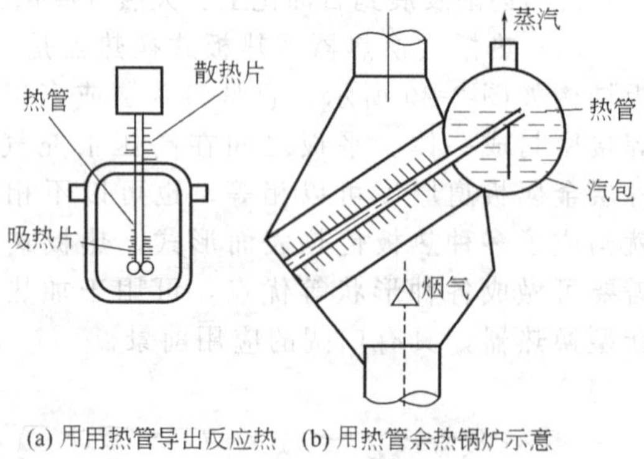

(a) 用用热管导出反应热　(b) 用热管余热锅炉示意

图 2-32　热管换热器应用实例

2.4.3　列管换热器的型号与系列标准

鉴于列管换热器应用极广，为便于设计、制造和选用，有关部门已制定了列管换热器的系列标准。

2.4.3.1　列管换热器的基本参数和型号表示方法

（1）基本参数　列管换热器的基本参数主要有：①公称换热面积 SN；②公称直径 DN；③公称压力 pN；④换热管规格；⑤换热管长度 L；⑥管子数量 n；⑦管程数 N_p。

（2）型号表示方法　列管换热器的型号由五部分组成。

$$\underset{1}{X}\ \underset{2}{XXXX}\ \underset{3}{X}\text{-}\underset{4}{XX}\text{-}\underset{5}{XXX}$$

式中　1——换热器代号；

2——公称直径 DN，mm；

3——管程数 N_p，Ⅰ，Ⅱ，Ⅳ，Ⅵ；

4——公称压力 pN，MPa；

5——公称换热面积 SN，m²。

例如，公称直径为 600mm、公称压力为 1.6MPa、公称换热面积为 55m²、双管程固定管板式换热器的型号为：G600Ⅱ-1.6-55。

G 为固定管板式换热器的代号。

2.4.3.2　列管换热器的系列标准

固定管板式换热器及浮头式换热器的系列标准列于附录中，其他形式的列管换热器的系列标准可参阅有关手册。

2.4.4　列管式换热器的选用与设计原则

换热器的设计即是通过传热过程计算确定经济合理的传热面积以及换热器的结构尺寸，以完成生产工艺中所要求的传热任务。换热器的选用也是根据生产任务，计算所需的传热面积，选择合适的换热器。由于参与换热流体特性的不同，换热设备结构特点的差异，因此为了适应生产工艺的实际需要，设计或选用换热器时需要考虑多方面的因素，进行一系列的选择，并通过比较才能设计或选用出经济上合理和技术上可行的换热器。

2.4.4.1　选用或设计时应考虑的问题。

（1）流体通道的选择　流体通道的选择可参考以下原则进行：

① 不洁净和易结垢的流体宜走管程，以便于清洗管子；

② 腐蚀性流体宜走管程，以免管束和壳体同时受腐蚀，而且管内也便于检修和清洗；

③ 高压流体宜走管程，以免壳体受压，并且可节省壳体金属的消耗量；

④ 饱和蒸汽宜走壳程，以便于及时排出冷凝液，且蒸汽较洁净，不易污染壳程；

⑤ 被冷却的流体宜走壳程，可利用壳体散热，增强冷却效果；

⑥ 有毒流体宜走管程，以减少流体泄漏；

⑦ 黏度较大或流量较小的流体宜走壳程，因流体在有折流板的壳程流动时，由于流体流向和流速不断改变，在很低的雷诺数（$Re<100$）下即可达到湍流，可提高对流传热系数。但是有时在动力设备允许的条件下，将上述流体通入多管程中也可得到较高的对流传热系数。

在选择流体通道时，以上各点常常不能兼顾，在实际选择时应抓住主要矛盾。如首先要考虑流体的压力、腐蚀性和清洗等要求，然后再校核对流传热系数和阻力系数等，以便做出合理的选择。

（2）流体流速的选择　换热器中增加流体流速，可使对流传热系数增加，有利于减少污垢在管子表面沉积的可能性，即降低污垢热阻，使总传热系数增大。然而流速的增加又使流体流动阻力增大，动力消耗增大。因此，适宜的流体流速需通过技术经济核算来确定。充分利用系统动力设备的允许压降来提高流速是换热器设计的一个重要原则。在选择流体流速时，除了经济核算以外，还应考虑换热器结构上的要求。

表 2-6 给出工业上的常用流速范围。除此之外，还可按照液体的黏度选择流速，按材料选择允许流速以及按照液体的易燃、易爆程度选择安全允许流速。

表 2-6 列管式换热器中常用的流速范围

流 体 种 类		一般液体	易结垢液体	气 体
流速/(m/s)	管程	0.5～3	>1	5～30
	壳程	0.2～15	>0.5	3～15

（3）流体两端温度的确定　若换热器中冷、热流体的温度都由工艺条件所规定，则不存在确定流体两端温度的问题。若其中一流体仅已知进口温度，则出口温度应由设计者来确定。例如用冷水冷却某种热流体，冷水的进口温度可根据当地的气温条件作出估计，而其出口温度则可根据经济核算来确定：为了节省冷水量，可使出口温度提高一些，但是传热面积就需要增加；为了减小传热面积，则需要增加冷水量。两者是相互矛盾的。一般来说，水源丰富的地区选用较小的温差，缺水地区选用较大的温差。不过，工业冷却用水的出口温度一般不宜高于 45℃，因为工业用水中所含的部分盐类（如 $CaCO_3$、$CaSO_4$、$MgCO_3$ 和 $MgSO_4$ 等）的溶解度随温度升高而减小，如出口温度过高，盐类析出，将形成传热性能很差的污垢，而使传热过程恶化。如果是用加热介质加热冷流体，可按同样的原则选择加热介质的出口温度。

（4）管径、管子排列方式和壳体直径的确定　小直径管子能使单位体积的传热面积大，因而在同样体积内可布置更多的传热面。或者说，当传热面积一定时，采用小管径可使管子长度缩短，增强传热，易于清洗。但是减小管径将使流动阻力增加，容易积垢。对于不清洁、易结垢或黏度较大的流体，宜采用较大的管径。因此，管径的选择要视所用材料和操作条件而定，总的趋向是采用小直径管子。

管长的选择是以合理使用管材和清洗方便为原则。国产管材的长度一般为 6m，因此管壳式换热器系列标准中换热管的长度分为 1.5m、2m、3m 或 6m 几种，常用 3m 或 6m 的规格。长管不易清洗，且易弯曲。此外，管长 L 与壳体直径 D 的比例应适当，一般 $L/D = 4 \sim 6$。

管子的排列方式有等边三角形、正方形直列和正方形错列三种。等边三角形排列比较紧凑，管外流体湍动程度高，对流传热系数大；正方形直列比较松散，对流传热系数较三角形排列时小，但管外壁清洗方便，适用于壳程流体易结垢的场合；正方形错列则介于上述两者之间，对流传热系数较正方形直列高。

管子在管板上的间距 t 与管子与管板的连接方式有关：胀管法一般取 $t = (1.3 \sim 1.5)d_o$，且相邻两管外壁的间距不小于 6mm；焊接法取 $t = 1.25d_o$。

换热器壳体内径应等于或稍大于管板的直径。通常是根据管径、管数、管间距及管子的排列方式用作图法确定。

（5）管程和壳程数的确定　当流体的流量较小而所需的传热面积较大时，需要管数很多，这可能会使流速降低，对流传热系数减小。为了提高流速，可采用多管程。但是管程数过多将导致流动阻力增大，平均温差下降，同时由于隔板占据一定面积，使管板上可利用的面积减少。设计时应综合考虑。采用多管程时，一般应使各程管数大致相同。

当列管式换热器的温差修正系数 $\varphi_{\Delta t} < 0.8$ 时，可采用多壳程，如壳体内安装与管束平行的隔板。但由于在壳体内纵向隔板的制造、安装和检修都比较困难，故一般将

壳体分为两个或多个，将所需总管数分装在直径相等而较小的壳体中，然后将这些换热器串联使用。

（6）折流板　折流板又称折流挡板，安装折流板的目的是为了提高壳程流体的对流传热系数。其形式有弓形折流板、圆盘形折流板以及螺旋折流板等。常用形式为弓形折流板。折流板的形状和间距对壳程流体的流动和传热具有重要影响。

通常弓形缺口的高度为壳体直径的 $10\%\sim40\%$，一般取 $20\%\sim25\%$。两相邻折流板的间距也需选择适当，间距过大，则不能保证流体垂直流过管束，流速减小，对流传热系数降低；间距过小，则流动阻力增大，也不利于制造和检修。一般折流板的间距取为壳体内径的 $20\%\sim100\%$。

（7）换热器中传热与流体流动阻力计算　有关列管式换热器的传热计算可按已选定的结构形式，根据传热过程各个环节分别计算出两侧流体的对流传热热阻及导热热阻，得到总传热系数，再按前述内容进行换热器传热计算。

列管式换热器中流动阻力计算应按壳程和管程两个方面分别进行。它与换热器的结构形式和流体特性有关。一般对特定形式换热器可按经验方程计算，计算式比较繁杂，具体内容可参阅有关的换热器设计教科书或手册。

2.4.4.2　列管式换热器的选用和设计的一般步骤

列管式换热器的选用和设计计算步骤基本上是一致的，其基本步骤如下。

（1）估算传热面积　为初选换热器型号做计算准备，通过一系列传热计算，确定换热器的基本工艺数据。

① 根据传热任务，计算传热速率。

② 确定流体在换热器中两端的温度，并按定性温度计算流体物性。

③ 计算传热温差，并根据温差修正系数不小于 0.8 的原则，确定壳程数或调整加热介质或冷却介质的终温。

④ 根据两流体的温差，确定换热器的形式。

⑤ 选择流体在换热器中的通道。

⑥ 依据总传热系数的经验值范围，估取总传热系数值。

⑦ 依据传热基本方程，估算传热面积，并确定换热器的基本尺寸或按系列标准选择换热器的规格。

⑧ 选择流体的流速，确定换热器的管程数和折流板间距。

（2）计算管程和壳程流体的流动阻力　根据初选的设备规格，计算管程和壳程流体的流动阻力，具体的计算方法可参考相关文献。检查计算结果是否合理和满足工艺要求。若不符合要求，再调整管程数或折流板间距，或选择其他型号的换热器，重新计算流动阻力，直到满足要求为止。

（3）计算传热系数、校核传热面积　计算管程、壳程的对流传热系数，确定污垢热阻，计算传热系数和所需的传热面积。一般选用换热器的实际传热面积比计算所需传热面积大 $10\%\sim25\%$，否则另设总传热系数，另选换热器，返回第一步，重新进行校核计算。

上述步骤为一般原则，可视具体情况做适当调整，对设计结果应进行分析，发现不合理处要反复计算。在计算时应尝试改变设计参数或结构尺寸甚至改变结构形式，对不同的方案进行比较，以获得技术经济性较好的换热器。

2.4.5　换热器的使用与维护

换热器是石油、化工生产中应用最普遍的单元操作设备，属于压力容器范畴。因此，要求操作人员必须经过专业培训，懂得换热器的结构、原理、性能和用途；并会操作、保养、检查及排除故障；且具有安全操作知识，才能上岗操作，使换热器能够安全运行，发挥较大的效能。换热器有多种结构形式，这里只介绍列管换热器和板式换热器的操作及维护。

2.4.5.1 列管换热器的使用和维护

（1）列管换热器的正确使用　开车与运行时，应做到以下几点。

① 开车前，应检查压力表、温度计、安全阀、液位计以及有关阀门是否齐全完好。

② 在通入热流体（如蒸汽）之前，先打开冷凝水排放阀门，排除积水和污垢；打开放空阀，排除空气和不凝性气体。

③ 开启冷流体进口阀门和放空阀向换热器注液，当液面达到规定位置时，缓慢或分数次开启蒸汽（或其他加热剂）的阀门，做到先预热后加热，防止发生换热管和壳体因温差过大而引起损坏或影响换热器的使用寿命。

④ 根据工艺要求调节冷、热流体的流量，使其达到所需要的温度。

⑤ 经常检查冷热两种流体的进、出口温度和压力变化情况，发现温度、压力有异常，应立即查明原因，及时消除故障。

⑥ 定时排放不凝性气体和冷凝液，以免影响传热效果；根据换热效率下降情况及时对换热器进行清洗，以保持较高的传热效率。

⑦ 定时分析工作介质的成分，根据成分变化确定有无内漏，以便及时进行堵管或换管处理。

⑧ 定时检查换热器有无渗漏，外壳有无变形及有无振动现象，若有应及时排除。

停车时，应先关闭热流体的进口阀门，然后关闭冷流体的进口阀门；并将管程及壳程的流体排净，以防冻裂和产生腐蚀。

（2）列管换热器的维护保养　列管换热器的维护保养是建立在日常检查的基础上的，只有通过认真细致的日常检查，才能及时发现存在的问题和隐患，从而采取正确的预防和处理措施，使设备能够正常运行，避免事故的发生。

日常检查的主要内容有：是否存在泄漏；保温保冷层是否良好；保温设备局部有无明显变形；设备的基础及支吊架是否良好；利用现场或总控制室仪表观察流量是否正常、是否超温超压；设备的安全附件是否良好；用听棒判断异常声响以确认设备内换热器是否相互碰撞、摩擦等。列管换热器的日常维护和监测应观察及调整好以下工艺指标。

① 温度　温度是换热器运行中的主要控制指标，可从在线仪表测定、显示、检查介质的进、出口温度，依此分析、判断介质流量大小及换热效果的好坏，以及是否存在泄漏。判断换热器传热效率的高低，主要在传热系数上，传热系数低其效率也低，由工作介质的进、出口温度的变化可决定对换热器进行检查和清洗。

② 压力　通过对换热器的压力及进、出口压差进行测定和检验，可以判断列管的结垢、堵塞程度及泄漏等情况。若列管结垢严重，则阻力将增大，若堵塞则会引起节流及泄漏。对于有高压流体的换热器，如果列管泄漏，高压流体一定向低压流体泄漏，造成低压侧压力很快上升，甚至超压，并损坏低压设备或设备的低压部分。所以必须解体检修或堵管。

③ 泄漏　换热器的泄漏分为内漏和外漏。外漏的检查比较容易，轻微的外漏可以用肥皂水或发泡剂来检验，对于有气味的酸、碱等气体可凭视觉和嗅觉等感觉直接发现，有保温的设备则会引起保温层的剥落；内漏的检查，可以从介质的温度、压力、流量的异常，设备

的声音及振动等其他异常现象发现。

④ 振动 换热器内的流体流速一般较高，流体的脉动及横向流动都会诱导换热管的振动，或者整个设备的振动。但最危险的是工艺开车过程中，提压或加负荷较快，很容易引起加热管振动，特别是在隔板处，管子的振动频率较高，容易把管子切断，造成断管泄漏，遇到这种情况必须停机解体检查、检修。

⑤ 保温（保冷） 经常检查保温层是否完好，通常凭眼睛的直接观察就可发现保温层的剥落、变质及霉烂等损坏情况，及时进行修补处理。

在使用过程中，为了保护换热器，延长其使用寿命，应该采取的保养措施有：①保持主体设备外部整洁，保温层和油漆完好；②保持压力表、温度计、安全阀和液位计等附件齐全、灵敏、准确；③发现法兰口和阀门有泄漏时，应抓紧消除；④开停换热器时，不应将蒸汽阀门和被加热介质阀门开得太猛，否则容易造成外壳与列管伸缩不一，产生热应力，使局部焊缝开裂或管子胀口松弛；⑤尽量减少换热器开停次数，停止时应将内部水和液体放净，防止冻裂和腐蚀；⑥定期测量换热器的壁厚，应两年一次。

列管式换热器常见故障及处理方法见表 2-7。

表 2-7 列管式换热器常见故障与处理方法

故 障 名 称	产 生 原 因	处 理 方 法
传热效率下降	①列管结疤和堵塞 ②壳体内不凝气或冷凝液增多 ③管路或阀门有堵塞	①清洗管子 ②排放不凝气或冷凝液 ③检查清洗
发生振动	①壳程介质流速太快 ②管路振动所引起 ③管束与折流板结构不合理 ④机座刚度较小	①调节进气量 ②加固管路 ③改进设计 ④适当加固
管板与壳体连接处发生裂纹	①焊接质量不好 ②外壳倾斜，连接管线拉力或推力大 ③腐蚀严重，外壳壁厚减薄	①清洗补焊 ②重新调整找正 ③鉴定后修补
管束和胀口渗透	①管子被折流板磨破 ②壳体和管束温差过大 ③管口腐蚀或胀接质量差	①用管堵堵死或换管 ②补胀或焊接 ③换新管或补胀

2.4.5.2 板式换热器的使用和维护

板式换热器是一种新型的换热设备，由于其结构紧凑，传热效率高，所以在化工、食品和石油等行业中得到广泛使用，但其材质为钛材和不锈钢，致使价格昂贵，因此要正确使用和精心维护，否则既不经济，又不能发挥其优越性。

（1）板式换热器的正确使用

① 进入该换热器的冷、热流体如果含有大颗粒泥砂（1～2mm）和纤维质，一定要提前过滤，防止堵塞狭小的间隙。

② 用海水作冷却介质时，要向海水中通入少量的氯气，加入量为 $(0.15～0.7)\times10^{-6}$，以防微生物滋长堵塞间隙。

③ 当传热效率下降20％～30％时，要清理结疤和堵塞物，用竹板铲刮或用高压水冲洗，冲洗时波纹板片应垫平，以防变形。严禁使用钢刷刷洗。

④ 拆卸和组装波纹板片时，不要将胶垫弄伤或掉出，发现有脱落部分，应用胶粘好。

⑤ 使用换热器时，防止骤冷骤热，使用压力不可超过铭牌规定。

⑥ 使用中发现垫口渗漏时，应及时冲洗结疤，拧紧螺栓，如无效，应解体组装。

⑦ 经常察看压力表和温度计数值，掌握运行情况。

（2）板式换热器的维护保养

① 保持设备整洁，油漆完整。紧固螺栓的螺纹部分应涂防锈油并加外罩，防止生锈和黏结灰尘。

② 保持压力表和温度计清晰，阀门和法兰无泄漏。

③ 定期清理和切换过滤器，预防换热器堵塞。

④ 注意地基有无下沉、不均匀现象和地脚螺栓有无腐蚀。

⑤ 拆装板式换热器，螺栓的拆卸和拧紧应对面进行，松紧适宜。

（3）常见故障及处理方法　见表 2-8。

表 2-8　板式换热器常见故障与处理方法

故 障 名 称	产 生 原 因	处 理 方 法
密封垫处渗透	①胶垫未放正或扭曲歪斜 ②螺栓紧固力不均匀或紧固力小 ③胶垫老化或有损伤	①重新组装 ②紧固螺栓 ③更换新垫
内部介质泄漏	①波纹板有裂纹 ②进出口胶垫不严密 ③侧面压板腐蚀	①检查更新 ②检查修理 ③补焊,加工
传热效率降低	①波纹板结疤严重 ②过滤器或管路堵塞	①解体清理 ②清理

2.5　换热与节能

石油化工生产企业通常是高耗能的企业，为了提高综合竞争力，节能降耗应该成为其发展战略的重要内容。因此，提高占较大能耗比例的换热系统的效率至关重要。近年来，在《京都议定书》的推动下，为实现国家节能减排目标，许多大型石油石化公司均提出了降低能耗 9%～20% 的计划目标，并持续努力着。目前，化工节能技术呈现以下几方面的发展趋势。

2.5.1　采用集成设计技术和建立联合装置

通过将多套装置集成设计、装置大型化、联合装置、一体化等技术，实现热联合和节能。研究数据表明，在规模相同的情况下，采用上述技术可以减少设备总投资，提高热效率。通过资源的优化配置，可提高原料的综合利用水平，从而实现节能降耗并提高经济效益；采用装置热联合，如从工艺物流的冷却过程回收热量来对需要加热的过程进行加热，从而代替单独的加热设备，可以大大降低传热设备的投资费用和热量回收率。

2.5.2　采用气电或热电联产技术

气电或热电联产技术是近年来广泛应用的节能新技术，有数据表明，大约能够节能 30%。比如，采用燃气轮机-蒸汽联合循环、燃气轮机-加热炉联合循环，以提高热电综合效率。

2.5.3　合理利用低温热能和蒸汽

低温热能利用要求尽量减少低温热源的产生，做好燃气系统和蒸汽动力系统的平衡，实现能源的梯级利用，做好低温热能的综合利用。所谓梯级利用就是首先利用高品位能源做功，然后再进行利用。目前低温热能的主要用途有工业利用、民用、供热、制冷、发电等方面。

蒸汽合理利用是重要的节能途径，主要措施包括改善用汽状况，减少蒸汽消耗；实现分级供热，蒸汽逐级利用；提高蒸汽转换效率，降低供汽能耗；加强蒸汽管网保温以及选择蒸汽系统热功联产等。

2.5.4　采用新型节能技术

近年来，节能新技术逐渐成熟并投入使用，比如机泵变频调速技术、热泵技术、夹点技术、数学规划法、人工智能专家系统等。读者如果有兴趣或工作中如有需要，可查阅有关书籍。

2.5.5　换热系统气阻的危害案例分析

（1）案例描述　采用两台列管式换热器供厂区系统采热，运行一段时间后，经测试，发现系统阻力降明显升高，为保证采热效果，蒸汽用量明显增加。试分析原因并找到解决办法。

（2）原因分析

① 产生气阻　可能没装排气阀，或安装不当造成积气，或升温过快造成积气。

② 结垢严重　可能流体比较脏，没有采取适当的防垢、除垢措施。

（3）可能后果

① 换热器内部阻力过大，易影响换热器的使用寿命。

② 换热效率太低，造成蒸汽浪费。

（4）解决办法　加装排气阀，排出系统内部积气。控制排气过程，即系统循环 1h 后停止 10min，保证系统静压不降低，连续反复几次，确定系统没有积气后再加热，加热中，可通过安全阀保证系统不超压，最好在运行期间手动排气，防止排气阀排气不畅再形成气阻。

思　考　题

1. 什么叫稳态传热？稳态传热与恒温传热的异同点是什么？

2. 常用的加热剂和冷却剂有哪些？

3. 试分析不同传热方式的特点与关系。

4. 写出传热基本方程，并说明方程中各项的含义及单位。

5. 什么叫传热速率和热负荷？两者关系如何？热负荷如何确定和计算？

6. 换热时，如何选择适宜的流向？

7. 分析热阻叠加原理在传热计算中的作用。

8. 由不同材质组成的两层等厚平壁，联合导热，温度变化如图 2-33 所示。试判断它们的热导率的大小，并说明理由。

9. 分析不同对流传热过程的特点。

10. 什么叫强化传热？强化传热的有效途径是什么？可采取哪些具体措施？

11. 工业换热方法有哪些？各用在什么场合？

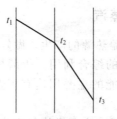

图 2-33 思考题 8 附图

12. 间壁式换热器的优点是什么？如何分类？对每一类各举出 2～3 种结构的名称。

13. 固定管板式换热器的结构特点是什么？热应力是怎样产生的？为了克服其影响，可采取哪些措施？

14. 简要说明热管换热器的工作原理及其优点。

15. 列管换热器为何常采用多管程？管程数如何确定？

16. 在壳程中设置折流挡板的作用是什么？设置挡板时需要注意哪些问题？

17. 在选择流体的流径时，需要考虑哪些问题？

18. 流速的大小对换热器的结构、性能有何影响？

19. 冷却剂（或加热剂）终温确定的原则是什么？

20. 在列管换热器设计中，为什么要求温度差校正系数大于 0.8？

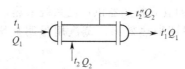

当 t_1' 发生变化超出工艺要求时，分析过程原理及解决方案？

习　题

2-1　求下列情况下载热体的传热量：(1)1500kg/h 的硝基苯从 80℃冷却到 20℃；(2)50kg/h、400kPa 的饱和蒸汽冷凝后又冷却至 60℃。

2-2　在换热器中，欲将 2000kg/h 的乙烯气体从 100℃冷却至 50℃，冷却水进口温度为 30℃，进出口温度差控制在 8℃以内，试求该过程冷却水的消耗量。

2-3　在一个精馏塔的塔顶冷凝器中，用 30℃的冷却水将 100kg/h 的乙醇-水蒸气（饱和状态）冷凝成饱和液体，其中，乙醇含量为 92%（质量分数），水为 8%，冷却水的出口温度为 40℃，试求该过程的冷却水消耗量。

2-4　用一个列管换热器来加热某溶液，加热剂为热水。拟定水走管程，溶液走壳程。已知溶液的平均比热容为 3.05kJ/(kg·K)，进出口温度分别为 35℃和 60℃，其流量为 600kg/h；水的进出口温度分别为 90℃和 70℃。若热损为热流体放出热量的 5%，试求热水的消耗量和该换热器的热负荷。

2-5　在一个釜式列管换热器中，用 280kPa 的饱和水蒸气加热并汽化某液体（水蒸气仅放出冷凝潜热）。液体的比热容为 4.0kJ/(kg·K)，进口温度为 50℃，其沸点为 88℃，汽化潜热为 2200kJ/kg，液体的流量为 1000kg/h。忽略热损，求加热蒸汽消耗量。

2-6　在一个列管换热器中，热流体进出口温度为 130℃和 65℃，冷流体进出口温度为 32℃和 48℃，求两流体分别呈并流和逆流时换热器的平均温度差。

2-7　用一个单壳程四管程的列管换热器来加热某溶液，使其从 30℃加热到 50℃，加热剂则从 120℃下降至 45℃，试求换热器的平均温度差。

2-8　接触法硫酸生产中用氧化后的高温 SO_3 混合气（走管程）预热原料气（SO_2 及空气混合物），已知：列管换热器的传热面积为 90m²，原料气进口温度为 300℃，出口温度为 430℃，SO_3 混合气进口温度为 560℃，两种流体的流量均为 10000kg/h，热损失为原料气所得热量的 6%，设两种气体的比热容均可取为 1.05kJ/(kg·K)，且两流体可近似作为逆流处理，求：(1) SO_3 混合气的出口温度；(2) 传热系数。

2-9 有一个稳态导热的平壁炉墙，墙厚为 240mm，热导率 $\lambda=0.2$ W/(m·K)，若炉墙外壁温度为 45℃，为测得炉墙内壁温度，在由外壁向墙内 100mm 处插入温度计，测得该处温度为 100℃，试求炉墙内壁温度。

2-10 某平壁工业炉的耐火砖厚度为 0.213m，炉墙热导率 $\lambda=1.038$ W/(m·K)。其外用热导率为 0.07W/(m·K) 的绝热材料保温。炉内壁温度为 980℃，绝热层外壁温度为 38℃，如允许最大热损失量为 950W/m。求：(1) 绝热层的厚度；(2) 耐火砖与绝热层的分界处温度。

2-11 有一个 $\phi108$mm×4mm 的管道，内通以 200kPa 的饱和蒸汽。已知其外壁温度为 110℃，内壁温度以蒸汽温度计。试求每米管长的导热量。

2-12 已知一个外径为 75mm、内径为 55mm 的金属管，输送某一热的流体，此时金属管内壁温度为 120℃，外壁温度为 115℃，每米管长的散热速率为 4545W/m，求该管材的热导率。为减少热损，外加一层石棉层，其热导率为 0.15W/(m·K)。此时石棉层外壁温度为 10℃，而每米管长的散热速率减少为原来的 3.87%，求石棉层厚度及金属管和石棉层接触面处的温度。

2-13 水以 1m/s 的速度在长为 3m、管径为 $\phi25$mm×2.5mm 的管内由 25℃加热至 50℃，试求水与管壁之间的对流传热系数。

2-14 水在一个圆形直管内呈强制湍流时，若流量及物性均不变。现将管内径减半，则管内对流传热系数为原来的多少倍？

2-15 常压空气在壳程装有弓形挡板的列管换热器的壳程流过。已知管子为 $\phi38$mm×3mm，正方形排列，管间距为 51mm，挡板间距为 1.45m，换热器壳体内径为 2.8m，空气流量为 $4×10^4$ m³/h，平均温度为 140℃。试求空气的对流传热系数。

2-16 在某列管换热器中，管子为 $\phi25$mm×2.5mm 的钢管，管内外流体的对流传热系数分别为 200W/(m²·K) 和 2500W/(m²·K)，不计污垢热阻，试求：(1) 此时的传热系数；(2) 将 α_i 提高一倍时（其他条件不变）的传热系数；(3) 将 α_o 提高一倍时（其他条件不变）的传热系数。

2-17 在上题中，换热器使用一段时间后，产生了污垢，两侧污垢热阻均为 $1.72×10^{-3}$ m²·K/W，若仍维持对流传热系数为 200W/(m²·K) 和 2500W/(m²·K) 不变，试求传热系数下降的比例 (%)。

2-18 一个废热锅炉，由 $\phi25$mm×2mm 钢管组成，管外为水沸腾，温度为 227℃，管内走合成转化气，温度由 575℃下降到 472℃。已知转化气一侧 $\alpha_i=300$ W/(m²·K)，水侧 $\alpha_o=10000$ W/(m²·K)，钢的热导率为 45W/(m·K)，若忽略污垢热阻，试求：(1) 以内壁面为基准的总传热系数 K_i；(2) 单位面积上的热负荷 q(W/m²)；(3) 管内壁温度 T_{wi} 及管外壁温度 T_{wo}；(4) 试以计算结果说明为什么废热锅炉中转化气温度高达 500℃左右仍可使用钢管做换热管。

2-19 100℃的饱和水蒸气在列管换热器的管外冷凝，总传热系为 2039W/(m²·K)，传热面积为 12.75m²，15℃的冷却水以 $2.25×10^3$ kg/h 的流量在管内流过，设平均温差可以用算术平均值计算，试求水蒸气的冷凝量 (kg/h)。

2-20 为了测定套管式甲苯冷却器的传热系数，测得实验数据如下：冷却器传热面积为 2.8m²，甲苯的流量为 2000kg/h，由 80℃冷却到 40℃。冷却水从 20℃升高到 30℃，两流体呈逆流流动，试求所测得的传热系数为多少？水的流量为多少？

2-21 在一个传热面积为 3m²、由 $\phi25$mm×2.5mm 的管子组成的单程列管换热器中，用初温为 10℃的水将机油由 200℃冷却至 100℃，水走管程，油走壳程。已知水和机油的流量分别为 1000kg/h 和 1200kg/h，机油的比热容为 2.0kJ/(kg·K)，水侧和油侧的对流传热系数分别为 2000W/(m²·K) 和 250W/(m²·K)，两流体呈逆流流动，忽略管壁和污垢热阻。(1) 计算说明该换热器是否适用？(2) 夏天当水的初温达到 30℃，而油和水的流量及油的冷却程度不变时，该换热器是否适用（假设传热系数不变）？

2-22 拟用冷却水将粗苯液从 80℃冷却到 40℃，苯的流量为 52000kg/h，冷却水的初温为 30℃，试选择适宜型号的列管换热器（不要求核算压降）。

自 测 题

一、填空

1. 热量传递的基本方式主要有三种：_____、_____、_____。

2. 根据冷、热流体接触方式不同，可将换热设备分为_____、_____和_____三种。

3. 两种流体通过间壁换热，沿传热方向分别是_____传热、____传热和_____传热。

4. 根据换热器的用途，换热器可分为_____、_____、_____、_____等。

5. 热导率的物理意义是_____，国际单位制中，它的单位是_____。

6. 在湍流传热时，热阻主要集中在_____内，因此，减薄该层厚度是强化传热的主要途径。

7. 对流传热速率计算通式为_____，其中，温度差代表_____和_____之间温度差的平均值。

8. 两侧流体都变温的间壁式换热器中，两流体的流动方向有____、____、____和____四种。

9. 影响对流传热系数的主要因素有流体的_____、____、_____、____和_____状况等。

10. 某化工厂，用河水在间壁式换热器内冷凝有机蒸气，经过一段时间运行后，换热器的传热效果明显下降，主要原因可能是_____。

11. 蒸汽冷凝有_____冷凝和_____冷凝两种方式，后者更有利于热量传递。

12. 总传热系数的倒数 $1/K$ 反映了间壁两侧流体换热的_____的大小，提高 K 值的有效办法是_____分热阻中最大的热阻。

13. 对于刚性结构的换热器，若两流体的温差较大，应该让对流传热系数较大的流体走_____。

14. 在卧式管壳式换热器中，用饱和水蒸气加热原油，则原油宜走_____程，而总传热系数 K 接近于_____一侧的对流传热系数。

15. 在管壳式换热器中，当两流体的温差超过_____时，应该采取热补偿措施，常用补偿措施有____、_____和_____。

16. 写出生产中四种间壁换热器的名称：_____、_____、_____、_____。

17. 在列管换热器中，若用饱和蒸汽加热空气，则传热管的壁温接近_____的温度。

18. 强化传热的方法通常有三种，即增加_____、提高_____和提高_____。

二、单项选择题

1. 通常，关于物质的热导率（导热系数），下列说法正确的是（   ）。
A. 金属最大、非金属次之、液体较小、气体最小
B. 金属最大、非金属固体次之、液体较小、气体最小
C. 液体最大、金属次之、非金属固体较小、气体最小
D. 非金属固体最大、金属次之、液体较小、气体最小

2. 热导率（导热系数）的法定计量单位为（   ）。
A. $W/(m \cdot ℃)$　　　B. $W/(m^2 \cdot ℃)$　　　C. $J/(m \cdot ℃)$　　　D. $J/(m^2 \cdot ℃)$

3. 工业上采用翅片状的暖气管代替圆钢管，其目的是（   ）。
A. 增加热阻，减少热量损失　　　B. 节约钢材
C. 增强美观　　　D. 增加传热面积，提高传热效果

4. 单位质量的某物质，温度升高或降低 1K 时，所吸收或放出的热量称这种物质的（   ）。
A. 焓　　　B. 比热容　　　C. 显热　　　D. 潜热

5. 多管程列管换热器比较适用于（   ）的场合。
A. 管内流体流量小，所需传热面积大　　　B. 管内流体流量小，所需传热面积小
C. 管内流体流量大，所需传热面积大　　　D. 管内流体流量大，所需传热面积小

6. 热管换热器比较适合（   ）。
A. 低温差传热　　　B. 高温差传热　　　C. 液体间的传热　　　D. 气体间的传热

7. 用水蒸气在列管换热器中加热某盐溶液，水蒸气走壳程。为强化传热，下列措施中最为经济有效的是（   ）。
A. 增大换热器尺寸以增大传热面积　　　B. 在壳程设置折流挡板
C. 改单管程为双管程　　　D. 减少传热壁面厚度

8. 在稳定变温传热中，（   ）传热时传热的推动力最大。
A. 并流　　　B. 逆流　　　C. 错流　　　D. 折流

9. 管壳式换热器启动时，首先通入的流体是（   ）。
A. 热流体　　　B. 冷流体　　　C. 最接近环境温度的流体　　　D. 任意

10. 换热器中冷物料出口温度升高，最不可能的原因是（　　）。

　　A. 冷物料流量下降　　　　　　B. 热物料流量下降

　　C. 热物料进口温度升高　　　　D. 冷物料进口温度升高

11. 用 $120℃$ 的饱和水蒸气加热常温空气。蒸汽的冷凝膜系数约为 $2000W/(m^2 \cdot K)$，空气的膜系数约为 $60W/(m^2 \cdot K)$，其过程的传热系数 K 及传热面壁温接近于（　　）。

　　A. $2000W/(m^2 \cdot K)$，$120℃$　　　　B. $2000W/(m^2 \cdot K)$，$40℃$

　　C. $60W/(m^2 \cdot K)$，$120℃$　　　　　D. $60W/(m^2 \cdot K)$，$40℃$

12. 在一个体单程列管换热器中，用 $100℃$ 的热水加热一种易生垢的有机液体，这种液体超过 $80℃$ 时易分解。则有机液体应走（　　）程，两流体的流向应该选择（　　）。

　　A. 管，并流　　　B. 壳，并流　　　C. 管，逆流　　　D. 壳，逆流

13. 两流体可作严格逆流的换热器是（　　）。

　　A. 板翅式换热器　　　　　　　B. U 形管式列管换热器

　　C. 浮头式列管换热器　　　　　D. 套管式换热器

14. 双层平壁定态热传导，两层壁厚面积均相等，各层的热导率分别为 λ_1 和 λ_2，其对应的温度差为 Δt_1 和 Δt_2，若 $\Delta t_1 > \Delta t_2$，则 λ_1 和 λ_2 的关系为（　　）。

　　A. $\lambda_1 < \lambda_2$　　　B. $\lambda_1 > \lambda_2$　　　C. $\lambda_1 = \lambda_2$　　　D. 无法确定

15. 对间壁两侧流体一侧恒温，另一侧变温的传热过程，逆流和并流时 Δt_m 大小为（　　）。

　　A. $\Delta t_{m逆} > \Delta t_{m并}$　　　B. $\Delta t_{m逆} < \Delta t_{m并}$　　　C. $\Delta t_{m逆} = \Delta t_{m并}$　　　D. 无法确定

16. 列管换热器在使用过程中出现传热效率下降，其产生的原因及处理方法是（　　）。

　　A. 管路或阀门堵塞，壳体内不凝气或冷凝液增多，应该及时检查清理，排放不凝气或冷凝液

　　B. 管路震动，加固管路

　　C. 外壳歪斜，联络管线拉力或推力甚大，重新调整找正

　　D. 全部正确

17. 套管冷凝器的内管走空气，管间走饱和水蒸气，如果蒸汽压力一定，空气进口温度一定，当空气流量增加时传热系数 K 应（　　）。

　　A. 增大　　　B. 减小　　　C. 基本不变　　　D. 无法判断

18. 利用水在逆流操作的套管换热器中冷却某物料。要求热流体的温度 T_1、T_2 及流量 W_1 不变。现在因冷却水进口温度 t_1 增高，为保证完成生产任务，提高冷却水的流量 W_2，其结果（　　）。

　　A. K 增大，Δt_m 不变　　　　　　B. Q 不变，Δt_m 下降，K 增大

　　C. Q 不变，K 增大，Δt_m 不确定　　D. Q 增大，Δt_m 下降

本章主要符号说明

英文字母

　A——流通截面积，m^2；

　b——厚度，m；

　c_p——定压比热容，$kJ/(kg \cdot K)$；

　d——管径，m；

　D——换热器壳径，m；

　h——挡板间距，m；

　K——总传热系数，$W/(m^2 \cdot K)$；

　l——特征尺寸，m；

　n——指数；

　n——管数；

　N——程数；

　p——压强，Pa；

　q_m——质量流量，kg/s；

　q——热通量，W/m^2；

　Q——传热速率，W；

　r——半径，m；

　r——比汽化潜热，kJ/kg；

　R——热阻，K/W；

　S——传热面积，m^2；

　t——冷流体温度，K；

　t——管间距，m；

　T——热流体温度，K；

　u——流速，m/s。

希腊字母

　α——对流传热系数，$W/(m^2 \cdot K)$；

　Δ——差值；

　λ——热导率，$W/(m \cdot K)$；

μ——黏度，Pa·s；

φ——校正系数。

下标

c——冷流体的；

h——热流体的；

i——管内的；

o——管外的；

s——污垢的；

w——壁面的。

第3章 冷 冻

学习目标

1. 了解

制冷的分类及应用、冷冻剂与载冷体的选择原则及常用种类；压缩蒸气制冷设备的结构及作用。

2. 理解

制冷的基本原理、压缩蒸气制冷循环的基本过程、制冷能力的表示及影响因素，选择适宜的操作条件。

3.1 概 述

3.1.1 工业生产中的冷冻操作

降低物体温度的过程称为制冷。利用水、空气等冷却剂能将物体冷却到冷却剂的温度，称为自然制冷。但在人们的日常生活和某些工业生产及物品的贮藏、运输过程中，常需将物料降低到比自然界的水和空气更低的温度，此时，自然制冷已不可能达到，必须采用一些特殊的装置进行人工制冷。

工业生产中的冷冻操作（人工制冷）就是将物料的温度降低到比水和空气这些天然冷却剂的温度还要低的一种单元操作过程，即制冷过程，又称冷冻。

人工制冷的原理是利用冷冻剂从低温物体中不断地取出热量，然后，通过机械方法或其他方法将冷冻剂所吸收的热量传递到高温的环境中去。冷冻剂在制冷系统中循环使用。

冷冻在国民经济的各个部门和人们的日常生活中得到广泛应用。例如，食品工业中冷饮的制造和食品的冷藏；医药工业中一些抗生素剂、疫苗血清等必须在低温下贮存；石油化工生产中，石油裂解气的分离则要求在173K左右的低温下进行，裂解气中分离出的液态乙烯、丙烯等则要求在低温下贮存、运输；化学工业中的空气分离、低温化学反应及吸收、精馏、结晶、升华干燥等单元操作过程中均用到冷冻。

3.1.2 人工制冷方法

现代工业中，人工制冷一般通过如下途径来实现。

① 低沸点液体的气化 当低沸点液体气化时，由于气化所需热量来自液体本身，因此液体焓值减少，其本身将被冷却到气化压强下的沸点。如常压下，气化的液氨温度可降低到239.6K(常压下液氨的沸点)。为了获得更低的温度，气化应当在尽量低的压强下进行。

② 节流或减压 利用节流或减压作用，使各种预先被压缩的气体膨胀。由于膨胀，气体压强下降，内能减少，温度降低。

根据人工制冷的两个基本途径，目前工业生产中常用的制冷方法有如下三种：压缩制冷、吸收制冷、喷射制冷。这里仅介绍压缩制冷，以此为例了解制冷技术的基本原理和方法。

3.2 压缩制冷基本原理

3.2.1 单级压缩蒸发制冷的工作过程

任何物质的沸点（或冷凝温度）均随外界压强而变。如液氨在常压的沸点为 239.6K，而在 1216kPa 下其冷凝温度为 303K。利用物质的这一性质，使其在低压下蒸发，即可得到低温，从而能从被冷物料中吸取热量，达到制冷目的，这便是压缩蒸发制冷的基本依据。

工程上，利用压缩机做功，将气相工作介质压缩，冷却冷凝成液相，然后使其减压膨胀、蒸发（气化），完成从低温热源取走热量并送到高温热源的过程，称为压缩蒸发制冷，也称为蒸汽压缩制冷。此过程类似用泵将流体由低处送往高处，所以，有时也将此种冷冻装置称为热泵。

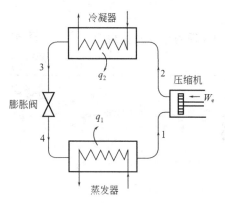

图 3-1 实际蒸汽压缩制冷的装置流程

实际压缩制冷循环的基本过程如图 3-1 所示。

① 在压缩机内进行绝热压缩 工业设备内此过程大体接近于可逆。设压缩前后冷冻剂蒸气的比焓值为 i_1、i_2，则压缩机对 1kg 冷冻剂所做的功为 $W_e = \Delta i = i_2 - i_1$，kJ/kg。

② 等压冷却与冷凝 经压缩机加压后的冷冻剂过热蒸气进入冷凝器，首先放出显热而冷却为饱和蒸气，继而放出潜热再冷凝成饱和液体，最后还放出少量显热而成为过冷液体。这三步是在冷凝器内连续进行的。设冷凝并过冷后冷冻剂的比焓值为 i_3，则冷凝器内 1kg 冷冻剂的放热量为 $q_2 = i_2 - i_3$，kJ/kg。

③ 节流膨胀 由冷凝器送出的过冷液体通过节流膨胀阀膨胀后，减压降温并部分气化，生成气液混合物。此过程为不可逆、无外功的绝热过程，过程前后的焓值不变。若膨胀后的比焓值用 i_4 表示，则 $i_4 = i_3$。节流膨胀过程中，冷冻剂对外做功为零。

④ 等压等温蒸发 膨胀后的冷冻剂气液混合物进入蒸发器内，从被冷物料（如冷冻盐水）中吸热而全部气化，回到循环开始时的状态（比焓值为 i_1），又开始下一轮循环。蒸发前后冷冻剂的比焓值变化即为 1kg 冷冻剂在蒸发过程中的吸热量，$q_1 = i_1 - i_4$。

由此可知，实际制冷循环的冷冻系数为

$$\varepsilon = \frac{q_1}{W_e} = \frac{i_1 - i_4}{i_2 - i_1} \tag{3-1}$$

在冷冻剂的循环过程中，处于不同状况下的比焓值 $i_1 \sim i_4$ 可从制冷手册或有关专业书籍的压-焓图（$\lg p$-i 图）上查取。

对于理想制冷循环，其冷冻系数可按式(3-2) 计算。

$$\varepsilon = \frac{T_1}{T_2 - T_1} \tag{3-2}$$

式中 T_1——蒸发器内冷冻剂吸热时的温度，K；

T_2——冷凝器内冷冻剂放热时的温度，K。

由式(3-2)可知，对于理想制冷循环来说，制冷系数只与制冷剂的蒸发温度和冷凝温度有关，与制冷剂的性质无关。制冷剂的蒸发温度越高，冷凝温度越低，制冷系数越大，表示机械功的利用程度越高。实际上，蒸发温度和冷凝温度的选择还要受别的因素约束，需要进行具体的分析。

3.2.2 操作温度的选择

制冷装置在操作运行中重要的控制点有：蒸发温度和压力、冷凝温度和压力、压缩机的进出口温度、过冷温度及冷却温度。

3.2.2.1 蒸发温度

制冷过程的蒸发温度是指制冷剂在蒸发器中的沸腾温度。实际使用中的制冷系统，由于用途各异，蒸发温度各不相同，但制冷剂的蒸发温度必须低于被冷物料要求达到的最低温度，使蒸发器中制冷剂与被冷物料之间有一定的温度差，以保证传热所需的推动力。这样制冷剂在蒸发时，才能从冷物料中吸收热量，实现低温传热过程。

若蒸发温度高时，则蒸发器中传热温差小，要保证一定的吸热量，必须加大蒸发器的传热面积，增加了设备费用；但功率消耗下降，制冷系数提高，日常操作费用减少。相反，蒸发温度低时，蒸发器的传热温差增大，传热面积减小，设备费用减少；但功率消耗增加，制冷系数下降，日常操作费用增大。所以，必须结合生产实际，进行经济核算，选择适宜的蒸发温度。蒸发器内温度的高低可通过节流阀开度的大小来调节，一般生产上取蒸发温度比被冷物料所要求的温度低 $4\sim8K$。

3.2.2.2 冷凝温度

制冷过程的冷凝温度是指制冷剂蒸气在冷凝器中的凝结温度。影响冷凝温度的因素有冷却水温度、冷却水流量、冷凝器传热面积大小及清洁度。冷凝温度主要受冷却水温度的限制，由于使用的地区不一和季节的不同，其冷凝温度也不同，但它必须高于冷却水的温度，使冷凝器中的制冷剂与冷却水之间有一定的温度差，以保证热量传递。即使气态制冷剂冷凝成液态，实现高温放热过程。通常取制冷剂的冷凝温度比冷却水高 $8\sim10K$。

3.2.2.3 操作温度与压缩比的关系

压缩比是压缩机出口压强 p_2 与入口压强 p_1 的比值。压缩比与操作温度的关系如图 3-2 所示。当冷凝温度一定时，随着蒸发温度的降低，压缩比明显加大，功率消耗先增大后下降，制冷系数总是变小，操作费用增加。当蒸发温度一定时，随着冷凝温度的升高，压缩比也明显加大，功率消耗增大，制冷系数变小，对生产也不利。

因此，应该严格控制制冷剂的操作温度，蒸发温度不能太低，冷凝温度也不能太高，压缩比不至于过大，工业上单级压缩循环压缩比不超过 $6\sim8$。这样就可以提高制冷系统的经济性，发挥较大的效益。

3.2.2.4 制冷剂的过冷

制冷剂的过冷就是在进入节流阀之前将液态制冷剂温度降低，使其低于冷凝压力下所对应的

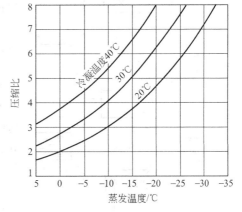

图 3-2 氨冷凝温度、蒸发温度
与压缩比的关系

饱和温度，成为该压力下的过冷液体。由图 3-2 可以看出，若蒸发温度一定时，降低冷凝温度，可使压缩比有所下降，功率消耗减小，制冷系数增大，可获得较好的制冷效果。通常取制冷剂的过冷温度比冷凝温度低 5K 或比冷却水进口温度高 3～5K。

工业上常采用下列措施实现制冷剂的过冷。

① 在冷凝器中过冷　使用的冷凝器面积适当大于冷凝所需的面积，当冷却水温度低于冷凝温度时，制冷剂就可得到一定程度的过冷。

② 用过冷器过冷　在冷凝器或贮液器后串联一个采用低温水或深井水作冷却介质的过冷器，使制冷剂过冷。此法常用于大型制冷系统之中。

③ 用直接蒸发的过冷器过冷　当需要较大的过冷温度时，可以在供液管通道上装一个直接蒸发的液体过冷器，但这要消耗一定的冷量。

④ 回热器中过冷　在回气管上装一个回热器（气液热交换器），用来自蒸发器的低温蒸气冷却节流前的液体制冷剂。

⑤ 在中间冷却器中过冷　在采用双级压缩蒸气制冷循环系统中，可采用中间冷却器内液态制冷剂气化时放出的冷量来使进入蒸发器液态制冷剂间接冷却，实现过冷。

3.2.3　多级压缩制冷

压缩制冷系统中，外界向系统所提供的能量是压缩功。作为工业生产，为减少能耗，提高经济效益，应在不影响制冷效果的前提下，尽可能降低压缩功耗。对于往复压缩机，其容积效率随压缩比增加而减少，压缩功耗则随级数增加而降低。在压缩制冷操作中，为了获得较低的冷冻温度，需要冷冻剂在更低的压强下蒸发，这样，进压缩机的蒸气压强下降，压缩机的压缩比增加，容积效率下降，即压缩机的效率下降。另外，压缩比高时，压缩机出口气体温度升高，可能导致冷冻剂蒸气的分解。例如，当温度超过 120℃ 时，氨蒸气将开始分解，整个制冷过程被破坏。为此，实际生产中，当工艺要求冷凝器和蒸发器的温度之差 $(T_2 - T_1)$ 较大时，亦即需要较高压缩比时，或者工艺要求不同级别的低温时，常采用双级或多级压缩，以提高压缩机效率，降低出口温度，减少整个系统的功耗。如用氨作冷冻剂，当工艺要求蒸发温度低于 −30℃ 时，应采用双级压缩，若要求蒸发温度低于 −45℃，则应采用三级压缩。

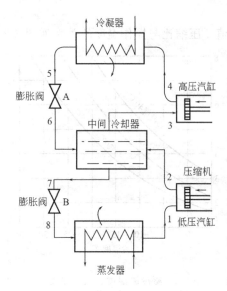

图 3-3　双级压缩制冷的装置流程

3.2.3.1　双级压缩制冷

图 3-3 所示为一种双级氨压缩制冷流程。从蒸发器送出的氨饱和蒸气进入压缩机的低压汽缸，压缩成过热蒸气，其压强等于（实际上稍大于）高压汽缸入口的压强，过热蒸气通过中间冷却器与从冷凝器送来的气液混合物中的液氨接触，将其过热部分的热量传给饱和液体，使部分饱和液体气化为饱和蒸气，由中间冷却器顶部引出的干饱和蒸气送至高压汽缸，又被压缩成压强更高的过热蒸气，进入冷凝器中用水冷凝并过冷，再由节流膨胀阀 A 膨胀至高压汽缸入口压强，所生成的气液混合物进入中间冷却器，与低压汽缸送来的过热蒸气进行热交换后，其本身所带蒸气与低压汽缸送来的经过冷却的蒸气及部分液体气化所产生的蒸气一道进入高压汽缸。饱和液体则由中间冷却器底部引出，经节流膨胀阀 B 膨胀至低压汽缸入口处

的压强，所生成的气液混合物一同进入蒸发器，从被冷物质（如冷冻盐水）吸热而全部气化为饱和蒸气后送回低压汽缸，开始下一轮循环。

由于采用了两级压缩，中间冷却，虽然（$T_2 - T_1$）差值较大，但每一级压缩比不大，终温也不高。这样，既避免了单级压缩因要求的压缩比高而可能出现的终温过高、容积效率过低的问题，同时，也减少了压缩功的消耗，提高了制冷系数，但制冷设备结构和操作将更为复杂。

3.2.3.2 逐级制冷（复迭式制冷）

当工艺要求通过制冷获取更低的温度时，仍采用多级压缩制冷就比较困难了。因为多级压缩制冷是用一种冷冻剂来获取低温，它受到冷冻剂的性质和压缩机级数的制约。例如，某工艺过程要求获得 $-70℃$ 的低温，若用蒸发温度较高（蒸气压较低）的氨为冷冻剂，氨在 $-70℃$ 下蒸发，蒸发器内的压强将低至 10.8kPa，此时蒸气比容积将大到 $9\text{m}^3/\text{kg}$，进入压缩机汽缸的气体体积将很大，设备尺寸必须大大增加，而且 $-70℃$ 已接近氨的凝固温度（$-77.7℃$）。另外，对于活塞式压缩机，由于其吸气活门系统存在阻力，气体进口压强不能低于 $10 \sim 15\text{kPa}$，过低的吸气压强，还将导致周围空气漏入冷冻系统而破坏操作的正常运行。由此可知，工业生产中不能用氨作冷冻剂来获取这样的温度。反之，如果采用蒸发温度较低（蒸气压较高）的氟里昂 13 作冷冻剂，虽然它在 $-70℃$ 时蒸气压仍可达 180kPa，蒸气比容积也只有 $0.084\text{m}^3/\text{kg}$，但如果冷凝器冷却水温度为 $25℃$（一般工业冷却水温），为使氟里昂 13 的蒸气得到冷凝，要求压缩机的终压不得低于 3550kPa，这已远远超过制冷装置中压缩机正常的排气压强，功耗大大增加，实际生产也不可取。

为了获取更低的制冷温度，工程上常采用两种或多种不同的冷冻剂组成串联的逐级制冷流程，又称复迭式制冷流程。即用一种冷冻剂所产生的冷冻效应去冷凝另一种沸点更低的冷冻剂，该冷冻剂所产生的冷效应再去冷凝另一个沸点更低的冷冻剂，依此逐级液化，可达很低的温度。

图 3-4 为工业生产中常用的氨-乙烯逐级制冷流程。此流程中有两个循环，上面为氨制冷循环（高温级），下面为乙烯制冷循环（低温级）。由于氨的蒸发温度比乙烯蒸发温度高，乙烯液化时的温度较氨液化时低得多，所以，氨制冷循环中的蒸发器即为乙烯制冷循环中的冷凝器，这是逐级制冷循环的突出特征。

氨制冷的循环过程为 $1' \to 2' \to 3' \to 4' \to 1'$。由蒸发器引出的气态氨经压缩机加压后变为过热蒸气进入冷凝器，被冷却水冷凝为过冷的高压液态氨，再经节流膨胀阀减压为气液混合物，然后进入蒸发器从高压乙烯中吸取热量而全部蒸发为气态氨，又进入压缩机开始下一轮循环。

乙烯制冷的循环过程为 $1 \to 2 \to 3 \to 4 \to 1$。由蒸发

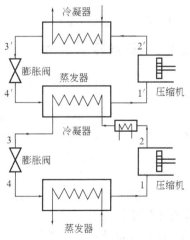

图 3-4 氨-乙烯逐级制冷流程

器引出的气态乙烯经压缩机加压后变成过热蒸气，若此时乙烯温度较水温为高，则可先用冷却水将乙烯降温后再送入冷凝器（即氨蒸发器）进一步冷却冷凝，而将热量传递给氨，液氨受热后气化，乙烯则被冷凝为过冷液体，再经膨胀阀进行节流膨胀减压为气液混合物，然后进入蒸发器，在此吸取被冷物体的热量而全部气化为气态乙烯，又进入压缩机开始下一轮循环。由于乙烯沸点低，所以在乙烯制冷循环的蒸发器内可以获得比氨蒸发时更低的温度。

逐级制冷不仅可获得相当低的制冷温度，而且外加功的利用率较高，过程的总功耗较小，但设备结构复杂，操作要求也较高，目前比较大型的石油化工厂中石油裂解气的分离多采用这种方法，因为分离出的产物乙烯、丙烯均可作逐级制冷的冷冻剂，这样，冷冻剂来源方便、经济，能量利用也较合理。

3.3 冷冻能力

3.3.1 冷冻能力的表示

制冷循环过程中，单位时间内冷冻剂从被冷物体（如冷冻盐水）取出的热量，称为冷冻能力，即制冷能力，用符号 Q_1 表示，单位为 W 或 kW。

工程计算和实际生产中，冷冻能力的具体表达方式还有如下几种。

① 单位质量冷冻剂的冷冻能力 1kg 冷冻剂经过蒸发器时从被冷物料中取出的热量，称为单位质量冷冻剂的冷冻能力，简称为单位冷冻能力，用符号 q_1 表示，单位为 kJ/kg，即

$$q_1 = \frac{Q_1}{G} \tag{3-3}$$

式中　G——冷冻剂的循环量或质量流量，kg/s。

② 单位体积冷冻剂的冷冻能力 1m³ 进入压缩机的冷冻剂蒸气的冷冻能力，称为单位体积冷冻剂的冷冻能力，简称单位体积冷冻能力，用符号 q_v 表示，单位为 kJ/m³，即

$$q_v = \frac{Q_1}{V} \tag{3-4}$$

式中　V——进入压缩机时冷冻剂蒸气的体积流量，m³/s。

3.3.2 标准冷冻能力

标准操作温度条件下的冷冻能力，称为标准冷冻能力，用符号 Q_s 表示，单位为 W 或 kW。

因为不同操作温度条件下，同一冷冻装置的冷冻能力不同，为了准确说明冷冻机的冷冻能力，就必须指明冷冻操作温度，按照国际人工制冷会议规定，当进入压缩机的冷冻剂为干饱和蒸气时，冷冻装置的标准操作温度规定为：蒸发温度 $T_1 = 258\text{K}$，冷凝温度 $T_2 = 303\text{K}$，过冷温度 $T_3 = 298\text{K}$。

一般冷冻机铭牌上所标明的冷冻能力即为标准冷冻能力。当生产操作过程中的实际温度条件不同于标准温度时，冷冻机实际冷冻能力便与产品目录中所列数据不同，为了选用合适的压缩制冷设备，必须将实际所要求的冷冻能力换算为标准冷冻能力后方能进行选型。反之，欲核算一台现有的冷冻机是否能满足生产需要，也必须将铭牌上标明的冷冻能力换算为操作温度下的冷冻能力。

通常，冷冻设备出厂时均附有该设备的工作性能曲线，使用时可根据这些曲线求得具体生产条件下的冷冻能力，据此可进行选型和核算。如果缺乏这些资料，按照压缩机一定，其汽缸容积为定值这一事实，可用式(3-5)进行换算：

$$Q_s = Q_1 \frac{\lambda_s q_{vs}}{\lambda_1 q_{vl}} \tag{3-5}$$

式中 λ——压缩机的送气系数，可由经验公式进行计算或由图表查取。

其他各项符号与前述相同，下标"l"表示实际操作状况时的参数，"s"表示标准温度状况时的参数。

【例 3-1】 已知某理想冷冻循环中，冷冻剂在 330K 时冷凝，经测定，冷凝时放出 1500kW 的热量，而冷冻剂蒸发吸热时的温度为 245K。求：（1）制冷系数；（2）冷冻能力；（3）所需的外功。

解：（1）制冷系数 ε

对于理想冷冻循环
$$\varepsilon = \frac{T_1}{T_2 - T_1}$$

已知：$T_1 = 245K$，$T_2 = 330K$

则
$$\varepsilon = \frac{245}{330 - 245} = 2.88$$

（2）冷冻能力 Q_1

由式(3-1) 可知，$\varepsilon = \dfrac{Q_1}{W_e}$，而 $W_e = Q_2 - Q_1$。

已知 $Q_2 = 1500kW$，则

$$\varepsilon = \frac{Q_1}{1500 - Q_1} = 2.88$$

$$Q_1 = 1113.4kW$$

（3）所需外功 W_e

$$W_e = Q_2 - Q_1 = 1500 - 1113.4 = 386.6kW$$

3.4 冷冻剂与载冷体

3.4.1 冷冻剂

前已述及，在制冷装置中不断循环流动以实现制冷目的的工作物质称为冷冻剂，或称为制冷剂。压缩循环制冷过程是利用冷冻剂的相变来实现热量的转移的，因此，冷冻剂是实现人工制冷不可缺少的物质。虽然冷冻剂的种类和性质并不会影响冷冻系数的数值，但冷冻剂的种类和性质对压缩机汽缸尺寸、制作材料及操作压强等有很大影响。因此，冷冻操作中需选择合适的冷冻剂。

工业生产对冷冻剂有如下基本要求如下。

① 汽化潜热大 这样单位质量冷冻剂具有较大的冷冻能力，在制冷要求一定时，则可减少单位时间内冷冻剂的循环量，从而减少动力消耗。

② 蒸气比容积小 这样可使压缩机汽缸容积减小，降低设备费用，同时也可减少动力消耗。

③ 蒸气压适宜 冷冻剂在蒸发温度下的蒸气压最好高于常压，以避免空气被吸入制冷装置。冷冻剂在冷凝温度下的蒸气压也不能太高，一般以不超过 1.5MPa 为宜，否则设备结构复杂，材质要求高，设备密封也困难。

④ 临界温度高、凝固温度低 这样既便于冷凝器内使用一般冷却水或空气作冷却介质，又便于获取较低的蒸发温度。

⑤ 黏度和密度小 这样可减少冷冻剂流动时的阻力。

⑥ 热导率高　这样有利于提高换热过程的传热效率，减少蒸发器和冷凝器的传热面积。

⑦ 其他　化学性质稳定，不易分解，不与润滑油互溶，不腐蚀设备，不易燃，对人体无害，价格低廉，来源充足等。

显然，任何一种冷冻剂均不可能全部满足上述所有的要求，选用时，应根据工艺要求和具体的生产条件，权衡考虑，进行最佳选择。例如，压缩机类型不同，对冷冻剂的基本要求就不同。蒸气比热容小，对往复压缩机有利，而离心式压缩机在正常操作时，需要有大量气体循环，蒸气比热容大小则不用考虑。

在众多冷冻剂中，目前应用最为广泛的还是氨和各种氟里昂，它们各有比较明显的特征。

氨的气化潜热比其他冷冻剂大得多，因此其单位容积冷冻能力大，氨在蒸发温度达−34℃时，其蒸发压强也不低于101.3kPa，当冷却水温较高时（如夏季），冷凝器内的冷凝压强也不超过1500kPa。另外，氨还具有与润滑油不互溶、对钢铁无腐蚀作用、价格便宜、容易得到等优点。其缺点是刺激性气味重、有毒、易燃并对铜和铜的合金有强烈腐蚀作用。

氟里昂的种类很多，最常用的有氟里昂12、氟里昂22等。其突出优点是操作压强适中，当冷凝压强为700～800kPa、蒸发压强高于101.3kPa时，即可获得低达−30℃的蒸发温度。另外，氟里昂还具有无味、不着火、不爆炸、对金属无腐蚀等优点。不同种类的氟里昂还可适应不同的制冷温度要求。例如氟里昂12、氟里昂22采用单级压缩可获−30℃的冷冻温度。采用多级压缩可获−60℃的冷冻温度。而氟里昂13用于逐级制冷循环时，可获−100℃的低温。氟里昂冷冻剂的缺点是价格较贵、气化潜热小、流动阻力大，特别是它对环境的破坏作用，已日益引起人们的重视。

随着石油化学工业的发展，乙烯、丙烯冷冻剂的使用也日益增多。因为利用石油裂解气分离出来的乙烯、丙烯产品又作为裂解气分离中所需的冷冻剂是很方便的，这也符合生产过程综合利用的原则。

共沸溶液冷冻剂作为一种新的冷冻剂已逐步被广泛使用。共沸溶液冷冻剂是由两种或两种以上不同冷冻剂按一定比例配制而成的、相互溶解且具有恒沸点的一种混合溶液。共沸溶液的最大特征是：在固定压强下蒸发时其蒸发温度恒定，而且它的气相和液相组成相同。共沸溶液的热力学性质与组成共沸液的原溶液热力学性质不同，因而人们可根据需要配制出不同的共沸溶液冷冻剂。如用R500代替氟里昂12，可使同一设备的制冷量增加17%～18%；如用R502代替氟里昂22，则不仅增加制冷量，而且其排气温度也可降低；在多级制冷装置的低温部分若用R503代替氟里昂13，不但制冷量增加，而且可达更低的蒸发温度。因此，采用共沸溶液冷冻剂是冷冻剂的发展方向之一，此种冷冻剂的广泛应用也将促进制冷技术的发展。

3.4.2　载冷体

工业生产中的制冷过程可根据不同的工艺要求分为直接制冷和间接制冷两种。所谓直接制冷是指工艺要求的被冷物料在蒸发器内与冷冻剂进行热交换，冷冻剂直接吸取被冷物料的热量，而使被冷物料温度降到所需求的低温。而间接制冷则是在制冷装置中先将某中间物料冷冻，然后再将此冷冻了的中间物料分送至需要低温的工作点。此中间物料即为载冷体，又称冷媒。这是一种将冷量传递给被冷物料，又将从被冷物料吸取的热量送回制冷装置并传递给冷冻剂的媒介物。载冷体循环流动于制冷装置与需要冷量的工作点之间。因为一个工厂需要冷量的工作点往往有多个，这样，就可在工厂内设置专门的制冷车间，利用载冷体以实现集中供冷。

常用的载冷体有空气、水和盐水。

用空气和水作载冷体的突出优点是：腐蚀性小、价格低廉、容易获得。但空气的比热容小，耗用量大，一般只有在利用空气进行直接冷却时才用。水的比热容虽比空气大，但它的冰点高，所以只能用作获取 0℃ 以上的低温的载冷体。工业生产中广泛采用的载冷体是冷冻盐水。

常用冷冻盐水有氯化钠、氯化钙及氯化镁等无机盐的水溶液。其中，应用最广的是氯化钙水溶液。氯化钠水溶液一般只用于食品工业中的冷冻操作。近年来，乙二醇、丙二醇等的水溶液也作冷冻盐水，常称为有机盐水。

冷冻盐水在一定的浓度时有一定的冻结温度。不同冷冻盐水的冻结温度不同。当冷冻盐水的温度达到或接近冻结温度时，冷冻系统的管道、设备将发生冻结现象，严重影响设备的正常运行。因此，冷冻操作过程中，必须根据工艺要求达到的冷冻温度，选择合适的冷冻盐水。为确保生产的正常运行，冷冻盐水的冻结温度必须比工艺要求的最低冷冻温度低 10～13℃。例如，浓度为 29.9% 的氯化钙水溶液的冻结温度为 −55℃，这是此种冷冻盐水的最低冻结温度，因此，使用氯化钙水溶液作冷冻盐水时，其最低冷冻温度不宜低于 −45℃。生产运行过程中，为了保持一定的冷冻温度，必须严格控制冷冻盐水的浓度，并随时进行调节。

表 3-1 摘录了氯化钠水溶液和氯化钙水溶液浓度与冻结温度的关系，可供参考。

表 3-1　冷冻盐水的浓度与其冻结温度的关系

载冷剂	浓度(质量分数)/%	冻结温度/℃	密度(15℃)/(kg/m³)	比热容(0℃)/[kJ/(kg·K)]
氯化钠 水溶液	7	−4.4	1050	3.827
	11	−7.5	1080	3.676
	13.6	−9.8	1100	3.588
	16.2	−12.2	1120	3.513
	18.8	−15.1	1140	3.442
	21.2	−18.2	1160	3.374
	23.1	−21.2	1175	3.324
氯化钙 水溶液	9.4	−5.2	1080	3.626
	14.7	−10.2	1130	3.328
	18.9	−15.7	1170	3.128
	20.9	−19.2	1190	3.044
	23.8	−25.7	1220	2.931
	25.7	−31.2	1240	2.868
	27.5	−38.6	1260	2.809
	28.5	−43.5	1270	2.780
	29.4	−50.1	1280	2.755
	29.9	−55	1286	2.738

盐水对金属材料有较大的腐蚀性。为此，实际生产时常在盐水中加入少量缓蚀剂，如重铬酸钠或铬酸钠，以减轻盐水对金属材料的腐蚀。但这类缓蚀剂的毒性较大，使用时应特别注意安全。另外，盐水中的杂质，如硫酸钠等，其腐蚀性也是很大的，使用时应尽量预先除去，这样也可大大减少盐水的腐蚀性。

3.5　压缩制冷装置

压缩制冷装置是一个封闭系统，它由压缩机、冷凝器、节流膨胀阀、蒸发器四台主要设备及其他附属设备共同组成，各设备间由管道连成一个整体，冷冻剂在系统内循环。

3.5.1 压缩机

压缩机是制冷装置的心脏，也是其主要的运转部分，人们通常称它为冰机或冷冻机。目前实际使用的多为往复压缩机。由于氟里昂12及氟里昂22等比热容大的冷冻剂逐渐推广使用，采用离心压缩机的制冷装置也日渐增多。

国产往复压缩冷冻机已有完整的系列标准。该系列的型号用四个符号分别表示汽缸数、冷冻剂种类、结构形式和汽缸直径。如4FV10表示该冷冻机为四缸、冷冻剂为氟里昂、V形、汽缸直径为10cm。

选用压缩机时，可根据工艺要求的冷冻能力，采用的冷冻剂及制冷操作的温度条件，计算出压缩机所需的吸气压强、排气压强、理论吸气量、理论功率，据此即可从产品目录上选用合适的压缩机。

然而，国产制冷装置均已成套供应，每套装置均配有一定规格的压缩机。这样，实际要选用的不是压缩机而是制冷装置。选用制冷装置的核心是确定冷冻能力。选用时，应先将工艺要求的实际温度条件下的冷冻能力换算为标准温度下的冷冻能力。

3.5.2 冷凝器

制冷装置中的冷凝器主要是以水为冷却介质，常用型式有两类。

① 卧式管壳式冷凝器 冷却水走管程（多程），流速为$0.5\sim1.2\text{m/s}$，冷冻剂蒸气在管外冷凝，传热总系数为$700\sim900\text{W/(m}^2\cdot\text{K)}$。其主要优点是：传热系数比较大，冷却水耗用量少，占空间高度小，操作管理方便。但它对冷却水水质要求高，水温要低，清洗水垢时必须停止运行。一般用在中、小型制冷装置中。

② 立式管壳式冷凝器 冷却水自顶部进入分配槽，沿管内壁呈水膜溢流而下，冷冻剂蒸气在管间冷凝，传热总系数为$700\sim800\text{W/(m}^2\cdot\text{K)}$。其优点是：占地面积小，可以在室外安装。由于冷却水在管内直通流动（不分程），可采用水质较差的冷却水，而且，清除水垢方便，不必停止运行。但它耗水量大，设备也比较笨重。国内大、中型制冷装置多采用这种形式。

除此以外，实际生产中有时也采用沉浸式、套管式、排管式、喷淋式热交换器作为制冷装置中的冷凝器。

无论采用何种形式的冷凝器，都应确保冷凝液能及时从传热表面上排除，以提高冷冻剂的冷凝传热系数。

3.5.3 蒸发器

制冷装置中的蒸发器也是一种间壁式换热器。为提高过程的传热系数，其结构应确保冷冻剂蒸气能很快地脱离传热表面。为了有效地利用传热面，应将冷冻剂节流后产生的蒸气在其进入蒸发器前就与液体分离，即应在蒸发器前设立气液分离器。操作过程中还必须保持蒸发器内液面的合理高度，否则会降低蒸发器的传热效果。常用的形式有两类。

(1) 卧式管壳式蒸发器 载冷体在管内自下而上呈多程流动，流速为$1\sim2\text{m/s}$，冷冻剂液体约充满管间空隙的90%。载冷体将热量传给管外冷冻剂后而降温，冷冻剂在管间吸热气化后产生的蒸气夹带部分液滴上升至蒸发器顶部的干气室，在此进行气液分离，经分离后的液滴流回蒸发器，干蒸气则被压缩机抽走，传热总系数可达 $400\sim$ $470W/(m^2\cdot K)$。

卧式蒸发器广泛用于冷冻盐水系统。其优点是：结构紧凑，系统封闭，可减少腐蚀，并可避免低温盐水吸湿而引起浓度的降低。主要缺点是：当盐水泵发生故障而停止运转时，盐水可能在蒸发器内冻结，从而破坏了生产的正常运行。为此，生产上常采用浓度较高的盐水，以降低其冻结温度，避免盐水在蒸发器内冻结。当然，这样增加了盐水流动阻力，降低传热系数。生产操作时则应注意：压缩机停止运转后，盐水泵还需继续运转一段时间，以防止盐水冻结而损坏蒸发器。

（2）直立管式蒸发器　这是一种结构比较特殊的管壳式换热器，如图 3-5 所示。其管程是由上下两根水平总管及连接于两总管间的若干垂直短管（管径较大，又称循环管）和弯曲短管（管径较小）所组成的一个管组。整个管组浸在矩形槽的冷冻盐水之中。液体冷冻剂充满下部的水平总管及各短管的大部分空间，其液面可由浮球调节阀控制（图中未标出）。由于液体在弯曲管内蒸发较剧烈，所以液体将由弯曲管内上升，由循环管下降，形成自然循环。蒸发后得到的冷冻剂蒸气，由上部的水平总管送出，经气液分离器后，被压缩机抽走。冷冻盐水在矩形槽内用搅拌器促使其循环，并有隔板引导它沿一定方向流动，流速为 $0.5\sim$ $0.7m/s$，传热总系数可达 $520\sim580W/(m^2\cdot K)$。

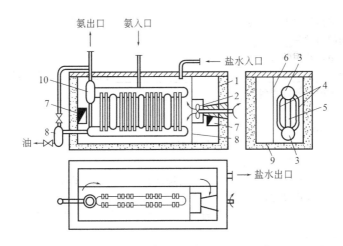

图 3-5　直立管式蒸发器

1—槽；2—搅拌机；3—总管；4—弯曲管；5—循环管；6—接板；7—接板上的孔；
8—油分离器械；9—绝热层；10—汽油分离器

直立管式蒸发器是敞开式设备，运行中便于观察，检修也很方便。但盐水与大气直接接触，容易吸收空气中的水分而使浓度降低。因此生产过程中必须经常向盐水槽中补充固体盐。另外，接触空气的盐水腐蚀性更强，对设备的防腐要求高。目前，这种蒸发器多用于空调系统的制冷装置中。

3.5.4　节流膨胀阀

目前，生产上广泛采用的节流膨胀阀阀芯为针形，阀芯在阀孔内上下移动而改变流道截面积，阀芯位置不同，通过阀孔的流量也不同。因此，节流阀的功能不仅能使冷冻剂降压降温，还可控制冷冻剂进入蒸发器的流量。

节流阀的操作多为自动控制，其方式为浮球式。浮球与针形阀芯相连，浮球液面与蒸发器内液面相同。当蒸发器内液面下降时，浮球也下降，与浮球相连的联杆推动阀芯远离阀座，从而使节流孔的流通面积扩大，进入蒸发器的冷冻剂流量增加。稳定操作时，阀芯基本不动。

思 考 题

1. 何谓冷冻操作？冷冻操作过程的实质是什么？
2. 工业生产中常用的人工制冷方法有哪几种？
3. 冷冻操作过程中为什么必须从外界向系统补充能量？此补充能量是否一定要机械能？
4. 多级压缩制冷与逐级制冷过程的基本特征是什么？各适用于什么场合？
5. 何谓冷冻剂、冷冻系数、冷冻能力、载冷体？
6. 影响冷冻系数的因素有哪些？为什么说实际生产中应避免过度冷冻操作？
7. 冷冻能力的表达方式有几种？什么叫标准冷冻能力？
8. 选择合适的冷冻剂主要考虑哪些因素？常用冷冻剂有哪些？各有何特征？
9. 压缩制冷运行过程中，为什么要严格控制冷冻盐水的浓度？
10. 组成压缩制冷装置的主要设备有哪些？它们各自的结构特征是什么？

自 测 题

一、填空

1. 化工生产的冷冻操作（人工制冷）方法有_____、_____ 等。
2. 节流膨胀的阀门通常是_____ 阀。
3. 间接制冷过程中，常用的载冷体（剂）为_____、_____ 和_____ 。
4. 工业上常采用_____、_____、_____、_____等措施实现制冷剂过冷。
5. 实际单级压缩制冷循环过程包括_____、_____、_____、_____ 等。

二、单项选择题

1. 空调所用制冷技术属于（   ）。
   A. 普通制冷   B. 深度制冷   C. 低温制冷   D. 超低温制冷
2. 通常，冷冻机铭牌上标明的冷冻能力是其（   ）。
   A. 实际冷冻能力   B. 最大冷冻能力   C. 最小冷冻能力   D. 标准冷冻能力
3. 化工生产中的冷冻操作过程，通常是（   ）。
   A. 自然制冷   B. 人工制冷   C. 自然与人工联合制冷   D. 深度冷冻
4. 生产中，采取多级制冷的目的是（   ）。
   A. 减少功耗   B. 增加功耗   C. 维持功耗不变   D. 不同过程结果不一样
5. 下面不属于压缩制冷装置主要设备的是（   ）。
   A. 管道   B. 压缩机   C. 冷凝器   D. 蒸发器

本章主要符号说明

英文字母

i——单位质量制冷剂的焓，kJ/kg；

p——压强，Pa；

q_v——单位容积冷冻剂蒸气的冷冻能力，kJ/m³；

q_1——单位质量冷冻剂的冷冻能力；kJ/kg；

Q_1——单位时间内冷冻剂的吸热量，kW；

T——温度，K 或℃；

V——体积流量，m³/h；

w_e——压缩机对单位质量冷冻剂所做的净功，

kJ/kg；

W_e——单位时间内压缩机对冷冻剂所做的净功，kW。

希腊字母

λ——压缩机汽缸的容积系数；

ε——制冷系数。

下标

s——标准温度条件。

下　篇

在化工生产中，常常会遇到很多混合物，为了进一步加工的需要或者获得指定组成的产品，或者为了安全环保的需要，必须将其分离。比如，聚合反应的单体纯化、从反应混合物中分离目的产物、从工艺气体中除去粉尘、从废水中除去对环境有害的物质等。因此分离过程在化工生产中应用十分广泛也非常重要。有统计表明，在化工生产中，分离装置的费用占到总投资的 50%～90%。

混合物是多种多样的，在相态上，有气态、液态和固态，在组分上有两种还有多种，在性质上有的差别很大有的却十分相近，在组成上有的接近有的却相差很大，在分离指标上有的要求低而有的要求很高等。因此，混合物的分离方法也是多种多样的。总的来说，可以把混合物分为两大类，即均相混合物和非均相混合物。

均相混合物是指构成混合物的各组分在分子水平上是均匀混合的，比如 NaOH 水溶液、天然气等。分离此类混合物时，关键是造成两相，并让组分在两相中迁移而分离。比如精馏、吸收、蒸发等。

非均相混合物是指构成混合物的各组分在颗粒水平上混合的，比如含尘的工艺气体、悬浮液等。这类混合物的组成之间有明显的相界面，分离此类混合物时，可能通过机械操作让组分在两相中迁移而分离。比如沉降、过滤、离心分离等。因此比均相混合物分离的成本相对低些。

本篇主要介绍化工生产中常用的分离操作，并对新型分离方法作简要介绍。

第4章 非均相物系分离

学习目标

1. 了解

非均相物系分离的主要方法、主要特点与工业应用；常见重力沉降设备、离心沉降设备及过滤设备的结构特点与用途；重力沉降设备生产能力与沉降面积、沉降高度的关系；沉降速度及其计算。

2. 理解

影响沉降、过滤的分离过程、主要影响因素；离心沉降与重力沉降的异同；重力沉降设备做成多层的依据。

3. 掌握

非均相物系分离方法的选择；板框压滤机的操作要点。

4.1 概　述

4.1.1　非均相物系分离在化工生产中的应用

非均相物系是指存在两个（或两个以上）相的混合物，如雾（气相-液相）、烟尘（气相-固相）等气体非均相系；悬浮液（液相-固相）、乳浊液（两种不同的液相）等液体非均相系，还有两种不同固体构成的固体非均相物系等。在非均相物系中，有一相处于分散状态，称为分散相（或分散质），如雾中的小水滴、烟尘中的尘粒、悬浮液中的固体颗粒、乳浊液中分散成小液滴的那个液相等；另一相包围分散相而处于连续状态，称为连续相（或分散介质），如雾和烟尘中的气相、悬浮液中的液相、乳浊液中处于连续状态的那个液相等。非均相物系分离，即是将非均相物系中的分散相和连续相分离开。由于两相存在明显的物性差别，只要根据某一性质的差异，造成两相相对移动，就可以实现其分离了。

图 4-1 为碳酸氢铵生产流程示意图。氨水和二氧化碳在碳化塔中进行反应，生成含有碳酸氢铵的悬浮液，然后通过离心机和过滤机将液体和固体分离开，再通过气流干燥器将水分进一步除去，干燥后的气固混合物由旋风分离器和袋滤器进行分离，得到最终产品。此工艺多处用到非均相物系的分离操作，包括气固分离和液固分离，使用了离心机、过滤机、旋风分离器以及袋滤器等非均相物系分离的分离设备。

非均相物系分离在生产中主要用在如下几个方面。

① 满足对连续相或分散相进一步加工的需要。如上例中，从悬浮液中分离出碳酸氢铵。

② 回收有价值的物质。如上例中，由旋风分离器分离出最终产品。

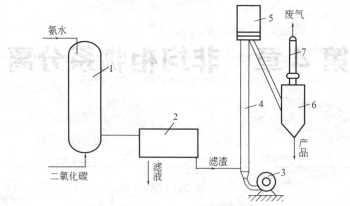

图 4-1 碳酸氢铵生产流程示意图

1—碳化塔；2—离心机；3—风机；4—气流干燥器；5—缓冲器；6—旋风分离器；7—袋滤器

③ 除去对下一工序有害的物质。如气体在进压缩机前，必须除去其中的液滴或固体颗粒，在离开压缩机后也要除去油沫或水沫。

④ 保障健康安全和环保。如上例中，通过旋风分离器，已将产品基本上回收了，但为了不造成对环境的污染，在废气最终排放前，还要由袋滤器除去其中的粉尘。

非均相物系的分离操作几乎遍及所有化工厂，因此：①了解常见非均相物系的分离方法及适用场合；②弄清沉降、过滤分离的过程原理与影响因素；③学会选用和操作典型非均相分离设备等均是十分重要的。

4.1.2 常见非均相物系分离的方法

由于非均相物系中分散相和连续相具有不同的物理性质，故工业生产中多采用机械方法对两相进行分离。其方法是设法造成分散相和连续相之间的相对运动，其分离规律遵循流体力学基本规律。常见方法有如下几种。

(1) 沉降分离法 沉降分离法是利用连续相与分散相的密度差异，借助某种机械力的作用，使颗粒和流体发生相对运动而得以分离。根据机械力的不同，可分为重力沉降、离心沉降和惯性沉降。

(2) 过滤分离法 过滤分离法是利用两种相对多孔介质穿透性的差异，在某种推动力的作用下，使非均相物系得以分离。根据推动力的不同，可分为重力过滤、加压（或真空）过滤和离心过滤。

(3) 静电分离法 静电分离法是利用两相带电性的差异，借助于电场的作用，使两相得以分离。属于此类的操作有电除尘、电除雾等。

(4) 湿洗分离法 湿洗分离法是使气固混合物穿过液体，固体颗粒黏附于液体而被分离出来。工业上常用的此类分离设备有泡沫除尘器、湍球塔、文氏管洗涤器等。

此外，还有声波除尘和热除尘等方法。声波除尘法是利用声波使含尘气流产生振动，细小颗粒相互碰撞而团聚变大，再由离心分离等方法加以分离。热除尘是使尘气体处于一个温度场（其中存在温度差）中，颗粒在热致迁移力的作用下从高温处迁移至低温处而被分离。在实验室内，应用此原理已制成热沉降器来进行采样分析，但尚未运用到工业生产中。

4.2 沉 降

如前所述，沉降是借助于某种外力作用，使两相发生相对运动而实现分离的操作。

根据外力的不同，沉降又分为重力沉降、离心沉降和惯性沉降。本节将介绍重力沉降和离心沉降。

4.2.1　重力沉降

在重力作用下使流体与颗粒之间发生相对运动而得以分离的操作，称为重力沉降。重力沉降既可分离含尘气体，也可分离悬浮液。

4.2.1.1　重力沉降速度

（1）自由沉降与自由沉降速度　根据颗粒在沉降过程中是否受到其他粒子、流体运动及器壁的影响，可将沉降分为自由沉降和干扰沉降。颗粒在沉降过程中不受周围颗粒、流体及器壁影响的沉降称为自由沉降，否则称为干扰沉降。很显然，自由沉降是一种理想的沉降状态，实际生产中的沉降几乎都是干扰沉降。但研究自由沉降可以使问题简单化。

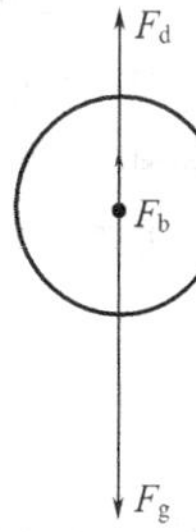

将直径为 d、密度为 ρ_s 的光滑球形颗粒置于密度为 ρ 的静止流体中，由于所受重力的差异，颗粒将在流体中降落。如图 4-2 所示，在垂直方向上，颗粒将受到三个力的作用，即向下的重力 F_g、向上的浮力 F_b 和与颗粒运动方向相反的阻力 F_d。对于给定的颗粒与流体，重力、浮力恒定不变，阻力则随颗粒的降落速度而变。三个力的大小为

图 4-2　重力沉降
受力分析

重力
$$F_g = \frac{\pi}{6} d^3 \rho_s g$$

浮力
$$F_b = \frac{\pi}{6} d^3 \rho g$$

阻力
$$F_d = \zeta A \frac{\rho u^2}{2}$$

式中　ζ——阻力系数，无单位；

A——颗粒在垂直于其运动方向上的平面上的投影面积，其值为 $\frac{\pi}{4} d^2$，m^2；

u——颗粒相对于流体的降落速度，m/s。

根据牛顿第二定律
$$F_g - F_b - F_d = ma$$

即
$$\frac{\pi}{6} d^3 \rho_s g - \frac{\pi}{6} d^3 \rho g - \zeta \frac{\pi}{4} d^2 \frac{\rho u^2}{2} = ma \tag{4-1}$$

假设颗粒从静止开始沉降，在开始沉降瞬间，$u=0$，$F_d=0$，加速度 a 具有最大值。开始沉降以后，u 不断增大，F_d 增大，加速度不断下降，但降落速度继续增大。当降落速度增至某一值时，合力为零。此时，加速度等于零，颗粒便以恒定速度 u_t 继续下降。可见，颗粒的沉降可分为两个阶段，即加速沉降阶段和恒速沉降阶段。恒速阶段的降落速度 u_t 称为颗粒的沉降速度。

对于细小颗粒（非均相物系中的颗粒一般为细小颗粒），沉降的加速阶段很短，加速沉降阶段沉降的距离也很短。因此，加速沉降阶段可以忽略，近似认为颗粒始终以 u_t 恒速沉降。

式（4-1）中，当 $a=0$ 时，有
$$\frac{\pi}{6} d^3 \rho_s g - \frac{\pi}{6} d^3 \rho g - \zeta \frac{\pi}{4} d^2 \frac{\rho u_t^2}{2} = 0$$

则
$$u_t = \sqrt{\frac{4d(\rho_s - \rho)}{3\zeta\rho} g} \tag{4-2}$$

式中 u_t——颗粒的自由沉降速度，m/s。

在式(4-2)中，阻力系数是颗粒与流体相对运动时的雷诺数的函数，即

$$\zeta = f(Re_t)$$

$$Re_t = \frac{du_t\rho}{\mu} \tag{4-3}$$

式中 μ——连续相的黏度，Pa·s。

生产中非均相物系中的颗粒有时并非球形颗粒。由于非球形颗粒的表面积大于球形颗粒的表面积（体积相同时），因此，非球形颗粒沉降时遇到的阻力大于球形颗粒，其沉降速度小于球形颗粒的沉降速度，非球形颗粒与球形颗粒的差异用球形度（Φ_s）表示，球形度的定义为

$$\Phi_s = \frac{\text{与实际颗粒体积相等的球形颗粒的表面积}}{\text{实际颗粒的表面积}} \tag{4-4}$$

对于非球形颗粒，计算雷诺数时，应以当量直径 d_e（与颗粒具有相同体积的球形颗粒的直径）代替 d，d_e 的计算式为

$$d_e = \sqrt[3]{\frac{6V_p}{\pi}} \tag{4-5}$$

式中 V_p——颗粒的体积，m³。

由上述介绍可知，沉降速度不仅与雷诺数有关，还与颗粒的球形度有关。颗粒的球形度由实验测定。很显然，球形颗粒的球形度为1。实验测得的不同 Φ_s 下 ζ 与 Re_t 的关系如图4-3所示。

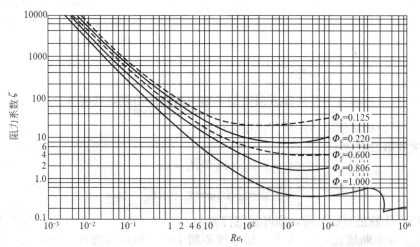

图 4-3 不同球形度下的 ζ 与 Re_t 的关系曲线

图 4-3 中，对于球形颗粒（$\Phi_s=1$），根据雷诺数大小可将图分为三个沉降区域，即

层流区（斯托克斯区）$10^{-4} < Re_t \leqslant 2$ $\quad \zeta = \dfrac{24}{Re_t}$ $\tag{4-6}$

过渡区（艾伦区）$2 < Re_t \leqslant 10^3$ $\quad \zeta = \dfrac{18.5}{Re_t^{0.6}}$ $\tag{4-7}$

湍流区（牛顿区）$10^3 \leqslant Re_t < 2 \times 10^5$ $\quad \zeta = 0.44$ $\tag{4-8}$

将以上三式分别代入式(4-1)即可得到不同沉降区域的自由沉降速度 u_t 的计算式，分别称为斯托克斯定律、艾伦定律和牛顿定律。

层流区——斯托克斯定律 $\qquad u_t = \dfrac{d^2(\rho_s - \rho)}{18\mu}g$ $\tag{4-9}$

过渡区——艾伦定律　　　　　　$u_t = 0.27 \sqrt{\dfrac{d(\rho_s - \rho)}{\rho} Re_t^{0.6} g}$ 　　　　　　　(4-10)

湍流区——牛顿定律　　　　　　$u_t = 1.74 \sqrt{\dfrac{d(\rho_t - \rho)}{\rho} g}$ 　　　　　　　(4-11)

以上三式用于计算球形颗粒的沉降速度 u_t。显然，要确定使用哪一个公式，必须先确定沉降区域，但由于 u_t 待求，则 Re_t 未知，沉降区域无法确定，必须采用试差法，即先假设颗粒处于某一沉降区域，按相应区的公式求得 u_t，然后算出 Re_t，若算出的 Re_t 在所设范围内，则假设成立，结果有效，否则，需另选一区域重新计算，直至算得 Re_t 在相应区范围为止。沉降操作中所处理的颗粒一般粒径较小，根据经验，沉降过程大多属于层流区，因此，进行试差时，通常先假设在层流区。

【例 4-1】　某厂拟用重力沉降净化河水。河水水密度为 1000kg/m^3，黏度为 1.1×10^{-3} $\text{Pa} \cdot \text{s}$，其中颗粒可近似视为球形，粒径为 0.1mm，密度为 2600kg/m^3。求颗粒的沉降速度。

解：假设沉降处于层流区，由斯托克斯定律，得

$$u_t = \frac{d^2(\rho_s - \rho)}{18\mu} g = \frac{(10^{-4})^2 \times (2600 - 1000)}{18 \times 1.1 \times 10^{-3}} \times 9.81 = 7.93 \times 10^{-3} \text{m/s}$$

因此　　　　　$Re_t = \dfrac{d u_t \rho}{\mu} = \dfrac{10^{-4} \times 7.93 \times 10^{-3} \times 1000}{1.1 \times 10^{-3}} = 0.721 < 2$

所以假设成立，$u_t = 7.93 \times 10^{-3} \text{m/s}$。

(2) 实际沉降　实际沉降多为干扰沉降，如前所述，颗粒在沉降过程中将受到周围颗粒、流体、器壁等因素的影响，一般来说，实际沉降速度小于自由沉降速度。各因素的影响如下。

① 颗粒含量的影响　周围颗粒的存在和运动将相互影响，使颗粒的沉降速度较自由沉降时小，例如，由于大量颗粒下降，将置换下方流体并使其上升，从而使沉降速度减小。颗粒含量越大，这种影响越大，达到一定沉降要求所需的沉降时间越长。

② 颗粒形状的影响　对于同种颗粒，球形颗粒的沉降速度要大于非球形颗粒的沉降速度。这是因为非球形颗粒的表面积相对较大，沉降时受到的阻力也较大。

③ 颗粒大小的影响　在其他条件相同时，粒径越大，沉降速度越大，越容易分离。如果颗粒大小不一，大颗粒将对小颗粒产生撞击，其结果是大颗粒的沉降速度减小而对沉降起控制作用的小颗粒的沉降速度加快，甚至因撞击导致颗粒聚集而进一步加快沉降。

④ 流体性质的影响　流体密度与颗粒密度相差越大，沉降速度越大；流体黏度越大，沉降速度越小，因此，对于高温含尘气体的沉降，通常需先散热降温，以便获得更好的沉降效果。

⑤ 流体流动的影响　流体的流动会对颗粒的沉降产生干扰，为了减少干扰，进行沉降时要尽可能控制流体流动使其处于稳定的低速。因此，工业上的重力沉降设备，通常尺寸很大，其目的之一就是降低流速，消除流动干扰。

⑥ 器壁的影响　器壁的影响是双重的，一是摩擦干扰，使颗粒的沉降速度下降；二是吸附干扰，使颗粒的沉降距离缩短。

为简化计算，实际沉降可近似按自由沉降处理，由此引起的误差在工程上是可以接受的。只有当颗粒含量很大时，才需要考虑颗粒之间的相互干扰。

4.2.1.2　重力沉降设备

(1) 降尘室　凭借重力以除去气体中的尘粒的沉降设备称为降尘室，如图 4-4 所示。它

实际上是一个尺寸较大的空室，含尘气体从入口进入后，容积突然扩大，流速降低，粒子在重力作用下发生重力沉降。显然，只要粒子的沉降时间小于其停留时间，就可以沉降分出，并从底部排出。净化后的气体从出口排出。

可以看出，含尘气体进行降尘室后，在垂直于流向的截面上的分布是不均匀的，因此停留时间也存在分布情况，从而使降尘室的设计必须做一些简化或假设。如图 4-5 所示，假设含尘气体沿水平方向缓慢通过降尘室，气流中的颗粒除了与气体一样具有水平速度 u 外，受重力作用，还具有向下的沉降速度 u_t，设含尘气体的流量为 q_V，降尘室的高为 H，长为 L，宽为 B。

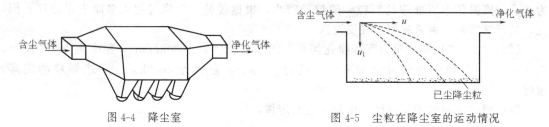

图 4-4　降尘室　　　　　　　　图 4-5　尘粒在降尘室的运动情况

若气流在整个流动截面上分布均匀，则流体在降尘室的平均停留时间 t_R（从进入降尘室到离开降尘室的时间）为

$$t_R = \frac{L}{u} = \frac{L}{\dfrac{q_V}{BH}} = \frac{BHL}{q_V} \tag{4-12}$$

直径为 d 的颗粒从顶部沉降到底部所需要的沉降时间 t_t 为

$$t_t = \frac{H}{u_t} \tag{4-13}$$

显然，直径为 d 的颗粒的沉降条件是：其沉降时间等于或小于停留时间，即

$$t_t \leqslant t_R \tag{4-14}$$

或

$$\frac{H}{u_t} \leqslant \frac{BLH}{q_V}$$

整理得

$$q_V \leqslant BLu_t \tag{4-15}$$

从式(4-15) 可以看出，降尘室的生产能力（在一定沉降要求下，降尘室单位时间所能处理的含尘气体量）只取决于粒子的沉降速度 u_t 和降尘室的沉降面积（BL），而与其高度（H）无关。这就是工业降尘室常设计成扁平或多层的原因。但必须注意控制气流的速度不能过大，一般应使气流速度小于 1.5m/s，以免干扰颗粒的沉降或将已沉降的尘粒重新卷起。

降尘室结构简单，但体积大，分离效果不理想，即使采用多层结构可提高分离效果，也有清灰不便等问题。通常只能作为预除尘设备使用，一般只能除去粒径大于 $50\mu m$ 的颗粒。

【例 4-2】　用一个长 4m、宽 2.6m、高 2.5m 的降尘室处理某含尘气体，要求处理的含尘气体量为 $3m^3/s$，气体密度为 $0.8kg/m^3$，黏度为 $3\times10^{-5}Pa\cdot s$，尘粒可视为球形颗粒，其密度为 $2300kg/m^3$。试求：①能 100% 沉降下来的最小颗粒的直径；②若将降尘室改为间距为 500mm 的多层降尘室，隔板厚度忽略不计，其余参数不变，若要达到同样的分离效果，所能处理的最大气量为多少（提示：工业生产中，为防止流动干扰和重新卷起，气速不大于 1.5m/s）？

解： ① 由式(4-15) 可得，题给处理量对应的最小沉降速度为

$$u_t = \frac{q_V}{BL} = \frac{3}{2.6\times4} = 0.288m/s$$

假设沉降处于层流区，由式(4-6) 得

$$d = \sqrt{\frac{18\mu u_t}{(\rho_s - \rho)g}} = \sqrt{\frac{18 \times 3 \times 10^{-5} \times 0.288}{(2300 - 0.8) \times 9.81}} = 8.3 \times 10^{-5} \text{m}$$

于是

$$Re_t = \frac{d u_t \rho}{\mu} = \frac{8.3 \times 10^{-5} \times 0.288 \times 0.8}{3 \times 10^{-5}} = 0.637 < 2$$

假设正确，即能 100% 沉降下来最小颗粒的粒径为 8.3×10^{-5}m 或 83μm。

② 改成多层结构后，层数为 2.5/0.5＝5 层，即降尘室的沉降面积为原来单层的 5 倍，若不考虑流动干扰和重新卷起灰尘，则达到同样的分离效果，处理能力为单层处理能力的 5 倍。此时，流体

$$u = \frac{q_V}{BH} = \frac{5 \times 3}{2.6 \times 2.5} = 2.31 \text{m/s} > 1.5 \text{m/s}$$

因此，应以 $u = 1.5$m/s 来计算降尘室所能处理的最大气体量，即

$$q_{V\max} = BH u_{\max} = 2.6 \times 2.5 \times 1.5 = 9.75 \text{m}^3/\text{s}$$

（2）沉降槽　用来处理悬浮液以提高其浓度或得到澄清液的重力沉降设备称为沉降槽或增稠器或澄清器，分连续和间歇两种，通常用于分离颗粒不是很小的悬浮液。

间歇沉降槽通常用建筑材料砌成，或圆或方或椭圆等几何形状。也可以用金属材料加工成底部呈锥形的形状。生产中，将待处理的悬浮液放入间歇沉降槽中，静置一定时间后，沉降达到规定指标，抽出上层清液和下层稠厚的沉渣层，重复进行下一次操作。

连续沉降槽如图 4-6 所示，是一个带锥形底的大型浅槽，悬浮液于沉降槽中心液面下 0.3～1m 处连续加入（加入处的固含量与料液相同或相近），颗粒在重力作用下沉降至器底，底部缓慢旋转的齿耙将沉降颗粒收集至中心，然后从底部中心处出口连续排出；沉降槽上部得到澄清液体，清液由四周连续溢出。

为了提高连续沉降槽的处理能力，其沉降面积应该足够大，为了获得较好的增稠效果，沉降槽必须有足够的压紧高度。为加速分离，常加入聚凝剂或絮凝剂，使小颗粒相互结合成大颗粒。聚凝是通过加入电解质，改变颗粒表面的电性，

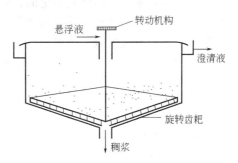

图 4-6　连续沉降槽

使颗粒相互吸引而结合；絮凝则是加入高分子聚合物或高聚电解质，使颗粒相互团聚成絮状。常见的聚凝剂和絮凝剂有 $AlCl_3$、$FeCl_3$ 等无机电解质，以及聚丙烯酰胺、聚乙胺和淀粉等高分子聚合物。

沉降槽一般用于大流量、低浓度、较粗颗粒悬浮液的处理。工业上大多数污水处理都采用连续沉降槽。

4.2.2　离心沉降

离心沉降是依靠惯性离心力的作用而实现的沉降。在重力沉降的讨论中，已经得知，颗粒的重力沉降速度 u_t 与颗粒的直径 d 及两相的密度差 $\rho_s - \rho$ 有关，d 越大，两相密度差越大，则 u_t 越大。若 d、ρ_s、ρ 一定，则颗粒的重力沉降速度 u_t 一定，换言之，对一定的非均相物系，其重力沉降速度是恒定的，其大小无法改变。当分离要求较高时，重力沉降很难达到要求。此时，若采用离心沉降，则可大大提高沉降速度，使分离效率提高，设备尺寸减小。

4.2.2.1　离心沉降速度

当流体围绕某一中心轴作圆周运动时，便形成惯性离心力场。现对其中一个颗粒的受力与运动情况进行分析。

设颗粒为球形颗粒，其直径为 d，密度为 ρ_s，旋转半径为 R，圆周运动的线速度为 u_T，流体密度为 ρ，且 $\rho_s > \rho$。颗粒在圆周运动的径向上将受到三个力的作用，即惯性离心力、向心力和阻力。其中，惯性离心力方向从旋转中心指向外周，向心力的方向沿半径指向中心，阻力方向与颗粒运动方向相反，也沿半径指向中心。三个力的大小分别为

惯性离心力（相当于重力）　　　　$\dfrac{\pi}{6} d^3 \rho_s \dfrac{u_T^2}{R}$

向心力（相当于浮力）　　　　　　$\dfrac{\pi}{6} d^3 \rho \dfrac{u_T^2}{R}$

阻力　　　　　　　　　　　　　　$\zeta \dfrac{\pi}{4} d^2 \dfrac{\rho u_R^2}{2}$

式中　u_R——径向上颗粒与流体的相对速度，m/s。

和重力沉降类似，在三力作用下，颗粒将沿径向发生离心沉降，其沉降速度即是颗粒与流体的相对速度 u_R。离心沉降也可用式（4-9）～式（4-11）计算，只要把计算公式中重力场强度换为离心场强度即可，比如，在层流区，可用式（4-16）计算。

$$u_R = \frac{d^2 (\rho_s - \rho)}{18\mu} \times \frac{u_T^2}{R} \tag{4-16}$$

比较可知，重力场强度是恒定的，而离心力场强度却随半径和切向速度而变，即可以控制和改变，可以通过选择合适的转速与半径，提高离心分离的强度和效果。

通常用离心分离因数反映离心分离效果，它是粒子在离心场中所受的离心力与其在重力场中所受的重力之比（因此也是离心场强度与重力场强度之比），用 K_c 表示，即

$$K_c = \frac{\dfrac{u_T^2}{R}}{g} = \frac{\dfrac{(2\pi R n_s)^2}{R}}{g} \tag{4-17}$$

式中　n_s——转速，r/s。

由式（4-17）可知，要提高 K_c，可通过增大半径 R 和转速 n_s 来实现，但由于对设备强度、制造、操作等方面的原因，实际上，通常采用提高转速并适当缩小半径的方法来获得较大的 K_c。目前，超高速离心机的离心分离因数已经达到 500000，甚至更高。

同重力沉降相比，尽管离心分离沉降速度大、分离效率高，但其设备复杂，投资费用大，需要消耗能量，操作严格而费用高。因此，选用时需综合考虑，不能认为采用离心沉降一定比重力沉降好。例如，分离要求不高或处理量较大的场合采用重力沉降更为经济合理，有时，先用重力沉降再用离心沉降也不失为一种行之有效的方法。

4.2.2.2　离心沉降设备

离心沉降设备主要有两类：一类有动件，通过动件的转动产生离心力，称为离心机；另一类无动件，通过运动的物料产生离心力，如旋风分离器和旋液分离器等。

（1）旋风（液）分离器　旋风（液）分离器是从气（液）流中分离出颗粒的离心沉降设备。以旋风分离器为例，标准型旋风分离器的基本结构如图 4-7 所示。主体上部为圆筒形，下部为圆锥形。各部分尺寸均通过圆筒直径按比例确定。

旋风分离器的除尘过程如图 4-8 所示，含尘气体由圆筒形上部的切向长方形入口高速（通常在 10～25m/s 或更高）进入器内，受器壁约束在器内形成一个绕筒体中心向下作螺旋

运动的外漩流，在此过程中，颗粒在离心力的作用下，被甩向器壁与气流分离，并沿器壁滑落至锥底排灰口，定期清灰；外漩流到达器底后（已除尘）变成内漩流向上运动，并由顶部排气管排出。

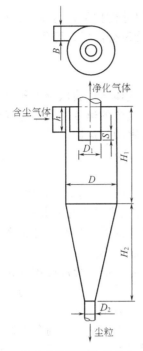

图 4-7　标准型旋风分离器的基本结构
$h=D/2$；$B=D/4$；$D_1=D/2$；$H_1=2D$；
$H_2=2D$；$S=D/8$；$D_2=D/4$

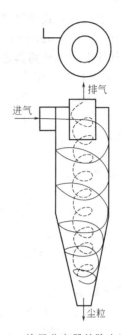

图 4-8　旋风分离器的除尘过程

旋风分离器结构简单，造价较低，没有运动部件，操作不受温度、压力的限制，其离心分离因数在 $5\sim2500$ 之间，因而广泛用于工业生产中。旋风分离器一般可分离 $5\mu m$ 以上的尘粒，对 $5\mu m$ 以下的细微颗粒分离效率较低，可在其后接袋滤器和湿法除尘器来捕集。旋风分离器的缺点是气体在器内的流动阻力较大，对器壁的磨损比较严重，分离效率对气体流量的变化比较敏感，且不适合用于分离黏性的、湿含量高的粉尘及腐蚀性粉尘。

评价旋风分离器的主要指标是临界粒径和气体经过旋风分离器的压降。

临界粒径 d_c 是指理论上能够完全被旋风分离器分离下来的最小颗粒直径，其大小是判定旋风分离器分离效率高低的依据，可用式(4-18)估算。

$$d_c=\sqrt{\frac{9\mu B}{\pi N\rho_s u}} \tag{4-18}$$

式中　d_c——临界粒径，m；

　　　B——进口管宽度，m；

　　　N——气体在旋风分离器中的旋转圈数，对标准型旋风分离器，可取 $N=5$；

　　　u——气体作螺旋运动的切向速度，通常可取气体在进口管中的流速，m/s。

此式表明：①临界粒径随气速增大而减小，表明气速增加，分离效率提高，但气速过大，会将已沉降颗粒卷起，反而降低分离效率，同时使流动阻力急剧上升；②临界粒径随设备尺寸的减小而减小，因旋风分离器的各部分尺寸成一定比例，尺寸越小，则 B 越小，从而临界粒径越小，分离效率越高。因此，工业生产中，当处理气量很大时，可以并联多个旋风分离器操作，以维持较高的分离效率。

压降大小也是评价旋风分离器性能好坏的一个重要指标。气体通过旋风分离器的压降可用式(4-19)计算。

$$\Delta p = \zeta \frac{\rho u^2}{2} \tag{4-19}$$

式中　　ζ——阻力系数取决于旋风分离器的结构和各部分尺寸的比例，与筒体直径大小无关，一般由经验式计算或实验测取，对于标准型旋风分离器，可取 $\zeta = 8$；

　　　　ρ——气体密度，kg/m^3；

　　　　u——气体在旋风分离器进口处的流速，m/s。

受整个工艺过程对总压降的限制及节能降耗的需要，气体通过旋风分离器的压降应尽可能低。压降的大小除了与设备的结构有关外，主要取决于气体的速度，气体速度越低，压降越小，但气速过低，又会使分离效率降低。因而应选择适宜的气速以满足对分离效率和压降的要求。一般进口气速在 $10 \sim 25$m/s 为宜，最高不超过 35m/s，同时压降应控制在 2kPa 以下。

除了前面提到的标准型旋风分离器外，还有一些其他形式的旋风分离器，如 CLT、CLT/A、CLP/A、CLP/B 以及扩散式旋风分离器，其结构及主要性能可查阅有关资料。

选用旋风分离器时，通常先确定其类型，然后根据气体的处理量和允许压降，选定具体型号。如果气体处理量较大，可以采用多个旋风分离器并联操作。

漩液分离器又称水力漩流器，是利用离心沉降原理从悬浮液中分离固体颗粒的设备，它与旋风分离器结构相似，原理相同，但由于分离对象不同，漩液分离器分离的混合物中两相密度差较旋风分离器中两相的密度差小，因此，沉降的推动力小，所以漩液分离器的锥形部分相对较长，以提高停留时间，直径相对较小，以提高离心力并最终提高分离效率。漩液分离器不仅可用于悬浮液的增浓，也用于分级方面，还可用于不互溶液体的分离，气液分离以及传热、传质和雾化等操作中，因而广泛应用于多种工业领域中。

【例 4-3】 用一个筒体直径为 0.8m 的标准型旋风分离器处理从气流干燥器出来的含尘气体，含尘气体流量为 $2m^3/s$，气体密度为 $0.65kg/m^3$，黏度为 3×10^{-5} Pa·s，尘粒可视为球形，其密度为 $2500kg/m^3$。求：①临界粒径；②气体通过旋风分离器的压降。

解：① 进口气速

$$u = \frac{q_V}{Bh} = \frac{2}{\frac{0.8}{4} \times \frac{0.8}{2}} = 25 \text{m/s}$$

临界直径　$d_c = \sqrt{\frac{9\mu B}{\pi N \rho_s u}} = \sqrt{\frac{9 \times 3 \times 10^{-5} \times \frac{0.8}{4}}{\pi \times 5 \times 2500 \times 25}} = 7.42 \times 10^{-6} \text{m} = 7.4 \mu\text{m}$

② 压降

$$\Delta p = \zeta \frac{\rho u^2}{2} = 8 \times \frac{0.65 \times 25^2}{2} = 1625 \text{Pa}$$

(2) 离心机　离心机是利用离心力分离液体与固体颗粒或液体与液体的混合物中各组分的机械。离心机有一个绕本身轴线高速旋转的圆筒，称为转鼓，通常由电动机驱动。悬浮液（或乳浊液）加入转鼓后，被带动并与转鼓同速旋转，在离心力作用下各组分分离，并分别排出。

离心机主要用于将悬浮液中的固体颗粒与液体分开；或将乳浊液中两种密度不同又互不相溶的液体分开（例如从牛奶中分离出奶油）；它也可用于排除湿固体中的液体，例如用洗衣机甩干湿衣服；特殊的超速管式分离机还可分离不同密度的气体混合物；利用不同密度或粒度的固体颗粒在液体中沉降速度不同的特点，有的沉降离心机还可对固体颗粒按密度或粒度进行分级。离心机大量应用于化工、石油、食品、制药、选矿、煤炭、水处理和船舶等部门。

工业用离心机按结构和分离要求，可分为过滤离心机、沉降离心机和分离机三类。过滤式离心机（见下一节"过滤"）于转鼓壁上开孔，在鼓内壁上覆以滤布，悬浮液加入鼓内并随其旋转，液体受离心力作用被甩出而颗粒被截留在鼓内。沉降式或分离式离心机的鼓壁上没有开孔。若被处理物料为悬浮液，其中密度较大的颗粒沉积于转鼓内壁，而液体集于中央并不断引出，此种操作即为离心沉降；若被处理物料为乳浊液，则两种液体按轻重分层，重者在外，轻者在内，各自从适当的径向位置引出，此种操作即为离心分离。

分离因数是衡量离心机分离性能的重要指标。分离因数越大，通常分离也越迅速，分离效果越好。工业用离心分离机的分离因数一般为 $100 \sim 20000$，超速管式分离机的分离因数可高达 62000，分析用超速分离机的分离因数最高达 610000。决定离心分离机处理能力的另一个因素是转鼓的工作面积，工作面积大，处理能力也大。

选择离心机需根据悬浮液（或乳浊液）中固体颗粒的大小和浓度、固体与液体（或两种液体）的密度差、液体黏度、滤渣（或沉渣）的特性以及分离的要求等进行综合分析，满足对滤渣（沉渣）含湿量和滤液（分离液）澄清度的要求，初步选择采用哪一类离心分离机。然后按处理量和对操作的自动化要求，确定离心机的类型和规格，最后经实际试验验证。

通常，对于含有粒度大于 0.01mm 颗粒的悬浮液，可选用过滤离心机；对于悬浮液中颗粒细小或可压缩变形的，则宜选用沉降离心机；对于悬浮液含固体量低、颗粒微小和对液体澄清度要求高时，应选用分离机。

离心机必须水平安装、必须专业人员操作、容量不得超过额定量、严禁超速运转，以免影响机械质量。开动后，若有异常声响必须停车检查，必要时予以拆洗、修理。因转速较高，必须三个月检修保养一次，腐蚀严重的每半月检查加油一次。机器使用完毕，应做好清洁工作，保持机器整洁。离心机一般故障、产生原因及排除方法见表 4-1。

表 4-1　离心机一般故障

一般故障	产生原因	排除方法
震动	①安装不水平或装料不均匀 ②主轴拼帽松动 ③减震弹簧折断	①安装要水平,注意装料要均匀 ②拧紧主轴拼帽 ③拆换减震弹簧
响声	①各传动部件有松动 ②轴承磨损过度或断裂 ③布料不均	①拧紧各传动部件 ②检查轴承,必要时更换轴承 ③低速均匀加料,高速进行分离
拦液板跑液	①装料过多 ②超过额定转速	①按额定量装料 ②控制不要超过额定转速

4.3　过　滤

当液体非均相物系含液量较少时，不宜使用沉降法分离，与沉降相比，过滤具有操作时间短、分离比较完全等特点，因此，生产中常用过滤分离悬浮液。此外，在气体净化中，若颗粒微小且浓度极低，也适宜采用过滤操作。本节主要介绍悬浮液的过滤。

4.3.1　过滤的基本知识

过滤是利用两相透过多孔性物质的能力差异，在某种推动力的作用下，分离非均相物系的单元操作。当非均相混合物在外力作用下与多孔性物质接触时，流体无孔不入的特性使其可以穿过多孔性物质，而固体颗粒被截留下来，从而实现两相的分离。过滤过程的外力（即过滤推动力）可以是重力、惯性离心力和压力，化工生产中，离心过滤和压力过滤应用最广。

如图 4-9 所示，在过滤操作中，待分离的悬浮液称为滤浆或料浆，被截留下来的固体集合称为滤渣或滤饼，透过固体隔层的液体称为滤液，所用多孔性物质称为过滤介质。

4.3.1.1　过滤方式

工业生产中常用的过滤方式有三种，即滤饼过滤（又称表面过滤）、深层过滤和动态过滤。

（1）滤饼过滤　滤饼过滤是利用滤饼本身作为过滤隔层的一种过滤方式。由于滤浆中固体颗粒的大小往往很不一致，其中一部分颗粒的直径可能小于所用过滤介质的孔径，因而在过滤开始阶段，会有一部分细小颗粒从介质孔道中通过而使得滤液浑浊（此部分应送回滤浆槽重新过滤）。但随着过滤的进行，颗粒便会在介质的孔道中和孔道上发生"架桥"现象（图 4-10），从而使得尺寸小于孔道直径的颗粒也能被拦截，随着被拦截的颗粒越来越多，在过滤介质的上游一侧便形成了滤饼，同时滤液也慢慢变得澄清。从这一点看，只有在滤饼形成后，过滤操作才真正有效，因此，在饼层过滤中，起主要过滤作用的是滤饼而不是过滤介质。滤饼过滤要求能够迅速形成滤饼，常用于分离固体含量较高（固体分数大于 0.01）的悬浮液。

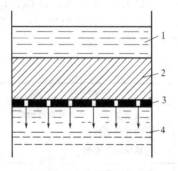

图 4-9　过滤操作示意图

1—料浆；2—滤渣；3—过滤介质；4—滤液

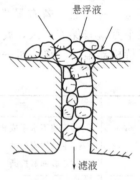

图 4-10　"架桥"现象

（2）深层过滤　当过滤介质为一定厚度的床层（如一定厚度的石英砂）且形成的孔径较大时（如纯净水生产中用活性炭过滤水），固体颗粒被截留在床层内部孔道中而不是表面上，在过滤介质的表面并不形成滤饼。这种过滤方式称为深层过滤或深床过滤，在深层过滤中，起过滤作用的是床层内部曲折而细长的通道。在深层过滤中，介质内部通道会因截留颗粒的增多逐渐减少和变小，因此，过滤介质必须定期更换或清洗再生。深层过滤常用于处理固体含量很少（固体分数小于 0.001）且颗粒直径较小（小于 5μm）的悬浮液。

（3）动态过滤　动态过滤是 1977 年蒂勒（Tiller）提出一种新的过滤方式，是让料浆沿着过滤介质平面高速流动，使大部分滤饼得以在剪切力的作用下移去，从而维持较高的过滤速率的一种过滤方式。在滤饼过滤中，随着过滤的进行，滤饼的厚度不断增加，导致过滤速率不断下降。动态过滤很好地解决了这一问题。动态过滤也称为无滤饼过滤。

这里主要讨论滤饼过滤。

4.3.1.2 过滤介质

工业上常用的过滤介质有如下几种。

① 织物介质 织物介质又称滤布，在工业上应用最广，用于饼层过滤。包括由棉、毛、丝、麻等天然纤维和由各种合成纤维制成的织物，以及由玻璃丝、金属丝等织成的网。织物介质造价低，清洗和更换方便，可截留的最小颗粒粒径为 $5 \sim 65 \mu m$。

② 粒状介质 粒状介质又称堆积介质，一般由细砂、石粒、活性炭、硅藻土、玻璃碴等细小、坚硬的粒状物堆积成一定厚度的床层，用于深层过滤，如城市和工厂给水的粗滤。

③ 多孔固体介质 多孔固体介质是具有很多微细孔道的固体材料，如多孔金属、多孔陶瓷、多孔塑料、纤维制成的深层多孔介质、多孔金属制成的管或板。此类介质具有孔隙小、耐腐蚀、过滤效率高等优点，但由于过滤阻力大，仅用于处理含少量微粒的腐蚀性悬浮液及其他特殊场合。

选择过滤介质的主要依据是：①孔径满足分离指标的要求（最小粒径、分离效率及处理能力）；②材质满足悬浮液特性的要求（腐蚀性、黏度等）；③强度满足操作条件的要求（温度、压力、滤饼厚度等）；④价格及来源满足经济要求等。

4.3.1.3 助滤剂

滤饼是由被截留下来的颗粒积聚而形成的固体床层。随着操作的进行，滤饼的厚度逐渐增加，流动阻力随之增大。若构成滤饼的颗粒为不易变形的坚硬固体（如硅藻土、活性炭、碳酸钙等），则当滤饼两侧的压差增大时，颗粒的形状和床层的空隙都基本不变，故单位厚度滤饼的流动阻力可以认为恒定，此类滤饼称为不可压缩滤饼。反之，若滤饼由较易变形的物质（如某些氢氧化物类的胶体）构成，当压差增大时，颗粒的形状和床层的空隙都会有不同程度的改变，使单位厚度的滤饼的流动阻力增大，此类滤饼称为可压缩滤饼。

在过滤过程中，可压缩滤饼会被压缩，使滤饼的孔道变窄，甚至堵塞，或因滤饼粘嵌在滤布中而不易卸渣，使过滤周期变长，生产效率下降，介质使用寿命缩短。为了改善滤饼结构，解决以上问题，通常使用助滤剂。助滤剂为质地坚硬的细小固体颗粒，如硅藻土、石棉、炭粉等。可将助滤剂加入悬浮液中，在形成滤饼时便能均匀地分散在滤饼中间，改善滤饼结构，使液体得以畅通，或预敷于过滤介质表面以防止介质孔道堵塞。对助滤剂的基本要求为：①在过滤操作压差范围内，具有较好的刚性，能与滤渣形成多孔床层，使滤饼具有良好的渗透性和较低的流动阻力；②具有良好的化学稳定性，不与悬浮液反应，也不溶解于液相中。助滤剂一般不宜用于滤饼需要回收的过滤过程。

4.3.1.4 过滤速率及其影响因素

（1）过滤速率与过滤速度 过滤速率是指过滤设备单位时间所能获得的滤液体积，表明了过滤设备的生产能力；过滤速度是指单位时间单位过滤面积所能获得的滤液体积（单位 m^3/s），表明了过滤设备的生产强度，即设备性能的优劣，实际上是滤液通过滤面的表观速度。同其他过程类似，过滤速率与过滤推动力成正比，与过滤阻力成反比。在压差过滤中，推动力就是压差，阻力则与滤饼的结构、厚度以及滤液的性质等诸多因素有关，比较复杂。在同样情况下，可压缩滤饼的阻力大于不可压缩滤饼的阻力。

（2）恒压过滤与恒速过滤 在恒定压差下进行的过滤称为恒压过滤。此时，随着过滤的进行，滤饼厚度逐渐增加，阻力随之上升，过滤速率则不断下降。维持过滤速率不变的过滤称为恒速过滤。为了维持过滤速率恒定，必须相应地不断增大压差，以克服由于滤饼增厚而上升的阻力。由于压差要不断变化，因而恒速过滤操作难度相对较大，所以生产中一般采用恒压过滤，有时为避免过滤初期因压差过高引起滤布堵塞和破损，也可以采用先恒速后恒压的操作方式，过滤开始后，压差由较小值缓慢增大，过滤速率基本维持不变，当压差增大至系统允许的最大值后，维持压差不变，进行恒压过滤。

（3）影响过滤速率的因素　凡是影响过滤推动力及过滤阻力的因素都将对过滤速率产生影响，下面简要分析。

悬浮液的黏度对过滤速率有较大影响。黏度越小，过滤速率越快。因此对热料浆不应在冷却后再过滤，必要时还可将料浆先适当预热；由于料浆浓度越大，其黏度也越大，为了降低滤浆的黏度，某些情况下也可以将料浆加以稀释再进行过滤，但这样做会造成过滤容积增加。

过滤推动力对过滤有直接影响，当推动力是重力时（自身液柱高度形成的）称为重力过滤，如化学实验中常见的过滤，重力过滤应尽量维持尽可能高的液柱高度；当推动力是压差时，如果在介质上游加压，则称为加压过滤（或压滤），如果在过滤介质的下游抽真空，则称为减压过滤（或真空抽滤）；如果推动力是离心力时，则称为离心过滤。重力过滤设备简单，但推动力小，过滤速率慢，一般仅用来处理固体含量少且容易过滤的悬浮液；加压过滤可获得较大的推动力，过滤速率快，并可根据需要控制压差大小，但压差越大，对设备的密封性和强度要求越高，即使设备强度允许，也还受到滤布强度、滤饼的压缩性等因素的限制，因此，加压操作的压力不能太大，以不超过 0.5MPa 为宜。真空过滤也能获得较大的过滤速率，但操作的真空度受到液体沸点等因素的限制，不能过高，一般在 85kPa 以下。离心过滤的过滤速率快，但设备复杂，投资费用和动力消耗都较大，多用于颗粒粒度相对较大、液体含量较少的悬浮液的分离。一般来说，对不可压缩滤饼，增大推动力可提高过滤速率，但对可压缩滤饼，加压却不能有效地提高过程的速率。

滤饼是过滤阻力的重要贡献者，构成滤饼的颗粒的形状、大小、滤饼紧密度和厚度等都对过滤阻力有较大影响。显然，颗粒越细，滤饼越紧密、越厚，其阻力越大。当滤饼厚度增大到一定程度时，过滤速率会变得很慢，操作再进行下去是不经济的，这时只有将滤饼卸去，进行下一个周期的操作。操作中，设法维持较薄的滤饼厚度对提高过滤速率是十分重要的。

过滤介质对过滤速率也有一定的影响，过滤介质的孔隙越小，厚度越厚，则产生的阻力越大，过滤速率越小。由于过滤介质的主要作用是促进滤饼形成，因此，要根据悬浮液中颗粒的大小来选择合适的过滤介质。

4.3.1.5　过滤操作周期

过滤操作分连续和间歇两种操作方式，但都存在一个操作周期问题。过滤过程的操作周期主要包括过滤、洗涤、卸渣、清理等步骤，对于板框过滤机等需装拆的过滤设备，还包括组装过程。显然核心为"过滤"这一步，其余均属辅助步骤，但又必不可少。比如，过滤后，滤饼空隙中存有滤液，为了回收这部分滤液，或者避免滤饼被滤液所玷污，都必须将这部分滤液从滤饼中分离出来，因此，就需要用水或其他溶剂对滤饼进行洗涤。过滤操作中，应尽量缩短过滤辅助时间，以提高生产效率。

4.3.2　过滤设备

过滤设备种类繁多，结构各异，按推动力不同可分为重力式、压滤式、抽滤式和离心式四类，其中重力过滤设备较为简单，下面主要介绍压滤、抽滤和离心过滤设备。

4.3.2.1　压（吸）滤设备

（1）板框压滤机　板框压滤机是一种古老却仍在广泛使用的间歇过滤设备，其过滤推动力为外加压力。它是由多块滤板和滤框交替排列组装于机架而构成，如图 4-11 所示。滤板和滤框的数量可在机座长度内根据需要自行调整，过滤面积一般为 $2\sim80\mathrm{m}^2$。

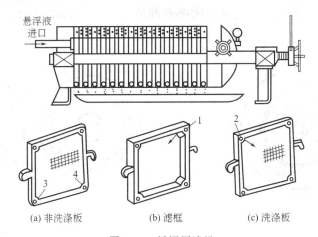

图 4-11　板框压滤机

1—滤浆通道；2—洗涤液入口通道；3—滤液通道；4—洗涤液出口通道

　　板和框的 4 个角端均开有圆孔，组装压紧后构成四个通道，可供滤浆、滤液和洗涤液流通。组装时将四角开孔的滤布置于板和框的交界面，再利用手动、电动或液压传动压紧板和框。图 4-11 中（b）称为滤框，中间空，可积存滤渣，滤框右上角圆孔中有暗孔，与框中间相通，滤浆由此进入框内；（a）和（c）称为滤板，但结构有所不同，其中（a）称为非洗涤板，（c）称为洗涤板，洗涤板左上角圆孔中有侧孔与洗涤板两侧相通，洗涤液由此进入滤板，非洗涤板则无此暗孔，洗涤液只能从圆孔通过而不能进入滤板。滤板两面均匀地开有纵横交错的凹槽，可使滤液或洗液在其中流动。为了将三者区别，一般在板和框的外侧铸上小钮之类的记号，例如一个钮表示洗涤板，两个钮表示滤框，三个钮表示非洗涤板。组装时板和框的排列顺序为非洗涤板-框-洗涤板-框-非洗涤板……按钮的个数即为 123212321…两端用非洗涤板做机头压紧。

　　过滤时，悬浮液在压差作用下经滤浆通道 1 由滤框角端的暗孔进入滤框内，滤液分别穿过两侧的滤布，再经相邻板的凹槽汇集进入滤液通道 3 排走，固相则被截留在框内，当框内滤饼量达到要求或过滤速率降到规定值以下时停止过滤。洗涤时，关闭进料阀和滤液排放阀，然后将洗涤液压入洗涤液入口通道 2 经洗涤板角端侧孔进入两侧板面，之后穿过一层滤布和整个滤饼层，对滤饼进行洗涤，再穿过一层滤布，由非洗涤板的凹槽汇集进入洗涤液出口通道排出。洗涤完毕后，旋开压紧装置，卸渣、洗布、重装，进入下一轮操作。

　　板框压滤机的优点是结构简单、过滤面积大并可任意改变、允许压差大、适应范围广泛等。但其需要拆装、清洗、卸渣等，劳动强度大，洗涤不均匀，生产效率低。自动板框压滤机可以减轻劳动强度。

　　（2）转筒真空过滤机　转筒真空过滤机为连续操作过滤设备，如图 4-12 所示，其主体部分是一个卧式转筒，直径为 $0.3\sim5\mathrm{m}$，长为 $0.3\sim7\mathrm{m}$，表面有一层金属网，网上覆盖滤布，筒的下部浸入料浆中。转筒沿径向分成若干个互不相通的扇形格，每个扇形格端面上的小孔与分配头相通。凭借分配头的作用，转筒在旋转一周的过程中，每个扇形格可按顺序完成过滤、洗涤、卸渣等操作。

　　分配头是转筒真空过滤机的关键部件，如图 4-13 所示，它由固定盘和转动盘构成，固定盘开有 5 个槽（或孔），槽 1 和槽 2 分别与真空滤液罐相通，槽 3 和真空洗涤液罐相通，孔 4 和孔 5 分别与压缩空气管相连。转动盘固定在转筒上与其一起旋转，其孔数、孔径均与转筒端面的小孔相对应，转动盘上的任一小孔旋转一周，都将与固定盘上的 5 个槽（孔）连通一次，从而完成过滤、洗涤和卸渣等操作。固定盘与转动盘通过弹簧压力紧密贴合。

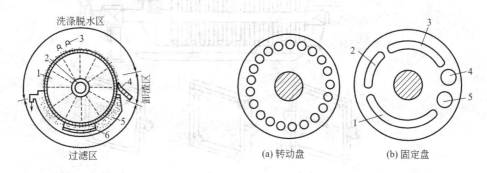

图 4-12　转筒真空过滤机操作示意图

1—转筒；2—分配头；3—洗涤液喷嘴；4—刮刀；
5—滤浆槽；6—摆式搅拌器

图 4-13　分配头示意图

1,2—与真空滤液罐相通的槽；3—与真空洗涤液罐
相通的槽；4,5—与压缩空气相通的圆孔

当转筒中的某一扇形格转入滤浆中时，与其相通的转动盘上的小孔也与固定盘上槽 1 相通，在真空状态下抽吸滤液，滤布外侧则形成滤饼；当转至与槽 2 相通时，该格的过滤面已离开滤浆槽，槽 2 的作用是将滤饼中的滤液进一步吸出；当转至与槽 3 相通时，该格上方有洗涤液喷淋在滤饼上，并由槽 3 抽吸至洗涤液罐。当转至与孔 4 相通时，压缩空气将由内向外吹松滤饼，迫使滤饼与滤布分离，随后由刮刀将滤饼刮下，刮刀与转筒表面的距离可调；当转至与孔 5 相通时，压缩空气吹落滤布上的颗粒，疏通滤布孔隙，使滤布再生。然后进入下一周期的操作。操作中，形成滤饼层的厚度通常为 3~6mm，最大可达 100mm。

转筒真空过滤机具有操作连续化、自动化、允许料液浓度变化大等特点，因此节省人力，生产能力大，适应性强。在化工、医药、制碱、造纸、制糖、采矿等工业中均有应用。但转筒真空过滤机结构复杂，过滤面积不大，洗涤不充分，滤饼含液量较高（10%~30%），能耗高，不适宜处理高温悬浮液。

4.3.2.2　离心过滤设备

离心过滤机转鼓上开有许多小孔，鼓内壁覆以滤布，悬浮液加入鼓内并随其旋转，受离心力作用，液体被甩出而固体颗粒被截留在鼓内。

离心过滤可以间歇操作，也可以连续操作，间歇操作又分为人工卸料和自动卸料两种。

图 4-14 为一种常用的人工卸料的间歇式离心机。其主要部件为一个篮式转鼓，整个机座和外罩通过三根拉杆弹簧悬挂于三足支柱上，以减轻运转时的振动，故称三足式离心机。操作分三个主要步骤，即加料、离心过滤、卸料，有时，在卸料前还进行洗涤操作。具体地说，将料浆加入转鼓达到一定高度后，启动，在离心力的作用下滤液穿过滤布和转鼓并从机座底部排出，滤渣则沉积于转鼓内壁，运转一段时间后，滤饼中含液量达到要求（必要时清洗滤饼），停车卸料，清洗设备，再重复下一次操作。三足式离心过滤机的转鼓直径大多在 1m 左右，设备结构简单，运转周期可灵活掌握。多用于小批量物料的处理，颗粒破损较轻。缺点是卸料不方便，劳动强度大，转动部件位于机座下部，检修不方便。

图 4-15 所示的卧式刮刀卸料离心机是一种自动卸料的离心机，其特点是在转鼓连续全速运转下，能按自动加料、过滤分离、洗涤、甩干、卸料、洗网等工序进行操作，各工序的操作时间可在一定范围内根据实际需要进行调整，并实现自动控制。进料阀定时开启，

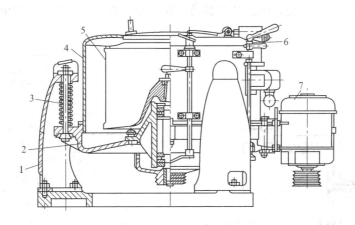

图 4-14　三足式离心机

1—支架；2—机座；3—拉杆；4—外壳；5—转鼓；6—制动器；7—电机

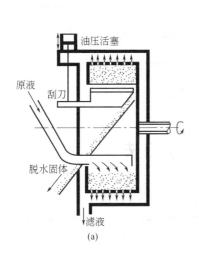

(a)

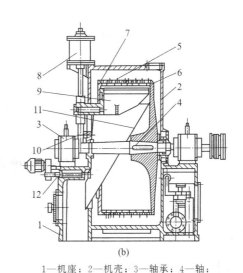

(b)

1—机座；2—机壳；3—轴承；4—轴；
5—转鼓体；6—底板；7—拦液板；8—油缸；
9—刮刀；10—加料管；11—斜槽；12—振动器

图 4-15　卧式刮刀卸料离心机示意图

悬浮液经加料管进入，均匀地分布在全速运转的转鼓内壁；滤液经滤网和转鼓上的小孔被甩到鼓外，固体颗粒则被截留在鼓内；当滤饼达到一定厚度时，停止加料，进行洗涤、甩干；然后刮刀在液压传动下上移，将滤饼刮入卸料斗卸出；最后清洗转鼓和滤网，完成一个周期的操作。每个工作周期为 35～90s，连续运转，生产能力大，适用于大规模生产。但在刮刀卸料时，颗粒会有一定程度的破损。

图 4-16 所示活塞往复式卸料离心机也是一种自动卸料连续操作的离心机。加料、过滤、洗涤、甩干、卸料、洗网等操作同时在转鼓内的不同部位进行。料液经旋转的锥形料斗连续地进入转鼓底部（左侧），过滤分离，转鼓底部有一个与转鼓一起旋转的推料盘，推料盘与料斗一起作往复运动（其冲程约为转鼓长的 1/10，往复次数约为 30 次/min），将底部得到的滤渣沿轴向逐步推至卸料口（右侧）卸出。滤饼在被推移过程中进行洗涤、甩干。活塞往复式卸心机生产能力大，颗粒破损程度小，和卧式刮刀卸料离心机相比，控制系统较为简单，但对悬浮液的浓度较为敏感，若料浆太稀，则来不及过滤，料浆直接流出转鼓，若料浆太稠，则

流动性差，使滤渣分布不均，引起转鼓振动。在食盐、硫铵、尿素等生产中均有应用。

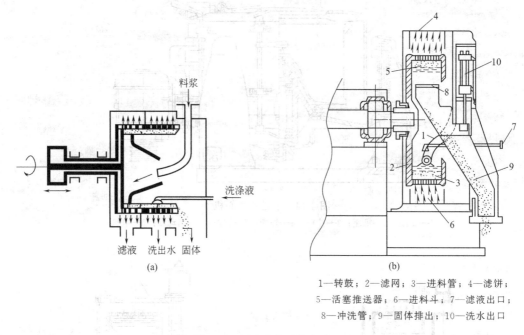

1—转鼓；2—滤网；3—进料管；4—滤饼；
5—活塞推送器；6—进料斗；7—滤液出口；
8—冲洗管；9—固体排出；10—洗水出口

图 4-16 活塞往复式卸料离心机

4.4 气体的其他净制方法

气体的净制是化工生产过程中最为常见的分离操作之一。由于要求不一，工业上可采用多种方法，比如前面的沉降操作以及惯性除尘、静电除尘、袋滤除尘和湿法除尘等分离方法。

4.4.1 惯性除尘器

惯性除尘器是利用颗粒或液滴的惯性分离气体非均相混合物的装置。在气体流动的路径上设置障碍物（比如挡板），当含尘气流遇到并绕过障碍物时，颗粒或液滴便撞击在障碍物上被捕集下来。

其工作原理与旋风分离器相近，颗粒的惯性愈大，气流转折的曲率半径愈小，则其分离效率愈高。所以颗粒的密度与直径愈大，则愈易分离；适当增大气流速度及减小转折处的曲率半径也有利于提高分离效率。惯性除尘器的分离效率比降尘室略高，可作为预除尘器使用。

4.4.2 静电除尘器

静电除尘（雾）器是利用高压不均匀直流电场的作用分离气体非均相物系的装置。操作中，让含有悬浮尘粒或雾滴的气体通过高压不均匀直流静电场（通常在 20kV 以上），处在电场强度大的区域的气体分子发生电离，产生正负电荷，这些电荷附着于悬浮尘粒或液滴上使其带电（称为荷电），荷电后的粒子或液滴在电场力的作用下，向着电性相反的电极运动，到达电极后恢复中性，吸附在电极上。经振动或冲洗落入灰斗，从而实现含尘或含雾气体的分离。

静电除尘的分离效率极高，可达 99.99%，处理量大，阻力较小。但设备费和运转费都相对较高，安装、维护、管理要求严格。当对气体的除尘（雾）要求极高时，可用静电除尘器进行分离。

4.4.3　文丘里除尘器

文丘里除尘器是一种湿法除尘设备。其结构与文丘里流量计相似，由收缩管、喉管及扩散管三部分组成，不同的是喉管四周均匀地开有若干径向小孔，这些小孔通过管子与某种液体（通常是水）相通，有时扩散管内设置有可调锥，以适应气体负荷的变化。操作中，含尘气体以 $50\sim100\text{m/s}$ 的速度通过喉管时，把液体吸入喉管，并喷成很细的雾滴，于是，尘粒被润湿并聚结变大，随后引入旋风分离器或其他分离设备进行分离。

文丘里除尘器具有结构简单紧凑、造价较低、操作简便等特点，分离也比较彻底。但其阻力较大，其压力降一般为 $2000\sim5000\text{Pa}$，必须与其他分离设备联合使用。另外，产生的废液（水）也必须妥善处理。

4.4.4　泡沫除尘器

泡沫除尘器也是湿法除尘设备，其外壳为圆形或方形筒体，中间设有水平筛板，此板将除尘器分成上下两室。液体从上室的一侧靠近筛板处进入，并水平流过筛板，气体由下室进入，穿过筛孔与板上液体接触，在筛板上形成一个泡沫层，泡沫层内气液混合剧烈，泡沫不断破灭和更新，从而创造了良好的捕尘条件。气体中的尘粒一部分（较大尘粒）被从筛板泄漏下来的液体带出并由器底排出；另一部分（微小尘粒）则在通过筛板后被泡沫层所截留，并随泡沫液经溢流板流出。

泡沫除尘器具有分离效率高、构造简单、阻力较小等优点，但对设备的安装要求严格，特别是筛板的水平度对操作影响很大。同时，产生的污水也必须妥善处理。

4.4.5　袋滤器

袋滤器是利用含尘气体穿过做成袋状而由骨架支撑起来的滤布，以滤除气体中尘粒的设备。

袋滤器的形式有多种，含尘气体可以由滤袋内向外过滤，也可以由外向内过滤。图4-17为一种袋滤器的结构示意图。含尘气体由下部进入袋滤器，气体由外向内穿过支撑于骨架上的滤袋，洁净气体汇集于上部由出口管排出，尘粒被截留于滤袋外表面。清灰操作时，开启压缩空气以反吹系统，使尘粒落入灰斗。

袋滤器具有除尘效率高、适应性强、操作弹性大等优点，可除去 $1\mu\text{m}$ 以下的尘粒，常用作最后一级的除尘设备。但占用空间较大，受滤布耐温、耐腐蚀的限制，不适宜于高温（$>300℃$）的气体，也不适宜带电荷的尘粒和黏结性、吸湿性强的尘粒的捕集。

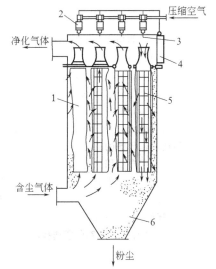

图 4-17　脉冲式袋滤器
1—滤袋；2—电磁阀；3—喷嘴；
4—自控器；5—骨架；6—灰斗

4.5　非均相物系分离方法的选择

非均相物系的分离方案及设备选择，应从生产要求、物系性质以及生产成本等多方面综合考虑。

4.5.1 气体非均相物系

生产中，可以根据被除去颗粒的大小选择分离气体非均相物系的方法，通常，当粒径大于 $50\mu m$ 时用降尘室；粒径大于 $5\mu m$ 时用旋风分离器；若分离的粒子直径在 $5\mu m$ 以下，可考虑用湿法除尘、静电除尘和袋滤器等。其中文丘里除尘器可除去 $1\mu m$ 以上的颗粒，袋滤器可除去 $0.1\mu m$ 以上的颗粒，电除尘器可除去 $0.01\mu m$ 以上的颗粒，可根据分离要求选用。

4.5.2 液体非均相物系

生产中，可以根据分离目的不同选择分离液体非均相物系的方法，通常，如果分离的目的是获得固体产品，且颗粒体积分数小于 1%，宜用连续沉降槽、旋液分离器、离心沉降机等；若颗粒体积分数大于 10%，粒径大于 $50\mu m$，宜用离心过滤机，粒径小于 $50\mu m$，宜用压差式过滤机，若颗粒体积分数大于 5%，宜采用转筒真空过滤机；若颗粒体积分数很低，可采用板框压滤机。如果分离目的是获得澄清液体，本着节能、高效的原则，根据颗粒大小分别选用不同的分离方法。为提高澄清效率，可在料液中加入助滤剂或絮凝剂，若澄清度要求非常高，可用深层过滤作为澄清操作的最后一道工序。

思 考 题

1. 举例说明非均相物系分离在化工生产中有哪些应用？
2. 非均相物系的分离方法有哪些类型？各是如何实现两相分离的？
3. 影响重力沉降的因素有哪些？在实际操作中要注意什么？
4. 降尘室高度大小对除尘效果产生哪些影响？
5. 试分析离心沉降与重力沉降的异同点。
6. 何为分离因数？提高离心分离因数的途径有哪些？
7. 简述板框压滤的操作要点。
8. 过滤一定要使用助滤剂吗？为什么？
9. 工业生产中，提高过滤速率的方法有哪些？
10. 试分析离心机与旋风分离器的异同点。
11. 简述转鼓真空过滤机的工作过程。
12. 如何根据生产任务合理选择非均相物系的分离方法？

习 题

4-1 温度为 20℃的常压含尘气体在进反应器之前必须预热至 80℃，所含尘粒粒径为 $75\mu m$，密度为 $2000kg/m^3$，试求下列两种情况下的沉降速度：①先预热后除尘；②先除尘后预热。从计算结果可得出什么结论？

4-2 用长 4m、宽 2m、高 1.5m 的降尘室净化气体，处理量为 $2.4m^3/s$。设气体密度为 $0.78kg/m^3$，黏度为 $3.5\times10^{-5}Pa\cdot s$，尘粒可视为球形颗粒，其密度为 $2200kg/m^3$。试求：①能 100% 沉降下来的最小颗粒的直径；②若将降尘室改为间距为 500mm 的三层降尘室，其余参数不变，若要达到同样的分离效果，所能处理的最大气量为多少（为防止流动的干扰和重新卷起，要求气流速度小于 $1.5m/s$）？

4-3 直径为 800mm 的离心机，旋转速度为 1200r/min，求其离心分离因数。

4-4 黏度为 $2.5\times10^{-5}Pa\cdot s$、密度为 $0.8kg/m^3$ 的气体中，含有密度为 $2800kg/m^3$ 的粉尘，先采用筒体直径为 500mm 的标准型旋风分离器除尘。若要求除去 $6\mu m$ 以上的尘粒，试求其生产能力和相应的压降。

自 测 题

一、填空

1. 球形颗粒在静止流体中作重力沉降，经历_____和_____两个阶段。_____阶段颗粒相对于流体的运动速度称为沉降速度。

2. 在滞留区，球形颗粒的沉降速度 u_t 与其直径的_____次方成正比；而在湍流区，u_t 与其直径的_____次方成正比。

3. 降尘室内，颗粒可被分离的必要条件是_____；而气体的流动型态应控制在_____。

4. 在规定的沉降速度 u_t 条件下，降尘室的生产能力只取决于_____而与其_____无关。

5. 除去气流中尘粒的设备类型有_____、_____、_____等。

6. 过滤常数 K 是由_____及_____决定的常数；而介质常数 q_e 与 θ_e 是反映_____的常数。

7. 工业上应用较多的压滤型间歇过滤机有_____与_____；吸滤型连续操作过滤机有_____。

8. 根据分离方式（或功能），离心机可分为_____、_____和_____三种基本类型。

9. 根据分离因数的大小，离心机可分为_____、_____和_____。

10. 根据过滤参数是否变化可以将过滤操作分为恒_____过滤和恒_____过滤两种典型方式。

11. 临界粒径_____，旋风分离器的分离性能越好。

12. 离心分离设备的分离因数定义式为 $K_c =$ _____。

13. 间歇过滤机的生产能力与一个操作循环中_____时间、_____时间和_____时间均有关。

14. 化工生产中，常见的间歇式过滤机有_____和_____。

15. 降尘室生产能力与高度无关（浅层理论），因此可以把降尘器做成_____层。

二、单项选择题

1. 在重力场中，固体颗粒在静止流体中的沉降速度与下列因素无关的是（　　）。
A. 颗粒几何形状　　B. 颗粒几何尺寸　　C. 颗粒与流体密度　　D. 容器大小

2. 含尘气体通过长 4m、宽 3m、高 1m 的降尘室，已知颗粒的沉降速度为 0.25m/s，则降尘室的生产能力为（　　）。
A. $3m^3/s$　　　　B. $1m^3/s$　　　　C. $0.75m^3/s$　　　　D. $6m^3/s$

3. 某颗粒在降尘室中沉降，若降尘室的高度增加一倍，则该降尘室的生产能力将（　　）。
A. 增加一倍　　B. 为原来的 1/2　　C. 不变　　D. 不确定

4. 粒径分别为 $16\mu m$ 和 $8\mu m$ 的两种颗粒在同一旋风分离器中沉降，沉降在滞流区，则两种颗粒的离心沉降速度之比为（　　）。
A. 2:1　　　　B. 4:1　　　　C. 1:1　　　　D. 1:2

5. 以下表达式中正确的是（　　）。
A. 过滤速率与过滤面积 A 的平方成正比　　B. 过滤速率与过滤面积 A 成正比
C. 过滤速率与所得滤液体积 V 成正比　　D. 过滤速率与虚拟滤液体积 V_e 成正比

6. 在转筒真空过滤机上过滤某种悬浮液，若将转筒转速 n 提高一倍，其他条件保持不变，则生产能力将为原来的（　　）倍。
A. 2　　　　B. $\sqrt{2}$　　　　C. 4　　　　D. 1/2

7. 球形颗粒在静止流体中自由沉降，当在 $10^{-4} < R_{et} < 1$ 时，沉降速度 u_t 可用（　　）计算。
A. 斯托克斯公式　　B. 艾仑公式　　C. 牛顿公式　　D. 以上均可以

8. 下列可以用来分离气-固非均相物系的是（　　）。
A. 板框压滤机　　B. 转筒真空过滤机　　C. 袋滤器　　D. 三足式离心机

9. 微粒在降尘室内能除去的条件为：停留时间（　　）它的尘降时间。
A. 不等于　　B. 大于或等于　　C. 小于　　D. 大于或小于

10. 离心分离因数的表达式为（　　）。
A. $a = \omega R/g$　　B. $a = \omega g/R$　　C. $a = \omega R^2/g$　　D. $a = \omega^2 R/g$

11. 板框压滤机安装时，应将板、框按按钮数多少的顺序安装，具体顺序为（　　）。

A. 123123123…   B. 123212321…   C. 3121212…   D. 132132132…

12. 高温含尘气流，尘粒的平均直径在 $2\sim3\mu m$，现要达到较好的除尘效果，可采用（　　）。

A. 降尘室   B. 旋风分离器   C. 湿法除尘   D. 袋滤器

13. 过滤操作中，过滤的阻力是（　　）。

A. 过滤介质阻力   B. 滤饼阻力   C. 过滤介质和滤饼阻力之和   D. 无法确定

14. 旋风分离器主要是利用（　　）的作用，实现颗粒沉降而达到分离目的。

A. 重力   B. 惯性离心力   C. 静电场   D. 重力和惯性离心力

15. 旋风分离器的进气口宽度 B 值增大，其临界直径（　　）。

A. 减小   B. 增大   C. 不变   D. 不能确定

16. 过滤速率与（　　）成反比。

A. 操作压差和滤液黏度   B. 滤液黏度和滤渣厚度
C. 滤渣厚度和颗粒直径   D. 颗粒直径和操作压差

17. 矩形沉降槽的宽为 1.2m，用来处理流量为 $60m^3/h$、颗粒的沉降速度为 $2.8\times10^{-3}m/s$ 的悬浮污水，则沉降槽的长至少需要（　　）m。

A. 2   B. 5   C. 8   D. 10

18. 下列措施中，经济而又能有效地提高过滤速率的做法是（　　）。

A. 加热滤浆   B. 在过滤介质上游加压
C. 在过滤介质下游抽真空   D. 及时卸渣

19. 在①旋风分离器、②降尘室、③袋滤器、④静电除尘器等气体除尘设备中，能除去颗粒的直径由大到小的顺序是（　　）。

A. ①②③④   B. ④③①②   C. ②①③④   D. ②①④③

20. 自由沉降指的是（　　），实际生产中几乎都是干扰沉降。

A. 颗粒在沉降过程中受到的流体阻力可忽略不计
B. 颗粒开始的降落速度为零，没有附加一个初始速度
C. 颗粒在降落的方向上只受重力作用，没有离心力等的作用
D. 颗粒间不发生碰撞或接触的情况下的沉降过程

21. 下列哪一个分离过程不属于非均相物系的分离过程。（　　）

A. 沉降   B. 吸收   C. 过滤   D. 离心分离

22. 下列物系中，不可以用离心分离器分离的是（　　）。

A. 悬浮液   B. 含尘气体   C. 酒精水溶液   D. 乳浊液

23. 如果气体处理量较大，可以采取两个尺寸较小的旋风分离器（　　）使用。

A. 串联   B. 并联   C. 先串联后并联   D. 先并联后串联

本章主要符号说明

英文字母

a——加速度，m/s^2；

B——降尘室宽度，m；

d——颗粒直径，m；

d_c——旋风分离器的临界粒径，m；

d_e——颗粒当量直径，m；

H——降尘室高度，m；

K_c——分离因数；

L——降尘室长度，m；

n——离心分离设备的转速，min^{-1}；

q_V——体积流量或生产能力，m^3/s；

u——流速，m/s；

u_R——径向速度或离心沉降速度，m/s；

V_p——颗粒体积，m^3；

u_t——沉降速度，m/s；

t_R——停留时间，s；

t_t——沉降时间，s。

希腊字母

μ——流体的黏度，Pa·s；

ρ——流体的密度，kg/m^3；

ρ_s——颗粒的密度，kg/m^3；

Φ_s——颗粒的球形度。

第5章 蒸 馏

学习目标

1. 了解

蒸馏的相关概念；蒸馏依据、特点、类型与应用；操作线方程的意义与作用；恒摩尔流和理论板假定；总板效率；节能措施；精馏技术新进展；灵敏板；精馏塔、冷凝器、再沸器等在精馏中的作用；精馏塔的结构、性能特点及适应性。

2. 理解

气液相平衡原理；温度、压力、进料状况对精馏操作的影响；热量平衡。

3. 掌握

全塔物料衡算；回流比对精馏操作的影响；塔板数的确定方法；精馏操作步骤。

5.1 概 述

5.1.1 蒸馏在化工生产中的应用

液体都是有挥发性的，比如，打开一瓶酒，满屋都会充满酒的味道，但不同液体的挥发能力通常是不一样的，比如，乙醇比水容易挥发。利用液体挥发能力的不同分离均相液体混合物的操作称为蒸馏。蒸馏特别是精馏，是化工生产中应用最广泛的分离液体混合物的手段。原料的精制、产品的提纯、溶剂的回收等，常常采用蒸馏的方法。如从发酵的醪液制备饮料酒或乙醇，石油的炼制分离汽油、煤油、柴油等，空气的液化分离制取氧气和氮气，高分子合成中单体的精制等。

以乙醇和水溶液的蒸馏分离为例说明，常压下，乙醇沸点是 78.3℃、水的沸点是 100℃，乙醇的挥发能力比水强。当加热乙醇和水溶液并使其部分汽化呈相互平衡的气液两相时，因乙醇易挥发，使得乙醇更多地进入气相，所以在气相中乙醇的浓度高于原溶液中乙醇的浓度。而液相中乙醇的浓度低于原溶液中乙醇的浓度，或水的浓度高于原溶液中水的浓度。这一操作实现了乙醇与水的分离（只是部分分离），此即蒸馏分离的原理。显然，蒸馏是气液两相间的传热和传质过程，因此与两相平衡有关。生产中，为了使分离更加彻底以得到浓度更高的产品，常常进行多次的部分汽化或部分冷凝。

由蒸馏原理可知，对于大多数混合液，各组分的沸点相差越大，其挥发能力相差越大，则用蒸馏方法分离越容易。反之，两组分的挥发能力越接近，则越难用蒸馏分离。必须注意，对于恒沸液，组分沸点的差别并不能说明溶液中组分挥发能力的差别，因为此时，组分的挥发能力是一样的，这类溶液不能用普通蒸馏方式分离。

在蒸馏中，通常把挥发能力大的组分称为易挥发组分或轻组分，把挥发能力小的组分称为难挥发组分或重组分。比如上例中，乙醇就是轻组分，水则为重组分。

根据操作压力不同蒸馏可分为常压蒸馏、减压蒸馏（真空蒸馏）和加压蒸馏。减压蒸馏主要用于分离沸点过高或热敏性物系，如苯酐的真空蒸馏；加压蒸馏主要用于分离常压下为气态的物系，如空气蒸馏分离。

根据蒸馏操作中组分数目不同，蒸馏可以分为双组分蒸馏和多组分蒸馏。多组分蒸馏过程相对复杂，但原理与双组分蒸馏是相同的。

根据蒸馏原理不同，蒸馏可分为平衡蒸馏（闪蒸）、简单蒸馏、精馏和特殊精馏。前两者只对原料液进行一次部分汽化和液化，因此分离不彻底，用于分离分离要求不高或易于分离的物系；后两者通过多次部分汽化和多次部分冷凝的操作，可以得到几乎纯净的组分，精馏广泛应用于化工生产的各种场合，特殊精馏则用于分离难以用普通精馏分离的物系（比如恒沸物）或特殊场合。

根据操作方式不同蒸馏可以分为连续操作和间歇操作两种。工业上以连续精馏的应用最为广泛，本章主要讨论双组分连续精馏。

精馏是化工、炼油、石化、精细化工等行业应用最广泛的且不可替代的分离技术。化工技术的不断发展对精馏的需要越来越多，健康、安全、环保对精馏的要求越来越高，新技术的应用为精馏的进步创造了越来越多的条件，新型精馏技术不断出现并应用到工业生产中，如分子精馏、催化精馏、反应精馏、加盐精馏、膜精馏、萃取精馏、吸附精馏等，值得读者关注。

5.1.2　气液相平衡

蒸馏是气液两相间的热量及质量传递过程，因此与两相的相平衡有关。学习了解相平衡知识对蒸馏过程的分析、计算和操作均有一定的意义。

气液相平衡指在一定的温度和压力条件下，气液两相所达到的相对稳定的状态，此时，两相的温度相等，两相的量及组成均保持不变。根据有关理论，双组分物系气液相平衡时，温度、压力、气相组成和液相组成四个变量中，只要规定两个，另外两个也被唯一确定。

5.1.2.1　双组分理想物系的气液相平衡

理想物系指液相为理想溶液，气相为理想气体的物系。理想物系实际上是不存在的。但当构成物系的两组分结构及性质均接近时，如苯-甲苯、甲醇-乙醇、正己烷-正庚烷、结构相近的烃类同系物等均可近似视为理想物系。

理想溶液指溶液中同种分子间作用力与相异分子间作用力完全相等的溶液。一定温度下，理想溶液气液平衡关系遵从拉乌尔定律，即

$$p_A = p_A^* x_A \qquad p_B = p_B^* x_B = p_B^* (1 - x_A) \tag{5-1}$$

式中　p_A——组分 A 在气相中的平衡分压，Pa；

$\quad\quad p_B$——组分 B 在气相中的平衡分压，Pa；

$\quad\quad p_A^*$——纯 A 组分在同温下的饱和蒸气压，Pa；

$\quad\quad p_B^*$——纯 B 组分在同温下的饱和蒸气压，Pa；

$\quad\quad x_A$——组分 A 在液相中的摩尔分数；

$\quad\quad x_B$——组分 B 在液相中的摩尔分数。

理想气体指遵循理想气体状态方程的气体，当压力不太高（与常压比）、温度不太低（与常温比）时，实际气体可近似视作理想气体。

理想气体混合物遵循道尔顿分压定律，即

$$p_A = p y_A \qquad p_B = p y_B = p (1 - y_A) \tag{5-2}$$

式中 p_A——组分 A 在气相中的分压，Pa；

       p_B——组分 B 在气相中的分压，Pa；

       p——总压，Pa；

       y_A——组分 A 在气相中的摩尔分数；

       y_B——组分 B 在气相中的摩尔分数。

对于双组分理想物系，若两相达到平衡，则气相遵循道尔顿分压定律，液相遵循拉乌尔定律，联立式(5-1) 和式(5-2) 并考虑到 $p=p_A+p_B$，可解得

$$x_A=\frac{p-p_B^*}{p_A^*-p_B^*} \tag{5-3}$$

$$y_A=\frac{p_A}{p}=\frac{p_A^* x_A}{p} \tag{5-4}$$

式(5-3) 和式(5-4) 就是双组分理想物系的相平衡关系。通过纯组分的饱和蒸气压，利用相平衡关系可以计算气液相平衡组成。

【例 5-1】 求某双组分理想溶液在 101.3kPa 下的气液相平衡组成。已知溶液沸点为 90℃，A 组分的饱和蒸气压为 135.5kPa，B 组分的饱和蒸气压为 54.0kPa。

解： 由式(5-3) 得，液相组成为

$$x_A=\frac{p-p_B^*}{p_A^*-p_B^*}=\frac{101.3-54.0}{135.5-54.0}=0.58$$

$$x_B=1-x_A=1-0.58=0.42$$

由式(5-4) 得，气相组成为

$$y_A=\frac{p_A^* x_A}{p}=\frac{135.5\times0.58}{101.3}=0.78$$

$$y_B=1-y_A=1-0.78=0.22$$

5.1.2.2 双组分实际物系的气液相平衡

实际蒸馏操作中，除非压力特别大的场合外，大部分情况下，气相都可以视为理想气体，服从道尔顿分压定律。实际物系主要指液相不服从拉乌尔定律的物系。这类物系不能用式(5-3) 和式(5-4) 计算气液相平衡组成，而采用相对挥发度计算或通过实验测定。

挥发度是溶液中组分挥发能力大小的标志，其定义为某一组分在气相中的平衡分压 p_i 与其在液相中的摩尔分数 x_i 之比，用符号 ν_i 表示，单位与饱和蒸气压相同，即

$$\nu_i=\frac{p_i}{x_i} \tag{5-5}$$

A 组分对 B 组分的相对挥发度定义为两者的挥发度之比，用 α_{AB} 表示，即

$$\alpha_{AB}=\frac{\nu_A}{\nu_B}=\frac{\dfrac{p_A}{x_A}}{\dfrac{p_B}{x_B}}=\frac{p_A x_B}{p_B x_A} \tag{5-6}$$

若气相遵循道尔顿分压定律，则有

$$\alpha_{AB}=\frac{p y_A x_B}{p y_B x_A}=\frac{\dfrac{y_A}{y_B}}{\dfrac{x_A}{x_B}} \tag{5-7}$$

式(5-7)表明,两组分气相组成之比是其液相组成之比的 α_{AB} 倍。运用拉乌尔定律可以证明,对于理想溶液,相对挥发度在数值上等于两组分饱和蒸气压之比,即

$$\alpha_{AB} = \frac{p_A^*}{p_B^*} \tag{5-8}$$

对于二元物系, $y_A + y_B = 1$, $x_A + x_B = 1$,代入式(5-7),并略去下标,得轻组分的两相组成关系如下。

$$y = \frac{\alpha x}{1+(\alpha-1)x} \tag{5-9}$$

式(5-9)就是用相对挥发度表示的相平衡关系,既可用于实际物系也可用于理想物系,称为相平衡方程。

从式(5-9)可知,当 $\alpha=1$ 时, $y=x$,即组分在两相中的组成相同,物系不能用普通蒸馏方法分离,当 $\alpha>1$ 时, $y>x$,即组分在气相中的浓度大于其在液相中的浓度,物系可以用普通蒸馏方法分离,而且, α 越大, y 比 x 大得越多,就越容易用蒸馏方法分离。因此,用相对挥发度可以判定一个物系能否用普通蒸馏方法分离以及分离的难易程度。

从上面的定义可以看出,相对挥发度是温度和压力的函数。但在工业操作中,蒸馏通常是在一定压力下进行的,在操作温度的变化范围内,相对挥发度变化不大。故在蒸馏计算中,常常把相对挥发度视为常数,其值取操作极限温度下相对挥发度的算术平均值或几何平均值。

【例 5-2】 求【例 5-1】体系的挥发度、相对挥发度和相平衡方程。并求取当液相中 A 组分的摩尔分数为 0.5 时,与其互成气液相平衡的气相组成。

解: 根据式(5-5),两组分的挥发度分别为

$$\nu_A = \frac{p_A}{x_A} = \frac{p_A^* x_A}{x_A} = p_A^* = 135.5 \text{kPa}$$

$$\nu_B = p_B^* = 54.0 \text{kPa}$$

因此,A 组分对 B 组分的相对挥发度为

$$\alpha_{AB} = \frac{\nu_A}{\nu_B} = \frac{135.5}{54.0} = 2.51$$

相平衡方程为

$$y = \frac{\alpha x}{1+(\alpha-1)x} = \frac{2.51x}{1+(2.51-1)x} = \frac{2.51x}{1+1.51x}$$

当 $x_A = 0.5$ 时,代入上式,求得与其平衡的气相组成为

$$y_A = \frac{2.51x}{1+1.51x} = \frac{2.51 \times 0.5}{1+1.51 \times 0.5} = 0.72$$

5.1.2.3 双组分体系的气液相平衡图

相平衡关系除可以用公式表达外,还可以用数据表(见附录)或图形表示,当用图形表示时,称为相平衡图。气液相平衡图主要有温度-组成图、压力-组成图、两相组成图,工业蒸馏通常是在一定压力下进行的,因此主要使用一定压力下的温度-组成图和两相组成图。

在一定压力下,以温度为纵坐标,以两相组成为横坐标,用相平衡数据绘制的曲线称为温度-组成图(T-x-y 图),双组分理想物系的 T-x-y 图如图 5-1 所示。图中处于上方的曲线称为气相线(也称冷凝曲线或露点曲线),它反映了饱和蒸气的露点温度与其组成之间的关系,曲线上任何一点均代表一个饱和蒸气状态;处于下方曲线为液相线(也称沸腾曲线或泡点曲线),它反映了饱和液体的泡点温度与其组成之间的关系,曲线上任何一点均代表一个饱和液体状态。两条曲线将坐标平面分成三个区域,气相线以上的区域称为气相区,此区内任一点均

代表着过热蒸气状态；液相线以下的区域称为液相区，此区域内任一点均代表着过冷液体（尚未沸腾）状态；气相线和液相线包围的区域称为气液共存区（两相区），在该区内，气液两相互成平衡，其平衡组成可由等温线与气相线、液相线交点求得。显然，只有两相区才是蒸馏的可操作区域。

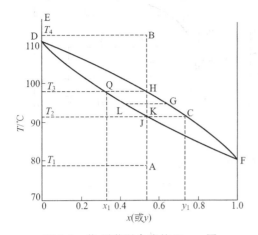

图 5-1 苯-甲苯混合液的 T-x-y 图

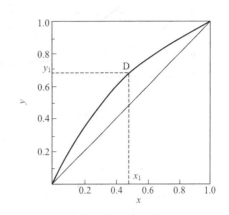

图 5-2 苯-甲苯混合液的 x-y 图

将温度为 T_1、组成为 x_1（图中 A 点）的混合液进行加热，当温度升高到 T_2（B 点）时，溶液开始沸腾，产生第一个气泡，对应的温度 T_2 称为泡点温度（简称泡点），第一个气泡的气相组成为 y_2（$>x_2$，$x_2=x_1$）。继续升温至 T_3（C 点），体系处于气液共存区，即体系变为相互平衡的两相，过 T_3 的等温线与气相线及液相线的交点所对应的组成，即为互成平衡的两相的组成，显然，气相组成要大于液相组成（$y_3>x_3$），这就是蒸馏分离的理论依据。继续升温至 T_4（D 点），液体全部汽化成饱和气体，此时气相的组成与原溶液相同。继续加热至 T_5（E 点），蒸气变成过热蒸气，组成不变。若将过热蒸气降温至 T_4，蒸气开始冷凝，产生第一滴液体，因此把温度 T_4 称为露点温度（简称露点）。T-x-y 图随压力变化较明显，因此主要用于分析蒸馏的原理。

在一定压力下，以液相组成为横坐标，气相组成为纵坐标，用相平衡数据所绘制的图称为两相组成图（y-x 图），双组分理想物系的两相组成图如图 5-2 所示。图中曲线称为相平衡线，曲线上任一点均代表一对相互平衡的气液相组成。由于气相组成大于液相组成，因此，相平衡曲线位于对角线的上方。显然，平衡线离对角线越远，蒸馏分离的难度越小。由于 y-x 图随压力变化不大，故在蒸馏计算中广泛应用。

在很多蒸馏过程中，实际物系的气相均可视为理想气体，但其液相却不能视作理想溶液。研究表明，对于实际物系，当实际溶液与理想溶液偏差不大时，相图的形状与理想物系是相似的。但是，当偏差很大时，其相图中间将出现交点。如图 5-3 和图 5-4 所示，图中的交点所对应的温度称为恒沸点，对应的组成称为恒沸组成，对应的混合物叫恒沸物。显然，处于恒沸点的气液两相组成是相同的，恒沸物不能用普通蒸馏方法分离。

5.1.3　精馏原理和流程

精馏是工业生产中用以获得高纯组分的一种蒸馏方式，应用极为广泛。从上述 T-x-y 图的分析可知，当物系处在气液共存区时，气相中轻组分的组成较其在液相中组成相对较高，因此，如果将两相分离并各自作为产品，则气相产品中含轻组分多，而液相产品中含重组分多。如果将气相产品部分液化，又得到一个气相产品，则气相产品中轻组分含量进一步提

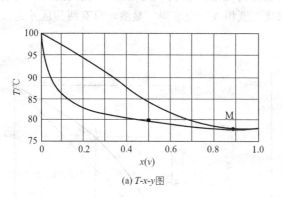
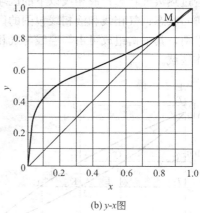

(a) T-x-y图　　　　　　　　　(b) y-x图

图 5-3　常压下乙醇-水物系的相平衡图

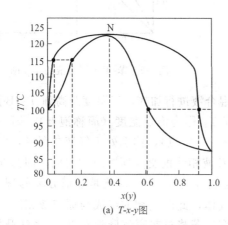
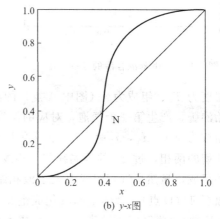

(a) T-x-y图　　　　　　　　　(b) y-x图

图 5-4　常压下硝酸-水物系的相平衡图

高，如果重复部分液化操作的次数足够，则最终所得到的气相产品的组成将接近于 1（纯组分）；如果将液相产品部分汽化，又得到一个液相产品，则液相产品中重组分含量进一步提高，如果重复部分汽化操作的次数足够，则最终所得到的液相产品的组成将接近于 1（纯组分）。精馏就是通过同时多次部分汽化和多次部分冷凝来分离液体混合物并得到几乎纯净组分的操作。

工业生产中，上述精馏过程是在精馏塔内进行的，如图 5-5 所示，精馏装置由精馏塔、再沸器和冷凝器等构成，在精馏塔内每隔一定高度安装一块塔板（或装填一定高度的填料）。温度相对较低的液体自塔顶在重力作用下从上往下流动，而温度较高的气体（蒸气）则在压力差的作用下自下往上流动，气液两相在塔板上相遇或在填料的表面上相遇，进行传热和传质过程，而实现多次并同时部分汽化和部分冷凝。

原料液从塔中间的某块塔板上引入塔内，此板称为加料板（图 5-5 中第 $n+1$ 块板）。加料板将精馏塔分为两段，加料板以上的称为精馏段，加料板以下的

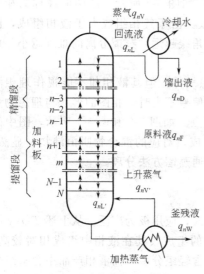

图 5-5　连续精馏装置示意图

称为提馏段（包括加料板）。入塔原料在加料板上与塔内的气液相汇合后，气相上升而液相下行，为了确保塔内任一截面上都能有下降的相对较冷的液体和上升的相对较热的蒸气，以营造多次部分汽化和多次部分冷凝所需要的传热条件，塔顶冷凝器中的冷凝液一部分作为产品（馏出液），而一部分回流到塔内，同样，液体下降至塔底再沸器中，一部分作为产品（釜残液），一部分汽化后回流到塔内。或者说塔顶回流及塔底回流是精馏操作得以进行的必不可少的条件。

精馏塔内自上而下，轻组分的浓度逐渐降低，重组分的浓度逐渐增加，原料从组成接近的截面引入到塔内；温度逐渐升高；压力逐渐升高。读者如果有兴趣，可以通过 $T\text{-}x\text{-}y$ 图分析证明。

从上述流程可以看出，要保障精馏操作连续稳定进行，必须解决如下问题：①物料平衡；②能量平衡，特别是热量、冷量的供应与调节；③完成分离任务需要的塔的工艺尺寸（高、径、板数或填料高度等）等。

5.2 精馏的物料衡算

物料衡算是精馏计算的基础，为了简化计算，常作两个假定：①假定塔内安装的是理论板，即气液两相在此板接触后，离开时刚好互成气液相平衡，此假定称为理论板假定；②假定在精馏段内，离开每层塔板的下降液体的摩尔流量均相等、上升蒸气的摩尔流量也相等，提馏段内也是如此，但两段内上升蒸气的摩尔流量不一定相等、下降液体的摩尔流量也不一定相等。此假定称为恒摩尔流假定。

5.2.1 全塔物料衡算

通过对全塔进行物料衡算，可以确定进出塔的物料流量及组成关系，比如确定产品组成或产品量或原料量等。以图 5-6 所示的虚框作为系统进行物料衡算，得

对总物料衡算　$q_{nF}=q_{nD}+q_{nW}$ 　　　(5-10)

对轻组分衡算　$q_{nF}x_F=q_{nD}x_D+q_{nW}x_W$ 　　(5-11)

式中　q_{nF}——原料液的摩尔流量，mol/s；

$\quad\quad q_{nD}$——塔顶产品（馏出液）的摩尔流量，mol/s；

$\quad\quad q_{nW}$——塔底产品（残液）的摩尔流量，mol/s；

$\quad\quad x_F$——原料液中轻组分的摩尔分数；

$\quad\quad x_D$——馏出液中轻组分的摩尔分数；

$\quad\quad x_W$——釜残液中轻组分的摩尔分数。

上述衡算中，如果流量用质量流量，组成用质量分数，一样是成立的。

工业生产中，原料的流量及组成通常是已知的，塔顶产品及塔底产品的组成是由分离指标规定的，通过式(5-10) 和式(5-11)，可以确定塔顶、塔底产品的流量。

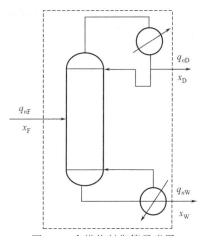

图 5-6　全塔物料衡算示意图

【**例 5-3**】 在常压连续精馏塔中，每小时将 5000kg 含乙醇 20%（质量分数，以下同）的乙醇水溶液进行分离。要求塔顶产品中乙醇浓度不低于 92%，塔釜产品中乙醇浓度不高于 2%，试求馏出液量和残液量（用 kmol/h 表示）。

解：将题中已知质量分数及质量流量换算为摩尔分数和摩尔流量，因乙醇的摩尔质量 $M_1 = 46 \text{kg/kmol}$，水的摩尔质量 $M_2 = 18 \text{kg/kmol}$，所以

进料组成：$x_F = \dfrac{\dfrac{x_{wF}}{M_1}}{\dfrac{x_{wF}}{M_1} + \dfrac{1 - x_{wF}}{M_2}} = \dfrac{\dfrac{20}{46}}{\dfrac{20}{46} + \dfrac{80}{18}} = 0.089$

馏出液组成：$x_D = \dfrac{\dfrac{92}{46}}{\dfrac{92}{46} + \dfrac{8}{18}} = 0.818$

残液组成：$x_W = \dfrac{\dfrac{2}{46}}{\dfrac{2}{46} + \dfrac{98}{18}} = 0.008$

原料液平均摩尔质量：
$$M_F = M_1 x_F + M_2 (1 - x_F) = 46 \times 0.089 + 18 \times (1 - 0.089) = 20.492 \text{kg/kmol}$$

原料液的摩尔流量：$q_{nF} = \dfrac{q_{mF}}{M_F} = \dfrac{5000}{20.492} = 243.998 \text{kmol/h}$

将以上数据代入式（5-10）和式（5-11）得

馏出液的摩尔流量：$q_{nD} = \dfrac{q_{nF}(x_F - x_W)}{x_D - x_W} = \dfrac{243.998 \times (0.089 - 0.008)}{0.818 - 0.008} = 24.40 \text{kmol/h}$

釜残液的摩尔流量：$q_{nW} = q_{nF} - q_{nD} = 243.998 - 24.40 = 219.60 \text{kmol/h}$

5.2.2 精馏段物料衡算

为了确定精馏段内上升蒸气及下降液体的流量及组成，可以对精馏段内任意截面以上的塔段进行物料衡算，如图 5-7 所示，对图中虚框体系进行物料衡算。

根据恒摩尔流假定，设精馏段内上升蒸气的摩尔流量为 q_{nV}，单位为 kg/kmol，下降液体的摩尔流量为 q_{nL}，单位为 kg/kmol，离开第 n 块理论板的下降液体的摩尔分数为 x_n，离开第 $n+1$ 块理论板的上升蒸气的摩尔分数为 y_{n+1}，则精馏段物料衡算方程如下。

$$q_{nV} = q_{nL} + q_{nD} \tag{5-12}$$

$$q_{nV} y_{n+1} = q_{nL} x_n + q_{nD} x_D \tag{5-13}$$

两式联解可得

$$y_{n+1} = \frac{q_{nL}}{q_{nL} + q_{nD}} x_n + \frac{q_{nD}}{q_{nL} + q_{nD}} x_D \tag{5-14}$$

式（5-14）右边分子分母同除以 q_{nD}，并定义回流比 $R = \dfrac{q_{nL}}{q_{nD}}$，则有

$$y_{n+1} = \frac{R}{R+1} x_n + \frac{1}{R+1} x_D \tag{5-15}$$

式（5-14）和式（5-15）反映了精馏稳定操作时，精馏段内任意截面上相遇的气液两相的组成关系，对板式塔来说，就是上一块板下降液体的组成与下一块板上升蒸气的组成之间的关系。通常把这种关系叫操作关系，因此两式也叫精馏段操作线方程。在稳定操作时，回流比及馏出液组成均是不变的，从式（5-15）可以看出，精馏段的操作关系是直线关系，即在 x-y 图上是一条直线，直线在 y 轴上的截距是 $\dfrac{1}{R+1} x_D$，斜率是 $\dfrac{R}{R+1}$，并经过 (x_D, x_D) 这一点。

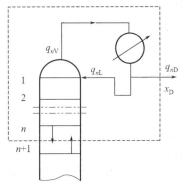

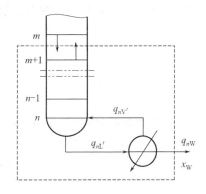

图 5-7　精馏段物料衡算示意图　　　　　　　图 5-8　提馏段物料衡算示意图

5.2.3　提馏段物料衡算

为了确定提馏段内上升蒸气及下降液体的流量及组成，可以对提馏段内任意截面以下的塔段进行物料衡算，如图 5-8 所示，对图中虚框体系进行物料衡算。

根据恒摩尔流假定，设提馏段内上升蒸气的摩尔流量为 $q_{nV'}$，单位为 kg/kmol，下降液体的摩尔流量为 $q_{nL'}$，单位为 kg/kmol，离开第 m 块理论板的下降液体的摩尔分数为 x'_m，离开第 $m+1$ 块理论板的上升蒸气的摩尔分数为 y'_{m+1}，则提馏段物料衡算方程如下。

$$q_{nL'} = q_{nV'} + q_{nW} \tag{5-16}$$

$$q_{nL'} x'_m = q_{nV'} y'_{m+1} + q_{nW} x_W \tag{5-17}$$

两式联解可得

$$y'_{m+1} = \frac{q_{nL'}}{q_{nL'} - q_{nW}} x'_m - \frac{q_{nW} x_W}{q_{nL'} - q_{nW}} \tag{5-18}$$

式(5-18) 反映了精馏稳定操作时，提馏段内任意截面上相遇的气液两相的组成关系，对板式塔来说，就是上一块板下降液体的组成与下一块板上升蒸气的组成之间的关系。此式称为提馏段操作线方程。在稳定操作时，提馏段的操作关系也是直线关系，即在 x-y 图上是一条直线，直线在 y 轴上的截距是 $-\dfrac{q_{nW} x_W}{q_{nL'} - q_{nW}}$，斜率是 $\dfrac{q_{nL'}}{q_{nL'} - q_{nW}}$，并经过 (x_W, x_W) 这一点。

5.2.4　加料板物料衡算

由于原料的加入，使加料板上下物料的流量及组成呈现一定的特殊性，从而导致精馏段和提馏段内的气液相流量发生变化。实际生产中，进料有五种不同的热状况：①过冷液体（温度低于泡点温度以下）；②饱和液体（温度等于泡点温度）；③气液混合物（温度在泡点温度和露点温度之间）；④饱和蒸气（温度等于露点温度）；⑤过热蒸气（温度高于露点温度）。显然，原料加入后，因为温度的不同，其对两段内的流量变化或影响也是不同的，两段内的流量关系可以通过对加料板进行物料衡算获得，但必须与热量衡算联合。

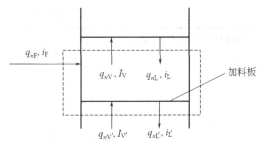

图 5-9　加料板的物料与热量衡算

如图 5-9 所示，对加料板（图中虚框系统）进行物料衡算，得

$$q_{nF} + q_{nV'} + q_{nL} = q_{nV} + q_{nL'}$$

则

$$q_{nV} - q_{nV'} = q_{nF} - (q_{nL'} - q_{nL}) \tag{5-19}$$

对加料板热量衡算，得

$$q_{nF}i_F + q_{nV'}I_{V'} + q_{nL}i_L = q_{nV}I_V + q_{nL'}i_{L'}$$

式中 i_F——原料液的摩尔焓，J/mol；

I_V，$I_{V'}$——离开及进入加料板的蒸气的摩尔焓，J/mol；

i_L，$i_{L'}$——进入及离开加料板的液体的摩尔焓，J/mol。

精馏过程中，气液两相均呈饱和状态，在加料板上下，气、液相组成及温度各自近似相等，故可取

$$I_V \approx I_{V'} = I \qquad\qquad i_L \approx i_{L'} = i$$

于是，热量衡算式变为

$$(q_{nV} - q_{nV'})I = q_{nF}i_F - (q_{nL'} - q_{nL})i \tag{5-20}$$

联立两式得

$$\frac{q_{nL'} - q_{nL}}{q_{nF}} = \frac{I - i_F}{I - i} \tag{5-21}$$

定义进料热状况参数 $q = \dfrac{I - i_F}{I - i}$，可以看出，其值近似等于 1kmol 原料变为饱和蒸气所需的热量与原料的摩尔汽化潜热之比。

因此

$$q_{nL'} = q_{nL} + q q_{nF} \tag{5-22}$$

代入式(5-19)，得

$$q_{nV} = q_{nV'} + (1-q)q_{nF} \tag{5-23}$$

式(5-22) 和式(5-23) 反映了精馏段和提馏段之间的两相流量关系。按照 q 的定义，不难分析，其值等于进料中的液相分数。可简单地把进料划分为两部分：一部分是 $q q_{nF}$，表示由于进料而使提馏段饱和液体流量的增加值；另一部分是 $(1-q)q_{nF}$，表示由于进料而使精馏段饱和蒸气流量的增加值。进料对两段流量的贡献如图 5-10 所示。

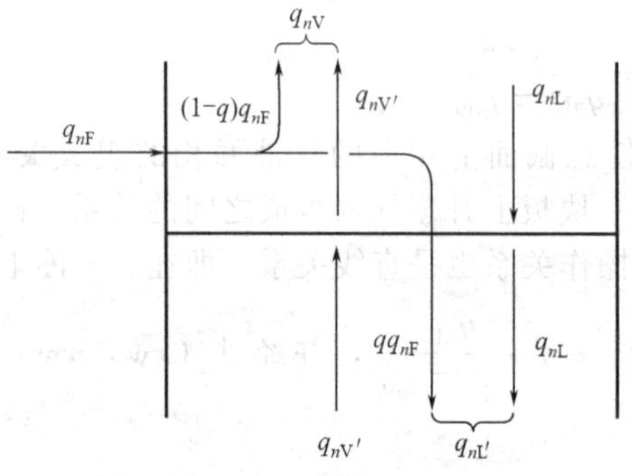

图 5-10 精馏段与提馏段两相流量关系图

各种加料状态下的 q 值范围见表 5-1。

表 5-1 q 值范围

过冷液体进料	饱和液体进料	气液混合进料	饱和蒸气进料	过热蒸气进料
$q > 1$	$q = 1$	$0 < q < 1$	$q = 0$	$q < 0$

加料板是两段的交汇处，两段的操作线方程在此应该存在交点，联立两方程可得其交点轨迹方程为

$$y = \frac{q}{q-1}x - \frac{x_F}{q-1} \tag{5-24}$$

式(5-24) 称为进料操作线方程或 q 线方程。此式表明，两操作线的交点，即加料板的位置取决于进料的热状况 q 和料液组成 x_F。

当进料状况一定时，此式在 x-y 图上的图形为一条直线，该直线称为 q 线（或进料线），

此线过点 $(x_F，x_F)$，斜率为 $\dfrac{q}{q-1}$。

由于 q 线是两操作线交点的轨迹，因此，q 线和精馏段操作线的交点也必然在提馏段操作线上。所以，提馏段操作线也可用两点法作出，即作出 q 线和精馏段操作线（或联解方程），找出其交点 $(x_q，y_q)$，与点 $(x_W，x_W)$ 相连。

5.3　塔板数的确定

精馏任务必须在精馏塔（气液传质设备）内完成，而精馏塔内需安装一定数量的塔板或一定高度的填料才能满足分离要求。因此，塔板数或填料层高度的计算是精馏计算的重要内容。考虑到第 6 章吸收也使用同类设备，因此，本章只介绍塔板数的计算方法，填料层高度的确定则在第 6 章介绍。

5.3.1　实际板数与板效率

完成一定精馏任务所需要的实际塔板数 N_P 受很多因素影响，比如物系本身的性质、操作条件、塔板结构等。因此，确定实际塔板数常分两步，第一步求取理论塔板数 N_T，第二步通过总板效率 E_T 转换成实际塔板数 N_P。像这种先将复杂的问题理想化再实际化的处理问题的方法，在工程计算中经常使用，值得读者在工作中借鉴。

前面假定的理论板在实际精馏塔中是不存在的，因为塔板上气液两相间接触面积和接触时间是有限的，在任何形式的塔板上，气液两相都难以达到平衡状态。但如果塔内安装的全部是理论板，则很容易确定理论板数。因此，可以把理论板作为衡量实际塔板分离能力的一个标准，只要找到两者的定量差距，就可以根据理论板数确定实际板数。

理论塔板数 N_T 与实际塔板数 N_P 之比称为总板效率 E_T，也称全塔效率，即

$$E_T=\frac{N_T}{N_P} \tag{5-25}$$

于是，在求得全塔理论塔板数后，只需知道总板效率，便可通过式(5-25)计算出实际塔板数。总板效率不仅与气液体系、物性、塔板类型、结构尺寸有关，而且与操作状况有关，难以从理论导出，通常由实验测定或由经验公式计算，其数值范围在 $0.2\sim0.8$ 之间。总板效率综合了各种影响因素的影响，反映了把所有塔板作为整体时的效率，使用较为方便，故被广泛采用。但总板效率并不区分同一个塔中不同塔板的传质效率差别，也不是各板效率的平均值，所以在塔器研究与改进操作中还采用单板效率和点效率等其他表示板效率的方法，此处不再详述，有兴趣的读者可以参阅有关书籍。

5.3.2　理论板数的确定方法

5.3.2.1　确定依据

根据理论板的定义，离开同一理论板的气相组成与液相组成满足相平衡关系。而相邻两块板间的气液相组成关系符合操作关系。理论板数的计算就是通过利用这两个关系实现的。通常有逐板计算法、图解法和捷算法等，这里主要介绍图解法与逐板计算法，有兴趣的读者可以参阅有关书籍学习其他方法。

图 5-11 展示了塔中同一块板及相邻板的气液相组成关系，（a）图表示塔内既无加料，又无出料的一块普通塔板，（b）图表示加料板。按照理论板假定，（a）图中的 y_n 与 x_n 满足相平衡关系，（b）图中的 y_m 与 x_m 满足平衡关系。图中以细实线相连，表示两者互为相平

衡关系。从而可依照相平衡线或相平衡方程，由气相组成得出同一块板上的液相组成。根据操作线的意义可知，图 5-11（a）中的 x_{n-1} 与 y_n、x_n 与 y_{n+1} 均符合操作关系，图 5-11（b）中的 x_{m-1} 与 y_m、x_m 与 y_{m+1} 均符合操作关系。这样，从塔顶组成 x_D 开始，交替使用相平衡关系和操作线关系逐级（板）向下进行计算，可以确定离开每一块板的气液相组成，直到塔底组成 x_W 为止。显然，计算中每使用一次相平衡关系，就表示需要一块理论板，因此，计算过程中使用相平衡关系的次数即是完成精馏任务所需要的总理论塔板数。这就是确定理论数的原理。

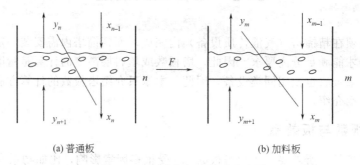

图 5-11 气液相组成关系示意图

可以看出，理论塔板数的多少与分离任务的指标要求、相平衡关系及操作关系等有关。凡是影响相平衡及操作关系的因素都将影响理论板的数量，比如，操作条件（温度、压力等）变化，相平衡会发生变化，回流比、进料的热状况以及加料位置等发生变化时，操作关系都会发生变化。

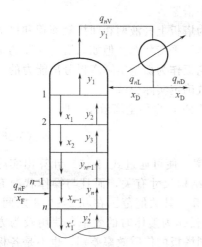

图 5-12 逐板计算法示意图

5.3.2.2 逐板计算法

假设塔顶采用全凝器，泡点回流，塔釜采用间接蒸汽加热，进料为饱和液体进料，参见图 5-12。

逐板计算法求取理论板数的步骤如下。

第一步：求取相平衡方程，比如用式（5-9）$\left[\text{即 } y_1 = \dfrac{\alpha x_1}{1 + (\alpha - 1)\ x_1}\right]$ 通过相对挥发度求取。也可以参阅相平衡专业书用其他方法求取。

第二步：求取操作线方程，用式（5-15）和式（5-18）求取。

第三步：交替使用相平衡方程和操作线方程，求取全塔各板的气液相组成。

因为塔顶采用全凝器，因此离开第一块板的上升蒸气的组成 $y_1 = x_D$，用相平衡方程式（5-9）$\left[\text{即 } y_1 = \dfrac{\alpha x_1}{1 + (\alpha - 1)\ x_1}\right]$ 求出离开第一块理论板的下降液体的组成 x_1；再用精馏段操作线方程式（5-15）$\left(\text{即 } y_2 = \dfrac{R}{R+1} x_1 + \dfrac{x_D}{R+1}\right)$ 求得离开第二块理论板的上升蒸气组成 y_2；再用相平衡关系可求出 x_2，以此类推，即

$$y_1 = x_D \xrightarrow{\text{相平衡方程}} x_1 \xrightarrow{\text{操作线方程}} y_2 \xrightarrow{\text{相平衡方程}} x_2 \xrightarrow{\text{操作线方程}} y_3$$

$$\xrightarrow{\text{相平衡方程}} x_3 \xrightarrow{\text{操作线方程}} \cdots\cdots \text{直至 } x_n \leqslant x_F$$

说明原料应从第 n 块板加入，即第 n 块板为加料板，精馏段内需要的理论板数为（$n-$

1) 块。

将操作线方程［式(5-15)］换为提馏段操作线方程［式(5-18)］（即 $y'_{m+1}=\dfrac{q_{nL'}}{q_{nL'}-q_{nW}}x'_m-$

$\dfrac{q_{nW}x_W}{q_{nL'}-q_{nW}}$），仍交替使用相平衡方程和操作线方程计算，直至 $x_N \leqslant x_W$ 为止。完成任务所需总理论塔板数为 N 块。由于再沸器中液体受热部分汽化，气液相为平衡状态，因此，其作用相当于一层理论板，故全塔所需总理论塔板数 $N_T = N-1$ 块。提馏段所需理论板数为 $(N-n)$ 块。

【例 5-4】 在常压下将含苯 0.25(摩尔分数，下同) 的苯-甲苯混合液连续精馏分离。要求馏出液中含苯 0.98，釜残液中含苯不超过 0.085。选用回流比为 5、进料为饱和液体，塔顶为全凝器，泡点回流。试用逐板计算法求所需理论板层数。已知操作条件下苯-甲苯混合液的平均相对挥发度 α 为 2.47。

解：(1) 求苯-甲苯的气液相平衡方程

$$y=\frac{\alpha x}{1+(\alpha-1)x}=\frac{2.47x}{1+(2.47-1)x} \tag{a}$$

(2) 求操作线方程 （均忽略下标）

精馏段操作线方程：

$$y=\frac{R}{R+1}x+\frac{x_D}{R+1}=\frac{5}{5+1}x+\frac{0.98}{5+1}=0.8333x+0.1633$$

即
$$y=0.8333x+0.1633 \tag{b}$$

提馏段操作线方程：

$$y=\frac{q_{nL'}}{q_{nL'}-q_{nW}}x-\frac{q_{nW}x_W}{q_{nL'}-q_{nW}} \tag{c}$$

以进料 100kmol/h 为基准进行物料衡算，得

$$q_{nF}=q_{nD}+q_{nW}$$

$$q_{nF}x_F=q_{nD}x_D+q_{nW}x_W$$

代入已知数据得

$$100=q_{nD}+q_{nW}$$

$$100\times0.25=q_{nD}\times0.98+q_{nW}\times0.085$$

解之得

$$q_{nD}=18.43\text{kmol/h} \qquad q_{nW}=81.57\text{kmol/h}$$

对于饱和液体进料，$q=1$，原料液进入加料板后全部进入提馏段，即

$$q_{nL'}=q_{nL}+qq_{nF}=Rq_{nD}+qq_{nF}=5\times18.43+1\times100=192.15\text{kmol/h}$$

代入式(c) 得提馏段操作线方程

$$y=\frac{192.15}{192.15-81.57}x-\frac{81.57\times0.085}{192.15-81.57}$$

即
$$y=1.73x-0.0626 \tag{d}$$

(3) 逐板计算法求理论板数

由于采用全凝器，泡点回流，故 $y_1=x_D=0.98$，代入相平衡方程 (a) 求出第 1 层板下降的液体组成 x_1，即

$$y_1=\frac{2.47x_1}{1+(2.47-1)x_1}=0.98$$

解得 $\qquad\qquad x_1 = 0.952$

由精馏段操作线方程（b）得第 2 层板上升蒸气组成

$$y_2 = 0.8333x_1 + 0.1633 = 0.8333 \times 0.952 + 0.1633 = 0.9567$$

由式(a) 求得第 2 层板下降的液体组成 x_2，即

$$y_2 = \frac{2.47x_2}{1 + (2.47 - 1)x_2} = 0.9567$$

解得 $\qquad\qquad x_2 = 0.8994$

由精馏段操作线方程（b）得第 3 层板上升蒸气组成

$$y_3 = 0.8333x_2 + 0.1633 = 0.8333 \times 0.8994 + 0.1633 = 0.9128$$

由式(a) 求得第 3 层板下降的液体组成 x_3，即

$$y_3 = \frac{2.47x_3}{1 + (2.47 - 1)x_3} = 0.9128$$

解得 $\qquad\qquad x_3 = 0.8091$

重复上述步骤，交替使用方程（a）和方程（b）计算可得

$$y_4 = 0.8376 \qquad x_4 = 0.6762$$
$$y_5 = 0.7268 \qquad x_5 = 0.5186$$
$$y_6 = 0.5955 \qquad x_6 = 0.3734$$
$$y_7 = 0.4745 \qquad x_7 = 0.2677$$
$$y_8 = 0.3864 \qquad x_8 = 0.2032 < 0.25(x_F)$$

因为第 8 层板上液相组成小于进料液组成（$x_F = 0.25$），故让进料引入此板。第 9 层理论板上升的气相组成应用提馏段操作线方程（d）计算，得

$$y_9 = 1.737x_8 + 0.0626 = 1.737 \times 0.2032 + 0.0626 = 0.2093$$

第 9 层板下降的液体组成仍由式(a) 求得，即

$$y_9 = \frac{2.47x_9}{1 + (2.47 - 1)x_9} = 0.2903$$

解得 $\qquad\qquad x_9 = 0.1421$

第 10 层板上升蒸气组成仍由方程（d）求得

$$y_{10} = 1.737 \times 0.1421 + 0.0626 = 0.1842$$

第 10 层板下降的液体组成仍由方程（a）求得

$$y_{10} = \frac{2.47x_{10}}{1 + (2.47 - 1)x_{10}} = 0.1842$$

解得 $\qquad\qquad x_{10} = 0.08376 < 0.085(x_W)$

故总理论板层数为 10 层（包括再沸器）。其中精馏段理论板数为 7 层，提馏段理论板为 3 层，第 8 层理论板为加料板。

5.3.2.3 图解法

将逐板计算法的计算过程在相平衡图上表示出来，同样可以得到理论板数，这种求取理论板数的方法称为图解法，如图 5-13 所示。其步骤如下。

（1）在 x-y 图上作出相平衡线和对角线。

（2）作精馏段操作线。精馏段操作线过点 $a(x_D, x_D)$ 及 $b\left(0, \dfrac{x_D}{R+1}\right)$，连接此两点，可

作出精馏段操作线，斜率为 $\dfrac{R}{R+1}$。

（3）作提馏段操作线。提馏段操作线由点 $c(x_W, x_W)$ 和其斜率 $\dfrac{q_{nL'}}{q_{nL'} - q_{nW}}$ 作出。提馏段操作线和精馏段操作线相交于点 d，交点 d 取决于进料的热状况。提馏段操作线也可通过连接 d、c 两点得出（想一想，如何获得 d 点？）。

（4）从 a 点开始在精馏段操作线和平衡线之间作水平线和垂线组成的梯级，当梯级跨过点 d，改在平衡线和提馏段操作线之间画梯级，直至梯级跨过 c 点为止；对于同一个梯级，水平线表示应用了一次气液相平衡关系，即代表一层理论板，垂线表示应用一次操作线关系，梯级的总数即为完成精馏任务需要的理论板数。越过两操作线交点 d 的那一块理论板为适宜的加料板位置。由于

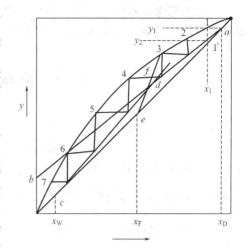

图 5-13　图解法求理论板数

塔釜相当于一块理论板，塔内需要的理论板总数应为总梯级数减去 1。考虑到理论板只是用来计算实际板数的，故为了计算更准确，允许全塔理论板数为小数。图 5-12 中，不计再沸器，理论板数为 $7-1=6$ 块（或估计为 5.8 块），加料板为第 4 块理论板，精馏段 3 块板，提馏段 3 块板或 2.8 块板。

【例 5-5】 拟采用连续精馏在常压下分离含苯 0.40 的苯-甲苯混合液，要求塔顶产品含苯 0.97 以上。塔底产品含苯 0.02 以下（以上均为质量分数）。假定回流比 $R=3.5$，饱和液体进料，泡点回流，间接蒸汽加热。试用图解法求所需的理论塔板数。

解： 将各个组成从质量分数换算成摩尔分数，换算后得

$$x_F = 0.44 \qquad x_D \geqslant 0.974 \qquad x_W \leqslant 0.0235$$

现按 $x_D = 0.974$，$x_W = 0.0235$ 进行图解，如图 5-14 所示。

① 作相平衡线　在 x-y 图上作出苯-甲苯的平衡线和对角线。相平衡数据从附录查得。

② 定点　在对角线上定点 $a(x_D, x_D)$、点 e (x_F, y_F) 和点 $c(x_W, x_W)$ 三点。

③ 绘精馏段操作线　在 y 轴上的截距为 $\dfrac{x_D}{R+1} = \dfrac{0.974}{3.5+1} = 0.216$，在 y 轴上定出点 $b(0, 0.216)$，连 a、b 两点得精馏段操作线。

④ 绘提馏段操作线　对于饱和液体进料，q 线方程为 $x = x_F$，过 e 点作垂线即 q 线，q 线与精馏段操作线交于 d 点，连接点 d 与点 c 即得提馏段操作线。

⑤ 绘梯级线　自点 a 开始在平衡线与精馏段操作线之间绘梯级，跨过点 d 后改在平衡线与提馏段操作线之间绘梯级，直到跨过 c 点为止。

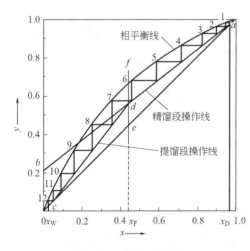

图 5-14　【例 5-5】附图

从图 5-14 可以看出，共作梯级 12 个，因此，完成精馏任务所需要的理论板层数为 12 层，由于再沸器相当于一层理论板，塔中共需理论板层数为 11 层，其中精馏段理论层数为 6，提馏段理论板层数为 5，自塔顶往下数第 7 层理论板为加料板。

请读者思考，本例中，如果不是饱和液体进料，而是 20℃过冷液体进料，试用图解法求理论板数（提示：主要区别在进料热状态不同，即 q 不同，应先计算 q）。

5.4 连续精馏的操作分析

在工业精馏过程中，发挥设备最佳性能，以实现精馏过程的多快好省，是操作人员最重要的职责。因此，深入研究各种操作因素对精馏塔分离性能的影响，有助于对精馏过程的操作控制、保证精馏的连续稳定操作和获得更好的效益。

5.4.1 进料状况对精馏的影响

热状态、进料量、进料组成和进料位置等进料状况的变化，对精馏操作会产生一定的影响。

5.4.1.1 进料热状态的影响

根据式(5-24) 可以作出五种不同进料热状况时的 q 线以及相应的操作线，如图 5-15 所示。

由图 5-15 可以看出，进料 q 值不同，则 q 线位置不同，与精馏段操作线交点位置也不同，从而影响提馏段操作线的位置。一方面 q 值愈大，交点愈高，提馏段操作线离平衡线越远，完成相同分离任务所需的理论塔板数愈少。对塔板数一定的精馏设备而言，产品质量将因此提高（即 x_D 增加、x_W 下降），这是有利的。另一方面，q 值愈大，说明原料液温度愈低，为维持全塔热量平衡，便要求热量更多地由塔釜输入，使蒸馏釜的热负荷增加，操作中给定设备，加热蒸汽耗量增加（设计中，则需增加传热面积，造成蒸馏釜体积增大）。

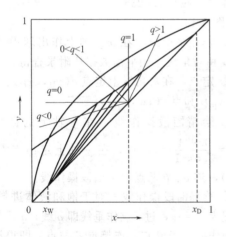

图 5-15 进料热状况对操作线的影响

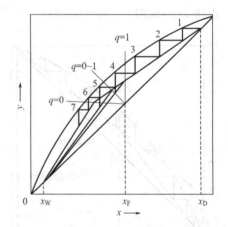

图 5-16 加料位置与加料状态的关系

此外，进料 q 值不同，要求适宜加料位置也应有所不同。图 5-16 示意了进料组成为 x_F 的三种不同加料状态的加料位置。饱和液体进料应在第 4 块理论板上，气液混合物进料应在第 5 块理论板上，而饱和蒸气进料应在第 6 块理论板上。分析表明，提前与滞后进料，均会造成分离效果下降（有兴趣的读者可以通过绘图自己分析或参阅有关书籍）。因此，在工业生产中，常设 3 个加料口，以适应上述热状态的变化和组成的变化。

综上所述，进料的热状况对精馏操作的影响是多方面的。生产中，进塔原料的热状态多与前一工序有关。如果前一工序输出的是饱和蒸气，一般就直接以饱和蒸气进料，如果前一工序输出的液体，且又有余热可供利用，则可考虑先将原料适当预热再进入塔内，以降低再沸器的负荷。

5.4.1.2　进料组成和流量的影响

工业生产中，精馏处理的物料由前一工序引来，当上工序的生产过程波动时，进精馏塔的物料组成也将发生变化，给精馏操作带来影响。如图 5-17 所示，当进料组成由 x_F 下降至 x_F' 时，因塔板数不变，若保持回流比不变、则塔顶产品组成将由 x_D 下降至 x_D'，塔底产品组成则由 x_W 下降至 x_W'。若要维持馏出液组成不变，可通过适当增加回流比或调整进料位置等操作措施实现，但无论采用哪种措施，精馏塔的加料位置均不是适宜的。

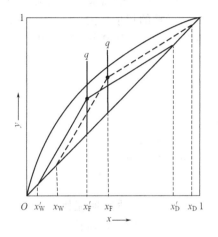

图 5-17　进料组成变化对精馏结果的影响

当进料流量发生变化时，也将给精馏操作造成影响。进料量变化会使塔内的气液相负荷发生变化，从而引起塔内气液相接触效果。进料量发生变化时，还应严格维持全塔的总物料平衡与易挥发组分的平衡。

若总物料不平衡，例如，当进料量大于出料量时，会引起淹塔；反之，当进料量小于出料量时，则会引起塔釜蒸干。这些都将严重破坏精馏塔的正常操作。在满足总物料平衡的条件下，还应同时满足各个组分的物料平衡。例如，当进料量减少时，如不及时调低塔顶馏出液的采出率，则由于易挥发组分的物料不平衡，将使塔顶不能获得纯度很高的合格产品。

在分离要求一定的前提下，进料量的改变不会影响相平衡线和操作线，因此，完成任务所需要的理论板数也不变。但由于气液两相负荷的改变，精馏塔的接触性能将发生变化，即塔板效率变化了，因此，对于给定的塔来说，实际板数已经确定，塔所能提供的理论板数也是变化的。

5.4.2　回流比的影响

回流是塔顶回流的液体量与馏出液流量的比值，是精馏过程的基本保障条件之一，其大小是影响精馏操作的最重要因素，可以在全回流与最小回流比之间变化。

5.4.2.1　全回流

全回流指塔顶蒸气全部冷凝后，不采出产品，全部流回至塔内，此时，$q_{nD}=0$，$R=\dfrac{q_{nL}}{q_{nD}}=\infty$，精馏段操作线的斜率 $\lim\limits_{R\to\infty}\dfrac{R}{R+1}=1$。因此，精馏段操作线和对角线重合，提馏段操作线也必和对角线重合，精馏塔无精馏段和提馏段之分，平衡线和操作线之间的距离最大，因而完成分离任务所需的理论塔板数最少，称为最少理论板数（可通过推导用解析法求出，参见有关设计专书）。

全回流时既不加料，也无产品出料，但对科研、稳定生产和精馏开车均具有重要意义。全回流不仅操作方便，而且是精馏开车的必要阶段，只有通过全回流使精馏操作达到稳定并且可以输出合格产品时，才能过渡到正常操作状态。当操作严重失稳时，也需要通过全回流使精馏过程稳定下来。

5.4.2.2 最小回流比

回流比 R 从全回流逐渐减小时，精馏段操作线和提馏段操作线逐渐向平衡线靠近，传质推动力减小，当操作线与平衡线出现第一个公共点（交点或切点）时，液相和气相处于平衡状态，传质推动力为零，不论画多少梯级都不能越过公共点，即完成指定分离任务需要无限多块理论塔板。显然，这在实际工作中是不可能的，此时的回流比称为最小回流比，以 R_{min} 表示。对于精馏来说，回流比不能低于此值。

对正常的相平衡关系，如图 5-18 所示。操作线与平衡线的第一个公共点为交点 d，由所对应的精馏段操作线方程可知

$$\frac{R_{min}}{R_{min}+1}=\frac{x_D-y_q}{x_D-x_q}$$

因此
$$R_{min}=\frac{x_D-y_q}{y_q-x_q} \tag{5-26}$$

对于非正常的相平衡关系，可以通过作图找到操作线与平衡线的第一个公共点（切点），然后再根据操作线方程由斜率表达式计算最小回流比［方法与式(5-26) 推导类似，读者可自己作图求得］。

5.4.2.3 适宜回流比

工业生产中，回流比是介于全回流和最小回流比之间的。设计时应根据经济核算确定最佳 R 值。精馏过程的费用包括操作费用和设备费用两方面。

精馏过程的操作费主要是再沸器中加热蒸汽的消耗量和冷凝器中冷却水的用量以及动力消耗。在加料量和产量一定的条件下，随着 R 的增加，两段内的上升蒸气量均增大，因此，加热蒸汽、冷却水消耗量均增加，使操作费用增加，操作费与回流比的关系见图 5-19 中曲线 2。

精馏装置的设备包括精馏塔、再沸器和冷凝器。当回流比为最小回流比时，需无穷多块理论板，精馏塔无限高，故费用无限大。回流比略增加，所需的理论板数便急剧下降，设备费用迅速回落，随着 R 的进一步增大，两段内的上升蒸气量均增大，要求塔径、再沸器和冷凝器的传热面积增加，因此设备费用也增加，设备费与回流比的关系曲线如图 5-19 中曲线 1。

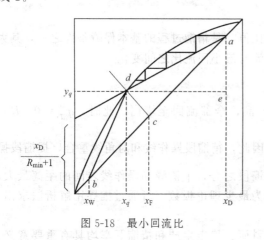

图 5-18　最小回流比

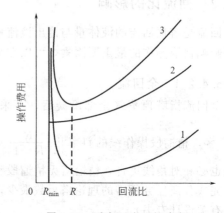

图 5-19　适宜回流比的确定

总费用为设备费和操作费之和，由图 5-19 中曲线 3 所示，其最低点对应的回流比称为最佳回流比。但由于影响因素复杂，最佳回流比的确定实际上是难以做到的。工程设计中建议采用适宜回流比，适宜回流比通常综合工程技术因素用经验公式计算，可从手册中查取相

关公式。在不要求十分精确时，一般取适宜回流比 $R=(1.2\sim2.0)R_{\min}$。

以上是从设计角度分析 R 的影响，但在生产中则是另外一种情况，因为设备已经安装好，精馏塔的结构与尺寸、实际塔板数、冷凝器和再沸器的传热面积等已确定不变，这时需从操作状况的角度来考虑回流比 R 的影响。若原料液的组成及其热状况一定，则加大 R 可以提高产品的纯度，但冷凝器及再沸器的热负荷增加，冷却及加热介质的消耗量增加（操作费用增加），如果维持热负荷不变，则塔顶产品量将降低，即降低塔的生产能力。如果回流比过大，将会造成塔内物料循环量过大，甚至破坏塔的正常操作。可见，提高产品质量的代价是操作费用增加；反之，减小回流比时情况正好相反。

在精馏生产中，回流比的正确控制与调节，是优质、高产、低消耗的重要因素之一，需要在操作中不断积累经验，以提高综合效益。

【例 5-6】 根据【例 5-5】的数据求饱和液体进料时的最小回流比。若取实际回流比为最小回流比的 1.6 倍，求实际回流比。

解：苯-甲苯体系属于正常相平衡线，可根据式(5-26)计算，即

$$R_{\min}=\frac{x_{\mathrm{D}}-y_q}{y_q-x_q}$$

饱和液体进料时，由【例 5-5】附图中查出 q 线与平衡线的交点坐标为

$$x_q=x_{\mathrm{F}}=0.44,\qquad y_q=0.66$$

所以

$$R_{\min}=\frac{0.974-0.66}{0.66-0.44}=1.43$$

于是

$$R=1.6R_{\min}=1.6\times1.43=2.29$$

对于正常相平衡曲线，也可以通过联解相平衡方程和 q 线方程求得 y_q、x_q。但对于偏离理想溶液较大的物系（如有恒沸物的体系），只能用图解法求取操作线与平衡线的公共点坐标，再根据操作线斜率的表达式求取最小回流比。

5.4.3 操作温度及压力的影响

精馏是气液相间的质、热传递过程，与相平衡密切相关，而对于双组分两相体系，操作温度、操作压力与两相组成中只能有两个可以独立变化，因此，当要求获得指定组成的蒸馏产品时，操作温度与操作压力也就确定了。因此工业精馏常通过控制温度和压力来控制蒸馏过程。

5.4.3.1 灵敏板的作用

在总压一定的条件下，精馏塔内各块板上的物料组成与温度一一对应。当板上的物料组成发生变化时，其温度也就随之起变化。当精馏过程受到外界干扰（或承受调节作用）时，塔内不同塔板处的物料组成将发生变化，其相应的温度也将改变。其中，塔内某些塔板处的温度对外界干扰的反应特别明显，即当操作条件发生变化时，这些塔板上的温度将发生显著变化，这种塔板称为灵敏板，一般取温度变化最大的那块板为灵敏板。

精馏生产中由于物料不平衡或是塔的分离能力不够等原因造成的产品不合格现象，都可及早通过灵敏板温度变化情况得到预测，从而可及早发出信号使调节系统能及时加以调节，以保证精馏产品的合格。

5.4.3.2 精馏塔的温控方法

精馏塔通过灵敏板进行温度控制的方法大致有以下几种。

（1）精馏段温控 灵敏板取在精馏段的某层塔板处，称为精馏段温控。适用于对塔顶产品质量要求高或是气相进料的场合。调节手段是根据灵敏板温度，适当调节回流比。例如，

灵敏板温度升高时，则反映塔顶产品组成 x_D 下降，故此时发出信号适当增大回流比，使 x_D 上升至合格值时，灵敏板温度降至规定值。

（2）提馏段温控　灵敏板取在提馏段的某层塔板处，称为提馏段温控。适用于对塔底产品要求高的场合或是液相进料时，其采用的调节手段是根据灵敏板温度，适当调节再沸器加热量。例如，当灵敏板温度下降时，则反映釜底液相组成 x_W 变大，釜底产品不合格，故发出信号适当增大再沸器的加热量，使釜温上升，以便保持 x_W 的规定值。

（3）温差控制　当原料液中各组成的沸点相近，而对产品的纯度要求又较高时，不宜采用一般的温控方法，而应采用温差控制方法。温差控制是根据两板的温度变化总是比单一板上的温度变化范围要相对大得多的原理来设计的，采用此法易于保证产品纯度，又利于仪表的选择和使用。

5.4.3.3　操作压力的影响

压力也是影响精馏操作的重要因素。精馏塔的操作压力是由设计者根据工艺要求、经济效益等综合论证后确定的，生产运行中不能随意变动。操作压力波动时将引起以下变化。

① 将引起温度和组成间对应关系的变化，使操作温度发生变化，压力升高，操作温度升高。

② 压力升高，气相中难挥发组分减少，易挥发组分浓度增加，液相中易挥发组分浓度也增加；汽化困难，液相量增加，气相量减少，塔内气、液相负荷发生了变化 。其总的结果是，塔顶馏出液中易挥发组分浓度增加，但产量减少，釜液中易挥发组分浓度增加，釜液量也增加。严重时会破坏塔内的物料平衡，影响精馏的正常进行。

③ 操作压力增加，组分间的相对挥发度降低，塔板分离能力下降，分离效率下降。

④ 操作压力增加，两相密度增加，塔的处理能力增加。

可见，塔的操作压力变化将改变整个塔的操作状况，增加操作的难度和难以预测性。因此，生产运行中应尽量维持操作压力基本恒定。

5.5　精馏过程的热量平衡与节能

石油和化学工业是资源密集型行业，其中能源的消耗占有的比重最大。精馏的传质是以热量供应为基础的，也是应用较广的单元操作。因此，对精馏中的能量消耗以及节能研究十分重要，在提倡资源节约和环境保护的今天，更具有时代意义。

5.5.1　热量衡算

精馏过程能耗主要取决于塔底再沸器中加热剂和塔顶冷凝器中冷却剂的消耗量，两者均可通过对精馏塔热量衡算获得。以再沸器内加热剂消耗量为例说明精馏的热量衡算。

如图 5-20 所示，对虚线范围内系统进行全塔热量衡算，以单位时间为计算基准，相态基准取液态，温度基准取 0℃，即物质在基准态下的焓为 0。根据能量守恒定律（精馏中，无其他形式的能量变化，故可简化为热焓的平衡），进入系统的焓与离开系统的焓之差等于系统与

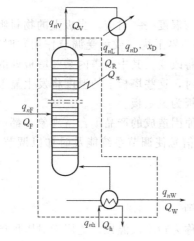

图 5-20　精馏塔的热量衡算

环境的热量交换。

① 加热蒸汽带入的热量 Q_h

$$Q_h = q_{mh}(I_h - i_h)$$

式中　q_{mh}——加热剂的质量流量（消耗量），kg/h；

　　　　I_h——加热剂进入再沸器时的比焓，kJ/kg；

　　　　i_h——加热剂离开再沸器时的比焓，kJ/kg。

② 原料带入的焓 Q_F　此项焓值与进料热状况有关。如原料为液体（$q \geqslant 1$）时

$$Q_F = q_{nF}M_F c_F t_F$$

式中　q_{nF}——原料液的摩尔流量，kmol/h；

　　　　M_F——原料液的摩尔质量，kg/kmol；

　　　　c_F——原料液的比热容，kJ/(kg·℃)；

　　　　t_F——原料液的温度，℃。

如果原料为过热蒸气，则 Q_F 应等于把原料从基准态（0℃，液态）变成当前状态所吸收的热量，包括三部分，一部分为从 0℃ 液体加热至饱和液体（泡点）吸收的热量，另一部分是在泡点下汽化成饱和蒸气所吸收的热量（因为溶液沸腾过程中温度是变化的，所以此部分为近似值），第三部分是把饱和蒸气从泡点（也可是露点，近似值）加热至进料温度所吸收的热量。

如果原料为气液混合物，则应分别计算气相的焓和液相的焓，再加和。

③ 回流液带入的焓 Q_R

$$Q_R = q_{nL}M_L c_R t_R$$

式中　M_L——回流液的摩尔质量，kg/kmol；

　　　　c_R——回流液的比热容，kJ/(kg·℃)；

　　　　t_R——回流液的温度，℃；

　　　　q_{nL}——回流液的摩尔流量，等于 $q_{nD}R$，kmol/h；

　　　　q_{nD}——馏出液的摩尔流量，kmol/h；

　　　　R——回流比。

④ 塔顶蒸气带出的焓 Q_V，kJ/h

$$Q_V = q_{nV}M_V I_V$$

式中　q_{nV}——塔顶上升蒸气的摩尔流量，等于 $q_{nD}(R+1)$，kmol/h；

　　　　M_V——塔顶上升蒸气的摩尔质量，kg/kmol；

　　　　I_V——塔顶上升蒸气的比焓，kJ/kg。

⑤ 塔底残液带出的焓 Q_W

$$Q_W = q_{nW}M_W c_W t_W$$

式中　q_{nW}——釜残液的摩尔流量，kmol/h；

　　　　M_W——釜残液的摩尔质量，kg/kmol；

　　　　c_W——釜残液的比热容，kJ/(kg·℃)；

　　　　t_W——釜残液的温度，℃。

⑥ 热量损失 Q_π　单位时间内，精馏系统向环境散失的热量。

因此，全塔热量衡算式为

$$Q_h + Q_F + Q_R = Q_V + Q_W + Q_\pi$$

变换得，再沸器消耗的加热剂量为

$$q_{mh}=\frac{Q_V+Q_W+Q_\pi-Q_F-Q_R}{I-i} \tag{5-27}$$

由式(5-27)可见，若原料液经过预热后使其带入的热量增加，则再沸器内加热剂的消耗量将减少；回流比的变化将导致加热剂耗量的变化；热损失越少，加热剂的消耗量越少。

同样方法，也可以通过热量衡算确定塔顶冷凝器中冷却介质的用量。

精馏过程中，除再沸器和冷凝器应严格符合热量平衡外，还必须注意整个精馏系统的热量平衡。精馏系统是一个有机结合的整体，塔内某个参数的变化必然会反映到再沸器和冷凝器中，如果热量不能保持平衡，将直接影响精馏过程的稳定操作，或使精馏操作无法稳定进行。

5.5.2 节能措施

精馏是工业上应用最广的分离操作，消耗大量能量。减少精馏操作的能耗，一直是工业实践和科学研究的热门课题。应用高效换热设备以及高效率、低压降的新型塔板和填料，均是实现节能的重要途径，采用适宜回流比和适当的进料热状态也可达到一定节能的效果，降低操作温度及做好系统保温也能得到直接节能效果。除此之外，已经开发和研究了多种节能方法，有的已取得明显节能效果，有的具有良好的应用前景，简要介绍如下。

（1）采用中间冷凝器和中间再沸器　普通精馏塔供冷集中在塔顶冷凝器，供热集中在塔底再沸器，当塔顶、塔底温度相差较大时，特别是顶温低于环境温度、底温高于环境温度时，对冷却剂及加热剂的要求比较高，冷源及热源的级别相对较高，从节能角度来说是不合理的。若在精馏段设置中间冷凝器，就可以适当提高冷源的温度，使用比塔顶冷凝器温度稍高而价格较低的冷剂作为冷源，以代替一部分塔顶所用的价格较高的低温级冷剂，从而节省有效能，如图 5-21 所示。比如，某精馏的操作温度为 5℃，室温为 10℃，则不能用水做冷却剂，只能用低温冷却剂，如冷冻盐水，如果设置中间冷器，其操作温度为 25℃（因为精馏塔自上而下温度逐渐升高），则可以用水作为冷却剂，这样，就可以节约一定量的冷冻盐水，从而达到节能的目的。

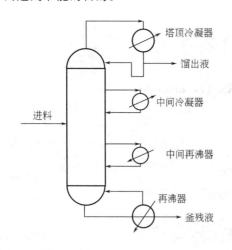

图 5-21　全塔物料衡算示意图

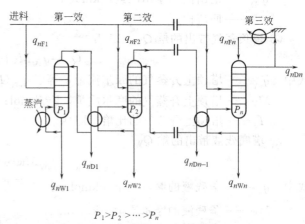

图 5-22　多效精馏流程示意图

类似的，设置中间再沸器，可以用温度比塔底再沸器稍低而价格较廉的加热剂作为热源，达到节能的目的。在深冷分离塔中，则可以回收温位较低的冷量。

（2）采用多效精馏　多效精馏是仿照多效蒸发的原理，如图 5-22 所示。把精馏任务在压力不同的多个塔内完成，每个塔称为一效，前一效的压力高于后一效，并且维持相邻两效之间的压力差，足以使前一效塔顶蒸气冷凝温度略高于后一效塔釜液体的沸腾温度。各效分别进料。第一效精馏塔用外来热剂或水蒸气加热，而第一效的塔顶蒸气进入第二效的塔釜作为加热剂使用并同时冷凝成塔顶产品。同理，在其他各效中均用前一效塔顶蒸气加热后一效塔釜液体，并在后一效塔釜液体吸热沸腾的同时，又使前一效塔顶蒸气冷凝为产品……直到最后一效，塔顶蒸气才需要用外来冷剂进行冷凝成产品。

多效精馏适用于进料中轻重组分沸点差较大的场合。多效精馏降低了冷、热剂的消耗量，可节省能耗，但需增加设备投资，流程复杂，经济上是否可行需要通过经济核算确定。由于塔间需采用热耦合，所以要求更高级的控制系统。

（3）采用热泵精馏　热泵精馏是通过热泵利用低温热能的一种精馏系统。热泵系统实质上是一个制冷系统，主要设备为压缩机和膨胀器。

热泵精馏流程见图 5-23，热泵系统的工作原理为：工作介质经压缩后在较高露点下冷凝，放出的热量供再沸器中的物料汽化；被液化的工作介质经过膨胀，在低压下汽化，汽化时需要吸收热量将塔顶冷凝器的热量移去。通过压缩机和膨胀阀的作用致使工质冷凝和汽化，将塔顶的低温位热送到塔底高温位处利用，整个系统因而得名热泵。热泵系统中压缩机消耗的能量是唯一由外界提供的能量，它比再沸器直接加热所消耗的能量少得多，一般只相当于后者的 20%～40%。

如果被分离的物料本身可以作为热泵的工作介质，可进一步提高热泵精馏的效益，如图 5-24 和图 5-25 所示的两种流程。图 5-24 为再沸液闪蒸的热泵系统，此系统中省去了再沸器，从塔底出来的液体经节流减压在塔顶冷凝器中汽化，再经压缩升温作为塔底上升蒸气使用。图 5-25 为蒸气再压缩的热泵系统，此系统省去了塔顶冷凝器，塔顶蒸气经压缩后在再沸器中冷凝，冷凝液经节流降温再回流到塔内。这两种流程不仅能减少热交换器的投资，并将进一步提高热泵的节能性能。

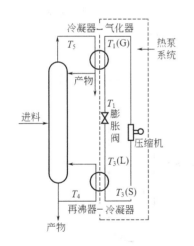

图 5-23　热泵精馏流程

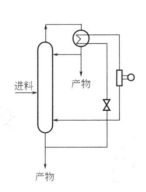

图 5-24　再沸液闪蒸热泵系统

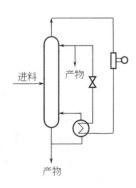

图 5-25　蒸气再压缩热泵系统

由于压缩机、电能等的限制以及具体工艺条件的不同，致使不同物系采用热泵精馏的效益差别甚大，所以并非任何精馏过程都能采用热泵进行节能。通常，对于塔顶与塔釜间温差小的系统、塔内压降较小的系统、被分离物系的组分间因沸点相近而难以分离，必须采用较大回流比，从而消耗热能较大的系统及低温精馏过程需要制冷设备的系统是比较适宜的。

热泵精馏是靠消耗一定量机械能达到低温热能再利用的，因此消耗单位机械能回收的热能是一项重要的经济指标。只有节能所带来的效益超过热泵系统的投资时，才能采用热泵精馏。

5.6 其他蒸馏方式

前已述及，蒸馏方式有很多种，而且蒸馏的技术也在不断的进步，新的蒸馏方式也不断地投入生产。前面重点介绍了连续精馏，因为连续精馏是工业蒸馏中应用最广的方式。但在某些场合下，其他蒸馏方式也在完成普通连续精馏不能完成的分离任务。

5.6.1 简单蒸馏

简单蒸馏是一种间歇操作，其流程如图5-26所示。原料液直接加入蒸馏釜至一定量后停止，蒸馏釜内料液在恒压下以间接蒸汽加热至沸腾汽化，所产生的蒸气从釜顶引出至冷凝器全部冷凝作为塔顶产品送入产品贮罐，由蒸馏原理知，其中易挥发组分的浓度将相对增加。当釜中溶液浓度下降至规定要求时，即停止加热，将釜中残液排出后，再将新料液加入釜中重复上述蒸馏过程。随着蒸馏过程的进行，釜内溶液中易挥发组分含量愈来愈低，随之产生的蒸气中易挥发组分含量也愈来愈低。生产中可用不同的产品贮槽，收集不同组成的产品。

在简单蒸馏中，每一个瞬间，气液两相都是相互平衡的，但最终馏出产品与残液是不相平衡的。可以通过对一批投料进行物料衡算，确定产品的组成或量。

5.6.2 闪蒸

闪蒸亦称为平衡蒸馏，其流程如图5-27所示。混合液通过加热器升温（未沸腾）后，经节流阀减压至预定压强送入分离室，由于压强的突然降低，使得由加热器来的过热液体在减压情况下大量自蒸发，最终产生相互平衡的气液两相。气相中易挥发组分浓度较高，与其呈平衡的液相中易挥发组分浓度较低，在分离室内气液两相分离后，气相经冷凝成为顶部产品，液相则作为底部产品。

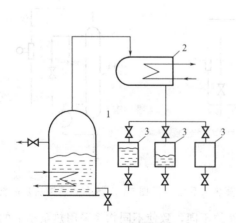

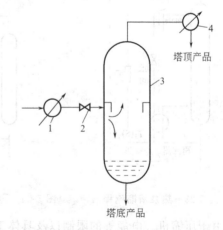

图 5-26　简单蒸馏
1—蒸馏釜；2—冷凝器；3—产品贮罐

图 5-27　闪蒸流程
1—加热器；2—节流阀；3—分离室；4—冷凝器

闪蒸和简单蒸馏都是通过一次部分汽化和冷凝分离液体混合物的操作，因此分离程度不高，可作为精馏的预处理步骤。这两种蒸馏过程的流程、设备和操作控制都比较简单，但因其分离程度很低，不能满足高纯度的分离要求。因此，主要用来分离沸点相差较大或分离要求不高的场合。

5.6.3 间歇精馏

间歇精馏又称分批精馏，是把原料一次性加入蒸馏釜内的精馏操作，在操作过程中不再加料，如图 5-28 所示。将釜内的液体加热至沸腾，所产生的蒸气经过各块塔板到达塔顶的全冷凝器。开车时，采用全回流操作，待全塔达到稳定后，逐渐改为部分回流操作，可从塔顶采集馏出产品，只要板数足够多，塔顶产品的浓度可以足够高。在回流比不变的情况下，随着精馏过程的进行，更多的轻组分不断被蒸出，导致釜液浓度逐渐降低，各层塔板的气液相浓度也逐渐降低。

可以看出，间歇精馏操作的特点是间歇操作，过程非定态，只有精馏段，没有提馏段，但指定位置的气液相浓度变化是连续而缓慢的。

间歇精馏适用于处理量小、物料品种常改变而分离要求又不低的场合。对于一种缺乏有关技术资料的物系的精馏分离开发，采用间歇精馏进行小试，操作灵活，可取得有用的数据。因此在精细化工生产中比较多见。另外，当混合液中有多个组分要分离时，间歇精馏可以完成一塔分离多个组分的任务。

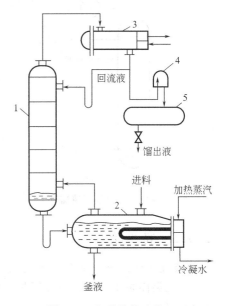

图 5-28 间歇精馏流程
1—精馏塔；2—再沸器；3—全冷凝器；
4—观察罩；5—产品贮槽

在实际生产中，间歇精馏操作有两种方式：其一，维持回流比不变；其二，维持馏出液组成不变。前者操作方便，易于控制，但产品组成不断变化，得到的是一定精馏时间段内的混合馏出液。后者得到稳定组成的产品，但需要不断增加回流比，因此操作比较难度相对较大。操作中根据情况选择。

5.6.4 多组分精馏

多组分精馏是指精馏过程中涉及三个或三个以上组分分离的精馏操作。其原理与双组分精馏的原理相同，但其流程与计算要复杂，而且组分越多，复杂程度越高。

当待分离混合液的处理量不大时，可以通过间歇精馏分离。此时，只需要一个精馏塔就可以完成分离任务。按挥发能力大小，依次从塔顶采出塔顶产品（最轻的组分最先采出，依次类推），挥发能力最小的组分最后从塔底采出。以三组分（A＋B＋C，A 最易挥发，C 最难挥发）体系为例，先蒸出 A，当 A 浓度不能达到规定指标时，停止采出 A，更换产品接收器，调节回流比，采出合格的产品 B，当 B 的浓度达到不到规定指标时，精馏结束，从塔底采出 C。

当处理量比较大时，通常采用连续精馏。连续多组分精馏分成两种情况：其一如图 5-29 所示，通过侧线采出，在一个塔中实现多组分的分离，此法主要用在原油分离中，只能获得不同沸程的产品；其二，通过多塔实现各组分的分离，产物组成可以达到很高。如图 5-30 所示以三组分（A＋B＋C，A 最易挥发，C 最难挥发）分离为例，可以采用两种不同的分离流程，两流程的区别只在于先分离出哪种组分，但能量的消耗却不相同。图 5-30(a) 是按挥发能力的大小依次从塔顶分离出轻组分的，最难挥发的组分从第二个塔底采出，此流程中，A 和 B 两产品只汽化和冷凝一次；图 5-30(b) 中，A 和 B 两产品均汽化和冷凝两次。因此从能量节约的角度看，通常都应该选择图 5-30(a) 流程。但在工程实际中，还要考虑到物料的热敏性，热敏性物质在分离时应该尽可能先被分离出来。当组分大于三个时，分离流程将有更多选择，要根据物系性质、分离要求综合评价，做出合理选择。

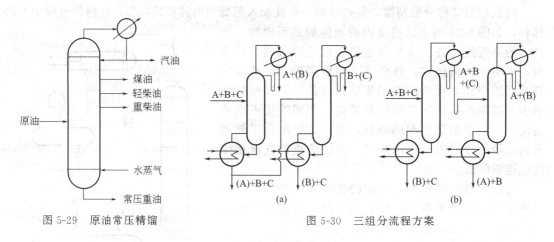

图 5-29 原油常压精馏 图 5-30 三组分流程方案

5.6.5 特殊精馏

在化工生产中，常常会遇到相对挥发度等于或接近于 1 的物系（比如具有恒沸物的物系），这类体系用普通精馏分离时，要么经济上不合理，要么在技术上不可能。这时必须采用特殊精馏。

特殊精馏是相对普通精馏而言的，为了使难以精馏分离的混合液得以分离，或满足某些特定的分离要求，常常向混合物中加入其他组分，再进行精馏，比如，恒沸精馏、萃取精馏、加盐精馏、水蒸气精馏等。以恒沸精馏和萃取精馏为例说明。

恒沸精馏和萃取精馏两种方法都是在被分离的混合液中加入第三组分，用以改变原溶液中各组分间的相对挥发度而达到精馏分离的目的。

如果双组分溶液 A、B 的相对挥发度很小，或具有恒沸物，可加入某种添加剂 C（又称夹带剂），夹带剂 C 与原溶液中的一个或两个组分形成新的恒沸物（AC 或 ABC），新恒沸物与原组分 B（或 A）以及原来的恒沸物之间的沸点差较大，从而可较容易地通过精馏获得纯 B（或 A），这种方法便是恒沸精馏。对夹带剂的要求是：①新恒沸物的沸点比纯组分的低，一般相差不小于 10℃；②新恒沸物用量少且最好为非均相，便于分层；③无毒、无腐蚀、热稳定，且来源容易，价格低廉。

如图 5-31 所示，分离乙醇-水恒沸物以制取无水乙醇便是一个典型的恒沸精馏过程，它是以苯作为夹带剂，苯、乙醇和水能形成三元恒沸物。由于新恒沸物与原恒沸物间的沸点相差较大，因而可用精馏分离并获得纯乙醇。

若在原溶液中加入某种高沸点添加剂（萃取剂）后可以增大原溶液中两个组分间的相对挥发度，从而使原料液的分离易于进行，这种精馏操作称为萃取精馏。对萃取剂的要求是：①能显著改变组分的相对挥发度；②挥发性弱，但沸点比纯组分高得多，且不形成新的恒沸物；③无毒、无腐蚀、热稳定，且来源容易，价格低廉。

如图 5-32 所示为分离苯-环己烷混合液的萃取精馏流程。在常压下苯的沸点为 80.1℃，环己烷的沸点为 80.73℃，其相对挥发度极小，用一般精馏方法很难分离。若在溶液中加入糠醛（沸点 161.7℃）作为萃取剂，由于其与苯的结合力相对较强，使苯对环己烷的相对挥发度大大增加，从而可以精馏分离。

萃取精馏与恒沸精馏相比，相同之处在于均加入第三组分，因此均属于多组分精馏，均需两个以上的塔。不同之处在于：①萃取剂比夹带剂易于选择；②萃取精馏时萃取剂在精馏

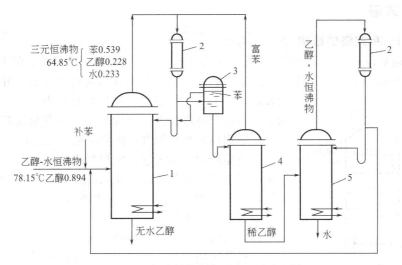

图 5-31 恒沸精馏制备无水乙醇流程图

1—恒沸精馏塔；2—冷凝器；3—分层器；4—苯回收塔；5—乙醇回收塔

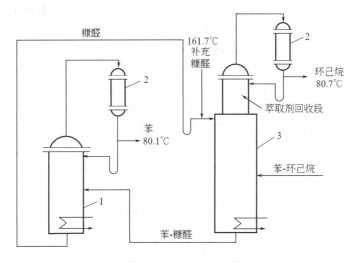

图 5-32 萃取精馏分离苯-环己烷混合液

1—苯回收塔；2—冷凝器；3—萃取精馏塔

过程中基本不汽化，耗能低；③萃取精馏中萃取剂的加入量可调范围大，比恒沸精馏易于控制，操作灵活；④萃取精馏不宜间歇操作，恒沸精馏则可间歇进行；⑤恒沸精馏操作温度比萃取精馏低，更适宜分离热敏性溶液。

5.7 精馏设备

精馏装置包括精馏塔、再沸器和冷凝器等设备。精馏塔是核心设备，其基本功能是为气液两相提供充分接触的机会，使传热和传质过程迅速而有效地进行；并且使接触后的气液两相及时分开，互不夹带。根据塔内气液接触部件的结构形式，精馏塔可分为板式塔和填料塔两大类，在本节中主要讨论板式塔，填料塔将在第 6 章中介绍。

5.7.1 板式塔

5.7.1.1 板式塔的结构

板式塔通常是由一个呈圆柱形的壳体以及沿塔高按一定的间距水平设置的若干层塔板所组成，如图5-33所示。在操作时，液体靠重力作用由顶部逐板向塔底排出，并在各层塔板的板面上形成流动的液层；气体则在压力差推动下，由塔底向上经过均布在塔板上的开孔依次穿过各层塔板，再由塔顶排出。塔内以塔板作为气液两相接触传质的基本构件。

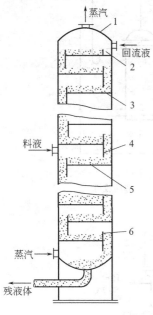

图5-33 板式塔结构
1—塔体；2—进口堰；3—受液盘；
4—降液管；5—塔板；6—出口堰

工业生产中的板式塔，常根据塔板间有无降液管沟通而分为有降液管（错流塔板）及无降液管（逆流塔板）两大类，应用最多的是有降液管式的板式塔（图5-33）。它主要由塔体、溢流装置和塔板及其构件等组成。

（1）塔体 通常为圆柱形，常用钢板焊接而成，有时也将其分成若干塔节，塔节间用法兰盘连接。

（2）溢流装置 包括出口堰、降液管、进口堰、受液盘等部件。

① 出口堰 为保证气液两相在塔板上有充分接触的时间，塔板上必须贮有一定量的液体。为此，在塔板的出口端设有溢流堰，称出口堰。塔板上的液层厚度或持液量很大程度上由堰高决定。生产中最常用的是弓形堰，小塔中也有用圆形降液管升出板面一定高度作为出口堰的。

② 降液管 降液管是塔板间液流通道，也是溢流液中所夹带气体分离的场所。正常工作时，液体从上层塔板的降液管流出，横向流过塔板，翻越溢流堰，进入该层塔板的降液管，流向下层塔板。降液管有圆形和弓形两种，弓形降液管具有较大的降液面积，气液分离效果好，降液能力大，因此生产上广泛采用。

为了保证液流能顺畅地流入下层塔板，并防止沉淀物堆积和堵塞液流通道，降液管与下层塔板间应有一定的间距（降液管底隙高度）。为保持降液管的液封，防止气体由下层塔进入降液管，降液管底隙高度应小于出口堰高度。

③ 受液盘 降液管下方部分的塔板通常又称为受液盘，有凹型及平型两种，一般较大的塔采用凹型受液盘，平型就是塔板面本身。

④ 进口堰 在塔径较大的塔中，为了减少液体自降液管下方流出的水平冲击，常设置进口堰。可用扁钢或$\phi 8 \sim 10mm$的圆钢直接点焊在降液管附近的塔板上而成。为保证液流畅通，进口堰与降液管间的水平距离不应小于降液管与塔板的间距。

（3）塔板及其构件 塔板上液层是板式塔内气液两相接触的场所，操作时气液两相在塔板上接触的好坏，对传热、传质效率影响很大，因此，塔板结构对塔的接触性能和分离效率有决定作用。在长期的生产实践中，人们不断地研究和开发出新型塔板，以改善塔板上的气、液接触状况，提高板式塔的分离效率。目前工业生产中使用较为广泛的塔板类型有泡罩塔板、筛孔塔板、浮阀塔板等几种，但泡罩塔已越来越少。

5.7.1.2 板式塔的类型

（1）泡罩塔 泡罩塔是随工业蒸馏的建立而发展起来的，是应用最早的塔型，其结构如图5-34所示。塔板上的主要元件为泡罩，泡罩尺寸一般为80mm、100mm、150mm三种，可根据塔径的大小来选择，泡罩的底部开有齿缝，泡罩安装在升气管上，从下一块塔板上升的气体经升气管从齿缝中吹出，升气管的顶部应高于泡罩齿缝的上沿，以防止液体从中漏下，由于有了升气管，泡罩塔即使在很低的气速下操作，也不至于产生严重的漏液现象，因此该种塔操作很稳定并有完整的设计资料和部分标准；不足之处是结构复杂、压降大、液面落差大，气液分布不均匀，造价高，已逐渐被其他的塔型取代，新建塔很少再用此种塔板。

（2）筛板塔　筛板塔出现略迟于泡罩塔，与泡罩塔的差别在于取消了泡罩与升气管，直接在板上开很多的小直径的筛孔。操作时，气体高速通过小孔上升，板上的液体不能从小孔中落下，只能通过降液管流到下层板，上升蒸气或泡点的条件使板上液层成为强烈搅动的泡沫层。筛板用不锈钢板制成，孔的直径为 3～8mm。筛板塔结构简单、造价低、生产能力大、板效率高、压降低，随着对其性能的深入研究，已成为应用最广泛的一种。

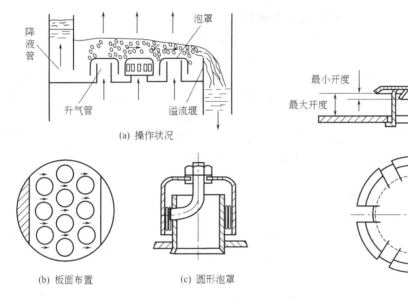

图 5-34　泡罩塔

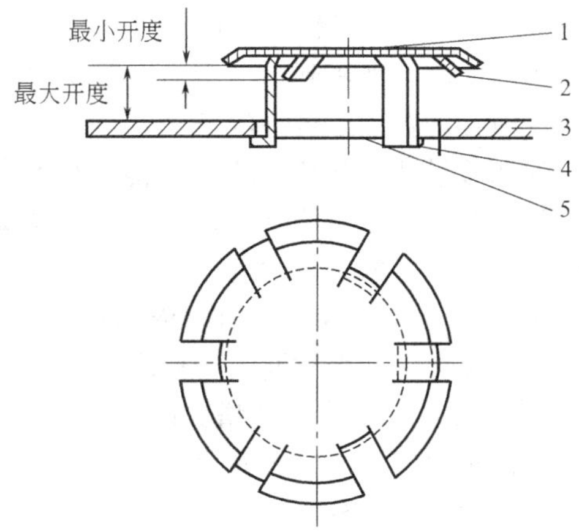

图 5-35　浮阀塔（F-1 型）
1—阀片；2—定距片；3—塔板；4—底脚；5—阀孔

（3）浮阀塔　浮阀塔是在第二次世界大战后开始研究，自 20 世纪 50 年代起使用的一种新型塔板。其特点是在筛板塔基础上，在每个筛孔处安装一个可以上下浮动的阀体，当筛孔气速高时，阀片被顶起、上升，孔速低时，阀片因自重而下降。阀体可随上升气量的变化而自动调节开度，这样可使塔板上进入液层的气速不至于随气体负荷的变化而大幅度变化，同时气体从阀体下水平吹出加强了气液接触。浮阀的形式很多。其中 F-1 型研究和推广的较早，见图 5-35 所示。分轻阀和重阀两种：轻阀重 25g，由 1.5mm 薄板冲压而成；重阀重33g，由 2mm 薄板冲压而成。阀孔直径为 39mm，阀片有三条带钩的腿，插入阀孔后将其腿上的钩扳转 90°，可防止被气体吹走。此外，浮阀边沿冲压出三块向下微弯的"脚"。当气速低，浮阀降至塔板时，靠这三只"脚"使阀片与塔板间保持 2.5mm 左右的间隙；当浮阀再次升起时，浮阀不会被粘住，可平稳上升。浮阀塔的特点是生产能力大、操作弹性大、板效率高，因此得到了广泛应用。

（4）其他类型塔板　除上述应用最多的塔板外，舌型塔板、浮舌型塔板、斜孔塔板、穿流型塔板等也有所应用。比较各种塔板的性能是很复杂的问题，因为塔板的性能除取决于板类型外，还与其尺寸、加工精度、物系、处理能力能有关。新型塔板有其优势的一面，但综合性能却不一定好，再者设计经验与操作经验相对缺少。此处不一一介绍。

可参阅有关书籍。

5.7.1.3 塔板上的流体力学现象

（1）塔板上气液接触状况

① 鼓泡接触状态　当上升蒸汽流量较低时，气体在液层中吹鼓泡的形式是自由浮升，塔板上存在大量的返混液，气液比较小，气液相接触面积不大。

② 蜂窝状接触状况　气速增加，气泡的形成速度大于气泡浮升速度，上升的气泡在液层中积累，气泡之间接触，形成气泡泡沫混合物，因为气速不大，气泡的动能还不足以使气泡表面破裂。因此，是一种类似蜂窝状泡沫结构。因气泡直径较大，很少搅动，在这种接触状态下，板上清液会基本消失，从而形成以气体为主的气液混合物，由于气泡不易破裂，表面得不到更新，所以这种状态对于传质、传热不利。

③ 泡沫状接触状态　气速连续增加，气泡数量急剧增加，气泡不断发生碰撞和破裂，此时，板上液体大部分均以膜的形式存在于气泡之间，形成一些直径较小，搅动十分剧烈的动态且不断更新的气泡，气液接触好，是一种较好的塔板工作状态。

④ 喷射接触的状态　当气速连续增加，由于气体动能很大，把板上的液体向上喷成大小不等的液滴，液滴到达一定高度后受重力作用落回到塔板上，再次被抛出，不断更新的液滴为气液接触提供了良好的条件，也是一种较好的工作状态。

泡沫接触状态与喷射状态均能提供良好的气液接触条件，但喷射状态是塔板操作的极限，易引起较多的液沫夹带，所以多数塔操作均控制在泡沫接触状态。

（2）塔板上的不正常现象

① 漏液　当气速较低时，液体从塔板上的开孔处下落，这种现象称为漏液。漏液降低了塔的分离效率，严重漏液会使塔板上建立不起液层，会导致分离效率的严重下降。

② 液沫夹带　当气速增大时，液滴被带到上一层塔板的现象称为液沫夹带。产生液沫夹带有两种原因，一是板间距太小，二是气体速度太高。液沫夹带使塔板的分离能力没有得到充分发挥，导致分离效率下降。

③ 气泡夹带　因液体流量过大或溢流管内停留时间不够长而使溢流管内的液体的流量过快，导致溢流管中液体所夹带的气泡来不及从管中脱出而被带到下一层塔板的现象。气泡夹带使已经转移到气相中的轻组分重新回到液相，造成分离效率下降。

④ 液泛现象　液体在塔内不能顺畅流下的现象称为液泛。其原因有两个：一个是当塔板上液体流量很大，上升气体的速度很高时，液沫夹带量猛增，使塔板间充满气液混合物，最终使整个塔内都充满液体；另一个是降液管通道太小，流动阻力大，或因其他原因使降液管局部地区堵塞而变窄，液体不能顺利地通过降液管下流，使液体在塔板上积累而充满整个板间。液泛时，物料大量返混，气液接触面积大大减少，严重影响塔的正常操作，在操作中必须避免。

5.7.2　辅助设备

精馏装置的辅助设备主要是各种形式的换热器，包括塔底再沸器、塔顶冷凝器、料液预热器、产品冷却器、原料贮槽、产品贮槽，另外还需管线以及流体输送设备等。其中再沸器和冷凝器是保证精馏过程能连续稳定操作所必不可少的两个换热设备。

再沸器的作用是提供精馏需要的热量，将塔内最下面的一块塔板流下的液体进行加热，使其中一部分液体发生汽化变成蒸气而重新回流入塔，以提供塔内上升温度较高的气流，从而保证塔板上气液两相的稳定传质。

冷凝器的作用是提供精馏需要的冷量，将塔顶上升的蒸汽进行冷凝，使其成为液体，之后将一部分冷凝液从塔顶回流入塔，以提供塔内下降温度较低的液流，使其与上升气流进行接触，传质与传热。

再沸器和冷凝器在安装时应根据塔的大小及操作是否方便而确定其安装位置。对于小塔，冷凝器一般安装在塔顶，这样冷凝液可以利用位差而回流入塔；再沸器则可安装在塔底。对于大塔（处理量大或塔板数较多时），冷凝器若安装在塔顶部则不便于安装、检修和清理，此时可将冷凝器安装在较低的位置，回流液则用泵输送入塔。再沸器一般安装在塔底外部。

安装于塔顶或塔底的冷凝器、再沸器均可用夹套式或内装蛇管、列管的间壁式换热器，而安装在塔外的再沸器、冷凝器则多为卧式列管换热器。

5.8　精馏塔的操作

5.8.1　操作步骤

在化工生产中，产品质量能否合格、收率高低及消耗定额的大小等均取决于精馏塔操作的水平，因此，正确操作精馏塔是非常重要的。由于生产不同产品的生产任务不同，操作条件多样，塔型也不一样，因此精馏过程的操作控制也是各不相同的。下面从共性简单说明精馏塔的操作步骤。

① 准备工作　检查仪器、仪表、阀门等是否齐全、正确、灵活，做好开车前的准备。

② 预进料　先打开放空阀，冲氮置换系统中的空气，以防在进料时出现事故，当压力达到规定的指标后停止，再打开进料阀，打入指定液位高度的料液后停止。

③ 再沸器投入使用　打开塔顶冷凝器的冷却水（或其他介质），再沸器通蒸汽加热。

④ 建立回流　在全回流情况下继续加热，直到塔温、塔压均达到规定指标，产品质量符合要求。

⑤ 进料与出产品　打开进料阀进料，同时从塔顶和塔釜采出产品，调节到指定的回流比。

⑥ 控制调节　当塔板类型及结构尺寸与物系确定后，精馏塔控制与调节的实质是控制塔内气液相负荷的大小，以保持塔设备良好的质热传递，获得合格的产品。但气液相负荷是无法直接控制的，生产中主要通过控制温度、压力、进料量和回流比来实现。运行中，要注意各参数的变化，及时调整。

在塔设计手册中，会提供塔的负荷性能图，如图 5-36 所示。5 条线围成的区域就是精馏塔的可操作区域，在实际操作中，气液相负荷不允许超此操作区域，否则将发生漏液、液沫夹带、干吹、气泡夹带、液泛等不正常操作状态。在一定回流比下，操作点 o 的可操作上限为 2 点，下限为 1 点，两点气相负荷的比值称为塔的操作弹性。显然，操作弹性越大，可操作范围越宽。

⑦ 停车　先停进料，然后停再沸器，当采出产品不能达到质量指标时停止采出产品，最后降温降压后再停冷却水。

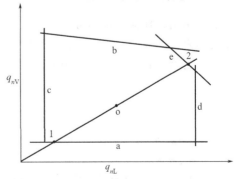

图 5-36　塔板负荷性能图
a—漏液线；b—液沫夹带限制线；c—液相流量下限线；d—液相流量上限线；e—液泛线

5.8.2 不正常现象及处理

由于物系不同，分离要求不同，操作条件不同，塔的结构及尺寸不同，工艺不同，精馏形式不同等原因，精馏生产中遇到的不正常现象和处理方法也就不相同。归纳起来，精馏操作中常出现的不正常现象和处理方法见表 5-2。

表 5-2　精馏操作不正常现象及处理方法

不正常现象		原　因	处 理 方 法
塔顶温度不稳定		釜温度太高	调节釜温至规定值
		回流液温度不稳	检查冷剂温度和冷剂量
		回流管不畅通	疏通回流管
		操作压力波动	稳定操作压力
		回流比波动,通常变小	调节回流比
釜温及釜压力不稳		蒸汽压力不稳	调整蒸汽压力至稳定
		疏水器不畅通	检查疏通疏水器
		加热器有漏点	停车检查漏处
釜液面不稳定		塔釜排出量不稳	稳定塔釜排出量
		塔釜温度不稳	稳定釜温度
		进料组成发生变化	稳定进料组成
釜温突然下降,提不起温度	开车阶段	疏水器失灵	检查疏水器
		扬水站回水阀未开	打开回水阀
		再沸器内冷凝液未排除,蒸汽无法加入	吹除凝液
		再沸器内水不溶物多,垢层热阻大	清理再沸器及加热面
	正常操作阶段	循环管堵,再沸器内没有循环液	疏通循环管
		再沸器加热管堵塞	疏通加热管
		疏水阀失灵	检查疏水阀
		塔板堵,液体回不到塔釜	停车检查清洗塔板
系统压力增高		冷剂温度高或循环量小	调节冷剂的温度或流量
		采出量太小	增大采出量
		塔釜温度突然上升	降低加热蒸汽压力
		设备有损或堵现象	停车检修
淹塔		釜温突然升高	调加料量,降釜温
		回流比大	降回流,增大采出量
		塔釜列管漏	停车检修

必须指出，任何一种异常现象的发生，往往不是由一种原因引起，可能是多种因素共同作用的结果，因此，必须不断积累经验，深入了解各因素对精馏操作的影响以及各现象产生的原因，进行综合分析判断，采取措施处理。

思 考 题

1. 蒸馏分离的基本依据是什么？有哪些类型？各适用于什么场合？
2. 精馏过程为什么必须要有回流？
3. 精馏塔的操作线关系与平衡关系有何不同，有何实际意义及作用？
4. 某精馏塔正常稳定操作，若想增加进料量，而保持产品质量不变，宜采取哪些措施？
5. 精馏生产中，常开设三个加料口，为什么？
6. 进料热状况发生变化，对精馏产生什么影响？

7. 若精馏塔加料偏离适宜位置（其他操作条件均不变），将会导致什么结果？

8. 塔顶温度升高时，会带来什么样的结果？如何处理？

9. 在连续精馏塔的操作中，由于前一工序原因使加料组成 x_F 降低，问可采取哪些措施保证塔顶产品的质量（即保持馏出液组成 x_D 不降）？与此同时釜残液的组成 x_W 将如何变化？

10. 在某二元混合物连续精馏操作中，若进料组成及流量不变，总理论塔板数及加料板位置不变，塔顶产品采出率 D/F 不变。试定性分析在进料热状况参数 q 增大，回流比 R 不变的情况下，x_D、x_W 和塔釜蒸发量的变化趋势。

11. 若有 A、B、C、D 四组分混合液，用精馏方法将它们全部分开，四种组分的沸点依次升高，组分 D 有腐蚀性，组分 B 与 C 的含量较少，两者的沸点差小，最难分离，试问应采用怎样的精馏分离方案？

习　　题

5-1　现有乙醇质量分数为 0.25 的乙醇-水溶液，试求：（1）乙醇的摩尔分数；（2）乙醇水溶液的平均摩尔质量。

5-2　用精馏方法分离含丙烯 0.40（质量分数，下同）的丙烯-丙烷混合液，进料量为 2000kg/h。塔底产品中丙烯含量为 0.20，流量 1000kg/h。试求塔顶产品的产量及组成。

5-3　某连续精馏操作的精馏塔，每小时蒸馏 10000kg 含乙醇 0.25（质量分数，下同）的乙醇-水溶液，设塔底残液内乙醇不超过 0.01，塔顶含乙醇不低于 0.90，试求每小时可获得质量分数为多少馏出液及残液量？乙醇的回收率是多少？

5-4　在连续精馏塔中分离二硫化碳-四氯化碳混合液。已知原料液流量为 5000kg/h，二硫化碳的质量分数为 0.3（下同）。若要求釜液组成不大于 0.05，塔顶二硫化碳回收率为 88%，试求馏出液的流量和组成，分别以摩尔流量和摩尔分数表示。

5-5　习题 5-3 中，若为饱和液体进料，操作回流比为最小回流比的 1.5 倍，求：（1）回流量；（2）操作线方程。

5-6　将含易挥发组分 0.25（摩尔分数，以下同）的某混合液连续精馏分离。要求馏出液中含易挥发组分 0.95，残液中含易挥发组分 0.04。塔顶每小时送入全凝器 1000kmol 蒸气，而每小时从冷凝器流入精馏塔的回流量为 670kmol。试计算残液量和回流比。

5-7　精馏分离丙酮-正丁醇混合液。料液、馏出液含丙酮分别为 0.30、0.95（均为质量分数），加料量为 1000kg/h，馏出液量为 300kg/h，进料为饱和液体。回流比为 2。求精馏段操作线方程和提馏段操作线方程。

5-8　在 y-x 图上绘制习题 5-7 的操作线，并确定两操作线交点 q 的坐标值 (x_q, y_q)，比较 x_F 与 x_q，可得出什么结论？若为饱和蒸气进料，则操作线有何变化？

5-9　求完成习题 5-5 分离任务所需的理论板数。若总板效率为 0.55，试求所需的实际板数及加料板位置。

5-10　在常压下连续精馏分离含苯 0.50 的苯-甲苯混合液。要求馏出液中含苯 0.96，残液中含苯不高于 0.05（以上均为摩尔分数）。饱和液体进料，回流比为 3，物系的平均相对挥发度为 2.5。试用逐板计算法求所需的理论板层数与加料板位置。若总板效率为 0.50，求需要的实际板数。

5-11　在常压下连续精馏分离含甲醇 0.35 的甲醇水溶液，以得到含甲醇 0.95 的馏出液与含甲醇 0.04 的残液（以上均为摩尔分数），操作回流比为 2.5，饱和液体进料。试用图解法求所需要的理论板层数。甲醇-水的相平衡数据见附录。若总板效率为 65%，需要的实际塔板数是多少？

5-12　在常压操作的连续精馏塔中，分离含甲醇 0.4、含水 0.6（以上均为摩尔分数）的溶液，要求塔顶产品含甲醇 0.95 以上，塔底含甲醇 0.035 以下，物料流量 15kmol/s，采用回流比为 3，试求以下各种进料状况下的 q 值以及精馏段和提馏段的气、液相流量。（1）进料温度为 40℃；（2）饱和液体进料；（3）饱和蒸气进料。

5-13　在常压下，欲在连续精馏塔中分离含甲醇 0.40 水溶液，以得到含甲醇 0.95（均为摩尔分数）的馏出液。若进料为饱和液体，试求最小回流比。若取回流比为最小回流比的 1.5 倍，求实际回流比 R。

5-14　在常压连续精馏塔中，每小时将 182kmol 含乙醇摩尔分数（以下同）为 0.144 的乙醇-水溶液进行分离。要求塔顶产品中乙醇浓度不低于 0.86，釜中乙醇浓度不高于 0.012。进料为 20℃ 冷料，其 q 值为

1.135。回流比为 4。再沸器内采用 0.16MPa 水蒸气加热。试求每小时蒸汽消耗量。釜液浓度很低，其物理性质可认为与水相同。

5-15 某苯与甲苯精馏塔进料量为 1000kmol/h，浓度为 0.5。要求塔顶产品浓度不低于 0.9，塔釜浓度不大于 0.1（皆为苯的摩尔分数），饱和液体进料，回流比为 2，相对挥发度为 2.46，平均板效率为 0.55。

（1）满足以上工艺要求时，塔顶、塔底产品量各为多少？采出 560kmol/h 行吗？采出最大极限值是多少？当采出量为 535kmol/h 时，若仍要满足原来的产品浓度要求，可采取什么措施？

（2）仍用此塔来分离苯、甲苯体系，若在操作过程中进料浓度发生波动，由 0.5 降为 0.4。①在采出率 D/F 及回流比不变的情况下，产品浓度会发生什么变化？②回流比不变，采出率降为 0.4，产品浓度如何？③若要使塔顶塔釜浓度保持 $x_D \geq 0.9$，$x_W \leq 0.1$，可采取什么措施？具体如何调节？

（3）对于已确定的塔设备，在精馏操作中加热蒸汽发生波动，蒸汽量为原来的 4/5，此时会发生什么现象？如希望产品浓度不变，$x_D \geq 0.9$，$x_W \leq 0.1$，可采取哪些措施？如何调节？

自 测 题

一、填空

1. 蒸馏是分离_____相液体混合物的一种方法，其分离依据是混合物中各组分的_____差异，是涉及_____两相传质与传热的分离过程。

2. 在 t-x-y 图中的气液共存区内，气液两相温度_____，气液两相组成符合_____关系，气液两相的量可以根据_____确定。

3. 对双组分理想物系，当气液两相组成相同时，则气相露点温度_____液相泡点温度。

4. 双组分溶液的相对挥发度 α 是溶液中_____的挥发度对_____的挥发度之比，若 $\alpha=1$ 表示_____用普通蒸馏方法分离。物系的 α 值越大，在 x-y 图中的平衡曲线离对角线越_____。

5. 工业生产中，精馏是通过在精馏塔内将混合物_____部分气化和_____部分冷凝来达到分离目的的。精馏与普通蒸馏的本质区别在于是否有_____。

6. 在连续精馏塔内，加料板以上的塔段称为_____，其作用是_____；加料板以下的塔段（包括加料板）称为_____，其作用是_____。

7. 精馏塔的塔顶温度总是低于塔底温度，其原因在于①_____和②_____。

8. 精馏过程回流比 R 的定义式为_____；对于一定的分离任务来说，当 $R=$_____时，所需理论板数为最少，此种操作称为_____；而 $R=$_____时，所需理论板数为∞。

9. 精馏塔有_____种进料热状况，其中以_____进料的 q 值最大。

10. 精馏塔全回流操作时，回流比等于_____、馏出液流量等于_____、操作线方程为_____。

11. 精馏过程中，上升蒸汽流是由_____器提供的，下降液体是由_____器提供的。

二、单项选择题

1. 精馏操作中，造成淹塔现象的原因可能是（ C ）。
   A. 气流速度过大　　　　　　　B. 液体流量过大
   C. 降液管设计不合理　　　　　D. 以上三种情况中的一种或多种

2. 精馏计算中，"理论板"假定是指（ ）。
   A. 塔板无泄漏
   B. 离开理论板的气液相组成相等
   C. 离开理论塔板的气液相达到相平衡
   D. 离开理论板的气液相温度相等

3. 二元连续精馏计算中，进料热状态的变化将引起 x-y 图上变化的线有（ ）。
   A. 平衡线和对角线　　　　　　B. 平衡线和进料线
   C. 操作线和进料线　　　　　　D. 操作线和平衡线

4. 最小回流比是（ ）。
   A. 回流量接近于零的回流比　　B. 完成生产任务最经济的回流比
   C. 全回流时对应的回流比　　　D. 完成指定分离任务所需的回流比最小值

5. 由气相和（或）液相流量过大造成的现象称为（　　）现象。

A. 漏液　　　　　B. 液沫夹带　　　　　C. 气泡夹带　　　　　D. 液泛

6. 在其他条件不变的情况下，增大回流比能（　　）。

A. 减少操作费用　　　　　　　　　　　　B. 增大设备费用

C. 提高产品纯度　　　　　　　　　　　　D. 增大塔的生产能力

7. 从温度-组成图中的气液共存区内，当温度增加时，液相中易挥发组分的含量会（　　）。

A. 增大　　　　　B. 增大及减少　　　　　C. 减少　　　　　D. 不变

8. 在 F、x_F、x_D、x_W 一定的情况下，进料热状态参数 q 值发生变化，将使（　　）。

A. D 变，W 不变　B. D 不变，W 变　　C. D 和 W 同时发生变化　D. D 和 W 都不发生变化

9. 在四种典型塔板中，操作弹性最大的是（　　）塔板。

A. 泡罩　　　　　B. 筛孔　　　　　C. 浮阀　　　　　D. 舌

10. 在其他情况不变的情况下，加大回流比，塔顶轻组分组成将（　　）。

A. 不变　　　　　B. 变小　　　　　C. 变大　　　　　D. 忽大忽小

11. 若要求双组分混合液分离成较纯的两个组分，则应采用（　　）。

A. 平衡蒸馏　　　B. 一般蒸馏　　　　　C. 精馏　　　　　D. 无法确定

12. 某精馏塔的馏出液量是 50kmol/h，回流比是 2，则精馏段的回流量是（　　）。

A. 100kmol/h　　B. 50kmol/h　　　　C. 25kmol/h　　　D. 125kmol/h

13. 当分离沸点较高，而且又是热敏性混合液时，精馏操作压力宜采用（　　）。

A. 加压　　　　　B. 减压　　　　　C. 常压　　　　　D. 不确定

14. 在相同的条件 R、x_D、x_F、x_W 下，q 值越大，所需理论塔板数（　　）。

A. 越少　　　　　B. 越多　　　　　C. 不变　　　　　D. 不确定

15. 在再沸器中溶液（　　）产生上升蒸气，是精馏得以连续稳定操作的一个必不可少的条件。

A. 部分冷凝　　　B. 全部冷凝　　　　C. 部分气化　　　D. 全部气化

16. 降低精馏塔的操作压力，可以（　　）。

A. 降低操作温度，改善传热效果　　　　　B. 降低操作温度，改善分离效果

C. 提高生产能力，降低分离效果　　　　　D. 降低生产能力，降低传热效果

17. 对常压下物系的沸点在室温以下的混合物，常采用（　　）精馏。

A. 加压　　　　　B. 减压　　　　　C. 常压　　　　　D. 都可以

18. 塔板上较大的液面落差易引起（　　）。

A. 液泛　　　　　B. 气体分布不均　　　C. 雾沫夹带　　　D. 板压降增大

19. 在精馏操作过程中，塔的压力突然增大，其可能原因及应采取的措施（　　）。

A. 塔板受腐蚀，孔径增大，产生漏液，应增加塔腹热负荷

B. 筛孔被堵塞，孔径减小，气速增加，雾沫夹带严重，应降低负荷操作

C. 加热过猛，应加大气体排出量，减少加热剂用量，控制压力

D. 降液管折断，气体短路，需要换降液管

20. 在精馏塔操作中，若出现塔釜温度及压力不稳时，产生原因可能是（　　）。

A. 蒸汽压力不稳定　　　　　　　　　　　B. 疏水器不畅通

C. 再沸器有泄漏　　　　　　　　　　　　D. 以上三种原因都可能

21. 蒸馏中的双组分理想溶液的气-液平衡关系应服从（　　）。

A. 亨利定律　　　　　　　　　　　　　　B. 道尔顿分压定律

C. 拉乌尔定律　　　　　　　　　　　　　D. 分配定律

22. 有关灵敏板的叙述，正确的是（　　）。

A. 操作条件变化时，塔内温度变化最大的那块板

B. 板上温度变化，物料组成不一定都变

C. 板上温度升高，反应塔顶产品组成下降

D. 板上温度升高，反应塔底产品组成增大

23. 精馏塔的理论板数为 17 块（包括塔釜），全塔效率为 0.5，则实际塔板数为（　　）块。

A. 34　　　　　　B. 31　　　　　　　C. 33　　　　　　D. 32

24. 以下变化不影响理论塔板数的进料是（　　）。

A. 进料位置　　　　　B. 进料热状态　　　　　C. 进料组成　　　　　D. 进料量

本章主要符号说明

英文字母

c——比热容，$kJ/(kg \cdot K)$；

E_T——塔板效率；

i——单位液体的焓，kJ/kg 或 $kJ/kmol$；

I——单位蒸气的焓，kJ/kg 或 $kJ/kmol$；

m——塔板序号；

M——摩尔质量，$kg/kmol$；

n——精馏段塔板序号；

N——塔板数；

P——系统的总压或外压，kPa；

q——进料热状况参数；

q_n——摩尔流量，$kmol/h$；

Q——传热速率或热负荷，kJ/h；

r——汽化潜热，kJ/kg；

R——回流比；

t——温度，℃；

T——热力学温度，K；

x——液相中易挥发组分摩尔分数；

y——气相中易挥发组分摩尔分数。

希腊字母

α——相对挥发度；

ρ——密度，kg/m^3；

π——损失于环境。

上、下标

D——馏出液的；

F——原料液的；

h——加热蒸汽的；

i——塔板序号；

j——塔板序号；

L——液相或精馏段内液相；

L'——提馏段内液相；

min——最小；

P——实际的；

q——q 线与平衡线交点处的；

R——回流液的；

T——理论的；

V——气相的或精馏段内气相；

V'——提馏段内气相；

W——残液的；

* ——平衡的。

第6章 气体吸收

学习目标

1. 了解

吸收分离依据、类型及其应用；传质基本方式；气体在液体中的溶解度；相组成；解析及其与吸收的异同；最小液气比；传质单元高度与传质单元数；填料塔的流体力学性能。

2. 理解

亨利定律各种表达式及相互间的关系；传质速率方程、传质系数及相互关系；传质推动力；双膜理论及气膜控制与液膜控制；各种流程的特点。

3. 掌握

吸收剂的选择；相平衡与吸收关系；吸收塔的物料衡算、操作线方程及图示方法；吸收剂用量的确定；填料层高度计算，传质单元数的计算（平推动力法和吸收因数法）；吸收塔的操作。

6.1 概 述

利用混合气体中各组分在同一种溶剂（吸收剂）中溶解度的不同分离气体混合物的单元操作称为吸收。吸收是分离气体混合物最常见的单元操作之一。例如：将含 NH_3 的空气通入水中，因 NH_3 和空气在水中溶解度差异很大，NH_3 很容易溶解于水中，形成氨水溶液，而空气几乎不溶于水中。所以用水吸收混合气体中的 NH_3 能使 NH_3 与空气分离。

工业吸收操作是在吸收塔内进行的，如图 6-1 所示。在吸收操作中，通常将混合气体中能够溶解于溶剂中的组分称为溶质或吸收质，以 A 表示；而不溶或微溶的组分称为载体或惰性气体，以 B 表示；吸收所用的溶剂称为吸收剂，以 S 表示；经吸收后得到的溶液称为吸收液（富液）；被吸收后排出吸收塔的气体称为吸收尾气。吸收过程就是吸收质由气相转入液相的过程。

显然，吸收操作并没有获得纯溶质组分，要获得溶质还需将溶质从吸收液中分离出来。将已经溶解到溶剂中的溶质重新取出的操作称为解吸（脱吸），由于解吸后溶剂可以循环使用，因此，也称为溶剂再生过程。显然，解吸是吸收的逆过程。

吸收与解吸都是气液两相间的质量传递过程，只是传质方向不同而已。由于过程相似，设备也相似，故常常放在一起讨论。

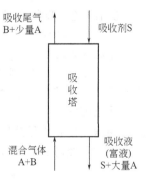

图 6-1 吸收过程示意图

6.1.1 气体吸收在化工生产中的应用

在化工生产中，经常需要分离气体混合物，因此，吸收在化工生产中具有十分广泛的应用。

6.1.1.1 典型工业吸收操作流程

由于分离对象、吸收任务、操作条件等不同，工业吸收流程各种各样，比如有吸收解吸联合流程、单塔吸收流程、多塔串联或并联吸收流程、溶剂部分循环流程等，这些流程各有特点，应用场合各不相同。

图 6-2 为典型工业吸收与解吸的联合流程。在炼焦或制城市煤气的生产过程中，焦炉煤气内常含有少量苯、甲苯类化合物的蒸气，可以通过吸收与解吸操作回收利用。常温下，含苯煤气从吸收塔底部送入，沿塔上升；洗油从吸收塔顶喷淋而下。气液在塔内逆流直接接触过程中，由于苯类易溶于洗油而煤气中其他组分难溶于洗油，苯类大量转移入洗油中。从吸收塔顶引出的脱苯煤气仅含极少量苯（$<2g/m^3$），从吸收塔底引出溶有较多苯类物质的洗油。为了回收富油中的苯，并使洗油循环使用，在解吸塔内进行与吸收相反的操作——解吸。将富油加压、预热至 170℃ 左右送至解吸塔顶喷淋而下，解吸塔底通入过热蒸汽供热，洗油中的苯在高温下被水蒸气脱出并带出塔顶，由于苯和水的密度差别较大且不互溶，在冷凝器中冷凝并静置一段时间后自动分层，放走冷凝器中的水后可获得苯类液体产品。从解吸塔底引出脱除了大部分苯的洗油，经加压、冷却后作为循环吸收剂，配入一定比例的新鲜洗油送回吸收塔内继续吸收。

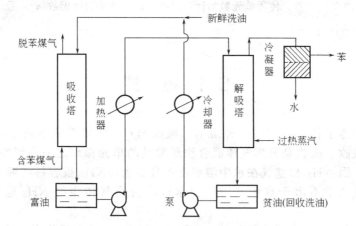

图 6-2 煤气脱苯流程（吸收与解吸联合流程）

6.1.1.2 吸收在工业生产中的应用

① 制备液体产品 如用水吸收 HCl 气体制备盐酸，用水吸收甲醛蒸气制福尔马林溶液，用硫酸吸收 SO_3 制浓硫酸等均属于吸收操作。

② 净化气体或精制气体 如用水脱除合成氨原料气中的 CO_2，用丙酮脱除石油裂解气中的乙炔等，其目的是除去气体中的有害成分，便于工艺气体在下一工序中能顺利进行。

③ 回收有用物质 工艺尾气中含有一些有价值的物质，通过吸收可以为这些物质找到新的用途，做到物尽其用。比如，图 6-2 就是用洗油脱除焦炉气中苯、甲苯等芳烃的操作。在提倡循环经济和资源节约的今天，通过吸收操作回收物质显得更加重要。

④ 保护环境 在排放到大气的工艺尾气中，可能含有对人或其他生物有害的物质，比如硫的化合物、氮的化合物等。这些有害物如果不除，将造成环境污染。通过吸收，可以在排放前除去这些有害物，做到达标排放。如用碱液吸收工业过程排放的工业废气中 SO_2、H_2S、NO、HF 等。如果结合得好，既能保护环境，又能回收物质，做到物尽其用。

以上四种应用中，除第一种外，其余吸收过程的吸收剂均需再生循环使用，因此工业中吸收与解吸常常是同时存在的。

6.1.2　气体吸收的分类

吸收的类型很多，根据不同的分类办法，吸收可作如下分类。

6.1.2.1　按溶质与溶剂间是否发生显著化学反应分

① 物理吸收　吸收时溶质与溶剂不发生显著化学反应，称为物理吸收。如洗油吸收苯，水吸收 CO_2、SO_2 等。

② 化学吸收　吸收时溶质与溶剂或溶液中的其他物质发生显著化学反应，称为化学吸收。如 CO_2 在水中的溶解度甚低，但若用 K_2CO_3 水溶液吸收 CO_2，则在液相中发生化学反应。从而使 K_2CO_3 水溶液具有较高的吸收 CO_2 的能力，化学吸收一般都满足可逆性和较高的反应速率。

6.1.2.2　按被吸收组分数目分

① 单组分吸收　在吸收过程中，若混合气体中只有一个组分进入液相被吸收，而其余组分可认为不溶于吸收剂，则称为单组分吸收，如碱液吸收合成氨中 CO_2。

② 多组分吸收　若混合气体中有两个或更多个组分进入液相，则称为多组分吸收，如洗油吸收焦炉气中芳烃（苯、甲苯等）。

6.1.2.3　按吸收前后温度是否发生变化分

① 等温吸收　气体溶于液体中时常伴随热效应，若热效应很小，或被吸收的组分在气相中的浓度很低，且吸收剂用量很大时，液相的温度变化不显著，均可认为是等温吸收。

② 非等温吸收　若吸收过程中发生化学反应，其反应热很大，液相的温度明显变化，则该吸收过程为非等温吸收过程。

6.1.2.4　按溶质在气液两相中组成大小分

① 低浓度吸收　如果溶质在气液两相中摩尔分数均小于 0.1 时，吸收称为低浓度吸收。

② 高浓度吸收　通常根据生产经验，规定当混合气中溶质组分 A 的摩尔分数大于 0.1，且被吸收的数量多时，称为高浓度吸收。

这里重点研究低浓度、单组分、等温、物理吸收过程。

6.1.3　吸收剂的选择

吸收操作的好坏在很大程度上取决于吸收剂的性质。选择吸收剂时，主要考虑以下几点。

（1）溶解度大　吸收剂对溶质应具有尽可能大的溶解度，以提高吸收率。对给定的分离任务，溶解度大意味着吸收剂的耗用量较少，操作费用较低。

（2）选择性好　吸收剂对溶质的溶解能力强，而对惰性气体的溶解能力相对很小，即吸收剂的选择性高。显然，选择性越高，分离越彻底，溶质和惰性气体的分离越完全。

（3）挥发性小　吸收剂的蒸气压要低，基本不易挥发。一方面是为了减少吸收剂在吸收和再生过程的损失；另一方面也是避免在气体中引入新的杂质。

（4）再生易　当富液不作为产品时，吸收剂要易于再生，以降低操作费用。要求溶解度对温度的变化比较敏感，即不仅在低温下溶解度要大，平衡分压要小；而且随着温度升高，溶解度应迅速下降，平衡分压应迅速上升，则被吸收的气体容易解吸，吸收剂再生方便。

（5）黏度低　吸收剂应具有较低的黏度，不易产生泡沫，可以改善吸收塔内的流动状况，提高吸收速率，实现吸收塔内良好的气液接触和塔顶的气液分离，还能降低输送能耗，减少传热、传质阻力。

（6）其他 吸收剂应有较好的化学稳定性，以免使用过程中发生变质。吸收剂应尽可能满足价廉、易得、无毒、不易燃烧、无腐蚀、凝固点低等经济和安全条件。

表 6-1 为脱除合成氨原料气中 CO_2 的两种吸收剂比较，从中可以看出实际生产中满足所有要求的吸收剂是不存在的。应从满足工艺要求出发，对可供选择的吸收剂做全面得评价，做出科学、经济、合理的选择。

表 6-1 脱除合成氨原料气中 CO_2 的两种吸收剂比较

| 吸 收 剂 | 溶解度（标准状况）/（m³/m³） | 腐 蚀 性 | 完成相同生产任务 | | | | 经济性合理性 |
			吸收设备	动力消耗	其他组分溶解损失	生产能力	
水	2.01～3.35	小	庞大	大	大	小	较差
K_2CO_3 水溶液	23.8	大	小	小	小	大	较好

6.2 从溶解相平衡看吸收操作

6.2.1 气液相平衡关系

吸收过程是气液两相间的物质传递过程，无论分析吸收的原理还是进行吸收的计算，都离不开气液相平衡关系。最直接的作用就是判定传质过程能否进行以及进行的方向和限度。

所谓气液相平衡，是指在一定条件下，气体溶质与液体溶剂充分接触后，所达到的相对稳定的状态。在这种状态下，两相的量及组成均不随时间的变化而变化，并满足特定的关系（相平衡关系）。气液平衡关系是研究气体吸收过程的基础，该关系通常用气体在液体中的溶解度、亨利定律、图表等形式表示。

6.2.1.1 相组成的表示方法

相组成是指组分在某一相中的浓度，对于单组分吸收，可近似把气相（A＋B）和液相（A＋S）都视作两组分混合物。在吸收中，相组成的表示主要有两种：一种以全部混合物为基准；另一种以其中一个组分为基准，下面分别介绍。

（1）质量分数与摩尔分数 质量分数是指在混合物中某组分的质量占混合物总质量的比例。对于混合物中的 A 组分有

$$x_{W_A} = \frac{m_A}{m} \tag{6-1}$$

式中 x_{W_A}——组分 A 的质量分数；

m_A——混合物中组分 A 的质量，kg；

m——混合物总质量，kg。

对双组分混合物，B 组分的质量分数为

$$x_{W_B} = 1 - x_{W_A} \tag{6-2}$$

摩尔分数是指在混合物中某组分的物质的量占混合物总物质的量的比例。对于混合物中的 A 组分有

气相：

$$y_A = \frac{n_A}{n} \tag{6-3}$$

液相：

$$x_A = \frac{n_A}{n} \tag{6-3a}$$

式中 y_A，x_A——组分 A 在气相和液相中的摩尔分数；

n_A——液相或气相中组分 A 的物质的量，kmol；

n——液相或气相的总物质的量，kmol。

对双组分混合物，B 组分在液相和气相中的摩尔分数分别为

$$y_B = 1 - y_A \tag{6-4}$$

$$x_B = 1 - x_A \tag{6-4a}$$

经推导，质量分数与摩尔分数的关系为

$$x_A = \frac{\dfrac{x_{W_A}}{M_A}}{\dfrac{x_{W_A}}{M_A} + \dfrac{x_{W_B}}{M_B}} \tag{6-5}$$

式中　M_A，M_B——组分 A、B 的摩尔质量，kg/kmol。

（2）质量比与摩尔比　在吸收过程中，气体混合物和液体混合物的总量都是随着吸收过程的进行而变化的，因此，使用质量分数或摩尔分数存在基准不一的问题。考虑到惰性气体和纯吸收剂的量在吸收前后近似保持不变的事实，吸收计算中，常采用质量比或摩尔比表示相组成，本书也不例外。

质量比是指混合物中 A 组分的质量与混合物中某一特定组分（如惰性组分 B）的质量之比，其定义式为

$$X_W = \frac{m_A}{m_B} \tag{6-6}$$

式中　X_W——混合物中 A 组分与 B 组分的质量比，kg A/kg B。

摩尔比是指混合物中 A 组分的物质的量与混合物中某一特定组分（如惰性组分 B）的物质的量之比，其定义式为

$$Y = \frac{n_A}{n_B} \tag{6-7}$$

或

$$X = \frac{n_A}{n_S} \tag{6-7a}$$

式中　Y——A 组分在气相中的摩尔比，kmol A/kmol B；

　　　X——A 组分在液相中的摩尔比，kmol A/kmol S；

n_A，n_B——混合物中 A 组分和 B 组分的物质的量，kmol。

可以推导得到质量比与质量分数的关系为

$$X_W = \frac{x_{W_A}}{x_{W_B}} = \frac{x_W}{1 - x_W} \tag{6-8}$$

类似可以推导，摩尔比与摩尔分数的关系为

$$X = \frac{x_A}{x_B} = \frac{x}{1 - x} \tag{6-9}$$

$$Y = \frac{y}{1 - y} \tag{6-9a}$$

$$x = \frac{X}{1 + X} \tag{6-9b}$$

$$y = \frac{Y}{1 + Y} \tag{6-9c}$$

（3）质量浓度与物质的量浓度　质量浓度为单位体积混合物中某组分的质量，即

$$\rho_A = \frac{m_A}{V} \tag{6-10}$$

式中 ρ_A——组分 A 的质量浓度，kg/m^3；

V——混合物的体积，m^3；

m_A——混合物中组分 A 的质量，kg。

物质的量浓度是指单位体积混合物中某组分的物质的量数，即

$$c_A = \frac{n_A}{V} \tag{6-11}$$

式中 c_A——组分 A 的物质的量浓度，$kmol/m^3$；

n_A——混合物中组分 A 的物质的量数，kmol。

质量浓度与质量分数的关系为

$$\rho_A = x_{W_A}\rho_m \tag{6-12}$$

物质的量浓度与摩尔分数的关系为

$$c_A = x_A c_m \tag{6-13}$$

式中 c_m——混合物在液相中的总物质的量浓度，$kmol/m^3$；

ρ_m——混合物液相的密度，kg/m^3。

（4）理想气体混合物中组分的表示方法　总压与 A 组分的分压之间的关系为

$$p_A = P y_A \tag{6-14}$$

摩尔比与分压之间的关系为

$$Y = \frac{p_A}{P - p_A} \tag{6-15}$$

物质的量浓度与分压之间的关系为

$$c_A = \frac{n_A}{V} = \frac{p_A}{RT} \tag{6-16}$$

体积分数与摩尔分数的关系为

$$\frac{V_A}{V} = \frac{n_A}{n} = y_A \tag{6-17}$$

式中 p_A——A 组分在气相中的分压，Pa；

P——混合气体的总压，Pa；

R——气体通用常数，$8.314kJ/(kmol \cdot K)$；

T——气体的热力学温度，K；

V_A——A 组分与混合气处于同一压力和温度条件下的分压，m^3；

V——混合气体的体积，m^3。

【例 6-1】 在5kg 95％（质量分数）的乙醇中加入 10kg 清水，求得到的混合物的质量分数、摩尔分数、质量比和摩尔比。

解：令乙醇为 A 组分，水为 B 组分，则有

$$m_A = 5 \times 0.95 = 4.75kg \qquad m_B = 10 + (5 - 4.75) = 10.25kg$$

质量分数

$$x_{W_A} = \frac{m_A}{m_A + m_B} = \frac{4.75}{4.75 + 10.25} = 0.317 \qquad x_{W_B} = 1 - x_{W_B} = 1 - 0.317 = 0.683$$

摩尔分数

$$x_A = \frac{n_A}{n_A + n_B} = \frac{\dfrac{m_A}{M_A}}{\dfrac{m_A}{M_A} + \dfrac{m_B}{M_B}} = \frac{\dfrac{0.317}{46}}{\dfrac{0.317}{46} + \dfrac{0.683}{18}} = 0.154 \qquad x_B = 1 - x_A = 0.846$$

质量比

$$X_W = \frac{m_A}{m_B} = \frac{x_{W_A}}{1 - x_{W_A}} = \frac{0.317}{0.683} = 0.464$$

摩尔比

$$X = \frac{n_A}{n_B} = \frac{x_A}{x_B} = X_{W_A} \frac{M_B}{M_A} = 0.464 \times \frac{18}{46} = 0.182$$

【例 6-2】 在 101.3kPa 和 298K 条件下，在吸收塔内，用水吸收混合气中的 SO_2。已知混合气体中含 SO_2 的体积分数为 0.2，其余组分可看做惰性气体，出塔气体中含 SO_2 体积分数为 0.02，试分别用摩尔分数、摩尔比和物质的量浓度表示出塔气体中 SO_2 的组成。

解： 以下标 2 表示出塔气体的状态。对理想气体，摩尔分数＝体积分数＝压力分数。

$$y_2 = 0.02$$

$$Y_2 = \frac{y_2}{1 - y_2} = \frac{0.02}{1 - 0.02} = 0.0204$$

$$p_{A_2} = P y_2 = 101.3 \times 0.02 = 2.026 \text{kPa}$$

$$c_{A_2} = \frac{n_{A_2}}{V} = \frac{p_{A_2}}{RT} = \frac{2.026}{8.314 \times 298} = 8.018 \times 10^4 \text{ kmol/m}^3$$

6.2.1.2　气体在液体中的溶解度

在一定的温度 T、压力 p 下，一定数量的吸收剂与混合气体接触，气相中溶质向液相转移，同时液相中溶质逸出返回气相，接触时间足够长后，溶质在气液两相中的浓度不再发生变化，称为气液相平衡。此时，气相溶质分压称为平衡分压或饱和分压；液相溶质浓度称为平衡溶解度或饱和浓度，简称溶解度；溶质在气液两相中的浓度关系被称为气液相平衡关系。

在一定条件下，溶解度是气体溶解所能得到的最大浓度，因此也是吸收的极限。影响溶解度的因素主要有溶剂、温度、压力等。通常由实验测定，一些气体在液体中的溶解度可从有关书籍、手册中查得。

图 6-3 为氨在水中的溶解度。从图中曲线可以得出以下结论。

① 在相同的温度和分压条件下，不同溶质在同一吸收剂中溶解度差异较大。由图中数据可知，氨易溶于水，二氧化硫居中，氧难溶于水。

② 同一物系，相同温度下，分压越高，溶解度越大。

③ 同一物系，相同分压下，温度越低，溶解度越大。总压不太高时（一般指 500kPa 以下），总压的变化对溶解度的影响可以忽略。

④ 同一温度，不同种类的气体组分，如果要得到相同浓度的溶液，易溶气体控制较低分压即可，而难溶气体所需分压较高。

综上所述，压力增加、温度降低有利于吸收；反之，有利于解吸。在实际操作过程中，溶质在气

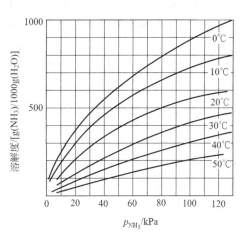

图 6-3　氨在水中的溶解度

相中组成一定，通过提高操作压力可提高分压；当吸收剂循环使用时，为了不使吸收温度越来越高，需要考虑降温。

6.2.1.3　亨利定律

相律表示平衡物系中自由度数、独立组分数及相数之间的关系，即

$$F = C - \phi + 2 \tag{6-18}$$

式中　F——自由度数；

　　　C——独立组分数；

　　　ϕ——相数；

　　　2——假设外界只有温度和压强两个条件可以影响物系的平衡状态。

由式(6-18)知，吸收属于气液相三组分体系，即独立组分数 $C=3$（A、B、S），相数 $P=2$（气液相），影响因素 $n=2$（温度、压强），故自由度 $F=3-2+2=3$，因此，气相组成、液相组成、温度和压力 4 个变量中，只要任意知道 3 个，余下 1 个参数也随之被确定。

通常，吸收是在恒定温度和压力下进行的，因此，只要知道一个参数，其他参数也就被唯一确定了。换句话说，两相组成之间具有一一对应关系。大量实验研究表明，在温度一定的条件下，总压不太高（通常不超过 500kPa）时，互成平衡的气液两相组成间的关系可以用亨利定律来描述。因组成的表示方法不同，亨利定律有不同的表达形式，但实质都是一样的，简单介绍如下。

(1) $p_A^* - x_A$ 关系　亨利定律表明，溶质在稀溶液上方的平衡分压与该溶质在液相中的摩尔分数成正比，其表达式为

$$p_A^* = E x_A \tag{6-19}$$

式中　p_A^*——溶质在气相中的平衡分压，kPa；

　　　x_A——溶质在液相中的摩尔分数；

　　　E——亨利系数，kPa。

对于理想溶液，在压力不高及温度恒定的条件下，$p_A^* - x_A$ 关系在整个组成范围内都符合亨利定律，而亨利系数即为该温度下纯溶质的饱和蒸气压，此时亨利定律与拉乌尔定律是一致的。但实际的吸收操作所涉及的系统多为非理想溶液，此时亨利系数不等于纯溶质的饱和蒸气压，且只在液相溶质含量很低时才是常数。因此，亨利定律适用范围是溶解度曲线为直线的部分。

亨利系数与物系的性质及温度有关，可由实验测定，也可从有关手册中查得。表 6-2 列出某些气体在水中溶解的亨利系数，可供参考。

表 6-2　某些气体在水中溶解的亨利系数

气体种类	温　度/℃															
	0	5	10	15	20	25	30	35	40	45	50	60	70	80	90	100
	$E/\times10^{-6}$ kPa															
H_2	5.87	6.16	6.44	6.70	6.92	7.16	7.39	7.52	7.61	7.70	7.75	7.75	7.71	7.65	7.61	7.55
N_2	5.35	6.05	6.77	7.48	8.15	8.76	9.36	9.98	10.5	11.0	11.4	12.2	12.7	12.8	12.8	12.8
空气	4.38	4.94	5.56	6.15	6.73	7.30	7.81	8.34	8.82	9.23	9.59	10.2	10.6	10.8	10.9	10.8
CO	3.57	4.01	4.48	4.95	5.43	5.88	6.28	6.68	7.05	7.39	7.71	8.32	8.57	8.57	8.57	8.57
O_2	2.58	2.95	3.31	3.69	4.06	4.44	4.81	5.14	5.42	5.70	5.96	6.37	6.72	6.96	7.08	7.10
CH_4	2.27	2.62	3.01	3.41	3.81	4.18	4.55	4.92	5.27	5.58	5.85	6.34	6.75	6.91	7.01	7.10
NO	1.71	1.96	2.21	2.45	2.67	2.91	3.14	3.35	3.57	3.77	3.95	4.24	4.44	4.45	4.58	4.60
C_2H_6	1.28	1.57	1.92	2.90	2.66	3.06	3.47	3.88	4.29	4.69	5.07	5.72	6.31	6.70	6.96	7.01

气体种类	温　度/℃														
	0	5	10	15	20	25	30	35	40	45	50	60	70	80	90	100
	$E/\times10^{-5}\,kPa$															
C_2H_4	5.59	6.62	7.78	9.07	10.3	11.6	12.9	—	—	—	—	—	—	—	—	—
N_2O	—	1.19	1.43	1.68	2.01	2.28	2.62	3.06	—	—	—	—	—	—	—	—
CO_2	0.378	0.8	1.05	1.24	1.44	1.66	1.88	2.12	2.36	2.60	2.87	3.46	—	—	—	—
C_2H_2	0.73	0.85	0.97	1.09	1.23	1.35	1.48	—	—	—	—	—	—	—	—	—
Cl_2	0.272	0.334	0.399	0.461	0.537	0.604	0.669	0.74	0.80	0.86	0.90	0.97	0.99	0.97	0.96	—
H_2S	0.272	0.319	0.372	0.418	0.489	0.552	0.617	0.686	0.755	0.825	0.689	1.04	1.21	1.37	1.46	1.50
	$E/\times10^{-4}\,kPa$															
SO_2	0.167	0.203	0.245	0.294	0.355	0.413	0.485	0.567	0.661	0.763	0.871	1.11	1.39	1.70	2.01	—
	$E/\times10^{-3}\,kPa$															
HCl	0.247	0.255	0.263	0.271	0.279	0.287	0.293	—	0.303	—	—	0.299	—	—	—	—
NH_3	0.208	0.224	0.240	0.257	0.277	0.297	0.321	—	—	—	—	—	—	—	—	—

　　从表 6-2 中的数据可以看出，在同一温度下，不同物系的亨利系数是不同的，易溶气体的 E 值很小，难溶气体的 E 值很大；对同一物系，亨利系数随温度升高而增大，这体现了气体的溶解度随温度升高而减小的变化趋势。

　　(2) p_A^*-c_A 关系　亨利定律的表达式为

$$p_A^* = \frac{c_A}{H} \tag{6-20}$$

式中　c_A——单位体积溶液中溶质的物质的量浓度，$kmol/m^3$；

　　　　H——溶解度系数，$kmol/(m^3 \cdot kPa)$。

　　溶解度系数 H 也是温度的函数。对于一定的溶质和溶剂，H 值随温度升高而减小。易溶气体的 H 值很大，而难溶气体的 H 值则很小。溶解度系数 H 与亨利系数 E 的关系为

$$\frac{1}{H} = \frac{EM_S}{\rho + c_A(M_S - M_A)} \tag{6-21}$$

　　对稀溶液，$c_A \ll 1$，故上式可简化为

$$H = \frac{\rho}{EM_S} \tag{6-21a}$$

式中　ρ——溶液的密度，kg/m^3，对稀溶液可取纯吸收剂的密度；

　　　　M_S——吸收剂 S 的摩尔质量，$kg/kmol$；

　　　　M_A——溶质 A 的摩尔质量，$kg/kmol$。

　　(3) y_A-x_A 关系　亨利定律的表达式为

$$y_A^* = mx_A \tag{6-22}$$

式中　x_A——液相中溶质的摩尔分数；

　　　　y_A^*——与液相成平衡的气相中溶质的摩尔分数；

　　　　m——相平衡常数，无单位。

　　对于一定的物系，相平衡常数 m 是温度和压力的函数，其数值可由实验测得。由 m 值同样可以比较不同气体溶解度的大小，m 值越大，则表明该气体的溶解度越小。相平衡常数与亨利系数的关系为

$$m = \frac{E}{P} \tag{6-22a}$$

式中　P——混合气体的操作总压，kPa。

（4）$Y\text{-}X$ 关系　亨利定律的表达式为

$$Y^* = \frac{mX}{1+(1-m)X} \tag{6-23}$$

式中　X——液相摩尔比；

　　　Y^*——与液相摩尔比 X 成平衡的气相摩尔比。

式(6-23) 是用摩尔比表示的气液相平衡关系，在 $X\text{-}Y$ 坐标系中是一条经过原点的曲线，称为平衡曲线，如图 6-4(a) 中曲线。

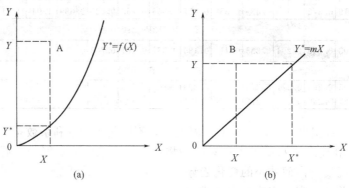

图 6-4　吸收平衡曲线

对稀溶液或 $m=1$ 时，当溶液组成很低时，$(1-m)X \ll 1$ 上式可简化为

$$Y^* = mX \tag{6-24}$$

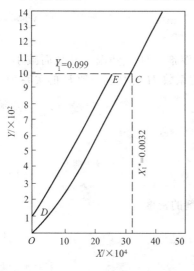

图 6-5　【例 6-3】附图

式(6-24) 表明，当液相中溶质含量足够低时，平衡关系在 $Y\text{-}X$ 图中可近似地表示成一条通过原点的直线，其斜率为 m，如图 6-4(b) 中直线。

通过亨利定律和相平衡图（图 6-4），都可以求出与其平衡的另一相组成。如图 6-4(a) 中，当已知液相组成 X 时，可以通过相平衡线求出与其平衡的气相组成 Y^*，同样，当已知气相组成 Y 时，也可以通过相平衡线求出与其平衡的液相组成 X^*，见图 6-4(b)。

【例 6-3】　某矿石焙烧炉送出来的气体，经冷却后将温度降到 20℃，然后送入填料吸收塔中用水洗涤除去其中的 SO_2，已知平均操作压强为 101.3kPa，20℃ 时 SO_2 在水中的溶解度见表 6-3，按表中数据计算并标绘 $Y\text{-}X$ 平衡曲线。并查图 6-5 读取 $Y_1 = 0.0989$ 时 X_1^* 值。

表 6-3　20℃ 时 SO_2 在水中的溶解度

SO_2 溶解度(kg SO_2/100kg H_2O)	0.02	0.05	0.10	0.15	0.2	0.3	0.5	0.7	1.0	1.5
SO_2 的平衡分压/kPa	0.067	0.16	0.426	0.773	1.13	1.88	3.46	5.2	7.86	12.3

解：气液摩尔比由下式求得。

$$X = \frac{n_A}{n_B} = \frac{\dfrac{m_A}{M_A}}{\dfrac{m_B}{M_B}} \qquad Y = \frac{p_A}{P - p_A}$$

以上表中第 6 组数据为例计算如下，其余各组数据见表 6-4。

$$X = \frac{n_A}{n_B} = \frac{\dfrac{m_A}{M_A}}{\dfrac{m_B}{M_B}} = \frac{\dfrac{0.3}{64}}{\dfrac{100}{18}} = 8.44 \times 10^{-4} \quad \text{kmol } SO_2 / \text{kmol } H_2O$$

$$Y = \frac{p_A}{P - p_A} = \frac{1.88}{101.3 - 1.88} = 1.89 \times 10^{-2} \quad \text{kmol } SO_2 / \text{kmol 惰性气}$$

表 6-4　SO₂ 的浓度

液相 $X / \times 10^{-4}$	0.562	1.44	2.88	4.22	5.62	8.44	14.1	19.7	28.1	42.2
气相 $Y / \times 10^{-2}$	0.0662	0.158	0.422	0.767	1.13	1.89	3.54	5.41	8.41	13.8

将表 6-4 中的数据标绘于图 6-5 中，得到通过原点的曲线 OC，即为平衡线。

读图可得 $Y_1 = 9.89 \times 10^{-2}$ 时，$X_1^* = 32.0 \times 10^{-4}$。图中 DE 线为【例 6-3】中操作线。

6.2.2　吸收条件

在一定的操作条件下，气液两相达到平衡时，吸收质在气液两相中浓度为某个确定的对应值，两相浓度不再变化，即相平衡是吸收过程的极限。只有当两相偏离平衡时才能实现物质的两相传递。偏离平衡愈远，过程愈容易进行，达到平衡时过程"终止"。相平衡关系可用于判断吸收过程能否进行及进行方向。

如图 6-6(a) 所示，组成为 Y 的气相与组成为 X 的液相在吸收塔内任意截面 A—A 上相遇，通过平衡关系可以判断该过程进行吸收的必要条件。图 6-6(b) 中 A 点 (X, Y) 即 A—A 截面组成点，由平衡曲线可以找到与液相浓度 X 成平衡的气相浓度 Y^*，由于 Y^* 表示与液相浓度为 X 的液体进行传质时，气相浓度所能达到的最低限度，由图知实际气相浓度 $Y > Y^*$，因此气相中溶质可以继续转移到液相，直至气相浓度降到 Y^* 为止，可以确定该过程为吸收。同理，$X < X^*$，也是吸收进行的必要条件。

由上述分析知，图 6-6(b) 中平衡线 OC 以上的区域为吸收；平衡线上的点则处于相平衡状态；平衡线以下的区域为解吸。

6.2.3　气液相平衡关系对吸收操作的意义

6.2.3.1　确定传质推动力

在吸收过程中，通常以实际浓度与平衡浓度的偏离程度来表示吸收过程的传质推动力。以气相浓度差表示的吸收推动力 $\Delta Y = Y - Y^*$，以液相浓度差表示的吸收推动力 $\Delta X = X^* - X$。当推动力大于 0 时，发生吸收过程，小于 0 时发生解吸过程，等于 0 时两相平衡。

吸收推动力可以直观地在 Y-X 相图上表示，如图 6-6(b) 所示，平衡关系为 $Y^* = f(X)$，吸收塔内任意截面组成为 A 点 $(X、Y)$，线段 AB 长度是用气相浓度差表示的吸收推动力，线段 AC 的长度是用液相浓度差表示的吸收推动力。

6.2.3.2　确定吸收的控制指标

由于相平衡是吸收的极限，因此，通过相平衡关系可以确定吸收的操作控制指标。以逆流吸收为例，图 6-6(c) 中 D 点 (X_2, Y_2) 为逆流吸收塔顶的气液两相组成点，E 点 (X_1, Y_1) 为塔底组成点。图中 X_1^* 表示与气相进口浓度 Y_1 成平衡的液相极限浓度，即吸收液所能达到的最大浓度；Y_2^* 表示与液相进口浓度 X_2 成平衡的气相极限浓度，即吸收出口尾气所能达到的最小浓度。X_1^* 和 Y_2^* 就是逆流吸收的富液和尾气控制的极限指标。这些指标的

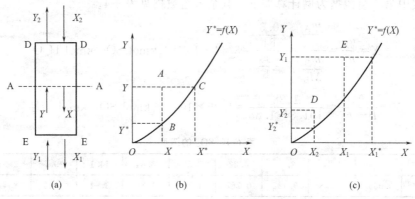

图 6-6　传递方向的判断及吸收过程极限

确定对吸收操作具有现实的指导意义。

6.2.3.3　确定吸收的条件

相平衡与物系、温度及压力等有关，了解这些因素对相平衡的影响，可以帮助确定吸收的优惠条件。比如，为了达到更好的吸收效果，应该选取平衡溶解度大的吸收剂，采取措施提高压力或降低温度。

【例6-4】　让摩尔比为0.08的某气体混合物与摩尔比为0.015(均以溶质计) 的某液体接触，操作条件下的气液平衡关系为 $Y^* = 2.8X$，试计算传质推动力并判断传质方向。

解： ① 用气相摩尔比浓度差判断

$$Y^* = mX = 2.8 \times 0.015 = 0.042$$

气相吸收推动力：$\Delta Y = Y - Y^* = 0.08 - 0.042 = 0.038 > 0$，该过程为吸收。

② 用液相摩尔比浓度差判断

$$X^* = \frac{Y}{m} = \frac{0.08}{2.8} = 0.0286$$

液相吸收推动力：$\Delta X = X^* - X = 0.0286 - 0.015 = 0.0136 > 0$，该过程为吸收。

此例可以看出，对于同一体系，用不同的浓度差表示推动力时，数值是不一样的。这是由两相的计算基准不一样造成的。但是，从实质上讲，它们反映的实际状态偏离平衡状态的程度是一样的。在后面的计算中，为了避免错误，推动力的表示必须与传质系数相对应。

6.3　吸收速率

吸收是溶质从气相转移到液相的过程，包括三个过程：溶质从气相主体传递到气液相界面；溶质在相界面上溶解并进入液相；溶质从相界面传递到液相主体。但在实现溶质从气相向液相转移的过程中，物质传递的方式及快慢是不同的。

单位时间内在单位相际传质面积上传递的溶质的量称为吸收速率。对于稳定吸收过程，三个过程传递的溶质的量是相等的，并且在数值上等于吸收速率。

6.3.1　传质基本方式

因为浓度差而造成的物质传递称为扩散，扩散现象在日常生活中很普通。如空气中喷清新剂，在其附近很快就闻到香味，这就是扩散的结果。根据造成扩散的原因不同，可分为分子扩散和涡流扩散。

6.3.1.1　分子扩散

因为分子无规则热运动，使物质自动从浓度较高处转移到浓度较低处传递的现象称为分子扩散。分子扩散发生在静止流体、层流流体以及层流内层中。比如，将糖轻轻放入水中，过一会水会变甜，这就是发生了分子扩散现象。

1855 年，A. Fick 提出菲克第一定律，当物质 A 在介质 B 中发生分子扩散时，分子扩散速率与其在扩散方向的浓度梯度成正比。

$$J_A = -D_{AB} \frac{dc_A}{dz} \tag{6-25}$$

式中　负号——扩散方向与浓度增加方向相反；

$\quad J_A$——组分 A 的扩散速率，$kmol/(m^2 \cdot s)$；

$\quad D_{AB}$——扩散系数，表示组分 A 在介质 B 中的扩散能力，m^2/s，简写为 D；

$\quad c_A$——组分 A 的浓度，$kmol\ A/m^3$；

$\quad z$——扩散方向的距离，m；

dc_A/dz——浓度梯度。

扩散系数是物质的物理性质之一，表明扩散能力的大小。主要取决于扩散物质、流体的温度以及某些物理性质。气体扩散系数为 $10^{-2} \sim 10^{-3}\ m^2/s$，液体扩散系数为 $10^{-6} \sim 10^{-8}\ m^2/s$。因为气体的密度比液体小得多，而分子间距又大于液体，因此分子在气体中的扩散速率要快得多。扩散系数的数值由实验测定，有的可用经验公式近似估算。需要时可查阅相关手册。

6.3.1.2　涡流扩散

依靠流体质点的相对运动将物质从高浓度处转移至低浓度处的物质传递现象称为涡流扩散。如室内空气中加清新剂后，再用电扇往各个方向吹动，很快整个房间里都能闻到香味。显然，涡流扩散速率要比分子扩散速率大得多。涡流扩散可以仿照分子扩散计算扩散速率，即

$$J_A = -D_e \frac{dc_A}{dz} \tag{6-26}$$

式中　D_e——涡流扩散系数，m^2/s。

涡流扩散系数与湍动程度有关，且随位置而变化，不再是常数。对管道中极高雷诺数流动条件下，实验测定的涡流扩散系数表明：对于多数气体，其涡流扩散系数值比分子扩散系数值高出 100 倍，对液体高达 10 万倍甚至更多。涡流扩散系数难以测定和估算。

6.3.1.3　对流扩散

在实际生产中，传质操作多发生在流体湍流的情况下，分子扩散与涡流扩散同时发生，通常把主体与相界面间发生的传质（即有分子扩散也有涡流扩散）称为对流扩散。通常采用类似对流传热的方法由实验测定。

如图 6-7 所示，吸收质从气相主体向相界面传递，经过湍流主体、过渡区、层流内层到达相界面。在湍流主体中，由于有强烈的涡流扩散作用，使溶质分压趋于一致，分压梯度几乎为零（曲线为一水平线）；在过渡区，由于有涡流扩散的作用，分压梯度逐渐变小（曲线

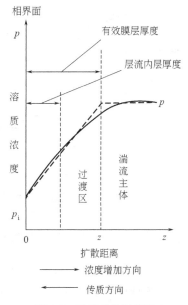

图 6-7　对流扩散示意图

下降比较平缓）；在层流内层中仅有分子扩散，分压梯度较大（曲线几乎呈一直线下降趋势）。

将有浓度梯度存在的区域，即图中层流内层和过渡区，统称有效膜层。从气相主体到相界面处的全部传质阻力都集中在有效膜层内。

6.3.2 双膜理论

描述溶质在气液两相间传递规律理论有多种，比如双膜理论、溶质渗透理论、表面更新理论、扩散边界层理论等，由于传质现象的复杂性，至今没有一个完善的机理模型可以解释所有的吸收过程。目前应用较广的主要是双膜理论。

6.3.2.1 双膜理论的要点及适用范围

W. K. 刘易斯和 W. 惠特曼在 1923 年提出的双膜理论，包括以下三个要点。

① 在气液两相接触时，两相间存在一个稳定的相界面。在相界面的两侧各存在一层有效膜层，称为气膜层和液膜层。不管两相主体内湍动程度如何剧烈，两层膜层内始终保持层流状态。吸收质以分子扩散的方式通过两个膜层。膜层厚度随流速增大而减小。

② 在相界面上吸收质达到相平衡。界面上不存在传质阻力。

③ 膜层以外的流体主体中，由于流体的充分湍动，吸收质浓度分布均匀，两相主体中没有浓度梯度，即浓度梯度全部集中在两个有效膜层中。传质阻力完全集中在这两个膜层内。因此双膜理论也叫双阻力理论。

双膜理论假定物质传递过程是定态的。每一相的传质分系数正比于吸收质在该相中的分子扩散系数，反比于层流膜层的厚度。相际传质的总阻力等于两相传质的分阻力之和，即两个有效膜层内的传质阻力之和。

6.3.2.2 双膜理论示意图

双膜理论的假想模型如图 6-8 所示。横坐标为传质方向；纵坐标为溶质浓度，用摩尔比表示。左侧纵坐标中 Y 为溶质在气相主体中浓度，Y_i 为界面上与液相界面浓度 X_i 成平衡的气相浓度；右侧纵坐标中 X 为溶质在液相主体中的浓度，X_i 为界面上与气相界面浓度 Y_i 成平衡的液相浓度。Y 和 X 为吸收塔内任一截面上相遇的气液两相组成。

当气相主体浓度 Y 高于界面平衡浓度 Y_i 时，溶质通过气相主体以 $(Y-Y_i)$ 的浓度差作为推动力克服气膜阻力，从气相主体以分子扩散的方式通过气膜扩散到相界面上。相界面上溶解达平衡状态，得到与气相界面浓度 Y_i 成平衡的液相浓度 X_i，界面平衡浓度 X_i 高于液相主体浓度 X，溶质通过液相主体以 (X_i-X) 的浓度差作为推动力克服液膜阻力，以分子扩散的方式通过液膜扩散到液相主体中。

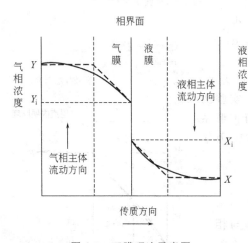

图 6-8 双膜理论示意图

6.3.2.3 双膜理论的评价

双膜理论简单、直观，广泛用于传质过程分析。但这种理论将复杂的相际传质过于简单化。随着传质过程的强化和对传质现象的深入研究，发现双膜理论关于两相界面状态和定态分子扩散的假设都与实际情况有明显差别；但总传质阻力为两相阻力之和以及界面上不存在传质阻力的论点，仍被广泛采用，是目前吸收装置设计的主要依据。

实践证明，在一些有固定相界面的吸收设备（如填料塔）中，当两相湍动不大时，适当增大两相流体的流速，可减小薄膜层厚度，有利于吸收。即双膜理论对固定相界面、湍动不太大的场合是适用的。

由于没有全面考虑两相间的相互作用对吸收过程的影响，不能正确地指出所有吸收过程的强化途径和方向。比如：当流速非常大时，由于湍流迅速发展，在相界面上将形成很多的漩涡，相界面由于被这些漩涡所冲刷和贯穿而大大增加，从而严重地影响稳定的滞流膜，故与实际结果差别较大。

6.3.2.4　其他吸收理论简介

（1）溶质渗透理论　1935 年 R. 希格比认为工业吸收设备中发生气液接触、溶质从液面渗入液内而形成浓度梯度、混合、消失浓度梯度的交替过程。这个过程接触时间很短，扩散过程难以发展到定态，传质是非定态的分子扩散。这种理论与吸收传质的实验结果比较符合，其主要贡献在于放弃了定态扩散的观点，揭示了过程的非定态特性，并指出了液体定期混合对传质的作用。

（2）表面更新理论　1951 年 P. V. 丹克沃茨提出两相的流体漩涡在界面上接触一定的时间进行传质后，由于湍流的作用分别被带回各自的流体主流中去，使两相的接触界面不断更新。湍流愈激烈，表面更新也愈频繁。漩涡在界面上的停留时间可长可短，有时间分布，它们被新的漩涡置换的概率都一样。表面更新理论对溶质渗透理论作了进一步的发展，由非定态传质的概念出发，并从统计上考虑表面更新的时间因素。超脱了前两个理论关于在界面两侧是两层无湍流漩涡的层流膜概念。

随着相际传质机理研究的逐步深化，还提出了一些新的传质理论：如 B. Γ. 列维奇提出的扩散边界层理论；也有一些是由前述几种理论加以组合和改进的理论，如膜渗透理论、渗透表面更新理论、无规则漩涡的表面更新理论以及表面拉伸理论等。

这些理论各有特点，都能说明一定的问题，都包含了一些难以求得的参数，如表面更新频率。相际传质机理和自由相界面的湍流运动密切相关，目前对此研究很不充分。伴随着相际传质引起的界面湍流，对相际传质有重要影响。只有在湍流基本理论，特别是两相湍流理论的研究取得更多的实质性进展时，相际传质理论的研究才能取得新的突破。

6.3.3　吸收速率

吸收速率是指单位时间内在单位相际传质面积上传递的溶质的量。描述吸收速率与吸收过程推动力、吸收过程阻力间的关系的数学式称为吸收速率方程式。由于吸收系数及其对应的推动力表达方式及范围的不同，吸收速率方程式的形式有很多。这里主要讨论以摩尔比表示浓度的吸收速率方程式。

$$N_A = \frac{G_A}{A} \tag{6-27}$$

式中　G_A——单位时间吸收塔吸收的溶质量，kmol/h；

　　A——吸收塔总的吸收面积，m^2；

　　N_A——吸收速率，$kmol/(m^2 \cdot h)$。

在定态吸收操作中，吸收塔内任一截面上，相界面两侧的对流传质速率是相等的，即气膜扩散速率、液膜扩散速率相等并等于相际间传递速率（吸收速率）。

6.3.3.1 基本形式

按照过程速率的计算通式，吸收速率可按下式计算。

$$吸收过程速率(N_A)=\frac{吸收过程推动力}{吸收过程阻力}=\frac{\Delta}{R}$$

令 $K=\frac{1}{R}$，则

$$N_A=K\Delta \tag{6-28}$$

式中 Δ——吸收推动力；

R——吸收阻力；

K——吸收系数。

式(6-28) 为吸收速率方程的基本形式，当推动力的表示形式不一样时，对应的表达式也不一样。

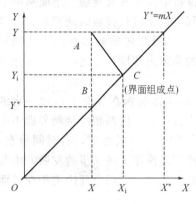

图 6-9 分推动力和总推动力的关系

6.3.3.2 气膜吸收分速率方程

根据双膜理论，溶质 A 从气相主体到相界面的对流扩散速率方程，即气膜吸收分速率方程。由图 6-9 知，吸收界面组成点 $C(X_i, Y_i)$ 应在平衡线上，组成点 $A(X, Y)$ 为吸收塔内任一截面上相遇的气液两相，其气膜分推动力为 $(Y-Y_i)$，有

$$N_A=k_Y(Y-Y_i) \tag{6-29}$$

或

$$N_A=\frac{Y-Y_i}{\dfrac{1}{k_Y}} \tag{6-29a}$$

式中 k_Y——气膜吸收分系数，$kmol/[m^2 \cdot s \cdot (kmol\ A/kmol\ B)]$；

$1/k_Y$——气膜吸收分阻力，与气膜吸收推动力 $(Y-Y_i)$ 相对应；

Y——溶质在吸收塔某截面上的气相主体浓度，$kmol\ A/kmol\ B$；

Y_i——溶质在相界面上的平衡浓度，$kmol\ A/kmol\ B$。

气膜吸收分系数反映了扩散系数、操作温度、压力、有效膜层厚度、惰性气体的浓度等所有影响这一扩散过程因素的综合影响。其值由实验测定，或按经验公式计算或由特征数关联式确定。

6.3.3.3 液膜吸收分速率方程

溶质 A 从相界面到液相主体的对流扩散速率方程，即液膜吸收分速率方程。由图 6-9 知，吸收界面组成点 $C(X_i, Y_i)$ 应在平衡线上，组成点 $A(X, Y)$ 为吸收塔内任一截面上相遇的气液两相，其液膜分推动力为 (X_i-X)，有

$$N=k_X(X_i-X) \tag{6-30}$$

或

$$N=\frac{X_i-X}{\dfrac{1}{k_X}} \tag{6-30a}$$

式中 k_X——液膜吸收分系数，$kmol/[m^2 \cdot s \cdot (kmol\ A/kmol\ S)]$；

$1/k_X$——液膜吸收分阻力，与液膜吸收推动力 (X_i-X) 相对应；

X——溶质在吸收塔某截面上的液相主体浓度，$kmol\ A/kmol\ S$；

X_i——相界面上的平衡浓度，$kmol\ A/kmol\ S$。

液膜吸收分系数反映了扩散系数、操作温度、压力、有效膜层厚度、吸收剂的浓度等所有影响这一扩散过程因素的综合影响。其值由实验测定，或按经验公式计算或由特征数关联式确定。

6.3.3.4　吸收总速率方程

吸收分速率方程都涉及难于获得的相界面浓度，为避开确定相界面组成，可采用相际传质速率方程，用两相间浓度差取代主体与界面间浓度，用两相间总阻力取代分阻力计算。

（1）气相吸收总速率方程　由图 6-9 知，吸收塔内任一截面上相遇的气液两相组成点 A $(X，Y)$，其气相总推动力为 $(Y-Y^*)$，有

$$N=K_Y(Y-Y^*) \tag{6-31}$$

或

$$N=\frac{Y-Y^*}{\dfrac{1}{K_Y}} \tag{6-31a}$$

式中　K_Y——气相吸收总系数，$kmol/[m^2 \cdot s \cdot (kmol\ A/kmol\ B)]$；

　　$1/K_Y$——气相吸收总阻力，即双膜阻力，与气相总推动力 $(Y-Y^*)$ 相对应；

　　　Y——溶质在吸收塔某截面上的气相主体浓度，$kmol\ A/kmol\ B$；

　　　Y^*——与液相浓度 X 成平衡的气相浓度，$kmol\ A/kmol\ B$。

气相吸收总系数由实验测定，或由经验公式计算。

（2）液相吸收总速率方程　由图 6-9 知，吸收塔内任一截面上相遇的气液两相组成点 A $(X，Y)$，其液相总推动力为 (X^*-X)，有

$$N=K_X(X^*-X) \tag{6-32}$$

或

$$N=\frac{X^*-X}{\dfrac{1}{K_X}} \tag{6-32a}$$

式中　K_X——液相吸收总系数，$kmol/[m^2 \cdot s \cdot (kmol\ A/kmol\ S)]$；

　　$1/K_X$——液相吸收总阻力，即双膜阻力，与液相总推动力 (X^*-X) 相对应；

　　　X——溶质在吸收塔某截面上的液相主体浓度，$kmol\ A/kmol\ S$；

　　　X^*——与气相浓度 Y 成平衡的液相浓度，$kmol\ A/kmol\ S$。

液相吸收总系数由实验测定，或由经验公式计算。

注意，上述式(6-28)~式(6-32)均针对吸收塔某截面而言，该截面上吸收推动力是常数。若是针对整个吸收塔，则吸收推动力在塔高方向上是变量，需考虑取平均推动力或者用其他方法计算。

6.3.3.5　各吸收系数的关系

以气相吸收总系数为例分析气膜吸收分系数、液膜吸收分系数与其的关系。吸收系数的倒数为吸收过程阻力，而过程阻力与推动力一一对应。有

$$Y-Y^*=(Y-Y_i)+(Y_i-Y^*)=(Y-Y_i)+\frac{Y_i-Y^*}{X_i-X^*}(X_i-X^*)$$

由图 6-9 知，当平衡线为直线 $Y^*=mX$ 时，有平衡线斜率 $m=\dfrac{Y_i-Y^*}{X_i-X^*}$。由式(6-29)~式(6-31) 可得

$$\frac{N_A}{K_Y} = \frac{N_A}{k_Y} + m\frac{N_A}{k_X}$$

又因为定常吸收过程中吸收质通过气膜、液膜的速率相等,且值等于吸收质由气相转移至液相的吸收速率,即有

$$\frac{1}{K_Y} = \frac{1}{k_Y} + \frac{m}{k_X} \qquad (6\text{-}33)$$

式 (6-33) 说明气相吸收总阻力由气膜吸收分阻力和液膜吸收分阻力构成。其中液膜分阻力的基准与其他两项不同,需通过平衡关系换算成相同基准再计算。

同理可得,液相吸收总系数与各分系数的关系。

$$\frac{1}{K_X} = \frac{1}{k_X} + \frac{1}{mk_Y} \qquad (6\text{-}34)$$

吸收总系数对吸收过程计算具有的重要意义和传热总系数一样,由于吸收过程的复杂性,可靠的吸收总系数值常由实验测定或选用合适的生产经验数据。

6.3.3.6 吸收速率的其他表达形式

因相组成表示方法不同,吸收速率的表示方法还有很多种,见表 6-5。

表 6-5 吸收速率方程的各种表达式

相平衡方程		$p_A^* = \frac{c_A}{H} + b$	$y_A^* = mx_A + b$	$Y^* = mX + b$
相内传质	气相	$N_A = k_g(p_A - p_i)$	$N_A = k_y(y_A - y_i)$ $k_y = Pk_g$	$N_A = k_Y(Y - Y_i)$ $k_Y = \frac{p_A k_g}{(1+Y)(1+Y_i)}$
	液相	$N_A = k_L(c_i - c_A)$	$N_A = k_x(x_i - x_A)$ $k_x = c_m k_L$	$N_A = k_X(X_i - X)$ $k_X = \frac{c_A k_L}{(1+X)(1+X_i)}$
相际传质	用气相组成表示	$N_A = K_g(p_A - p_A^*)$ $\frac{1}{K_g} = \frac{1}{k_g} + \frac{1}{Hk_L}$	$N_A = K_y(y_A - y_A^*)$ $\frac{1}{K_y} = \frac{1}{k_y} + \frac{m}{k_x}$ $K_y = PK_g$	$N_A = K_Y(Y - Y^*)$ $\frac{1}{K_Y} = \frac{1}{k_Y} + \frac{m}{k_X}$ $K_Y = \frac{PK_g}{(1+Y)(1+Y^*)}$
		气膜控制时 $K_g \approx k_g$	气膜控制时 $K_y \approx k_y$	气膜控制时 $K_Y \approx k_Y$
相际传质	用液相组成表示	$N_A = K_L(c_A^* - c_A)$ $\frac{1}{K_L} = \frac{1}{k_L} + \frac{H}{k_g}$	$N_A = K_L(x_A^* - x_A)$ $\frac{1}{K_x} = \frac{1}{k_x} + \frac{1}{mk_y}$ $K_x = c_m K_L$	$N_A = K_X(X^* - X)$ $\frac{1}{K_X} = \frac{1}{k_X} + \frac{1}{mk_Y}$ $K_X = \frac{c_m K_L}{(1+X)(1+X^*)}$
		液膜控制时 $K_L \approx k_L$	液膜控制时 $K_x \approx k_x$	液膜控制时 $K_X \approx k_X$
	相互关系	$K_g = HK_L$	$K_x = mK_y$	$K_X = mK_Y$

注:1. 表中相内传质的各种关系及气膜控制或液膜控制情况,对相平衡关系是否为直线无关。

2. 使用与总系数相对应的速率方程时,在整个吸收过程所涉及的浓度范围内,平衡关系必须为直线。这是因为推导过程引用了亨利定律。

3. 当相平衡方程中常数 $b=0$ 时,表明溶液为稀溶液,满足亨利定律。

4. 溶解度系数 H 应为常数,否则即使膜系数为常数,总系数仍随浓度变化,不便于计算。

5. 具有中等溶解度的气体且平衡关系不为直线时,不宜采用总系数来表示吸收速率关系。

6.3.4　影响吸收速率的因素

从吸收速率方程式可以看出，增加吸收系数、吸收推动力及吸收面积，均会导致吸收速率增加。

6.3.4.1　吸收系数的影响

(1) 溶解度很大的情况　对溶解度很大的易溶气体，相平衡常数 m 很小，平衡线较平坦。当 k_X、k_Y 数量级相近时，$\dfrac{1}{k_Y} \gg \dfrac{m}{k_X}$，$\dfrac{m}{k_X}$ 项很小，可忽略不计，则式 (6-33) 可简化为 $K_Y \approx k_Y$。

表明此过程液膜阻力很小，吸收总阻力集中在气膜内，吸收过程总阻力≈气膜阻力。这种气膜阻力占总阻力主要部分的吸收过程称气膜控制，如水吸收氨、水吸收氯化氢等。

(2) 溶解度很小的情况　对溶解度很小的难溶气体，相平衡常数 m 很大，平衡线较陡。当 k_X、k_Y 数量级相近时，$\dfrac{1}{k_X} \gg \dfrac{1}{mk_Y}$，$\dfrac{1}{mk_Y}$ 项很小，可忽略不计，则式 (6-34) 可简化为 $K_X \approx k_X$。

表明此过程气膜阻力很小，吸收总阻力集中在液膜内，吸收过程总阻力≈液膜阻力。这种液膜阻力占总阻力主要部分的吸收过程称液膜控制，如水吸收氧。

(3) 溶解度适中的情况　对溶解度适中的中等溶解度气体，气膜阻力和液膜阻力均不可忽略不计，此过程吸收总阻力集中在双膜内，吸收过程总阻力等于气膜阻力和液膜阻力之和。这种双膜阻力控制吸收过程速率的情况称双膜控制，如水吸收二氧化硫。

因此，从增加吸收系数角度看，强化吸收速率的有效方法应该是正确判别吸收过程的控制步，再采取相应措施。表 6-6 列出了一些常见吸收过程的控制类型，供参考。

表 6-6　几种吸收过程中控制因素

气 膜 控 制	液 膜 控 制	气 膜 控 制	液 膜 控 制
水或氨水吸收 NH_3	水或弱碱吸收 CO_2	酸吸收 5% NH_3	水吸收 SO_2
氨水解吸 NH_3	水吸收 O_2	碱液或氨水吸收 SO_2	水吸收丙酮
浓硫酸吸收 SO_2	水吸收 H_2	NaOH 水溶液吸收 H_2S	浓硫酸吸收 NO_2
水或稀盐酸吸收 HCl	水吸收 Cl_2	液体的蒸发或冷凝	

为了提高吸收系数，应设法减小控制步骤的阻力，如过程为气膜控制，应设法减少气膜厚度；如过程为液膜控制，应设法减少液膜厚度；如过程为双膜控制，必须同时减少气膜和液膜厚度。而有效膜层厚度是受流体流动的状态影响的，在不破坏稳定相界面的前提下，适当增大流速是行之有效的方法。这种强化方法与前面的传热非常类似，被称为相似性。利用相似性解决问题，是科学及工程领域的重要方法之一，值得读者在工作中借鉴。

【例 6-5】 在110kPa的压力下，用清水吸收空气中的氨。在吸收塔的某截面上气液两相组成为 $Y = 0.0309$，$X = 0.0182$（以上均为摩尔比），气膜吸收分系数 $k_Y = 5.50 \times 10^{-4}$ kmol/($m^2 \cdot s$)。液膜吸收分系数 $k_X = 8.48 \times 10^{-3}$ kmol/($m^2 \cdot s$)。操作条件下平衡关系符合亨利定律，亨利系数 $E = 76.1$kPa。试判断过程控制步，提出强化该过程方法，并计算此截面处吸收速率。

解： 由表 6-6 可知，水吸收氨为气膜控制过程。验证如下。

相平衡常数

$$m = \frac{E}{P} = \frac{76.1}{110} = 0.692$$

气相吸收总阻力

$$\frac{1}{K_Y}=\frac{1}{k_Y}+\frac{m}{k_X}=\frac{1}{5.50\times10^{-4}}+\frac{0.692}{8.48\times10^{-3}}=18.2\times10^2+81.6=1.92\times10^3$$

其中，气膜阻力占总阻力的比例为 $\frac{1820}{1920}\times100\%=94.8\%$。

由计算可知气膜阻力占总阻力的绝大部分，该过程为气膜控制。

针对气膜控制，降低气膜阻力是有效途径。可适当增大气相流速，以减少气膜层厚度，达强化吸收过程的目的。

气相吸收总系数 $\qquad K_Y=5.21\times10^{-4}\text{kmol}/(\text{m}^2\cdot\text{s})$

与液相浓度 X 成平衡的气相浓度 $\quad Y^*=mX=0.692\times0.0182=0.0126$

该截面吸收速率为

$$N_A=K_Y\Delta Y=K_Y(Y-Y^*)=5.21\times10^{-4}\times(0.0309-0.0216)=9.53\times10^{-6}\text{kmol}/(\text{m}^2\cdot\text{s})$$

6.3.4.2 吸收推动力的影响

可以通过两种途径增大吸收推动力 $(p-p^*)$，即提高吸收质在气相中的分压 p，或降低与液相平衡的气相中吸收质的分压 p^*。然而提高吸收质在气相中的分压常与吸收的目的不符，因此应采取降低与液相平衡的气相中吸收质的分压的措施，即选择溶解度大的吸收剂，降低吸收温度，提高系统压力都能增大吸收的推动力。

6.3.4.3 气液接触面积的影响

在其他条件相同的情况下，增大气液接触面积有利于吸收速率的提高，因此，增大气体或液体的分散度、选用比表面积大的高效填料等均为生产中较为常见的强化吸收的方法。

以上的讨论仅就影响吸收速率诸因素中的某一方面来考虑。由于影响因素之间还存在互相制约、互相影响，因此对具体问题要作综合分析，选择适宜条件。例如，降低温度可以增大推动力，但低温又会影响分子扩散速率，增大吸收阻力。又如将吸收剂喷洒成小液滴可增大气液接触面积，但液滴小，气液相相对运动速度小，气膜和液膜厚度增大，也会增大吸收阻力。此外，在采取强化吸收措施时，应综合考虑技术的可行性及经济上的合理性。

6.4 吸收的物料衡算

吸收过程既可用填料塔，也可用板式塔。在塔内气液两相可作逆流，也可作并流流动，本节以逆流填料塔为主讨论吸收过程的物料平衡，并通过物料衡算确定吸收剂用量 L_S 和溶液出口浓度 X_1。

6.4.1 全塔物料衡算

图 6-10 为定常逆流操作填料吸收塔示意图，图 6-10(a) 中从吸收塔底进入的气体溶质浓度 Y_1 最高，在沿塔高上升过程中不断减小，至出塔时溶质浓度 Y_2 降至最低；从吸收塔顶进入的液体中溶质浓度 X_2 最低，在沿塔高下降过程中不断增大，至出塔时溶质浓度 X_1 升至最高。对应于图 6-10(b) 中组成点 $E(X_1，Y_1)$ 表示塔底截面上相遇的气液两相，组成点 $D(X_2，Y_2)$ 表示塔顶截面相遇的气液两相，组成点 $A(X，Y)$ 表示吸收塔内任意截面上相遇的气液两相。

设过程无物料损失，在单位时间内对全塔（D—D 截面至 E—E 截面之间）作质量衡算，

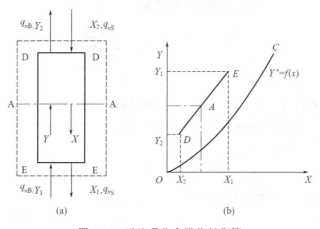

图 6-10　逆流吸收全塔物料衡算

q_{nB} 为单位时间内通过该塔的惰性气量，kmol B/s；q_{nS} 为单位时间内通过该塔的吸收剂量，kmol S/s；Y_1、Y_2 为进、出塔气相中溶质的浓度，kmol A/kmol B；X_1、X_2 为进、出塔的液相中溶质浓度，kmol A/kmol S

根据质量守恒定律有

$$q_{nB}Y_1 + q_{nS}X_2 = q_{nB}Y_2 + q_{nS}X_1 \qquad (6\text{-}35)$$

单位时间进入吸收塔的物流带入的吸收质的量与离开吸收塔的物流带出吸收质的量相等，整理得

$$G_A = q_{nB}(Y_1 - Y_2) = q_{nS}(X_1 - X_2) \qquad (6\text{-}35a)$$

式中　G_A——吸收负荷，是单位时间通过吸收塔所传递的吸收质的物质的量，kmol A/s。

吸收过程中常用的分离指标是吸收率 φ，是指单位时间内在吸收塔中被吸收的吸收质的物质的量与由气相带入该塔的吸收质的摩尔比，即

$$\varphi = \frac{q_{nB}(Y_1 - Y_2)}{q_{nB}Y_1} = \frac{Y_1 - Y_2}{Y_1} \qquad (6\text{-}36)$$

或

$$Y_2 = Y_1(1 - \varphi) \qquad (6\text{-}36a)$$

实际生产任务有两种情况，第一种已知混合气处理量 q_V 及 Y_1、Y_2、X_2、q_{nS}，此时由式(6-35a) 计算溶液出口浓度 X_1(富液为产品)。

$$X_1 = \frac{G_A}{q_{nS}} + X_2 \qquad (6\text{-}37)$$

或已知混合气处理量 q_V 及 Y_1、Y_2、X_2、X_1，由式(6-35a) 计算吸收剂用量 q_{nS}。

$$q_{nS} = \frac{G_A}{X_1 - X_2} \qquad (6\text{-}38)$$

第二种已知 q_{nS}、q_V、Y_1、X_1、X_2，由式(6-35a) 计算气相出口浓度 Y_2(尾气控制)。

$$Y_2 = Y_1 - \frac{G_A}{q_{nB}} \qquad (6\text{-}39)$$

【例 6-6】　在吸收塔内用清水吸收空气中的氨。入塔混合气体在标准条件（273K、101.3kPa）下的处理量为 $1800\text{m}^3/\text{h}$，其中氨的摩尔分数为 0.05，用水量为 $3.5\text{m}^3/\text{h}$，塔底所得富液中氨的摩尔比为 0.02。求该塔的吸收率。

解：混合气体中惰性气的量 q_{nB} 为

$$q_{nB} = \frac{q_{V_0}}{22.4}(1 - y_1) = \frac{1800}{22.4}(1 - 0.05) = 76.3\text{kmol B/h}$$

式中 q_{V_0} ——混合气体在标准条件下的体积流量，m^3/h。

气相进口浓度（摩尔比，下同） $Y_1 = \dfrac{y_1}{1-y_1} = \dfrac{0.05}{1-0.05} = 0.0526$

液相进口浓度 $X_2 = 0$（清水吸收）

液相出口浓度 $X_1 = 0.02$

对稀溶液，按吸收剂（水）处理即可。查附录得 293K 水的密度 $\rho = 998.2kg/m^3$（或取 $\rho = 1000kg/m^3$），取水的摩尔质量 $M_S = 18kg/kmoL$。

吸收剂的摩尔流量 q_{nS}

$$q_{nS} = \frac{1000 \times 3.5}{18} = 194.4 kmol\ A/h$$

单位时间内通过吸收塔传递的吸收质的物质的量 G_A

$$G_A = q_{nS}(X_1 - X_2) = 194.4 \times (0.02 - 0) = 3.89 kmol\ A/h$$

出塔气体中吸收质浓度 Y_2

$$Y_2 = Y_1 - \frac{G_A}{q_{V_B}} = 0.0526 - \frac{3.89}{76.3} = 0.00162 = 1.62 \times 10^{-3}$$

吸收率 φ

$$\varphi = \frac{Y_1 - Y_2}{Y_1} = \frac{0.0526 - 0.00162}{0.0526} \times 100\% = 97\%$$

6.4.2 吸收操作线

6.4.2.1 逆流吸收操作线

吸收塔内气液两相组成沿塔高变化，塔内任意截面上气液两相组成间的关系可通过吸收操作线来表示。

图 6-10 中，以单位时间作为衡算基准，在吸收塔任取一个垂直于流体流动方向的截面 A—A，以 A—A 截面和塔底 E—E 截面间作为衡算范围，物料衡算得

$$q_{nB}Y_1 + q_{nS}X_1 = q_{nB}Y + q_{nS}X \tag{6-40}$$

整理得

$$Y = \frac{q_{nS}}{q_{nB}}X + \left(Y_1 - \frac{q_{nS}}{q_{nB}}X_1\right) \tag{6-40a}$$

同理，以 A—A 截面和塔顶 D—D 截面间为衡算范围，有

$$Y = \frac{q_{nS}}{q_{nB}}X + \left(Y_2 - \frac{q_{nS}}{q_{nB}}X_2\right) \tag{6-40b}$$

对定常吸收过程，式中 q_{nS}、q_{nB}、Y_1、Y_2、X_1、X_2 等均为常数，故方程在 Y-X 图中为一条直线，如图 6-10 中直线 DE，称为吸收的操作线，方程则称为操作线方程。其意义与精馏的操作线方程相似。该直线斜率为 q_{nS}/q_{nB}，必过塔顶组成点 $D(X_2, Y_2)$、塔内任意截面组成点 $A(X, Y)$、塔底组成点 $E(X_1, Y_1)$。

6.4.2.2 并流吸收操作线

填料塔内气液两相并流流动时，如图 6-11(a) 所示，气液进、出塔的组成符号同逆流吸收，从 H—H 截面到 F—F 截面间作并流操作的全塔物料衡算，有

$$q_{nB}Y_1 + q_{nS}X_2 = q_{nB}Y_2 + q_{nS}X_1$$

与逆流完全相同。

从 H—H 截面到 A—A 截面间作物料衡算，得并流吸收操作线方程

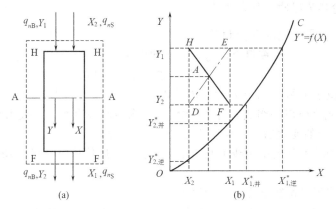

图 6-11　并流吸收全塔物料衡算及并、逆流的比较

$$Y=-\frac{q_{nS}}{q_{nB}}X+\left(Y_1+\frac{q_{nS}}{q_{nB}}X_2\right) \tag{6-41}$$

从 A—A 截面到 F—F 截面间作物料衡算有

$$Y=-\frac{q_{nS}}{q_{nB}}X+\left(Y_2+\frac{q_{nS}}{q_{nB}}X_1\right) \tag{6-41a}$$

并流吸收操作线如图 6-11(b) 中 HF 线所示，直线斜率为 $-q_{nS}/q_{nB}$，必过塔底组成点 $F(X_1，Y_2)$、塔内任意组成点 $A(X，Y)$、塔顶组成点 $H(X_2，Y_1)$。

6.4.2.3　并、逆流的比较

（1）尾气浓度　由图 6-11(b) 可知，在液体进、出口浓度以及气体进口浓度一定的条件下，逆流出口尾气极限浓度小于并流，即 $Y_{2,逆}^*<Y_{2,并}^*$，即 $\varphi_逆>\varphi_并$。如果吸收操作的目的是控制尾气浓度达标，则逆流有可能得到比并流更高的吸收率。但分析可知，提高吸收率是以降低吸收推动力或增加吸收面积为代价的。

（2）溶液出口浓度　由图 6-11(b) 知，在气体进、出口浓度以及液体进口浓度一定的条件下，逆流出口溶液极限浓度大于并流，即 $X_{1,逆}^*>X_{1,并}^*$。如果吸收操作的目的是控制富液浓度达标，则逆流有可能得到比并流更大的完成液浓度。但分析可知，提高吸收率是以降低吸收推动力或增加吸收面积为代价的。

（3）推动力　图 6-11(b) 中，DE 为逆流吸收操作线，HF 为并流吸收操作线。由图示可知，在 X_1、X_2、Y_1、Y_2 恒定，平衡关系 $Y^*=f(X)$ 一定的条件下，逆流吸收时，各截面上的传质推动力比较均匀；并流吸收时塔顶端截面推动力很大，塔底端截面推动力很小。和传热类似，$\Delta_逆>\Delta_并$。

（4）吸收面积　完成同样的吸收任务，由于逆流吸收推动力大于并流，则逆流所需吸收面积小于并流。

（5）吸收剂用量　根据物料衡算，若处理气量及气流相进出塔浓度完全一样，则两种操作吸收剂用量相等。若出口浓度有差别，则可以通过物料衡算分析得到不同的结果。

（6）通过能力　逆流操作时，向下流动的液体受到上升气流的作用力（又称曳力），曳力过大时会阻碍液体的顺利下流，当曳力大到液体被阻于塔的上方并逐渐积累到充满塔体（淹塔），因发生液泛现象而破坏塔的正常操作，由此限制了逆流吸收塔内允许的气液流量。在这种情况下并流则不存在。

综上所述，实际吸收操作多采用逆流吸收。并流吸收只用于某些吸收剂用量大、热效应较高的易溶气体，或者有选择性反应的快速吸收过程，如水吸收氨制浓氨水。

这里主要讨论逆流吸收，简称吸收。

6.4.2.4 关于操作线的几点讨论

① 吸收操作线由物料衡算得出，与气液比和塔一端的气液相组成有关。与相平衡关系、吸收速率、操作温度和压力条件、气液接触状态、塔型等均无关系。

② 当操作线位于平衡线的上方时，传质推动力恒大于 0，为吸收过程。在操作范围内（从吸收塔顶组成到吸收塔底组成），由操作线与平衡线间垂直距离（或水平距离）反映了气相（或液相）推动力的变化情况，操作线与平衡线距离越远，推动力越大。

③ 当操作线的端点落到平衡线上时，推动力为 0，达传质过程的极限，不能继续吸收。操作线不能跨越平衡线。

④ 当操作线位于平衡线下方时，为解吸过程。

⑤ 选择对吸收质溶解度大且选择性好的吸收剂、提高操作压力、降低吸收剂的温度、改物理吸收为化学吸收等都将使平衡线下移，从而增大吸收推动力，提高吸收速率。

6.4.3 吸收剂用量

由全塔物料衡算方程可知，在溶液出口浓度 X_1 已知时，吸收剂用量 q_{nS} 由式（6-38）唯一决定；当溶液出口浓度 X_1 待定时，吸收剂用量有待选择，出口浓度越低，消耗的吸收剂用量越大，吸收推动力大，在其他情况不变的情况下，需要的吸收面积小，即设备费用小，但吸收剂用量大，操作费用高。因此，吸收剂用量的选择涉及优化的问题。

6.4.3.1 液气比与最小吸收剂用量

吸收操作线的斜率 q_{nS}/q_{nB}，称为液气比，是吸收操作的重要参数。由式（6-35a）可得

$$\frac{q_{nS}}{q_{nB}} = \frac{Y_1 - Y_2}{X_1 - X_2} \tag{6-42}$$

对一定的分离任务与分离要求，X_2、Y_1、Y_2 及 q_{nB} 均恒定，平衡关系 $Y^* = f(X)$ 也一定。图 6-12 中吸收塔顶组成点 $D(X_2，Y_2)$ 固定，塔底组成点 $E(X_1，Y_1)$ 随液气比的变化在 $Y = Y_1$ 上移动。当吸收剂用量 q_{nS} 增大时，液气比增大，操作线斜率增大，操作线与平衡线间距离增大，如图 6-12(a) 中 DE 线变到 DF 线；吸收推动力增大，吸收速率加快，分离要求不变时，所需的吸收面积减少，同时吸收剂的输送费用和溶液再生费用变大。

当吸收剂用量减少到图中 DE 线变化到 DC 线，与平衡线相交 [图 6-12(a)] 或者相切 [图 6-12(b)] 于 C 点，此时 $X_1 = X_1^*$ [图(a)] 或者 $X_1 = X_{1,max}$[图(b)]，即出塔吸收液与入塔混合体之间达到相平衡状态，这是理论上吸收液能达到的最大浓度。此时此处的吸收推动力为 0，要达到这一浓度需要无限大的吸收面积，因此，在实际生产中无法完成任务，这是吸收操作的极限情况。通过把这种情况下对应的吸收剂用量称为最小吸收剂用量 $q_{nS,min}$。

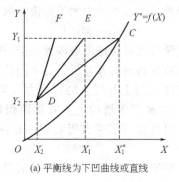

(a) 平衡线为下凹曲线或直线

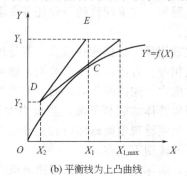

(b) 平衡线为上凸曲线

图 6-12　逆流吸收操作线与最小液气比

一般情况下，用下式计算最小液气比或最小吸收剂用量。当平衡线为直线、下凹（或上凸）曲线时，通过读图查得 X_1^*（或 $X_{1,\max}$）。

$$\frac{q_{nS,\min}}{q_{nB}}=\frac{Y_1-Y_2}{X_1^*（或\ X_{1,\max}）-X_2} \tag{6-43}$$

或

$$q_{nS,\min}=\frac{q_{nB}(Y_1-Y_2)}{X_1^*（或\ X_{1,\max}）-X_2}=\frac{G_A}{X_1^*（或\ X_{1,\max}）-X_2} \tag{6-43a}$$

特殊情况下，当平衡线为直线（$Y^*=mX$）时，有 $X_1^*=Y_1/m$，上式可简化为

$$q_{nS,\min}=\frac{q_{nB}(Y_1-Y_2)}{X_1^*-X_2}=\frac{q_{nB}(Y_1-Y_2)}{\dfrac{Y_1}{m}-X_2} \tag{6-43b}$$

如果是新鲜吸收剂（$X_2=0$）吸收时，上式进一步简化为

$$q_{\min}=\frac{q_{nB}(Y_1-Y_2)}{X_1^*-X_2}=\frac{q_{nB}(Y_1-Y_2)}{\dfrac{Y_1}{m}}=mq_{nB}\varphi \tag{6-43c}$$

6.4.3.2　实际吸收剂用量

实际生产中，为了完成分离任务，吸收剂用量必然要大于最小吸收剂用量。吸收剂用量过大，会引起吸收剂输送费用和再生费用的增加；而吸收剂用量过小，则会引起设备投资费用的增加。因此实际吸收剂用量应根据生产要求和操作条件全面考虑，使设备折旧费用和操作费用之和最小（称为总费用），按总费用最低原则确定合理吸收剂用量。

根据生产经验值，一般取

$$q_{nS}=(1.1\sim2.0)q_{nS,\min} \tag{6-44}$$

必须指出，为了保证填料的充分润湿，还应考虑到单位时间、单位塔截面上流过的液体体积（称为喷淋密度）不得小于某一最低允许值。如果按照式（6-44）算出的吸收剂用量不能满足充分润湿填料的起码要求，则应采用更大的液气比。

【**例 6-7**】　某矿石焙烧炉送出来的气体经冷却后送入吸收塔除去其中的 SO_2。已知操作条件（20℃、101.3kPa）下每小时处理混合气体 1500m³，进塔气体中含 SO_2 9%（体积分数），其余为惰性气体，要求吸收率为 90%，用清水吸收，吸收剂用量为最小用量的 1.2倍。求吸收剂用量和溶液出口浓度，并绘出操作线。

解：① 混合气体中惰性气的量

$$q_{nB}=\frac{q_{V_0}}{22.4}\times\frac{T_0}{T}\times\frac{P}{P_0}(1-y_1)=\frac{1500}{22.4}\times\frac{273}{293}\times(1-0.09)=56.8\text{kmol B/h}$$

② 气相进口浓度（摩尔比，下同）

$$Y_1=\frac{y_1}{1-y_1}=\frac{0.09}{1-0.09}=0.0989$$

③ 气相出口浓度　$Y_2=Y_1(1-\varphi)=0.0989\times(1-0.9)=0.00989=9.89\times10^{-3}$

④ 单位时间内通过吸收塔传递的吸收质的物质的量 G_A

$$G_A=q_{nB}(Y_1-Y_2)=56.8\times(0.0989-0.00989)=5.06\text{kmol A/h}$$

⑤ 液相进口浓度

$$X_2=0　（清水吸收）$$

⑥ 液相出口平衡浓度

由【例 6-2】可知，水吸收 SO_2 的平衡线为上凸曲线，查图 6-5 有 $Y_1=0.0989$ 时，$X_1^*=0.00320$。

⑦ 最小吸收剂用量

$$q_{nS,min} = \frac{G_A}{X_1^* - X_2} = \frac{5.06}{0.00320} = 1.58 \times 10^3 \, kmol \, S/h$$

⑧ 实际吸收剂用量

$$q_{nS} = 1.2q_{nS,min} = 1.2 \times 1.58 \times 10^3 = 1.90 \times 10^3 \, kmol \, S/h$$

⑨ 溶液出口浓度

$$X_1 = \frac{G_A}{q_{nS}} + X_2 = \frac{5.06}{1.90 \times 10^3} = 2.66 \times 10^{-3}$$

由本例数据可得塔顶组成点 $D(X_2 = 0, Y_2 = 0.989 \times 10^{-2})$ 和塔底组成点 $E(X_1 = 26.6 \times 10^{-4}, Y_1 = 9.89 \times 10^{-2})$，在【例 6-3】中可绘出操作线 DE。

【例 6-8】 用洗油吸收焦炉气中的芳烃。吸收塔内操作温度为 27℃、压强为 106.63kPa，焦炉气流量为 850m³/h，其中芳烃含量为 0.02（摩尔分数，下同），要求芳烃吸收率不低于 95%。进入吸收塔的洗油中含芳烃 0.005，溶液出口浓度取最大浓度的 0.676 倍，操作条件下的平衡关系为 $Y^* = \frac{0.125X}{1 + 0.875X}$。试计算出塔溶液的实际浓度和实际洗油的用量。

解：① 混合气体中惰性气的量

$$q_{nB} = \frac{q_{V_0}}{22.4} \times \frac{T_0}{T} \times \frac{P}{P_0}(1 - y_1) = \frac{850}{22.4} \times \frac{273}{300} \times \frac{106.63}{101.25} \times (1 - 0.02) = 35.6 \, kmol \, B/h$$

② 气相进口浓度（摩尔比，下同）

$$Y_1 = \frac{y_1}{1 - y_1} = \frac{0.02}{1 - 0.02} = 0.0204 = 2.04 \times 10^{-2}$$

③ 气相出口浓度

$$Y_2 = Y_1(1 - \varphi) = 0.0204 \times (1 - 0.95) = 0.00102 = 0.102 \times 10^{-2}$$

④ 单位时间内通过吸收塔传递的吸收质的物质的量 G_A

$$G_A = q_{nB}(Y_1 - Y_2) = 35.6 \times (0.0204 - 0.00102) = 0.690 \, kmol \, A/h$$

⑤ 液相进口浓度

$$X_2 = \frac{x_2}{1 - x_2} = \frac{0.005}{1 - 0.005} = 0.00503 = 0.503 \times 10^{-2}$$

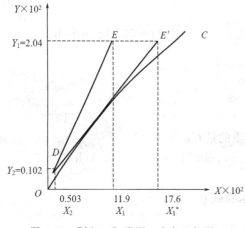

⑥ 液相出口平衡浓度

由平衡关系作图 6-13，图中曲线 OC 为平衡线，再按 $(X_2 = 0.503 \times 10^{-2}, Y_2 = 0.102 \times 10^{-2})$ 在图上确定操作线端点 D，过 D 点作平衡曲线 OC 的切线，交水平线 $Y = Y_1 = 2.04 \times 10^{-2}$ 于点 E'，在图中读出点 E' 的横坐标值 $X_1^* = 0.176$。

⑦ 液相出口浓度

$$X_1 = 0.676X_1^* = 0.676 \times 0.176 = 0.119$$

⑧ 纯吸收剂用量

$$q_{nS} = \frac{G}{X_1 - X_2} = \frac{0.690}{0.119 - 0.00503} = 6.05 \, kmol \, S/h$$

图 6-13 【例 6-8】附图（直角坐标图）

⑨ 实际吸收剂用量

$$\frac{q_{nS}}{1 - x_2} = \frac{6.05}{1 - 0.005} = 6.08 \, kmol \, (S+A)/h$$

6.5 塔径的计算

填料吸收塔的塔径可按流量与流速间的关系求出，有

$$D=\sqrt{\frac{4q_V}{\pi u}} \tag{6-45}$$

式中 D——塔径，m；

q_V——混合气体在操作条件下的体积流量，m^3/s，当流量变化时，以最大流量计；

u——空塔气速，m/s。

气相最大体积流量位于吸收塔进口。气速的确定是塔径计算的关键。操作气速的上限是发生液泛时的泛点速度 u_f。所谓液泛是指，在操作过程中，塔内液体下降受阻，并逐渐积累，达到泛滥，即发生液泛。泛点气速可由实验测定或由通用关联图查取或用经验公式计算。如果气速取较小值时，压降小、动力消耗小、操作费用低，但塔径增大，设备费用提高。同时，低气速不利于气液两相接触，分离效率降低。如果气速取较大值时，塔径减小，设备费用可降低，但气体经过塔的流动阻力也将增大，操作费用提高。当气速大到接近液泛时，在操作中容易失控。若工艺上对气体流动阻力有限制时，操作气速往往由此限制确定。工艺上对气体流动阻力无限制时，对于填料塔，取

$$u=0.5\sim0.8u_f \tag{6-46}$$

塔径的计算值还应按压力容器公称直径的标准进行圆整。一般 1m 以下按 100mm 圆整，1m 以上按 200mm 圆整。

应当指出，适宜空塔气速的选择是一个技术经济问题，往往需要反复计算才能确定。

6.6 填料层高度的确定

对低浓度气体等温吸收过程作以下两点假设，并确保结果在工程允许误差范围：①低浓度气体吸收过程气流流量变化不大，浓度很低，吸收分系数 k_X 和 k_Y 在全塔范围内可按常数简化处理；②若操作线所涉及的浓度范围平衡线为直线，k_X 和 k_Y 在全塔范围内也可以按常数简化处理。实际生产中，若混合气体内吸收质浓度虽较高，但在塔内被吸收的量不大的吸收也具有上述特点，也可按低浓度气体吸收处理。

填料层高度是填料塔计算中必须解决的问题，通常涉及物料衡算、传质速率和相平衡三种关系的应用。本节以连续、定常、逆流填料塔操作讨论填料层高度计算。

6.6.1 填料层高度的确定方法

填料层高度的确定方法通常有传质单元高度法和等板高度法，这里讨论工程计算中最常采用的传质单元高度法。

填料的功能是为气液两相间的传质提供物质交换的场所。为完成一定的吸收任务就需要一定体积的填料层，以提供足够的吸收面积。若塔径一定，则填料层高度与吸收面积成正比。如果将待完成的吸收任务分成若干份，完成一份任务需要一个单元高度的填料层，则填料层的总高等于份数乘以单元填料层高度，这就是传质单元高度法的基本思路。

6.6.1.1 填料层高度的基本计算式

单位体积填料的表面积称为填料的比表面积。只有那些被流动的液体膜层所覆盖的填料

表面，才能提供气液接触的有效面积。实际的气液接触面积称为有效传质面积，它总是小于填料的比表面积，其值由实验测定或经验公式计算。

塔径一定时，填料层高度取决于完成生产任务所需的总吸收面积和单位体积填料层所能提供的气液有效接触面积，即

$$Z = \frac{V_P}{\Omega} = \frac{A}{a\Omega} \tag{6-47}$$

式中　Z——填料层高度，m；

　　V_P——填料层体积，m^3；

　　Ω——塔的横截面积，$\Omega = \pi D^2/4$，m^2；

　　A——总的吸收面积，m^2；

　　a——单位体积填料层所提供的有效传质面积，m^2/m^3。

由式(6-47)和式(6-27)可得

$$A = \frac{G_A}{N_A} = a\Omega Z \tag{6-48}$$

在第三节中已指出，该节所有吸收速率方程都只适用于吸收塔任一横截面，不能直接用于全塔。就整个填料层而言，气液浓度沿塔高不断变化，塔内各截面上吸收速率并不相同。

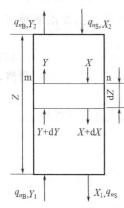

为解决浓度的连续变化问题，通常在填料层内任意截取一段微元高度来研究，然后通过积分确定完成一定分离任务所需的填料层高度。

如图 6-14 所示，在填料塔中某截面 m—n 处取一微元高度，对此微元 dZ，m—n 截面上气液相溶质浓度为 Y 和 X，经过微元高度传质后气液相溶质浓度为 $(Y+dY)$ 和 $(X+dX)$。

对该微元段作溶质 A 的微分物料衡算，得

$$dG_A = q_{nB}dY = q_{nS}dX \tag{6-49}$$

图 6-14　微元填料层的
　　　物料衡算

微元段内气、液浓度变化极小，可认为吸收速率 N_A 为定值，有

$$dG_A = N_A dA = N_A(a\Omega dZ) \tag{6-50}$$

微元段内的吸收速率方程为 m—n 截面上的吸收速率方程

$$N_A = K_Y(Y - Y^*) = K_X(X^* - X)$$

将上式代入式(6-50)

$$dG_A = K_Y(Y - Y^*)a\Omega dz = K_X(X^* - X)a\Omega dz$$

再将上式代入式(6-49)，将气液相基准分开，可得

$$q_{nB}dY = K_Y(Y - Y^*)a\Omega dZ$$

$$q_{nS}dX = K_X(X^* - X)a\Omega dZ$$

整理以上两式

$$\frac{dY}{Y - Y^*} = \frac{K_Y a\Omega}{q_{nB}}dZ \tag{6-51}$$

$$\frac{dX}{X^* - X} = \frac{K_X a\Omega}{q_{nS}}dZ \tag{6-51a}$$

对于定态操作的吸收塔，q_{nS}、q_{nB}、a、Ω 均不随截面和时间而变化。在全塔范围内对以上两式积分，有

$$\int_{Y_2}^{Y_1} \frac{dY}{Y - Y^*} = \frac{K_Y a\Omega}{V_B}\int_0^Z dZ$$

$$\int_{X_2}^{X_1} \frac{\mathrm{d}X}{X^* - X} = \frac{K_X a \Omega}{L_S} \int_0^Z \mathrm{d}Z$$

由此得到低浓度吸收时，填料层高度的基本计算式。

$$Z = \frac{q_{nB}}{K_Y a \Omega} \int_{Y_2}^{Y_1} \frac{\mathrm{d}Y}{Y - Y^*} \tag{6-52}$$

$$Z = \frac{q_{nS}}{K_X a \Omega} \int_{X_2}^{X_1} \frac{\mathrm{d}X}{X^* - X} \tag{6-52a}$$

以上两式中，a 值不仅与填料尺寸、形状、填充方式有关，还与流体的物性和流动状况有关，很难直接测定。工程计算中常将 a 与吸收系数的乘积视为一体，当作一个完整的物理量，称为体积吸收系数，其值由实验测定。例如 $K_Y a$ 称为气相体积吸收总系数，单位为 kmol/[m³·s·(kmol A/kmol B)]。体积吸收系数的意义是推动力为一个单位的情况下，单位时间单位体积填料层内吸收的吸收质的量。

上述根据吸收系数和相应的吸收推动力计算填料层高度的关系式具有共同的特点，以式 (6-52) 分析如下。

令
$$H_{OG} = \frac{q_{nB}}{K_Y a \Omega} \tag{6-53}$$

式 (6-53) 的单位为 m，将它理解为由过程条件所决定的某种单元高度，称气相总传质单元高度。H_{OG} 与设备结构、气液流动状况和物系物性有关。式中，q_{nB}/Ω 为单位塔截面上惰性气体的摩尔流量，体积吸收总系数 $K_Y a$ 反映了传质阻力的大小、填料性能的优劣及润湿情况的好坏。吸收过程的传质阻力越大，填料层的有效比表面积越小，每个传质单元所相当的填料层高度就越大。选用分离能力强的高效填料、适宜的操作条件以提高传质系数，降低传质阻力、增加有效气液传质面积等，均可达到减小 H_{OG} 的目的。

传质单元高度越小，则完成同样吸收任务所需的填料层高度越小，传质效果越好。

再令
$$N_{OG} = \int_{Y_2}^{Y_1} \frac{\mathrm{d}Y}{Y - Y^*} \tag{6-54}$$

式 (6-54) 为无单位的纯数，它代表所需填料层高度相当于气相传质单元高度 H_{OG} 的倍数，称气相总传质单元数。它反映了吸收过程的难度，与塔的结构、气液流动状况无关。根据积分中值定理有

$$N_{OG} = \int_{Y_2}^{Y_1} \frac{\mathrm{d}Y}{Y - Y^*} = \frac{Y_1 - Y_2}{(Y - Y^*)_m} \tag{6-54a}$$

式中　$(Y - Y^*)_m$ ——以气相摩尔比差表示的吸收推动力的平均值。

由式 (6-54a) 可知，若分离要求提高或吸收推动力减小，意味着过程的难度增大，N_{OG} 增大，所需的填料层高度也增大。可以通过选择溶解度大的吸收剂、降低操作温度、增大操作压强、增大吸收剂用量和减小吸收剂进口浓度等办法来增大吸收推动力，达到减小 N_{OG} 的目的。令 $H_{OG} = 1$，可以推出，流体经过一个传质单元的浓度变化等于此单元内对应的平均推动力，因此，可以把传质单元高度理解为：如果一定高度的填料层内的浓度变化刚好等于此高度内平均传质推动力，则这个高度就等于一个传质单元高度。

式 (6-52) 可改写成如下形式。

$$Z = H_{OG} N_{OG} \tag{6-55}$$

同理，式 (6-52a) 可改写成如下形式。

$$Z = H_{OL} N_{OL} \tag{6-55a}$$

式中　H_{OL} ——液相总传质单元高度，m；

N_{OL} ——液相总传质单元数。

$$H_{OL} = \frac{L_S}{K_X a \Omega} \tag{6-56}$$

$$N_{OL} = \int_{X_2}^{X_1} \frac{dX}{X^* - X} \tag{6-57}$$

对于每种填料而言，传质单元高度的变化幅度并不大。常用填料的传质单元高度为 0.15～1.5m，具体数据可由公式计算或实验测定，缺乏数据时可以直接从经验数据选取。

6.6.1.2 其他形式的填料层高度计算

由前述推导可知，填料层高度计算通式为

填料层高度＝传质单元高度×传质单元数

因 N_A 的表达式不同，传质单元数和单元高度的表示也不同，见表 6-7。

表 6-7 传质单元高度法的各种形式

传质速率方程	塔高计算式	传质单元高度	传质单元数	换算关系
$N_A = K_Y(Y - Y^*)$	$Z = H_{OG} N_{OG}$	$H_{OG} = \dfrac{q_{nB}}{K_Y a \Omega}$	$N_{OG} = \int_{Y_2}^{Y_1} \dfrac{dY}{Y - Y^*}$	$H_{OG} = H_G + \dfrac{m q_{nB}}{q_{nS}} H_L$
$N_A = K_X(X^* - X)$	$Z = H_{OL} N_{OL}$	$H_{OL} = \dfrac{q_{nS}}{K_X a \Omega}$	$N_{OL} = \int_{X_2}^{X_1} \dfrac{dX}{X^* - X}$	$H_{OL} = H_L + \dfrac{q_{nS}}{m q_{nB}} H_G$
$N_A = k_Y(Y - Y_i)$	$Z = H_G N_G$	$H_G = \dfrac{q_{nB}}{k_Y a \Omega}$	$N_G = \int_{Y_2}^{Y_1} \dfrac{dY}{Y - Y_i}$	$N_{OG} = \dfrac{q_{nS}}{m q_{nB}} N_{OL}$
$N_A = k_X(X_i - X)$	$Z = H_L N_L$	$H_L = \dfrac{q_{nS}}{k_X a \Omega}$	$N_{OL} = \int_{X_2}^{X_1} \dfrac{dX}{X_i - X}$	

6.6.2 填料层高度的计算

从前面的介绍可知，传质单元高度法计算填料层高度的关键是计算传质单元数，而传质单元数计算的实质就是积分。根据求取积分的方法不同，填料层高度计算分为数值积分法、图解积分法、平均推动力法和解析法等。现以气相总传质单元数 N_{OG} 的计算为例，介绍几种常用的计算方法，其他传质单元数的求法与此类同，不一一介绍。

6.6.2.1 图解积分法

图解积分法是根据定积分的几何意义引出的一种传质单元数的计算方法，它普遍适用于平衡关系的各种情况。

如图 6-15(a) 所示，在 Y-X 图上作出平衡线和操作线，在 X_2 到 X_1 的范围内取一系列的 X 值，并在图中读出与之平衡的气相浓度 Y^*，再计算出相应截面上的推动力 $(Y - Y^*)$ 值，进一步计算出 $\dfrac{1}{Y - Y^*}$ 的数值，并在图 6-15(b) 所示直角坐标系中将 Y 与 $\dfrac{1}{Y - Y^*}$ 的对应关系进行标绘，所得的函数曲线与 $Y = Y_1$、$Y = Y_2$ 及 $\dfrac{1}{Y - Y^*} = 0$ 三条直线之间所包围的面积（图中阴影部分）即为定积分 $\int_{Y_2}^{Y_1} \dfrac{dY}{Y - Y^*}$ 的值，也就是气相传质单元数 N_{OG}。

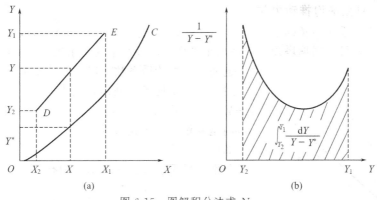

图 6-15　图解积分法求 N_{OG}

【例 6-9】　在【例 6-8】所述的吸收操作中，已知气相体积吸收总系数 $K_Y a = 0.0225\text{kmol}/(\text{m}^2 \cdot \text{s})$，所用吸收塔径为 800mm，求所需填料层高度。

解：① 塔横截面积

$$\Omega = \frac{\pi}{4} D^2 = \frac{3.14}{4} \times 0.8^2 = 0.503\text{m}^2$$

② 气相总传质单元高度

$$H_{OG} = \frac{V_B}{K_Y a \Omega} = \frac{35.6}{3600 \times 0.0225 \times 0.503} = 0.874\text{m}$$

由【例 6-8】给出的平衡关系可知平衡线为曲线，应采用图解积分法求气相总传质单元数 N_{OG}。

由【例 6-8】附图中的操作线 DE 与平衡线 OC 可以读出一系列 X、Y、Y^* 值，随之可计算出一系列相应的 $\frac{1}{Y-Y^*}$ 值。在 X_2 至 X_1 区间取若干 X 值进行上述计算，见表 6-8。

表 6-8　**【例 6-9】**附表

$X/\times 10^2$	$Y/\times 10^3$	$Y^*/\times 10^3$	$\dfrac{1}{Y-Y^*}$
$X_2 = 0.503$	$Y_2 = 1.02$	0.62	2500
2	3.56	2.45	901
4	6.95	4.83	472
6	10.35	7.12	310
8	13.74	9.35	228
10	17.14	11.50	177
$X_1 = 11.89$	$Y_1 = 20.4$	13.50	145

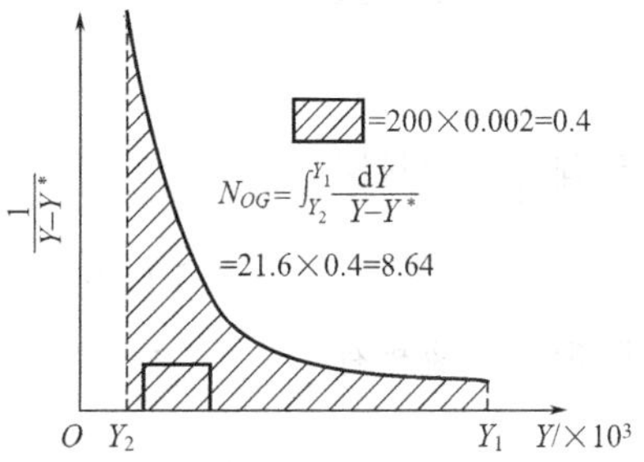

$$\text{斜线面积} = 200 \times 0.002 = 0.4$$
$$N_{OG} = \int_{Y_2}^{Y_1} \frac{\mathrm{d}Y}{Y-Y^*}$$
$$= 21.6 \times 0.4 = 8.64$$

图 6-16　**【例 6-9】**附图

在普通直角坐标纸上标绘表中各组 $\frac{1}{Y-Y^*}-Y$ 对应数据，并将所得各点连成一条曲线，见图 6-16。

图中曲线与 $Y=Y_1$、$Y=Y_2$ 及 $\frac{1}{Y-Y^*}=0$ 三条直线所包围的面积为 21.6 个小方格，而每个小方格所相当的数值为 $200 \times 0.002 = 0.4$，所以 $N_{OG} = 21.6 \times 0.4 = 8.64$。

③ 填料层高度

$$Z = H_{OG} N_{OG} = 0.874 \times 8.64 = 7.55\text{m}$$

6.6.2.2 对数平均推动力法

如果在吸收过程所涉及的浓度范围内平衡关系为直线（$Y^* = mX + b$），即在操作范围内平衡线为直线时，可以根据塔顶及塔底两个端面上的吸收推动力求出整个塔内推动力的平均值，进而求得总传质系数。以气相传质单元数的计算为例。

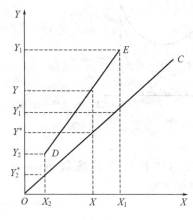

对填料层中任意横截面，其吸收速率方程为 $N_A = K_Y(Y - Y^*)$；对塔内任一截面，推动力 $\Delta Y = Y - Y^*$，此量在塔内是变量，当平衡线是直线时，ΔY 与 Y 也是直线关系，如图 6-17 所示。

图 6-17 对数平均推动力的求取

分别以塔顶、底截面表示，则有

$$\frac{\mathrm{d}(\Delta Y)}{\mathrm{d}Y} = \frac{\Delta Y_1 - \Delta Y_2}{Y_1 - Y_2}$$

其中 $\Delta Y_1 = Y_1 - Y_1^*$　　$\Delta Y_2 = Y_2 - Y_2^*$

整理得

$$\mathrm{d}Y = \frac{(Y_1 - Y_2)\mathrm{d}(\Delta Y)}{\Delta Y_1 - \Delta Y_2}$$

代入式(6-54)，得

$$N_{OG} = \int_{Y_2}^{Y_1} \frac{\mathrm{d}Y}{\Delta Y} = \int_{\Delta Y_2}^{\Delta Y_1} \frac{Y_1 - Y_2}{\Delta Y_1 - \Delta Y_2} \times \frac{\mathrm{d}(\Delta Y)}{\Delta Y} = \frac{Y_1 - Y_2}{\Delta Y_1 - \Delta Y_2} \ln \frac{\Delta Y_1}{\Delta Y_2}$$

令

$$\Delta Y_m = \frac{\Delta Y_1 - \Delta Y_2}{\ln \dfrac{\Delta Y_1}{\Delta Y_2}} \tag{6-58}$$

式中　ΔY_m——气相对数平均总推动力。

当 $\dfrac{\Delta Y_1}{\Delta Y_2} < 2$ 时，可用算术平均推动力 $\Delta Y_m = \dfrac{\Delta Y_1 + \Delta Y_2}{2}$ 代替对数平均推动力计算，引入的误差在工程允许范围内。

气相传质单元数

$$N_{OG} = \frac{Y_1 - Y_2}{\Delta Y_m} \tag{6-59}$$

整理可得填料层高度

$$Z = H_{OG} N_{OG} = \frac{q_{nB}(Y_1 - Y_2)}{K_Y a \Omega \Delta Y_m} = \frac{G_A}{K_Y a \Omega \Delta Y_m} \tag{6-60}$$

同理，对液相有

$$N_{OL} = \frac{X_1 - X_2}{\Delta X_m}$$

$$Z = H_{OL} N_{OL} = \frac{q_{nS}(X_1 - X_2)}{K_X a \Omega \Delta X_m} = \frac{G_A}{K_X a \Omega \Delta X_m} \tag{6-60a}$$

式中，$\Delta X_m = \dfrac{\Delta X_1 - \Delta X_2}{\ln \dfrac{\Delta X_1}{\Delta X_2}}$，其中 $\Delta X_1 = X_1^* - X_1$，$\Delta X_2 = X_2^* - X_2$。

上述推导虽以逆流吸收为例，只要平衡关系在操作范围内为直线，对并流吸收同样适用。

6.6.2.3 解析法

如果平衡关系为 $Y^* = mX$，则用解析法计算传质单元数更为简捷。

$$N_{OG} = \int_{Y_2}^{Y_1} \frac{dY}{Y-Y^*} = \int_{Y_2}^{Y_1} \frac{dY}{Y-mX}$$

由逆流吸收操作线方程 [式(6-40b)] 可得

$$X = X_2 + \frac{q_{nB}}{q_{nS}}(Y-Y_2)$$

代入上式

$$N_{OG} = \int_{Y_2}^{Y_1} \frac{dY}{Y-m\left[X_2+\frac{q_{nB}}{q_{nS}}(Y-Y_2)\right]} = \int_{Y_2}^{Y_1} \frac{dY}{\left(1-\frac{mq_{nB}}{q_{nS}}\right)Y+\left(\frac{mq_{nB}}{q_{nS}}Y_2-mX_2\right)}$$

令平衡线斜率与操作线斜率之比 $S=\dfrac{mq_{nB}}{q_{nS}}$，称为脱吸系数，则上式可简化为

$$N_{OG} = \int_{Y_2}^{Y_1} \frac{dY}{(1-S)Y+(SY_2-mX_2)} = \frac{1}{1-S}\ln\frac{(1-S)Y_1+SY_2-mX_2}{(1-S)Y_2+SY_2-mX_2}$$

整理可得

$$N_{OG} = \frac{1}{1-S}\ln\left[(1-S)\frac{Y_1-mX_2}{Y_2-mX_2}+S\right] \tag{6-61}$$

由式(6-61)可知，N_{OG} 为脱吸系数 S 和 $\dfrac{Y_1-mX_2}{Y_2-mX_2}$ 的函数。当 S 为定值时，N_{OG} 与 $\dfrac{Y_1-mX_2}{Y_2-mX_2}$ 一一对应。在半对数坐标纸上，以 S 为参数按上式标绘出 N_{OG}-$\dfrac{Y_1-mX_2}{Y_2-mX_2}$ 的函数关系，得到如图 6-18 所示的一组曲线。已知 q_{nB}、Y_1、Y_2、q_{nS}、X_2 及 m，利用此图容易查得 N_{OG} 的数值。

图中横坐标 $\dfrac{Y_1-mX_2}{Y_2-mX_2}$ 值的大小反映吸收质的吸收率的高低。在气液进口浓度一定的情况下，要求的吸收率愈高，Y_2 便愈小，$\dfrac{Y_1-mX_2}{Y_2-mX_2}$ 的数值便愈大，对应于同一 S 值的 N_{OG} 值也愈大。

参数 S 反映吸收推动力的大小。在气液进口浓度及吸收质吸收率已知的条件下，横坐标 $\dfrac{Y_1-mX_2}{Y_2-mX_2}$ 的值便已确定。此时增大 S 值

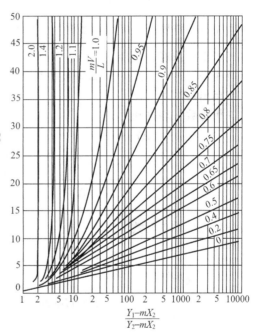

图 6-18　N_{OG}-$\dfrac{Y_1-mX_2}{Y_2-mX_2}$ 关系图

就意味着减小液气比（操作条件一定）。其结果是溶液出口浓度提高而塔内吸收推动力变小，N_{OG} 增大。反之，如果 S 值减小，N_{OG} 值变小。

如果吸收的目的是获得较高的吸收率，必须采用较大的液体量，使操作线斜率 $\dfrac{q_{nS}}{q_{nB}}$ 大于平衡线斜率 m，力求使出塔气体与进塔液体趋于平衡；如果吸收的目的是获得较高浓度的吸收液（富液），必须采用较小的液体量，使操作线斜率 $\dfrac{q_{nS}}{q_{nB}}$ 小于平衡线斜率 m，力求使出塔液体与进塔气体趋于平衡。通常，吸收操作多着眼于吸收率，即 $S<1$。有时为了加大液气比，

还采用部分吸收剂循环的方式，能有效地降低 S 值，但吸收剂循环会降低吸收的推动力。通常认为取 $S=0.7\sim0.8$ 是经济合理的。

在 $\dfrac{Y_1-mX_2}{Y_2-mX_2}>20$ 及 $S\leqslant0.75$ 的范围读图 6-18 较为准确，必要时可按式(6-61) 计算。

由于 $N_{OL}=SN_{OG}$，故求解 N_{OL} 时，仍可用图 6-18。

【例 6-10】 从某精馏塔顶出来的气体中含有 2.91%（体积分数）的 H_2S，其余为烃类化合物。在一个逆流操作的填料塔中用三乙醇胺水溶液吸收 H_2S，要求吸收率不低于 99%。操作条件下平衡关系为 $Y^*=2X$，进塔吸收剂中不含 H_2S，出塔液相中 H_2S 的浓度为 0.013kmol A/kmol S，已知单位塔截面上单位时间流过的惰性气体摩尔分数为 0.015kmol/($m^2\cdot s$)，气相体积总吸收系数 K_Ya 为 0.04kmol/($m^2\cdot s$)，求所需填料层高度。

解：传质单元高度 $\quad H_{OG}=\dfrac{q_{nB}}{K_Ya\Omega}=\dfrac{q_{nB}}{\Omega}\dfrac{1}{K_Ya}=\dfrac{0.015}{0.04}=0.375m$

传质单元数

平衡关系为直线，可用对数平均推动力法或解析法计算传质单元数。

（1）对数平均推动力法

气相进口浓度（摩尔比，下同） $\quad Y_1=\dfrac{y_1}{1-y_1}=\dfrac{0.0291}{1-0.0291}=0.0300$

气相出口浓度 $\quad Y_2=Y_1(1-\varphi)=0.0300\times(1-0.99)\approx3.00\times10^{-4}$

液相进口浓度 $\quad X_2=0$（新鲜吸收剂吸收）

液相出口浓度 $\quad X_1=0.013$

气相对数平均推动力

$$\Delta Y_1=Y_1-Y_1^*=Y_1-mX_1=0.03-2\times0.013=0.004$$

$$\Delta Y_2=Y_2-Y_2^*=Y_2-mX_2=0.0003-0=0.0003$$

$$\Delta Y_m=\dfrac{\Delta Y_1-\Delta Y_2}{\ln\dfrac{\Delta Y_1}{\Delta Y_2}}=\dfrac{0.004-0.0003}{\ln\dfrac{0.004}{0.0003}}=0.00143$$

气相总传质单元数

$$N_{OG}=\dfrac{Y_1-Y_2}{\Delta Y_m}=\dfrac{0.03-0.0003}{0.00143}=20.8$$

填料层高度

$$Z=H_{OG}N_{OG}=0.375\times20.8=7.8m$$

（2）吸收因素法

脱吸因数 $\quad S=\dfrac{mq_{nB}V_B}{q_{nS}}=m\dfrac{X_1-X_2}{Y_1-Y_2}=2\times\dfrac{0.013}{0.03-0.0003}=0.875$

横坐标 $\quad \dfrac{Y_1-mX_2}{Y_2-mX_2}=\dfrac{Y_1}{Y_2}=\dfrac{0.03}{0.0003}=100$

查图 6-18 得 $N_{OG}=21$

或计算

$$N_{OG}=\dfrac{1}{1-S}\ln\left[(1-S)\dfrac{Y_1-mX_2}{Y_2-mX_2}+S\right]=\dfrac{1}{1-0.875}\ln[(1-0.875)\times100+0.875]=20.7$$

填料层高度

$$Z=H_{OG}N_{OG}=0.375\times21=7.88m$$

两种方法的结果相差不大。

6.7 吸收操作分析

在 Y-X 图上，操作线与平衡线间的相对位置决定了吸收推动力的大小，直接影响吸收的效果。因此影响平衡线与操作的相对位置的因素均影响吸收操作。

6.7.1 影响吸收操作的因素

实际生产中，吸收塔的气体进口条件是由前一工序决定的，不能随意改变。因此，吸收塔在操作时的调节手段只能是改变吸收剂的进口条件，主要是其流量、温度、组成等因素。

6.7.1.1 吸收塔的温度

一般的吸收为放热过程，会使体系温度上升，平衡线上移，吸收推动力减小，容易造成尾气中溶质浓度升高，降低吸收率。对容易发泡的吸收剂，温度升高造成出口气体液沫夹带量增大，增加出口气液分离负荷。

对单塔低浓度吸收过程，为降低尾气浓度，提高吸收率，工程上常采用大的喷淋量，使放热对吸收过程的影响可忽略。然而实际生产中多采用多塔串联或吸收-解吸联合操作，吸收过程放热对体系的影响不可忽略。无论是填料塔还是板式塔，其本身的结构对降低吸收温度是无能为力的，通常在塔内或塔外设置中间冷却器，及时移走热量。必要时可加大冷却水用量来降低塔温。在夏季，冷却水温度较高，冷却效果差，在冷却水用量不能再增加的情况下，可增加吸收剂用量以降温。对吸收液有外循环且有冷却装置的流程，可采用加大吸收液的循环量以降温。但增加吸收剂用量会增大吸收剂输送费用和再生负荷；增加吸收液的循环量会使吸收推动力减小；同时，塔内压差增大，尾气中液沫夹带量增加。在实际操作中，应根据流程安排和设备装置及冷却水源来制定控制塔温措施，以确保吸收过程在工艺要求的温度下进行。

【例 6-11】 常压吸收塔，用清水逆流吸收焦炉气中的 NH_3，塔径 1.4m，填料层高 7.5m。进塔气体中氨的摩尔比为 0.0132，混合气体的处理量按惰性气体计为 5000m³/h（标准状况），要求 NH_3 的回收率不低于 95%，吸收剂用量为最小用量的 1.5 倍。当地夏季平均水温为 30℃，冬季为 10℃，NH_3-水体系的平衡关系为 $Y^* = 1.2X$（30℃），$Y^* = 0.5X$（10℃），该塔的气相体积吸收总系数 $K_Ya = 220$kmol/(m³·h)。计算：(1) 完成任务的用水量；(2) 如果在冬季维持夏季用水量，则冬季的吸收率为多少？

解：(1) 夏季用水量

惰性气体量

$$q_{nB} = \frac{q_{VB0}}{22.4} = \frac{5000}{22.4} = 223.2 \text{kmol B/h}$$

最小吸收剂用量 $\quad q_{nS,min} = mq_{nB}\varphi = 1.2 \times 223.2 \times 0.95 = 254.4 \text{kmol S/h}$

实际吸收剂用量 $\quad q_{nS} = 1.5q_{nS,min} = 1.5 \times 254.4 = 381.7 \text{kmol S/h}$

(2) 冬季用水量

最小吸收剂用量 $\quad q_{nS,min} = mq_{nB}\varphi = 0.5 \times 223.2 \times 0.95 = 106.0 \text{kmol S/h}$

实际吸收剂用量 $\quad q_{nS} = 1.5q_{nS,min} = 1.5 \times 106.0 = 159.0 \text{kmol S/h}$

由于冬季气温低，相平衡常数 m 减小，推动力增大，完成同样的吸收任务，冬季用水量比夏季减少了 58%。

（3）冬季维持夏季用水量，求冬季的吸收率

传质单元高度　　$H_{OG} = \dfrac{q_{nB}}{K_{Ya}\Omega} = \dfrac{223.2}{220 \times 0.785 \times 1.4^2} = 0.659\text{m}$

传质单元数　　　$N_{OG} = \dfrac{Z}{H_{OG}} = \dfrac{7.5}{0.659} = 11.4$

又　　　　$N_{OG} = \dfrac{1}{1-S}\ln\left[(1-S)\dfrac{Y_1 - mX_2}{Y_2' - mX_2} + S\right] = 11.4$

脱吸因素　　　$S = \dfrac{mq_{nB}}{q_{nS}} = \dfrac{0.5 \times 223.2}{381.7} = 0.292$

$$\dfrac{Y_1 - mX_2}{Y_2' - mX_2} = \dfrac{Y_1}{Y_2'} = \dfrac{0.0132}{Y_2'}$$

由上三式解得　　　　$Y_2' = 2.87 \times 10^{-6}$

吸收率　　　$\varphi' = \dfrac{Y_1 - Y_2'}{Y_1} = \dfrac{0.0132 - 0.00000287}{0.0132} = 99.98\%$

在同样的吸收剂用量下，由于冬季气温低，有利于吸收，吸收率提高。

由计算可知，吸收操作随季节变化较大，要根据生产实际及时采取相应调节措施。一般化工企业冬季生产效益优于夏季这也是原因之一。

请思考：本例是否可以用改变填料层高度或处理气量的办法调节？

6.7.1.2 吸收剂用量

吸收剂用量较小时，出塔溶液浓度必然增加，但不能大于 X_1^*。实际操作中，如吸收剂用量过小时，填料表面润湿不充分，造成气液接触不良，富液浓度不会因吸收剂用量减小而明显增大，但尾气浓度会明显增大，吸收率下降。吸收剂用量增大，塔内喷淋量增大，气液接触面积大，还可降低吸收温度，吸收推动力增大，吸收率增大。当吸收液浓度已远低于平衡浓度时，增加吸收剂用量已不能明显增大推动力，反而会造成塔内积液量过多，塔内压差增大，使塔的操作恶化甚至液泛，此时吸收推动力减小，尾气浓度增大。同时吸收剂用量增大，使吸收剂输送费用和再生负荷增大，再生效果变差。

实际操作中，吸收剂用量的变化对推动力、气液接触状况、操作费用等均有影响，需综合分析，及时调控。调控时主要考虑以下几个方面。

① 为保证填料层的充分润湿，吸收剂用量必须使喷淋密度不能低于某一规定值。

② 为了完成规定的分离任务，吸收剂用量必须保证液气比不小于最小液气比。

③ 当吸收塔的气体条件（气体处理量和进口气相组成）发生变化时，应及时调整吸收剂用量，以确保吸收任务的完成。

④ 当吸收与解吸联合操作时，吸收剂的进口条件（吸收剂用量、进口液相浓度与温度）会受到解吸操作的影响。在联合系统中，吸收剂用量增大会造成解吸设备负荷的增加，如果解吸操作条件进一步恶化，则吸收塔进口液相的浓度将上升，造成吸收剂用量增加而得不偿失；如果解吸所得贫液冷却不够，则吸收剂进口温度上升，吸收率下降，为保证吸收率，此时应设法降温而不是加大循环量。

【例 6-12】 某填料塔用清水逆流吸收混合气中 SO_2（其余为惰性气），进口气相中 SO_2 的浓度为 5%（摩尔比，下同），操作条件下平衡关系为 $Y^* = 5X$。求液气比为 2、4、6 和 8 时尾气的极限组成和富液极限组成。

解：只要塔内任一截面出线操作线与平衡线相交（相切），吸收就达到平衡或达到吸收极限。根据操作线与平衡线相对位置的不同，可能出现的平衡位置是不同的，见图 6-19。

平衡线斜率　　$m=5$

操作线斜率（液气比）　当 $\dfrac{q_{nS}}{q_{nB}}=2$ 时

因为　$\dfrac{q_{nS}}{q_{nB}}<m$

操作线 $D'E'$ 与平衡线 OC 相交于 E'（塔底）

由平衡关系可得　$X_1^*=\dfrac{Y_1}{m}=\dfrac{0.05}{5}=0.01$

由全塔物料衡算有　$Y_2^*=Y_1-\dfrac{q_{nS}}{q_{nB}}(X_1^*-X_2)=0.05-$

$2\times0.01=0.03$

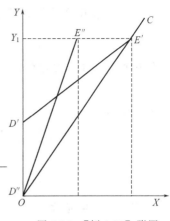

图 6-19　【例 6-12】附图

同理　当 $\dfrac{q_{nS}}{q_{nB}}=4$ 时，$X_1^*=0.01$，$Y_2^*=0.01$

由上述计算可知，m 一定时，若 $\dfrac{q_{nS}}{q_{nB}}<m$，尾气极限浓度 Y_2^* 随 $\dfrac{q_{nS}}{q_{nB}}$ 的增大而减小。此时，加大吸收剂用量，尾气浓度降低，吸收率增大。同时，富液极限浓度 X_1^* 仅取决于气相进口浓度，与吸收剂的用量无关。

当 $\dfrac{q_{nS}}{q_{nB}}=6$ 时，因为 $\dfrac{q_{nS}}{q_{nB}}>m$，操作线 $D'E''$ 与平衡线 OC 相交于 D''（塔顶）。

由平衡关系可得　$Y_2^*=mX_2=0$

由全塔物料衡算有　$X_1^*=\dfrac{q_{nB}}{q_{nS}}(Y_1-Y_2^*)+X_2=\dfrac{0.05}{6}=0.00833$

同理　当 $\dfrac{q_{nS}}{q_{nB}}=8$ 时，$Y_2^*=0$，$X_1^*=0.00625$

可见，m 一定时，若 $\dfrac{q_{nS}}{q_{nB}}>m$，尾气极限浓度 Y_2^* 只取决于吸收剂的初始浓度 X_2（常由解吸效果决定），与吸收剂的用量无关。此时再加大吸收剂用量，解吸负荷过大，解吸效果降低，吸收效果也随之降低，吸收率减小。富液极限浓度 X_1^* 随 $\dfrac{q_{nS}}{q_{nB}}$ 的增大而减小。

综上所述，在实际生产中，加大吸收剂用量对吸收的影响是多方面的，要注意具体情况具体分析。

6.7.1.3　气量处理量

实际生产中，送入吸收塔的混合气是由上一个工序提供的。当生产波动或生产任务改变时，将导致进塔混合气体量或进塔浓度的改变，这个改变是不可随意调节的。为了保持吸收过程的稳定性，必须采取一定的操作措施来应对这个变化。

【例 6-13】　某常压填料塔用清水逆流吸收丙酮-空气中的丙酮，当 $\dfrac{q_{nS}}{q_{nB}}=2$ 时，丙酮吸收率达 97%。由于前一工序的不稳定，进塔混合气流率增加了 25%，物系的平衡关系为 $Y^*=1.2X$，气相体积吸收总系数 K_{Ya} 与气相流率的 0.83 次方成正比。设气流进口组成、吸收剂用量均不变，试求吸收率。

解：惰性气体量及其改变　$q_{nB}=q_{nm}(1-y_1)$　　$\dfrac{q'_{nB}}{q_{nB}}=\dfrac{q'_{nm}}{q_{nm}}=1.25$

气相体积吸收总系数及其改变 $\quad K_Y a \propto q_{nm}^{0.83}\quad \dfrac{K_Y a'}{K_Y a}=\left(\dfrac{q'_{nm}}{q_{nm}}\right)^{0.83}=1.25^{0.83}$

气相总传质单元高度的改变 $\quad \dfrac{H'_{OG}}{H_{OG}}=\dfrac{\dfrac{q'_{nB}}{K_Y a'\Omega}}{\dfrac{q_{nB}}{K_Y a\Omega}}=\dfrac{q'_{nB}}{q_{nB}}\times\dfrac{K_Y a}{K_Y a'}=1.25^{0.17}=1.04$

原工况下

$$X_2=0 \qquad \frac{Y_1-mX_2}{Y_2-mX_2}=\frac{Y_1}{Y_2}=\frac{1}{1-\varphi}=\frac{1}{1-0.97}=33.3$$

脱吸因素

$$S=\frac{mq_{nB}}{q_{nS}}=\frac{1.2}{2}=0.60$$

气相总传质单元数

$$N_{OG}=\frac{1}{1-S}\ln\left[(1-S)\frac{Y_1-mX_2}{Y_2-mX_2}+S\right]=\frac{1}{1-0.6}\ln\left[(1-0.6)\times33.3+0.6\right]=6.59$$

新工况下

$$X_2=0 \qquad \frac{Y_1-mX_2}{Y'_2-mX_2}=\frac{Y_1}{Y'_2}=\frac{1}{1-\varphi'}$$

$$\frac{S'}{S}=\frac{\dfrac{mq'_{nB}}{q_{nS}}}{\dfrac{mq_{nB}}{q_{nS}}}=\frac{q'_{nB}}{q_{nB}}=1.25 \qquad S'=1.25\times0.60=0.75$$

填料层高度不变 $\qquad Z=H_{OG}N_{OG}=H'_{OG}N'_{OG}$

$$\frac{N'_{OG}}{N_{OG}}=\frac{H_{OG}}{H'_{OG}}=\frac{1}{1.04}=0.962 \qquad N'_{OG}=0.962\times6.59=6.34$$

$$N'_{OG}=\frac{1}{1-S'}\ln\left[(1-S')\frac{Y_1-mX_2}{Y'_2-mX_2}+S'\right]=\frac{1}{1-S'}\ln\left[(1-S')\frac{1}{1-\varphi'}+S'\right]$$

$$=\frac{1}{1-0.75}\ln\left[(1-0.75)\times\frac{1}{1-\varphi'}+0.75\right]=6.34$$

解得吸收率 $\quad \varphi'=93.9\%$

计算结果说明，处理气量变化对吸收操作有较大影响。其他条件保持不变时，处理气量增加，吸收率下降。请读者思考，为保持吸收率不变，本例可采取什么有效操作措施？

6.7.1.4 入塔吸收剂中吸收质组成

降低入塔吸收剂中吸收质的组成，对增加吸收推动力是有利的。因此，对于有部分溶剂再循环的吸收操作来说，吸收液的解吸越完全越好。所以，对吸收-解吸联合操作过程，解吸效果直接影响到吸收效果，循环吸收剂用量也必须考虑吸收-解吸的相互制约。解吸越完全，则解吸费用越高，应从整体上考虑过程的经济性，做出合理的选择。另外，若工艺要求尾气浓度不高于 Y_2，则入塔液相组成 $X_2<X_2^*$，才有可能完成吸收任务。

【例 6-14】 在一个逆流操作的填料塔中，用循环溶剂吸收气体混合物中溶质。气体入塔组成为 0.025（摩尔比，下同），液气比为 1.6，操作条件下气液平衡关系为 $Y^*=1.2X$。若循环溶剂组成为 0.001，则出塔气体组成为 0.0025，现因脱吸不良，循环溶剂组成变为 0.01，试求此时出塔气体组成。

解： 两种工况下，仅吸收剂初始组成不同，但因填料层高度一定，H_{OG} 不变，故 N_{OG} 也相同。由原工况下求得 N_{OG} 后，即可求算出新工况下出塔气体组成。

原工况（即脱吸塔正常操作）下

吸收液出口组成由物料衡算求得

$$X_1 = \frac{q_{nB}}{q_{nS}}(Y_1 - Y_2) + X_2 = \frac{0.025 - 0.0025}{1.6} + 0.001 = 0.0151$$

吸收过程平均推动力和 N_{OG} 为

$$\Delta Y_1 = Y_1 - mX_1 = 0.025 - 1.2 \times 0.0151 = 0.00688$$

$$\Delta Y_2 = Y_2 - mX_2 = 0.0025 - 1.2 \times 0.001 = 0.0013$$

$$\Delta Y_m = \frac{\Delta Y_1 - \Delta Y_2}{\ln \dfrac{\Delta Y_1}{\Delta Y_2}} = \frac{0.00688 - 0.0013}{\ln \dfrac{0.00688}{0.0013}} = 0.00335$$

$$N_{OG} = \frac{Y_1 - Y_2}{\Delta Y_m} = \frac{0.025 - 0.0025}{0.00335} = 6.72$$

新工况（即脱吸塔不正常）下

设此时出塔气相组成为 Y_2'，出塔液相组成为 X_1'，入塔液相组成为 X_2'，则吸收塔物料衡算可得

$$X_1' = \frac{q_{nB}}{q_{nS}}(Y_1 - Y_2') + X_2' = \frac{0.025 - Y_2'}{1.6} + 0.01 \tag{a}$$

N_{OG} 由下式求得

$$N_{OG} = \frac{1}{1 - \dfrac{mq_{nB}}{q_{nS}}} \ln \frac{Y_1 - mX_1'}{Y_2' - mX_2'} = \frac{1}{1 - \dfrac{1.2}{1.6}} \ln \frac{0.025 - 1.2X_1'}{Y_2' - 1.2 \times 0.01}$$

即

$$4\ln \frac{0.025 - 1.2X_1'}{Y_2' - 0.012} = 6.72 \tag{b}$$

联立式（a）和式（b），解得

$$Y_2' = 0.0127$$
$$X_1' = 0.0177$$

吸收平均推动力为

$$\Delta Y_m = \frac{Y_1 - Y_2'}{N_{OG}} = \frac{0.025 - 0.0127}{6.72} = 0.00183$$

计算结果表明，在吸收-脱吸联合操作时，脱吸操作不正常，使吸收剂初始浓度升高，导致吸收塔平均推动力下降，分离效果变差，出塔气体浓度升高，吸收效果下降；同时，因出塔富液浓度增加，解吸塔负荷也增加，解吸效果更差，导致整个系统恶性循环。生产中，应及时改善解吸操作，严格控制贫液浓度。

6.7.2　吸收塔的操作

6.7.2.1　吸收塔的操作

由于吸收任务、物系性质、分离指标及操作条件等均不一样，因此不同的吸收过程其操作方法是不一样的，但从总体上说，都包括开车准备（试漏及置换等）、冷态开车、正常运行和正常停车等。

（1）系统气密试漏　对系统进行吹扫、吹灰结束，阀门、孔板、法兰等复位后，可以用空气充压，试压、试漏。若系统其他部分处在活化状态时，应分别在进、出口加插盲板切断联系，再试漏。试漏过程中不得超压。

（2）系统氮气置换　引外界合格氮气进行系统置换，直至系统中取样分析 $N_2 \geqslant 99.5\%$ 为置换合格，取样分析点必须是管线最终端排放点。置换方法为充压、卸压，直至置换

合格。

（3）系统开车　吸收开车应先进液再进气，以确保吸收塔中填料全部被润湿。在进气及进液过程中，应严格按照操作规程操作泵、压缩机、阀门及仪表等，并最终控制到规定的指标。

（4）正常维护　吸收正常进行时，必须：①检查运行情况，打液量、出口压力、油质、油位、运转声音、电机接地、冷却水量是否正常，用手背摸查泵和电机轴承温度；②检查各设备内液位、组成等是否正常；③检查整个系统有无溶液跑、冒、滴、漏现象等，若发现问题应及时处理。

（5）系统停车　与开车相反，应先停气再停液，若操作温度较高，必须温度降低到指定指标后才能停液。若是短期停车，溶液不必排出，注意关出口切断阀，保压待用；若是长期停车，应将溶液排入贮器中充氮气保护，卸压，用氮气置换合格，再充氮气加压水循环清洗，清洗干净后排尽交付检修。

6.7.2.2　强化吸收过程的途径

强化吸收过程就是力求用较小的经济代价来完成吸收任务。由 $G_A = N_A A = K\Delta A$ 可知，增大吸收面积、吸收推动力、吸收系数均可提高单位时间内被吸收的吸收质的量。

（1）增大吸收面积　填料塔内填料的功能是为气液相间的传质过程提供物质交换的场所，填料的润湿表面即为气液间的传质界面。填料的装填量越多，填料塔所能提供的可能接触面积越大。如果简单增加填料量，会使填料层高度和填料层总压降增大，使投资费用和操作费用均增大。从经济性考虑，简单增加填料量不是最好的措施。实际上，在一定的气液流量下，采用性能较好、比表面积大的高效填料（可提高单位体积填料的气液接触面积），并采用较好的液体喷淋装置（使填料充分润湿）是增加吸收面积的主要措施。

（2）增大吸收推动力　适当增大液气比，操作线斜率增大，在平衡关系一定的情况下，操作线与平衡线间距离增大，平均推动力增大。适当提高操作压强、降低操作温度，使溶解度增大，平衡线下移，增大吸收推动力。采用逆流操作比并流操作可获得更大的推动力。如果工艺允许，尽可能选用化学吸收，如水吸 CO_2 的推动力小于热钾碱吸收 CO_2 的推动力。实际操作中，增大液气比、提高操作压力和降低操作温度都有其局限性，应根据实际情况在允许调节的范围内采取相应措施。

（3）增大吸收系数　吸收系数与气液两相性质、流动状况和填料的性能有关。对一定的分离物系和填料，改变两相流动状况是增大吸收系数的关键。对气膜控制过程，适当增加气相湍动程度能有效地增大吸收系数；对液膜控制过程，则应适当增加液相湍动程度。在一定液相流量下，如气相流速增加过大，会使填料层压降过大而引起液泛，破坏塔的正常生产；如气速过小，会使填料层持液量太少，导致气液两相接触的湍动程度减弱，降低吸收系数；在适宜范围内的操作气速，可获得较大的吸收系数。选择良好的吸收剂及高效填料也可增大吸收系数。

以上各强化措施在一定程度上会增加投资费用或操作费用，可能使操作复杂化。在实际操作中，应权衡利弊，充分考虑技术上的可行性和过程的经济性及操作上的安全性等，以最少的投入获取较好的效益。

6.8　其他吸收与解吸

6.8.1　化学吸收

实际生产中，多数吸收过程都伴有化学反应，伴有显著化学反应的吸收称为化学吸收。

如碱液吸收 CO_2、硫酸吸收氨等。

化学吸收过程中，吸收质首先由气相主体扩散至气液界面，在由界面向液相主体扩散的过程中吸收质与吸收剂或液相中某活泼组分发生化学反应。吸收质浓度沿扩散途径的变化情况不仅与自身的扩散速率有关，而且与液相中活泼组分的反向扩散速率、化学反应速率以及反应产物的扩散速率等因素有关。化学吸收的速率关系是比较复杂的。

当液相中活泼组分的浓度足够大，而且发生快速及至瞬间不可逆的化学吸收时，吸收质进入液相后很快与活泼组分反应而被消耗，界面处吸收质分压为零，此时吸收过程速率由气膜中的扩散阻力所控制，可按气膜控制的物理吸收计算。如水或酸性溶液吸收氨的过程就属于这种情况。

当反应速率较低使反应主要在液相主体中进行时，吸收过程中气液两膜的扩散阻力均无变化，仅在液相主体中因化学反应而使吸收质浓度降低，过程的总推动力较单纯的物理吸收大。如 K_2CO_3 水溶液吸收 CO_2 的过程就属于这种情况。

测量介于上两者之间的吸收速率目前仍无可靠的方法。设计时，往往依据实测数据。与物理吸收相比较，化学反应提高了吸收的选择性，能得到较高纯度的解吸气体；化学反应加快了吸收速率，减小了设备容积；化学反应加快了吸收质在液相中的溶解度，增大了吸收过程的推动力，减小了吸收剂用量；化学反应降低了吸收质在气相中的平衡分压，可较彻底地除去气相中很少量的有害气体；同时吸收质在液膜扩散中途因化学反应而消耗，使传质阻力减小，吸收系数相应增大。所以化学反应总会使吸收速率得到不同程度提高，但提高程度依不同情况有很大差异。由于化学吸收的不可逆程度较高，化学吸收往往有利于吸收却不利于解吸。因此，对于以分离或净化气体为目的的化学吸收，适用的化学反应需满足的条件为：具有可逆性，以便于吸收剂的再生和循环使用；具有较高的反应速率，以发挥出化学吸收操作的优点。

6.8.2 高浓度吸收

当进塔混合气中吸收质浓度大于 10%（摩尔分数）时，工程上常称为高浓度气体吸收。高浓度吸收的特点及相应的处理方法简单介绍如下。

① 吸收过程中，气相流率和液相流率沿塔高有明显变化。但惰性气体和纯吸收剂的摩尔流率不变，用摩尔比浓度计算。

② 由于被吸收的吸收质的量较多，吸收过程产生的溶解热使两相温度升高，高浓度吸收多为非等温吸收，原则上应进行热量衡算以确定流体温度沿塔高的分布。同时，温度升高，对相平衡产生不利影响，当溶解热较大时，此项影响不可忽略。另外温度升高，吸收分系数增大，有利吸收，为安全及计算方便，此项影响一般可忽略。

③ 吸收分系数受浓度和流动状态的影响，一般不能再视为常数。计算结果表明：只有当塔内不同截面处气液相流率的变化均不超过 10% 时，吸收系数的变化远小于 10%，此时，吸收系数可取塔顶、底吸收系统的平均值，当作常数处理。

上述特点的存在，使高浓度气体吸收过程的计算比低浓度气体复杂得多。

6.8.3 多组分吸收

气体混合物中，若有两个以上的组分被吸收剂吸收，称为多组分吸收。多组分吸收是实际生产中最常遇到的情况。如用洗油吸收焦炉气中的苯、甲苯、二甲苯等苯类物质的过程。

多组分吸收过程中，由于其他组分的存在，组分间相互影响使吸收质在气液两相中的平衡关系发生了变化，其计算较单组分吸收复杂。对喷淋量很大的低浓度气体吸收，可忽略吸收质间的相互干扰，可认为各组分在液相的溶解度关系均服从亨利定律；不同吸收质组分的相平衡常数不相同，进、出吸收设备的气体中各组分的浓度也不相同。每一吸收质组分均有自己的平衡线和操作线，因液气比为常数，各操作线相互平行。按不同吸收质组分计算出的填料层高度是不同的。为此，工程上提出了"关键组分"的概念。实际设计时，可以根据分离的实际需要选取一个关键组分，以关键组分的净化度确定塔的填料层高度，来满足其他各组分分离的需要。

所谓"关键组分"是指在多组分吸收操作中具有关键意义，必须保证其吸收率达到预期要求的组分。如用洗油吸收石油裂解气中的多种烃类组分，其主要目的是回收裂解气中的乙烯，乙烯即为该过程的"关键组分"。生产上一般要求乙烯的回收率达到 $98\% \sim 99\%$，这是必须保证达到的。该过程虽为多组分吸收，实际计算时可视为用洗油吸收混合气中乙烯的单组分操作。

实际上，在单组分吸收中，若惰性气体稍有溶解，也属于多组分吸收范畴，吸收质即为"关键组分"。

6.8.4 解吸

6.8.4.1 解吸

使溶解于液相中的气体释放出来的操作称为解吸（或脱吸）。解吸是吸收的逆过程。生产中多采用吸收-解吸联合操作，如洗油脱苯，其目的是回收富液中吸收质或使吸收剂再生并循环使用。其操作方法通常是使富液与惰性气体或蒸气逆流接触，富液自解吸塔顶引入，在其下流过程中与来自塔底的惰性气体或蒸气相遇，吸收质逐渐从溶液中释放出来，在塔顶得到吸收质与惰性气体或蒸气的混合物，在塔底得到较纯净的吸收剂（贫液）。其他解吸方法还有：间接蒸汽加热解吸，多种方法结合解吸等。一般来说，惰性气体的解吸过程适用于吸收剂的回收，不能直接得到纯净的吸收质；若吸收质不溶于水，应用蒸气解吸过程，就可通过冷凝塔顶混合气体，并由冷凝液分离出水层的办法，得到较纯净的吸收质。如用洗油吸收焦炉气中的芳烃后，再用蒸气解吸，可获得高纯度芳烃，并使吸收剂洗油得到再生。

适用于吸收操作的设备同样适用于解吸操作，吸收的理论和计算方法也适用于解吸。解吸过程中，吸收质在液相中的实际浓度总是大于与气相成平衡的浓度，因此解吸过程操作线总是位于平衡线下方，其推动力表达式与吸收相反，如液相吸收推动力为 $\Delta X = X - X^*$。逆流解吸塔底气液浓度最小，塔顶气液浓度最大。

例如，对稀溶液，且平衡关系为 $Y^* = mX$ 时，对解吸过程有 $N_{OL} = \int_{X_1}^{X_2} \dfrac{\mathrm{d}X}{X - X^*}$。

$$N_{OL} = \frac{1}{1-A} \ln \left[(1-A) \frac{X_1 - \dfrac{Y_2}{m}}{X_2 - \dfrac{Y_2}{m}} + A \right] \tag{6-62}$$

其中，A 称为吸收系数，其值等于脱吸系数的倒数。式(6-62)与式(6-61)结构相同。只需用 N_{OL} 替换 N_{OG}，并以液相解吸程度 $\dfrac{X_1 - Y_2/m}{X_2 - Y_2/m}$ 代替气相吸收程度 $\dfrac{Y_1 - mX_2}{Y_2 - mX_2}$，仍可用图6-17求解。其余计算方法可类比。

6.8.4.2 吸收-解吸联合计算

【例 6-15】 用洗油逆流吸收含苯 0.02（摩尔比，下同）的煤气（图 6-20），要求吸收率为 95%。煤气中惰性气体流量为 $43.75\mathrm{kmol\ B/h}$。进塔洗油中含苯不超过 0.0075，操作液气比为 0.16。吸收后的富液经加热送入解吸塔顶，在解吸塔底送入的过热蒸汽作用下解吸出苯，贫液达要求后经冷却送回吸收塔循环吸收。水蒸气耗用量为最小用量的 1.09 倍。解

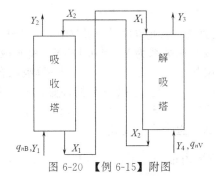

图 6-20　【例 6-15】附图

吸操作条件下的平衡关系为 $Y'^* = 3.16X$，液相体积吸收总系数 $K_X a = 0.617 q_{nS}^{0.66}$ kmol/ $(m^3 \cdot s)$，塔径为 $0.7m$。计算解吸塔所需的水蒸气用量和填料层高度。

解：吸收塔部分

出口尾气浓度　　$Y_2 = Y_1(1 - \varphi) = 0.02 \times (1 - 0.95) = 0.00100$

出口富液浓度　　$X_1 = X_2 + \dfrac{Y_1 - Y_2}{\dfrac{q_{nS}}{q_{nB}}} = 0.0075 + \dfrac{0.02 - 0.001}{0.16} = 0.126$

吸收剂用量　　$q_{nS} = 0.16 q_{nB} = 0.16 \times 43.75 = 7.00$ kmol/h $= 0.00194$ kmol/s

解吸塔部分

设进塔水蒸气中不含苯，$Y_4 = 0$

解吸塔的最小气液比

$$\left(\frac{q_{nV}}{q_{nS}} \right)_{\min} = \frac{X_1 - X_2}{Y_3^* - Y_4} = \frac{X_1 - X_2}{m X_1} = \frac{0.126 - 0.0075}{3.16 \times 0.126} = 0.335$$

解吸塔的实际气液比

$$\frac{q_{nV}}{q_{nS}} = 1.09 \left(\frac{q_{nV}}{q_{nS}} \right)_{\min} = 1.09 \times 0.335 = 0.365$$

解吸塔出口气相浓度

$$Y_3 = Y_4 + \frac{X_1 - X_2}{\dfrac{q_{nV}}{q_{nS}}} = \frac{0.126 - 0.0075}{0.365} = 0.325$$

解吸塔的横截面积

$$\Omega = 0.785 D^2 = 0.785 \times 0.7^2 = 0.385 m^2$$

液相总传质单元高度

$$H_{OL} = \frac{q_{nS}}{K_X a \Omega} = \frac{q_{nS}}{0.617 q_{nS}^{0.66} \Omega} = \frac{q_{nS}^{0.34}}{0.617 \Omega} = \frac{0.00194^{0.34}}{0.617 \times 0.385} = 0.505 m$$

液相平均推动力

$$\Delta X_1 = X_1 - X_1^* = \frac{X_1 - Y_3}{m} = \frac{0.126 - 0.325}{3.16} = 0.0232$$

$$\Delta X_2 = X_2 - X_2^* = \frac{X_2 - Y_4}{m} = X_2 = 0.0075$$

$$\Delta X_m = \frac{\Delta X_1 - \Delta X_2}{\ln \dfrac{\Delta X_1}{\Delta X_2}} = \frac{0.0232 - 0.0075}{\ln \dfrac{0.0232}{0.0075}} = 0.0139$$

液相总传质单元数　$N_{OL} = \dfrac{X_1 - X_2}{\Delta X_m} = \dfrac{0.126 - 0.0075}{0.0139} = 8.53$

解吸塔填料层高度 $Z = H_{OL}N_{OL} = 0.505 \times 8.53 = 4.31 \text{m}$

由于相平衡线为过圆点的直线，因此也可以用吸收因数法计算。有兴趣的读者可以做一做。

【例 6-16】 上例中，吸收平衡关系为 $Y^* = 0.125X$。将吸收剂循环量增大一倍，其他操作条件不变，能否使吸收塔尾气浓度降低？对整个吸收-解吸联合系统有何影响？

解： 吸收-解吸是相互制约的过程。当吸收剂循环量增加一倍时，因解吸所用过热蒸汽量不变，则解吸塔内气液比将减少一半。又 $K_X a \propto q_{nS}^{0.66}$，解吸塔的 H_{OL} 随之变化，但填料层高度不变，所以解吸塔的 N_{OL} 也会发生变化。

q_{nS} 增加，$\dfrac{q_{nS}}{q_{nB}}$ 增加，吸收塔内推动力增加，有利于吸收，尾气浓度 Y_2 有可能减少。由于解吸塔中 q'_{nB}/q_{nS} 的减少，如果造成解吸后贫液浓度 X_2 的增加，则 Y_2 不一定会减少。因此，在其他条件不变的情况下，尾气浓度 Y_2、富液浓度 X_1、贫液浓度 X_2、解吸塔顶出口气相浓度 Y_3 均可能发生变化。下面通过计算确定。

原工况下吸收塔部分

气相平均推动力

$$\Delta Y_1 = Y_1 - Y_1^* = Y_1 - mX_1 = 0.02 - 0.125 \times 0.126 = 4.25 \times 10^{-3}$$

$$\Delta Y_2 = Y_2 - Y_2^* = Y_2 - mX_2 = 0.001 - 0.125 \times 0.0075 = 6.25 \times 10^{-5}$$

$$\Delta Y_m = \frac{\Delta Y_1 - \Delta Y_2}{\ln \dfrac{\Delta Y_1}{\Delta Y_2}} = \frac{0.00425 - 0.0000625}{\ln \dfrac{0.00425}{0.0000625}} = 9.92 \times 10^{-4}$$

气相总传质单元数 $N_{OG} = \dfrac{Y_1 - Y_2}{\Delta Y_m} = \dfrac{0.02 - 0.0000625}{0.000992} = 20.1$

新工况下吸收塔部分

循环吸收剂用量加倍 $\dfrac{q'_{nS}}{q_{nB}} = 2 \dfrac{q_{nS}}{q_{nB}} = 2 \times 0.16 = 0.32$

因为 m 值很小，可按气膜吸收控制处理。$K_Y a$ 不随 q_{nS} 而变化，$H_{OG} = \dfrac{q_{nB}}{K_Y a \Omega}$ 为定值。

填料层高度一定，则 $N'_{OG} = N_{OG} = 20.1$

由全塔物衡有 $X'_1 - X'_2 = \dfrac{Y_1 - Y'_2}{\dfrac{q'_{nS}}{q_{nB}}} = \dfrac{0.02 - Y'_2}{0.32}$ （a）

$$N'_{OG} = \frac{Y_1 - Y'_2}{\Delta Y'_m} = \frac{0.02 - Y'_2}{\dfrac{(0.02 - 0.125X'_1) - (Y'_2 - 0.125X'_2)}{\ln \dfrac{0.02 - 0.125X'_1}{Y'_2 - 0.125X'_2}}} = 20.1$$ （b）

原工况下解吸塔部分

由上例计算可知，液相总传质单元数 $N_{OL} = \dfrac{X_1 - X_2}{\Delta X_m} = 8.53$，出塔气相浓度 $Y_3 = 0.325$。

新工况下解吸塔部分

气液比 $\dfrac{q_{nV}}{q'_{nS}} = \dfrac{q_{nV}}{2q_{nS}} = \dfrac{0.365}{2} = 0.183$

又 $K_X a \propto q_{nS}^{0.66}$ 且 $H_{OL} = \dfrac{q_{nS}}{K_X a \Omega}$

液相总传质单元高度变化率 $\dfrac{H'_{OL}}{H_{OL}} = \dfrac{K_X a}{K_X a'} \times \dfrac{q'_{nS}}{q_{nS}} = 2^{0.34}$

液相总传质单元数　　$N'_{OL} = N_{OL} \dfrac{H_{OL}}{H'_{OL}} = \dfrac{8.53}{2^{0.34}} = 6.74$

全塔物料衡算　　　　$Y'_3 = \dfrac{X'_1 - X'_2}{\dfrac{q_{nV}}{q'_{nS}}} = \dfrac{X'_1 - X'_2}{0.183}$ （c）

液相传质单元数　$N'_{OL} = \dfrac{X'_1 - X'_2}{\Delta X'_m} = \dfrac{X'_1 - X'_2}{\dfrac{X'_2 - \left(\dfrac{X'_1 - Y'_3}{3.16}\right)}{\ln \dfrac{X'_2}{\dfrac{X'_1 - Y'_3}{3.16}}}} = 6.74$ （d）

联解式(a)～式(d) 可得

$$X'_1 = 0.0843 \qquad X'_2 = 0.0358 \qquad Y'_2 = 0.00448 \qquad Y'_3 = 0.265$$

由计算结果可知，在本例条件下，循环吸收剂用量增加，出口尾气浓度反而增大。这是因为在原工况的吸收条件下的实际尾气浓度（$Y_2 = 0.00100$）已接近平衡浓度（$Y_2^* = mX_2 = 0.125 \times 0.0075 = 0.0009375$），此时，增加吸收剂用量对降低 Y_2 值效果已不明显。相反，由于循环吸收剂用量的增加，解吸负荷的加大，在没有采取强化解吸措施的条件下，解吸效果恶化，导致出解吸塔的贫液浓度 X_2 值增大。由于进吸收塔的贫液浓度增加，导致吸收推动力减小，吸收效果随之恶化，最终导致出吸收塔的尾气浓度 Y_2 值不减反增。

6.9　吸收设备

6.9.1　填料塔

填料塔是以填料作为气液两相间接触构件的传质设备，是常用的气液传质设备之一，如图 6-21 所示。塔身一般为直立式圆筒，由金属、陶瓷、塑料等制作，底部装有支承板，填料以整砌或乱堆的方式放置。上方可安装填料压板，防止填料被气流吹动。液体自塔上部进入，通过液体分布器均匀分喷洒到塔截面上，沿填料层表面流动从塔底引出；气体从塔底引入，在压差作用下自下而上通过填料层间间隙（与液体呈逆流流动）从塔顶引出；填料表面被润湿形成液膜，提供了实际的传质面积。填料塔属连续接触式传质设备，两相组成沿塔高连续变化，正常状态下，气相为连续相，液相为分散相。

液体在向下流动过程中有逐渐向塔壁集中的趋势，使塔壁附近液流量沿塔高逐渐增大，这种现象称为壁流。壁流会造成两相传质不均匀，传质效率下降。所以，当填料层较高时，填料需分段装填，段间设置液体再分布器。塔顶可安装除沫器以减少出口气体夹带液沫。塔体上开有人孔或手孔，便于安装、检修。

填料塔具有结构简单、生产能力大、分离效率高、压降小、持液量小、操作弹性大等优点。填料塔的不足之处在于总体造价较高；清洗检修比较麻烦；当液体负荷小到不能有效润湿填料表面时，吸收效率将下降；不能直接用于悬浮物或易聚合物料等。

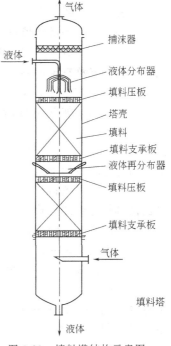

图 6-21　填料塔结构示意图

6.9.2 填料

6.9.2.1 填料特性

填料塔的核心部件就是填料。填料塔的操作性能好坏与选用的填料合理性有直接关系。填料的主要性能参数如下。

（1）比表面积 单位体积填料层所具有的表面积，称为填料的比表面积，以 a 表示，单位为 m^2/m^3。对一定的气液两相流动条件，填料的比表面大，提供的传质面积就大。

（2）空隙率 单位体积填料层所具有的空隙体积，称为填料的空隙率，以 ε 表示，单位为 m^3/m^3。空隙率较高时，气液流通能力增大，气流阻力小，操作弹性大。

（3）填料因子 由于填料被润湿前后，其比表面积和空隙率均不同，分别用干填料因子和湿填料因子来表示。干填料因子定义为 a/ε^3，单位为 m^{-1}，反映了填料的几何特性。湿填料因子简称填料因子，用 f 表示，是液体喷淋条件下的实测值，更确切地表明了填料在操作条件下的流体力学性能。f 值小，填料层阻力小。

（4）堆积个数 单位体积填料的个数，单位为个/m^3。对同一种填料，填料尺寸越小，单位体积内堆积的填料个数就越多，比表面积增大，空隙率减小，阻力增大，填料尺寸过小，造价也会提高；如果填料尺寸过大，塔壁处空隙率增大，造成气液流动沿塔截面的分布不均。

（5）堆积密度 单位体积填料的质量，以 ρ_P 表示，单位 kg/m^3。在保证填料个体的机械强度的前提下，填料壁厚越薄，ρ_P 越小，填料支承板的强度要求就越小。

填料的优劣通常根据传质效率、气体通量和床层压降三要素判断。在相同操作条件下，填料的比表面积越大，气液分布越均匀，则传质效率越高；填料的空隙率越大，结构越开敞，则通量越大，压降越低。此外还要从经济性、实用性、可靠适度等角度考虑，尽量选用造价低、机械强度大、易制造、耐腐蚀的填料。各种填料的各种性能各有长短，应根据实际要求和需要，扬长避短地选择合理的填料。以往的数据表明，散装填料中金属环矩鞍（intalox）填料综合性能最好，而整砌填料中丝网波纹填料最好。

6.9.2.2 常用填料

常用填料分为散装填料和规整填料两大类。散装填料是单个具有一定几何形状和尺寸的颗粒体，以随机方式堆积在塔内，又称乱堆填料。规整填料是按一定几何构形排列，整齐堆砌的填料，又称整砌填料。

散装填料按结构形式可以分为环形填料、鞍形填料、环鞍形填料、共轭环填料等。几种典型散装填料，如图 6-22 所示。

（1）拉西环填料 1914 年由拉西（F. Rashching）发明，是外径与高度相等的圆环，如图 6-22(a) 所示。由于拉西环的气液分布能力较差、流通能力小、传质阻力大、吸收效率低，目前已较少用于工业生产。

（2）鲍尔环填料 20 世纪 50 年代初出现的鲍尔环是拉西环的改进，在拉西环的侧壁上开出两排长方形的窗孔，被切开的环壁一侧仍与壁面相连，另一侧向环内侧弯曲，形成内伸的舌叶，诸舌叶的侧边在环中心相搭，如图 6-22(b) 所示。这样的结构，提高了环内空间和环内表面的利用率，气流阻力减小，液体分布均匀。比拉西环的气体通量增加 50% 以上，传质效率提高 30% 左右。鲍尔环是一种应用较广的填料。

（3）阶梯环填料 阶梯环是鲍尔环的改进，高度比鲍尔环减小一半，并在一端增加了一个锥形翻边，如图 6-22(c) 所示。高径比的减少，使气体绕填料外壁的平均路径缩短，减少了气体通过填料层的阻力。翻边不仅增加了填料的机械强度，而且使填料间由线接触变成以点接触为主；不仅增加了空隙率，同时成为液体沿填料表面流动的聚集分散点，促进液膜表面更新，有利于提

| (a) 拉西环填料 | (b) 鲍尔环填料 | (c) 阶梯环填料 | (d) 矩鞍填料 | (e) 金属环矩鞍填料 |

| (f) 共轭环填料 | (g) 海尔环填料 | (h) 纳特环填料 | (i) 改型鲍尔环填料 | (j) 双边阶梯环填料 |

| (k) 金属 SA 双鞍环填料 | (l) 八四内弧环填料 | (m) 金属扁环填料 |

图 6-22　常见散装填料形状

高传质效率。阶梯环的综合性能优于鲍尔环，是目前使用的环形填料中性能较优种类之一。

（4）弧鞍填料　属鞍形填料的一种，形状如同马鞍，其优点是表面全部敞开，不分内外，液体在表面两侧均匀流动，表面利用率高；流道呈弧形，流体阻力小。缺点是容易发生套叠，致使部分表面重合，传质效率降低；强度较差，容易破碎，在生产中应用不多。

（5）矩鞍填料　矩鞍填料是弧鞍填料的改进，将弧鞍的两端弧形面改为矩形面，且两面大小不等。堆积时不会套叠，液体分布均匀。一般采用瓷质材料制成，取代了瓷拉西环的应用，如图 6-22(d) 所示。

（6）金属环矩鞍填料　金属环矩鞍填料（intalox saddle）由美国 Norton 公司于 1978 年推出，国内译为英特洛克斯。国内在 20 世纪 70 年代末期研制出国产金属环矩鞍填料。矩鞍填料环巧妙地综合了开孔环形填料和一般矩鞍形填料的结构特点，既有类似于开孔环形填料的圆环、环壁开孔和内伸的舌片，也有类似于矩鞍填料的圆弧形通道。此外，鞍形两侧的翻边与两端下部的齿形结构共同增加了填料间的点接触，使填料间的空隙率得以增大，液体汇聚和分散点增多。填料开敞的结构使得填料的通量增大，压降降低，也有利于液体在填料表面的分布和促进液体表面更新，从而有利于提高填料的传质性能。如图 6-22(e) 所示，它的形状介于环形与鞍形之间，因而兼有两者的优点，其综合性能优于鲍尔环和阶梯环，在散装填料中应用较多。

除上述几种典型散装填料外，近年来不断开发出新型填料，如共轭环填料、海尔环填料、纳特环填料、改进鲍尔环填料、双边阶梯环填料、金属 SA 双鞍环填料、金属扁环填料等。

（7）共轭环填料　这是华南理工大学研制开发的一种新型填料，填料吸收了鞍形填料和环形填料的优点，相当于将阶梯环沿轴向对半剖开，然后将其中的一半倒转 180°连接而成，其中每个半圆形构件中间又有一个半环形肋片。肋片的作用是增大传质表面积，改善传质性能，防止填料散装时填料体之间发生叠合。由于内肋呈共轭形状，对称性较高堆放时很均匀，不会发生沿轴向的重叠现象。故使液体在填料表面能达到均匀分布；相邻填料的内肋与表面接触点多，强化了液体的汇聚和分散，促进了气液接触的表面更新，如图 6-22(f) 所示。

(8) 海尔环填料　有独特构型，具有通量大、压降低、耐腐蚀及抗撞击性能好，填料间不会相互重叠，壁流效应小和气液分布均匀等优点；该填料适用于气体吸收、冷却及气体净化等过程，如图 6-22(g) 所示。

(9) 纳特环填料　这是 Nutter 工程公司研究开发的一种散装填料。在鞍的背部有一个开有数个圆孔的凸缘加强筋，在筋的两侧有两个与鞍反向的半圆环，两个半圆环的直径大小不等，在鞍的两个侧面各有一个翻边。鞍背的加强筋及两侧的翻边，不仅增加了填料的刚性，而且可以使用较薄的材料制成，减轻填料函的重量。直径不同，可避免填料堆积时的套叠，形成均匀开敞的填料层，有利于填料层内液体的横向扩散及液膜的表面更新，可以使填料层具有较高的表面利用率，有利于填料层的传质和传热，如图 6-22(h) 所示。

(10) 改型鲍尔环填料　高径比为 0.2~0.4，取消了阶梯环的翻边，采用内弯弧形筋片来提高填料强度，在乱堆时有序排列，流道结构合理，压降低，在处理能力和传质性能上均有所改善，如图 6-22(i) 所示。

(11) 双边阶梯环填料　在阶梯环基础上增加了一面翻边，使填料有较好的强度，不易变形。此填料处理能力大、抗污性能好，如图 6-22(j) 所示。

(12) 金属 SA 双鞍环填料　在纳特环基础上于 1997 年研究开发的新型环鞍填料，是集鲍尔环、环矩鞍填料的优点于一体的新型高效填料，具有更好的刚性和分布性能；双鞍环的主要性能全面优于环矩鞍。负荷性能提高约 10%，比压降下落 10%~20%，分离效率提高约 17%，理论级压降减少近 40%，如图 6-22(k) 所示。

(13) 改型内弧环　也称八四内弧环填料，该填料有合理的几何对称性，构造均匀性好及高的空隙率，八弧圈与四弧圈顺轴向交替安排，各弧段沿径向向环内折进，从而使填料表面连续而不断开，且在空间均匀分布，与鲍尔环相比，通量可提高 15%~30%，压降减少20%~30%，如图 6-22(l) 所示。

(14) 金属扁环填料（专利产品）　扁环填料是国内开发的一种特别适用于液-液萃取过程的新型填料，它属于短开孔环填料。在结构上与阶梯环相似，没有锥形翻边，增加了堆积密度。内弯弧筋片使填料层内气液分布更加均匀，提高了分离效果。阻力低、夹带少、不易结垢，如图 6-22(m) 所示。

散装填料的主要特性可从手册中查取，表 6-9 是一些散装填料的特性数据，供参考使用。

规整填料按其几何结构可以分为格栅填料、波纹填料、脉冲填料等。图 6-23 为几种典型规整填料。

(1) 格栅填料　以条状单元体经一定规则组合而成的，形成网络结构，具有多种结构形式。有塑料、陶瓷、金属等格栅填料。如塑料格栅填料是由塑料板经过一定的加工工艺，根据塔径和人孔的大小用金属构件连接组装而成；金属格栅填料呈蜂窝状，由金属薄板冲压连接，根据人孔大小制成块片，在塔内组装而成，如图 6-23(a) 所示。格栅填料的比表面积较低，主要用于要求压降小、负荷大及防堵等场合。

(2) 波纹填料　目前工业上应用的规整填料绝大部分为波纹填料，按结构可分为孔板波纹填料和丝网波纹填料等几类，其材质又有金属、塑料和陶瓷等之分。

波纹填料是规整填料发展的一个重要里程碑，基本满足现代工业对填料的基本要求。具有空隙率大、压降低、通量高；润湿率高、传质效率很高；气液分布比较均匀，几乎无放大效应等优点。缺点是不适于处理黏度大、易聚合或有悬浮物的物料，且装卸、清理困难，造价高。

表 6-9　常见散装填料的特性数据

填料种类	公称尺寸 DN/mm	外径×高×厚 $(D×H×δ)$/mm	堆积个数 n /(个/m³)	堆积密度 $ρ$ /(kg/m³)	比表面积 a /(m²/m³)	空隙率 $ε$ /%	干填料因子 a /(ε³/m)
金属拉西环	6.4	6.4×6.4×0.5	3110000	2100	789	0.73	2030
	8	8×8×0.3	1550000	750	630	0.91	1140
	10	10×10×0.5	800000	960	500	0.88	740
	16	16×16×0.8	143000	216	239	0.928	299
	25	25×25×0.6	55900	427	219	0.934	269
	38	38×38×0.8	13000	365	129	0.945	153
	50	50×50×1	6500	395	112.3	0.949	131
金属鲍尔环	16	16×16×0.8	143000	216	239	0.928	299
	25	25×25×0.6	55900	427	219	0.934	269
	38	38×38×0.8	13000	365	129	0.945	153
	50	50×50×1	6500	395	112.3	0.949	131
塑料鲍尔环	16	16×16×1	112000	141	188	0.91	275
	25	25×25×1.2	53500	91	175	0.90	239
	38	38×38×1.4	15800	71	115	0.89	220
	50	50×50×1.5	6500	56	93	0.90	127
	76	76×76×2.6	1927	60	73.2	0.92	94
金属阶梯环	25	25×12.5×0.6	97160	439	220	0.92	273.5
	38	38×19×0.8	31890	476	154.3	0.94	185.8
	50	50×28×1	11600	400	109.2	0.95	127.4
	76	76×38×1.2	3540	306	72	0.961	81
塑料阶梯环	16	16×8.9×1.1	299136	135.6	370	0.85	602.6
	25	25×12.5×1.4	81500	97.8	228	0.90	312.8
	38	38×19×1	27200	57.5	132.5	0.91	175.8
	50	50×25×1.5	10740	54.8	114.2	0.927	143.1
	76	76×37×3	3420	68.4	90	0.929	112.3
金属环矩鞍	25	25×20×0.6	101160	409.0	185.0	0.96	209.1
	38	38×30×0.8	24680	365.0	112.0	0.96	126.6
	50	50×40×1.0	10400	291.0	74.9	0.96	84.7
	70	70×35.5×0.6	4250	118	55	0.985	58
		HETP(等板高度)/mm					
金属英特洛克斯	25	355~485	168425			0.967	441
	40	460~610	50140			0.973	258
	50	560~740	14685			0.978	194
	70	790	4625			0.981	129
金属共轭环	25	25×25×0.7	75001	363	185	0.953	216
	38	38×38×0.8	19500	333	116	0.957	131
	50	50×50×1.0	9772	268	86	0.966	97
	76	76×76×0.8	3980	245	81	0.948	94.5
塑料共轭环	25	25×25×1.2	74000	97	185	0.95	216
	38	38×38×1.5	18650	68	116	0.96	131
	50	50×50×1.5	9000	83	85	0.96	97
改型金属鲍尔环	25	25×25×0.8	38900	300	174	0.961	
	38	38×38×0.8	9833	280	101	0.964	
	50	50×50×1.0	3820	235	68	0.970	
	76	76×76×1.5	1100	230	45	0.970	
金属纳特环	16		15800	213	168	0.977	
	25		67380	161	165	0.977	
	38		25600	118	175	0.978	
	50		13700	95	173	0.978	
	75		4200	66	162	0.979	
海尔环	55	50×1.8	7463	64.7	107	0.935	131
	90	80×1.8	1792	46.2	72	0.956	83
双边阶梯环	16	16×5.5×0.5	630000	604	348	0.923	
	25	25×9×0.5	160000	506	228	0.936	
	38	38×12.7×0.7	48000	390	150	0.95	
	50	50×17×0.8	21500	275	115	0.965	
金属SA双鞍环	25	25×20×0.6	65226	250.0	163.4	0.977	148
	38	38×30×0.8	26415	287.4	122.1	0.978	
	50	50×40×1.0	13702	273.8	96.5	0.978	
八四内弧环	38	38×38×0.6	14500	350	138	0.947	164
	50	50×50×0.8	7000	300	121	0.95	144
金属扁环	16	16×5.5×0.3	406000		312	0.957	356
	25	25×9×0.4	166000		256	0.954	295
	38	38×12.7×0.6	52000		170	0.952	197
	50	50×17×0.8	23000		125	0.956	143
	75	75×25×1.0	6200		74	0.967	82

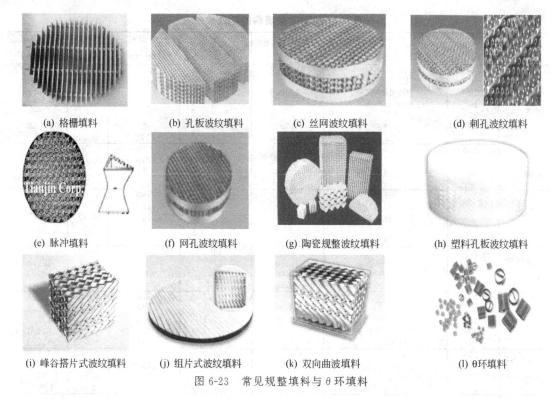

(a) 格栅填料　　　(b) 孔板波纹填料　　　(c) 丝网波纹填料　　　(d) 刺孔波纹填料

(e) 脉冲填料　　　(f) 网孔波纹填料　　　(g) 陶瓷规整波纹填料　　　(h) 塑料孔板波纹填料

(i) 峰谷搭片式波纹填料　　　(j) 组片式波纹填料　　　(k) 双向曲波填料　　　(l) θ环填料

图 6-23　常见规整填料与 θ 环填料

① 孔板波纹填料　是在金属薄板表面孔轧制小波纹或大波纹，最后组装而成的规整填料，具有阻力小、气液分布均匀、效率高、通量大、放大效应不明显等特点，应用于负压、常压和加压操作。金属孔板波纹填料强度高，耐腐蚀性强，特别适用于大直径塔及气液负荷较大的场合，如图 6-23(b) 所示。

② 丝网波纹填料　由压成波纹的丝网片排列而成，波纹片倾角30°或45°，相邻两波纹片方向相反，在塔内填装时，上下两盘填料交错90°叠放。具有高效、压降低和通量大的优点。尽管其造价高，但因其性能优良仍得到了广泛的应用，如图 6-23(c) 所示。

③ 刺孔波纹填料　也称为金属压延孔板波纹填料，是将金属薄板先碾压出密度很高的小刺孔，再压成波纹板片组装而成的规整填料，由于表面特殊的刺微孔结构，提高了填料的润湿性能，其分离能力类似于网波纹填料，但抗堵能力比网波纹填料强，并且价格便宜，应用较为广泛，如图 6-23(d) 所示。

(3) 脉冲填料（专利产品）　脉冲填料是由带缩颈的中空棱柱形个体，按一定方式拼装而成的一种规整填料，如图 6-23(e) 所示。脉冲填料组装后，会形成带缩颈的多孔棱形通道，其纵面流道交替收缩和扩大，气液两相通过时产生强烈的湍动。在缩颈段，气速最高，湍动剧烈，从而强化传质。在扩大段，气速减到最小，实现两相的分离。流道收缩、扩大的交替重复，实现了"脉冲"传质过程。脉冲填料的特点是处理量大，压降小。因其优良的液体分布性能使放大效应减少，故特别适用于大塔径的场合。

其他规整填料还有网孔波纹填料、陶瓷规整波纹填料、塑料孔板波纹填料、峰谷搭片式波纹填料、组片式波纹填料、双向曲波填料等。

(4) 网孔波纹填料　网孔波纹填料是在金属薄板上冲出菱形微孔的同时拉伸成网孔，该填料兼有丝网和孔板波纹填料的优点，如图 6-23(f) 所示。

(5) 陶瓷规整波纹填料（专利产品）　陶瓷波纹填料是由许多具有相同几何形状的波纹片单元体相互平行叠加组成，其应用外形为立方体单元、圆柱体单元等。陶瓷孔板波纹填料不但具有波纹填料优良的综合性能，而且具有陶瓷的耐酸腐蚀性和良好的表面润湿性能，适用于腐蚀性较强的物系，如图 6-23(g) 所示。

（6）塑料孔板波纹填料　广泛用于吸收和解吸过程，也用于废气净化及换热过程。它适合大液体负荷及高压操作过程，如图 6-23(h) 所示。

（7）峰谷搭片式波纹填料（专利产品）　结构独特，与常见波纹填料相比，性能更加优良，组盘安装使用方便，如图 6-23(i) 所示。

（8）组合式波纹填料（专利产品）　能使气液路流动最优化，成功地解决了效率与通量的矛盾。与普通波纹填料相比，分离效率约提高 10%，通量增大 20%，压降降低 30% 以上，如图 6-23(j) 所示。

（9）双向曲波填料（专利产品）　是金属孔板波填料的最新进展。其结构特点是：更高通量，更低压降。研究表明，双向曲波填料比普通金属孔板波纹填料通量提高 25%～50%，压力降降低 30%～60%，如图 6-23(k) 所示。

规整填料的主要特性也可从手册中查取，表 6-10 列出了几种规整填料的特性数据，供参考使用。

表 6-10　几种规整填料的特性数据

填料类型	填料型号	材质	峰高/mm	比表面积/(m^2/m^3)	水力直径/mm	倾斜角/(°)	空隙率/%	f 因子/(m/s)	理论塔板数/(块/m)	压力降/(Pa/m)
丝网波纹	CY	不锈钢	4.3	700	5	45	87～90	1.3～2.4	6～9	667
	BX		6.3	500	7.3	30	95	2～2.4	4～5	200
	AX			250	15	30	95			0
孔板波纹	SM125	1Cr18Ni9Ti	24	125	31.5	45	98.5	3	1～1.2	200
	SM250	1Cr18Ni9Ti	12	250	15.8	45	97	2.6	2～3	200～267
	SM350	1Cr18Ni9Ti	8	350	12	45	95	2	3.5～4	200
	SM450	1Cr18Ni9Ti	6.5	450	9	45	93	1.5	3～4	240
压延孔板波纹	700y	1Cr18Ni9Ti	4.3	700			85	1.6	5～7	933
	500x	1Cr18Ni9Ti	6.3	500			90	2.1	3～4	267
	250y	1Cr18Ni9Ti	12	250			97	2.6	2.5～3	300
SW 型网孔波纹	SW-1 型	不锈钢	4.5	643	5.7	45	91.6	1.4～2.2	6～8	267～467
	SW-2 型		6.5	450	9	30	95.5	1.5	4～5	213～240

（10）θ 环填料　又称狄克松（Dixon）填料，是一种小颗粒高效填料，用金属丝网制成，填料的直径与高度相等，如图 6-23(l) 所示。θ 环填料主要用于实验室及小批量、高纯度产品的分离过程。θ 环填料的压力降与气速、液体喷淋量、物系的重度、表面张力、黏度、填料的特性因素有关，也与填料的预液泛处理有关。θ 环填料的滞料量比同类的实体填料大，表面润湿情况比一般瓷环完全，成膜率高，因而效率也更高。其主要性能见表 6-11。

表 6-11　θ 环填料性能数据

公称直径 DN/mm	材料	网目/mm	丝径 d_w/mm	比表面积 a/(m^2/m^3)	空隙率 ε/%	堆积密度 ρ/(kg/m^3)
1.6×1.6	金属丝网	100	0.102	3900	90	820
3.2×3.2	金属丝网	100	0.102	2400	93～94	500
6.4×6.4	金属丝网	60	0.152	1000	95～96	300
3×3	铜网	100	0.2	2800	89	—
4×4	铜网	80	0.08～0.10	1480	93	320
4×4	黄铜	60～80	0.12	1700	95	446
4×4	黄铜	100	0.08	1660	97	300
4×4	磷青铜	40～80	0.23～0.18	2430	88	986
5×5	铁网	60	0.15	—	—	487
6×6	铁网	60	0.15	—	—	330
7×7	铁网	60	0.14～0.15	920	96.5	259
7×7	镀锌铁网	40	0.23～0.25	1030	93.6	494
8×8	铁网	40	0.23	720	95.3	370

6.9.2.3 填料种类的选择

按分离工艺的要求，在选择填料类型时，通常考虑以下几个方面：①传质效率要高，一般而言，规整填料的传质效率高于散装填料；②通量要大，在保证具有较高传质效率的前提下，应选择具有较高泛点气速或气相动能因子的填料；③填料层的压降要低；④填料抗污堵性能强，拆装、检修方便。

6.9.2.4 填料材质的选择

填料的材质分为陶瓷、金属和塑料三大类，各有特点，适应场合也不同，选用时主要考虑适应性。

（1）陶瓷填料 陶瓷填料具有很好的耐腐蚀性及耐热性，陶瓷填料价格便宜，具有很好的表面润湿性能，质脆、易碎是其最大缺点。在气体吸收、气体洗涤、液体萃取等过程中应用较为普遍。

（2）金属填料 金属填料可用多种材质制成，选择时主要考虑腐蚀问题。碳钢填料造价低，且具有良好的表面润湿性能，对于无腐蚀或低腐蚀性物系应优先考虑使用；不锈钢填料耐腐蚀性强，一般能耐除 Cl^- 以外常见物系的腐蚀，但其造价较高，且表面润湿性能较差，在某些特殊场合（如极低喷淋密度下的减压精馏过程），需对其表面进行处理，才能取得良好的使用效果；钛材、特种合金钢等材质制成的填料造价很高，一般只在某些腐蚀性极强的物系下使用。

一般来说，金属填料可制成薄壁结构，它的通量大、气体阻力小，且具有很高的抗冲击性能，能在高温、高压、高冲击强度下使用，应用范围最为广泛。

（3）塑料填料 塑料填料的材质主要包括聚丙烯（PP）、聚乙烯（PE）及聚氯乙烯（PVC）等，国内一般多采用聚丙烯材质。塑料填料的耐腐蚀性能较好，可耐一般的无机酸、碱和有机溶剂的腐蚀。其耐温性良好，可长期在 $100℃$ 以下使用。

塑料填料质轻、价廉，具有良好的韧性，耐冲击、不易碎，可以制成薄壁结构。通量大、压降低，多用于吸收、解吸、萃取、除尘等装置中。塑料填料的缺点是表面润湿性能差。

6.9.2.5 填料规格的选择

填料规格是指填料的公称尺寸或比表面积。应结合吸收的工艺要求及填料特性选用。

（1）散装填料规格的选择 工业塔常用的散装填料主要有 $DN16$、$DN25$、$DN38$、$DN50$、$DN76$ 等几种规格。同类填料，尺寸越小，分离效率越高，但阻力增加，通量减少，填料费用也增加很多。而大尺寸的填料应用于小直径塔中，又会产生液体分布不良及严重的壁流，使塔的分离效率降低。因此，对塔径与填料尺寸的比值要有一个规定，一般塔径与填料公称直径的比值 D/d 应大于 8。

（2）规整填料规格的选择 工业上常用规整填料的型号和规格的表示方法很多，国内习惯用比表面积表示，主要有 125、150、250、350、500、700 等几种规格，同种类型的规整填料，其比表面积越大，传质效率越高，但阻力增加，通量减少，填料费用也明显增加。选用时应从分离要求、通量要求、场地条件、物料性质及设备投资、操作费用等方面综合考虑，使所选填料既能满足技术要求，又具有经济合理性。

应予指出，一座填料塔可以选用同种类型、同一规格的填料，也可选用同种类型、不同规格的填料；可以选用同种类型的填料，也可以选用不同类型的填料；有的塔段可选用规整填料，而有的塔段可选用散装填料。设计时应灵活掌握，根据技术经济统一的原则来选择填料的规格。

6.9.3 辅助设备

填料塔的主要辅助设备有填料支承装置、填料压紧装置、液体分布装置、液体收集再分布装置等。合理地选择和设计塔内件，对保证填料塔的正常操作及优良的传质性能十分重要。另外，填料塔的"放大效应"除填料本身因素外，塔内件对它的影响也很大。

填料塔的主要辅助设备结构见图 6-24。

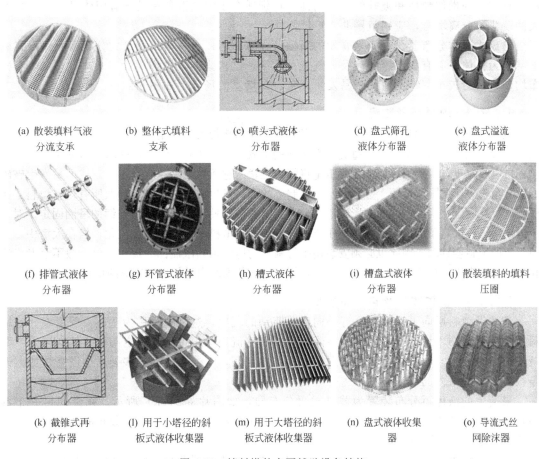

(a) 散装填料气液分流支承	(b) 整体式填料支承	(c) 喷头式液体分布器	(d) 盘式筛孔液体分布器	(e) 盘式溢流液体分布器
(f) 排管式液体分布器	(g) 环管式液体分布器	(h) 槽式液体分布器	(i) 槽盘式液体分布器	(j) 散装填料的填料压圈
(k) 截锥式再分布器	(l) 用于小塔径的斜板式液体收集器	(m) 用于大塔径的斜板式液体收集器	(n) 盘式液体收集器	(o) 导流式丝网除沫器

图 6-24 填料塔的主要辅助设备结构

6.9.3.1 填料支承装置

填料支承装置的作用是支承塔内的填料，主要作用有：阻止填料穿过填料支承而掉下来；支承操作状况下填料床层的重量；具有足够的自由面积以使气液两相自由通过。常用的填料支承装置有如图 6-24(a)、(b) 所示的驼峰型、栅板型、孔管型等。支承装置的选择，主要的依据是塔径、填料种类及型号、塔体及填料的材质、气液流率等。

6.9.3.2 液体分布装置

液体分布装置的种类多样，有喷头式、盘式、管式、槽式及槽盘式等。

喷头式液体分布器如图 6-24(c) 所示。液体由半球形喷头的小孔喷出，结构简单，只适用于直径小于 600mm 的塔中。因小孔容易堵塞，一般应用较少。

盘式分布器有盘式筛孔液体分布器、盘式溢流液体分布器等形式，如图 6-24(d)、(e) 所示。液体加至分布盘上，经筛孔或溢流管流下。此种分布器用于 $D < 800mm$ 的塔中。

管式液体分布器由不同结构形式的开孔管制成。其突出的特点是结构简单，供气体流过的自由截面大，阻力小。但小孔易堵塞，弹性一般较小。管式液体分布器使用十分广泛，多用于中等以下液体负荷的填料塔中。管式液体分布器有排管式、环管式等不同形状，如图 6-24(f)、(g) 所示。根据液体负荷情况，可做成单排或双排。

　　槽式液体分布器通常是由分流槽（又称主槽或一级槽）、分布槽（又称副槽或二级槽）构成的。一级槽通过槽底开孔将液体初分成若干流股，分别加入其下方的液体分布槽。分布槽的槽底（或槽壁）上设有孔道（或导管），将液体均匀分布于填料层上，如图 6-24(h) 所示。有较大的操作弹性和极好的抗污堵性，特别适合于大气液负荷及含有固体悬浮物、黏度大的液体的分离场合，应用范围非常广泛。

　　槽盘式液体分布器是近年来开发的新型液体分布器，它将槽式及盘式分布器的优点有机地结合为一体，兼有集液、分液及分气三种作用，结构紧凑，操作弹性高达 10:1。气液分布均匀，阻力较小，特别适用于易发生夹带、易堵塞的场合，如图 6-24(i) 所示。

6.9.3.3　填料压紧装置

　　填料上方安装压紧装置可防止在气流的作用下填料床层发生松动和跳动。填料压紧装置分为填料压板和床层限制板两大类，每类又有不同的形式，图 6-24(j) 为常用的填料压紧装置。填料压板自由放置于填料层上端，靠自身重量将填料压紧。它适用于陶瓷、石墨等制成的易发生破碎的散堆填料。床层限制板用于金属、塑料等制成的不易发生破碎的散装填料及所有规整填料。床层限制板要固定在塔壁上，为不影响液体分布器的安装和使用，不能采用连续的塔圈固定，对于小塔可用螺钉固定于塔壁，而大塔则用支耳固定。规整填料一般不会发生流化，但在大塔中，分块组装的填料会移动，因此也必须安装由平行扁钢构造的填料限制圈。规整填料一般不会发生流化，但在大塔中，分块组装的填料会移动，因此也必须安装由平行扁钢制成的填料限制圈。

6.9.3.4　液体收集及再分布装置

　　液体沿填料层向下流动时，有偏向塔壁流动的现象，这种现象称为壁流。壁流将导致填料层内气液分布不均，使传质效率下降。为减小壁流现象，可间隔一定高度在填料层内设置液体再分布装置。收集再分布器占据很大的塔内空间，气液再分布过多会增加塔高，加大设备投资，填料塔内的气液再分布需合理安排。

　　最简单的液体再分布装置为截锥式再分布器，如图片 6-24(k) 所示。截锥式再分布器结构简单，安装方便，但它只起到将壁流向中心汇集的作用，无液体再分布的功能，一般用于直径小于 0.6m 的塔中。

　　液体收集器主要有斜板式液体收集器和盘式液体收集器两种，斜板式液体收集器的特点是自由面积大，气体阻力小，一般低于 2.5mm 液柱，因此非常适于真空操作；盘式液体收集器的气体阻力稍大，可作气体分布器，如图 6-24(n) 所示。

　　在通常情况下，一般将液体收集器及液体分布器同时使用，构成液体收集及再分布装置。液体收集器的作用是将上层填料流下的液体收集，然后送至液体分布器进行液体再分布。常用的液体收集器为斜板式液体收集器。

　　前已述及，槽盘式液体分布器兼有集液和分液的功能，故槽盘式液体分布器是优良的液体收集及再分布装置。

6.9.3.5　除沫装置

　　随着新型高效填料的开发，有时塔内操作气速很高，造成塔顶雾沫夹带严重，不但造成物料的损失，也使塔的效率低降。同时还可能造成对环境的污染。为了避免这种情况，需要在塔顶设置除雾沫装置。对于气体吸收过程还能保证气体的纯度，使后续过程能正常运行。除沫装置的结构形式较多。如图 6-24(o) 所示为波浪形（导流式）丝网除沫器，主要用于

分离直径大于 $3\sim 5\mu m$ 的液滴。

6.9.4 填料塔的流体力学性能

填料塔的流体力学性能主要包括填料层的持液量、填料层的压降、液泛、填料表面的润湿率及返混等。

6.9.4.1 填料层的持液量

填料层的持液量是指在一定操作条件下，在单位体积填料层内所积存的液体体积，以（m^3 液体）/（m^3 填料）表示。持液量可分为静持液量 H_s、动持液量 H_o 和总持液量 H_t。静持液量是指当填料被充分润湿后，停止气液两相进料，并经排液至无滴液流出时存留于填料层中的液体量，其取决于填料和流体的特性，与气液负荷无关。动持液量是指填料塔停止气液两相进料时流出的液体量，它与填料、液体特性及气液负荷有关。总持液量是指在一定操作条件下存留于填料层中的液体总量。总持液量 H_t 为静持液量 H_s 和动持液量 H_o 之和。

填料层的持液量可由实验测出，也可由经验公式计算。一般来说，适当的持液量对填料塔操作的稳定性和传质是有益的，但持液量过大，将减少填料层的空隙和气相流通截面，使压降增大，处理能力下降。

6.9.4.2 填料层的压降

在逆流操作的填料塔中，从塔顶喷淋下来的液体，依靠重力在填料表面呈膜状向下流动，上升气体与下降液膜的摩擦阻力形成了填料层的压降。填料层压降与液体喷淋量及气速有关，在一定的气速下，液体喷淋量越大，压降越大；在一定的液体喷淋量下，气速越大，压降也越大。将不同液体喷淋量下的单位填料层的压降 $\Delta p/Z$ 与空塔气速 u 的关系标绘在对数坐标纸上，可得到如图 6-25 所示的曲线簇。

图 6-25 中，直线 1 表示无液体喷淋（$q_{nS_1}=0$）时，干填料的 $\Delta p/Z\text{-}u$ 关系，称为干填料压降线。曲线 2、3 表示不同液体喷淋量下（$q_{nS_1}<q_{nS_2}<q_{nS_3}$），填料层的 $\Delta p/Z\text{-}u$ 关系，称为填料操作压降线。

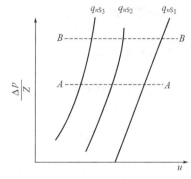

图 6-25　压降与空塔气速关系示意图（双对数坐标）

从图 6-25 中可看出，在一定的喷淋量下，压降随空塔气速的变化曲线大致可分为三段。

（1）恒持液量区　当气速低于 A 点时，气体流动对液膜的曳力很小，液体流动不受气流的影响，填料表面上覆盖的液膜厚度基本不变，因而填料层的持液量不变，该区域称为恒持液量区。此时 $\Delta p/Z\text{-}u$ 为一条直线，位于干填料压降线的左侧，且基本上与干填料压降线平行。

（2）载液区　当气速超过 A 点时，气体对液膜的曳力较大，对液膜流动产生阻滞作用，使液膜增厚，填料层的持液量随气速的增加而增大，此现象称为拦液。开始发生拦液现象时的空塔气速称为载点气速，曲线上的转折点 A，称为载点。

（3）液泛区　若气速继续增大，到达图中 B 点时，由于液体不能顺利向下流动，使填料层的持液量不断增大，填料层内几乎充满液体。气速增加很小便会引起压降的剧增，此现象称为液泛，开始发生液泛现象时的气速称为泛点气速，以 u_f 表示，曲线上的点 B，称为泛点。从载点到泛点的区域称为载液区，泛点以上的区域称为液泛区。

应予指出，在同样的气液负荷下，不同填料的 $\Delta p/Z\text{-}u$ 关系曲线有所差异，但其基本形状相近。对于某些填料，载点与泛点并不明显，故上述三个区域间无截然的界限。

6.9.4.3 液泛

在泛点气速下，持液量的增多使液相由分散相变为连续相，而气相则由连续相变为分散相，此时气体呈气泡形式通过液层，气流出现脉动，液体被大量带出塔顶，塔的操作极不稳定，甚至会被破坏，此种情况称为淹塔或液泛。影响液泛的因素很多，如填料的特性、流体的物性及操作的液气比等。

填料特性的影响集中体现在填料因子上。填料因子 f 值越小，越不易发生液泛现象。

流体物性的影响体现在气体密度 ρ_V、液体的密度 ρ_L 和黏度 μ_L 上。气体密度越小，液体的密度越大、黏度越小，则泛点气速越大。

操作的液气比越大，则在一定气速下液体喷淋量越大，填料层的持液量增加而空隙率减小，故泛点气速越小。泛点气速是填料塔操作的极限气速，实际气速一定低于泛点气速，通常可取泛点气速的 $60\%\sim80\%$。

确定填料塔适宜操作气速的关键是求取泛点气速。工程上求取的主要方法是查埃克特通用关联图，此图依据较大直径塔实验数据绘制，计算结果在一定范围内符合实际情况，广泛用于求泛点气速和填料层压降。有时也可用经验公式计算。图和公式可查相关资料。

6.9.4.4 液体喷淋密度和填料表面的润湿

填料塔中气液两相间的传质主要是在填料表面流动的液膜上进行的。要形成液膜，填料表面必须被液体充分润湿，而填料表面的润湿状况取决于塔内的液体喷淋密度及填料材质的表面润湿性能。

液体喷淋密度是指单位塔截面积上，单位时间内喷淋的液体体积，以 U 表示，单位为 $m^3/(m^2\cdot h)$。为保证填料层的充分润湿，必须保证液体喷淋密度大于某一极限值，该极限值称为最小喷淋密度，以 U_{min} 表示。其计算和限制值可查相关资料。

实际操作时采用的液体喷淋密度应大于最小喷淋密度。若喷淋密度过小，可采用增大回流比或采用液体再循环的方法加大液体流量，以保证填料表面的充分润湿；也可采用减小塔径予以补偿；对于金属、塑料材质的填料，可采用表面处理方法，改善其表面的润湿性能。

6.9.4.5 返混

在填料塔内，气液两相的逆流并不呈理想的活塞流状态，而是存在着不同程度的返混。造成返混现象的原因很多，如：填料层内的气液分布不均；气体和液体在填料层内的沟流；液体喷淋密度过大时所造成的气体局部向下运动；塔内气液的湍流脉动使气液微团停留时间不一致等。填料塔内流体的返混使得传质平均推动力变小，传质效率降低。因此，按理想的活塞流设计的填料层高度，因返混的影响需适当加高，以保证预期的分离效果。

思 考 题

1. 吸收的目的和基本依据是什么？通常的吸收过程为什么要包括吸收和解吸？
2. 对吸收剂的选择有何要求？什么是吸收剂的选择性？
3. 气液相平衡关系受哪些因素影响？对吸收有什么作用？
4. 吸收操作线方程与哪些因素有关？
5. 用水吸收混合气体中的氨，属于什么控制？
6. 吸收剂用量的变化，对吸收有什么影响？
7. 什么是最小液气比、进口液相最大浓度？技术上的限制主要是指哪两个制约条件？
8. 双膜理论的要点和适用范围是什么？什么时候是气膜控制过程？什么是表面更新理论？
9. 传质单元高度和传质单元数的意义是什么？传质单元数有哪些计算方法及其适用范围？
10. 填料塔设计中，为减小填料层高度可采取些什么具体的措施？

11. 从吸收操作分析，吸收过程能否达到要求的主要影响因素有哪些？

12. 为什么常见吸收过程多采用逆流？

13. 选择合适的吸收剂进口浓度时主要考虑哪些因素？

14. 确定塔径主要应考虑哪些因素？

15. 填料的作用是什么？研发新型填料应考虑哪些因素？

16. 从流体力学的角度考虑，如何保证填料塔的正常运作？

17. 工业吸收的气液接触方式有哪两种？

习　题

6-1　当总压为 101.3kPa，温度为 20℃ 时，100g 水中含氨 1g，该溶液上方氨的平衡分压为 0.80kPa；若在此浓度范围内亨利定律适用，试求气、液相组成（以摩尔分数、摩尔比表示）及相平衡常数 m（溶液密度近似取为 $1000kg/m^3$）。

6-2　含有 5%（体积分数）氨气的混合气体，逆流通过水喷淋的填料塔，求氨水的最大浓度，分别以摩尔分数、质量分数、比摩尔分数、比质量分数表示。塔内绝对压强为 $2.01×10^5Pa$，在操作条件下，气液平衡关系为 $p^* =26.3x$（式中，p 的单位为 kPa，x 为摩尔分数）。

6-3　在总压 101.3kPa 及 30℃ 下，氨在水中的溶解度为 $1.72g\ NH_3/100g\ H_2O$。若氨水的气液平衡关系符合亨利定律，相平衡常数为 0.764，试求气相组成 Y。

6-4　101.3kPa，30℃ 时 SO_2-空气-水系统的平衡关系为 $Y^* =44X$。同温同压下 $Y=0.30$ 的 SO_2-空气混合气体与 $X=0.010$ 的 SO_2 水溶液接触。问是否发生传质？传质向何方向进行？

6-5　空气与 CO_2 混合气体体积流量为 $1120m^3/h$(标准状态)，其中含 CO_2 10%（体积分数），求空气流量？用清水吸收 CO_2，吸收率为 50%，求被吸收的 CO_2 量？

6-6　用清水作吸收剂，吸收混合气体中的氨，若平衡关系为 $Y^* =2.5X$，已知 $Y_1=0.04$，$Y_2=0.005$，（以上皆为摩尔比），溶液出口浓度为最大极限浓度的 50%，求实际液汽比？

6-7　在一个逆流吸收塔中，用清水吸收混合气中的 CO_2，惰性气体处理量为 $300m^3/h$(标准状态)，进塔气体含 CO_2 8%（体积分数），要求吸收率为 95%，操作条件下，$Y^* =1600X$，操作液气比为最小用液气比的 1.5 倍。求：用水量和出塔液体组成。

6-8　由矿石焙烧炉出来的气体进入填料吸收塔中用水洗涤以除去其中的 SO_2。炉气为 $1000m^3/h$，炉气温度为 20℃，操作压力为 101.33kPa。炉气中含 9%（体积分数）SO_2，其余可视为惰性气体（其性质认为与空气相同）。要求 SO_2 的回收率为 90%。吸收剂用量为最小用量的 1.3 倍。操作条件下 SO_2 在水中的溶解度如图 6-5 所示。试求：（1）当吸收剂入塔组成 $X_2=0.0003$ 时，吸收剂的用量（kg/h）及离塔溶液组成 X_1；（2）吸收剂若为清水，即 $X_2=0$，回收率不变，出塔溶液组成 X_1 为多少？此时吸收剂用量比（1）项中的用量大还是小？

6-9　在一个塔径为 0.8m 的填料塔内，用清水逆流吸收空气中的氨，要求氨的吸收率为 99.5%。已知空气和氨的混合气质量流量为 1400kg/h，气体总压为 101.3kPa，其中氨的分压为 1.333kPa。若实际吸收剂用量为最小用量的 1.4 倍，操作温度（293K）下的气液相平衡关系为 $Y^* =0.75X$，气相总体积吸收系数为 $0.088kmol/(m^3 \cdot s)$，试求：（1）每小时用水量；（2）用平均推动力法求出所需填料层高度。

6-10　空气中含丙酮 2%（体积分数）的混合气以 $0.024kmol/(m^2 \cdot s)$ 的流速进入一个填料塔，今用流速为 $0.065kmol/(m^2 \cdot s)$ 的清水逆流吸收混合气中的丙酮，要求丙酮的回收率为 98.8%。已知操作压力为 100kPa，操作温度下的亨利系数为 177kPa，气相总体积吸收系数为 $0.0231kmol/(m^3 \cdot s)$，试用解吸因数法求填料层高度。

6-11　设计一个填料塔，在常温常压下用清水吸收空气-丙酮混合气中丙酮，混合气入塔流率为 80kmol/h，含丙酮 5%（体积分数），要求吸收率达到 95%。塔径为 0.8m，操作条件下的平衡关系为 $Y^* =2.0X$，气相总体积吸收系数为 $150kmol/(m^3 \cdot h)$，而出塔溶液中丙酮的浓度为饱和浓度的 70%。求：（1）用水量（m^3/h）；（2）所需填料层高度；（3）用水量为最小用量的倍数。

6-12　用纯吸收剂吸收惰性气体中的溶质 A。入塔气体量为 0.0323kmol/s，溶质浓度为 0.0476（摩尔分数，下同），要求吸收率为 95%。已知塔径为 1.4m，相平衡关系为 $Y^* =0.95X$，$K_Ya=0.04kmol/(m^3 \cdot s)$，要求出塔液体中含溶质不低于 0.0476，求所需填料层高度。

6-13 在上题中，如果采用富液部分循环流程，新鲜吸收剂量与循环液体中纯吸收剂量之比为20。设新鲜吸收剂量、气相总传质系数及分离要求不变，问：（1）传质单元高度与上题相比是否改变？为什么？（2）填料层高度如何变化？为什么？（3）该操作条件下所需填料层高度；（4）如果循环液量增大到进口液相浓度达到 2.63×10^{-3} 时，达到预定要求所需填料层高度为多少？

6-14 今有连续逆流操作得填料吸收塔，用清水吸收原料气中的甲醇。已知处理气量为 $1000 m^3/h$（操作状态），原料气中含甲醇 7%（体积分数），吸收后水中含甲醇量等于与进料气体中相平衡时浓度的 67%。设在常压 $25℃$ 下操作，吸收的平衡关系取为 $Y^* = 1.15X$，甲醇回收率要求为 98%，$K_Y = 0.5 kmol/(m^2 \cdot h)$，塔内填料的有效表面积为 $200 m^2/m^3$，塔内气体的空塔气速为 $0.5 m/s$。试求：（1）水的用量（kg/h）；（2）塔径计算值；（3）填料层高度。

6-15 在逆流操作的吸收塔，用纯溶剂等温吸收某气体混合物中的溶质。在常压、$27℃$ 下操作，混合气体流量为 $1200 m^3/h$，气体混合物初始浓度为 0.05（摩尔分数）。塔截面积为 $0.8 m^2$，填料层高度为 $4m$，气相体积吸收总系数 $K_Ya = 100 kmol/(m^3 \cdot h)$，平衡关系服从亨利定律，吸收因数为 1.2。求出塔气体组成和吸收率。

6-16 在一填料层高度为 $5m$ 的填料塔内，用纯溶剂吸收混合气中溶质组分。当液气比为 1.0 时，溶质回收率可达 90%。在操作条件下气液平衡关系为 $Y^* = 0.5X$。现改用另一种性能较好的填料，在相同的操作条件下，溶质回收率可提高到 95%，试问此填料的体积吸收总系数为原填料的多少倍？

6-17 某吸收塔用纯溶剂吸收混合气体中可溶组分。气体入塔组成为 0.06（摩尔比，下同），要求吸收率为 90%。操作条件下平衡关系为 $Y^* = 1.5X$，操作液气比为 2.0，填料层高度为 $4m$。如果操作时由于解吸不良导致入塔液体中溶质浓度为 0.001，其他条件均不变，求此时尾气浓度为多少？吸收率为多少？溶液出口浓度为多少？

6-18 习题 6-17 中，如果工艺要求必须保证吸收率不变，液气比应提高多少？

6-19 在填料层高度为 $5.67m$ 的吸收塔中用清水吸收空气中的氨，已知混合气体含氨为 1.5%（体积分数），入塔气体流率为 $0.024 kmol/(m^2 \cdot s)$，吸收率为 98%，用水量为最小用量的 1.2 倍，操作条件下的平衡关系为 $Y^* = 0.8X$。求所用的水量和填料层的体积吸收总系数。

6-20 用洗油吸收焦炉气中的芳烃，含芳烃的洗油经解吸后循环使用。已知洗油流量为 $7 kmol/h$，入解吸塔的组成为 $0.12 kmol$ 芳烃/kmol 洗油，解吸后的组成不高于 $0.005 kmol$（芳烃）/kmol 洗油。解吸塔的操作压力为 $101.325 kPa$，温度为 $120℃$。解吸塔底通入过热水蒸气进行解吸，水蒸气消耗量 $V/L = 1.5(V/L)_{min}$。平衡关系为 $Y^* = 3.16X$，液相体积传质系数 $K_Xa = 30 kmol/(m^3 \cdot h)$。求解吸塔每小时需要多少水蒸气？若填料解吸塔的塔径为 $0.7m$，求填料层高度。

6-21 在一个逆流操作的填料塔中，用循环溶剂吸收气体混合物中溶质。气体入塔组成为 0.025（摩尔比，下同），液气比为 1.6，操作条件下气液平衡关系为 $Y^* = 1.2X$。若循环溶剂组成为 0.001，则出塔气体组成为 0.0025，现因脱吸不良，循环溶剂组成变为 0.01，试求此时出塔气体组成。

6-22 用 SO_2 含量为 $0.4 g/100g H_2O$ 的水吸收混合气中的 SO_2。进塔吸收剂流量为 $37800 kg H_2O/h$，混合气流量为 $100 kmol/h$，其中 SO_2 的摩尔分率为 0.09，要求 SO_2 的吸收率为 85%。在该吸收塔操作条件下 SO_2-H_2O 系统的平衡数据如下。

x	5.62×10^{-5}	1.41×10^{-4}	2.81×10^{-4}	4.22×10^{-4}	5.62×10^{-4}
y^*	3.31×10^{-4}	7.89×10^{-4}	2.11×10^{-3}	3.81×10^{-3}	5.57×10^{-3}
x	8.43×10^{-4}	1.40×10^{-3}	1.96×10^{-3}	2.80×10^{-3}	4.20×10^{-3}	6.98×10^{-3}
y^*	9.28×10^{-3}	1.71×10^{-2}	2.57×10^{-2}	3.88×10^{-2}	6.07×10^{-2}	1.06×10^{-1}

求气相总传质单元数 N_{OG}。

自 测 题

一、填空

1. 当气相中溶质的实际分压高于液相成平衡的溶质分压时，溶质转移，发生____过程；反之，当气相中溶质的实际分压低于与液相成平衡的溶质分压时，发生____过程。

2. 在吸收塔设计时，通常取实际液气比 L/V 为最小液气比 $(L/V)_{min}$ 的____倍。

3. 在计算吸收塔径时，一般应以_____的气体流量为依据。

4. 若某气体在水中的亨利系数 E 值很大，说明该气体为_____气体。在吸收操作中_____压力和_____温度可提高气体的溶解度，有利于吸收。

5. 对于同一种气液体系，溶质的_____随温度的升高而减小，因此，_____对吸收操作有利，_____对脱吸有利。

6. 吸收过程物料衡算时，为简化计算，常假定气相中_____不溶于吸收剂，_____不挥发。

7. 亨利定律的表达式之一为 $p^* = Ex$，通常适应于_____。

8. 吸收过程的传质速率正比于吸收_____、反比于吸收_____。

9. 若其他操作条件不变，吸收剂入塔浓度 X_2 降低时，吸收推动力_____，出口气体浓度_____。

10. 工业吸收常在_____塔中进行，为了提高推动力，气液两相常选择_____接触方式。

二、单项选择题

1. 化工生产中吸收操作主要用于分离均相（   ）。
   A. 纯气体　　　　　B. 混合气体　　　　　C. 纯液体　　　　　D. 混合液体

2. 吸收操作的依据是混合气体中各组分间（   ）的差别。
   A. 挥发度　　　　　B. 密度　　　　　　　C. 黏度　　　　　　D. 溶解度

3. 低浓度气体吸收操作的气—液平衡关系通常服从（   ）定律。
   A. 分配　　　　　　B. 拉乌尔　　　　　　C. 道尔顿-分压　　　D. 亨利

4. 研究吸收相平衡关系，主要用于判断吸收过程的（   ）。
   A. 快、慢。　　　　B. 程度　　　　　　　C. 极限和方向　　　　D. 快、慢和方向

5. 使气体从溶液中解吸的操作一般有（   ）。
   A. 加温、加压　　　B. 降温、加压　　　　C. 减压、升温　　　　D. 减压、降温

6. 在选择吸收剂时，应选择（   ）。
   A. 对溶质组分应有较大溶解度和良好选择性
   B. 对溶质组分应有较小溶解度，且操作温度下吸收剂的蒸气压要低
   C. 对溶质组分应有较大溶解度，且操作温度下吸收剂的蒸气压要高
   D. 对溶质组分应有较小的溶解度，且吸收剂的黏度要低

7. 对于吸收来说，当其他条件一定时，溶液出口浓度越低，则下列说法正确的是（   ）。
   A. 吸收剂用量越小，吸收推动力将减小　　B. 吸收剂用量越小，吸收推动力增加
   C. 吸收剂用量越大，吸收推动力将减小　　D. 吸收剂用量越大，吸收推动力增加

8. 能改善液体的壁流现象的装置是（   ）。
   A. 填料支承　　　　B. 液体分布　　　　　C. 液体再分布器　　　D. 除沫

9. 吸收塔尾气超标，可能引起的原因是（   ）。
   A. 塔压增大　　　　B. 吸收剂降温　　　　C. 吸收剂用量增大　　D. 吸收剂纯度下降

10. 吸收总速率方程中，下面正确的推动力表达式为（   ）。
    A. $Y-Y^*$　　　　B. $Y-X$　　　　　　C. $X-X^*$　　　　　D. $X-Y^*$

11. 下列几项中不能正确反映填料特性的是（   ）。
    A. 比表面积　　　　B. 表面积　　　　　　C. 空隙率　　　　　　D. 单位堆积体积内的填料数目

12. 分子扩散是由于系统内部某组分存在（   ）而引起的分子微观的随机运动。
    A. 密度差　　　　　B. 速度差　　　　　　C. 高度差　　　　　　D. 浓度差

13. 传质单元高度 H_{OG} 中所含的变量与（   ）有关。
    A. 吸收速率方程式　B. 气液平衡关系　　　C. 传质单元数　　　　D. 设备形式和操作条件

14. 选择吸收剂时不需要考虑的是（   ）。
    A. 对溶质的溶解度　B. 对溶质的选择性　　C. 操作条件下的挥发度　D. 操作温度下的密度

15. 最小液气比（   ）。
    A. 液体流量接近于零的液气比　　　　　　B. 完成生产任务最经济的液气比
    C. 逆流时对应的液气比　　　　　　　　　D. 完成指定分离任务所需要的液气比最小值

16. "液膜控制" 吸收过程的条件是（   ）。
    A. 易溶气体，气膜阻力可忽略　　　　　　B. 难溶气体，气膜阻力可忽略

C. 易溶气体，液膜阻力可忽略　　　　　D. 难溶气体，液膜阻力可忽略

17. 当吸收过程为液膜控制时，（　　　）。

    A. 提高液体流量有利于吸收　　　　　　B. 提高气速有利于吸收

    C. 降低液体流量有利于吸收　　　　　　D. 降低气体流速有利于吸收

18. 下述说法中错误的是（　　　）。

    A. 溶解度系数 H 值很大，为易溶气体　　B. 亨利系数 E 值很大，为易溶气体

    C. 亨利系数 E 值很大，为难溶气体　　　D. 平衡常数 m 值很大，为难溶气体

19. 在某逆流操作的填料塔中，进行低浓度吸收，该过程可视为液膜控制。若入气量增加而其他条件不变，则液相总传质单元高度（　　　）。

    A. 增加　　　　　　　B. 减小　　　　　　C. 不定　　　　　　D. 基本不变

20. 吸收过程的推动力为（　　　）。

    A. 气液相浓度差　　B. 气液相温度差　　C. 气液相压力差　　D. 实际浓度与平衡浓度差

本章主要符号说明

英文字母

a——填料的比表面积，m^2/m^3；

A——吸收因数；

S——解吸因数；

c_A——A组分的物质量浓度，$kmol\,A/m^3$；

c_m——混合物总物质量浓度，$kmol$ 混合物$/m^3$；

E——亨利系数，kPa；

H——溶解度系数，$kmol/(m^3 \cdot kPa)$；

H_{OG}——气相总传质单元高度，m；

H_{OL}——液相总传质单元高度，m；

J——分子扩散通量，$kmol/(m^2 \cdot s)$；

D——扩散系数，m^2/s；

k_X——与液膜推动力（摩尔比）相对应的液膜吸收分系数，$kmol/(m^2 \cdot s)$；

k_Y——与气膜推动力（摩尔比）相对应的气膜吸收分系数，$kmol/(m^2 \cdot s)$；

K_X——与液相推动力（摩尔比）相对应的液膜吸收分系数，$kmol/(m^2 \cdot s)$；

K_Y——与气相推动力（摩尔比）相对应的气相吸收总系数，$kmol/(m^2 \cdot s)$；

q_{nS}——吸收剂用量，$kmol\,S/s$；

m——相平衡常数；

N_A——吸收速率，$kmol\,A/(m^2 \cdot s)$；

N_{OG}——气相总传质单元数；

N_{OL}——液相总传质单元数；

p_A——吸收质在气相中分压，kPa；

P——总压，kPa；

R——气体通用常数，$kJ(kmol \cdot K)$；

T——热力学温度，K；

u——气体的空塔气速，m/s；

u_f——液泛速度，m/s；

U——喷淋密度，$m^3/(m^2 \cdot s)$；

q_{nB}——惰性气体量，$kmol\,B/s$；

V_P——填料层体积，m^3；

x_A——吸收质在液相中的摩尔分数；

X——吸收质在液相中的摩尔比 $kmol\,A/kmol\,S$；

y_A——吸收质在气相中的摩尔分数；

Y——吸收质在气相中的摩尔比 $kmol\,A/kmol\,B$；

z——扩散距离，m；

Z——填料层高度，m。

希腊字母

ε——填料空隙率，m^3/m^3；

μ——黏度，$Pa \cdot s$；

ρ——密度，kg/m^3；

φ——吸收率；

Ω——塔横截面积，m^2。

下标

A——组分 A 的；

B——组分 B 的；

G——气相的；

L——液相的；

m——对数平均的；

O——标准的；

P——填料的；

V——蒸汽的；

max——最大的；

min——最小的。

第7章 干 燥

学习目标

1. 了解

固体物料去湿的意义；工业干燥类型、特点及应用；干燥速率及干燥曲线的应用；不同干燥方式与干燥设备的特点及适用场合。

2. 理解

干燥过程的传热与传质机理；干燥介质的作用；对干燥器的基本要求；影响干燥器选择的因素；操作条件变化对干燥的影响。

3. 掌握

湿空气的性质；湿度图及其应用；固体物料中湿分的性质；干燥过程的物料衡算；典型干燥器的操作、维护、常见故障及处理方法。

7.1 概 述

7.1.1 干燥在工业生产中的应用及干燥方法

7.1.1.1 干燥在工业生产中的应用

干燥是一种古老而通用的操作。从农业、食品、化工、陶瓷、医药、矿产加工到制浆造纸、木材加工，几乎所有的产业都有干燥。干燥的好坏直接影响到产品的性能、形态、质量以及过程的能耗。例如，尿素优等品含水量不能超过 0.3%，如是 0.35% 则只能降为一等品（一等品的含水不能超过 0.5%）；一等品聚氯乙烯含水量不能超过 0.3%。

图 7-1 是聚氯乙烯树脂（PVC 树脂）的二级干燥过程。PVC 树脂经离心分离后，水分含量一般为 $15\%\sim25\%$，远高于产品标准的含水量，因此必须通过干燥把其中的水分降低。由于 PVC 树脂是一种热敏性、黏性小、多孔性的物料，且所含的水分绝大部分属于表面水分，因此工业上通常采用两级组合干燥流程。第一级是高气速的气流干燥，可在很短时间内（一般为 2s 左右）将其表面水分除掉，而剩下的部分结合水分，要从 PVC 树脂颗粒孔隙内扩散到颗粒表面，汽化所需的时间要比表面水分干燥所需的时间长一百到几百倍，因此第二级采用低气速的卧式多室流化床干燥。经过两级组合干燥得到合格的干燥聚氯乙烯产品。

一般而言，干燥在工业生产中的作用主要有以下两个方面。

① 对原料或中间产品进行干燥，以满足工艺要求。如以湿矿（俗称尾砂）生产硫酸时，为满足反应要求，要先要对尾砂进行干燥，尽可能除去其水分；再如涤纶切片的干燥，是为了防止后期纺丝出现气泡而影响丝的质量。

② 对产品进行干燥，以提高产品中的有效成分，同时满足运输、贮藏和使用的需要。

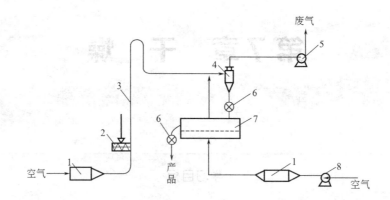

图 7-1 聚氯乙烯树脂二级组合干燥示意图

1—空气加热器；2—加料器；3—气流干燥器；4—旋风分离器；5—引风机；
6—星形卸料阀；7—流化床干燥器；8—鼓风机

如化工生产中的聚氯乙烯、碳酸氢铵、尿素，食品加工中的奶粉、饼干，药品制造中的很多药剂，其生产的最后一道工序都是干燥。

随着相关产业的发展，干燥的应用越来越广泛，对干燥的要求也越来越多样化。为了满足产品对干燥的要求，开发了很多新型干燥装置并实现工业化，比如，脉冲燃烧干燥器、运用超临界流体使气溶胶脱湿、热泵干燥装置、过热蒸汽干燥装置等；为了满足节能对干燥的要求，一些新技术被引入到工业干燥中，比如脉冲燃烧、感应加热、热泵技术以及机电一体化技术、加工制造标准化、自动控制技术等，干燥技术也因此得到提升。目前，对干燥的研究仍然方兴未艾。

7.1.1.2　干燥方法

化工生产中涉及的固体物料中，除了含水外还可能是其他液体，将其统称为湿分。除湿的方法很多，常用的除湿方法如下。

① 机械去湿　如沉降、过滤、离心分离等利用重力或离心力除湿。这种方法除湿不完全，但能量消耗较少。

② 吸附去湿　用干燥剂（如无水氯化钙、硅胶等）吸附湿物料中的水分。这种方法只能用于除去少量湿分，适用于小批量固体物料的去湿或除去气体中水分的场合，如实验室。

③ 供热去湿　向湿物料供热以汽化其中的湿分并除去，此种方法又称为干燥。该法除湿彻底，能除去湿物料中的大部分湿分，但能耗较高。为节省能源，工业中往往将两种方法联合起来操作，即先用比较经济的机械方法尽可能除去湿物料中的大部分湿分，然后再利用干燥方法继续除湿，以获得湿分符合规定的产品。

按供热方式可将干燥分为传导干燥、对流干燥、辐射干燥及介电加热干燥四种。

① 传导干燥　湿物料与加热介质不直接接触，热量以传导方式通过固体壁面传给湿物料。此法热能利用率高，但物料温度不易控制，容易过热变质。

② 对流干燥　热量通过干燥介质（某种热气流）以对流方式传给湿物料。干燥过程中，干燥介质与湿物料直接接触，干燥介质供给湿物料汽化所需的热量，并带走汽化后的湿分蒸汽。所以，干燥介质在干燥过程中既是载热体又是载湿体。在对流干燥中，干燥介质的温度容易调控，被干燥的物料不易过热，但干燥介质离开干燥设备时，还带有相当一部分热能，故对流干燥的热能利用程度较差。

③ 辐射干燥　热能以电磁波的形式由辐射器发射至湿物料表面，被湿物料吸收后再转

变为热能将湿物料中的湿分汽化并除去，如红外线干燥器。辐射干燥生产强度大，产品洁净且干燥均匀，但能耗高。

④ 介电加热干燥　将湿物料置于高频电磁场内，在高频电磁场的作用下，物料吸收电磁能量，在内部转化为热用于蒸发湿分，从而达到干燥目的。电场频率在 300MHz 以下的称为高频加热，频率在（300～300×10^5）MHz 的称为微波加热，如箱式微波干燥器。介电加热干燥加热速度快、加热均匀、能选择性加热（一般地，电磁场只与物料中的溶剂而不与溶剂的载体耦合），能量利用率高。但投资大，操作费用较高（如更换磁控管等元件）。

按操作压力可将干燥分为常压干燥和真空干燥，真空干燥是指操作压力小于大气压力的干燥过程，具有操作温度低、干燥效果好的特点，适用于处理热敏性、易氧化或要求干燥产品中湿分含量很低的物料。

按操作方式可将干燥分为连续干燥和间歇干燥。连续干燥生产稳定，生产能力大，主要用于大型工业化生产，间歇干燥用于小批量、多品种或要求干燥时间很长的场合。

7.1.2　对流干燥的条件和流程

对流干燥在工业生产中应用最为广泛。最常用的工业干燥介质是不饱和的热空气，湿物料中的湿分大多为水。因此，本章主要讨论以不饱和的热空气为干燥介质、以含水湿物料为干燥对象的对流干燥过程。

7.1.2.1　对流干燥原理

图 7-2 是用热空气除去湿物料中水分的干燥原理示意图，它表达了对流干燥过程中干燥介质与湿物料之间传热与传质的一般规律。在对流干燥过程中，温度较高的热空气将热量传给湿物料表面，大部分在此供水分汽化，还有一部分再由物料表面传至物料内部，这是一个热量传递过程，传热的方向是由气相到固相，热空气与湿物料的温差是传热的推动力；与此同时，由于物料表面水分受热汽化，使得水在物料内部与表面之间出现了浓度差，在此浓度差的作用下，水分从物料内部扩散至表面并汽化，汽化后的蒸汽再通过湿物料与空气之间的气膜扩散到空气主体内，这

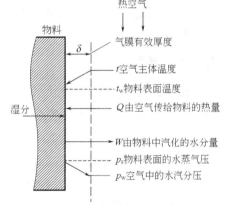

图 7-2　热空气与湿物料之间的
传热和传质

是一个质量传递过程，传质的方向是由固相到气相，传质的推动力是物料表面的水汽分压与热空气中水汽分压之差。由此可见，对流干燥过程是一个传热和传质同时进行的过程，两者传递方向相反、相互制约、相互影响。因此，干燥过程进行的快慢与好坏，是由湿物料和热空气之间的传热、传质速率共同控制与决定的。

7.1.2.2　对流干燥的条件

要使上述干燥过程得以进行，其必要条件是：物料表面产生的水汽分压必须大于空气中所含的水汽分压，两者差别越大，干燥进行得越快。要保证此条件，生产过程中，需要不断地提供热量使湿物料表面水分汽化，同时将汽化后的水汽移走，以维持一定的传质推动力，因此，在对流干燥中，湿空气既是提供热量的载热体，又是带走湿分的载湿体。若空气为水汽所饱和，则推动力为零，对流干燥即停止进行。

7.1.2.3　对流干燥流程

图 7-3 为对流干燥流程示意图，空气经预热器加热至一定温度后进入干燥器，与进入干

燥器的湿物料相接触，空气以对流传热的方式把热量传给湿物料，同时湿物料表面的水分被加热汽化成蒸汽，然后扩散进入到空气中，空气温度则沿其行程下降，但所含湿量增加，最后由干燥器的另一端排出。空气与湿物料在干燥器内的接触可以是并流、逆流或其他方式。

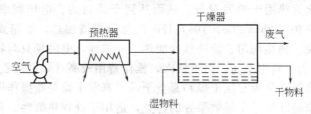

图 7-3　对流干燥流程示意图

7.2　湿空气的性质

如前所述，在干燥操作中，不饱和湿空气既是载热体又是载湿体，因而空气的性质对干燥过程至关重要，了解湿空气的基本性质对干燥过程的分析与计算都具有实际意义。

由于干燥操作的压力通常都较低（常压或真空），故可将湿空气按理想气体处理。在干燥过程中，湿空气中的水汽量是不断增加的，但其中的干气量是始终不变的，因此，常以单位质量的干气为基准，表征湿空气的性质。

7.2.1　湿度

在湿空气中，单位质量干气所带有的水汽质量，称为湿空气的湿含量或绝对湿度，简称湿度（湿含量），用符号 H 表示，其单位为 kg 水汽/kg 干气，则

$$H = \frac{n_v M_v}{n_g M_g} \tag{7-1}$$

式中　n_g，n_v——湿空气中干气及水汽的物质的量，mol；

M_g，M_v——干气和水汽的摩尔质量，kg/mol。

设湿空气的总压为 p，其中的水汽分压为 p_v，则干气的分压为 $p_g = p - p_v$。常压下湿空气可视为理想气体，根据道尔顿分压定律，水汽与干气的摩尔比，在数值上应等于其分压之比，即

$$\frac{n_v}{n_g} = \frac{p_v}{p - p_v}$$

并将水汽的摩尔质量 $M_v = 18 \text{kg/kmol}$，干气的摩尔质量 $M_g = 28.96 \text{kg/kmol}$ 代入式(7-1)，整理得

$$H = 0.622 \frac{p_v}{p - p_v} \tag{7-2}$$

式中　p——湿空气的总压为，Pa；

p_v——水汽分压，Pa。

式(7-2)为常用的湿度计算式，由此式可见，湿度 H 与湿空气的总压以及其中水汽的分压 p_v 有关，当总压 p 一定时，湿度 H 随水汽 p_v 分压增大而增大。

当湿空气中的水汽分压等于该空气温度下的纯水的饱和蒸气压时，表明湿空气被水汽饱和，此时空气的湿度称为饱和湿度，用 H_s 表示，式(7-2)变为

$$H_s = 0.622 \frac{p_s}{p - p_s} \tag{7-3}$$

在一定总压下，饱和湿度随温度的变化而变化，对一定温度的湿空气，饱和湿度是湿空气的最高含水量。

7.2.2　相对湿度

在一定总压下，湿空气中水汽的分压 p_v 与同温下纯水的饱和蒸气压 p_s 之比（％）称为湿空气的相对湿度，用 φ 表示，其计算式为

$$\varphi = \frac{p_v}{p_s} \times 100\% \tag{7-4}$$

相对湿度可用来衡量湿空气的不饱和程度。当 $p_v = p_s$，即湿空气中水汽的分压等于同温下水的饱和蒸气压时，$\varphi = 100\%$，表明该湿空气已被水汽所饱和，已不能再吸收水汽。对未被水汽饱和的湿空气，$p_v < p_s$，$0 \leqslant \varphi < 100\%$，而 $\varphi = 0$，则 $p_v = 0$，表明空气中水蒸气的含量为零，该空气为绝对干燥的空气，具有最强的吸水能力。显然，只有不饱和空气才能作为干燥介质，而且，其相对湿度越小，吸收水汽的能力越强。

由此可见，湿度只能表示湿空气中水汽含量的多少，而相对湿度则能反映空气吸水能力的大小。

如何使湿空气的相对湿度较小，以获得较强的干燥能力呢？由式(7-4)可见，φ 和 p_v、p_s 有关，当湿空气温度一定时，水的饱和蒸气压一定，则湿空气中水汽分压越小，相对湿度 φ 就越小；当湿空气中水汽分压一定时，由于水的饱和蒸气压 p_s 随温度的升高而增大，当温度升高时，相对湿度 φ 必然下降。因此，在干燥操作中，为提高湿空气的吸湿能力和传热的推动力，通常将湿空气先进行预热升温再送入干燥器。

由式(7-2)和式(7-4)可得

$$H = 0.622 \frac{\varphi p_s}{p - \varphi p_s} \tag{7-5}$$

或

$$\varphi = \frac{pH}{(0.622 + H)p_s} \tag{7-5a}$$

此式表明，当总压一定时，相对湿度 φ 是湿度 H 和温度 t（体现在 p_s）的函数。

【例 7-1】 当总压为 100kPa 时，湿空气的温度为 30℃，水汽分压为 4kPa。试求该湿空气的湿度、相对湿度和饱和湿度。如将该湿空气加热至 80℃，再求其相对湿度。

解：空气的湿度　$H = 0.622 \dfrac{p_v}{p - p_v} = 0.622 \dfrac{4}{100 - 4} = 0.02651$ kg 水汽/kg 干气

查得 30℃ 时水的饱和蒸气压 $p_{s_1} = 4.246$kPa

相对湿度为　　$\varphi = \dfrac{p_v}{p_s} \times 100\% = \dfrac{4}{4.246} \times 100\% = 94.21\%$

饱和湿度为　$H_s = 0.622 \dfrac{p_s}{p - p_s} = 0.622 \dfrac{4.246}{100 - 4.246} = 0.0276$ kg 水汽/kg 干气

计算可知，此时湿空气基本不具备吸湿能力。

又查得 80℃ 时水的饱和蒸气压 $p_{s_2} = 47.37$kPa

相对湿度为　　$\varphi = \dfrac{p_v}{p_s} \times 100\% = \dfrac{4}{47.37} \times 100\% = 8.44\%$

加热至 80℃ 后，湿空气的相对湿度显著下降，其吸湿能力大大增加。预热有利于提高湿空气的载湿能力。

7.2.3　比体积

1kg 干气及其所带有的 H(kg) 水汽的总体积称为湿空气的比体积或湿容积，用符号 v_H

表示，单位为 m³/kg（干气）。

常压下，干气在温度为 t（℃）时的比体积（v_g）为

$$v_g = \frac{22.4}{28.96} \times \frac{t+273}{273} = 0.773\frac{t+273}{273}$$

常压下，水汽在温度为 t℃时的比体积（v_v）为

$$v_v = \frac{22.4}{18} \times \frac{t+273}{273} = 1.244\frac{t+273}{273}$$

根据湿空气比容的定义，其计算式应为

$$v_H = v_g + Hv_v = (0.773 + 1.244H)\frac{t+273}{273} \tag{7-6}$$

由式(7-6)可知，湿空气的比体积与湿空气温度及湿度有关，温度越高，湿度越大，比体积越大。

7.2.4　比热容

常压下，将 1kg 干气和所含有的 H（kg）水汽的温度升高 1K 所需要的热量，称为湿空气的比热容，简称湿热，用符号 c_H 表示，单位为 kJ/(kg 干气·K)。

若以 c_g、c_v 分别表示干气和水汽的比热容，根据湿空气比热容的定义，其计算式为

$$c_H = c_g + c_v H$$

工程计算中，常取 $c_g = 1.01$kJ/(kg·K)，$c_v = 1.88$kJ/(kg·K)，代入上式，得

$$c_H = 1.01 + 1.88H \tag{7-7}$$

由式(7-7)可知，湿空气的比热容仅与湿度有关。

7.2.5　比焓

1kg 干气的焓和其所含有的 H（kg）水汽共同具有的焓，称为湿空气的比焓，简称为湿焓，用符号 I_H 表示，单位为 kJ/kg 干气。

若以 I_g、I_v 分别表示干气和水汽的比焓，根据湿空气的焓的定义，其计算式为

$$I_H = I_g + I_v H$$

在工程计算中，常以干气及水（液态）在 0℃时的焓等于零为基准，且水在 0℃时的比汽化潜热 $r_0 = 2490$kJ/(kg·K)，则

$$I_g = c_g t = 1.01t \qquad I_w = c_w t + r_0 = 1.88t + 2490$$

代入上式，整理得

$$I_H = (1.01 + 1.88H)t + 2490H = c_H t + 2490H \tag{7-8}$$

由式(7-8)可知，湿空气的焓与其温度和湿度有关，温度越高，湿度越大，焓值越大。

【例 7-2】用预热器将 5000kg/h 常压、20℃、湿含量为 0.01kg 水汽/kg 干气的空气加热至 80℃再送干燥器，求所需供给的热量。

解：5000kg/h 湿空气中干气的量为

$$L = \frac{5000}{1+H} = \frac{5000}{1+0.01} = 4950.5\text{kg/h}$$

用比热容进行计算：将 5000kg/h 的湿空气（含有 4950.5kg/h 干气）从 20℃加热至 80℃所需热量为

$$Q = Lc_H\Delta t = L(1.01 + 1.88H)(t_2 - t_1)$$
$$= \frac{5000}{3600}(1.01 + 1.88 \times 0.01)(80 - 20) = 85.73\text{kW}$$

也可以用湿空气的焓进行计算，读者可尝试一下。

7.2.6　干球温度

用干球温度计（即普通温度计）测得的湿空气的温度称为湿空气的干球温度，用符号 t 表示，单位为℃或 K，干球温度为湿空气的真实温度。

7.2.7　露点

使不饱和的湿空气在总压和湿度不变的情况下冷却降温达到饱和状态时的温度称为该湿空气的露点，用符号 t_d 表示，单位为℃或 K。

处于露点温度的湿空气的相对湿度 φ 为 100%，即湿空气中的水汽分压 p_v 是饱和蒸气压 p_s，由式(7-2) 有

$$p_s = \frac{Hp}{0.622 + H} \tag{7-9}$$

在确定露点温度时，只需将湿空气的总压 p 和湿度 H 代入式(7-9)，求得 p_s，然后通过饱和水蒸气表查出对应的温度，即为该湿空气的露点 t_d。由式(7-9) 可知，在总压一定时，湿空气的露点只与其湿度有关。

湿空气在露点温度时的湿度为饱和湿度，其数值等于未冷却前原空气的湿度，若将已达到露点的湿空气继续冷却，则会有水珠凝结析出，湿空气中的湿含量开始减少。冷却停止后，每千克干气析出的水分量等于湿空气原来的湿度与终温下的饱和湿度之差。

【例 7-3】　某湿空气的总压为 100kPa，温度为 $40℃$，相对湿度为 85%，试求其露点温度；若将该湿空气冷却至 $30℃$，是否有水析出？若有，每千克干气析出的水分为多少？

解：查附录得 $40℃$ 时水的饱和蒸气压 $p_s = 7.375\text{kPa}$，则该湿空气的水汽分压为

$$p_v = \varphi p_s = 0.85 \times 7.375 = 6.269\text{kPa}$$

此分压即为露点下的饱和蒸气压，即 $p_s = 6.269\text{kPa}$。由此蒸气压查得对应的饱和温度为 $36.5℃$，即该湿空气的露点为 $t_d = 36.5℃$。

如将该湿空气冷却至 $30℃$，与其露点比较，已低于露点温度，必然有水分析出。

湿空气原来的湿度为

$$H_1 = 0.622\frac{p_v}{p - p_v} = 0.622\frac{6.269}{100 - 6.269} = 0.0416\text{kg 水汽/kg 干气}$$

冷却到 $30℃$ 时，湿空气中的水汽分压为此温度下的饱和蒸气压，查得 $30℃$ 下水的饱和蒸汽压 $p_s = 4.246\text{kPa}$，则此时湿空气湿度为

$$H_2 = 0.622\frac{p_s}{p - p_s} = 0.622\frac{4.246}{100 - 4.246} = 0.0276\text{kg 水汽/kg 干气}$$

故每千克干气析出的水分量为

$$\Delta H = H_1 - H_2 = 0.0416 - 0.0276 = 0.014\text{kg 水/kg 干气}$$

7.2.8　湿球温度

湿球温度是由湿球温度计置于湿空气中测得的温度，如图 7-4 所示，左侧为干球温度计，右侧为湿球温度计。湿球温度计的感温球用湿纱布包裹，湿纱布的下端浸在水中（感温球不能与水接触），使湿纱布始终保持湿润。将它们同时置于空气中，干球温度计测得的温度为该空气的干球温度，湿球温度计测得的温度为该空气的湿球温度，湿球温度用 t_w 表示，单位为℃或 K。

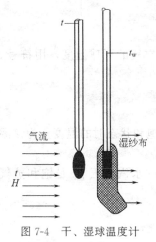

图 7-4 干、湿球温度计

湿球温度是大量空气与少量水接触的结果，其实质是湿空气与湿纱布中水之间传质和传热达到平衡或稳定时，湿纱布中水的温度。假设测量开始时纱布中水分的温度与空气的温度相同，但因空气是不饱和的，湿纱布中的水分必然要汽化，由纱布表面向空气主流中扩散，又因湿空气和水分之间没有温差，所以水分汽化所需的汽化热只能由水分本身供给，从而使水的温度下降。当水分温度低于湿空气的温度时，由于温差的存在，热量则由湿空气传递给湿纱布中的水分，其传热速率随温差的增加而提高，直到由湿空气至纱布的传热速率恰好等于自纱布表面汽化水分所需的传热速率时，湿纱布中水温就保持恒定。此恒定的水温即为温球温度计所指示的温度 t_w。空气湿球温度取决于湿空气的干球温度和湿度，因此是湿空气的性质。饱和湿空气的湿球温度等于其干球温度，不饱和湿空气的湿球温度总是小于其干球温度，而且湿空气的相对湿度越小，两温度的差距越大。

7.2.9 绝热饱和温度

在绝热条件下，使湿空气绝热增湿达到饱和时的温度称为绝热饱和温度，用符号 t_{as} 表示，单位为℃或 K。

如图 7-5 所示，在一个绝热系统中，温度为 t、湿度为 H 的未饱和的湿空气与水接触足够长的时间达到平衡时，湿空气便达到饱和。此时气相和液相为同一温度。在达到平衡的过程中，气相显热的减少等于部分液体汽化所需的潜热，因而湿空气在饱和过程中的焓保持不变，是一个等焓过程。此平衡温度即为绝热饱和温度。

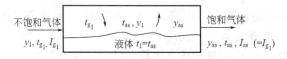

图 7-5 空气绝热饱和温度

绝热饱和温度是大量水与少量空气接触的结果，其数值取决于湿空气的状态，是湿空气的性质。对空气-水系统，实验证明，湿空气的绝热饱和温度与其湿球温度基本相同。工程计算中，常取 $t_w = t_{as}$。

湿空气的干球温度 t、湿球温度 t_w 和露点 t_d 之间的关系如下。

未饱和湿空气

$$t > t_w > t_d$$

饱和湿空气

$$t = t_w = t_d$$

7.3 湿空气的湿度图

表达湿空气性质的各个参数可用 7.2 节介绍的相关公式进行计算，但有些计算非常烦琐，工程上为了避免烦琐计算，将湿空气各参数间的关系标绘在坐标图上，只要知道湿空气任意两个独立参数，即可从图上查出其他参数，常用的图有湿度-焓（H-I）图、温度-湿度（t-H）图等，其中 H-I 图应用较广，因此，只介绍 H-I 图。

7.3.1　H-I 图的构成

湿空气的 H-I 图如图 7-6 所示，该图是以总压为常压（即 $1.013 \times 10^5 \text{Pa}$）的数据制得的，若系统总压偏离常压较远，则不能应用此图。为了使图中各曲线不过于密集，提高读数的准确性，采用两个坐标轴夹角为 $135°$，同时为了便于读数及节省图的幅面，将斜轴（图中没有将斜轴全部画出）上的数值投影在辅助水平轴上。

H-I 图由以下诸线群组成。

7.3.1.1　等湿度线（等 H 线）群

这是一系列平行于纵轴的直线，同一条等 H 线上的不同点，其湿度值相同。图 7-6 中 H 的读数范围为 $0 \sim 0.2 \text{kg/kg}$ 干气。

7.3.1.2　等焓线（等 I 线）群

这是一系列平行于横轴而与纵轴成 $135°$ 夹角的直线，在同一条等 I 线上的任一点焓值都相同。图 7-6 中 I 的读数范围为 $0 \sim 680 \text{kJ/kg}$ 干气。

7.3.1.3　等干球温度线（等 t 线）群

将式(7-8) 改写成

$$I_H = (1.88t + 2490)H + 1.01t$$

上式表明，在一定温度 t 下，H 与 I 呈线性关系。任意规定某一 t 值，可求取一系列的点（I_H-H），将这些点联结起来即是该温度 t 的等温线。此外，等温线的斜率为（$1.88t + 2490$），随 t 的增大而增大，故等温线并不相互平行。温度值也在纵轴上读出。

7.3.1.4　等相对湿度线（等 φ 线）群

根据式（7-5a）可知，当湿空气的总压一定时，相对湿度 $\varphi = f(H, p_s)$，由于 $p_s = f(t)$，因而 $\varphi = f(H, t)$，任意规定某一 φ 值，在不同 t 下求出 H 值，就可画出一条等 φ 线。取一系列的 φ 值，可得一系列等 φ 线。

图 7-6 中共有 11 条等相对湿度 φ 线，由 $5\% \sim 100\%$。$\varphi = 100\%$ 的等 φ 线称为饱和空气线，此时空气为水汽所饱和。显然，只有状态点落在饱和空气线上方的未饱和区的空气才能作为干燥介质。由图可知，当湿空气的 H 一定时，温度越高，其相对湿度 φ 值越小，该空气的干燥能力越强。因此，正如前所述，作为干燥介质的湿空气总是先预热后再送入干燥器，这样可以降低其相对湿度，提高其载湿能力。

7.3.1.5　水蒸气分压（p_v）线

将式(7-2) 改写为

$$p_v = \frac{Hp}{0.622 + H}$$

总压一定时，水蒸气分压仅与湿度 H 有关，据此很容易作出水蒸气分压线。因 $H \ll 0.622$，故水蒸气分压与湿度几乎成直线关系。为了保持图面清晰，水蒸气分压线标绘在 $\varphi = 100\%$ 曲线下方，分压坐标在图的右边。

在有些湿空气的性质图上，还给出比热容与湿度 H、干气比体积与温度 t、饱和空气比体积与温度 t 之间的关系曲线。

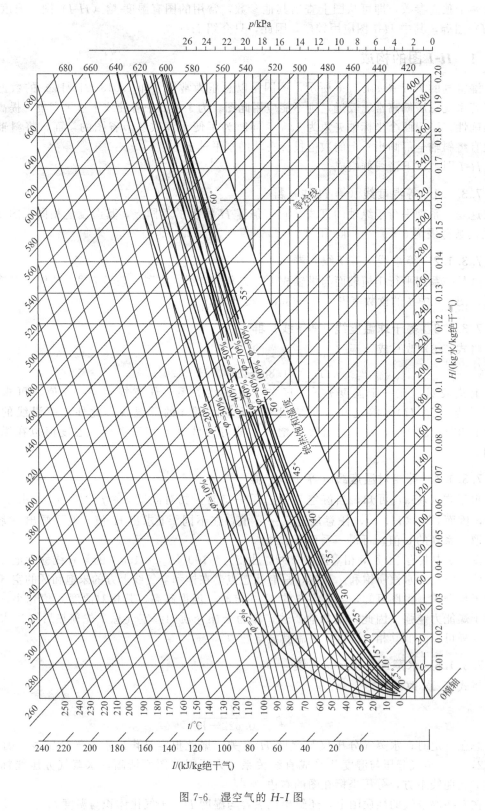

图 7-6 湿空气的 H-I 图

7.3.2　*H-I* 图的应用

根据 *H-I* 图上空气的状态点，可查出空气的其他性质参数。具体方法如下，并参见图 7-7 中所示。

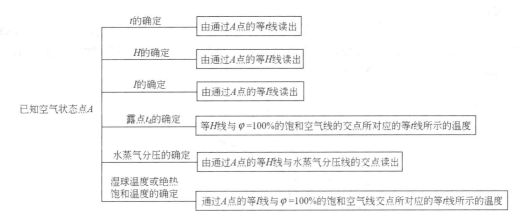

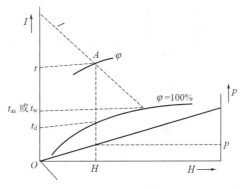

图 7-7　*H-I* 图的应用

反之，根据湿空气任意两个独立参数也可确定空气的状态。如图 7-8 所示为实际生产中常见的三种不同情况下确定状态点 *A* 的方法：（a）已知干、湿球温度 *t*、t_w；（b）已知干球温度 *t* 与露点温度 t_d；（c）已知干球温度 *t* 与相对湿度 φ。但必须注意，湿空气的下列性质不是彼此独立的：t_d-*H*、t_d-p_w、t_w-I_H、*p*-*H* 等，知道这些性质中的任何一对，都不足以确定湿空气的状态。

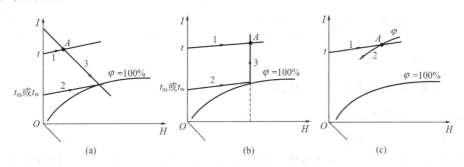

图 7-8　在 *H-I* 图中确定湿空气的状态

【**例 7-4**】　在 *H-I* 图上确定【例 7-1】的湿空气状态点以及有关参数。

解：（1）由水汽分压 p_v＝4kPa 与 p_v＝$f(H)$ 水汽分压线交点读出 *H*＝0.026kg 水汽/kg

干气；

（2）由 H 与 $t=30℃$ 确定状态点 A，由 A 读出 $\varphi=90\%$；

（3）由 H 与 $t=80℃$ 确定状态点 A，由 A 读出 $\varphi=8\%$。

【例 7-5】 用 H-I 图求解例 7-3。

解：（1）相对湿度 φ

首先根据 $t=40℃$、$\varphi=85\%$ 确定该湿空气的状态点 A，再由 A 点沿着等湿线冷却降温，与饱和空气线（$\varphi=100\%$）相交，由交点读出此温度即为露点温度 $t_d=36℃$，湿度 $H_1=0.043$kg 水汽/kg 干气，见图 7-9。

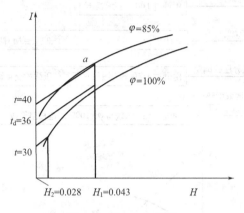

图 7-9 【例 7-5】附图

（2）析出水分量

将该湿空气冷却至 $30℃$，已低于露点温度，必有水分析出。由 $t=30℃$ 与饱和空气线交点读出此时的饱和湿度 $H_2=0.028$kg 水汽/kg 干气

故每千克干气析出的水分量为

$$\Delta H=H_1-H_2=0.043-0.028=0.015\text{kg 水/kg 干气}$$

7.4 湿物料中水分的性质

干燥过程中所除去的水分是由物料内部迁移到表面，然后由表面汽化而进入空气主体的，因此，干燥过程中水分在气体与物料间的平衡关系、干燥速率和干燥时间，不仅取决于空气的性质和操作条件，而且受到物料中所含水分性质的影响。在相同干燥条件下，有的物料很容易干燥，有的物料则很难干燥，比如有的衣服容易晒干，而有的就不易晒干，其原因就在于此。

7.4.1 湿物料含水量的表示方法

湿物料含水量的表示方法通常有两种：湿基含水量和干基含水量。

7.4.1.1 湿基含水量

单位质量湿物料所含水分的质量，即湿物料中水分的质量分数，称为湿物料的湿基含水量，用符号 w 表示，其单位为 kg 水/kg 湿物料。根据其定义，可写成

$$w=\frac{湿物料中水分的质量}{湿物料的总质量}$$

7.4.1.2　干基含水量

湿物料在干燥过程中，水分不断被汽化移走，湿物料的总质量在不断变化，用湿基含水量有时很不方便。考虑到湿物料中的干物料量在干燥过程中始终不变（不计漏损），以干物料量为基准的干基含水量，使用起来较为方便。所谓干基含水量，是指单位干物料中所含水分的质量，用符号 X 表示，单位为 kg 水/kg 干料。根据其定义，可写成

$$X = \frac{湿物料中水分的质量}{湿物料的总质量-湿物料中水分的质量}$$

两种含水量之间的换算关系为

$$X = \frac{w}{1-w} \quad 或 \quad w = \frac{X}{1+X} \tag{7-10}$$

7.4.2　平衡水分与自由水分

根据物料在一定干燥条件下其所含水分能否用干燥方法除去来划分，可分为平衡水分和自由水分。能用干燥方法除去的水分称为自由水分，不能除去的水分称为平衡水分。

当湿物料与一定状态的湿空气接触时，若湿物料表面所产生的水汽分压大于空气中的水分分压，湿物料中的水分将向空气中转移，干燥可以顺利进行；当湿物料表面所产生的水汽分压小于空气中的水汽分压，则物料将吸收空气中的水分，产生所谓"返潮"现象；若湿物料中表面产生的水汽分压等于空气中的水汽分压时，两者处于动态平衡状态，湿物料中的水分不会因为与湿空气接触时间的延长而有增减，湿物料中水分含量为一定值，该含水量就称为该物料在此空气状态下的平衡含水量，又称平衡水分，用 X^* 表示，单位为 kg 水/kg 干料。湿物料中的水分含量大于平衡水分时，则其含水量与平衡水分之差称为自由水分。

湿物料的平衡水分可由实验测得，通常是测定在一定温度下，物料的平衡水分与空气的相对湿度之间的关系。图 7-10 为实验测得的几种物料在 25℃ 时的平衡水分 X^* 与湿空气相对湿度 φ 之间的关系——干燥平衡曲线。从图 7-10 中可以看出，不同的湿物料在相同的空气相对湿度下，其平衡水分不同；同一种湿物料的平衡水分，随着空气的相对湿度的减小而降低，当空气的相对湿度减小为零时，各种物料的平衡水分均为零。也就是说，要想获得一个干物料，就必须有一个绝对干燥的空气（$\varphi=0$）与湿物料进行长时间的充分接触，实际生产中是很难达到这一要求的。反之，若使湿物料与具有一定湿度的空气进行接触，则湿物料中总有一部分水分不能被除去，平衡水分是在一定空气状态下，湿物料可能达到的最大干燥限度，但在实际干燥操作中，干燥往往不能进行到干燥的最大限度，因此自由水分也只能有一部分被除去。

7.4.3　结合水分与非结合水分

根据湿物料中水分除去的难易程度来划分，物料中的水分可分为结合水分和非结合水分。

结合水分是指以化学力、物理化学力或生物化学力等与物料结合的水分，由于这种水分与物料的结合力强，而产生不正常的低气压，其饱和蒸气压低于同温下纯水的饱和蒸气压。通常，存在于物料中毛细管内的水分、细胞壁内的水分、结晶水以及物料内可溶固体物溶液中的水分，都是结合水分。

非结合水分是指机械地附着在物料表面或积存于大孔中的水分，它与物料的结合强度较弱，其饱和蒸气压等于同温下纯水的饱和蒸气压。

显然，在干燥过程中，非结合水分容易除去，结合水分难除去，甚至是对于一定湿度的干燥介质而言有一部分结合水是不能除去的。

在一定温度下，平衡水分与自由水分的划分是根据湿物料的性质以及与其接触的空气的状态而定，而结合水分与非结合水分的划分则完全由湿物料自身的性质而定，与空气的状态无关。对于一定温度下的一定湿物料，结合水分不会因空气的相对湿度不同而发生变化，它是一个固定值。结合水与非结合水都难以用实验方法直接测得，根据它们的特点，可将平衡曲线外延与同温下 $\varphi=100\%$ 线相交，交点的平衡水分即为湿物料的结合水分。

物料中几种水分的关系可通过图 7-11 来说明，从图中可以看出，平衡水分随湿空气的相对湿度的变化而变化，结合水分则为常数。

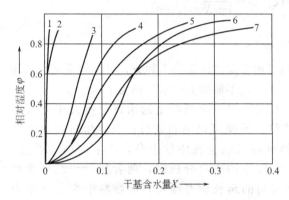

图 7-10　某些物料的平衡曲线（25℃）

1—石棉纤维板；2—聚氯乙烯粉（50℃）；3—木炭；

4—牛皮纸；5—黄麻；6—小麦；7—土豆

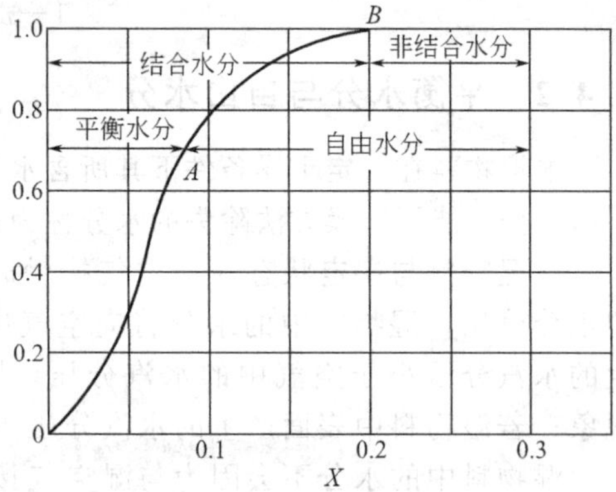

图 7-11　固体物料的水分性质

【**例 7-6**】　某物料在 25℃时的平衡曲线如图 7-10 所示，已知物料的含水量 $X=0.30\text{kg}$ 水/kg 干料，若与 $\varphi=70\%$ 时的湿空气接触，试划分该物料的平衡水分和自由水分，结合水分和非结合水分。

解：由 $\varphi=70\%$ 作水平线与平衡曲线相交，于交点 A 读出平衡水分为 0.08kg 水/kg 干料，则自由水分为 $0.30-0.08=0.22\text{kg}$ 水/kg 干料。

由图 7-11 中读出 $\varphi=100\%$（1.0）时的平衡水分为 0.20kg 水/kg 干料，则物料的结合水分为 0.20kg 水/kg 干料，非结合水分为 $0.30-0.20=0.10\text{kg}$ 水/kg 干料。

7.5　干燥过程的物料衡算

物料衡算要解决的问题是：①干燥产品的流量；②将湿物料干燥到指定的含水量所需蒸发的水分量；③干燥过程需要消耗的空气量。

图 7-12 为干燥系统的物料流动示意图。在干燥过程中湿物料的含水量不断减少，$X_2<X_1$；而湿空气的湿度则不断增加，$H_2>H_1$，干燥的结果是湿物料蒸发的水分全部被湿空气所吸收带走。各参数均标注于图 7-12 中。

7.5.1　干燥产品流量 G_2

干燥产品是指离开干燥器的物料，其中包括干物料及仍含有的少量水分，与干物料不同，实际是含水分较少的湿物料。

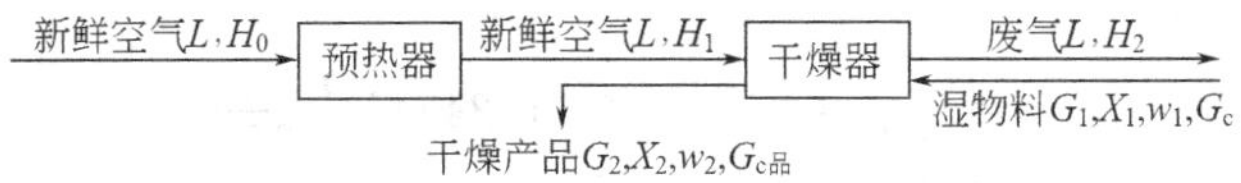

新鲜空气L,H_0　→　预热器　→　新鲜空气L,H_1　→　干燥器　→　废气L,H_2

干燥产品G_2,X_2,w_2,G_c　　湿物料G_1,X_1,w_1,G_c

图 7-12　干燥系统物料流动示意图

L—干气消耗量，kg 干气/s；G_c—湿物料中干物料的流量，kg 干料/s；H_0，H_1，H_2—空气进入预热器及进、出干燥器时的湿度，kg 水汽/kg 干气；G_1，G_2—湿物料进、出干燥器时的流量，kg 物料/s；w_1，w_2—湿物料进出干燥器时的湿基含水量，kg 水分/kg 物料；X_1，X_2—湿物料进出干燥器时的干基含水量，kg 水分/kg 干料

若无物料损失，则在干燥前后，物料中的干物料的质量不变。

$$G_c = G_1(1-w_1) = G_2(1-w_2)$$

解得

$$G_2 = \frac{G_1(1-w_1)}{(1-w_2)} = \frac{G_c}{1-w_2} \tag{7-11}$$

7.5.2　水分蒸发量 W

设湿物料在干燥器中蒸发的水分量为 $W(\text{kg/s})$，对湿物料作物料平衡。

$$G_1 = G_2 + W$$

结合式(7-11)，可得水分蒸发量的计算式为

$$W = G_1\frac{w_1-w_2}{1-w_2} = G_2\frac{w_1-w_2}{1-w_1} \tag{7-12}$$

若在干燥器中对水分作物料衡算，则有

$$LH_1 + G_cX_1 = LH_2 + G_cX_2$$

故水分蒸发量还可用式(7-13)计算。

$$W = G_c(X_1 - X_2) = L(H_2 - H_1) \tag{7-13}$$

7.5.3　空气消耗量 L

由式(7-12)得，干燥所需的干气消耗量 L 为

$$L = \frac{G_c(X_1-X_2)}{H_2-H_1} = \frac{W}{H_2-H_1} \tag{7-14}$$

每蒸发 1kg 水分所需的干气消耗量称为单位蒸汽消耗量，用符号 l 表示，单位为 kg 干气/kg 水。其计算式为

$$l = \frac{L}{W} = \frac{1}{H_2-H_1} \tag{7-15}$$

由于进出预热器的湿空气的湿度不变，H_1 与进预热器时的湿度 H_0 相同，即 $H_1 = H_0$。则式(7-13)和式(7-14)又可写为

$$L = \frac{W}{H_2-H_0} \qquad l = \frac{1}{H_2-H_0}$$

由此可见，对于一定的水分蒸发量而言，空气的消耗量只与空气的最初湿度 H_0 和最终湿度 H_2 有关，而与经历的过程无关；当要求空气出干燥器的湿度 H_2 不变时，空气的消耗量取决于空气的最初湿度 H_0，H_0 越大，空气消耗量越大。空气的最初湿度 H_0 与气候条件有关，通常情况下，同一地区夏季空气的湿度大于冬季空气的湿度，也就是说，一般而言，干燥过程中空气消耗量在夏季要比在冬季为大。因此，在干燥过程中，选择输送空气所需鼓风机等装置时，应以全年中所需最大空气消耗量为依据。

鼓风机所需风量根据湿空气的体积流量 V 而定，湿空气的体积流量可由干气的质量流

量 L 与比体积的乘积来确定，即

$$V = Lv_H = L(0.773 + 1.244H)\frac{t+273}{273} \tag{7-16}$$

式中，空气的湿度 H 和温度 t 与鼓风机所安装的位置有关。例如，鼓风机安装在干燥器的出口，H 和 t 就应取干燥器出口空气的湿度和温度。

【例 7-7】 用空气干燥某含水量为 40%（湿基）的湿物料，每小时处理湿物料量 1000kg，干燥后产品含水量为 5%（湿基）。空气的初温为 20℃，相对湿度为 60%，经预热至 120℃后进入干燥器，离开干燥器时的温度为 40℃，相对湿度为 80%。试求：（1）干燥产品量；（2）水分蒸发量；（3）干气消耗量和单位空气消耗量；（4）如鼓风机装在预热器进口处，风机的风量。

解：（1）干燥产品量

$$G_2 = G_1\frac{1-w_1}{1-w_2} = 1000 \times \frac{1-0.40}{1-0.05} = 631.58\text{kg/h}$$

（2）水分蒸发量

$$W = G_1\frac{w_1-w_2}{1-w_2} = 1000 \times \frac{0.4-0.05}{1-0.05} = 368.42\text{kg/h}$$

（3）干气消耗量和单位空气消耗量

由 $\varphi_0 = 40\%$，$t_0 = 20℃$，查 I-H 图得 $H_0 = 0.007$kg 水汽/kg 干气。

由 $\varphi_2 = 80\%$，$t_2 = 40℃$，查得 $H_2 = 0.040$kg 水汽/kg 干气。

故

$$L = \frac{W}{H_2 - H_0} = \frac{368.42}{0.040 - 0.007} = 11164.24\text{kg 干气/h}$$

$$l = \frac{1}{H_2 - H_0} = \frac{1}{0.040 - 0.007} = 30.30\text{kg 干气/kg 水}$$

（4）鼓风机风量

因风机装在预热器进口处，输送的是新鲜空气，其温度 $t_0 = 20$，湿度 $H_0 = 0.007$kg 水/kg 干气，则湿空气的体积流量为

$$V = L(0.773 + 1.244H)\frac{t+273}{273} = 11164.24 \times (0.773 + 1.244 \times 0.007) \times \frac{20+273}{273}$$
$$= 9366.53\text{m}^3/\text{h}$$

7.6 干燥速率

7.6.1 干燥速率

干燥速率是指单位时间内、单位干燥面积上气化的水分质量，用符号 U 表示，单位为 kg 水/（m^2·s），用微分式表示，则为

$$U = \frac{dW'}{Sd\tau} \tag{7-17}$$

因

$$dW' = -G'_c dX$$

故

$$U = -\frac{G'_c dX}{Sd\tau} \tag{7-18}$$

式中 W'——水分气化量，kg；

S——干燥面积，m^2，既非物料表面积，也非干燥器几何面积；

τ——干燥时间，s；

G_c'——干物料量，kg；

负号——物料含水量 X 随时间的增加而减少。

干燥速率由实验测定。干燥实验是采用大量空气干燥少量湿物料。因此，空气进出干燥器的状态、流速以及与湿物料的接触方式均可视为恒定，即实验是在恒定的干燥条件下进行的。

图 7-13 为恒定干燥条件下典型的干燥速率曲线，表明了在一定干燥条件下，干燥速率 U 与物料含水量 X 的关系。由图 7-13 可见，干燥过程明显地分为两个阶段——恒速干燥阶段和降速干燥阶段。

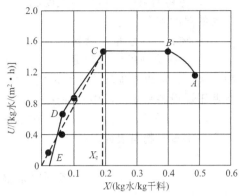

图 7-13　恒定干燥条件下干燥速率曲线

（1）恒速干燥阶段　如图 7-13 中 BC 段所表示的阶段。AB 段为预热段，通常由于物料的预热阶段时间很短，常并入恒速干燥阶段。在整个恒速干燥阶段中，干燥速率保持恒定值，且为最大值，干燥速率不随物料含水量的减少而变化。

在恒速干燥阶段，物料表面充满着非结合水，物料内部水分的扩散速率大于表面水分汽化速率，表面水分的蒸气压与空气水蒸气分压之差，即表面汽化推动力保持不变。此时，干燥速率主要取决于表面气化速率以及湿空气的性质，而与湿物料的性质关系很小，因此恒速干燥阶段又称为表面汽化控制阶段或干燥第一阶段。

在恒速干燥阶段，物料表面与空气之间的传热和传质情况与测定湿球温度时的状况相同，物料表面始终被水分所湿润，空气传给物料的热量等于水分汽化所需热量，物料表面温度基本保持为空气的湿球温度。

（2）降速干燥阶段　如图 7-13 中 CDE 段所表示的阶段。在这个阶段内，物料的干燥速率不断下降，并近似地与湿物料中的自由水分成正比。

在降速干燥阶段，物料内部水分的扩散速率小于表面水分汽化速率，物料表面的湿润程度不断减小，干燥速率不断下降。此时，干燥速率主要取决于物料本身的结构、形状和大小等性质，而与空气的性质关系很小。因此，降速干燥阶段也称为内部水分扩散控制阶段或干燥第二阶段。

在降速干燥阶段，由于空气传给湿物料的热量大于水分汽化所需的热量，湿物料温度不断上升，与空气的温度之差逐渐减小，最终接近于空气的温度。

干燥速率曲线由恒速干燥阶段转为降速干燥阶段的转折点（C 点）称为临界点，与该点对应的湿物料含水量称为临界含水量（或临界水分），用 X_c 表示。临界含水量由实验测定。

干燥速率曲线与横轴的交点 E 点所表示的物料含水量为该空气条件下的平衡含水量（平衡水分）X^*。

综上所述，当物料的含水量大于临界含水量 X_c 时，属于恒速干燥阶段；当物料含水量小于临界含水量 X_c 时，属于降速干燥阶段。当物料含水量为平衡含水量 X^* 时，干燥速率等于零。在工业生产中，物料不会被干燥到 X^*，而是在 X_c 和 X^* 之间，视生产要求和经济核算而定。

7.6.2　影响干燥速率的因素

影响干燥速率的因素主要有湿物料、干燥介质和干燥设备等方面，而它们又是相互关联的，下面就其中较为重要的方面讨论如下。

① 物料的性质和形状　湿物料的化学组成、物理结构、形状和大小、物料层的厚薄以

及与物料的结合方式等，都会影响干燥速率。在干燥第一阶段，尽管物料的性质对干燥速率影响很小，但物料的形状、大小、物料层的厚薄等将影响物料的临界含水量。在干燥第二阶段，物料的性质和形状对干燥速率有决定性的影响。

② 物料的温度　物料的温度越高，干燥速率越大。但干燥过程中，物料的温度与干燥介质的温度和湿度有关。

③ 物料的含水量　物料的最初、最终和临界含水量决定干燥各阶段所需时间的长短。

④ 干燥介质的温度和湿度　干燥介质温度越高、湿度越低，则干燥第一阶段的干燥速率越大，但应以不损坏物料为原则，特别是对热敏性物料，更应注意控制干燥介质的温度。有些干燥设备采用分段中间加热的方式，可以避免介质温度过高。

⑤ 干燥介质的流速与流向　在干燥第一阶段，提高气速可以提高干燥速率。介质的流动方向垂直于物料表面时的干燥速率比平行时要大。在干燥第二阶段，气速和流向对干燥速率影响很小。

⑥ 干燥器的构造　上述各项因素很多都与干燥器的构造有关。许多新型干燥器就是针对于某些因素而设计的。

由于影响干燥速率的因素很复杂，目前还没有统一而较准确的计算方法来求取干燥速率和确定干燥器的尺寸大小，通常是在小型实验装置中测定有关数据作为设计和生产的依据。

7.7　干燥设备

7.7.1　对干燥设备的基本要求

工业上由于被干燥物料的性质、干燥程度的要求、生产能力的大小等各不相同，因此，所采用的干燥器的形式和干燥操作的组织也就多种多样。为确保优化生产、提高效益，对干燥器有如下一些基本要求。

① 能满足生产的工艺要求。工艺要求主要指：达到规定的干燥程度；干燥均匀；保证产品具有一定的形状和大小等。由于不同物料的物理、化学性质以及外观形状等差异很大，对干燥设备的要求也就各不相同，干燥器必须根据物料的这些不同特征而确定不同的结构。一般而言，除了干燥小批量、多品种的产品，工业上并不要求一个干燥器能处理多种物料。也就是说，干燥过程中通用设备不一定符合优化、经济的原则。这是与其他单元操作过程有很大区别的。

② 生产能力要大。干燥器的生产能力取决于物料达到规定干燥程度所需的时间。干燥速率越快，所需的干燥时间越短，同样大小设备的生产能力越大。许多干燥器，如气流干燥器、流化床干燥器、喷雾干燥器就能够使物料在干燥过程中处于分散、悬浮状态，增大气-固接触面积并不断更新，加快了干燥速率，缩短了干燥时间，因而具有较大的生产能力。

③ 热效率要高。在对流干燥中，提高热效率的主要途径是减少废气带走的热量。干燥器的结构应有利于气-固接触、有较大的传热和传质推动力，以提高热能的利用率。

④ 干燥系统的流动阻力要小，以降低动力消耗。

⑤ 操作控制方便，劳动条件良好，附属设备简单。

7.7.2　干燥器的选择

7.7.2.1　干燥器的类型

由于被干燥物料多种多样，有糊状、膏体、滤饼、粉末、颗粒、结晶、片状物或纤维、成型物料等，因此工业干燥器种类很多，比如箱式、托盘式、转鼓式、流化床式、气流式、喷雾式、微波式、红外式等干燥器。

以供热方式分为传导、对流、辐射、微波和介电加热式等干燥器。冷冻式干燥器可认为是传导干燥器的一种特殊形式。不同的供热方式，适应的干燥场所是不同的。

在各种干燥器中，有的停留时间很短，小于 1min，比如闪急、喷雾、转鼓等干燥器；而有的停留时间很长，大于 1h，比如隧道-小推车、带式等干燥器。而大多数干燥器的停留时间居于其间。

7.7.2.2　干燥器的选择

由于工业生产中欲干燥的物料种类繁多，对产品质量的要求又各不相同，因此选择合适的干燥器非常重要。若选择不当，将导致产品质量达不到要求，或是热量利用率低、动力消耗高，甚至设备不能正常运行。在选择干燥器时，主要从以下几方面考虑，然后综合选择。

（1）物料的形态　选择干燥器的最初方式是以原料为基础的，如在处理液态物料时所选择的设备通常限于喷雾干燥器、转鼓干燥器（常压或真空）、搅拌间歇真空干燥器等。表7-1给出了干燥器适应的原料类型，供选择时参考。

表 7-1　以原料形态选择干燥器

原料性质	液态			滤饼		可自由流动的物料					成型物件
	溶液	糊状物	膏状物	离心分离滤饼	过滤滤饼	粉	颗粒	易碎结晶	片料	纤维	
对流干燥器											
带式干燥器							✓	✓	✓	✓	✓
闪急干燥器				✓	✓	✓	✓			✓	
流化床干燥器	✓	✓		✓	✓	✓	✓	✓			
转筒干燥器				✓	✓	✓	✓	✓			
喷雾干燥器	✓	✓	✓								
托盘干燥器（间歇）			✓								✓
托盘干燥器（连续）				✓	✓	✓	✓	✓	✓		
传导干燥器											
转鼓干燥器	✓	✓	✓								
蒸汽夹套转筒干燥器				✓	✓	✓	✓	✓			
蒸汽管式转筒				✓	✓	✓	✓	✓			
托盘干燥器（间歇）				✓	✓	✓	✓	✓	✓		
托盘干燥器（连续）				✓	✓	✓	✓	✓			

注：✓表示干燥器适合处理类型该物料。

（2）物料的性质　物料达到所要求的干燥程度需要一定的干燥时间。物料不同，所需的干燥时间可能相差很大。对于吸湿性物料，或临界含水量很高的物料，应选择干燥时间长的干燥器，如间接加热转筒干燥器。对干燥时间很短的干燥器，例如气流干燥器，仅适用于干燥临界含水量很低的易于干燥的物料。可参照表 7-2 的对流和传导干燥器中物料的停留时间来选择合适的干燥器。

物料对热的敏感性决定了干燥过程中物料的温度上限，但物料承受温度的能力还与干燥时间的长短有关。对于某些热敏性物料，如果干燥时间很短，即使在较高温度下进行干燥，产品也不会因此而变质。气流干燥器和喷雾干燥器是比较适合于热敏性物料的干燥。

物料的黏附性也影响到干燥器的选择，它关系到干燥器内物料的流动以及传热与传质的进行，应充分了解物料从湿状态到干燥状态黏附性的变化，以便选择合适的干燥器。

表 7-2 对流和传导干燥器中物料的停留时间

干 燥 器	在干燥器内典型的停留时间				
	0～10s	10～30s	5～10min	10～60min	1～6h
对流型					
带式干燥器				✓	
闪急干燥器	✓				
流化床干燥器				✓	
转筒干燥器				✓	
喷雾干燥器		✓			
托盘干燥器(间歇)					✓
托盘干燥器(连续)				✓	
传导型					
转鼓干燥器		✓			
蒸汽夹套转筒干燥器					
蒸汽管转筒干燥器				✓	
托盘干燥器(间歇)					✓
托盘干燥器(连续)					✓

（3）物料的处理方法 被干燥物料的处理方法对干燥器的选择也是关键因素之一，在某些情况下物料需经预处理或预成型，以使其适宜在某种特殊干燥器中干燥。例如，重新加水使滤饼呈糊状，可泵送去雾化或喷雾干燥，或造粒后在流化床中干燥，见表 7-3。

表 7-3 某些干燥器中被干燥物料的处理方法

方 法	典型的干燥器	典型的物料
物料不运送	托盘干燥器	各种膏状物料、颗粒物料
物料因重力而降落	转筒干燥器	可流动的颗粒物料
物料由机械运送	螺旋输送干燥器、桨叶式干燥器	糊状物、膏状物
在小车上运送物料	隧道干燥器	各种物料
形成辐状的物料、贴在滚筒上	转鼓干燥器	纸、织物、浆
在输送带上运送物料	带式干燥器	各种固体物料(颗粒状物料、谷物)
物料悬浮在空气中	流化床、闪急干燥器	可流动的颗粒
在空气中雾化的糊状物或溶液	喷雾干燥器	牛奶、咖啡等

（4）供热方式 不同干燥器的供热方式不同，适应的干燥对象也不同。

① 对流加热是干燥颗粒、辐状或膏状物料最通用的方式。这种干燥器也称作直接（加热）干燥器，在初始等速干燥阶段（在此阶段表面湿分被除去），物料表面温度为对应加热介质的湿球温度；在降速干燥阶段，物料的温度逐渐逼近介质的干球温度，因此，在干燥热敏性物料时必须考虑这些因素。

对流（直接）干燥器有流化床，闪急、喷雾或转筒干燥器，纸或纸浆的空气冲击干燥器，固定床或穿透干燥器，带式、小推车-隧道干燥器等。

② 传导加热干燥器又称直接干燥器，更适用于薄层物料或很湿的物料。在对流干燥器中由于热焓随干燥空气的逸出损失很大，其热效率很低，而传导干燥器热效率则较高。干燥膏状物料的桨叶式干燥器、内部装有蒸汽管的转筒干燥器、干燥薄层糊状物的转鼓干燥器均属间接干燥器。

③ 各种电磁辐射源具有的波长可从太阳频谱到微波（$0.2m～0.2\mu m$），如 $4～8\mu m$ 频带的远红外辐射常用于涂膜、薄形带状物和膜的干燥。但由于投资和操作费用较高，通常用于干燥高值产品或湿度场的最终调整，因为此时仅仅排除少量难以去除的水分，如纸的湿度场用射频（RF）加热来调整。

值得一提的是，有时某些干燥器可以采用直接、间接或辐射联合方式操作，例如装有浸没加热管组或蛇管的流化床干燥器用于干燥热敏性聚合物或松香片，远红外加空气喷射或微波与冲击联合干燥薄片状的食品等。

（5）干燥产品的特定质量要求　干燥食品、药品等不能受污染的物料，所用干燥介质必须纯净，或采用间接加热方式干燥。有的产品不仅要求有一定的几何形状，而且要求有良好的外观，这些物料在干燥过程中，若干燥速度太快，可能会使产品表面硬化或严重收缩发皱，直接影响到产品的价值。因此，应选择适当的干燥器，确定适宜的干燥条件，缓和其干燥速度。对于易氧化的物料，可考虑采用间接加热的干燥器。

（6）操作温度和操作压力　大多数干燥器在接近大气压时操作，微弱的正压可避免外界向内部泄漏；当不允许向外界泄漏时则采用微负压操作；而真空操作费用昂贵，仅仅当物料必须在低温、无氧以及在中温或高温产生异味和在溶剂回收、起火、有致毒危险的情况下才推荐采用。

一般而言，高温操作对干燥更为有效，因为对于给定的蒸发量可采用较低的气体流量和较小的设备；在可获得低温热能或是从太阳能收集获得热能以及处理热敏性物料时可选择低温操作，但这些干燥器的尺寸往往较大；而真空和温度低于水的三相点下操作的冷冻干燥，虽然真空操作费用昂贵，例如，咖啡的冷冻干燥价格为喷雾干燥的 2～3 倍，但产品质量和香味保存得更好。

（7）能源价格、安全操作和环境因素　逐渐上升的能源价格、防止污染、改善工作条件和安全性方面日益严格的立法，对设计和选择工业干燥器具有直接的作用。

干燥的热效率是干燥装置的重要经济指标。不同类型的干燥器的热效率是有所不同的。选择干燥器时，在满足干燥的基本要求前提下，尽量选择热效率高的干燥器；而对某一给定的干燥系统，包括预处理（如机械脱水、离心分离、蒸发、成型）及后处理（如产品收集、冷却等），从节能的角度可以考虑气体再循环或封闭循环操作、多级干燥、排气的充分燃烧等。

干燥装置因尘埃和气体的排放而造成空气污染，有时甚至洁净的水蒸气雾流也会造成污染。因而，有害气体应采用吸收、吸附或焚烧等办法去除；排气中颗粒含量过高应采用高效收尘装置或采用多级除尘。如旋风分离器、袋式过滤器和静电除尘器通常用于颗粒收集和浆状、片状物料干燥的气体净化。

噪声问题也是必须考虑的。根据噪声要求的严格性，防噪设施的价格有时可达总系统价格的 20%。通常风机是主要的噪声源，此外，如泵、变速箱、压缩机、雾化设备、燃烧器及混合器也都会产生噪声。

7.7.3　常用的工业干燥器

7.7.3.1　厢式干燥器

根据物料的性质、状态和生产能力大小分为：水平气流厢式干燥器、穿流气流厢式干燥器、真空厢式干燥器、隧道（洞道）式干燥器、网带式干燥器等。

图 7-14 为水平气流厢式干燥器的结构示意图。它主要由外壁为砖坯或包以绝热材料的钢板所构成的厢形干燥室和放在小车支架上的物料盘等组成。厢式干燥器为间歇式干燥设备。图 7-14 中物料盘分为上、中、下三组，每组有若干层，盘中物料层厚度一般为 10～100mm。空气加热至一定程度后，由风机送入干燥器，沿图中箭头指示的方向进入下部几层物料盘，热风是水平通过物料表面的，再经中间加热器加热后进入中部几层物料盘，最后经另一个中间加热器加热后进入上部几层物料盘，废气一部分排出，另一部分则经上部加热器加热后循环使用。空气分段加热和废气部分循环使用，可使厢内空气温度均匀，提高

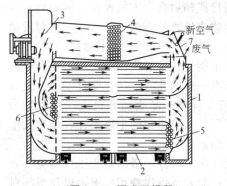

图 7-14　厢式干燥器

1—干燥室；2—小车；3—风机；

4～6—加热器；7—蝶形阀

热量利用率。

厢式干燥器结构简单，适应性强，可用于干燥小批量的粒状、片状、膏状、不允许粉碎和较贵重的物料。干燥程度可以通过改变干燥时间和干燥介质的状态来调节。但厢式干燥器具有物料不能翻动、干燥不均匀、装卸劳动强度大、操作条件差等缺点。主要用于实验室和小规模生产。

7.7.3.2　转筒干燥器

按照物料和热载体的接触方式，转筒干燥器分为三种类型：直接加热式、间接加热式、复合加热式。

直接加热式是指被干燥的物料与热风直接接触，以对流的方式进行干燥。

间接加热式是指载热体不直接与被干燥的物料接触，整个干燥筒砌在炉内，用烟道气加热外壳，干燥所需的全部热量都是经过圆筒传热壁传给被干燥物料。

复合加热转筒干燥器由转筒和中央内筒组成，热风进入内筒加热筒壁后，折入内外筒环隙与物料直接接触。干燥所需的热量一部分由内筒热壁面以热传导方式传给物料，另一部分由热空气通过对流的方式直接传给物料。

如图 7-15 所示是直接加热转筒干燥器，其主体是略带倾斜并能回转的钢制圆筒体。转筒外壁装有两个滚圈，整个转筒的重量通过这两个滚圈由托轮支承。转筒由腰齿轮带动，缓缓转动，转速一般为 1～8r/min。转筒干燥器是一种连续式干燥设备。

湿物料由转筒较高的一端加入，随着转筒的转动，不断被其中的抄板抄起并均匀地撒下，以便湿物料与干燥介质能够均匀地接触。同时物料在重力作用下不断地向出口端移动。干燥介质由出口端进入（也可以从物料进口端进入），与物料呈逆流（并流）接触，废气从进料端排出。

转筒干燥器的生产能力大，气体阻力小，操作方便，操作弹性大，可用于干燥粒状和块状物料。其缺点是钢材耗用量大，设备笨重，基建费用高。物料在干燥器内停留时间长，且物料颗粒之间的停留时间差异较大，不适合对湿度有严格要求的物料，主要用于干燥硫酸铵、硝酸铵、复合肥以及碳酸钙等物料。

7.7.3.3　气流干燥器

其结构如图 7-16 所示。它是利用高速流动的热空气，使物料悬浮于空气中，在气力输送状态下完成干燥过程。操作时，热空气由风机送入气流管下部，以 20～40m/s 的速度向上流动，湿物料由加热器加入，悬浮在高速气流中，并与热空气一起向上流动，由于物料与空气的接触非常充分，且两者都处于运动状态，因此，气固之间的传热和传质系数都很大，使物料中的水分很快被除去。被干燥后的物料和废气一起进入气流管出口处的旋风分离器，废气由分离器的升气管上部排出，干燥产品则由分离器的下部引出。

气流干燥器有直管型、脉冲管型、倒锥型、套管型、环型和旋风型等。

气流干燥器是一种干燥速率很高的连续操作干燥器。具有结构简单、造价低、占地面积小、干燥时间短（通常不超过 5～10s）、操作稳定、便于实现自动化控制等优点。由于干燥速率快，干燥时间短，对某些热敏性物料在较高温度下干燥也不会变质。其缺点是气流阻力大、动力消耗多、设备太高（气流管通常在 10m 以上）、产品易磨碎，旋风分离器负荷大。气流干燥器广泛用于化肥、塑料、制药、食品和染料等工业部门。

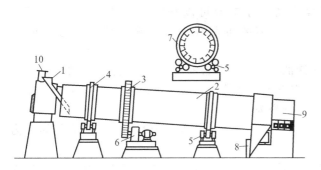

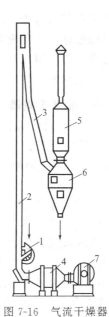

图 7-15　直接加热转筒干燥器（把抄板拿到旁边水平放置工）

1—进料口；2—转筒；3—腰齿轮；4—滚圈；5—托轮；
6—变速箱；7—抄板；8—出料口；9—干燥
介质进口；10—废气出口

图 7-16　气流干燥器

1—加料器；2—气流管；3—物料下降管；4—空气
预热器；5—袋滤器；6—旋风分离器；7—风机

7.7.3.4　沸腾床干燥器

沸腾床干燥器又称流化床干燥器，是固体流态化技术在干燥中的应用。

图 7-17 为卧式沸腾床干燥器结构示意图。干燥器内用垂直挡板分隔成 4～8 室，挡板与水平空气分布板之间留有一定间隙（一般为几十毫米），使物料能够逐室通过。湿物料由第一室加入，依次流过各室，最后越过溢流堰板排出。热空气通过空气分布板进入前面几个室，通过物料层，并使物料处于流态化，由于物料上下翻滚，互相混合，与热空气接触充分，从而使物料能够得到快速干燥。当物料通过最后一室时，与下部通入的冷空气接触，产品得到迅速冷却，以便包装、收藏。

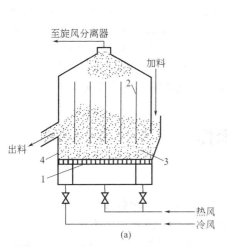

(a)

1—空气分布板；2—挡板；3—物料通道
（间隙）；4—出口堰板

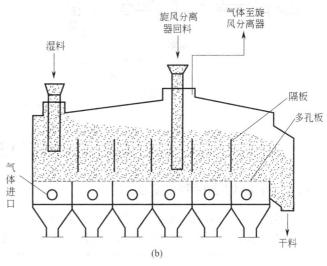

(b)

图 7-17　卧式沸腾床干燥

　　沸腾床干燥器结构简单，造价和维修费用较低；物料在干燥器内的停留时间的长短可以调节；气固接触好，干燥速率快，热能利用率高，能得到较低的最终含水量；空气的流速较小，物料与设备的磨损较轻，压降较小。多用于干燥粒径在 0.003～6mm 的物料。由于沸腾床干燥器优点较多，适应性较广，在生产中得到广泛应用。

7.7.3.5　喷雾干燥器

　　喷雾干燥器是采用雾化器将原料液分散为雾滴，并用热气体（空气、氮气或过热水蒸气）干燥雾滴而获得产品的一种干燥设备。原料液可以是溶液、乳浊液、悬浮液，也可以是浆状物料或熔融液。干燥产品根据需要可制成粉状、颗粒状、空心球或团粒状。

　　将料液分散为雾滴的雾化器是喷雾干燥的关键部件，目前常用的有三种雾化器。

　　① 气流式雾化器　采用压缩空气或蒸汽以很高的速度（≥300m/s）从喷嘴喷出，靠气液两相间的速度差所产生的摩擦力，使料液分裂为雾滴。

　　② 压力式雾化器　用高压泵使液体获得高压，高压液体通过喷嘴时，将压力能转变为动能而高速喷出时分散为雾滴。

　　③ 旋转式雾化器　料液在高速转盘（圆周速度 90～160m/s）中受离心力作用从盘边缘甩出而雾化。

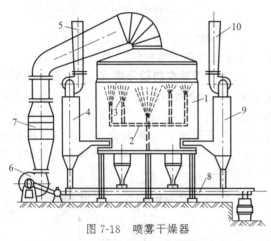

图 7-18　喷雾干燥器
1—干燥室；2—旋转十字管；3—喷嘴；4,9—袋滤器；5,10—废气排出管；6—风机；7—空气预热器；8—螺旋卸料

　　图 7-18 为喷雾干燥器示意图。操作时，高压溶液从喷嘴呈雾状喷出，由于喷嘴能随旋转十字管一起转动，雾状的液滴能均匀地分布在热空气中。热空气从干燥器上端进入，废气从干燥器下端送出，通过袋滤器回收其中带出的物料，再排入大气。干燥产品从干燥器底部引出。

　　喷雾干燥器的干燥过程进行得很快，一般只需 3～5s，适用于热敏性物料；可以从料浆直接得到粉末产品；能够避免粉尘飞扬，改善了劳动条件；操作稳定，便于实现连续化和自动化生产。其缺点是设备庞大，能量消耗大，热效率较低。喷雾干燥器常用于牛奶、蛋品、血浆、洗涤剂、抗生素、染料等的干燥。读者可以自行查找用于不同产品干燥的喷雾干燥流程图，以分析其共性和个性。

7.8　干燥器的操作

7.8.1　干燥过程控制的参数

　　工业生产中的对流干燥，由于所采用的干燥介质不一，所干燥的物料多种多样，且干燥设备类型很多，加之干燥机理复杂，因此，至今仍主要依靠实验手段和经验来确定干燥过程的最佳条件。在此仅介绍人们通过长期生产实践总结出来的对干燥过程进行调节和控制的一般原则。

　　对于一个特定的干燥过程，干燥器一定，干燥介质一定，同时湿物料的含水量、水分性质、温度以及要求的干燥质量也一定。这样，能调节的参数只有干燥介质的流量，进出干燥器的温度 t_1 和 t_2，出干燥器时废气的湿度 H_2。但这四个参数是相互关联和影响的，当任意规定其中的两个参数时，另外两个参数也就确定了，即在对流干燥操作中，只有两个参数可以作为自变量而加以调节。在实际操作中，主要调节的参数是进入干燥器的干燥介质的温度 t_1 和流量 L。

7.8.1.1　干燥介质的进口温度和流量

为强化干燥过程，提高其经济性，干燥介质预热后的温度应尽可能高一些，但要注意保持在物料允许的最高温度范围内，以避免物料发生质变。

同一物料在不同类型的干燥器中干燥时，允许的介质进口温度不同。例如，在厢式干燥器中，由于物料静止，只与物料表面直接接触，容易过热，因此，应控制介质的进口温度不能太高；而在转筒、沸腾、气流等干燥器中，由于物料在不断翻动，表面更新快，干燥过程均匀、速率快、时间短，因此，介质的进口温度可较高。

增加空气的流量可以增加干燥过程的推动力，提高干燥速率。但空气流量的增加，会造成热损失增加，热量利用率下降，同时还会使动力消耗增加；气速的增加，会造成产品回收负荷增加。生产中，要综合考虑温度和流量的影响，合理选择。

7.8.1.2　干燥介质的出口温度和湿度

当干燥介质的出口温度增加时，废气带走的热量多，热损失大；如果介质的出口温度太低，则含有相当多水汽的废气可能在出口处或后面的设备中析出水滴（达到露点），这将破坏正常的干燥操作。实践证明，对于气流干燥器，要求介质的出口温度较物料的出口温度高 $10\sim30℃$ 或较其进口时的绝热饱和温度高 $20\sim50℃$，否则，可能会导致干燥产品的返潮，并造成设备的堵塞和腐蚀。

干燥介质出口时的相对湿度增加，可使一定量的干燥介质带走的水汽量增加，降低操作费用。但相对湿度增加，会导致过程推动力减小，完成相同干燥任务所需的干燥时间增加或干燥器尺寸增大，可能使总的费用增加。因此，必须全面考虑，并根据具体情况，分别对待。对气流干燥器，由于物料在设备内的停留时间短，为完成干燥任务，要求有较大的推动力以提高干燥速率，因此，一般控制出口介质中的水汽分压低于出口物料表面水汽分压的 50%；对转筒干燥器，则出口介质中的水汽分压可高些，可达与其接触的物料表面水汽分压的 $50\%\sim80\%$。

对于一台干燥设备，干燥介质的最佳出口温度和湿度应通过操作实践来确定，并根据生产调节的饱和程度及时进行调节。生产上控制、调节介质的出口温度和湿度主要是通过控制、调节介质的预热温度和流量来实现的。例如，对同样的干燥任务，加大介质的流量或提高其预热温度，可使介质的相对湿度降低，出口温度上升。

在有废气循环使用的干燥装置中，通常将循环的废气与新鲜空气混合后进入预热器加热，再送入干燥器，以提高传热和传质系数，减少热损失，提高热能的利用率。但循环气的加入，使进入干燥器的湿度增加，将使过程的传质推动力下降。因此，采用循环废气操作时，应根据实际情况，在保证产品质量和产量的前提下，调节适宜的循环比。

干燥操作的目的是将物料中的含水量降至规定的指标以下，且不出现龟裂、焦化、变色、氧化和分解等物理和化学性质上的变化；干燥过程的经济性主要取决于热能消耗及热能的利用率。因此，生产中应从实际出发，综合考虑，选择适宜的操作条件，以达到优质、高产、低耗的目标。

7.8.2 典型干燥器的操作

干燥设备的操作由于设备差异、干燥物料以及干燥介质的不同而有很大差别，下面仅以喷雾干燥为例说明干燥器的操作步骤、维护保养以及常见故障与处理方法。喷雾干燥的典型流程如图 7-19。

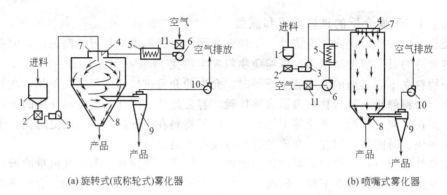

(a) 旋转式(或称轮式)雾化器　　　　　　　　(b) 喷嘴式雾化器

图 7-19　喷雾干燥的典型流程图

1—料罐；2—过滤器；3—泵；4—雾化器；5—空气加热器；6—鼓风机；7—空气分布器；
8—干燥室；9—旋风分离器；10—排风机；11—过滤器

7.8.2.1　操作步骤

① 准备工作

a. 检查供料泵、雾化器、送风机是否运转正常。

b. 检查蒸汽、溶液阀门是否灵活好用，各管路是否畅通。

c. 清理塔内积料，铲除壁挂疤。

d. 排除加热器和管路中的积水，并进行预热，然后向塔内送热风。

e. 清洗雾化器，达到流道通畅。

② 启动供料泵向雾化器输送溶液时，观察压力大小和输送量，以保证雾化器的需要。

③ 经常检查、调节雾化器喷嘴的位置和转速，确保雾化颗粒大小合格。

④ 经常查看和调节干燥塔负压数值，一般控制在 $100\sim300\mathrm{Pa}$。

⑤ 定时巡回检查各转动设备的轴承温度和润滑状况，检查其运转是否平稳，有无摩擦和撞击声。

⑥ 检查各种管路与阀门是否渗漏，各转动设备的密封是否泄漏，做到及时调整。

7.8.2.2　维护保养

① 雾化器停止使用时，应清洗干净，输送溶液管路和阀门不用时也应放净溶液，防止凝固堵塞。

② 经常清理塔内粘挂物。

③ 保持供料泵、风机、雾化器及出料机等转动设备的零部件齐全，并定时检修各设备。

④ 进入塔内的热风温度不可过高，防止塔壁表皮碎裂。

7.8.2.3　常见故障与处理方法

喷雾干燥常见的故障与处理方法见表 7-4。

表 7-4　常见故障与处理方法

不 正 常 现 象	原 因	处 理 方 法
产品水分含量高	溶液雾化不均匀,喷出的颗粒大 热风的相对湿度大 溶液供量大,雾化效果差	提高溶液压力和雾化器转速 提高送风温度 调节雾化器进料量或更换雾化器
塔壁粘有积粉	进料太多,蒸发不充分 气流分布不均匀 个别喷嘴堵塞 塔壁预热温度不够	减小进料量 调节热风分布器 清洗或更换喷嘴 提高热风温度
产品颗粒太细	溶液的浓度太低 喷嘴孔径太小 溶液压力太高 离心盘转速太快	提高溶液浓度 换大孔径喷嘴 适当降低压力 降低转速
尾气含粉尘太多	分离器堵塞或积料多 过滤袋破裂 风速大,细粉含量大	清理物料 修补破口 降低风速

7.9　热泵干燥技术

在能源日益紧张的形势下,人们渴望一种安全、环保、节能的干燥设备,于是,热泵干燥技术诞生了。

早在 20 世纪 70 年代,美国、日本、法国、德国等国家就开始了热泵干燥技术的研究,并形成了大量的有关热泵干燥技术的研究成果。我国在 20 世纪 80 年代引进了热泵干燥技术用于木材的干燥,由于热泵干燥温度低,接近自然干燥,在食品及农副产品的干燥作业之中得到了越来越广泛的应用,取得了较好的经济效益,提高了产品的附加值。附着我国节约能源和环境保护政策的实施,热泵干燥技术也得到了较好的发展。

由于这项技术具有高效节能、成本低、不污染环境、能准确控制干燥介质的温度、湿度、气流速度等特点,近年来在药物及生物制品的灭菌与干燥、污泥处理、化工原料及肥料干燥等方面应用越来越广。

7.9.1　热泵干燥原理

热泵干燥是利用逆卡诺原理,从低温热源吸取热量,使低品位热能转化为高品位热能,作为干燥热源的干燥过程。热泵干燥系统由两个子系统组成,即制冷剂(工质)循环系统和干燥介质(空气)循环系统。制冷剂循环系统由蒸发器、冷凝器、压缩机和膨胀阀组成。系统工作时,热泵压缩机做功并利用蒸发器回收低品位热能,在冷凝器中则使其升高为高品位热能。热泵工质在蒸发器内吸收干燥室排出的热空气中的部分余热,蒸发变成蒸气,经压缩机压缩后进入冷凝器中冷凝,并将热量传给空气。由冷凝出来的热空气再进入干燥室,对湿物料进行干燥,出干燥室的湿空气再经蒸发器将部分显热和潜热传给工质,达到回收余热的目的;同时,湿空气的温度降至露点,析出冷凝水,达到除湿的目的。干燥质循环系统主要包括干燥室、风机、蒸发器和冷凝器。热泵干燥原理如图 7-20 所示。

7.9.2　热泵干燥技术的特点

(1) 节约能源　节约能源是热泵干燥的主要的优点,与传统的干燥相比,其干燥效率大大提高。

(2) 干燥产品品质好　热泵干燥是一种温和的干燥方式,接近自然干燥。表面水分的蒸

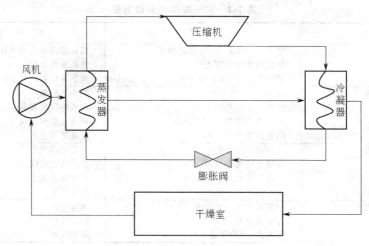

图 7-20　热泵干燥原理

发速度与内部水分向表面迁移速度比较接近，使被干燥物品的品质好、色泽好、产品等级高。特别适应于热敏性物料的干燥。

（3）干燥参数易于控制且可调范围宽　热泵干燥过程中，循环空气的温度、湿度及循环流量可得到精确、有效的控制，且温度调节范围为 $-20\sim100℃$（加辅助加热装置），相对湿度调节范围为 $15\%\sim80\%$。

（4）环境友好　与传统的干燥技术相比，热泵释放的 CO_2 少，对全球变暖的影响很小。目前，国外提倡应用热泵来减少 CO_2 的排放。

7.9.3　热泵干燥技术的前景

热泵干燥实现了降低能源消耗和提高产品质量的完美统一，给干燥行业带来了重大的技术革命。目前，热泵干燥正朝着提高干燥温度、开发新型热泵干燥系统及热泵的自动控制技术等方面发展。

思 考 题

1. 常用的干燥方法有哪几种？对流干燥的实质是什么？
2. 湿空气的性质有哪些？湿空气、饱和湿空气、干气概念及相互关系如何？
3. 为什么湿空气通常要经预热后再送入干燥器？
4. 对同样的干燥要求，夏季与冬季哪一个季节空气消耗量大？为什么？
5. 要想获得干物料，干燥介质应具备什么条件？实际生产中能否实现？为什么？
6. 湿物料中水分是如何划分的？平衡水分和自由水分，结合水分和非结合水分体现了物料的什么性质？
7. 干燥过程分为哪几个阶段？各受什么控制？
8. 对干燥设备的基本要求是什么？常用对流干燥器有哪些？各有什么特点？
9. 干燥器的选择应从哪几个方面考虑？
10. 影响干燥操作的主要因素有哪些？调节、控制应注意哪些问题？
11. 采用废气循环的目的是什么？废气循环对干燥操作会带来什么影响？

习 题

7-1　已知湿空气的总压为 100kPa，温度为 45℃，相对湿度为 50%，求：（1）湿空气中水汽的分压；

（2）湿度；（3）湿空气的密度。

7-2　湿空气的总压为 101.3kPa，温度为 30℃，其中水汽分压为 2.5kPa，试求湿空气的比容、焓和相对湿度。

7-3　已知湿空气的总压为 100kPa，温度为 40℃，相对湿度为 50%，试求：（1）水汽分压、湿度、焓和露点；（2）将 500kg/h 的湿空气加热至 80℃时所需的热量；（3）加热后的体积流量为多少？

7-4　在总压 101.3kPa 下，已知湿空气的某些参数。利用湿空气的 H-I 图上查出附表中空格项的数值，并绘出求解过程示意图。

序　号	$t/℃$	$t_W/℃$	$t_d/℃$	H/(kg/kg 干气)	$\varphi/\%$	I/(kJ/kg 干气)	p/kPa
1	60	35					
2	40		25				
3	50				50		
4	30						4

7-5　将温度为 150℃、湿度为 0.2kg 水汽/kg 干气的湿空气 100m³ 在 100kPa 下恒压冷却。试分别计算冷却至以下温度时，空气析出的水量：（1）100℃；（2）60℃；（3）30℃。

7-6　干球温度为 60℃和相对湿度为 20% 的空气在逆流列管换热器内，用冷却水冷却至露点。冷却水温度从 15℃上升至 20℃。若换热器的传热面积为 20m²，传热系数为 50W/(m²·℃)。试求：（1）被冷却的空气量；（2）空气中的水汽分压。

7-7　用一个干燥器干燥湿物料，已知湿物料的处理量为 2000kg/h，含水量由 20% 降至 4%（均为湿基）。试求水分汽化量和干燥产品量。

7-8　一个常压（100kPa）干燥器干燥湿物料，已知湿物料的处理量为 2200kg/h，含水量由 40% 降至 5%（湿基）。湿空气的初温为 30℃，相对湿度为 40%，经预热后温度升至 90℃后送入干燥器，出口废气的相对湿度为 70%，温度为 55℃。试求：（1）干气消耗量；（2）风机安装在预热器入口时的风量（m³/h）。

7-9　室温下，含水量为 0.02kg 水/kg 干木炭的木炭长期置于相对湿度为 40% 的空气中，试求最终木炭的含水量，木炭是吸湿还是被干燥？吸收（或去除）了多少水分？（用图 7-9 解答）

自　测　题

一、填空

1. 化工生产过程中物料的去湿方法主要有 ＿＿＿＿、＿＿＿＿、＿＿＿＿ 等。

2. 干燥过程是 ＿＿＿＿ 和 ＿＿＿＿ 相结合的过程。

3. 干燥过程进行的必要条件是湿物料表面水汽压力 ＿＿＿＿ 干燥介质水汽分压、干燥介质将汽化的水汽 ＿＿＿＿。

4. 干燥速率曲线一般包括 ＿＿＿＿ 阶段和 ＿＿＿＿ 阶段。

5. 物料中总水分根据结合紧密程度可分为 ＿＿＿＿ 与 ＿＿＿＿，根据水分是否能够干燥除去可分为 ＿＿＿＿ 和 ＿＿＿＿。

6. 湿空气中水汽的质量与绝干空气的质量之比称为空气的 ＿＿＿＿。

7. 相对湿度（φ）代表湿空气的不饱和程度，其值越 ＿＿＿＿，表明该空气的干燥能力越大。

8. 对于水蒸气-空气系统，不饱和空气的干球温度、绝热饱和温度和露点间的关系为 ＿＿＿＿。

二、单项选择

1. 热能去湿法主要包含（　　）。
　　A. 机械去湿、化学去湿、介电加热去湿　　　　B. 传导干燥去热、对流干燥去湿、辐射干燥去湿
　　C. 传导干燥去湿、辐射干燥去湿、化学去湿　　D. 对流干燥去湿、化学去湿、机械去湿

2. 在对流干燥操作中，将空气加热的目的是（　　）。
　　A. 增大绝对湿度　　　　B. 增大相对湿度　　　　C. 降低绝对湿度　　　　D. 降低相对湿度

3. 50kg 湿物料中含水 10kg，则干基含水量为（　　）%。
　　A. 15　　　　　　　　B. 20　　　　　　　　　C. 25　　　　　　　　D. 40

4. 在一定空气状态下，用对流干燥方法干燥湿物料时，能除去的水分为（　　）。

    A. 结合水分　　　　　　B. 非结合水分　　　　　C. 平衡水分　　　　　　D. 自由水分

5. 下列叙述正确的是（　　）。

    A. 空气的相对湿度越大，吸湿能力越强　　　　B. 湿空气的比体积为 1kg 湿空气的体积

    C. 湿球温度与绝热饱和温度必相等　　　　　　D. 对流干燥中，空气是最常用的干燥介质

6. 以下哪一个参数与空气的温度无关（　　）。

    A. 相对湿度　　　　　　B. 湿球温度　　　　　　C. 露点温度　　　　　　D. 绝热饱和温度

7. 只要知道湿空气的如下两个参数，便可确定其他参数，它们是（　　）

    A. H，p　　　　　　　B. H，t_d　　　　　　C. H，t　　　　　　D. I，t_{as}

8. 温度为 t_0、湿度为 H_0、相对湿度为 φ_0 的湿空气，经间接蒸汽加热的预热器后，空气的温度为 t_1、湿度为 H_1、相对湿度为 φ_1，则有（　　）。

    A. $H_1 > H_0$　　　　　B. $\varphi_0 > \varphi_1$　　　　　C. $H_1 < H_0$　　　　　D. $\varphi_0 < \varphi_1$

9. 在（　　）阶段中，干燥速率的大小主要取决于物料本身的结构、形状和尺寸，而与外部的干燥条件关系不大。

    A. 预热　　　　　　　　B. 恒速干燥　　　　　　C. 降速干燥　　　　　　D. 以上都不是

10. 在恒定干燥条件下，将含水 20% 的湿物料进行干燥，开始时干燥速率恒定，当干燥至含水 5% 时，干燥速率开始下降，再继续干燥至物料恒重，并测得此时物料含水量为 0.05%，则物料的临界含水量为（　　）。

    A. 5%　　　　　　　　　B. 20%　　　　　　　　C. 0.05%　　　　　　　D. 4.55%

11. 干燥器出口处空气的温度 t 不能低于（　　）温度，否则会发生返潮现象。

    A. 干球温度　　　　　　B. 绝热饱和温度　　　　C. 湿球温度　　　　　　D. 露点温度

12. 当湿空气的湿度 H 一定时，温度 t 越高则（　　）。

    A. 相对湿度 φ 越高，吸水能力越大　　　　　B. 相对湿度 φ 越高，吸水能力越小

    C. 相对湿度 φ 越低，吸水能力越小　　　　　D. 相对湿度 φ 越低，吸水能力越大

13. 下列物质中，可采用喷雾干燥的是（　　）。

    A. 木材　　　　　　　　B. 奶粉　　　　　　　　C. 石灰　　　　　　　　D. 烧碱

本章主要符号说明

英文字母

c——比热容，kJ/(kg·K)；

G——湿物料的质量流量，kg/s；

G_c——干物料的质量流量，kg/s；

G_c'——干物料量，kg；

H——湿空气的湿度，kg 水汽/kg 干气；

I——焓，kJ/kg；

l——单位空气消耗量，kg 干气/kg 水；

L——空气消耗量，kg 干气/s；

M——摩尔质量，kg/kmol；

n——物质的量，mol；

p——湿空气总压，Pa；

p_v——水汽分压，Pa；

p_s——饱和蒸汽压，Pa；

r——汽化潜热，kJ/kg；

t——温度，℃；

U——干燥速率，kg/(m²·s)；

v——比容，m³/kg；

V——体积流量，m³/s；

w——湿基含水量，kg 水/kg 湿物料；

W——水分蒸发量，kg/s；

X——干基含水量，kg 水/kg 干料。

希腊字母

φ——相对湿度。

第8章 蒸 发

学习目标

1. 了解

蒸发的工业应用；蒸发的实质、特点及分类；常用蒸发器的结构及其各部分的作用。

2. 理解

单效蒸发流程；多效蒸发对节能的意义；多效蒸发流程及其特点与适应性；蒸发器的操作要点。

3. 掌握

单效蒸发计算；工艺条件变化对蒸发操作的影响；典型蒸发器的操作、维护与常见故障及处理方法。

8.1 概 述

8.1.1 蒸发在工业生产中的应用

将含有非挥发性物质的稀溶液加热沸腾，使溶剂汽化，溶液浓缩得到浓溶液的过程称为蒸发。蒸发是化工、轻工、冶金、医药和食品加工等工业生产中常用的一种单元操作。

例如：在化工生产中，用电解法制得的烧碱（NaOH 溶液）的浓度一般只在 10% 左右，要得到 42% 左右的符合工艺要求的浓碱液则需通过蒸发操作。由于稀碱液中的溶质 NaOH 不具有挥发性，而溶剂水具有挥发性，因此，生产上可将稀碱液加热至沸腾状态，使其中大量的水分汽化并除去，这样原碱液中的溶质 NaOH 的浓度就得到了提高。

又如：在制糖工业中，从甘蔗中提取出来的蔗汁经过澄清处理后，所得的清净糖汁是一种浓度为 12~14°Bx（即含水约为 86%~88%，°Bx 为糖锤度，表示 100kg 糖液中含固形物的量，通常用百分数表示）的糖液，必须经过蒸发工段除去大量的水分，浓缩成60°Bx左右的糖浆后，才能适应煮糖结晶的要求。

通常，就工艺目的而言，蒸发在工业上的应用有三个方面。

① 制取浓溶液　如上述的氢氧化钠浓溶液；氧化铝生产中，氢氧化铝分解母液的蒸发；食品工业中利用蒸发操作将一些果汁加热，使一部分水分汽化并除去，以得到浓缩的果汁产品等。

② 为结晶创造条件　溶液浓缩到接近饱和状态，然后将浓溶液冷却，使溶质结晶分离，制得纯固体产品。如上述的蔗糖的生产；食盐的精制等。

③ 制取纯溶剂　将溶剂蒸发并冷凝，与非挥发性溶质分离，作为产品。如用蒸发的方法从海水中制取淡水。水的蒸馏，医药行业广泛采用。

8.1.2 蒸发的类型与特点

蒸发过程是使溶剂不断汽化，母液不断浓缩的过程，需要不断供给热能；同时又有溶剂从液态转为气态的相态变化。因此，蒸发是一个传热与传质同时进行的过程。但由于溶剂汽化的速率取决于传热速率，其过程的实质是有相变的热量传递，因此，工程上通常把它归类为传热过程，蒸发所用设备——蒸发器，是一种特殊的传热设备。但蒸发也具有不同于其他传热过程的特殊性，主要表现在4个方面。

① 在蒸发过程中，只有溶剂是挥发性物质，溶质是不挥发的，这一点与蒸馏操作中的溶液是不同的，整个蒸发过程中溶质的质量不变，这是本章物料衡算的基本依据。

② 由于溶液中溶质的存在，由拉乌尔定律可知，在相同温度下，其饱和蒸气压较纯溶剂的低。因此，在相同压力下，溶液的沸点就比纯溶剂水的沸点高。这样，当加热温度一定时，蒸发溶液的传热温度差必定小于蒸发纯溶剂的传热温差，且溶液的浓度越大，这种影响也越显著。在考虑传热速率，确定传热推动力时，必须关注到溶液沸点升高带来的影响。

③ 蒸发的溶液本身常具有某些特性，如在溶剂汽化过程中溶质易在加热表面析出结晶，或易于结垢，影响传热效果；有些热敏性物料由于沸点升高更易分解或变质；有些则具有较大的黏度或较强的腐蚀性等。因此，必须根据物料的特性和工艺要求，选择适宜的蒸发流程和设备。

④ 操作中要将大量溶剂汽化，需要消耗大量的热能，因此，蒸发操作的节能问题将比一般传热过程更为突出。

工业蒸发常用水蒸气作为加热热源，而通常蒸发的物料也大多为水溶液，汽化出来的蒸汽仍然是水蒸气，为区别起见，把用于加热的蒸汽称为加热蒸汽或生蒸汽或一次蒸汽，把从蒸发器中蒸发出的蒸汽称为二次蒸汽。如何充分利用二次蒸汽，使单位质量的加热蒸汽蒸出更多的水分，是蒸发操作中节能的主要途径。

由于分类依据不同，蒸发有多种类型。

根据二次蒸汽是否用作另一个蒸发器的加热蒸汽，可将蒸发过程分为单效蒸发和多效蒸发。若前一效的二次蒸汽直接冷凝而不再利用称为单效蒸发，图8-1即为单效蒸发的流程示意图。若将几个蒸发器按一定方式组合起来，把前一个蒸发器的二次蒸汽作为后一个蒸发器的加热蒸汽使用，使蒸汽得到多次利用的蒸发过程称为多效蒸发。显然，采用多效蒸发可以减小加热蒸汽的消耗量。

根据蒸发的操作压力与大气压的关系，可将蒸发分为常压蒸发、加压蒸发、减压蒸发（又称真空蒸发）。常压操作的特点是可采用敞口设备，二次蒸汽可直接排放到大气中，但会造成对环境的污染，适用于临时性或小批量的生产；加压操作则可提高二次蒸汽的温度，从而提高其利用价值，但要求加热蒸汽的压力相对较高，在多效蒸发中，前面几效通常采用加压操作；减压操作由于溶液沸点（操作温度）降低，从而具有：①在加热蒸汽的压力一定时，相对于加压和常压操作，蒸发器的传热温差增大；②可以利用低压蒸汽或废蒸汽作为加热蒸汽；③可防止热敏性物料变质或分解；④系统的热损失相应减小等优点。但是，由于溶液沸点降低，黏度增大，减压蒸发也存在传热系数下降，需减压装置，需配置真空泵、缓冲罐、气液分离器等辅助设备，使基建费用和操作费用相应增加的缺点。

根据操作过程是否连续，蒸发可分为间歇蒸发和连续蒸发。间歇蒸发的特点是蒸发过程中，溶液的浓度和沸点随时间改变，故间歇蒸发是非稳态操作，适合于小规模、多品种的场合。而连续蒸发为稳态操作，适合于大规模的生产过程。

8.2　单效蒸发

8.2.1　单效蒸发流程

如图 8-1 所示为硝酸铵水溶液蒸发流程，是一套典型的单效蒸发操作装置。左面的设备是用来进行蒸发操作的主体设备蒸发器，它的下部分是由若干加热管组成的加热室 1，生蒸汽在管间（壳方）被冷凝，它所释放出来的冷凝潜热通过管壁传给被加热的溶液，使溶液沸腾汽化。在沸腾汽化过程中，将不可避免地要夹带一部分液体，为此，在蒸发器的上部设置了一个称为分离室 2 的分离空间，并在其出口处装有除沫装置，以便将夹带的液体分离开，蒸汽则进入混合冷凝器 4 内，被冷却水冷凝后排出。在加热室管内的溶液中，随着溶剂的汽化，溶液浓度得到提高，浓缩以后的浓缩液称为完成液，从蒸发器的底部出料口排出。

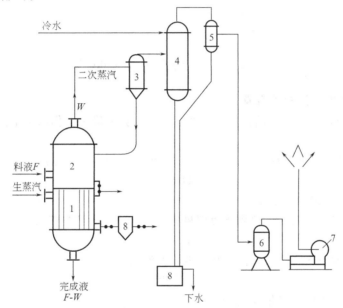

图 8-1　单效真空蒸发流程

1—加热室；2—分离室；3—二次分离器；4—混合冷凝器；5—汽液分离器；6—缓冲罐；
7—真空泵；8—冷凝水排除器

在单效蒸发过程中，由于所产生的二次蒸汽直接冷凝而除去，其携带的能量没有被利用，因此能量消耗大，只适合在小批量生产或间歇生产的场合下使用。

8.2.2　单效蒸发计算

虽然，工业生产上大多数采用多效蒸发操作，但多效蒸发计算较为复杂，可将多效蒸发视为若干个单效蒸发的组合，故只讨论连续操作单效蒸发的有关计算。

8.2.2.1　溶剂的蒸发量

蒸发器单位时间内从溶液中蒸发出来的水分量，称为溶剂蒸发量。

蒸发量可以通过物料衡算得出，如图 8-2 所示，取整个蒸发器为研究对象（图 8-2 中虚框内），根据质量守恒定律，单位时间进入和离开蒸发器的溶质质量应相等（连续过程中，系统内无物质积累），即

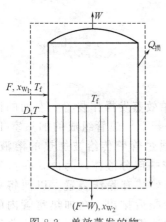

图 8-2 单效蒸发的物
料衡算和热量衡算

$$Fx_{W_1} = (F-W)x_{W_2} \qquad (8-1)$$

式中　F——原料液的质量流量，kg/h；

　　　W——蒸发量，kg/h；

　　　x_{W_1}——原料液的质量分数；

　　　x_{W_2}——完成液的质量分数。

变换可得，溶剂蒸发量为

$$W = F\left(1 - \frac{x_{W_1}}{x_{W_2}}\right) \qquad (8-2)$$

【例 8-1】 用一个单效蒸发器将每小时 10t、浓度为 10%
的 NaOH 溶液浓缩到 20%（均为质量分数），求每小时需要
蒸发的水分量。

解： 已知：$F=10\text{t/h}=10000\text{kg/h}$

$$x_{W_1}=10\% \qquad x_{W_2}=20\%$$

将以上数值代入式(8-2)，得

$$W=10000\left(1-\frac{10\%}{20\%}\right)=5000\text{kg/h}$$

8.2.2.2　加热蒸汽的消耗量

根据传热知识，加热蒸汽消耗量可以通过热量衡算来确定。仍取整个蒸发器作为衡算系
统，如图 8-2 所示。

当加热蒸汽的冷凝液在饱和温度下排出时，单位时间内加热蒸汽提供的热量为

$$Q=Dr \qquad (8-3)$$

加热蒸汽所提供的热量主要用于以下三方面。

① 将原料从进料温度 t_1 加热到沸点温度 t_f，此项所需要的显热为 Q_1。

$$Q_1=Fc_1(t_f-t_1) \qquad (8-4)$$

② 在沸点温度 t_f 下使溶剂汽化，其所需要的潜热为 Q_2。

$$Q_2=Wr' \qquad (8-5)$$

③ 补偿蒸发过程中的热量损失 Q_L。

热量衡算，得

$$Q=Q_1+Q_2+Q_L$$

即

$$Dr=Fc_1(t_f-t_1)+Wr'+Q_L$$

因此

$$D=\frac{Fc_1(t_f-t_1)+Wr'+Q_L}{r} \qquad (8-6)$$

式中　D——加热蒸汽的消耗量，kg/h；

　　　t_f——操作压力下溶液的平均沸点温度，℃；

　　　t_1——原料液的初始温度，℃；

　　　r——加热蒸汽的比汽化潜热，kJ/kg，可根据操作压力和温度从有关附表中查取；

　　　r'——二次蒸汽的比汽化潜热，kJ/kg，可根据操作压力和温度从有关附表中查取；

　　　c_1——原料液在操作条件下的比热容，kJ/(kg·K)，其数值随溶液的性质和浓度不
　　　　　同而变化，可由有关手册中查取，在缺少可靠数据时，可参照下式估算，即

$$c_1=c_s x_{W_1}+c_w(1-x_{W_1})$$

当溶液为稀溶液（质量分数在 20% 以下）时，比热容可近似地按下式估计。

$$c_1 = c_w(1 - x_{W_1})$$

式中　c_s，c_w——溶质、溶剂的比热容，kJ/(kg·K)。

表 8-1 中列出的是几种常用无机盐的比热容数据，供读者使用时参考。

表 8-1　某些无机盐的比热容　　　　　单位：kJ/(kg·K)

物　质	$CaCl_2$	KCl	NH_4Cl	NaCl	KNO_3
比热容	0.687	0.679	1.52	0.838	0.926
物　质	$NaNO_3$	Na_2CO_3	$(NH_3)_2SO_4$	糖	甘油
比热容	1.09	1.09	1.42	1.295	2.42

对式(8-6)进行分析可以看出，进料温度不同，将影响整个操作中加热蒸汽的消耗量。

当原料液在低于沸点下进料，即冷液进料，$t_1 < t_f$，由于一部分热量用来预热原料液，致使单位蒸汽消耗量增加。

当原料液高于沸点进料，即 $t_1 > t_f$，此时，当溶液进入蒸发器后，温度迅速降到沸点，放出多余热量而使一部分溶剂汽化。对于溶液的进料温度高于蒸发器内溶液沸点的情况，在减压蒸发中是完全可能的。它所放出的热量使部分溶剂自动汽化的现象称为自蒸发。

当原料液预热到沸点时进料，此时 $t_1 = t_f$，则由式(8-6)得

$$D = \frac{Wr' + Q_L}{r}$$

若忽略热损失 Q_L，则上式可近似地表示为

$$\frac{D}{W} = \frac{r'}{r} \tag{8-7}$$

D/W 称为单位蒸汽消耗量，即每蒸发 1kg 水所消耗的加热蒸汽量。它是衡量蒸发操作经济性的一个重要指标。由于工业生产中蒸发量很大，减少单位蒸汽消耗量 D/W，是工业蒸发降低能耗、提高效益的重要手段。

【例 8-2】　在一个连续操作的单效蒸发器中，将 1000kg/h 的 NaOH 溶液由 0.1 浓缩到 0.2(均为质量分数)。操作条件下，完成液的沸点为 90℃。已知原料液的比热容为 3.8kJ/(kg·K)，加热蒸汽的压力为 0.2MPa，设备的热损失按热流体放出热量的 5% 计算。试求原料液分别在 20℃、90℃和 120℃进入蒸发器时的加热蒸汽消耗量以及单位蒸汽消耗量。

解： 从附录饱和水蒸气表中可查得

　　　　加热蒸汽压力为 0.2MPa 时的比汽化潜热 $r = 2204.6$kJ/kg

　　　　二次蒸汽温度为 90℃时的比汽化潜热 $r' = 2283.1$kJ/kg

由式(8-2)求得蒸发水量。

$$W = F\left(1 - \frac{x_{W_1}}{x_{W_2}}\right) = 1000 \times \left(1 - \frac{0.1}{0.2}\right) = 500\text{kg/h}$$

由式(8-6)得

$$D = \frac{Fc_1(t_f - t_1) + Wr' + Q_L}{r} = \frac{Fc_1(t_f - t_1) + Wr' + 0.05Dr}{r}$$

即

$$D = \frac{Fc_1(t_f - t_1) + Wr'}{0.95r}$$

① 20℃进料时，加热蒸汽消耗量为

$$D = \frac{1000 \times 3.8 \times (90 - 20) + 500 \times 2283.1}{0.95 \times 2204.6} = 672\text{kg/h}$$

$$\frac{D}{W} = \frac{672}{500} = 1.34$$

② 90℃进料时，蒸汽消耗量为

$$D=\frac{1000\times3.8\times(90-90)+500\times2283.1}{0.95\times2204.6}=545\text{kg/h}$$

$$\frac{D}{W}=\frac{545}{500}=1.09$$

③ 120℃进料时，蒸汽消耗量为

$$D=\frac{1000\times3.8\times(90-120)+500\times2283.1}{0.95\times2204.6}=491\text{kg/h}$$

$$\frac{D}{W}=\frac{491}{500}=0.98$$

8.2.2.3 蒸发器的传热面积

为了完成指定的蒸发任务，蒸发器必须具有足够的传热面积，蒸发器的传热面积可通过传热速率方程式计算，即

$$A=\frac{Q}{K\Delta t_{m}}$$

与传热面积计算相似，此不赘述。但需注意，蒸发过程中影响传热系数的因素远比一般传热过程要多，很难找到一个比较确切的经验公式，通常的做法是根据实测或由经验值选取。表8-2列出了几种不同类型蒸发器的 K 值范围，可供使用者参考。

表8-2 蒸发器的传热系数范围

蒸发器的形式	传热系数/[W/(m²·K)]	蒸发器的形式	传热系数/[W/(m²·K)]
标准式(自然循环)	600~3000	外热式(强制循环)	1200~7000
标准式(强制循环)	1200~6000	升膜式	1200~7000
悬筐式	600~3000	降膜式	1200~3500
外热式(自然循环)	1200~6000	水平沉浸加热式	600~2300

8.3 多效蒸发

8.3.1 多效蒸发对节能的意义

在多效蒸发中，每一个蒸发器称为一效。凡通入加热蒸汽的蒸发器都称为第一效，用第一效的二次蒸汽作为加热蒸汽的蒸发器称为第二效，并依次类推。大规模、连续生产多采用多效蒸发。

由单效蒸发中加热蒸汽消耗量的计算式［式(8-6)］可看出，蒸发操作中的操作费用主要是用在将溶剂汽化所需要提供的热能上，对于拥有大规模蒸发操作的工厂来说，该项热量的消耗在全厂蒸汽动力费用中占有相当大的比重。显然，如果每蒸发 1kg 溶剂所消耗的加热蒸汽量 D/W 越小，则该蒸发操作的经济性就越好。

依前述的单效蒸发可知，如果所处理的物料为水溶液，且是沸点进料以及忽略热损失的理想情况下，加热蒸汽和二次蒸汽的汽化潜热可视为大约相等，则由式(8-6)得出 $D/W=r'/r\approx1$，即 1kg 的加热蒸汽可以蒸发出约 1kg 的二次蒸汽。倘若采用多效蒸发，把蒸发出的这 1kg 的二次蒸汽作为加热剂引入下一蒸发器中，便又可以蒸发出 1kg 的水，这样，1kg 的原加热蒸汽实际可以蒸发出共 2kg 的水，或者说，平均起来每蒸发 1kg 的水只需要消耗 0.5kg 的加热蒸汽，即可使单位蒸汽消耗量降为 0.5，从而大大提高了蒸发操作的经济性，并且采用多效蒸发的效数越多，D/W 越小，即能量消耗就更少。

由此可见，采用多效蒸发时因充分利用了二次蒸汽的余热，从而大大降低了能量的消

耗。不过，在实际蒸发过程中，每千克加热蒸汽所能蒸发的水分量要少于 1kg，即 D/W 必然大于 1。同样，在二效蒸发流程中，其 D/W 也必然是大于 >0.5。表 8-3 列出了从单效到五效时的单位蒸汽消耗量的大致情况。

表 8-3　单位蒸汽消耗量概况

效　数	单　效	双　效	三　效	四　效	五　效
D/W	1.1	0.57	0.4	0.3	0.27

从表 8-3 中可以看出，随着效数的增加，单位蒸汽消耗量减少，因此所能节省的加热蒸汽费用越多，但效数越多，设备费用也相应增加。目前工业生产中使用的多效蒸发装置一般为三至五效。

8.3.2　多效蒸发流程

在多效蒸发中，由于每一效的传热都要有一定的传热推动力，因此，各效的操作温度必会依次降低。也就是说，第一效加入的加热蒸汽，其蒸出的二次蒸汽的温度必比加热蒸汽低，而它作为二效的加热用蒸汽，蒸出的二次蒸汽的温度又比它低，当然，三效的二次蒸汽的温度就会更低。相应地，各效的操作压力便会依次降低。因此，只有当提供的新鲜加热蒸汽的压力较高或末效采用负压时，才能使多效蒸发得以实现。以三效为例，若第一效的加热蒸汽为低压蒸汽（如常压），则末效必须在负压下操作；反之，若末效蒸汽采用常压操作，则要求第一效采用较高压力的加热蒸汽。

根据蒸汽流向与物料流向的相对关系，多效蒸发操作的流程可分为并流、逆流和平流三种流程。下面以三效蒸发为例，分别介绍这三种流程的特点，以便于选用。

（1）并流（顺流）加料流程　如图 8-3 所示，这是工业上最常用的一种方法。在这种加料方式中，溶液的流向与蒸汽并行，即原料液依顺序流过第一效、第二效、第三效，从第三效取出完成液；加热蒸汽从第一效加入，在加热室中放出冷凝潜热，冷凝水经疏水器排出。从第一效汽化出来的二次蒸汽进入第二效加热室供加热用，冷凝后由疏水器排出。第二效产生的二次蒸汽进入第三效加热室，第三效的二次蒸汽进入冷凝器中冷凝后排出。

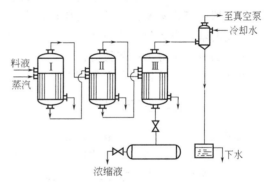

图 8-3　并流加料蒸发流程

顺流加料流程的优点是：各效的压力依次降低，溶液可以自动地从前一效流入后一效，不需用泵输送；各效溶液的沸点依次降低，前一效的溶液进入后一效时将发生自蒸发而蒸发出更多的二次蒸汽。缺点是：随着溶液的逐效增浓，温度逐效降低，溶液的黏度则逐效增高，使传热系数逐效降低。因此，顺流加料不宜处理黏度随浓度的增加而迅速加大的溶液。

（2）逆流加料蒸发流程　图 8-4 是逆流加料的蒸发流程。原料液从末效加入，然后用泵送入前一效，最后从第一效取出完成液。蒸汽的流向则是依次流过第一效、第二效、第三效，料液的流向与蒸汽的流向相反。

逆流加料的优点是：溶液浓度虽然越来越大，但温度越来越高，故各效溶液的黏度相差不大，传热系数不致降低很多，有利于提高整个系统的生产能力；末效的蒸发量比顺流加料时少，减少了冷凝器的负荷。缺点是效与效之间必须用泵输送溶液，增加了电能消耗，使装置复杂化；除末效外，各效的进料温度都比沸点低，所产生的二次蒸汽比并流法要少。

（3）平流加料蒸发流程　图 8-5 是平流加料的蒸发流程。每一效中都送入原料液，放出完成液。这种加料法主要用在蒸发过程中有晶体析出的场合，此时不需要将料液在效间输送。

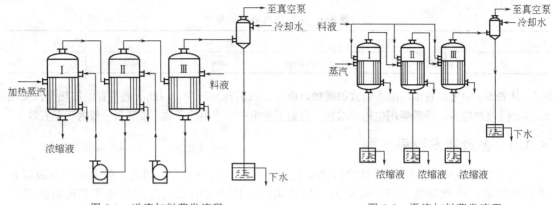

图 8-4　逆流加料蒸发流程　　　　　　图 8-5　平流加料蒸发流程

8.4　蒸发设备

蒸发的主要设备是蒸发器，其实质是换热器，由加热室和分离室两部分组成。根据加热室的结构形式和溶液在加热室中的运动情况不同，蒸发器可分为自然循环型蒸发器、强制循环型蒸发器、膜式蒸发器以及浸没燃烧蒸发器等。

蒸发的辅助设备包括使液沫进一步分离的除沫器，排除二次蒸汽的冷凝器，以及减压蒸发时采用的真空泵等辅助装置等。

下面着重介绍几种工业上常用的蒸发器。

8.4.1　自然循环型蒸发器

此类蒸发器的特点是：溶液在加热室被加热的过程中产生密度差，形成自然循环。其加热室有横卧式和竖式两种，竖式应用最广，它包括以下几种主要结构形式。

（1）中央循环管式（标准式）蒸发器　这是目前应用最广泛的一种形式，其结构如图 8-6 所示，加热室如同列管式换热器一样，由 1～2m 长的竖式管束组成，称为沸腾管，但中间有一个直径较大的管子，称为中央循环管，它的截面积等于其余加热管总截面积的 40%～100%。由于它的截面积较大，管内的液体量比小管中要多；而小管的传热面积相对较大，使小管内的液体的温度比大管中高，因而造成两种管内液体存在密度差，再加上二次蒸汽在上升时的抽吸作用，使得溶液从沸腾管上升，从中央循环管下降，构成一个自然对流的循环过程。

蒸发器的上部为分离室，也称蒸发室。加热室内沸腾溶液所产生的蒸汽带有大量的液沫，到了蒸发室的较大空间内，液沫相互碰撞结成较大的液滴而落回到加热室的列管内，这样，二次蒸汽和液沫分开，蒸汽从蒸发器上部排出，经浓缩以后的完成液从下部排出。

中央循环管式蒸发器的优点是：构造简单、制造方便、操作可靠。缺点是：检修麻烦，溶液循环速度低，一般在 0.4～0.5m/s 以下，故传热系数较小。它不适用于黏度较大及容易结垢的溶液。

（2）悬筐式蒸发器　其结构如图 8-7 所示，它的加热室像个篮筐，悬挂在蒸发器壳体的下部，作用原理与中央循环管式相同，加热蒸汽从蒸发器的上部进入到加热管的管隙之间，溶液仍然从管内通过，并在外壳的内壁与悬筐外壁之间的环隙中循环，环隙截面积一般为加热管总面积的 $100\% \sim 150\%$。这种蒸发器的优点是溶液循环速度比中央循环管式要大（一般在 $1 \sim 1.5 m/s$），而且，加热器被液流所包围，热损失也比较小；此外，加热室可以由上方取出，清洗和检修比较方便。缺点是结构复杂，金属耗量大。它适用于容易结晶的溶液的蒸发，这时可增设析盐器，以利于析出的晶体与溶液分离。

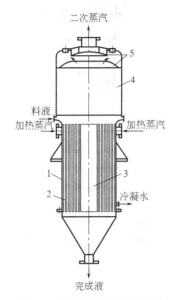

图 8-6　中央循环管式蒸发器
1—外壳；2—加热室；3—中央循环管；
4—蒸发室；5—除沫器

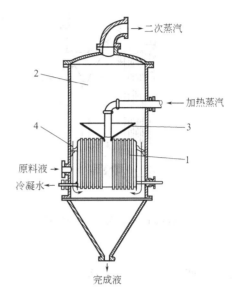

图 8-7　悬筐式蒸发器
1—加热室；2—分离室；3—除
沫室；4—环形循环通道

（3）外加热式蒸发器　其结构如图 8-8 所示，它的特点是把管束较长的加热室装在蒸发器的外面，即将加热室与蒸发室分开。这样，一方面降低了整个设备的高度；另一方面由于循环管没有受到蒸汽加热，增大了循环管内与加热管内溶液的密度差，从而加快了溶液的自然循环速度，同时还便于检修和更换。

（4）列文蒸发器　如图 8-9 所示的列文蒸发器是自然循环蒸发器中比较先进的一种形式，主要部件为加热室、沸腾室、循环管和分离室。它的主要特点是在加热室的上部有一段大管子，即在加热管的上面增加了一段液柱。这样，使加热管内的溶液所受的压力增大，因此溶液在加热管内不致达到沸腾状态。随着溶液的循环上升，溶液所受的压强逐步减小，通过工艺条件的控制，使溶液在脱离加热管时开始沸腾，这样，溶液的沸腾层移到了加热室外进行，从而减少了溶液在加热管壁上因沸腾浓缩而析出结晶或结垢的机会。由于列文蒸发器具有这种特点，所以又称为管外沸腾式蒸发器。

列文蒸发器中循环管的截面积比一般自然循环蒸发器的截面积都要大，通常为加热管总截面积的 $2 \sim 3.5$ 倍，这样，溶液循环时的阻力减小；加之加热管和循环管都相当长，通常可达 $7 \sim 8m$，循环管不受热，因此，两个管段中溶液的温差较高，密度差较大，从而造成了比一般自然循环蒸发器要大的循环推动力，溶液的循环速度可以达到 $2 \sim 3m/s$，整个蒸发器的传热系数可以接近于强制循环蒸发器的数值，而不必付出额外的动力。因此，这种蒸发器在国内化工企业中，特别是一些大中型电化厂的烧碱生产中应用较广。列文蒸发器的主要缺点是设备相当庞大，金属消耗量大，需要高大的厂房；另外，为了保证较高的溶液循环速度，要求有较大的温度差，因而要使用压力较高的加热蒸汽等。

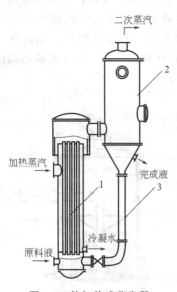

图 8-8　外加热式蒸发器

1—加热室；2—蒸发室；3—循环管

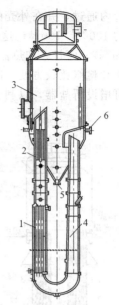

图 8-9　列文蒸发器

1—加热室；2—沸腾室；3—分离室；

4—循环管；5—完成液出口；6—加料口

8.4.2　强制循环蒸发器

在一般自然循环蒸发器中，循环速度比较低，一般都小于 1m/s，为了处理黏度大或容易析出结晶与结垢的溶液，必须加大溶液的循环速度，以提高传热系数，为此，采用了强制循环蒸发器，其结构如图 8-10 所示。蒸发器内的溶液，依靠泵的作用，沿着一定的方向循环，其速度一般可达 1.5～3.5m/s，因此，其传热速率和生产能力都较高。溶液的循环过程是这样进行的：溶液由泵自下而上地送入加热室内，并在此流动过程中因受热而沸腾，沸腾的气液混合物以较高的速度进入蒸发室内，室内的除沫器（挡板）促使其进行气液分离，蒸汽自上部排出，液体沿循环管下降被泵再次送入加热室而循环。

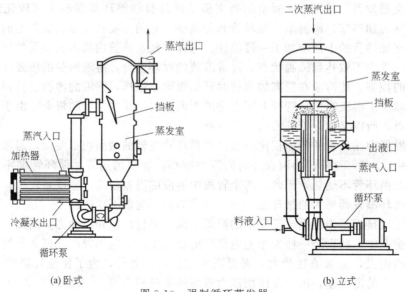

(a)卧式　　　　　　　　　　(b)立式

图 8-10　强制循环蒸发器

此类蒸发器的传热系数比一般自然循环蒸发器大得多，因此，在相同的生产任务下，蒸发器的传热面积比较小。缺点是动力消耗比较大，每平方米加热面积需要0.4～0.8kW。

8.4.3 膜式蒸发器

上述几种蒸发器的共同缺点是蒸发器内料液的滞留量大，物料在高温下停留时间长，对于热敏性物料的蒸发，容易造成分解或变质。膜式蒸发器的特点是料液仅通过加热管一次，不作循环，溶液在加热管壁上呈薄膜状，蒸发速度快（数秒至数十秒），传热效率高，对处理热敏性物料的蒸发特别适宜，对于黏度较大、容易产生泡沫的物料的蒸发也比较适用。这种蒸发也称为单程型蒸发器，目前已成为国内外广泛应用的先进蒸发设备，其中较常用的有升膜式、降膜式和回转式薄膜蒸发器等。

（1）升膜式蒸发器　其结构如图8-11所示，它也是一种将加热室与蒸发室（分离室）分离的蒸发器。加热室实际上就是一个加热管很长的立式列管换热器，料液由底部进入加热管，受热沸腾后迅速汽化；蒸汽在管内高速上升，料液受到高速上升蒸汽的带动，沿管壁呈膜状上升，并继续蒸发。气液在顶部分离器内分离，二次蒸汽从顶部逸出，完成液则由底部排走。

此类蒸发器适用于蒸发量较大、热敏性和易产生泡沫的溶液，而不适用于有结晶析出或易结垢的物料。

（2）降膜式蒸发器　降膜式蒸发器的加热室可以是单根套管，也可由管束及外壳组成，其结构如图8-12所示。原料液从加热室的顶部加入，在重力作用下沿管内壁膜状下降并进行蒸发，浓缩后的液体从加热室的底部进入到分离器内，并从底部排出，二次蒸汽由顶部逸出。在该蒸发器中，每根加热管的顶部必须装有降膜分布器，以保证每根管子的内壁都能为料液所润湿，并不断有液体缓缓流过，否则，一部分管壁出现干壁现象，不能达到最大生产能力，甚至不能保证产品质量。

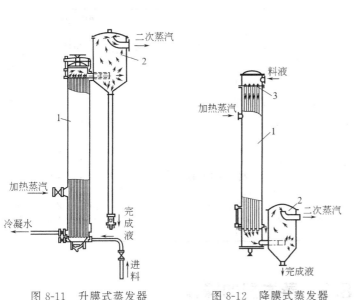

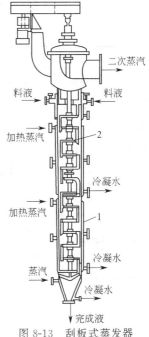

图 8-11　升膜式蒸发器　　　图 8-12　降膜式蒸发器　　　图 8-13　刮板式蒸发器
1—蒸发器；2—分离器　　1—蒸发器；2—分离器；3—液体分布器　　1—夹套；2—刮板

降膜式蒸发器同样适用于热敏性物料，而不适用于易结晶、结垢或黏度很大的物料。

（3）回转式薄膜蒸发器　回转式薄膜蒸发器具有一个装有加热夹套的壳体，在壳体内的

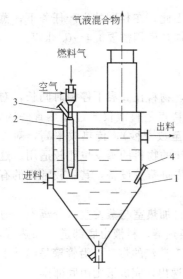

图 8-14 浸没燃烧蒸发器
1—外壳；2—燃烧室；
3—点火口；4—测温管

转动轴上装有旋转的搅拌桨，搅拌桨的形式很多，常用的有刮板、甩盘等。图 8-13 是刮板式蒸发器。刮板紧贴壳体内壁，其间隙只有 0.5～1.5mm，原料液从蒸发器上部沿切线方向进入，在重力和旋转刮板的作用下，溶液在壳体内壁上形成旋转下降的薄膜，并不断被蒸发，在底部成为符合工艺要求的完成液。

这种蒸发器的突出优点在于对物料的适应性强，对容易结晶、结垢的物料以及高黏度的热敏性物料都能适用。其缺点是结构比较复杂，动力消耗大，因受夹套加热面积的限制（一般为 3～4m²，最大也不超过 20m²），只能用在处理量较小的场合。

8.4.4　浸没燃烧蒸发器

其结构如图 8-14 所示。它是将燃料（通常是煤气或重油）与空气在燃烧室混合燃烧后产生的高温烟气直接喷入被蒸发的溶液中，高温烟气与溶液直接接触，使得溶液迅速沸腾汽化。蒸发出的水分与烟气一起由蒸发器的顶部直接排出。

此类蒸发器的优点是结构简单，传热效率高。特别适用于处理易结晶、结垢或有腐蚀的物料的蒸发。但不适用于不可被烟气污染的物料的处理，而且它的二次蒸汽也很难利用。

从上述的介绍可以看出，蒸发器的结构形式是很多的，实际选型时，除了要求结构简单、易于制造、金属消耗量小、维修方便、传热效果好等因素外，更主要的还是看它能否适用于所蒸发物料的工艺特性，包括物料的黏性、热敏性、腐蚀性、结晶或结垢性等，然后再全面综合地加以考虑，请参考表 8-4。

表 8-4　蒸发器的主要性能

蒸发器形式	造价	总传热系数		溶液在管内流速/(m/s)	停留时间	完成液浓度能否恒定	浓缩比	处理量	对溶液性质的适应性					
		稀溶液	高黏度						稀溶液	高黏度	易生泡沫	易结垢	热敏性	有结晶析出
水平管型	最廉	良好	低	—	长	能	良好	一般	适	适	适	不适	不适	不适
标准型	最廉	良好	低	0.1～1.5	长	能	良好	一般	适	适	尚适	尚适	尚适	稍适
外热式（自然循环）	廉	高	良好	0.4～1.5	较长	能	良好	较大	适	尚适	较好	尚适	尚适	稍适
列文式	高	高	良好	1.5～2.5	较长	能	良好	较大	适	尚适	较好	尚适	尚适	稍适
强制循环	高	高	高	2.0～3.5	—	能	较高	大	适	好	好	适	尚适	适
升膜式	廉	高	良好	0.4～1.0	短	较难	高	大	适	尚适	好	尚适	良好	不适
降膜式	廉	良好	高	0.4～1.0	短	尚能	高	大	较适	好	适	不适	良好	不适
刮板式	最高	高	良好	—	短	尚能	高	较小	较适	好	较好	不适	良好	不适
甩盘式	较高	高	低	—	较短	尚能	较高	较小	适	尚适	适	不适	较好	不适
旋风式	最廉	高	良好	1.5～2.0	短	较难	较高	较小	适	适	适	适	尚适	适
板式	高	高	良好	—	较短	尚能	良好	较小	适	尚适	适	不适	尚适	不适
浸没燃烧	廉	高	高	—	短	较难	良好	较大	适	适	适	适	不适	适

8.5　蒸发器的操作

8.5.1　蒸发操作的几个问题

蒸发操作的最终目的是将溶液中大量的水分蒸发出来，使溶液得到浓缩，而要提高蒸发器在单位时间内蒸出的水分，必须考虑以下几个问题。

（1）合理选择蒸发器　蒸发器的选择应考虑蒸发溶液的性质，如溶液的黏度、发泡性、腐蚀性、热敏性，以及是否容易结垢、结晶等情况。如热敏性的食品物料蒸发，由于物料所承受的最高温度有一定极限，因此应尽量降低溶液在蒸发器中的沸点，缩短物料在蒸发器中的滞留时间，可选用膜式蒸发器。对于腐蚀性溶液的蒸发，蒸发器的材料应耐腐蚀。例如，氯碱厂为了将电解后所得的 10% 左右的 NaOH 稀溶液浓缩到 42%，溶液的腐蚀性增强，浓缩过程中溶液黏度又不断增加，因此当溶液中 NaOH 的浓度大于 40% 时，无缝钢管的加热管要改用不锈钢管。溶液浓度在 10%～30% 一段蒸发可采用自然循环型蒸发器，浓度在 30%～40% 一段蒸发，由于晶体析出和结垢严重，而且溶液的黏度又较大，应采用强制循环型蒸发器，这样可提高传热系数，并节约钢材。

（2）提高蒸汽压力　为了提高蒸发器的生产能力，提高加热蒸汽的压力和降低冷凝器中二次蒸汽压力，有助于提高传热温度差（蒸发器的传热温度差是加热蒸汽的饱和温度与溶液沸点温度之差）。因为加热蒸汽的压力提高，饱和蒸汽的温度也相应提高。冷凝器中的二次蒸汽压力降低，蒸发室的压力变低，溶液沸点温度也就降低。由于加热蒸汽的压力常受工厂锅炉的限制，所以通常加热蒸汽压力控制在 300～500kPa；冷凝器中二次蒸汽的绝对压力控制在 10～20kPa。假如压力再降低，势必增大真空泵的负荷，增加真空泵的功率消耗，且随着真空度的提高，溶液的黏度增大，使传热系数下降，反而影响蒸发器的传热量。

（3）提高传热系数 K　提高蒸发器的蒸发能力的主要途径，应提高传热系数 K。通常情况下，管壁热阻很小，可忽略不计。加热蒸汽冷凝膜系数一般很大，若在蒸汽中含有少量不凝性气体时，则加热蒸汽冷凝膜系数下降。据测试，蒸汽中含 1% 不凝性气体，传热总系数下降 60%，所以在操作中，必须密切注意和及时排除不凝性气体。

在蒸发操作中，管内壁出现结垢现象是不可避免的，尤其当处理易结晶和腐蚀性物料时，此时传热总系数 K 变小，使传热量下降。在这些蒸发操作中，一方面应定期停车清洗、除垢；另一方面改进蒸发器的结构，如把蒸发器的加热管加工光滑些，使污垢不易生成，即使生成也易清洗，这就可以提高溶液循环的速度，从而可降低污垢生成的速度。

对于不易结晶、不易结垢的物料蒸发，影响传热总系数 K 的主要因素是管内溶液沸腾的传热膜系数。在此类蒸发操作中，应提高溶液的循环速度和湍动程度，从而提高蒸发器的蒸发能力。

（4）提高传热量　提高蒸发器的传热量，必须增加它的传热面积。在操作中，应密切注意蒸发器内液面高低。如在膜式蒸发器中，液面应维持在管长的 1/5～1/4 处，才能保证正常的操作。在自然循环式蒸发器中，液面在管长 1/3～1/2 处时，溶液循环良好，这时气液混合物从加热管顶端涌出，达到循环的目的。液面过高，加热管下部所受的静压强过大，溶液达不到沸腾；液面过低则不能造成溶液循环。

8.5.2　典型蒸发器的操作

以电解液三效顺流部分强制循环蒸发为例学习掌握蒸发器的操作步骤、维护保养以及常见故障与处理方法。

8.5.2.1　生产流程叙述

三效顺流部分强制循环蒸发工艺流程中Ⅰ效为自然循环，Ⅱ效、Ⅲ效为强制循环蒸发。电解液用加料泵抽送，经两段电解液预热器加热到 120℃ 左右，进入Ⅰ效蒸发器

（V0404），蒸到 150～180g/L，利用压差自动过料加入Ⅱ效蒸发器（V0405）继续蒸发，沉析在Ⅱ效尖底的颗粒状盐浆由采盐泵（P0402）连续抽至旋液分离器（X0401-1）分离。盐浆进入盐浆洗涤槽（V0407）洗涤后，供离心机分离。清碱液回流Ⅱ效或向Ⅲ效过料继续蒸发。沉析在Ⅲ效尖底的颗粒状盐浆由出料泵（P0403）连续抽送至旋液分离器（X0401-2）分离。盐浆进入盐浆洗涤槽洗涤，清碱液回流Ⅲ效，当碱液达到出料浓度时，出料阀自动（或手动）打开将完成液送至浓碱接收槽。

生蒸汽从锅炉房来，调节控制为 0.7～0.8MPa 的压力进入Ⅰ效加热室，Ⅰ效产生的二次蒸汽进入Ⅱ效加热室，Ⅱ效的二次蒸汽进入Ⅲ效加热室，Ⅲ效蒸发的水汽经喷射冷凝器（V0409），被水冷凝后排入回收水地沟，Ⅲ效蒸发器内形成 80kPa 以上的真空。

从Ⅰ效加热室出来的冷凝水依次经过Ⅰ效疏水器（V0403-1）、Ⅰ效闪蒸罐（V0402-1）、电解液Ⅱ段预热器（E0402）之后进入 1# 或 2# 冷凝水贮槽；Ⅰ效闪蒸罐蒸汽与Ⅰ效蒸发器的二次蒸汽合并后进入Ⅱ效加热室；Ⅱ效冷凝水从Ⅱ效加热室出来后依次经过Ⅱ效疏水器（V0403-2）、Ⅱ效闪蒸罐（V0402-2）、电解液Ⅰ段预热器（E0401）之后进入 1# 冷凝水贮槽，Ⅱ效闪蒸罐的闪蒸汽与Ⅱ效蒸发器的二次蒸汽合并后进入Ⅲ效加热室；Ⅲ效冷凝水从Ⅲ效加热室出来经Ⅲ效疏水器（V0403-3）后进入冷凝水贮槽。

8.5.2.2 开停车操作

（1）开车前的准备工作　包括以下几个方面。

① 检查排净蒸发器内存水，检查压力表、真空计及微机系统是否完好。

② 检查所属管道上所有阀门是否灵活好用，Ⅲ效视镜是否完好。

③ 打开Ⅰ效蒸汽第一个进口阀，各效不凝性气体阀，Ⅰ效、Ⅱ效疏水器的旁路阀，电解液预热器冷凝水进口阀门，关闭电解液预热器冷凝水旁路阀。

④ 合上自动控制系统电源，检查各自控阀是否灵活并调整各自控阀处于关闭状态，然后将Ⅰ效过料管手动阀门打开。

⑤ 联系司泵岗位，要求作好开车前的准备工作。

⑥ 打开喷射冷凝器水阀抽真空。

⑦ 在开汽前 20min 与浓碱岗位联系，要求循环水上水总管压力在 0.35MPa 以上。

⑧ 若锅炉是原始送汽，初送汽时，要将蒸汽总管各个排冷凝水阀门打开直至无冷凝水排出，总管无汽锤声后，关闭各个排冷凝水阀。

（2）开车操作步骤　主要包括 3 步。

① 通知司泵岗位用加料泵分别向Ⅰ、Ⅱ、Ⅲ效加电解液至操作液面。

② 加料完毕液位到达规定操作液面，即可启动各强制循环泵，然后缓慢打开蒸汽进口阀。刚开汽时，Ⅰ效蒸汽进口压力不能走超过 0.1MPa，然后缓慢升压。开汽后 5min 关上Ⅰ效不凝性气体排放阀，生产正常后，可依次关上各效不凝性气体排放阀。

③ Ⅱ、Ⅲ效达到一定浓度，有盐析出后，可通知司泵岗位启动采盐泵连续采盐，进入正常操作。

（3）正常运行的操作与控制　包括 3 个方面。

① 开车正常后，按操作控制指标，调节好各效蒸汽压力和液面。

② 各效不凝性气体每小时排放一次，每次 1～3min。

③ 洗罐　正常情况下，Ⅱ效每隔 2～3 个班小洗一次，Ⅲ效每隔 8～10 个班小洗一次，7 天大洗罐一次。如因生产需要，可视结盐程度，灵活掌握。

（4）正常停车步骤　分为 4 步。

① 报告调度，商定停汽时间。

② 接到调度通知后，按时关蒸汽总阀停汽。

③ 倒罐或短时期检修或洗罐，则通知司泵工将各效半成品送往电解液贮槽。

④ 用 $2\sim3m^3$ 电解液冲洗各效并排入母液槽，如需检修应洗净管道及设备。

8.5.2.3　常见故障及处理方法

生产中可能出现的不正常现象及处理方法，见表 8-5。

表 8-5　不正常现象及处理方法

故障部位	不正常现象	发 生 原 因	处 理 方 法
Ⅰ、Ⅱ效蒸发器	加热室压力高,浓度不上升	①液面过高; ②Ⅱ效蒸发器强制循环泵锁帽脱落,沸腾不好,使Ⅰ效二次蒸汽压力高; ③加热室存水; ④加热管结垢或沸腾管严重堵塞	①往次效进料降低液面; ②停车检修强制循环泵; ③检查疏水器,调整冷凝水排出量; ④洗罐处理
蒸发器加热室	冷凝水带碱	①加热室漏或Ⅰ效液面高,造成二次蒸汽带碱; ②预热器漏; ③水和解液连通或串漏	①检查确认后停车检修; ②分段检查,找出问题检修处理; ③检查各连接水管阀门和堵漏
Ⅲ效蒸发器	加热室压力高浓度不上升	①液面高; ②加热室存水; ③强制循环泵锁帽脱落,沸腾不好; ④蒸发室析盐挡板脱落; ⑤加热室结垢	①调整液面到规定高度; ②检查疏水器排水; ③停车检修强制循环泵; ④停车检修; ⑤洗罐
Ⅲ效蒸发器	真空度低	①漏真空; ②过料管跑真空; ③真空管堵塞; ④蒸发器旋流板通道堵或喷射冷凝器故障	①详细检查处理; ②注意操作防止串气; ③检查清理; ④停车检查检修
喷射冷凝器	冷却水带碱	①Ⅲ效蒸发器液面过高; ②Ⅲ效蒸发器沸腾挡板脱落或破损	①降低液面; ②检查处理
Ⅲ效蒸发器	悬浮盐多	①Ⅱ效浓度低或盐多; ②旋液分离器故障; ③Ⅲ效采盐管道堵塞	①检查原因处理; ②检查旋液分离器; ③用电解液、必要时用水顶通
Ⅰ效蒸发器	加不上料	①泵故障; ②电解液已蒸空; ③电解液贮槽积盐	①通知司泵工检查,属机械故障找机修班处理; ②停车; ③通知司泵顶通
各效过料管	过料困难	①前效尖底积大块盐; ②过料管或阀门堵塞; ③采盐泵故障	①通知司泵工处理; ②用电解液顶通; ③通知检修工处理
Ⅲ效蒸发器	气压高,沸腾好,但蒸发效率低	①过料阀失灵; ②喷射冷凝器返水; ③司泵岗位串水	①检查处理; ②调节水量或检修; ③通知司泵工检查处理

续表

故障部位	不正常现象	发生原因	处理方法
Ⅰ、Ⅱ效蒸发器	气压高,沸腾好,但蒸发效率低	①过料管串入水; ②母液或盐泥太稀	①检查处理; ②通知离心机或浓碱岗位处理
生蒸汽管	振动或有猛烈锤击声	①室外总管冷凝水多; ②蒸汽阀门开得过猛,压力升高过快	①打开蒸汽总管冷凝水阀排水; ②关小蒸汽总阀降低室内蒸汽管压力
蒸发器	系统气压高、蒸汽流量低,沸腾不好	加热室存水	检查处理疏水器及阀门

思 考 题

1. 什么叫蒸发?蒸发操作有哪些特点?何种溶液才能用蒸发操作进行提浓?

2. 试比较蒸发与传热、蒸发与蒸馏的异同点。

3. 单效蒸发与多效蒸发的主要区别在哪里?它们各适用于什么场合?

4. 多效蒸发常用的流程有哪几种?它们各适用于什么场合?

5. 蒸发器也是一种换热器,但它与一般的换热器在选用设备和热源方面有何差异?

6. 试列举 3～4 种常用的蒸发设备,它们有哪些主要优缺点?

7. 蒸发操作中应注意哪些问题?怎样强化蒸发器的传热速率?

8. 为什么说单位蒸汽消耗量是衡量蒸发操作经济性的重要指标?加料温度对它有何影响?

9. 在蒸发操作的流程中,一般在最后都配备有真空泵,其作用是什么?

10. 熟悉电解液三效顺流部分强化循环蒸发操作。

习 题

8-1 今欲利用一单效蒸发器将某溶液从 5% 浓缩至 25%(均为质量分数,下同),每小时处理的原料量为 2000kg,(1) 试求每小时应蒸发的溶剂量;(2) 如实际蒸发出的溶剂量是 1800kg/h,求浓缩后溶液的浓度。

8-2 一个常压操作的单效蒸发器,每小时处理 2t 浓度为 15%(质量分数,以下同)的氢氧化钠溶液。完成液浓度为 25%,加热蒸汽压力为 0.4MPa。冷凝液在冷凝温度下排出,分别按以下三种情况加料:(1) 料液于 20℃加入;(2) 沸点加料(溶液的沸点是 113℃);(3) 溶液于 130℃加入。求其加热蒸汽的消耗量并对比这三种情况下的单位蒸汽消耗量。

8-3 今欲将 10t/h 的 NH_4Cl 水溶液从 10% 浓缩至 25%,设溶液的进料温度为 290K,沸点为 400K,所使用的加热蒸汽压力为 174.16kPa,热损失估计为理论热量消耗的 10%,求加热蒸汽的消耗量和单位蒸汽消耗量。

8-4 用一个悬框式单效蒸发器将某溶液由 10%(质量分数,下同)浓缩至 20%,处理量为 10t/h,原料液的比热容为 3.37kJ/(kg·K),进料温度为 333K,蒸发器内的操作压力为 0.004MPa,热损失为 63700kJ/h,假设加热器的总传热系数为 2000W/(m²·K),所用加热蒸汽压力为 250kPa,试求加热蒸汽的消耗量和蒸发器所需的传热面积。

自 测 题

一、填空

1. 单位加热蒸汽消耗量是指_____,单位为_____。

2. 按溶液在加热室中运动的情况,可将蒸发器分为_____ 和_____ 两大类。

3. 蒸发操作中,生蒸汽是指_____,用以区别二次蒸气。

4. 单效蒸发是指_____。

5. 按操作压力可将蒸发分为_____蒸发、_____蒸发和_____蒸发。工业蒸发操作经常在减压下进行。

6. 按加料方式不同，常见的多效蒸发操作流程有_____、_____和_____。

7. 对于同样的蒸发任务来说，单效蒸发的蒸气消耗量_____多效蒸发的蒸气消耗量。

8. 强化蒸发传热的主要措施是及时_____溶液沸腾侧的污垢和及时_____蒸汽侧的不凝性气体。

9. 多效蒸发的效数是有一定限制的，主要原因是_____和_____。

10. 多效蒸发的总温度差损失_____单效蒸发的，且效数越多，温度差损失_____。

二、单项选择

1. 在蒸发操作中，溶液的沸点升高，（ ）。

A. 与溶液类别有关，与浓度无关 　　　　B. 与浓度有关，与溶液类别、压强无关

C. 与压强有关，与溶液类别、浓度无关 　　D. 与溶液类别、浓度及压强都有关

2. 下面措施中，能够有效减少蒸发器传热表面积的是（ ）。

A. 增大传热速率 　　B. 减小有效温度差 　　C. 增大总传热系数 　　D. 减小总传热系数

3. 二次蒸汽为（ ）。

A. 加热蒸汽 　　　　B. 第二效所用的加热蒸汽

C. 第二效溶液中蒸发的蒸汽

D. 无论哪一效溶液中蒸发出来的蒸汽

4. 热敏性物料宜采用（ ）蒸发器。

A. 自然循环式 　　　B. 强制循环式 　　　C. 膜式 　　　　　　D. 都可以

5. 在一定的压力下，纯水的沸点比 NaCl 水溶液的沸点（ ）。

A. 高 　　　　　　　B. 低 　　　　　　　C. 有可能高也有可能低 　D. 高 20℃

6. 蒸发可适用于分离（ ）。

A. 溶有不挥发性溶质的溶液 　　　　　　B. 溶有挥发性溶质的溶液

C. 溶有不挥发性溶质和溶有挥发性溶质的溶液

D. 挥发度相同的溶液

7. 下列蒸发器不属于循环型蒸发器的是（ ）。

A. 升膜式 　　　　　B. 列文式 　　　　　C. 外热式 　　　　　D. 标准型

8. 对于在蒸发过程中有晶体析出的液体的多效蒸发，最好用下列（ ）蒸发流程。

A. 并流法 　　　　　B. 逆流法 　　　　　C. 平流法 　　　　　D. 都可以

9. 通常，循环型蒸发器的传热效果比单程型的效果要（ ）。

A. 高 　　　　　　　B. 低 　　　　　　　C. 相同 　　　　　　D. 不确定

10. 逆流加料多效蒸发过程适用于（ ）。

A. 黏度较小溶液的蒸发 　　　　　　　　B. 有结晶析出的蒸发

C. 黏度随温度和浓度变化较大的溶液的蒸发

D. 都可以

11. 下列蒸发器，溶液循环速度最快的是（ ）。

A. 标准式 　　　　　B. 悬框式 　　　　　C. 列文式 　　　　　D. 强制循环式

12. 膜式蒸发器中，适用于易结晶、结垢物料的是（ ）。

A. 升膜式蒸发器 　　B. 降膜式蒸发器

C. 升降膜式蒸发器 　D. 回转式薄膜蒸发器

13. 减压蒸发不具有的优点是（ ）。

A. 传热面积小 　　　B. 可蒸发不耐高温的溶液

C. 热能利用率高 　　D. 基建费和操作费低

14. 蒸发流程中除沫器的作用主要是（ ）。

A. 气液分离 　　　　B. 强化蒸发器传热 　　C. 除去不凝性气体 　D. 利用二次蒸汽

15. 自然循环型蒸发器中，溶液循环的动力是由于（ ）造成的。

A. 浓度差 　　　　　B. 密度差 　　　　　C. 速度差 　　　　　D. 位置差

16. 关于蒸馏和蒸发，下面说法不正确的是（ ）。

A. 都是传热过程　　　　B. 都可能产生结晶　　　　C. 都是传质过程　　　　D. 分离对象不同

17. 在单效蒸发器内，将某物质的水溶液自浓度为 5％浓缩至 25％（皆为质量分数）。每小时处理 2t 原料液。溶液在常压下蒸发，沸点是 373K（二次蒸汽的汽化热为 2260kJ/kg）。加热蒸汽的温度为 403K，汽化热为 2180kJ/kg。若原料液在沸点时加入蒸发器，则加热蒸汽的消耗量是（　　　）。

A. 1960kg/h　　　　B. 1660kg/h　　　　C. 1590kg/h　　　　D. 1004kg/h

18. 下列措施中，（　　　）不能提高加热蒸汽的经济程度。

A. 采用多效蒸发流程　　B. 引出额外蒸汽　　　　C. 使用热泵蒸发器　　　　D. 增大传热面积

19. 工业生产中的蒸发通常是（　　　）。

A. 自然蒸发　　　　　　B. 沸腾蒸发　　　　　　C. 自然真空蒸发　　　　　D. 不确定

20. 对黏度随浓度增加而明显增大的溶液蒸发，不宜采用（　　　）加料的多效蒸发流程。

A. 并流　　　　　　　　B. 逆流　　　　　　　　C. 平流　　　　　　　　　D. 错流

本章主要符号说明

英文字母

c——溶液的比热容，kJ/(kg·K)；

c_s——溶质的比热容，kJ/(kg·K)；

c_w——溶剂（水）的比热容，kJ/(kg·K)；

D——加热蒸汽消耗量，kg/h；

F——进料量，kg/h；

h——蒸发器中的溶液高度，m；

K——蒸发器加热室的传热（总）系数，W/(m²·K)；

Q——传热速率或热负荷，kW；

Q_L——热损失，kW；

r——加热蒸汽的比汽化潜热，kJ/kg；

r'——溶剂的比汽化潜热，kJ/kg；

T——加热蒸汽的温度，K；

°Bx——糖锤度；

t——溶液的温度，K；

t_f——溶液的沸点，K；

W——蒸发量，kg/h；

x_w——溶质的质量分数。

希腊字母

ρ——密度，kg/m³。

下标

1——原料液的有关参数；

2——完成液的有关参数；

m——平均值。

第 9 章 结 晶

学习目标

1. 了解
结晶相关基本概念；工业应用；结晶设备的类型、结构特点。
2. 理解
结晶实质、结晶过程的推动力、晶核的形成和影响晶核成长的因素。
3. 掌握
根据生产任务选择适宜结晶方法与条件、典型结晶操作要点。

9.1 概　述

9.1.1　结晶现象及其工业应用

将食盐水加热到一定程度，就可以看到有固体食盐从溶液中析出，利用这一原理从溶液或气体中获得产品的方法，称为结晶。众所周知，海水进入盐池后，经过不断蒸发，形成化工行业重要原料 NaCl；甘蔗榨汁经净化，蒸发结晶出重要生活原料蔗糖，冬天的雪花现象等都是结晶。

9.1.1.1　基本概念

（1）结晶　广义结晶是固体物质以晶体状态从蒸汽、溶液或熔融物中析出的过程。这里主要讨论从溶液中析出固体的过程。在固体物质溶解的同时，溶液中还进行着一个相反的过程，即已溶解的溶质粒子撞击到固体溶质表面时，又重新变成固体而从溶剂中析出，此过程即结晶，如在糖水溶液中析出糖，在 NaOH 溶液中析出 NaOH 等。

（2）晶体　晶体是化学组成均一的固体，组成它的粒子（分子、原子或离子）在空间骨架的结点上对称排列，形成有规则的结构。物质是由原子、分子或离子组成的。当这些微观粒子在三维空间按一定的规则进行排列，形成空间点阵结构时，就形成了晶体。因此，具有空间点阵结构的固体就叫晶体。事实上，绝大多数固体都是晶体。

（3）晶系和晶习　构成晶体的微观粒子（分子、原子或离子）按一定的几何规则排列，形成的最小单元称为晶格。按晶格空间结构的不同，晶体可分为不同的晶系，即三斜晶系、单斜晶系、斜方晶系、立方晶系、三方晶系、六方晶系和等轴晶系。同一种物质在不同的条件下可形成不同的晶系，或为两种晶系的混合物。例如，熔融的硝酸铵在冷却过程中可由立方晶系变成斜方晶系等。

微观粒子的规则排列可以按不同方向发展，即各晶面以不同的速率生长，从而形成不同外形的晶体，各晶面的相对成长率称为晶习。同一晶系的晶体在不同结晶条件下的晶习不同，改变结晶温度、溶剂种类、pH 值以及少量杂质或添加剂的存在往往因改变晶习而得到不同的晶体外形。例如，因结晶温度不同，碘化汞的晶体可以是黄色或红色；NaCl 从纯水溶液中结晶时为立方晶体，但若水溶液中含有少许尿素，则 NaCl 形成八面体的结晶。

控制结晶操作的条件以改善晶习，获得理想的晶体外形，是结晶操作区别于其他分离操作的重要特点。

（4）晶核　溶质从溶液中结晶出来的初期，首先要产生微观的晶粒作为结晶的核心，这些核心称为晶核。即晶核是过饱和溶液中首先生成的微小晶体粒子，是晶体生长过程必不可少的核心。

（5）晶浆和母液　溶液在结晶器中结晶出来的晶体和剩余的溶液构成的悬混物称为晶浆，去除晶体后所剩的溶液称为母液。结晶过程中，含有杂质的母液会以表面黏附或晶间包藏的方式夹带在固体产品中。工业上，通常在对晶浆进行固液分离以后，再用适当的溶剂对固体进行洗涤，以尽量除去由于黏附和包藏母液所带来的杂质。工业上母液保护循环使用，以降低消耗和保护环境。

9.1.1.2　工业应用

结晶是一个重要的化工单元操作，在化学工业及相关行业中，有着广泛的用途，比如糖、盐、染料及其中间体、肥料及药品、味精、蛋白质等的分离与提纯均需要采用结晶操作。归纳起来主要用于以下两方面。

① 制备产品与中间产品　结晶产品易于包装、运输、贮存和使用，因此许多工业产品特别是化工产品常以晶体形态存在，其生产需采用结晶操作完成，比如盐、糖的制备等。

② 获得高纯度的纯净固体物料　由于晶体形成过程中的排他性，即使原溶液中含有杂质，经过结晶所得的晶体产品也能达到相当高的纯净度，故结晶是获得纯净固体物质的重要方法之一，比如柠檬酸钠的结晶纯化等。

良好的工业结晶过程不仅可以得到较高的纯度，也能得到较大的产率。受产品用途的影响，工业结晶对晶形、晶粒大小及粒度范围（即晶粒大小分布）等常常加以规定。颗粒大且粒度均匀的晶体易于过滤和洗涤，在贮存时胶结现象（即 n 粒体互相胶黏成块）大为减少。

9.1.1.3　操作特点

与其他单元操作相比，结晶操作具有如下特点。

① 能从杂质含量较多的混合液中分离出高纯度的晶体，其他单元操作却难以做到。

② 能分离高熔点混合物、相对挥发度小的物系、共沸物、热敏性物质等难分离物系。比如，沸点相近的组分，其熔点可能有显著差别。

③ 操作能耗低，对设备材质要求不高，"三废"排放很少。

9.1.2　固液体系相平衡

9.1.2.1　相平衡与溶解度

在一定温度下，将固体溶质不断加入某溶剂中，溶质就会不断溶解，当加到某一数量后，溶质不再溶解，此时，固液两相的量及组成均不随时间的变化而变化，这种现象称为溶解相平衡。此时的溶液称为饱和溶液，其组成称为此温度条件下该物质的平衡溶解度（简称溶解度）；若溶液组成超过了溶解度，称为过饱和溶液。显然，只有过饱和溶液对结晶才有意义。

结晶产量取决于溶质的溶解度及其随操作条件的变化。物质在指定溶剂中的溶解度与温度及压力有关，但主要与温度有关，随压力的变化很小，常可忽略不计。

溶解度随温度变化而变化的关系称为溶解度曲线，如图 9-1 所示，多数物质的溶解度曲线是连续的，中间无断折，且物质的溶解度随温度升高而明显增加，如 $NaNO_3$、KNO_3 等。

但也有一些水合盐（含有结晶水的物质）的溶解度曲线有明显的转折点（变态点），它表示其组成有所改变，如 $Na_2SO_4 \cdot 10H_2O$ 转变为 Na_2SO_4（变态点温度为 32.4℃）。另外还有一些物质，其溶解度随温度升高反而减小，例如 Na_2SO_4。至于 $NaCl$，温度对其溶解度的影响很小。

对于溶解度随温度变化敏感的物系，可选用变温方法结晶分离，如 $CuSO_4$、Na_3PO_4 等，对于溶解度随温度变化缓慢的物系，可用蒸发结晶的方法（移除一部分溶剂）分离，如晒盐。

【例 9-1】 已知硫酸铜在 283K、353K 时的溶解度分别为 174g/kg 水和 230.5g/kg 水。试求把 180kg 硫酸铜饱和溶液从 353K 冷却到 283K 时，析出的硫酸铜的量是多少？

解：353K 时，含有 1kg 水的饱和溶液的总质量为

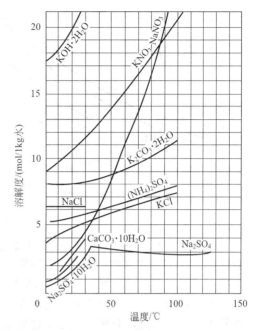

图 9-1 某些无机盐在水中的溶解度曲线

$$1 + \frac{230.5}{1000} = 1.2305\text{kg}$$

因此，180kg 硫酸铜饱和溶液中含有的水的质量为

$$\frac{180}{1.2305} = 146.282\text{kg}$$

含有硫酸铜的质量为

$$180 - 146.282 = 33.718\text{kg}$$

283K 时，146.282kg 水中可以溶解的硫酸铜质量为

$$146.282 \times 0.174 = 25.453\text{kg}$$

把 180kg 硫酸铜饱和溶液从 353K 冷却到 283K 时，析出的硫酸铜的质量是

$$33.718 - 25.453 = 8.265\text{kg}$$

9.1.2.2 过饱和度

组成等于溶解度的溶液称为饱和溶液；组成低于溶解度的溶液称为不饱和溶液；组成大于溶解度的溶液称为过饱和溶液；同一温度下，过饱和溶液与饱和溶液间的组成之差称为溶液的过饱和度。

过饱和溶液是溶液的一种不稳定状态，在一定的条件刺激下，比如在震动、投入颗粒、摩擦等刺激下，过饱和溶液中的"多余"溶质便会从溶液中析出来，直到溶液变成饱和溶液为止。显然，过饱和是结晶的前提，过饱和度是结晶过程的推动力。

但在适当的条件下，过饱和溶液可稳定存在。比如溶液纯净度高，未被杂质或灰尘所污染；盛装溶液的容器平滑干净；溶液降温速度缓慢；无搅拌、震荡、超声波等刺激。如硫酸镁过饱和水溶液可以在饱和温度以下 17℃ 稳定存在而不结晶。溶液低于饱和温度稳定存在的最低温度与饱和温度之差称为过冷度。

9.1.2.3 溶液过饱和度与结晶关系

如图 9-2 所示，AB 线称为溶解度曲线，曲线上任意一点，均表示溶液的一种饱和状态，

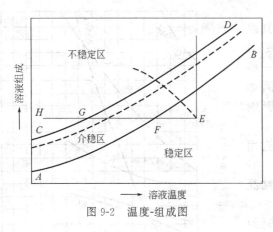

图 9-2 温度-组成图

理论上状态点处在 AB 线左上方的溶液均可以结晶，然而实践表明并非如此，溶液必须具有一定的过饱和度，才能析出晶体。CD 线称为超溶解度曲线，表示溶液达到过饱和，其溶质能自发地结晶析出的曲线，它与溶解度曲线大致平行。对于指定物系，其溶解度曲线是唯一的，但超溶解度曲线并不唯一，其位置受到许多因素的影响，例如容器的结净及平滑程度、有无搅拌及搅拌强度的大小、有无晶种及晶种的大小与多少、冷却速率快慢等。干扰越小，CD 线距 AB 线越远，形成的过饱和程度越大。

超溶解度曲线和溶解度曲线将温度-组成图分割为三个区域，AB 线以下的区域称为稳定区，处在此区域的溶液尚未达到饱和，因此不发生结晶；CD 线以上为不稳定区，处在此区域中，溶液能自发地发生结晶；AB 和 CD 线之间的区域称为介稳区，处在此区域中，溶液虽处于过饱和状态，但不会自发地发生结晶，如果投入晶种（用于诱发结晶的微小晶体），则发生结晶。可见，介稳区决定了诱导结晶组成和温度条件。

超溶解度曲线、介稳区及不稳区对结晶操作具有重要的实际意义。例如，在结晶过程中，若将溶液控制在介稳区，因过饱和度较低，有利于形成量少而粒大的结晶产品，可通过改变加入晶种的大小及数量进行控制；若将溶液控制在不稳区，因过饱和度较高，则易产生大量的晶核，有利于获得晶粒细小及量多的结晶产品。

9.1.3 晶核的形成

9.1.3.1 晶核的形成

溶质从溶液中结晶出来经历两个步骤，即晶核（结晶的核心）形成和晶体成长。

晶核的形成过程可能是：在成核之初，溶液中快速运动的溶质微粒（原子、离子或分子）相互碰撞结合成线体单元，当线体单元增长到一定程度后成为晶胚，晶胚进一步长大即成为稳定的晶核。在这一过程中，线体单元、晶胚都是不稳定的，有可能继续长大，也可能重新分解。工业生产中，当溶液表面形成一层晶膜时——晶核大量形成，溶液由浓缩转入冷却结晶过程。

根据成核机理的不同，晶核形成可分为初级均相成核、初级非均相成核和二次成核三种。初级均相成核是指溶液在较高过饱和度下自发生成晶核的过程。初级非均相成核是溶液在外来物的诱导下生成晶核的过程，它可以在较低的过饱和度下发生。二次成核是含有晶体的溶液在晶体相互碰撞或晶体与搅拌桨（或器壁）碰撞时所产生的微小晶体的诱导下发生的。由于初级均相成核速率受溶液过饱和度的影响非常敏感，操作时对溶液过饱和度的控制要求过高而不宜采用；初级非均相成核因需引入诱导物而增加操作步骤，通常也较少采用，因此，工业结晶通常采用二次成核技术。

目前，人们普遍认为二次成核的机理是接触成核和流体剪切成核。接触成核是各种碰撞（晶体之间、晶体与搅拌桨叶之间、晶体与器壁之间、晶体与挡板之间）引发的成核；剪切成核指在运动剪切力的作用下成核，由于过饱和液体与正在成长的晶体之间的相对运动，在晶体表面产生的剪切力将附着于晶体之上的微粒子扫落，而成为新的晶核。

9.1.3.2 影响因素

成核速率的大小、数量，取决于溶液的过饱和度、温度、组成等因素，其中起重要作用的是溶液的组成和晶体的结构特点。

(1) 过饱和度的影响　成核速率随过饱和度的增加而增大，由于生产工艺要求控制结晶产品中的晶粒大小，不希望产生过量的晶核。因此过饱和度的增加有一定的限度。由于过饱和度与过冷度有关，因此，过冷度对晶核形成也有一定影响。

(2) 机械作用的影响　对均相成核来说，在过饱和溶液中发生轻微震动或搅拌，成核速率明显增加。对二级成核搅拌时碰撞的次数与冲击能的增加，成核速率也有很大的影响。此外，超声波、电场、磁场、放射性射线对成核速率均有影响。

(3) 组成的影响　一方面杂质的存在，可能导致溶解度发生变化，因而导致溶液的过饱和度发生变化，也就是对溶液的极限过饱和度有影响；另一方面，杂质的存在，可能形成不同的晶体形状。故杂质的存在对成核过程速度与晶核形状均可能产生影响，但对不同的物系，影响是不同的。

一般来说，对不加晶种的结晶过程：① 若溶液过饱和度大，冷却速度快，强烈的搅拌，则晶核形成的速度快，数量多，但晶粒小；② 若过饱和度小，使其静止不动和缓慢冷却，则晶核形成速度慢，得到的晶体颗粒较大；③ 对于等量的结晶产物，若晶核形成的速度大于晶体成长的速度，则产品的晶体颗粒大而少，若这两个速度相近，则产品的晶体颗粒大小参差不齐。

因此，控制晶核成核的条件对结晶产品的数量、大小和形状均有重要意义。

9.1.3.3　控制成核的方法

操作工应认真负责，要勤检查、稳定工艺，保证结晶生产在最佳条件下进行。

① 维持稳定的过饱和度，防止结晶器在局部范围内（如蒸发面、冷却表面、不同组成的两流体的混合区内）产生过大的过饱和度。核心是控制冷却速度不能过快。

② 尽可能降低晶体的机械碰撞能量或概率。

③ 结晶器内应保持一定的液面高度，液面太低，会破坏悬浮液床层，使过饱和度越过介稳区，产生大量晶核。

④ 防止系统带气，否则会破坏晶浆床层，使液面翻腾，溢流带料严重。

⑤ 限制晶体的生长速率，不能盲目增加过饱和度来达到提高产量的目的。

⑥ 必要时，可对溶液进行加热、过滤等预处理，以消除溶液中可能成为过多晶核的微粒。

⑦ 及时从结晶器中移除过量的微晶。产品按粒度分级排出，使符合粒度要求的晶粒能作为产品及时排出，而不使其在器内循环。

⑧ 含有过量细晶的母液取出送回结晶器前，要加热或稀释，使细晶溶解。

⑨ 母液温度不宜相差过大，避免过饱和度过大，晶核增多。

⑩ 调节原料溶液的 pH 值或加入某些具有选择性的添加剂以改变成核速率。

9.1.4　晶体的成长

9.1.4.1　晶体的成长

晶体成长是指过饱和溶液中的溶质质点在过饱和度推动下，向晶核或晶种运动并在其表面上有序排列，使晶核或晶种微粒不断长大的过程。晶体的成长可用液相扩散理论描述。按此理论，晶体的成长过程包括如下三个步骤，如图9-3所示。图中 x_W、x_{W_i}、x_W^* 分别表示溶质在溶液主体、结晶界面和饱和溶液的质量分数。

① 扩散过程　溶质质点以扩散方式由液相主体穿过靠近晶体表面的层流液层（边界层）转移至晶体表面。

② 表面反应过程　到达晶体表面的溶质质点按一定排列方式嵌入晶面，使晶体长大并放出结晶热。

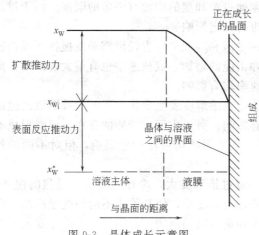

图 9-3　晶体成长示意图

③ 传热过程　放出的结晶热传导至液相主体中。

9.1.4.2　影响因素

溶液的组成及性质、操作条件等对晶体成长均具有一定影响。

① 过饱和度的影响　过饱和度是晶体成长的根本动力，通常，过饱和度越大，晶体成长的速度越快。但是，过饱和度的大小还影响晶核形成的快慢，而晶核形成及晶体成长的快慢又影响结晶的粒度及粒度分布，因此，过饱和度是结晶操作中一个极其重要的控制参数。

② 温度的影响　温度影响晶体成长速率取决于几个方面。温度提高，粒子运动加快，液体黏度下降，有利于成长。但更重要的是溶解度及过冷度均取决于温度，而过饱和度或过冷度通常是随温度的提高而降低的。因此，晶体生长速率一方面由于粒子相互作用的过程加速，应随温度的提高而加快；另一方面则由于伴随着温度提高，过饱和度或过冷度降低而减慢。

③ 搅拌强度的影响　搅拌是影响结晶粒度分布的重要因素。增加搅拌强度，可以控制结晶在较低过饱和度下操作，从而减少大量晶核析出的可能，但将使"介稳区"缩小，容易超越"介稳区"而产生细晶，同时也易使大粒晶体摩擦、撞击而破碎。

④ 冷却速度的影响　冷却是使溶液产生过饱和度的重要手段之一。冷却速度快，过饱和度增大就快。在结晶操作中，太大的过饱和度，容易超越"介稳区"极限，将析出大量晶核，影响结晶粒度。因此，结晶过程的冷却速度不宜太快。

⑤ 杂质的影响　物系中杂质的存在对晶体的生长往往有很大的影响，而成为结晶过程的重要问题之一。溶液中杂质对晶体成长速率的影响颇为复杂，有的能抑制晶体的成长；有的能促进成长；还有的能对同一种晶体的不同晶面产生选择性的影响，从而改变晶型；有的杂质能在极低的浓度下产生影响；有的却需在相当高的浓度下才能起作用。

杂质影响晶体生长速率的途径也各不相同，有的是通过改变溶液的结构或溶液的平衡饱和浓度；有的是通过改变晶体与溶液界面处液层的特性而影响溶质质点嵌入晶面；有的是通过本身吸附在晶面上而发生阻挡作用；如果晶格类似，则杂质能嵌入晶体内部而产生影响等。

杂质对晶体形状的影响，对于工业结晶操作有重要意义。在结晶溶液中，杂质的存在或有意识地加入某些物质，就会起到改变晶习的效果。

⑥ 晶种的影响　晶种的加入可使晶核形成的速度加快，加入一定大小和数量的晶种，并使其均匀地悬浮于溶液中，溶液中溶质质点便会在晶种的各晶面上排列，使晶体长大。晶种粒子大，长出的结晶颗粒也大，所以，加入晶种是控制产品晶粒的大小和均匀程度的重要手段，在结晶生产中是常用的。

9.2　结晶方法

9.2.1　冷却结晶

通过降低温度创造过饱和条件进行结晶的操作称为冷却结晶，此法基本上不去除溶剂，故适用于溶解度随温度降低而显著下降的物系，如 KNO_3、$NaNO_3$、$MgSO_4$ 等水溶液。

冷却的方法可分为自然冷却、间壁冷却或直接接触冷却三种。自然冷却是使溶液在大气中冷却而结晶，其设备构造及操作均较简单，但由于冷却缓慢，生产能力低，不易控制产品质量，在较大规模的生产中已不被采用。间壁冷却是通过间壁取走热量实现结晶的方法，目前广泛应用在工业生产中，但由于冷却传热面上常有晶体析出（晶垢），使传热系数下降，冷却速率降低，甚至影响生产的正常进行，故一般多用在产量较小的场合，或生产规模虽较大但用其他结晶方法不经济的场合。直接接触冷却法是借助冷却介质带走热量实现结晶的方法，冷却介质通常为空气或与溶液不互溶的烃类化合物或专用的液态物质，冷却介质与溶液直接接触而吸收热量，除空气外，冷却介质在冷却溶液时发生气化。直接接触冷却法有效地克服了间壁冷却易形成晶垢的缺点，传热效率高，但设备体积较大。

9.2.2 蒸发结晶

通过溶液在常压（沸点温度下）或减压（低于正常沸点）下蒸发创造过饱和条件进行的结晶操作称为蒸发结晶。此法主要适用于溶解度随温度的降低而变化不大的物系或具有逆溶解度变化的物系，如 NaCl 及无水硫酸钠等溶液。由于蒸发结晶法消耗的能量多，加热面上易形成污垢，故除了以上两类物系外，其他场合一般不采用。

9.2.3 真空冷却结晶

让溶液在较高真空度下绝热蒸发，一部分溶剂被除去，溶液则因为溶剂汽化带走了一部分潜热而降低了温度，用此法创造过饱和条件进行结晶的方法称为真空冷却结晶。此法实质上是冷却与蒸发两种效应联合来产生过饱和度，适用于具有中等溶解度物系的结晶，如 KCl、$MgBr_2$ 等。该法所用的主体设备较简单，操作稳定，器内无换热面，因而不存在晶垢妨碍传热而需经常清洗的问题，并且设备的防腐蚀问题也比较容易解决，劳动条件好，劳动生产率高，是大规模生产中首先考虑采用的结晶方法。

9.2.4 盐析结晶

在混合液中加入盐类或其他物质以降低溶质的溶解度从而析出溶质的结晶方法称为盐析结晶。所加入的物质叫做稀释剂，它可以是固体、液体或气体，但必须能与原来的溶剂互溶，又不能溶解要结晶的物质，且和原溶剂要易于分离。比如，向硫酸钠盐水中加入 NaCl 可降低 $Na_2SO_4 \cdot H_2O$ 的溶解度，从而提高 $Na_2SO_4 \cdot H_2O$ 的结晶产量；向氯化铵母液中加盐（氯化钠），母液中的氯化铵因溶解度降低而结晶析出；向有机混合液中加水（水析），使其中不溶于水的有机溶质析出等。

盐析的优点是直接改变固液相平衡，降低溶解度，从而提高溶质的回收率；结晶过程的温度比较低，可以避免加热浓缩对热敏性物料的破坏；在某些情况下，杂质在溶剂与稀释剂的混合物中有较高的溶解度，较多地保留在母液中，这有利于晶体的提纯。

此法最大的缺点是：为了处理母液，分离溶剂和稀释剂常常需配置回收设备。

9.2.5 反应沉淀结晶

化学反应生成的产物以结晶或无定形物析出的过程称为反应沉淀结晶。例如，用硫酸吸收焦炉气中的氨生成硫酸铵；用氨水吸收窑炉气生产碳酸氢铵等。

沉淀过程首先是反应形成过饱和条件，然后成核、晶体成长。与此同时，还往往包含了微小晶粒的成簇及熟化现象。显然，沉淀必须以反应产物在液相中的浓度超过溶解度为条件，此时的过饱和度取决于反应速率。因此，反应条件（包括反应物组成、温度、pH 值及混合方式等）对最终产物晶粒的粒度和晶型有很大影响。

9.2.6 升华结晶

物质由固态直接相变而成为气态的过程称为升华，其逆过程是蒸汽的骤冷直接凝结成固态晶体，称为升华结晶。工业上，升华结晶主要用于生产高纯度的结晶产品，如碘、萘、咖啡因蒽醌、氯化铁、水杨酸等都是通过这种方法生产的。

9.2.7 熔融结晶

熔融结晶是在接近析出物熔点温度下，从熔融液体中析出组成不同于原混合物的晶体的操作，过程原理与精馏中因部分冷凝（或部分汽化）而形成组成不同于原混合物的液相相类似。熔融结晶过程中，固液两相需经多级（或连续逆流）接触后才能获得高纯度的分离。

熔融结晶主要用作有机物的提纯、分离以获得高纯度的产品，如从混合二甲苯中提取纯对二甲苯；从含甲基萘等杂质的粗萘中提取纯度达 99.9% 的精萘；从混合二氯苯中分离获取纯对二氯苯等。熔融结晶的产物往往是以液态或整体固态存在的。

9.3 结晶设备与操作

工业生产中使用的结晶设备（结晶器）很多，为了达到预期的经济指标和产品质量指标，了解结晶器的类型、结构、特点，正确合理地选择与使用结晶器，是非常必要的。

9.3.1 常见结晶设备

9.3.1.1 结晶设备的类型与选择

按操作方式不同，结晶设备可分为间歇式结晶器和连续式结晶器两种。间歇式结晶器结构比较简单，结晶质量好，结晶收率高，操作控制比较方便，但设备利用率较低，操作劳动强度大。连续式结晶器结构比较复杂，操作控制要求高，消耗动力大，但产品质量稳定、设备利用率高、生产能力大。

按照改变溶液组成的方法不同，结晶设备可分为移除部分溶剂（浓缩）结晶器、不移除部分溶剂（冷却）结晶器及其他结晶器。移除部分溶剂结晶器是通过蒸发部分溶剂造成过饱和实现结晶的，比如，蒸发式结晶器，适用于溶解度随温度的降低变化不大的物质结晶，例如 NaCl、KCl 等。不移除溶剂结晶器则是采用冷却降温的方法使溶液达到过饱和而实现结晶的，比如，冷却式结晶器，适应于溶解度随温度降低变化较大的物质结晶，例如 KNO_3、NH_4Cl 等。其他结晶器可能会既蒸发溶剂又降温，此不细述。

另外，也有把结晶器分为混合型与分级型、母液循环型和晶浆（晶体与母液的悬混物）循环型的。

通常，结晶器都装有搅拌器，搅拌作用会使晶体颗粒保持悬浮和均匀分布于溶液中，同时又能提高溶质质点的扩散速度，以加速晶体长大。

选取结晶设备的主要依据是：①被处理物系的性质；②杂质的影响；③结晶产品的粒度和粒度分布；④处理量的大小等。同时所选择的结晶器应该能耗低、操作简便、易于维护等。选用时，可认真分析各种结晶器的特点与适应性（产品说明书），结合结晶任务的要求合理选取。

比如，对于溶解度随温度降低而大幅度降低的物系可选用冷却结晶器或真空结晶器；对于溶解度随温度降低而降低很小、不变或少量上升的物系则可选择蒸发结晶器；为了获得颗粒较大而且均匀的晶体，可选用具有粒度分级作用的结晶器等。

9.3.1.2　常见结晶器

（1）移除部分溶剂的结晶器

① 蒸发结晶器　蒸发结晶器与用于溶液浓缩的普通蒸发器在设备结构及操作上完全相同。它是靠加热使溶液沸腾，让溶剂部分汽化使溶液浓缩达到过饱和状态而结晶的。蒸发时可以采用太阳能自然蒸发（海边晒盐），也可以利用热源进行沸腾蒸发（大多数工业结晶），既可以采用单效蒸发，也可以采用多效蒸发。与普通蒸发不同之处在于，蒸发结晶必须考虑如何形成足够大的结晶体问题，即养晶的问题。

由于存在受热不均的问题，在局部（加热面）附近溶剂汽化较快，溶液的过饱和度不易控制，因而也难以控制晶体颗粒的大小。它适用于对产品晶粒大小要求不高的结晶。

图 9-4 所示为 Krystal-Oslo 型（强制循环型）蒸发结晶器，结晶器由蒸发室与结晶室两部分组成。原料液经外部加热器预热之后，在蒸发器内迅速被蒸发，溶剂被抽走，溶液被降温，使溶液迅速处在介稳区，从而在结晶室内析出结晶。其优点是循环母液中基本不含晶体颗粒，从而避免了泵的叶轮与晶粒之间的碰撞而造成的过多二次成核；结晶室具有粒度分级作用，使结晶产品颗粒大而均匀。其缺点是操作弹性较小（因母液的循环量受到了产品颗粒在饱和溶液中沉降速度的限制）；加热器内容易形成晶垢而导致传热系数降低。

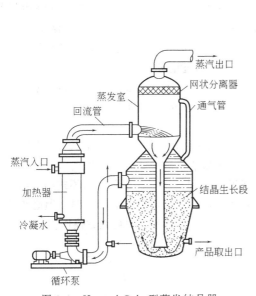

图 9-4　Krystal-Oslo 型蒸发结晶器

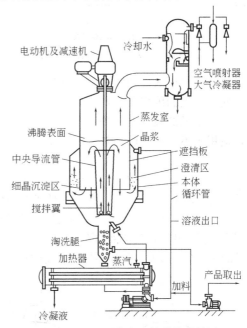

图 9-5　DTB 型蒸发式结晶装置简图

图 9-5 所示为 DTB（导流管与挡板）型蒸发式结晶器。它的特点是蒸发室内有一个导流管，管内装有带螺旋桨的搅拌器，它把带有细小晶体的饱和溶液快速推升到蒸发表面，由于系统处在真空状态，溶剂产生闪蒸而造成了轻度的过饱和度，然后过饱和液沿环形面积流向下部时释放其过饱和度，使晶体得以长大。在器底部设有一个分级腿，这些晶浆又与原料液混合，再经中心导流管而循环。结晶长大到一定大小后沉淀在分级腿内，同时对产品也进行洗涤，保证了结晶产品的质量和粒径均匀，不夹杂细晶。

DTB 型结晶器属于典型的晶浆内循环结晶器，性能优良，生产强度大，能生产大颗粒结晶产品，器内不易结垢，已成为连续结晶器的最主要形式之一。

② 真空结晶器 真空结晶器可以是间歇操作，也可以是连续操作。图9-6所示为连续真空结晶器。热的料液自进料口连续加入，晶浆用泵连续排出，结晶器底部管路上的循环泵使溶液作强制循环流动，以促进溶液均匀混合，维持有利的结晶条件。蒸出的溶剂（气体）由器顶部逸出，至高位混合冷凝器中冷凝。双级蒸汽喷射泵的作用是造成系统的真空条件，不断抽出不凝性气体。通常，真空结晶器内的操作温度都很低，所产生的溶剂蒸气不能在冷凝器中被水冷凝，此时可用蒸汽喷射泵喷射加压，将溶剂蒸气在冷凝之前加以压缩，以提高它的冷凝温度。

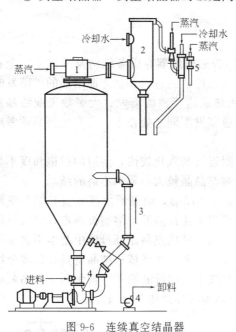

图 9-6 连续真空结晶器
1—蒸汽喷射泵；2—冷凝器；
3—循环管；4—泵；5—双级式蒸汽喷射泵

真空结晶器结构简单、无运动部件，当处理腐蚀性溶液时，器内可加衬里或用耐腐蚀材料制造；溶液是绝热蒸发而冷却，不需要传热面，因此在操作时不存在晶垢影响传热的问题；操作易控制和调节，生产能力大。但该设备操作时必须使用蒸汽，且蒸汽、冷却水消耗量较大。

③ 喷雾结晶器 喷雾结晶器主要由加热系统、结晶塔、气固分离器等组成。溶液由塔顶或塔中部的喷布器喷入塔中，其液滴向塔底降落过程中与自塔底部通入的热空气逆向接触，液滴中的部分溶剂被汽化并及时被上升气流带走。同时，液滴因部分溶剂汽化吸热而冷却，使溶液达到过饱和而产生结晶。

喷雾结晶的关键在于喷嘴能保证将溶液高度分散开。一般可得到细小粉末状的结晶产品，适用于不宜长时间加热的物料结晶。但设备庞大，装置复杂，动力消耗多。

（2）不移除溶剂的结晶器

① 间接换热釜式结晶器 间接换热釜式结晶器是目前应用较广的冷却结晶器之一，图9-7为内循环式冷却结晶器，图9-8为外循环式冷却结晶器。冷却结晶过程所需冷量由夹套或外部换热器提供。由于换热面积的限制，内循环式结晶器换热速率受到一定制约。而外循环式结晶器通过外部换热器传热，由于溶液的强制循环，传热系数较大，换热面积可根据需要调整，但必须选用合适的循环泵，以避免悬浮晶体的磨损破碎。两种结晶器可连续操作，也可间歇操作。

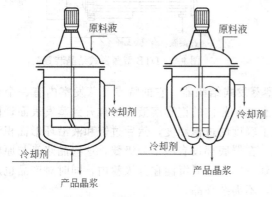

图 9-7 内循环式冷却结晶器

图 9-8 外循环式冷却结晶器

② 桶管式结晶器 图9-9是一种最简单的桶管式结晶器，其实质就是一个普通的夹套

式换热器，可连续操作，也可间歇操作，此类结晶器的生产能力小，换热面易结垢。当结垢严重影响传热能力时，必须进行切换、清洗，势必带来清洗液中溶质的损失。为了减少清洗损失，突出轮流切换清洗刷，在冷却夹套的内壁装有多组毛刷，既起到搅拌作用，又能减缓结垢的速度，延长使用时间。但由于过饱和度难以控制，未从根本上解决结垢问题，通常只在小规模生产中使用。

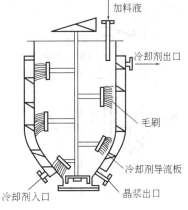

图 9-9 桶管式结晶器

③ 连续敞口搅拌结晶器 如图 9-10 所示，连续敞口搅拌结晶器是半圆底的卧式敞口长槽，槽外装有冷却夹套，槽内装有搅拌器。热而浓的溶液从结晶器的一端进入，沿槽流动，与夹套中的冷却介质做逆流流动。由于冷却作用，溶液在进口处附近产生晶核，并随溶液在结晶器中长大成为晶体，最后由槽的另一端排出。

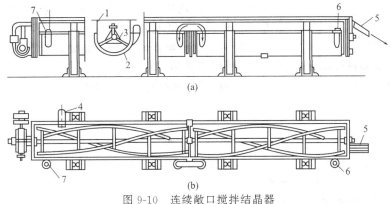

(a)

(b)

图 9-10 连续敞口搅拌结晶器

1—槽；2—水夹套；3—搅拌器；4—溶液进口；5—溶液出口；6,7—冷却水进出口

连续敞口搅拌结晶器的特点是：搅拌使晶粒不易在冷却面上聚结、晶粒能更好地悬浮于溶液中，有利于均匀成长；所得产品颗粒大小匀称且完整，但结晶器的容积较大，占地较多。

④ 盐析结晶器 如图 9-11 所示，盐析结晶器的工作原理与 Krystal-Oslo 结晶器类似，溶液通过循环泵从中央降液管流出，与此同时，从套筒中不断地加入盐（如食盐），随着盐浓度的增加，溶质的溶解度减小，形成一定的过饱和度并析出结晶。在此过程中，盐的加入量是影响产品质量的关键。

9.3.2 结晶操作要求

在工业生产中，结晶操作分间歇和连续两种，其操作要求各有特点。

对于间歇操作，为了实现预期的结晶目的，通常采用加晶种的结晶方法（由于不加晶种难于控制产品质量，工业生产主要采用加晶种的方法），并采取措施：①控制多余晶核的生成；②控制过饱和度处在介稳区；③防止二次成核；④控制结晶周期，以提高设备的生产能力；⑤控制晶种加入量；⑥减少结晶辅助时间等。

间歇结晶的特点是操作简单，易于控制，晶垢可以在每一操作周期中及时处理，因此，在中小规模的结晶生产中广泛使用，但间歇操作生产率低下，劳动强度大。目前，为了使间歇生产周期更加合理，可以借助计算机辅助控制与操作手段安排最佳操作时间表，即按一定的操作程序控制结晶过程各环节的时间，以达到多快好省的目的，其中最重要的是控制造成和维持过饱和度的时间，以及晶核成长的时间。

对于连续结晶操作，操作要点主要在于：①控制晶体产品粒度及其分布符合质量要求；

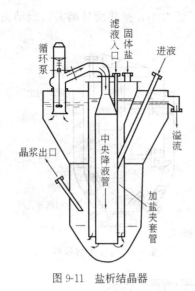

图 9-11　盐析结晶器

②维护结晶器的稳定操作；③提高生产强度；④降低晶垢的生成率以延长结晶器运行周期等。为此，工业连续结晶常常采用"细晶消除"、"粒度分级排料"和"清母液溢流"等技术（可参阅有关专书），通过这些技术，使不同粒度的晶体在结晶器中具有不同的停留时间、使母液与晶体具有不同的停留时间，从而达到控制产品粒度分布及良好运行状态的目的。

同间歇操作相比，连续结晶具有的优点是：①生产能力高数十倍，占地面积小；②操作参数稳定，不需要在不同时刻控制不同的参数；③冷却法及蒸发法的经济效果好，操作费用低；④劳动强度低，劳动量小；⑤母液利用充分（大约只有 7% 的母液需要重新加工，而间歇结晶有 20%～40% 的母液需要重新加工）等。因此，当规模足够大时，工业结晶生产均采用连续操作方法。连续结晶的不足之处是：①产品的平均粒度比间歇的小；②对操作人员的技术水平和经验要求较高；③晶垢的形成和积累，影响操作周期。需要停机清理的周期通常在 200～2000h，而间歇结晶每次操作前均可以得到清理。

根据经验，当料液处理量大于 20m³/h 时，通常选用连续操作。

思 考 题

1. 解释食盐水加热煮沸，时间久了有食盐结晶析出的现象。
2. 结晶过程中控制成核有哪些条件？
3. 分析过饱和度对结晶操作的意义？
4. 影响晶体的成长和结晶粒度的因素有哪些？
5. 比较不同结晶方法的特点，分析其适应场合。
6. 蒸发式结晶设备与普通蒸发器有何异同点？
7. 选择结晶设备时要考虑哪些因素？
8. 蒸发结晶器与普通蒸发器在设备结构及操作上怎样？工作原理有何区别？
9. 工业上有哪些常用的结晶方法？它们各适用于什么场合？
10. 含水的湿空气骤冷形成雪属于什么过程？

习 题

9-1　在 353K 时，KCl 的溶解度是 62g/100g 水，试计算 353K 时：（1）100kg 饱和溶液中溶有多少 KCl；（2）溶解 100kg KCl 至少需要的水量。

9-2　在某一温度下，1kg 硫酸铜饱和水溶液中含有 $CuSO_4$ 24kg。计算制备 900kg 硫酸铜饱和水溶液需要 $CuSO_4 \cdot 5H_2O$ 的量。

9-3　硝酸钾在 273K 和 373K 时的溶解度分别为 13.5g/100g 水和 247g/100g 水。若 1h 将 373K 的硝酸钾饱和溶液冷却到 273K，问析出的结晶是多少？

自 测 题

一、填空

1. 常用的结晶的方法有 _____ 、_____ 、_____ 、_____ 和 _____ 等。

2. 冷却结晶的推动力是溶液的_____。

3. 溶液的_____、_____和蒸发的_____等对结晶成长均具有一定的影响。

4. 影响结晶的因素主要有_____、_____、_____、_____、_____等。

5. 晶体成长过程包括_____、_____、_____。

二、单项选择题

1. 结晶的发生必有赖于（ ）的存在。

A. 未饱和　　　　　　B. 饱和　　　　　　C. 不饱和及饱和　　　　D. 过饱和

2. 在工业结晶生产中，有重要意义的是（ ）。

A. 初级成核　　　B. 次级成核（即晶种诱导成核）

C. 均相成核（即自发成核）

D. 非均相成核（即外来杂质诱导成核）

3. 以下结晶器中安装有导流筒并有螺旋桨式搅拌器的是（ ）。

A. 蒸发结晶器　　　B. 真空冷却结晶器

C. Krystal-Oslo 分级结晶器

D. DTB 型结晶器

4. 以下物质，用升华结晶生产的是（ ）。

A. 水杨酸　　　　B. 氨基酸　　　C. 氯化钠　　　　　D. 硫酸镁

5. 结晶过程中，较高的过饱和度，可以（ ）晶体。

A. 得到少量、体积较大的　　　B. 得到大量、体积细小的

C. 得到大量、体积较大的　　　D. 得到少量、体积细小的

6. 蒸发结晶主要适用于溶质溶解度随温度降低而变化（ ）的物系。

A. 较大　　　　　B. 较小　　　　C. 很大　　　　　D. 不大

第10章 萃 取

学习目标

1. 了解

萃取操作的经济性；萃取操作的工业应用，萃取设备及其选用原则；超临界萃取原理。

2. 理解

萃取过程原理；萃取相平衡关系；萃取剂选取的原则；影响萃取操作的因素；影响萃取操作的因素；萃取过程的强化措施。

3. 掌握

杠杆规则；单级萃取过程在相图上的表示。

10.1 概 述

液-液萃取是在液体混合物中加入与其不完全混溶的液体溶剂，形成液-液两相，利用液体混合物中各组分在两液相中溶解度的差异而达到分离的目的，也称溶剂萃取，简称萃取。原液体混合物称为原料液 F，混合液中欲分离的组分称为溶质 A；混合液中的其余部分称稀释剂或原溶剂 B；在萃取过程中，所加入的溶剂称为萃取剂 S，萃取剂应对溶质具有较大的溶解能力，与原溶剂应不互溶或部分互溶。萃取所得新混合液由萃取相 E 和萃余相 R 组成。萃取相 E 中 A 组分的浓度比原料液 F 大，萃余相 R 中 A 组分浓度比原料液 F 小。

采用单—萃取剂萃取—种溶质的系统中有三个组分；若采用两种互不相溶的"双溶剂"做萃取剂，或萃取两个或两个以上的溶质组分，则系统将涉及更多的组分。

如果萃取过程中，萃取剂与原料液中的有关组分不发生化学反应，称之为物理萃取；反之则称之为化学萃取。

本章只讨论三组分、物理、液-液萃取过程。

10.1.1 萃取在化工生产中的应用

1842 年，E. M. 佩利若研究了用乙醚从硝酸溶液中萃取硝酸铀酰。1903 年 L. 埃迪兰努用液态二氧化硫从煤油中萃取芳烃，这是萃取的第一次工业应用。由于萃取能有效地从含量很低的铀矿浸出液中分离、富集和提纯原子能工业中应用的铀，20 世纪 40 年代后期，生产核燃料的需要促进了萃取的研究开发。20 世纪 60 年代中期，萃取成为湿法冶金中溶液分离、浓缩和净化的有效方法。例如从锌冶炼烟尘的酸浸出液中萃取铊、铟、镓、锗，以及铌-钽、镍-钴、铀-钒体系的分离。在石油化工中用于链烷烃与芳香烃共沸物的分离。例如用二甘醇从石脑油裂解副产汽油或重整油中萃取芳烃（尤狄克斯法，Udex process），如苯、甲苯和二甲苯。在工业废水处理中用于二烷基乙酰胺脱除染料厂、炼油厂、焦化厂废水中的苯酚。在制药工业中用于从复杂的有机液体混合物中分离青霉素、链霉素以及维生素等。

图 10-1 所示为工业中以乙酸乙酯为萃取剂，从稀乙酸水溶液中提取无水乙酸的生产流程。原料液（稀乙酸水溶液）由萃取塔顶部连续加入，萃取剂（乙酸乙酯）从塔底连续加入，两相在塔内逆流直接混合接触，大部分乙酸从原料转入乙酸乙酯中。从萃取塔顶部引出含有少量水的乙酸作为萃取相，送入恒沸精馏塔。萃取相中乙酸乙酯与水形成非均相恒沸物，由精馏塔顶引出，经

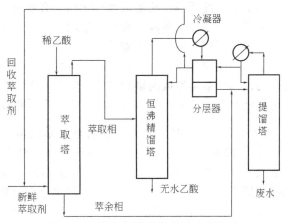

图 10-1 萃取-恒沸精馏提浓乙酸流程

冷凝后在分层器内分层。上层的乙酸乙酯一部分作为精馏回流液；另一部分作为回收的萃取剂循环使用。分层器下部得到含有少量萃取剂的水溶液送提馏塔回收乙酸乙酯。精馏塔底部得到较纯的无水乙酸产品。从萃取塔底部引出含有少量萃取剂的水，送入提馏塔回收乙酸乙酯。

此流程说明，萃取过程本身并未完全完成分离任务，而只是将难于分离的原混合物转变成易于分离的新混合物，要得到纯产品并回收溶剂，必须辅以精馏（或蒸发）等操作。

萃取和精馏都是分离液体混合物的操作。对于一种液体混合物，究竟是采用蒸馏还是萃取加以分离，主要取决于技术上的可行性和经济上的合理性。一般地，在下列情况下采用萃取方法更为有利。

① 混合液中各组分的沸点很接近或形成恒沸混合物，用一般精馏方法不经济或不能分离，如芳烃与脂肪烃的分离。

② 原料液中需分离的组分是热敏性物质，蒸馏时易于分解、聚合或发生其他变化。如以乙酸丁酯为萃取剂经过多次萃取可以从用玉米发酵得到的含青霉素的发酵液中提得青霉素的浓溶液。

③ 原料液中需分离的组分浓度很低且难挥发，若采用蒸馏方法需将大量原溶剂汽化，能耗较大。

10.1.2 萃取剂的选择

选择合适的萃取剂是保证萃取操作能够正常进行且经济合理的关键。萃取剂的选择主要考虑以下因素。

10.1.2.1 萃取剂的选择性

萃取剂的选择性是指萃取剂 S 对原料液中溶质 A、原溶剂 B 两个组分溶解能力的差异。若 S 对溶质 A 的溶解能力比对原溶剂 B 的溶解能力大得多，则其用量可减少，其产品质量也较高。这种选择性的大小或选择性的优劣通常用选择性系数 β 衡量。选择性系数 β 类似于蒸馏过程的相对挥发度 α，反映了 A、B 组分溶解于萃取剂 S 的能力差异，即 A、B 的分离程度。对于萃取操作，β 越大，分离效果越好，应选择 β 远大于 1 的萃取剂。

10.1.2.2 萃取剂回收的难易与经济性

为了获得纯产品及使溶剂循环使用，必须对萃取所得的新混合物——萃取相及萃余相中的萃取剂进行回收。萃取过程中，萃取剂回收是费用最多的环节。有的萃取剂虽有许多良好的性质，但因回收困难而不被采用。

萃取剂回收常用的方法是蒸馏、蒸发、反萃取等。若被萃取的溶质不挥发或挥发度很低时，可以用一般蒸发或闪蒸的方法回收萃取剂，以节省能耗。如果不能采用蒸馏或蒸发，有时可降低萃取相的温度使溶质结晶析出或者采用化学方法来分离。

10.1.2.3 萃取剂的物理性质与化学性质

① 萃取剂 S 与原溶剂 B 的互溶度 萃取剂 S 与原溶剂 B 的互溶度越小，萃取操作的范围越大，分离效果越好。对于 B、S 完全不溶物系，选择性系数达到无穷大，选择性最好。选择与原溶剂互溶度小的萃取剂，可增加分离效果。

② 密度 萃取相与萃余相之间密度差大，有利于两个液相在萃取器中分层，不易产生第三相和乳化现象，两液相可采用较高的相对速度逆流。特别是对没有外加能量的设备，密度差大有利于提高设备的生产能力。

③ 界面张力 两个液相间的界面张力对萃取操作具有重要影响。一方面界面张力大，有利于细小液滴的聚结和两相的分层，但两相难以分散混合，需要更多外加能量；另一方面，界面张力过小，虽然液体容易分散，但易产生乳化现象，使两相较难分层。由于液滴的聚结更重要，故一般选用使界面张力较大的萃取剂。某些常用物系的界面张力数值见表 10-1。

表 10-1 某些物系的界面张力

物　系	界面张力/[$\times 10^{-3}$(N/m)]	物　系	界面张力/[$\times 10^{-3}$(N/m)]
氢氧化钠-水-汽油	30	四氯化碳-水	40
硫醇溶解加速溶液-汽油	2	二硫化碳-水	35
合成洗涤剂-水-汽油	<1	苯-水	30
甘油-水-异戊醇	4	异戊醇-水	4
甲基异丁基甲酮-水	10	异辛烷-水	47
二氯二乙醚-水	19	煤油-水	40
乙酸丁酯-水-甘油	13	乙酸丁酯-水	13
异辛烷-甘油-水	42	乙酸乙酯-水	7
煤油-水-蔗糖	23～40		

④ 黏度 采用低黏度萃取剂有利于两相的混合与分层，也有利于流动与传质。当萃取剂的黏度较大时，往往加入其他溶剂进行调节。

⑤ 化学稳定性 萃取剂应不易水解和热解，耐酸、碱、盐、氧化剂或还原剂，腐蚀性小。在原子能工业中，还应具有较高的抗辐射能力。

10.1.2.4 其他因素

还应考虑其他因素，如无毒或毒性小，无刺激性，难挥发，对设备的腐蚀性小，不易燃、易爆等。来源丰富，价格便宜，循环使用中损耗小。

通常，很难找到能同时满足上述所有要求的萃取剂，因此应根据物系特点，结合生产实际，多方案比较，充分论证，权衡利弊，选择合适的溶剂。

10.1.3 萃取操作流程

根据操作方式，萃取操作流程分为间歇萃取操作和连续萃取操作；根据原料液和萃取剂的接触方式，萃取操作设备分为分级接触式萃取和连续接触式（或微分接触式）萃取。分级接触式萃取又分为单级萃取和多级萃取，其中多级萃取又分为多级错流萃取和多级逆流萃取。根据 A、B 组分与萃取剂 S 的互溶性差异，萃取操作分为单组分萃取和双组分萃取。

10.1.3.1　单组分萃取

混合液中只有一种欲分离的组分 A 被 S 萃取；或其他组分虽同时被 S 萃取，但不影响对 A 组分的质量要求，这类萃取称为单组分萃取。其基本原理、操作流程等基本关系与吸收类似。

（1）单级萃取流程　单级接触萃取可以用于间歇操作，也可用于连续操作，如图 10-2 所示。将一定量萃取剂 S 加入原料液 F 中，原料液 F 由溶质 A 和原溶剂 B 组成，然后加以搅拌使原料液与萃取剂充分混合，溶质 A 通过相界面由原料液向萃取剂中扩散。搅拌停止后，两液相因密度不同而分层：一层以萃取剂 S 为主，并溶有较多的溶质，称为萃取相，用 E 表示；另一层以原溶剂（稀释剂）B 为主，且含有未被萃取完的溶质，称为萃余相，用 R 表示。若萃取剂 S 和 B 为部分互溶，则萃取相中还含有少量的 B，萃余相中也含有少量的 S。萃取操作并没有得到纯净的组分，而是新的混合液：萃取相 E 和萃余相 R。为了得到产品 A，并回收萃取剂供循环使用，还需对这两相分别进行分离。通常采用蒸馏或蒸发的方法，有时也可采用结晶等其他方法。脱除萃取剂后的萃取相和萃余相分别称为萃取液和萃余液，用 E′ 和 R′ 表示。

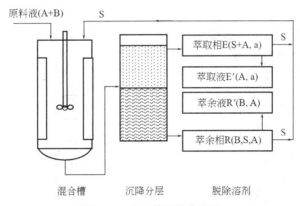

图 10-2　单级萃取操作流程

单级萃取最多为一次平衡，故分离程度不高，只适用于溶质在萃取剂中的溶解度很大或溶质萃取率要求不高的场合。这里主要讨论单级萃取过程。

（2）多级错流萃取流程　如图 10-3 所示，多级错流萃取实际上就是多个单级萃取的组合。原料液依次通过各级，新鲜溶剂则分别加入各级的混合槽中，各级所得萃取相和最后一级（第 n 级）的萃余相分别进入溶剂回收设备，回收溶剂后的萃取相称为萃取液（用 E′ 表示），回收溶剂后的萃余相称为萃余液（用 R′ 表示）。

图 10-3　多级错流萃取流程示意图

特点：萃取率比较高，但萃取剂用量较大，溶剂回收处理量大，能耗较大。

（3）多级逆流萃取的流程　如图 10-4 所示，原料液和萃取剂依次按反方向通过各级，最终萃取相从加料一端（第 1 级）排出，并引入溶剂回收设备中，最终萃余相从加入萃取剂的一端（第 n 级）排出，引入溶剂回收设备中。

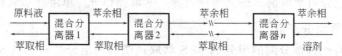

图 10-4　多级逆流萃取流程示意图

特点：可用较少的萃取剂获得比较高的萃取率，工业上广泛采用。

与单级萃取流程相比，多级萃取过程具有分离效率高、产品回收率高、溶剂用量少等优点。工业生产最常用的是多级逆流萃取流程。

（4）连续接触式萃取　如图 10-5 所示，在一个柱式或塔式容器中，重相（如原料液）从塔顶进入塔中，从上向下流动，与自下向上流动的轻相（如萃取剂）逆流连续接触，进行传质，萃取结束后，两相分别在塔顶、塔底分离，最终的萃取相从塔顶流出，最终的萃余相从塔底流出。微分逆流萃取的设备，有与气-液传质相似的填料塔，也有萃取用的搅拌塔、转盘塔、喷洒塔、脉冲、振动筛板塔等。

其特点是：一液相为连续相，另一液相为分散相，分散相和连续相呈逆流流动；两相在流动过程中进行质量传递，其浓度沿塔高呈连续微分变化。

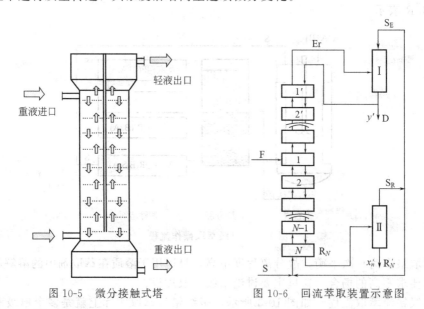

图 10-5　微分接触式塔　　　图 10-6　回流萃取装置示意图

两液相连续逆向流过设备，没有沉降分离时间，因而传质未达平衡状态。微分萃取适用于两液相有较大的密度差的场合，是工业上常用的萃取方法。

10.1.3.2　双组分萃取

双组分萃取又称为回流萃取。当混合液中 A、B 两组分在溶剂 S 中的溶解度差别不大时，需采用回流萃取才能使 A、B 两组分实现较分离完全，此时的原理和流程与精馏的类似。

如图 10-6 所示，回流萃取是在萃取过程中，将部分萃取产品回流至萃取设备中，与料液进行相同接触传质，对料液进行高纯度分离的一种萃取方法。从塔顶取得的萃取液用蒸馏的方法将溶剂分离以后，部分作为萃取产品，其余作为回流液送回到塔顶，称为回流。和精馏过程中所采用的回流作用一样，可以提高分离纯度。在级联（或萃取塔）中，料液进口至萃取剂进口各级（或塔段）称为萃取段，其间进行一般的逆流萃取，用萃取剂从料液中提出被分离组分。料液进口至回流液进口各级（或塔段）称为回流段，它用回流液提高来自萃取段的萃取液的浓度。于是萃取产品的浓度不再受料液浓度所限制，可通过回流比和回流段级数来调节。提高回流比和增加回流段级数，都能提高产品浓度（见精馏）。

对于有机混合液体的萃取分离，选择性系数高的萃取剂不多，采用一般的逆流萃取不能得到浓度较高的产品。因此，当料液浓度较低时，需用回流萃取才能得到浓度较高的产品。

10.2 部分互溶物系的相平衡

萃取过程是液-液两相间的溶质传递过程，两相间的平衡关系可以指明过程能否进行、进行的方向以及过程的热力学极限等。由相律知，温度、压力会影响到平衡状态和平衡组成。通常，温度的影响较大；而压强的影响较小，可忽略。在物料衡算时，则只涉及物料量和组成的关系，与系统的平衡关系、操作的温度、压力等因素无直接关系。

10.2.1 部分互溶物系的相平衡

工业萃取过程中萃取剂与原溶剂一般为部分互溶，涉及到的是三元混合物的平衡关系，一般采用三角形坐标图来表示组成。

10.2.1.1 组成的表示方法

如图 10-7 所示，可以用等边三角形坐标图、等腰直角三角形坐标图和非等腰直角三角形坐标图来表示三元物系的组成。其中，等腰直角三角形坐标图可直接在普通直角坐标纸上进行标绘，且读数较为方便，故以等腰直角三角形坐标图最为常用。

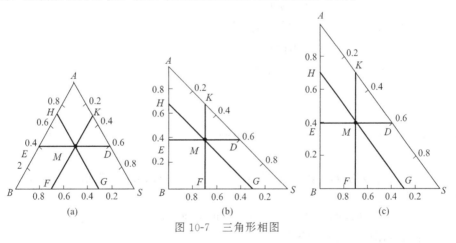

图 10-7　三角形相图

组分的浓度以摩尔分数、质量分数表示均可。本章中 x_{W_A}、x_{W_B}、x_{W_S} 分别表示 A、B、S 的质量分数。

三角形坐标图的每个顶点分别代表一个纯组分，即顶点 A 表示纯溶质 A，顶点 B 表示纯原溶剂（稀释剂）B，顶点 S 表示纯萃取剂 S。

三角形坐标图三条边上的任一点代表一个二元混合物系，不含第三组分。AB 边以 A 的质量分数作为标度，BS 边以 B 的质量分数作为标度，SA 边以 S 的质量分数作为标度。例如 AB 边上的 E 点，表示由 A、B 组成的二元混合物系，由图可读得 A、B、S 的组成分别为：$x_{W_A} = 0.40$，$x_{W_B} = (1.0 - 0.40) = 0.60$，$x_{W_S} = 0$。

三角形坐标图内任一点代表一个三元混合物系。如 M 点即表示由 A、B、S 三个组分组成的混合物系。其组成可按下法确定：过物系点 M 分别作对边的平行线 ED、HG、KF，则由点 E、G、K 可直接读得 A、B、S 的组成分别为：$x_{W_A}=0.4$，$x_{W_B}=0.3$，$x_{W_S}=0.3$；也可由点 D、H、F 读得 A、B、S 的组成。一般首先由两直角边的标度读得 A、S 的组成 x_{W_A} 及 x_{W_S}，再由归一化条件可求 $x_{W_B}=1-x_{W_A}-x_{W_S}$。

10.2.1.2 物料衡算与杠杆规则

物料衡算与杠杆规则用于描述两个混合物 R 和 E 形成一个新的混合物 M 时，或者一个混合物 M 分离为 R 和 E 两个混合物时，其质量之间的关系。

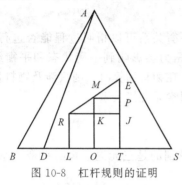

图 10-8 杠杆规则的证明

图 10-8 中，D 点表示组分 B 和组分 S 的二元混合物。如果向 D 中逐渐加入组分 A，其组成点将沿 DA 线向上移动，加入的 A 组分越多，组成点越接近于点 A。AD 线上任意一点表示混合液中 B 与 S 两组分的组成之比为常数。

同样图中点 R 代表某三元物系混合物的组成点，其质量为 R(kg)；向 R 中加入三元混合物 E，其质量为 E(kg)；则新混合物组成点 M 必在 RE 连线上，其质量为 M(kg)。其组成点的具体位置由 R 及 E 的质量与图中相应线段长度成比例。

$$\frac{R}{E}=\frac{\overline{ME}}{\overline{RM}}=\frac{x_{W_{AE}}-x_{W_{AM}}}{x_{W_{AM}}-x_{W_{AR}}} \tag{10-1}$$

式中　R——萃余相 R 的质量，kg 或 kg/h；

　　　E——萃取相 E 的质量，kg 或 kg/h；

　$x_{W_{AE}}$——溶质 A 在萃取相 E 中的质量分数；

　$x_{W_{AM}}$——溶质 A 在混合液 M 中的质量分数；

　$x_{W_{AR}}$——溶质 A 在萃余相 R 中的质量分数；

　$\overline{ME}$——线段 ME 的长度；

　$\overline{RM}$——线段 MR 的长度。

注意，相图中 R 与 E 代表 R 相与 E 相的组成点，算式中 R 与 E 则代表相应流股的质量。

在间歇操作中各股物流的量以 kg 表示；连续操作中以 kg/h 表示。约定不标注组分符号时总是对溶质 A 组分而言。

式(10-1) 称为杠杆定律，其实质是质量守恒定律，可由物料衡算证明。

由质量守恒定律得总物料的衡算式

$$M=R+E \tag{10-2}$$

对 A 组分的物料衡算，得　$M(\overline{MO})=R(\overline{RL})+E(\overline{ET})$

即　　　　　　　$Mx_{W_{AM}}=Rx_{W_{AR}}+Ex_{W_{AE}} \tag{10-3}$

对 S 组分的物料衡算

$$Mx_{W_{SM}}=Rx_{W_{SR}}+Ex_{W_{SE}} \tag{10-4}$$

式中　　　　　　　M——混合液 M 的质量，kg 或 kg/h；

　$x_{W_{AM}}$，$x_{W_{AR}}$，$x_{W_{AE}}$——溶质 A 在混合物 M、R、E 中的质量分数；

　$x_{W_{SM}}$，$x_{W_{SR}}$，$x_{W_{SE}}$——萃取剂 S 在混合物 M、R、E 中的质量分数。

将式(10-2) 代入式(10-3) 整理得

$$\frac{R}{E}=\frac{x_{W_{AE}}-x_{W_{AM}}}{x_{W_{AM}}-x_{W_{AR}}}=\frac{\overline{EP}}{\overline{MK}}=\frac{\overline{ME}}{\overline{RM}}\tag{10-5}$$

式(10-5) 说明杠杆规则实际上是物料衡算的图解表示。同理得

$$\frac{R}{M}=\frac{\overline{ME}}{\overline{RE}}\tag{10-6}$$

$$\frac{E}{M}=\frac{\overline{RM}}{\overline{EM}}\tag{10-7}$$

图 10-8 中 M 点称为 R 点与 E 点的和点，R 点称为 M 点与 E 点称为差点，E 点称为 M 点与 R 点称为差点。差点与和点在同一条直线上，差点位于和点的两边；RE 线上不同的点代表 R、E 以不同质量比进行混合所得的混合物；混合物 M 可分解成任意两个分量，这两个分量位于通过 M 点的直线上，在 M 点的两边即可。根据杠杆规则，若已知两个差点，则可确定和点；若已知和点和一个差点，则可确定另一个差点。

【例 10-1】 如图 10-9 所示混合液 D 的组成，$D=100kg$，如果要将 D 中的萃取剂 S 全部脱除，那么可以得到组成为 A、B 的混合物的量和组成为多少？

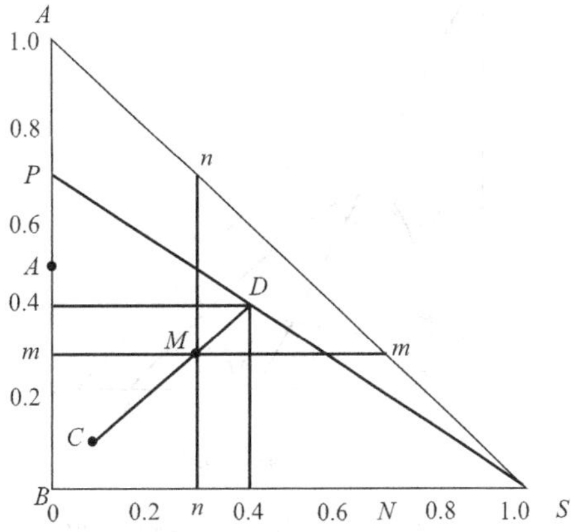

解：连接 S 点和 D 点并延长交 AB 边于 P 点，P 点即为三元混合物 D 中脱除 S 后的 A、B 混合物组成点。由杠杆定律知 P 点为 S 点和 D 点的差点，有

$$P=D-S=100-S\tag{a}$$

量取线段长度可得

$$\frac{P}{S}=\frac{\overline{DS}}{\overline{PD}}=\frac{0.6}{0.4}=\frac{3}{2}\tag{b}$$

联解方程(a)、(b) 得到 $P=60kg$

读图可得 D 点坐标为：$x_{W_A}=0.4$，$x_{W_B}=0.2$，$x_{W_S}=0.4$

P 完全脱除 S 后仅为 A、B 混合液，其中 A、B 组分的比例不变，有

$$\frac{x'_{W_A}}{x'_{W_B}}=\frac{x_{W_A}}{x_{W_B}}=\frac{0.4}{0.2}=2\tag{c}$$

由归一性方程知

$$\sum x'_{W_A}+x'_{W_B}=1\tag{d}$$

联解方程(c)、方程(d) 得到

$$x'_{W_A}=0.667\qquad x'_{W_B}=0.333$$

图 10-9 【例 10-1】附图

10.2.1.3　三角形相图

根据萃取操作中各组分的互溶性，可将三元物系分为以下三种情况，即：①溶质 A 可完全溶于 B 及 S，且 B 与 S 不互溶；②溶质 A 可完全溶于 B 及 S，而 B 与 S 部分互溶；③溶质 A 可完全溶于 B，而 A 与 S 及 B 与 S 部分互溶。

习惯将①、②两种情况的物系称为第Ⅰ类物系，工业上常见的第Ⅰ类物系有丙酮(A)-水 (B)-甲基异丁基酮 (S)、乙酸 (A)-水 (B)-苯 (S) 及丙酮 (A)-氯仿 (B)-水 (S) 等；将③情况的物系称为第Ⅱ类物系，第Ⅱ类物系有甲基环己烷 (A)-正庚烷 (B)-苯胺 (S)、

苯乙烯（A)-乙苯（B)-二甘醇（S）等。

在萃取操作中，第②类物系较为普遍，这里主要讨论这类物系的相平衡关系。

（1）溶解度曲线 一定温度下，在有纯组分 B 的试剂瓶中逐渐滴加萃取剂 S 并不断摇动使其溶解，由于 B、S 仅部分互溶，S 滴加到一定数量后，混合液开始发生浑浊，即出现了溶剂相，得到的浓度即 S 在 B 中的饱和溶解度（如图 10-10 中 R_0 点）。用类似的方法可得 E_0 点。加入恰当的 B 与 S，使混合物的浓度位于 R_0E_0 之间（D 点），滴加少许溶质 A 至 M_1 点，充分混合后静置分层，取两相试样分析，得共轭相 R_1 和 E_1 的组成，然后继续加入溶质 A，重复上述操作，即可以得到 $n+1$ 对共轭相的相点 R_i、E_i（$i=0$, 1, 2, $\cdots$, n），连接所有的 R、E 点即得到溶解度曲线。该曲线将三角形相图分为两个区域：曲线以内的区域为两相区，曲线以外的区域为均相区；位于两相区内的混合物分成两个互相平衡的液相，称为共轭相，连接两共轭液相相点的直线称为连接线，如图中的 R_iE_i 线（$i=0$, 1, 2, $\cdots$, n）。萃取操作只能在两相区内进行。

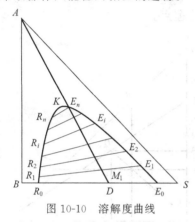

图 10-10 溶解度曲线

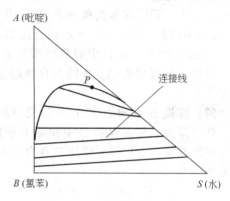

图 10-11 联结线斜率的变化

对任何 B、S 的两相混合物，当加入 A 的量使混合液恰好由两相变为单相的点称为混溶点或分层点。溶解度曲线上所有的点都是混溶点，既可能代表 E 相，也可能代表 R 相。

两个共轭相组成相同时的混溶点，称为临界混溶点，如图 10-10 中 K 点、图 10-11 中 P 点。临界混溶点将溶解度曲线分为萃取相区域与萃余相区域。一般临界混溶点并不是溶解度曲线的最高点，其准确位置的实验测定也很困难。

通常连接线不互相平行，其斜率随混合液的组成而变，同一物系其连接线的倾斜方向一般是按同一方向缓慢地改变。有些物系在不同浓度范围内连接线斜率方向不同，如图 10-11 所示吡啶-氯苯-水体系，当混合液组成变化时，其连接线的斜率会有较大的改变。

（2）辅助曲线 一定温度下，测定体系的溶解度曲线时，实验测出的连接线的条数（即共轭相的组成数据）总是有限的，为了得到任何已知平衡液相的共轭相的数据，常采用辅助曲线（亦称共轭曲线）的方法获得。

辅助曲线的作法如图 10-12(a) 所示，通过已知点 R_1、R_2…分别作 BS 边的平行线，再通过相应连接线的另一端点 E_1、E_2 分别作 AB 边的平行线，各线分别相交于点 C_1、C_2…，连接这些交点所得的平滑曲线即为辅助曲线。利用辅助曲线可求任何已知平衡液相的共轭相。如图 10-12(a) 所示，设 R_2 为已知平衡液相，自点 R_2 作 BS 边的平行线交辅助曲线于点 C_2，自点 C_2 作 AB 边的平行线，交溶解度曲线于点 E_2，则点 E_2 即为 R_2 的共轭相点。

辅助曲线与溶解度曲线的交点为 P，显然通过 P 点的连接线无限短，即该点所代表的平衡液相无共轭相，相当于该系统的临界状态，故称点 P 为临界混溶点。P 点将溶解度曲线分为两部分：靠原溶剂 B 一侧为萃余相部分，靠溶剂 S 一侧为萃取相部分。由于连接线

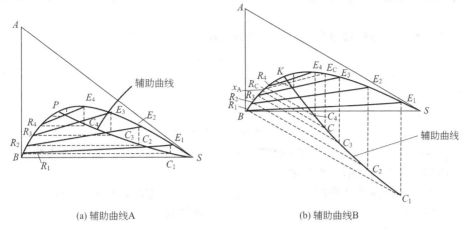

(a) 辅助曲线A　　　　　　　　(b) 辅助曲线B

图 10-12　辅助线示意图

通常都有一定的斜率，因而临界混溶点一般并不在溶解度曲线的顶点。临界混溶点由实验测得，但仅当已知的连接线很短即共轭相接近临界混溶点时，才用外延辅助曲线的方法确定临界混溶点 K，如图 10-12(b) 所示。

通常，一定温度下的三元物系溶解度曲线、连接线、辅助曲线及临界混溶点的数据均由实验测得，有时也可从手册或有关专著中查得。

【**例 10-2**】　已知三角形相图如图 10-13 所示，原料液处理量为 30kg/h，组成为 0.5，加入的纯萃取剂用量为 15kg/h，试确定混合液 M 点的位置？如果要使混合液不分层，应如何操作？

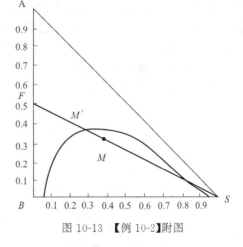

解：在三角形相图上，根据原料液的组成可以找出原料 F 点和溶剂 S 点，连接 F 和 S，量出 $\overline{FS}$ 长度为 63mm，利用杠杆法则

$$\frac{F}{S+F}=\frac{\overline{SM}}{\overline{FS}}$$

$$\overline{SM}=\overline{FS}\frac{F}{S+F}=63\times\frac{30}{45}=41.6\text{mm}$$

从而可定出混合液 M 点的位置，从图中可以看出，M 点落在溶解度曲线内。

图 10-13　【例 10-2】附图

如果要使混合液不分层，必须使点 M 转移到溶解度曲线以外，其方是法继续加入原料，使 M 转移到溶解度曲线与 SF 的交点 M' 点。利用杠杆法则

$$\frac{F'}{S}=\frac{\overline{SM'}}{\overline{FM'}}$$

$$F'=S\frac{\overline{SM'}}{\overline{FM'}}=15\times\frac{47}{16}=38.2\text{kg}$$

由计算可知，至少需加入 $F'-F=38.2-30=8.2$kg 的原料液，使混合液不分层。

10.2.1.4　直角坐标系表示的相平衡关系

两相平衡关系也可由直角坐标系表示，将三角形相图中溶质组分在共轭相萃余相 R 中组分

x_A 和萃取相 E 中组分 y_A 转换到直角坐标中，获得一条表示液-液两相平衡时溶质组分 A 的分配曲线。

相律表示平衡物系中自由度数、独立组分数及相数之间的关系，即

$$F = C - \phi + 2 \tag{10-8}$$

式中　F——自由度数；

　　　C——独立组分数；

　　　ϕ——相数；

　　　2——假设外界只有温度和压强两个条件可以影响物系的平衡状态。

由式(10-8)知，对单液相三组分体系，$F = 4$。当温度、压强一定，两个组分浓度可自由变化，由归一条件确定第三组分浓度。

对双液相三组分体系平衡时，$F = 3$。当温度、压强一定时，$F = 1$。只要任一平衡相中的任一组分的组成一定，其他组分的组成及其共轭相的组成均为定值。

温度、压力一定时，溶质在两平衡液相间的平衡关系，即分配曲线的数学表达式为

$$y_{W_A} = f(x_{W_A}) \tag{10-9}$$

式中　y_{W_A}（或 $y_{W_{AE}}$）——萃取相 E 中组分 A 的质量分数；

　　　x_{W_A}（或 $x_{W_{AR}}$）——萃余相 R 中组分 A 的质量分数。

如图 10-14 所示，若以 x_{W_A} 为横坐标，以 y_{W_A} 为纵坐标，则可在 x-y 直角坐标图上得到表示这一对共轭相组成的点 N。每一对共轭相可得一个点，将这些点连接起来即可得到曲线 ONP，称为分配曲线。曲线上的 P 点即为临界混溶点。分配曲线表达了溶质 A 在互成平衡的 E 相与 R 相中的分配关系。若已知某液相组成，则可由分配曲线求出其共轭相的组成。若在分层区内 y_{W_A} 均大于 x_{W_A}，则分配曲线位于 $y = x$ 直线的上方，反之则位于 $y = x$ 直线的下方。若随着溶质 A 组成的变化，连接线倾斜的方向发生改变，则分配曲线将与对角线出现交点，这种物系称为等溶度体系。

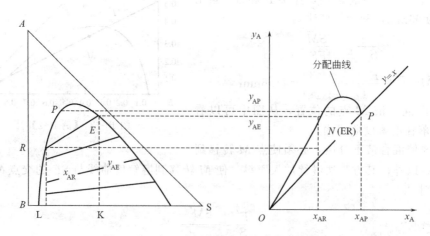

图 10-14　有一对组分部分互溶时的分配曲线

10.2.1.5　萃取分离效果及其主要影响因素

（1）萃取率（提取率）E

$$E = \frac{\text{萃取液中被提取的溶质 A 的质量(kg)}}{\text{原料液中溶质 A 的质量(kg)}} \tag{10-10}$$

（2）分配系数　一定温度下，某组分在互成相平衡的两相中的浓度比称为该组分的分配系数，以 k 表示。

$$k_A = \frac{A\,组分在萃取相中的浓度}{A\,组分在萃余相中的浓度} = \frac{y_{W_A}}{x_{W_A}} \tag{10-11}$$

$$k_B = \frac{y_{W_B}}{x_{W_B}} \tag{10-11a}$$

式中 y_{W_A}，y_{W_B}——萃取相 E 中组分 A、B 的质量分数；

x_{W_A}，x_{W_B}——萃余相 R 中组分 A、B 的质量分数。

分配系数 k_A 表达了溶质在两个平衡液相中的分配关系。显然，k_A 值愈大，萃取分离的效果愈好。k_A 值与连接线的斜率有关。若溶质是电离物质，溶液 pH 值的变化也会引起分配系数的改变。

一般 k_A 不为常数，而随温度、溶质 A 的浓度变化。如第 Ⅰ 类物系，一般 k_A 值随温度的升高或溶质浓度的增大而降低。在 A 浓度变化不大和恒温条件下，k_A 可视为平衡常数，其值由实验测得。值得注意的是 k_A 只反映 S 对 A 的溶解能力，不反映 A、B 的分离程度。

（3）选择性系数 两相平衡时，萃取相 E 中 A、B 组成之比与萃余相 R 中 A、B 组成之比的比值称为选择性系数，用 β 表示，即

$$\beta = \frac{\dfrac{y_{W_A}}{y_{W_B}}}{\dfrac{x_{W_A}}{x_{W_B}}} = \frac{k_A}{k_B} \tag{10-12}$$

由 β 的定义可知，选择性系数 β 为组分 A、B 的分配系数之比。若 $\beta > 1$，说明组分 A 在萃取相中的相对含量比萃余相中的高，即组分 A、B 得到了一定程度的分离，k_A 值越大，k_B 值越小，选择性系数 β 就越大，组分 A、B 的分离也就越容易，相应的萃取剂的选择性也就越高；若 $\beta = 1$，萃取相和萃余相在脱除溶剂 S 后将具有相同的组成，并且等于原料液的组成，A、B 两组分不能用此萃取剂分离，即所选择的萃取剂是不适宜的。所有工业的萃取操作中，β 值均大于 1。选择与原溶剂互溶度小的萃取剂，可以增加分离效果。

选择性系数反映了萃取剂 S 对原料液中两个组分溶解能力的差异，即 A、B 的分离程度。

当组分 B、S 完全不互溶时，则选择性系数趋于无穷大，这是最理想的萃取情况。

（4）温度对相平衡的影响 由溶解度曲线可知，萃取操作只能在两相区内进行。两相区的大小，不仅取决于物系本身的性质，而且与操作温度有关。一般情况下，温度上升，互溶度增加，两相区减小。温度特别高时，两相区会完全消失，致使萃取分离不能进行。

图 10-15（a）所示为温度对第 Ⅰ 类物系溶解度曲线和连接线的影响。显然，温度升高，分层区面积减小，β 减小，不利于萃取分离。

对于某些物系，温度的改变不仅可引起分层区面积和连接线斜率的变化，甚至可导致物系类型的转变。如图 10-15（b）所示，当温度为 T_1 时为第 Ⅱ 类物系，而当温度升至 T_2 时则变为第 Ⅰ 类物系。

10.2.2 单级萃取在相平衡图上的表示

10.2.2.1 理论级

如果单级萃取中原料液与萃取剂在混合器中经过充分的传质，然后在分离器中分层得到达相平衡的萃取相 E 与萃余相 R，这样的过程称为一个萃取理论级。与蒸馏中理论板的概念类似，是一种理想状态，用于萃取操作设备效率的比较标准。一个实际萃取级的分离能力达

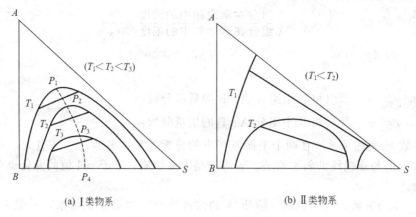

(a) Ⅰ类物系

(b) Ⅱ类物系

图 10-15 温度对互溶度的影响

不到一个理论级，两者的差异可用级效率（相当于板式塔中板效率）表示。在设计计算中，先求出理论级数，再由级效率计算实际级数。

10.2.2.2 图解法

（1）单级萃取过程图解如图 10-16(a) 所示，首先根据依据系统的平衡数据作出溶解度曲线及辅助曲线，则萃取相 E、萃余相 R、萃取液 E′ 与萃余液 R′ 的量均可依据物料衡算与杠杆规则求取。

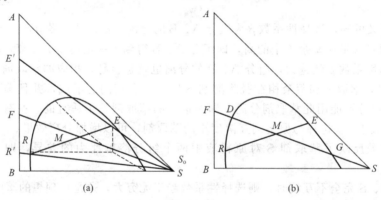

(a)

(b)

图 10-16 单级萃取图解

如果原料液 F 中含有组分 A 与 B，可由其组成 x_F 在图中三角形 AB 边上定出 F 点。再由萃取剂组成确定 S_0 点（如果所使用的萃取剂是纯 S 组分，则其组成点即为三角形的顶点 S）。连接 FS，原料液中加入一定量萃取剂 S 后新的混合液的组成点 M 必在 FS 线上。

由物料衡算及杠杆规则有

$$S+F=M \tag{10-13}$$

$$\frac{S}{F}=\frac{\overline{FM}}{\overline{SM}} \tag{10-14}$$

式中 F——原料液 F 的量，kg 或 kg/h；

S——纯萃取剂 S 的量，kg 或 kg/h；

M——F 和 S 形成的混合物的量，kg 或 kg/h；

$\overline{FM}$——图 10-16(a) 中线段 FM 的长度；

$\overline{SM}$——图 10-16(a) 中线段 SM 的长度。

式(10-14) 表示了萃取剂用量与原溶剂用量之比，称为溶剂比。

原料液 F 和萃取剂 S 充分接触，静置分层获得互成平衡的 E 相和 R 相，则 E 和 R 的组成点必在过 M 的连接线上，有

$$E+R=M \tag{10-15}$$

$$\frac{E}{R}=\frac{\overline{RM}}{\overline{EM}} \tag{10-16}$$

式中　E——萃取相 E 的量，kg 或 kg/h；

　　　R——萃余相 R 的量，kg 或 kg/h；

　$\overline{RM}$——图 10-16(a) 中线段 RM 的长度；

　$\overline{EM}$——图 10-16(a) 中线段 EM 的长度。

如果已知萃余相组成，则由 x_R 定出 R 点，再由 R 点利用辅助曲线求出 E 点，则 RE 与 FS 线的交点即为混合液的组成点 M。

如果已知萃余液组成，则由 $x_{R'}$ 定出 R' 点，连 SR' 线与溶解度曲线的交点即为 R 点。

作总物料衡算，得

$$F+S=E+R=M \tag{10-17}$$

对溶质 A 组分作物料衡算，得

$$Fx_{W_F}+Sy_{W_S}=Ey_{W_E}+Rx_{W_R}=Mx_{W_M} \tag{10-18}$$

对萃取剂 S 组分作物料衡算。

$$S=Ex_{W_{SE}}+Rx_{W_{SR}} \tag{10-19}$$

式中　x_{W_F}，x_{W_R}，x_{W_M}——溶质 A 在原料液 F、萃余相 R、混合物 M 中的质量分数；

　　　y_{W_S}，y_{W_E}——溶质 A 在萃取剂 S、萃取相 E 中的质量分数；

　　　　　$x_{W_{SE}}$——萃取剂 S 在萃取相 E 中的质量分数；

　　　　　$x_{W_{SR}}$——萃取剂 S 在萃余相 R 中的质量分数。

由静置分出的 E 相和 R 相中的萃取剂回收循环使用。如图 10-16(a) 所示，连接 SE 并延长与 AB 边交于 E' 点，E 相中完全脱除 S 后得到的萃取液 E' 为 A、B 二元混合物，萃取液的量为

$$E'=E-S \tag{10-20}$$

从图 10-16(a) 可以看出，萃取液组成 $y_{W_{E'}}>x_{W_F}$，即通过萃取，A 组分得到了提浓。

同理，连接 SR 并延长与 AB 边交于 R' 点，R 相中完全脱除 S 后得到的萃余液 R' 为 A、B 二元混合物，萃余液的量为

$$R'=R-S \tag{10-21}$$

从图 10-16(a) 可以看出，萃余液组成 $x_{W_{R'}}<x_{W_F}$，即通过萃取，B 组分得到了提浓。

经过一个萃取理论级，原料液 F 分成了由萃取液 E' 和萃余液 R' 表示的新的（A+B）系统，F 得到一次部分分离。新系统中

$$F=R'+E' \tag{10-22}$$

$$Fx_{W_F}=R'x_{W_{R'}}+E'y_{W_{E'}} \tag{10-23}$$

$$\frac{E'}{R'}=\frac{\overline{R'F}}{\overline{E'F}} \tag{10-24}$$

式中　E'——萃取液的量，kg 或 kg/h；

　　　R'——萃余液的量，kg 或 kg/h；

　$y_{W_{E'}}$——溶质 A 在萃取液中的质量分数；

　$x_{W_{R'}}$——溶质 A 在萃余液中的质量分数。

以上各组成均可由图 10-16(a) 中读出。

（2）萃取剂用量的极限　原料液 F 经过一个萃取理论级在理论上能够得到的最大萃取液和最小萃余液组成也可在图 10-16 中表示。

对单级萃取，原料量 F 及组成一定，随着加入的萃取剂 S 量的减少，混合物组成点 M 将沿 SF 线向点 F 方向移动。当 S 减少到 M 点移动到与溶解度曲线相交，即 D 点时，达到临界混溶状态。由于萃取只能在分层区内进行，S 再减少，已无法达到两相分离的目的，所以 D 点对应的萃取剂用量被称为最小萃取剂用量 S_{min}。此时，萃取液中溶质 A 的浓度达理论最大值。

$$S_{min} = F \frac{\overline{DF}}{\overline{DS}} \tag{10-25}$$

类似有，加大萃取剂 S 的用量，混合物组成点 M 将沿 SF 线向点 S 方向移动，当萃取剂 S 的用量增至最大 S_{max} 时，M 点移至 G 点。此时，萃余液中溶质 A 达理论最小值，即萃余液中 B 达理论最大值。

$$S_{max} = F \frac{\overline{GF}}{\overline{GS}} \tag{10-26}$$

萃取操作时，实际萃取剂用量 S 应满足下述条件。

$$S_{max} < S < S_{min} \tag{10-27}$$

【例 10-3】　当原料液流量为 100kg/h，组成为含 A 20%，用纯溶剂 S 萃取。溶解度曲线和辅助曲线如图 10-17 所示。求最小吸收剂用量及萃取相、萃余相的量与组成。

解：由附图可以看出，混合液的组成点 M 落在 FS 的连线上。萃取剂用量越大，混合点 M 越靠近 S；反之，萃取剂用量减少，M 点越接近 F，以 M′ 为极限。若溶剂用量再减少，混合液将为均相，因而无法实现萃取分离。故对应于 M′ 的溶剂用量为最小溶剂用量。

利用杠杆法则，从图中可求出最小溶剂用量 S_{min}，即

$$\frac{S_{min}}{F} = \frac{\overline{FM'}}{\overline{SM'}}$$

$$S_{min} = F \frac{\overline{FM'}}{\overline{SM'}} = 100 \times \frac{3.5}{53.5} = 6.54 \text{kg/h}$$

由图中萃余相 R_1 及辅助线可求萃取相 E_1，此时萃取相的量 E_1 是无限小。组成由 E_1 点读出，$y_{W_E} = 0.37$。萃取相的量为 $R = F + S_{min} = 100 + 6.54 = 106.54 \text{kg/h}$，其组成读图可得 $x_{W_R} = 0.19$。

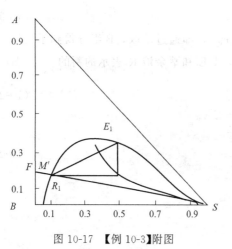

图 10-17　【例 10-3】附图

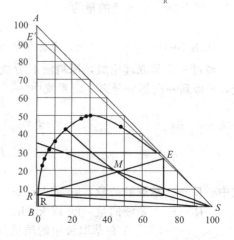

图 10-18　【例 10-4】附图

【例 10-4】　25℃下以水为萃取剂从乙酸质量分数为 35% 的乙酸（A）与氯仿（B）混合

液中提取乙酸。已知原料液处理量为 2000kg/h，用水量为 1600kg/h。操作温度下，E 相和 R 相以质量分数表示的平衡数据如表 10-2 所示。试求：（1）单级萃取后 E 相和 R 相的组成及流量；（2）将 E 相和 R 相中的萃取剂完全脱除后的萃取液和萃余液的组成及流量；（3）操作条件下的选择性系数 β。

表 10-2　【例 10-4】附表（氯仿水相平衡数据表）　　　　单位：%（质量分数）

氯仿层（R 相）		水层（E 相）		氯仿层（R 相）		水层（E 相）	
乙酸	水	乙酸	水	乙酸	水	乙酸	水
0	0.99	0	99.16	27.65	5.2	50.56	31.11
6.77	1.38	25.10	73.69	32.08	7.93	49.41	25.39
17.72	2.28	44.12	48.58	34.16	10.03	47.87	23.28
25.72	4.15	50.18	34.71	42.5	16.5	42.5	16.50

解：（1）求 E 相和 R 相的组成及流量（用图解法，图 10-18）

步骤如下：由原料液组成确定点 F；连接 FS；由杠杆规则确定混合点 M；由辅助线通过试差法确定通过点 M 的平衡连接线；从图上读出 E、R 相组成，并由杠杆规则确定流量。

由图读得两相组成为

E 相：$y_{W_A} = 27\%$，$y_{W_B} = 1.5\%$，$y_{W_S} = 71.5\%$

R 相：$x_{W_A} = 7.2\%$，$x_{W_B} = 91.4\%$，$x_{W_S} = 1.4\%$

$$M = F + S = 2000 + 1600 = 3600 \text{kg/h}$$

从图上量出线段 RE 和 ME 的长度，由杠杆定律可得

$$E = M \frac{\overline{RM}}{\overline{ME}} = 3600 \times \frac{26}{42} = 2228 \text{kg/h}$$

$$R = M - E = 3600 - 2228 = 1372 \text{kg/h}$$

（2）求萃取液和萃余液的组成和流量

连接点 S、E 并延长 SE 与 AB 边交于 E'，由图读得 $y'_{W_E} = 92\%$。

连接点 S、R 并延长 SR 与 AB 边交于 R'，由图读得 $x'_{W_R} = 7.3\%$。

萃取液和萃余液的流量由杠杆规则求得。

$$E' = F \frac{\overline{R'F}}{\overline{R'E'}} = F \frac{x_{W_F} - x'_{W_R}}{y'_{W_E} - x'_{W_R}} = 2000 \times \frac{35 - 7.3}{92 - 7.3} = 654 \text{kg/h}$$

$$R' = F - E' = 2000 - 654 = 1346 \text{kg/h}$$

（3）求选择性系数 β

$$\beta = \frac{\dfrac{y_{W_A}}{y_{W_B}}}{\dfrac{x_{W_A}}{x_{W_B}}} = \frac{\dfrac{27}{1.5}}{\dfrac{7.2}{91.4}} = 228.5$$

【例 10-5】　一定温度下测得的 A、B、S 三元物系的平衡数据如表 10-3 所示。（1）绘出溶解度曲线和辅助曲线；（2）查出临界混溶点的组成；（3）求当萃余相中 $x_A = 20\%$ 时的分

表 10-3　【例 10-5】附表（A、B、S 三元物系平衡数据）　　　　单位：%（质量分数）

编 号		1	2	3	4	5	6	7	8	9	10	11	12	13	14
E 相	y_{W_A}	0	7.9	15	21	26.2	30	33.8	36.5	39	42.5	44.5	45	43	41.6
	y_{W_S}	90	82	74.2	67.5	61.1	55.8	50.3	45.7	41.4	33.9	27.5	21.7	16.5	15
R 相	x_{W_A}	0	2.5	5	7.5	10	12.5	15.0	17.5	20	25	30	35	40	41.6
	x_{W_S}	5	5.05	5.1	5.2	5.4	5.6	5.9	6.2	6.6	7.5	8.9	10.5	13.5	15

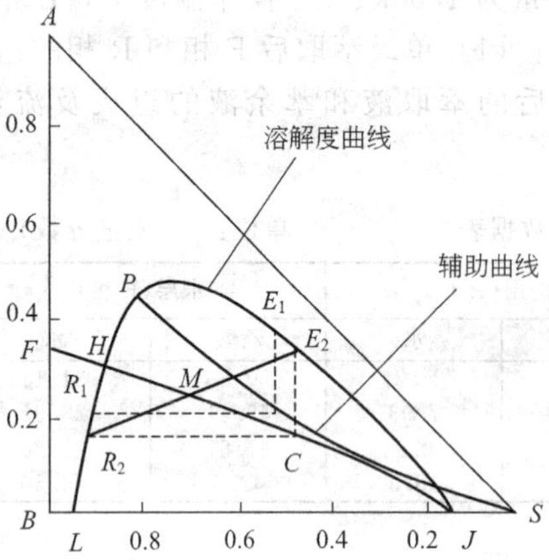

图 10-19 【例 10-5】附图

配系数 k_A 和选择性系数 β；（4）在 1000kg 含 30%A 的原料液中加入多少 S(kg) 才能使混合液开始分层？（5）对于第（4）项的原料液，欲得到含 36%A 的萃取相 E，试确定萃余相的组成及混合液的总组成。相平衡数据见表 10-3。

解：（1）绘制溶解度曲线和辅助曲线

由题给数据，可绘出溶解度曲线 LPJ，由相应的连接线数据，可作出辅助曲线 JCP，如图 10-19 所示。

（2）临界混溶点的组成

辅助曲线与溶解度曲线的交点 P 即为临界混溶点，由附图可读出该点处的组成为 $x_{W_A} = 41.6\%$，$x_{W_B} = 43.4\%$，$x_{W_S} = 15.0\%$。

（3）分配系数 k_A 和选择性系数 β

根据萃余相中 $x_{W_A} = 20\%$，在图中定出 R_1 点，利用辅助曲线定出与其平衡的萃取相 E_1 点，由附图读出两相的组成为

E 相　$y_{W_A} = 0.39$　　$y_{W_B} = 0.196$

R 相　$x_{W_A} = 0.20$　　$x_{W_B} = 0.734$

于是，分配系数

$$k_A = \frac{y_{W_A}}{x_{W_A}} = \frac{0.39}{0.20} = 1.95$$

$$k_B = \frac{y_{W_B}}{x_{W_B}} = \frac{0.39}{0.734} = 0.267$$

计算选择性系数，即

$$\beta = \frac{k_A}{k_B} = \frac{1.95}{0.267} = 7.30$$

（4）使混合液开始分层的溶剂用量

根据原料液的组成在 AB 边上确定点 F，连接点 F、S，则当向原料液加入 S 时，混合液的组成点必位于直线 FS 上。当 S 的加入量恰好使混合液的组成落于溶解度曲线的 H 点时，混合液即开始分层。分层时溶剂的用量可由杠杆规则求得，即

$$\frac{S}{F} = \frac{\overline{HF}}{\overline{HS}} = \frac{8}{96} = 0.0833$$

$$S = 0.0833F = 0.0833 \times 1000 = 83.3\text{kg}$$

（5）两相的组成及混合液的总组成

根据萃取相中 $y_{W_{AE}} = 36\%$，在图中定出 E_2 点，由辅助曲线定出与其呈平衡的 R_2 点。由图读得 $x_{W_A} = 17.0\%$，$x_{W_E} = 77.0\%$，$x_{W_S} = 6.0\%$。R_2E_2 线与 FS 线的交点 M 即为混合液的总组成点，由图读得 $x_{W_A} = 23.5\%$，$x_{W_E} = 55.5\%$，$x_{W_S} = 21.0\%$。

10.3　萃取设备

液-液萃取设备必须同时满足两相的充分接触（传质）和较完全的分离，为萃取操作提

供适宜的传质条件。液-液两相间密度差小，界面张力不大，为了提高萃取设备的效率，通常要补给能量，如搅拌、脉冲、振动等。

常见萃取设备的分类见表 10-4，这里主要介绍塔式萃取设备。

表 10-4　常见萃取设备的分类

产生分散相的动力	微 分 接 触 式	逐 级 接 触 式
重力差	喷淋塔、填料塔	筛板塔、流动混合器
机械搅拌	转盘萃取塔、搅拌萃取塔、振动筛板塔	混合澄清器
脉冲	脉冲填料塔、脉冲筛板塔	脉冲混合澄清器
离心力作用	连续式离心萃取器	逐级式离心萃取器

10.3.1　塔式萃取设备

用于液-液萃取的各种塔设备各有优劣。为确保塔内良好的传质与分离效果，萃取塔均应能够：①提供较好的两相混合条件（如安装有喷嘴、筛孔、填料或机械搅拌等装置）；②在塔顶或塔底部应设有足够的分离空间，以保证两相能较好地分离。

10.3.1.1　多层填料萃取塔

如图 10-20 所示，为多层填料萃取塔。填料塔是液-液两相连续接触，溶质组成发生连续变化的传质设备。其结构与气-液系统使用的填料塔基本相同，填料通常用栅板或多孔板支承。为防止沟流现象，填料尺寸不应大于塔径的 1/8；同时为了防止分散相的液滴在填料层入口处聚集，分散相液体的分散管应置于填料支承板以上 25～50mm。宜选用不易被分散相润湿的填料，以使分散相更好地分散成液滴，有利于和连续相接触传质的两相接触表面积。填料萃取塔中选用的填料一般有：拉西环、莱兴环（les-sing rings）、鲍尔环以及鞍形填料。通常，陶瓷材料易被水溶液润湿，塑料填料易被大部分有机液体润湿，而金属材料无论对水或者是对有机溶剂均能润湿。与喷淋萃取塔比较，填料层的存在减少了两液相流动的自由截面积，塔的生产强度下降，但是填料层除了使连续相速度分布比较均匀和减少连续相的纵向返混外。还可使分散相的液滴不断破裂与再生，使液滴的表面不断更新，可提高传质效率。

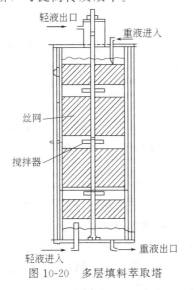

图 10-20　多层填料萃取塔

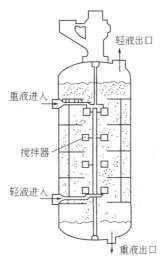

图 10-21　多级搅拌萃取塔

填料萃取塔结构简单，造价低廉，操作方便，适合于处理腐蚀性料液，尽管传质效率较低，但在工业上仍有一定应用。一般在工艺要求的理论级小于 3 和处理量较小时可考虑采用填料萃取塔。

10.3.1.2　多级搅拌萃取塔

如图 10-21 所示，多级搅拌式逆流萃取塔由萃取相静置段、萃取段、萃余相静置段构成，萃取段分为两个或两个以上萃取级且内部设有搅拌机构，安装在塔体外部的调速器带动搅拌机构转动。以轻液为分散相由塔底进入，常用喷洒器使轻液分散。搅拌器的作用是使轻液、重液两相在每层丝网之间得到更好的均匀再分散。

10.3.1.3　转盘萃取塔

图 10-22 所示为偏心转盘萃取塔。1951 年由 Reman 研究开发了转盘萃取塔。主要结构特点是在塔体内壁上设有若干等间距的固定环，而在塔的中心旋转抽上水平地安装若干圆形转盘，每个转盘正好位于两相邻固定环中间，转相由电动机通过变速器驱动而旋转，在工作段中，固定环将塔内分隔成若干区间，在每个区间有一个转盘对液体进行搅拌。在塔顶固定环的上方及塔底固定环的下方分别为澄清区，并在轻液进口的下面和重液进口的上面各有一层栅条板，使澄清区的液体不受转盘搅动的影响，以便使液体出塔前能更好地分层。

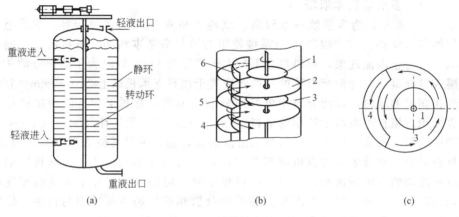

图 10-22　偏心转盘萃取塔

1—转盘；2—横向水平挡板；3—混合区；4—澄清区；5—环形分割板；6—垂直挡板

当转盘由电动机驱动转动后，每个区间的液体沿转盘转动的方向做旋转运动，便产生高的速度梯度和剪应力。剪应力一方面使连续相产生强烈的水平方向漩涡，另一方面使分散相形成小液滴，这样就增加了两相接触面积和湍动程度。提高了传质效率。同时，转盘附近的液体，由轴向塔壁运动，当受到固定环和塔壁的阻挡后又从塔壁向塔中心运动，这样在各个区间内形成了环流运动。圆形转盘是水平安装的，旋转时不产生轴向力，轻液由下向上及重液由上向下的逆流运动仍然是以两液相的密度差为推动力。因此，在转盘塔内液体的流动状态十分复杂。

对于转盘萃取塔，分散相在连续相中的分散程度可用转盘的转速来调节，当转盘的转速较小时，外加能量不足以克服液体的表面张力，不能使分散相液体形成较细小的液滴。当转盘的转速增加到一定程度后，分散相液滴才进一步被破碎而形成较细小的液滴，这时的转速称为临界转速。此后，随着转速的增加，分散相液滴的直径减小，两相接触面积增加，液体的湍动加剧，传质效率提高。当转盘的转速增加到一定程度时，塔内产生液泛，破坏了塔的正常操作，这时的转速称为液泛转速。转盘萃取塔内连续相和分散相的空塔速度之和表示塔的处理能力。在一定范围内，增加处理能力，使两相接触面积和湍动程度均增加，可提高传质效率；但当处理能力提高到一定程度后会造成返混，甚至发生液泛。

转盘塔操作方便，传质效率高，结构也不复杂，特别是能够放大到很大的规模，因而在石油加工和石油化工工业中得到广泛的应用，如丙烷脱沥青，糠醛精制润滑油，苯、甲苯、二甲苯的萃取分离，SO_2 萃取煤油，废水脱酚等都应用转盘塔。

为了便于安装和制造，转盘直径要小于固定环的内径。通常塔径与转盘的直径比 $D/d = 1.5 \sim 3$，环形隔板间距 h 为塔径的 $1/8 \sim 1/2$，隔板宽度为塔径的 $1/10 \sim 1/5$，而转盘转速为 $80 \sim 150 r/min$。目前，转盘萃取塔的规模已发展到 $6 \sim 8m$ 的塔径，塔高取决于转盘数和转盘间距，转盘数取决于每个转盘的萃取分离效果和所需要的理论级数。如糠醛精制润滑油所需要的理论级数为 $5 \sim 7$ 个，转盘塔的每一个转盘的分离效果相当于 $0.15 \sim 0.3$ 个理论级，故糠醛精制润滑油的转盘萃取塔的转盘数为 $20 \sim 30$ 个。该塔还可作为化学反应器。由于操作中很少堵塞，因此也适用于处理含有固体物料的场合。

10.3.1.4　筛板萃取塔

如图 10-23 所示，筛板萃取塔是逐级接触式设备，依靠两相密度差，在重力作用下两相进行分散并逆向流动。液液萃取所采用的筛板塔的结构以及塔内两液相流动情况，与气液传质过程所采用的筛板塔类似，即轻相从塔底进入、从塔顶流出，重相侧相反，且两液相在塔板上呈错流流动；只是两液相的紧密接触和快速分离要比气液两相困难得多。若轻液作为分散相，它穿过塔板上的筛孔时分成液滴向上流动，液滴通过塔板上的重液层进行质量传递，然后进入重液层上面的空间聚结成清液层。该清液层在两相密度差的作用下，经上层筛板再次被分散成液滴而通过该板上的重液层。重液作为连续相横向流过塔板经降液管流至下层筛板。

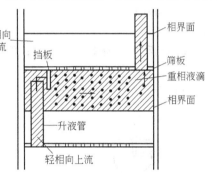

图 10-23　筛板结构示意图
（重相为分散相）

若重液作为分散相，则需将每层筛板上的降液管改为升液管，此时轻液作为连续相横向流过塔板上方的空间，经升液管流至上层筛板上方的空间，而重液相从上向下穿过每层筛板上的筛孔形成液滴而通过连续的轻液层。由此可见，每一块筛板连同筛板上方的空间，其功能相当于一级混合-澄清槽的作用。

为使分散相产生较小的液滴，筛板上的筛孔直径一般较小，通常为 $3 \sim 9mm$，孔间距可取孔径的 $3 \sim 4$ 倍。板间距为分散相通过筛孔提供了推动力，并且为两液相混合、接触和分层提供了空间。工业上所用的筛板萃取塔，其板间距为 $150 \sim 600mm$。由于液液系统两相的密度差比气液系统要小得多，因而降液管内的液滴夹带现象要比气液系统的气泡夹带严重得多。为了避免降液管内严重的液滴夹带现象，除了在筛板上液体出口前的区域内不设筛孔外，降液管横截面积要设计得足够大，以使降液管内连续相的流速小于某指定尺寸的液滴沉降速度。由于筛板上连续相的液层较厚，故筛板上不必设出口堰。

筛板塔内分散相液体被分散成液滴然后液滴又凝聚的过程反复多次发生，同时塔内多层筛板抑制了塔内的轴向返混，因此筛板萃取塔的传质效率较高。特别是对于所需理论级数少，处理量大，且物系具有腐蚀性的萃取过程较为适宜。目前，筛板萃取塔在石油加工和石油化工等工业上已得到广泛应用。

10.3.1.5　脉冲筛板萃取塔

如图 10-24 所示，脉冲筛板萃取塔是外加能量使液体分散的塔式设备。其结构与气液系统中的无溢流筛板塔相似，轻、重液体均穿过塔内筛板呈逆流接触，分散相在筛板之间不凝聚分层。在工作段中装置成组筛板（无溢流管的）或填料，由脉动装置（活塞泵、隔膜泵等）使塔内产生频率较高（30～250 次/min）、冲程较小（6～25mm）的脉冲液流，通过管道引入塔底，使全塔液体做往复脉动，加快在筛孔中的接触传质。脉冲液流在筛板或填料间做高速相对运动产生涡流，类似搅拌作用，促使液滴细碎和均布。筛板塔内加入脉冲可以增加相际接触面积及湍动程度，故可提高传质效率。脉冲筛板塔的效率与脉冲的振幅和频率有密切关系，若脉冲过分激烈，会导致塔内严重的纵向返混，使传质效率反而降低。脉冲萃取塔的结构简单，传质效率高，操作方便，密闭性好，萃取剂用量少，占地面积小，可以处理含有固体粒子的料液，常用于核燃料及稀有元素工厂。近年来在湿法冶金和石油化工中的应用也日益受到重视。脉冲筛板塔的传质效率很高。结构也不复杂，但允许通过能力较小，在工业生产上的应用受到一定限制。适合于处理量较小（<20m³/h）、萃取要求较高的场合（5～20 个萃取理论级）。

10.3.1.6　往复振动筛板塔

如图 10-25 所示，往复振动筛板塔的基本结构特点是塔内无溢流的筛板不与塔体相连，而是固定在一根中心轴上。中心轴由塔外的曲柄连杆机构驱动，以一定的频率和振幅进行往复运动，当筛板向上运动时，筛板上侧的液体经筛孔向下喷射；当筛板向下运动时，筛板下侧的液体经筛孔向上喷射。因此，振动筛板塔与脉动筛板塔类似，可以大幅度增加相际接触面积及湍动程度，提高传质效率；但两者作用原理不同。脉动筛板塔是利用轻、重液体的惯性差异，而振动筛板塔基本上起机械搅拌作用。为防止液体沿筛板与塔壁间的缝隙短路流过，可每隔几块筛板设置一块固定在塔内壁上的环形挡板。

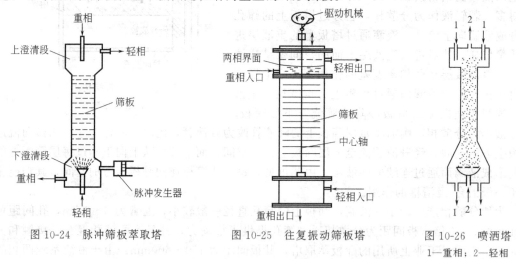

图 10-24　脉冲筛板萃取塔　　　　图 10-25　往复振动筛板塔　　　　图 10-26　喷洒塔
1—重相；2—轻相

往复振动筛板塔操作方便，结构可靠，传质效率高，因此在中、小型石油化工生产上的应用日益广泛。由于机械方面的原因，塔的直径受到一定的限制，因此目前还不能适应大型石油化工生产的需要。

10.3.1.7　喷洒塔

喷洒塔又称喷淋塔，是结构最简单的液液传质设备，塔内无任何部件，只是在塔的上、下设有分散管，塔的两端各有一个澄清室，以供两相分层，如图 10-26 所示。喷淋萃取塔操作时，重液由塔顶的分散管进入塔内，作为连续相充满全塔，最后由塔底 n 形管流出；轻液由塔下部的分散管分成液滴通过连续相向上流动，最后聚集在塔顶而流出。根据水力平衡原理，控制塔底 n 形管重相流出口的高度，可以调整两液相分界面。两液相的分界面随着重相流出口高度的降低而下降，如将重相流出口的高度降低到一定程度后两液相分界面就可以从塔上部的分散管以上降至塔下部的分散管以下，此时轻液从塔底分散管进入作为连续相充满塔内并向上流动，而重液从塔顶分散管以液滴形成进入塔内作为分散相穿过连续相向下流动。

由于分散管的存在，使两液相流动的自由截面积缩小，容易造成液泛。因此，当喷洒塔中的液滴对连续相的相对速度为液滴自由沉降速度的 75% 时就会出现液泛。实际操作速度低于液滴自由沉降速度的 75%，才能保证正常操作。图 10-26 中所示的为对分散管进行了改进的喷洒塔。克服了由于分散管使两液相流动截面积缩小的缺点，并将塔的两端局部扩大，有利于两液相分层，从而提高了喷淋萃取塔的生产能力。

喷淋萃取塔虽结构简单、投资小、易于维修，但由于两液相的接触面积小，传质系数不大，轴向返混现象严重，分散相在塔内只有一次分散，无凝聚和再分散作用，因此提供的理论级数不超过 1～2 级，分散相液滴在运动中一旦合并很难再分散，导致沉降或浮升速度加大，相际接触面和时间减少，传质效率低，大约 3～6m 塔高的分离效果才相当于一个理论级。另外，分散相液滴在缓慢的运动中表面更新慢，液滴内部湍流程度低，传质系数小。因此，目前喷洒塔在工业上已很少应用。

10.3.1.8 萃取设备的选择

不同的萃取设备有各自的特点。设计时应根据萃取体系的物理化学性质、处理量、萃取要求及其他因素进行选择。

① 稳定性及停留时间 有些物系的稳定性很差，要求停留时间尽可能短，选择离心萃取器比较适宜；反之，在萃取过程中伴随有较慢的化学反应，要求有足够的停留时间，选择混合-澄清槽比较合适。

② 所需理论级数 对某些物系达到一定的分离要求，所需的理论级数较少，如 2～3 级，各种萃取设备都可以满足。如果所需的理论级数为 4～5 级，一般选用转盘塔、脉冲塔和振动筛板塔。如果所需的理论级数更多，可选用有外加能量的设备，如混合-澄清槽、脉冲筛板塔、往复振动筛板塔等。

③ 物系的物性 易乳化、密度差小的物系宜选用离心萃取设备；有固体悬浮物的物系可选用转盘塔或混合澄清器；腐蚀性强的物系宜选用结构简单的填料塔；放射性物系可选用脉冲塔。

④ 生产能力 若生产处理量较小或通量较小，应选择填料塔或脉冲塔；反之选择筛板塔、转盘塔、混合-澄清槽和离心萃取器等。

⑤ 防腐蚀及防污染要求 有些物系具有腐蚀性，应选择结构简单的填料塔，其填料可选用耐腐蚀材料制作。对于有污染的物系，如有放射性的物系，为防止外泄污染环境，应选择屏蔽性能良好的设备，如脉冲塔。

⑥ 其他 在选用萃取设备时，还应考虑其他一些因素，如能源供应情况，在电力紧张地区应尽可能选用依靠重力流动的设备；当厂房面积受到限制时，宜选用塔式设备，而当厂房高度受限制时，则宜选用混合-澄清槽。

10.3.2 萃取塔的操作

对萃取塔能否实现正常操作，将直接影响产品的质量、原料的利用率和经济效益。尽管一个工艺过程及设备设计得很完善，但由于操作不当，可能得不到合格产品。因此，学会萃取塔的正确操作对保障萃取目标的实现是重要的。

10.3.2.1 正常开车

在萃取开车时，先将连续相注满塔中，若连续相为重相（即密度较大的一相），液面应在重相入口高度处为宜，关闭重相进口阀。然后开启分散相，使分散相不断在塔顶分层段凝聚，随着分散相不断进入塔内，在重相的液面上形成两液相界面并不断升高。当两相界面升高到重相入口与轻相出口处之间时，再开启分散相出口阀和重相的进出口阀，调节流量或重相升降管的高度使两相界面维持在原高度。

当重相作为分散相时，则分散相不断在塔底的分层段凝聚，两相界面应维持在塔底分层段的某一位置上，一般在轻相入口处附近。

10.3.2.2 正常操作

在正常运行过程中，应注意以下问题。

（1）两相界面高度要维持稳定　因参与萃取的两液相的密度相差不大，在萃取塔的分层段中两液相的相界面容易产生上下位移。造成相界面位移的因素有：①振动，往复或脉冲频率或幅度发生变化；②流量发生变化。若相界面不断上移到轻相出口，则分层段不起作用，重相就会从轻相出口处流出；若相界面不断下移至萃取段，就会降低萃取段的高度，使得萃取效率降低。

当相界面不断上移时，要降低升降管的高度或增加连续相的出口流量，使两相界面下降到规定的高度处；反之当相界面不断下移时，要升高升降管的高度或减小连续相的出口流量。

（2）防止液泛　液泛是萃取塔操作时容易发生的一种不正常的操作现象。所谓液泛是指逆流操作中，随着两相（或一相）流速的加大，流体流动的阻力也随之加大。当流速超过某一数值时，一相会因流体阻力加大而被另一相夹带由出口端流出塔外。有时在设备中表现为某段分散相把连续相隔断，这种现象就称为液泛。

产生液泛的因素较多，它不仅与两相流体的物性（如黏度、密度、表面张力等）有关，而且与塔的类型、内部结构有关。不同的萃取塔其泛点速度也随之不同。当对某种萃取塔操作时，所选的两相流体确定后，液泛的产生是由流速（流量）或振动以及脉冲频率和幅度的变化而引起，因此流速过大或振动频率过快易造成液泛。

（3）减小返混　萃取塔内部分液体的流动滞后于主体流动，或者产生不规则的漩涡运动，这些现象称为轴向混合或返混。

萃取塔中理想的流动情况是两液相均呈活塞流，即在整个塔截面上两液相的流速相等。这时传质推动力最大，萃取效率高，但是在实际塔内，流体的流动并不呈活塞流，因为流体与塔壁之间的摩擦阻力大，连续相靠近塔壁或其他构件处的流速比中心处慢，中心区的液体以较快速度通过塔内，停留时间短，而近壁区的液体速度较低，在塔内停留时间长，这种停留时间的不均匀是造成液体返混的主要原因之一。分散相的液滴大小不一，大液滴以较大的速度通过塔内，停留时间短。小液滴速度慢，在塔内停留时间长。更小的液滴甚至还可被连续相夹带，产生反方向的运动。此外，塔内的液体还会产生漩涡而造成局部轴向混合。上述种种现象均使两液相偏离活塞流，统称为轴向混合。液相的返混使两液相各自沿轴向的浓度梯度减小，从而使塔内各截面上两相液体间的浓度差（传质推动力）降低。据文献报道，在大型工业塔中，有多达 $60\% \sim 90\%$ 的塔高是用来补偿轴向混合的。轴向混合不仅影响传质推动力和塔高，还影响塔的通过能力，因此，在萃取塔的设计和操作中，应该仔细考虑轴向返混。与气液传质设备比较，液液萃取设备中，两相的密度差小，黏度大，两相间的相对速度小，返混现象严重，对传质的影响更为突出。返混随塔径增加而增强，所以萃取塔的放大效应比气液传质设备大得多，放大更为困难。目前萃取塔还很少直接通过计算进行工业装置设计，一般需要通过中间试验，中试条件应尽量接近生产设备的实际操作条件。

在萃取塔的操作中，连续相和分散相都存在返混现象。连续相的轴向返混随塔的自由截面的增大而增大，也随连续相流速的增大而增大。对于振动筛板塔或脉冲塔，当振动、脉冲频率或幅度增强时都会造成连续相的轴向返混。

造成分散相轴向返混的原因有：分散相液滴大小是不均匀的，在连续相中上升或下降的速度也不一样，产生轴向返混，这在无搅拌机械振动的萃取塔如填料塔、筛板塔或搅拌不激烈的萃取塔中起主要作用。对有搅拌、振动的萃取塔，液滴尺寸变小，湍流强度也高，液滴易被连续相涡流所夹带，造成轴向返混，在体系与塔结构已定的情况下，两相的流速及振动以及脉冲频率或幅度的增大将会使轴向返混严重，导致萃取效率的下降。

10.3.2.3　停车

萃取塔在维修、清洗时或工艺要求下需要停车。对连续相为重相的，停车时首先关闭连续相的进出口阀，再关闭轻相的进口阀，让轻重两相在塔内静置分层。分层后慢慢打开连续相的进口阀，让轻相流出塔外，并注意两相的界面，当两相界面上升至轻相全部从塔顶排出时，关闭重相进口阀，让重相全部从塔底排出。

若连续相为轻相，相界面在塔底，停车时则首先关闭重相进出口阀，然后再关闭轻相进出口阀，让轻重两相在塔中静置分层。分层后打开塔顶旁路阀，塔内接通大气，然后慢慢打开重相出口阀，让重相排出塔外。当相界面下移至塔底旁路阀的高度处，关闭重相出口阀，打开旁路阀，让轻相流出塔外。

10.4　超临界流体萃取技术

超临界流体萃取技术是指以接近或超过临界点的低温、高压、高密度气体作为溶剂，从液体或固体中萃取所需组分，然后采用等压变温或等温变压等方法，将溶质与溶剂分离的单元操作，是一种物理分离和纯化方法。

10.4.1　超临界流体萃取技术的发展与特点

超临界流体萃取技术的发展较晚，对其认识还不够充分。但就已有的认识而言，超临界流体萃取技术所独有的特点已经在影响着人们的生活的各个方面。

10.4.1.1　超临界流体萃取技术的发展

超临界现象发现距今已有一个多世纪，早在 20 世纪 50 年代中期美国、苏联等国家即进行以超临界丙烷去除重油中的柏油精及金属（如镍、钒）等，以降低后段炼解过程中催化剂中毒的失活程度。但因成本过高，未能实用化。1973 年及 1978 年第一次和第二次能源危机后，利用超临界流体进行分离又重新受到工业界的重视。

超临界流体萃取技术的提出大约在 20 世纪中后期，早期主要对超临界流体的相行为变化和性质进行研究，萃取技术主要是应用于化工、石油等工业领域。由于超临界二氧化碳无毒害、残留少、价格低廉又可在常温下操作，超临界二氧化碳流体在食品和医药领域也引起了人们的注意，1978 年后，欧洲陆续建立起以超临界二氧化碳作为萃取剂，利用超临界流体去除咖啡豆中的咖啡因，以及自苦味花中萃取出可放在啤酒内的成分等。随着超临界流体萃取技术的进一步研究，在全球陆续建立起了一些中小规模的超临界技术生产厂家，从整个世界来看，超临界流体萃取技术正在向石油、化工、医药等各个领域迈进，并将成为 21 世纪一门新兴的高新技术。

我国在超临界流体萃取技术方面的研究起步比较晚，这项技术在 20 世纪 80 年代初才被引进国内，在医药、食品和化工领域有较快的发展。尤其在生物资源活性有效成分的提取研究方面比较广泛，但在设备的研究等方面却相对落后。在历经引进和仿制设备、工艺技术等阶段后，我国的超临界流体萃取技术已逐步走向工业化。

10.4.1.2　超临界流体萃取技术的特点

超临界萃取在溶解能力、传质性能以及溶剂回收方面具有如下突出的优点。

① 超临界流体的密度与溶解能力接近于液体，而又保持了气体的传递特性，故传质速率高，可更快达到萃取平衡。

② 操作条件接近临界点，压力、温度的微小变化都可改变超临界流体的密度与溶解能力，易于调控。溶质与溶剂的分离容易，萃取效率高。由于完全没有溶剂的残留，污染小，不需要溶剂回收，费用低。

③ 超临界萃取具有萃取和精馏的双重特性，可分离难分离物质。

④ 超临界流体一般具有化学性质稳定、无毒无腐蚀性、萃取操作温度不高等特点，能避免天然产物中有效成分的分解，因此特别适用于医药、食品等工业。

但是，超临界流体萃取技术也有其缺点，主要是在高压下进行，设备一次性投资较大，操作条件严格，控制难度大，对操作人员的要求高等。

10.4.2　超临界流体萃取原理

由超临界流体的特性出发，分析超临界流体萃取原理及超临界二氧化碳萃取原理。

10.4.2.1　超临界流体的特性

任何一种物质都存在三种相态——气相、液相、固相，但当温度及压力超过其临界温度及临界压力时，就进入所谓的超临界流体状态。液、气两相成平衡状态的点叫临界点。在临界点时的温度和压力称为临界压力和临界温度。不同的物质其临界点所要求的压力和温度各不相同。在到达临界点前，常存在明显气、液两相界面，但到达临界点时，此界面即消失。图 10-27 所示为超临界流体（二氧化碳和水）利用技术的领域。

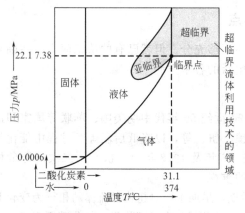

图 10-27　超临界流体利用技术领域

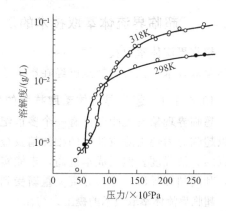

图 10-28　溶解度与温度压力关系图

超临界流体，即指状态处于其临界温度和临界压力以上的流体。从表 10-5 中可以看出，超临界流体具有一些特殊的性能，其物理性质是介于气、液相之间的。如密度接近于液体，因密度高，可输送较气体更多的超临界流体；黏度接近于气体，因黏度低，输送时所需的功率较液体为小。又如，超临界流体表面张力接近于气体，因表面张力很小，很容易渗入到多孔性组织中。此外，扩散系数比液体大 $10\sim100$ 倍，亦即传质阻力远小于液体，而超临界流体的低黏度特性使传质阻力变得非常小，因而可提高传质效率。

表 10-5　气体、超临界流体和液体的传递特性比较

物　性	气　体	超临界流体		液　体
	（常温、常压）	T_c,p_c	$T_c,4p_c$	（常温、常压）
密度/(kg/m³)	$2\sim6$	$200\sim500$	$400\sim900$	$600\sim1600$
黏度/×10^{-5}Pa·s	$1\sim3$	$1\sim3$	$3\sim9$	$20\sim300$
扩散系数/(×10^{-4}m²/s)	$0.1\sim0.4$	0.7×10^{-3}	0.2×10^{-3}	$(0.2\sim2)\times10^{-5}$

超临界流体具有与液体相近的溶解能力，而且这种溶解能力在临界点附近随着温度、压力的升高而急剧增大，如图 10-28 所示。利用超临界流体的这个性质进行分离操作效果奇佳，而且过程无相变，能耗较低。因此，超临界流体已突破了一般流体的范畴。随着研究的深入，它越来越有希望成为一种特殊溶剂，在各个领域的应用中大显身手。常用的超临界流体有二氧化碳、乙烯、乙烷、丙烯、丙烷和氨、正戊烷、甲苯等，其临界特性如表 10-6 所示。由于 CO_2 的临界温度、临界压力较易达到，而且化学性质稳定，无毒、无臭、无色、无腐蚀性，容易得到较纯产品，因此是最常用的超临界流体。

表 10-6　一些超临界萃取剂的临界性质

流体名称	分子式	临界压力/MPa	临界温度/℃	临界密度/(kg/m³)
二氧化碳	CO_2	7.38	31.3	460
二氧化硫	SO_2	7.88	157.6	525
水	H_2O	22.11	374.3	326
氨	NH_3	112.8	132.4	235
乙烷	C_2H_6	4.88	32.3	203
乙烯	C_2H_4	5.12	9.9	227
丙烷	C_3H_8	4.26	96.6	220
戊烷	C_5H_{12}	3.38	296.7	232
丁烷	C_4H_{10}	3.80	152	228

10.4.2.2　超临界流体萃取原理

在超临界状态下，将超临界流体与待分离的物质接触，使其有选择性地依次把极性大小、沸点高低和分子量大小的成分萃取出来。并且超临界流体的密度和介电常数随着密闭体系压力的增加而增加，极性增大，利用程序升压可将不同极性的成分进行分步提取。当然，对应各压力范围所得到的萃取物不可能是单一的，但可以通过控制条件得到最佳比例的混合成分，然后借助减压、升温的方法使超临界流体变成普通气体，被萃取物质则自动完全或基本析出，从而达到分离提纯的目的，并将萃取分离两过程合为一体，这就是超临界流体萃取分离的基本原理。

超临界萃取技术主要有两类萃取过程：恒温降压过程和恒压升温过程。不同点在于前者是把超临界流体经减压后与溶质分离，后者是经加热实现溶质与溶剂分离。溶剂都可以反复循环使用。

10.4.2.3　超临界流体的溶解能力

超临界流体的溶解能力与密度有关，其关系如下。

$$\ln C = k\ln\rho + m \tag{10-28}$$

式中，k 和 m 的数值与超临界流体及被萃取物质的化学性质有关，几种物质的溶解能力与密度关系如图 10-29 所示。一般 k 为正值，即密度越大、溶解能力越大。

10.4.2.4　超临界 CO_2 的溶解能力

超临界状态下，CO_2 对不同溶质的溶解能力差别很大，这与溶质的极性、沸点和分子量密切相关。通常，CO_2 超临界萃取主要适用于亲脂性、低沸点成分的低压萃取（10^4Pa），如挥发油、烃、酯等。而且，化合物的极性基团越多，就越难萃取。化合物的分子量越高，越难萃取。

图 10-29 说明了超临界萃取的实际操作范围，以及通过调节压力或改变溶剂密度，从而改变溶剂萃取能力的操作条件。图 10-30 为二氧化碳的对比压力-对比密度图。超临界萃取和超临界流体色谱的实际操作区域即为图中阴影部分。大致对比压力 $p_r>1$，对比温度 T_r 在 0.9~1.2 之间。在这一区域里，超临界流体有极大的可压缩性。溶剂密度可从气体般的密度（$\rho_r=0.1$）变化到液体般的密度（$\rho_r=2.0$）。由图 10-30 可见，在 $1.0<T_r<1.2$ 时，

等温线在相当一段密度范围内趋于平坦，即在此区域内微小的压力变化将大大改变超临界流体的密度。另外，在压力一定的情况下（如$1 < p_r < 2$之间），提高温度可以大大降低溶剂的密度，从而降低其萃取能力，使其与萃取物得到分离。

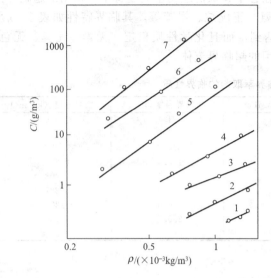 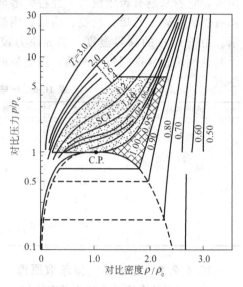

图 10-29 溶解能力与密度关系图　　　　　图 10-30 纯 CO_2 的对比压力-对比密度图

1—甘氨酸；2—弗朗鼠李苷；3—大黄素；4—对羟基苯甲酸；

5—1,8-二羟基蒽醌；6—水杨酸；7—苯甲酸

超临界工艺与传统工艺明显的优势是它可以大大提高溶剂化能力和调节溶解度，此外二氧化碳除了具有气态的扩散系数、黏度以外还可与气体完全混溶，它也是在食品行业中少数几个可以允许使用的溶剂之一。

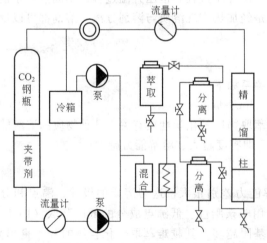

图 10-31 超临界二氧化碳萃取基本流程图

10.4.3 超临界流体萃取过程简介

超临界萃取主要由萃取阶段和分离阶段两部分组成。有等温变压流程、等压变温流程、等温等压吸附流程等多种组合。这里以超临界二氧化碳基本萃取流程和用二氧化碳萃取去除咖啡豆中咖啡因为例介绍超临界流体萃取过程。

10.4.3.1 超临界二氧化碳基本萃取流程

图 10-31 所示为超临界二氧化碳萃取基本流程：将萃取原料装入萃取釜。采用二氧化碳为超临界溶剂。二氧化碳气体经热交换器冷凝成液体，用加压泵把压力提升到工艺过程所需的压力（应高于二氧化碳的临界压力），同时调节温度，使其成为超临界二氧化碳流体。二氧化碳流体作为溶剂从萃取釜底部进入，与被萃取物料充分接触，选择性溶解出所需的化学成分。含溶解萃取物的高压二氧化碳流体经节流阀降压到低于二氧化碳临界压力以下进入分离釜（又称解析釜），由于二氧化碳溶解度急剧下降而析出溶质，自动分离成溶质和二氧

化碳气体两部分，前者为过程产品，定期从分离釜底部放出，后者为循环二氧化碳气体，经过热交换器冷凝成二氧化碳液体再循环使用。整个分离过程是利用二氧化碳流体在超临界状态下对有机物有特异增加的溶解度，而低于临界状态下对有机物基本不溶解的特性，使二氧化碳流体不断在萃取釜和分离釜间循环，从而有效地将需要分离提取的组分从原料中分离出来。

10.4.3.2　应用实例——利用超临界二氧化碳去除咖啡因

利用超临界二氧化碳，可达到去除咖啡因的目的。此过程分为三个阶段：第一阶段是利用干燥的超临界二氧化碳，萃取经焙炒过的咖啡豆中的香味成分，再经减压后置于一个特定区域。此阶段可看出干燥的二氧化碳具有选择性，不会萃取咖啡豆中的咖啡因，经减压后的二氧化碳，对香味成分的溶解度会大幅降低，由此可看出压力对溶解度的影响。

第二阶段是将减压的二氧化碳，经压缩并使其中带有定量水分后，再通入装有咖啡豆的槽中，此时因二氧化碳含有水，而水具有极性，可萃取出咖啡因，离开萃取槽后经减压，将咖啡因与二氧化碳分离。

第三阶段是利用超临界二氧化碳流体将溶解于特定区域中的香味成分送回萃取槽，再将香味成分放回咖啡豆中。

此三阶段皆显示出超临界二氧化碳具高渗透力，可深入咖啡豆内部组织，这是因为表面张力低的缘故。也显示出改变二氧化碳的物理和化学性质以及压力和温度可影响溶解能力与对溶质的选择性。

必须说明的是，利用超临界二氧化碳萃取咖啡因的技术较使用传统的三氯乙烯或二氯甲烷化学溶剂成本高，但化学溶剂有致癌的可能，而二氧化碳没有。

10.4.4　超临界流体萃取的工业应用

超临界流体萃取的工业应用十分广泛，而且随着对超临界流体认识的深入还在不断发展。

10.4.4.1　超临界流体萃取的工业应用

目前已应用在食品工业、精细化工（香料、化妆品）、医药工业、环境保护等方面，具体见表 10-7。

表 10-7　超临界流体的应用

分　类	应　用
食品工业	动植物油脂的提取(卵磷脂、鱼肝油、可可、大豆、花生) 食品杀菌(酱油杀菌) 啤酒花提取、天然色素提取 米胚芽提取 橘皮中萜烯精油的提取 食品除臭
精细化工(香料、化妆品)	天然香料精油提取(桂花、茉莉) 烟草中提取香精 提取咖啡香气成分 植物中去植物碱、烟草中去尼古丁 精制化妆品原料(表面活性剂、脂肪酸甘油酯)
医药工业	中草药有效成分提取(蛇床子、连翘、桑白皮、丹参等) 类固醇类样品提取 EPA 和 DHA 的提取(原料:鱼油、南海翡翠贻贝) 酶及维生素的精制回收
环境保护	环境样品中污染物的分析监测 水果中农药残余物的分析 超临界水氧化法处理有机废物、废水

10.4.4.2　超临界流体萃取技术展望

人们对气体、液体和固体的研究及有效利用已有较长时间，但真正重视超临界流体的研究和应用的时间尚短。虽然超临界流体技术在许多方面已得到应用，但还远没有发挥其应有的作用，这主要是因为目前对超临界流体性质的认识还远远不够。随着认识的深入，超临界流体技术势必得到越来越广泛的应用。从目前发展趋势看，超临界技术将在以下方面发挥重要作用。

① 食品医药方面　目前主要用于这方面，但仍保持其强劲的发展势头，在开发和生产绿色、健康食品、药品方面前途广阔。

② 化学反应工程方面　环境友好的超临界流体将取代一些有害的有机溶剂，并且使反应效率更高，甚至有可能得到通常条件下难以得到的产品。

③ 材料科学方面　超临界技术应用前景十分广阔，其中包括聚合物材料加工、不同微粒的制备、药物的包封、多孔材料的制备、喷涂、印染等。

④ 环境科学方面　超临界水为有害物质和有害材料的处理提供了特殊的介质。随着腐蚀等问题的解决，超临界水氧化处理污水、超临界水中销毁毒性及危险性物质等可能很快实现商业化。另外，超临界流体技术在土壤中污染物的清除与分析等方面也有一定的应用前景。

⑤ 生物技术方面　超临界技术在蛋白质的提取和加工、细胞破碎中的应用等已引起重视。

⑥ 洗涤工业中　超临界流体清洗纺织品、金属零部件等具有许多优点，目前已引起重视。

思 考 题

1. 采用萃取操作分离液相混合物的基本原理是什么？
2. 萃取操作和蒸馏操作都可以分离液相混合物，但萃取操作主要用于什么物系的分离？
3. 一般情况下，应如何选择操作温度以利于萃取操作？
4. 杠杆定律包括哪些内容？在萃取计算中有哪些用途？
5. 什么是临界混溶点？是否在溶解曲线的最高点？
6. 辅助曲线怎样求取？有何用途？
7. 选择萃取剂的依据是分配比还是选择性系数？或者两者兼备？
8. 如何确定单级萃取操作中可能获得的最大萃取液组成？对于组分 B、S 部分互溶的物系如何确定最小溶剂用量？如何选择萃取剂用量或溶剂比？
9. 试简述用图解法进行单级萃取过程计算的方法和步骤？
10. 何谓多级错流萃取？何谓多级逆流萃取？
11. 对液液萃取过程来说，是否外加能量越大越有利？
12. 什么是萃取理论级？一个实际萃取级能否达到一个理论级的萃取效果？为什么？
13. 超临界流体萃取有何特点？超临界萃取的方法原理和适用范围？

习 题

10-1　25℃时乙酸（A）-3-庚醇（B）-水（S）的平衡数据如本题附表所示。

习题 10-1 附表 1　溶解度曲线数据　　　　　单位:%（质量分数）

乙酸(A)	3-庚醇(B)	水(S)	乙酸(A)	3-庚醇(B)	水(S)
0	96.4	3.6	48.5	12.8	38.7
3.5	93.0	3.5	47.5	7.5	45.0
8.6	87.2	4.2	42.7	3.7	53.6
19.3	74.3	6.4	36.7	1.9	61.4
24.4	67.5	7.9	29.3	1.1	69.6
30.7	58.6	10.7	24.5	0.9	74.6
41.4	39.3	19.3	19.6	0.7	79.7
45.8	26.7	27.5	14.9	0.6	84.5
46.5	24.1	29.4	7.1	0.5	92.4
47.5	20.4	32.1	0.0	0.4	99.6

习题 10-1 附表 2　联结线数据　　　单位:%(乙酸的质量分数)

水　层	3-庚醇层	水　层	3-庚醇层	水　层	3-庚醇层
6.4	5.3	33.6	23.7	48.1	37.9
13.7	10.6	38.2	26.8	47.6	44.9
19.8	14.8	42.1	30.5		
26.7	19.2	44.1	32.6		

（1）在等腰直角三角形坐标图上绘出溶解度曲线及辅助曲线，在直角坐标图上绘出分配曲线。（2）确定由 100kg 乙酸、100kg 3-庚醇和 200kg 水组成的混合液的物系点的位置。混合液经充分混合并静置分层后，确定两共轭相的组成和质量。（3）求（2）中两液层的分配系数 k_A、k_B 及选择性系数 β。（4）从上述混合液中蒸出多少水才能成为均相溶液。

10-2　在单级萃取装置中，以纯水为溶剂从含乙酸质量分数为 0.3 的乙酸-3-庚醇混合液中提取乙酸。已知原料液的处理量为 2000kg/h，要求萃余相中乙酸的质量分数不大于 0.1。试求：（1）水的用量；（2）萃余相的量及乙酸的萃取率。操作条件下的平衡数据见习题 10-1。

10-3　如图所示，用纯溶剂对 AB 混合液做单级萃取，进料 $x_{FA}=0.3$（质量分数），求：萃取液可能达到的最大浓度 y'_{max} 及此时的溶剂比 S/F。

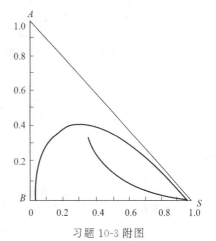

习题 10-3 附图

10-4　在 B-S 部分互溶的单级萃取中，料液中含溶质 A 为 100kg，稀释剂 B 为 150kg，脱除溶剂后萃余液的浓度 $x'_R=0.25$（质量分数），选择性系数 β 为 6，试求：① 萃取液的组成 y'_E；② 萃取液的量 E'。

自 测 题

一、填空

1. 萃取过程是于混合液中加入 _____ 使溶质由原溶液转移到 _____ 中的过程。

2. 萃取操作依据的是混合物中各组分在萃取剂中 _____ 的差异。

3. 萃取操作中选择溶剂的主要原则是 _____ 、_____ 和 _____ 。

4. 分配系数 $k_A<1$ 表示萃取相中 A 组分的浓度 _____ 萃余相中 A 组分的浓度。

5. 在萃取操作 B-S 部分互溶物系中，提高温度，B-S 互溶度 _____ 。

6. 萃取操作中，选择性系数趋于无穷的情况出现在 _____ 物系中。

7. 在多级逆流萃取中，欲达到同样的分离程度，溶剂比越大则操作点越 _____ S 点。

8. 在多级逆流萃取中，达到指定分离程度所需理论级数无穷大时的溶剂比称为 _____ 。

二、单项选择

1. 萃取操作适宜分离以下哪种液体混合物（　　）。

A. 溶质不挥发的溶液　　B. 溶质和溶剂挥发性差异大的溶液

C. 过饱和溶液　　　　　D. 恒沸液体混合物

2. 萃取操作包括（　　）三个过程。

A. 混合过程、澄清过程、脱除溶剂操作　　B. 混合过程、蒸馏过程、澄清过程

C. 澄清过程、吸收过程、脱除溶剂操作　　D. 蒸发过程、吸收过程、混合过程

3. 与精馏操作相比，萃取操作不利的是（　　）。

A. 不能分离组分相对挥发度接近于 1 的混合液　　B. 分离低浓度组分消耗能量多

C. 不易分离热敏性物质　　D. 流程比较复杂

4. 萃取剂的选择性（　　）。

A. 是液液萃取分离能力的表征　　B. 是液固萃取分离能力的表征

C. 是吸收过程分离能力的表征　　D. 是吸附过程分离能力的表征

5. 三角形相图内任一点，都代表混合物的（　　）个组分的含量。

A. 一　　　　B. 二　　　　C. 三　　　　D. 四

6. 在溶解曲线以下的两相区，随温度的升高，溶解度曲线范围会（　　）。

A. 缩小　　　B. 不变　　　C. 扩大　　　D. 缩小及扩大

7. 萃取中，当出现（　　）时，说明萃取剂选择的不适宜。

A. $k_A < 1$　　B. $k_A = 1$　　C. $\beta > 1$　　D. $\beta \leqslant 1$

8. 进行萃取操作时，应使溶质的分配系数（　　）1。

A. 等于　　　B. 大于　　　C. 小于　　　D. 无法判断

9. 萃取剂的加入量应使原料与萃取剂的和点 M 位于（　　）。

A. 溶解度曲线上方区　　　B. 溶解度曲线下方区

C. 溶解度曲线上　　　　　D. 任何位置均可

10. 下列操作不属于萃取操作步骤的是（　　）。

A. 原料预热　　　　　　　B. 原料与萃取剂混合

C. 澄清分离　　　　　　　D. 萃取剂回收

11. 在 B、S 完全不互溶的多级逆流萃取塔操作中，原用纯溶剂，现改用再生溶剂，其他条件不变，则对萃取操作的影响是（　　）。

A. 萃余相含量不变　　　B. 萃余相含量增加

C. 萃取相含量减少　　　D. 萃余分率减小

12. 在原料液组成 x_F 及溶剂化相同条件下，将单级萃取改为多级萃取，萃取率（　　）。

A. 提高　　　B. 降低　　　C. 不变　　　D. 不确定

13. 对于同样的萃取回收率，单级萃取所需的溶剂量相比多级萃取（　　）。

A. 较小　　　B. 较大　　　C. 不确定　　　D. 相等

14. 分配曲线反映的是（　　）。

A. 萃取剂和原溶剂的相对数量关系

B. 萃取剂和原溶剂的绝对数量关系

C. 被萃取组分在两相间的平衡分配关系

D. 都不是

15. 萃取剂的选择性系数是溶质和原溶剂分别在两相中的（　　）。

A. 质量浓度之比　　　　B. 摩尔浓度之比

C. 溶解度之比　　　　　D. 分配系数之比

本章主要符号说明

英文字母

A——溶质的质量或质量流量，kg 或 kg/h；

B——原溶剂的质量或质量流量，kg 或 kg/h；

E，E'——萃取相与萃取液的质量或质量流量，kg 或 kg/h；

F——原料液的质量或质量流量，kg 或 kg/h；

k_A，k_B——分配系数；

R，R'——萃余相与萃余液的质量或质量流量，kg 或 kg/h；

S——萃取剂的质量或质量流量，kg 或 kg/h；

$x_{W_{ij}}$——i 组分在 j 混合物中的质量分数；

x_{W_j}——A 组分在 j 混合物（如萃余相 R）中的质量分数；

y_{W_j}——A 组分在 j 混合物（如萃取相 E）中的质量分数。

希腊字母

β——选择性系数。

下标

i——组分代号（对三元物系，$i = A$，B，S）；

j——混合物流的代号（如 $j = F$，S，E，E'，R，R'，M 等）。

第 11 章 新型单元操作简介

学习目标

了解膜分离、吸附、色谱分离等新型分离方式的过程原理、特点与工业应用。

11.1 膜 分 离

11.1.1 概述

11.1.1.1 膜分离过程

膜分离过程作为一门新型的高效分离、浓缩、提纯及净化技术，在近年来发展迅速，已在化工、生物、医药、食品、环境保护等领域得到广泛应用。

膜分离是以选择性透过膜为分离介质，在膜两侧一定推动力的作用下，使原料中的某组分选择性地透过膜，从而使混合物得以分离，以达到提纯、浓缩等目的的分离过程。

膜分离所用的膜可以是固相、液相，也可以是气相，而大规模工业应用中多数为固体膜，本节主要介绍固体膜的分离过程。

过程的推动力可以是膜两侧的压力差、浓度差、电位差、温度差等。依据推动力不同，

表 11-1 几种主要膜分离过程的基本特性

过　程	分离目的	推动力	传递机理	透过组分	截留组分	膜类型
电渗透	溶液脱小离子、小离子溶质的浓缩、小离子的分级	电位差	反离子经离子交换膜的迁移	小离子组分	同名离子、大离子和水	离子交换膜
反渗透	溶剂脱溶质、含小分子溶质溶液浓缩	压力差	溶剂和溶质的选择性扩散渗透	水、溶剂	溶质、盐（悬浮物、大分子、离子）	非对称性膜和复合膜
气体分离	气体混合物分离、富集或特殊组分脱除	压力差，浓度差	气体的选择性扩散渗透	易渗透的气体	难渗透的气体	均质膜、多孔膜、非对称性膜
超滤	溶液脱大分子、大分子溶液脱小分子、大分子的分级	压力差	微粒及大分子尺度形状的筛分	水、溶剂、小分子溶解物	胶体大分子、细菌等	非对称性膜
微滤	溶液脱粒子、气体脱粒子	压力差	颗粒尺度的筛分	水、溶剂溶解物	悬浮物颗粒	多孔膜
渗透汽化	挥发性液体混合物分离	分压差、浓度差	溶解-扩散	溶液中易透过组分	溶液中难透过组分（液体）	均质膜、多孔膜、非对称性膜

膜分离又分为多种过程，表 11-1 列出了几种主要膜分离过程的基本特性。反渗透、纳滤、超滤、微滤均为压力推动的膜过程，即在压力的作用下，溶剂及小分子通过膜，而盐、大分子、微粒等被截留，其截留程度取决于膜结构。

11.1.1.2 膜分离特点及应用

与传统的分离操作相比，膜分离具有以下特点：①膜分离是一个高效分离过程，可以实现高纯度的分离；②大多数膜分离过程不发生相变化，因此能耗较低；③膜分离通常在常温下进行，特别适合处理热敏性物料；④膜分离设备本身没有运动的部件，可靠性高，操作、维护都十分方便。

膜分离在工业上的应用日益广泛，如表 11-2 所示。

表 11-2 膜分离的工业应用

膜过程	缩 写	工 业 应 用
反渗透	RO	海水或盐水脱盐；地表或地下水的处理；食品浓缩等
渗透	D	从废硫酸中分离硫酸镍；血液透析等
电渗析	ED	电化学工厂的废水处理；半导体工业用超纯水的制备等
微滤	MF	药物灭菌；饮料的澄清；抗生素的纯化；由液体中分离动物细菌等
超滤	UF	果汁的澄清；发酵液中疫苗和抗生菌的回收等
渗透汽化	PVAP	乙醇-水共沸物的脱水；有机溶剂脱水；从水中除去有机物
气体分离	GS	从甲烷或其他烃类物中分离 CO_2 或 H_2；合成气 H_2/CO 比的调节；从空气中分离 N_2 和 O_2
液膜分离	LM	从电化学工厂废液中回收镍；废水处理等

11.1.1.3 膜材料及分类

目前使用的固体分离膜大多数是高分子聚合物膜，近年来又开发了无机材料分离膜。高聚物膜通常是用纤维素类、聚砜类、聚酰胺类、聚酯类、含氟高聚物等材料制成。无机分离膜包括陶瓷膜、玻璃膜、金属膜和分子筛碳膜等。

膜的种类与功能较多，分类方法也较多，但普遍采用的是按膜的形态结构分类，将分离膜分为对称膜和非对称膜两类。

对称膜又称为均质膜，是一种均匀的薄膜，膜两侧截面的结构及形态完全相同，包括致密的无孔膜和对称的多孔膜两种，如图 11-1(a) 所示。一般对称膜的厚度在 $10\sim200\mu m$ 之间，传质阻力由膜的总厚度决定，降低膜的厚度可以提高透过速率。

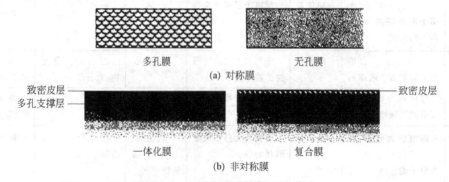

(a) 对称膜

多孔膜   无孔膜

致密皮层   致密皮层
多孔支撑层

一体化膜   复合膜

(b) 非对称膜

图 11-1 不同类型膜横断面示意图

非对称膜的横断面具有不对称结构，如图 11-1(b) 所示。一体化非对称膜是用同种材料制备、由厚度为 $0.1\sim0.5\mu m$ 的致密皮层和 $50\sim150\mu m$ 的多孔支撑层构成，其支撑层结构具有一定强度，在较高的压力下也不会引起很大的形变。此外，也可在多孔支撑层上覆盖一层不同材料的致密皮层构成复合膜。显然，复合膜也是一种非对称膜。对于复合膜，可优选不同的膜材料制备致密皮层与多孔支撑层，使每一层独立地发挥最大作用。非对称膜的分离主要或完全由很薄的皮层决定，传质阻力小，其透过速率较对称膜高得多，因此非对称膜在工业上应用十分广泛。

11.1.1.4 分离膜性能

分离膜是分离装置的核心部件，其性能直接影响着分离效果、操作能耗以及设备的大小。分离膜的性能主要包括两个方面，即透过性能与分离性能。

(1) 透过性能 能够使被分离的混合物有选择地透过是分离膜的最基本条件。表征膜透过性能的参数是透过速率，是指单位时间、单位膜面积透过组分的通过量，对于水溶液体系，又称透水率或水通量。

膜的透过速率与膜材料的化学特性和分离膜的形态结构有关，且随操作推动力的增加而增大，此参数直接决定分离设备的大小。

(2) 分离性能 分离膜必须对被分离混合物中各组分具有选择透过的能力，即具有分离能力，这是膜分离过程得以实现的前提。不同膜分离过程中膜的分离性能有不同的表示方法，如截留率、截留分子量、分离因数等。

在超滤和纳滤中，通常用截留分子量表示其分离性能。截留分子量是指截留率为 60% 时所对应的分子量。截留分子量的高低，在一定程度上反映了膜孔径的大小，通常可用一系列不同分子量的标准物质进行测定。

膜的分离性能主要取决于膜材料的化学特性和分离膜的形态结构，同时也与膜分离过程的一些操作条件有关。该性能对分离效果、操作能耗都有决定性的影响。

11.1.2 膜分离装置与工艺

11.1.2.1 膜组件

膜组件是将一定膜面积的膜以某种形式组装在一起的器件，在其中实现混合物的分离。

(1) 板框式膜组件 板框式膜组件采用平板膜，其结构与板框过滤机类似，用板框式膜组件进行海水淡化的装置如图 11-2 所示。在多孔支撑板两侧覆以平板膜，采用密封环和两个端板密封、压紧。海水从上部进入组件后，沿膜表面逐层流动，其中纯水透过膜到达膜的另一侧，经支撑板上的小孔汇集在边缘的导流管后排出，而未透过的浓缩咸水从下部排出。

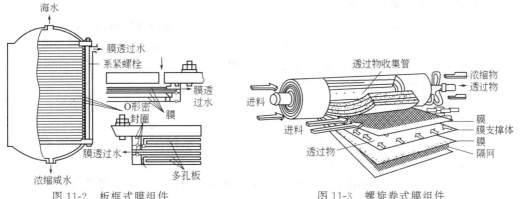

图 11-2 板框式膜组件　　　　　　　　图 11-3 螺旋卷式膜组件

(2) 螺旋卷式膜组件 螺旋卷式膜组件也是采用平板膜，其结构与螺旋板式换热器类似，如图 11-3 所示。它是由中间为多孔支撑板、两侧是膜的"膜袋"装配而成，膜袋的三个边粘封，另一边与一根多孔中心管连接。组装时在膜袋上铺一层网状材料（隔网），绕中心管卷成柱状再放入压力容器内。原料进入组件后，在隔网中的流道沿平行于中心管方向流动，而透过物进入膜袋后旋转着沿螺旋方向流动，最后汇集在中心收集管中再排出。螺旋卷式膜组件结构紧凑，装填密度可达 $830\sim1660m^2/m^3$。缺点是制作工艺复杂，膜清洗困难。

（3）管式膜组件　管式膜组件是把膜和支撑体均制成管状，使两者组合，或者将膜直接刮制在支撑管的内侧或外侧，将数根膜管（直径 $10\sim20mm$）组装在一起就构成了管式膜组件，与列管式换热器相类似。若膜刮在支撑管内侧，则为内压型，原料在管内流动，如图 11-4 所示；若膜刮在支撑管外侧，则为外压型，原料在管外流动。管式膜组件的结构简单，安装、操作方便，流动状态好，但装填密度较小，为 $33\sim330m^2/m^3$。

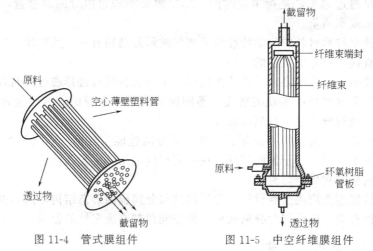

图 11-4　管式膜组件　　　　　图 11-5　中空纤维膜组件

（4）中空纤维膜组件　中空纤维膜组件将膜材料制成外径为 $80\sim400\mu m$、内径为 $40\sim100\mu m$ 的空心管，即为中空纤维膜。将大量的中空纤维一端封死，另一端用环氧树脂浇铸成管板，装在圆筒形压力容器中，就构成了中空纤维膜组件，也形如列管式换热器，如图 11-5 所示。大多数膜组件采用外压式，即高压原料在中空纤维膜外侧流过，透过物则进入中空纤维膜内侧。中空纤维膜组件装填密度极大（$10000\sim30000m^2/m^3$），且不需外加支撑材料；但膜易堵塞，清洗不容易。

11.1.2.2　膜分离的流程

在实际生产中，可以通过膜组件的不同配置方式来满足对溶液分离的不同质量要求。而且膜组件的合理排列组合对膜组件的使用寿命也有很大影响。如果排列组合不合理，则将造成某一段内的膜组件的溶剂通量过大或过小，不能充分发挥作用，或使膜组件污染速度加快，膜组件频繁清洗和更换，造成经济损失。

根据料液的情况、分离要求以及所有膜器一次分离的分离效率高低等的不同，膜分离过程可以采用不同工艺流程，下面简要介绍几种反渗透过程工艺流程。

① 一级一段连续式　如图 11-6 所示，料液一次通过膜组件即成为浓缩液而排出，这种方式透过液的回收率不高，在工业中较少采用。

② 一级一段循环式　如图 11-7 所示，为了提高透过液的回收率，将部分浓缩液返回进料贮槽与原有的进料液混合后，再次通过膜组件进行分离。这种方式可提高透过液的回收率，但因为浓缩液中溶质的浓度比原料液要高，使透过液的质量有所下降。

③ 一级多段连续式　如图 11-8 所示，将第一段的浓缩液作为第二段的进料液，再把第二段的浓缩液作为下一段的进料液，而各段的透过液连续排出。这种方式的透过液回收率

高，浓缩液的量较少，但其溶质浓度较高。

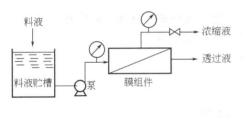

图 11-6 一级一段连续式

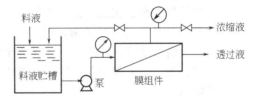

图 11-7 一级一段循环式

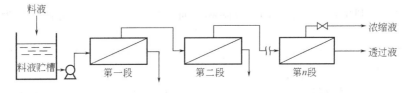

图 11-8 一级多段连续式

11.1.2.3 膜分离的工艺控制

在膜分离工艺中，通常必须处理好浓差极化和膜污染问题。

（1）浓差极化及减弱措施 在反渗透和超滤过程中，由于膜的选择透过性，溶剂（如水）从高压侧透过膜到低压侧，溶质则大部分被膜截留，积累在膜高压侧表面，造成膜表面到主体溶液间的浓度梯度，促使溶质从膜表面通过边界层向主体溶液扩散，此种现象即为浓差极化，如图 11-9。

由于浓差极化的存在，将可能导致下列不良影响：

① 由于膜表面渗透压的升高将导致溶剂通量的下降；

② 溶质通过膜的通量上升；

③ 若溶质在膜表面的浓度超过其溶解度可形成沉淀并堵塞膜孔和减少溶剂的通量；

④ 出现膜污染，导致膜分离性能的改变，严重时，膜透水性能大幅度下降，甚至完全消失。

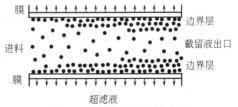

图 11-9 极化边界层的产生

浓差极化属可逆性污染，不能完全消除，但可通过改变压力、速度、温度和料液浓度之类的操作参数进行减弱。

（2）膜污染与防止 膜污染是指料液中的溶质分子由于与膜存在物理化学相互作用或机械作用而引起的在膜表面或膜孔内的吸附、沉积而造成的膜孔径的变小及堵塞，从而引起膜分离特性不可逆变化的现象。因此，在膜分离过程中，必须采取料液预处理、及时清洗等措施减少污染的影响。

① 料液的预处理 由于分离膜是一种高精密分离介质，它对进料有较高的要求，需对料液进行预处理。预处理的作用如下。

a. 去除超量的浊度和悬浮固体、胶体物质。

b. 调节并控制进料液的电导率、总含盐量、pH 值和温度。

c. 抑制或控制化合物的形成，防止它们沉淀，堵塞水的通道或在膜表面形成涂层。

d. 防止粒子物质和微生物对膜及组件的污染。

e. 去除乳化油和未乳化油以及类似的有机物质。

料液预处理的方法主要有以下几种。

a. 一般采用絮凝、沉淀、过滤生物处理法降低进料液中的浊度和去除悬浮固体。

b. 用氯、紫外线或臭氧杀菌，以防止微生物、细菌的侵蚀。

c. 加六偏磷酸钠或酸，防止钙、镁离子结垢。

d. 严格控制 pH 值和余氯，以防止膜的水解。

e. 控制水温。

f. 注意控制进料流速和进水电导率，因为它们对脱盐率有影响。

② 膜的清洗　膜的清洗方法可分为物理方法与化学方法两种。以超滤膜的清洗为例加以说明。

物理方法是指利用物理力的作用，去除膜表面和膜孔中污染物的方法，分为水洗、气洗两种。

水洗以清水为介质，以泵为动力，又分为正洗和反冲两种。正洗时，超滤器浓缩出口阀全开，采用低压湍流或脉冲清洗。一次清洗时间一般控制在 30min 以内，可适当提高水温至 40℃ 左右。透水通量较难恢复时，可采用较长时间浸泡的方法，往往可以取得很好的效果。反洗时，使水从超滤澄清端进入超滤装置，从浓缩端回到清洗槽。为了防止超滤膜机械损伤，反洗压力一般控制在 0.1MPa，清洗时间为 30min。该方法一般适用于中空纤维超滤装置，清洗效果比较明显。

气洗以气体为介质，通常用高流速气流反洗，可将膜表面形成的凝胶层消除。

当采用物理方法清洗不能使通量恢复时，常结合化学清洗。化学清洗是利用化学物质与污染物发生化学反应达到清洗目的的。化学清洗所用的化学品有酸、碱、表面活性剂、氧化剂和酶等。

a. 酸碱清洗　无机离子如 Ca^{2+}、Mg^{2+} 等在膜表面易形成沉淀层，可采取降低 pH 值促进沉淀溶解，再加上 EDTA 钠盐等络合物的方法去除沉淀物；用稀 NaOH 溶液清洗超滤膜，可以有效地水解蛋白质、果胶等污染物，取得良好的清洗效果；采用调节 pH 值与加热相结合的方法，可以提高水解速度，缩短清洗时间，因而在生物、食品工业中得到了广泛的应用。

b. 表面活性剂　表面活性剂如 SDS、吐温 80、X-100（一种非离子型表面活性剂）等具有增溶作用，在许多场合有很好的清洗效果，可根据实际情况加以选择，但有些阴离子和非离子型的表面活性剂能同膜结合造成新的污染，在选用时需加以注意。试验中发现，单纯的表面活性剂效果并不理想，需要与其他清洗药剂相结合。

c. 氧化剂　在氢氧化钠或表面活性剂不起作用时，可以用氯进行清洗，其用量为 200～400mg/L 活性氯（相当于 400～800mg/L NaClO），其最适合 pH 值为 10～11。在工业酶制剂的超滤浓缩过程中，污染膜多采用次氯酸盐溶液清洗，经济实用。除此之外，双氧水、高锰酸钾在部分场合也表现出较好的清洗作用。

d. 酶清洗　由乙酸纤维素等材料制成的有机膜，不能耐高温和极端 pH 值，因而在膜通量难以恢复时，可用含酶的清洗剂清洗。但使用酶清洗剂不当会造成新的污染。国外报道采用固定化酶形式，把菌固定在载体上，效果很好。目前，常用的酶制剂有果胶酶和蛋白酶。

11.1.3　典型膜分离过程及应用

11.1.3.1　反渗透

能够让溶液中一种或几种组分通过而其他组分不能通过的选择性膜称为半透膜。当把溶剂和溶液（或两种不同浓度的溶液）分别置于半透膜的两侧时，纯溶剂将透过膜而自发地向溶液（或从低浓度溶液向高浓度溶液）一侧流动，这种现象称为渗透。当溶液的液位升高到所产生的压差恰好抵消溶剂向溶液方向流动的趋势时，渗透过程达到平衡，此压力差称为该溶液的渗透压，以 $\Delta\pi$ 表示。若在溶液侧施加一个大于渗透压的压差 Δp 时，则溶剂将从溶液侧向溶剂侧反向流动，此过程称为反渗透，如图 11-10 所示。这样，可利用反渗透过程从溶液中获得纯溶剂。

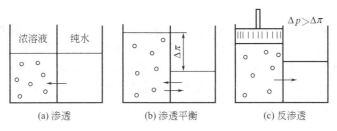

图 11-10　反渗透原理示意图

　　反渗透是一种节能技术，过程中无相变，一般不需加热，工艺过程简单，能耗低，操作和控制容易，应用范围广泛。其主要应用领域有海水和苦咸水的淡化，纯水和超纯水制备，工业用水处理，饮用水净化，医药、化工和食品等工业料液的处理和浓缩，以及废水处理等。

11.1.3.2　超滤与微滤

　　超滤与微滤都是在压力差作用下根据膜孔径的大小进行筛分的分离过程，其基本原理如图 11-11 所示。在一定压力差作用下，当含有高分子量溶质 A 和低分子量溶质 B 的混合溶液流过膜表面时，溶剂和小于膜孔的低分子量溶质（如无机盐类）透过膜，作为透过液被收集起来，而大于膜孔的高分子量溶质（如有机胶体等）则被截留，作为浓缩液被回收，从而达到溶液的净化、分离和浓缩的目的。通常，能截留分子量 500 以上、10^6 以下分子的膜分离过程称为超滤；截留更大分子（通常称为分散粒子）的膜分离过程称为微滤。

　　实际上，反渗透操作也是基于同样的原理，只不过截留的是分子更小的无机盐类，由于溶质的分子量小，渗透压较高，因此必须施加高压才能使溶剂通过，如前所述，反渗透操作压差为 $2\sim10MPa$。而对于高分子溶液而言，即使溶液的浓度较高，但渗透压较低，操作也可在较低的压力下进行。通常，超滤操作的压差为 $0.3\sim1.0MPa$，微滤操作的压差为 $0.1\sim0.3MPa$。

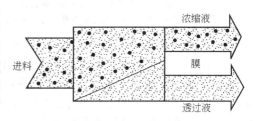

图 11-11　超滤与微滤原理示意图

　　超滤主要适用于大分子溶液的分离与浓缩，广泛应用在食品、医药、工业废水处理、超纯水制备及生物技术工业，包括牛奶的浓缩、果汁的澄清、医药产品的除菌、电泳涂漆废水的处理、各种酶的提取等。微滤是所有膜过程中应用最普遍的一项技术，主要用于细菌、微粒的去除，广泛应用在食品和制药行业中饮料及制药产品的除菌与净化，半导体工业超纯水制备过程中颗粒的去除，生物技术领域发酵液中生物制品的浓缩与分离等。

11.1.3.3　应用实例

（1）超纯水及纯净水的生产　所谓超纯水和纯净水是指水中所含杂质包括悬浮固体、溶解固体、可溶性气体、挥发物质及微生物、细菌等达到一定质量标准的水。不同用途的纯水对这些杂质的含量有不同的要求。

反渗透技术已被普遍用于电子工业纯水及医药工业等无菌纯水的制备系统中。半导体工业所用的高纯水，以往主要采用化学凝集、过滤、离子交换树脂等制备方法，这些方法的最大缺点是流程复杂，再生离子交换树脂的酸碱用量较大，成本较高。现在采用反渗透法与离子交换法相结合过程生产的纯水，其流程简单，成本低廉，水质优良，纯水中杂质含量已接近理论纯水值。

超纯水生产的典型工艺流程如图 11-12 所示。原水首先通过过滤装置除去悬浮物及胶体，加入杀菌剂次氯酸钠防止微生物生长，然后经过反渗透和离子交换设备除去其中大部分杂质，最后经紫外线处理将纯水中微量的有机物氧化分解成离子，再由离子交换器脱除，反渗透膜的终端过滤后得到超纯水送入用水点。用水点使用过的水已混入杂质，需经废水回收系统处理后才能排入河里或送回超纯水制造系统循环使用。

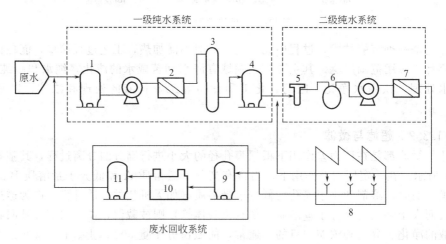

图 11-12　超纯水生产的典型工艺流程

1—过滤装置；2—反渗透膜装置；3—脱氯装置；4,9—离子交换装置；5—紫外线杀菌装置；6—非再生型
混床离子交换器；7—反渗透膜装置或超滤装置；8—用水点；10—紫外线氧化装置；11—活性炭过滤装置

（2）食品工业中的应用　反渗透技术在乳品加工中的应用是与超滤技术结合进行乳清蛋白的回收。其工艺流程如图 11-13 所示（图中的 BOD 为生化需氧量，是一种间接表示水被有机污染物污染程度的指标）。把原乳分离出干酪蛋白，剩余的是干酪乳清，它含有 7% 的固形物、0.7% 的蛋白质、5% 的乳糖以及少量灰分、乳酸等。先采用超滤技术分离出蛋白质浓缩液，再用反渗透设备将乳糖与其他杂质分离。这种方法与传统工艺相比，可以大量节约能量，乳清蛋白的质量明显提高，而且同时还能获得多种乳制品。

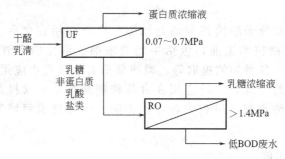

图 11-13　乳清蛋白回收流程

反渗透技术还应用于水果和蔬菜汁的浓缩，枫树糖液的预浓缩等过程。

（3）含油废水的处理　含油和脱脂废水的来源十分广泛，如石油炼制厂及油田含油废水；海洋船舶中的含油废水；金属表面处理前的含油废水等。

废水中的油通常以浮油、分散油和乳化油三种状态存在，其中乳化油可采用反渗透和超滤技术相结合的方法除去，流程见图 11-14。

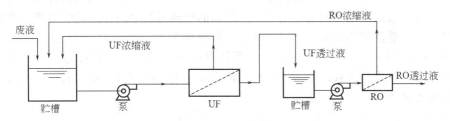

图 11-14　反渗透和超滤技术相结合处理乳化油废水

11.2　吸　附

11.2.1　概述

11.2.1.1　吸附的工业应用

吸附是利用某些固体能够从流体混合物中选择性地凝聚一定组分在其表面上的能力，使混合物中的组分彼此分离的单元操作过程。

目前吸附分离广泛应用于化工、医药、环保、冶金和食品等工业部门，如常温空气分离氧氮，酸性气体脱除，从废水中回收有用成分或除去有害成分，糖汁中杂质的去除，石化产品和化工产品的分离等液相分离。

11.2.1.2　吸附原理

吸附是一种界面现象，其作用发生在两个相的界面上。例如活性炭与废水相接触，废水中的污染物会从水中转移到活性炭的表面上。固体物质表面对气体或液体分子的吸着现象称为吸附，其中具有一定吸附能力的固体材料称为吸附剂，被吸附的物质称为吸附质。与吸附相反，组分脱离固体吸附剂表面的现象称为脱附（或解吸）。与吸收-解吸过程相类似，吸附-脱附的循环操作构成一个完整的工业吸附过程。吸附过程所放出的热量称为吸附热。

吸附分离是利用混合物中各组分与吸附剂间结合力强弱的差别，即各组分在固相（吸附剂）与流体间分配不同的性质使混合物中难吸附与易吸附的组分分离。适宜的吸附剂对各组分的吸附可以有很高的选择性，故特别适用于用精馏等方法难以分离的混合物的分离，以及气体与液体中微量杂质的去除。此外，吸附操作条件比较容易实现。

根据吸附剂对吸附质之间吸附力的不同，可以分为物理吸附与化学吸附。

物理吸附是指当气体或液体分子与固体表面分子间的作用力为分子间力时产生的吸附，它是一种可逆过程。吸附质在吸附剂表面形成单层或多层分子吸附时，其吸附热比较低。

化学吸附是由吸附质与吸附剂表面原子间的化学键合作用导致的，因而，化学吸附的吸附热接近于化学反应的反应热，比物理吸附大得多，化学吸附往往是不可逆的。人们发现，同一种物质，在低温时，它在吸附剂上进行的是物理吸附；随着温度升高到一定程度，就开始产生化学变化，转为化学吸附。

在气体分离过程中绝大部分是物理吸附，只有少数情况如活性炭（或活性氧化铝）上载铜的吸附剂具有较强选择性吸附 CO 或 C_2H_4 的特性，具有物理吸附及化学吸附性质。

11.2.1.3　吸附剂

（1）吸附剂的性能要求　吸附在实际工业应用中，常常由于不同的混合气（液）体系及不同的净化度要求而采用不同的吸附剂。吸附剂的性能不仅取决于其化学组成，而且与其物理结构以及它先前使用的吸附和脱附史有关。作为吸附剂一般有如下的性能要求。

① 有较大的比表面。吸附剂的比表面是指单位质量吸附剂所具有的吸附表面积，它是衡量吸附剂性能的重要参数。吸附剂的比表面主要是由颗粒内的孔道内表面构成的，比表面越大，吸附容量越大。

② 对吸附质有高的吸附能力和高选择性。吸附剂对不同的吸附质具有选择吸附作用。不同的吸附剂由于结构、吸附机理不同，对吸附质的选择性有显著的差别。

③ 较高的强度和耐磨性　由于颗粒本身的质量及工艺过程中气（液）体的反复冲刷、压力的频繁变化以及有时较高温差的变化，如果吸附剂没有足够的机械强度和耐磨性，则在实际运行过程中会产生破碎粉化现象，除破坏吸附床层的均匀性使分离效果下降外，生成的粉末还会堵塞管道和阀门，将使整个分离装置的生产能力大幅度下降。因此对工业用吸附剂，均要求具有良好的物理力学性能。

④ 颗粒大小均匀。吸附剂颗粒大小均匀，可使流体通过床层时分布均匀，避免产生流体的返混现象，提高分离效果。同时吸附颗粒大小及形状将影响固定床的压力降。

⑤ 具有良好的化学稳定性、热稳定性以及价廉易得。

⑥ 容易再生。

（2）常用吸附剂　吸附剂是气体（液体）吸附分离过程得以实现的基础。目前工业上最常用的吸附剂主要有活性炭、硅胶、活性氧化铝、合成沸石（分子筛）等。

① 活性炭　活性炭是一种多孔含碳物质的颗粒粉末，由木炭、坚果壳、煤等含碳原料经炭化与活化制得，其吸附性能取决于原始成炭物质以及炭化活化等操作条件。活性炭具有多孔结构、很大的比表面和非极性表面，为疏水性和亲有机物的吸附剂。它可用于回收混合气体中的溶剂蒸气，各种油品和糖液的脱色、炼油、含酚废水处理以及城市污水的深度处理，气体的脱臭等。

② 硅胶　硅胶是一种坚硬的由无定形 SiO_2 构成的多孔结构的固体颗粒，即是无定形水合二氧化硅，其表面羟基产生一定的极性，使硅胶对极性分子和不饱和烃具有明显的选择性。硅胶制备过程是：硅酸钠溶液用硫酸处理，沉淀所得的胶状物经老化、水洗、干燥后，制得硅胶。依制造过程条件的不同，可以控制微孔尺寸、空隙率和比表面的大小。硅胶主要用于气体干燥、气体吸收、液体脱水、制备色谱和催化剂等。

③ 活性氧化铝　活性氧化铝为无定形的多孔结构物质，通常由氧化铝（以三水合物为主）加热、脱水和活化而得。活性氧化铝是一种极性吸附剂，对水有很强的吸附能力，主要用于气体与液体的干燥以及焦炉气或炼厂气的精制等。

④ 合成沸石和天然沸石分子筛　沸石是一种硅铝酸金属盐的晶体，其晶格中有许多大小相同的空穴，可包藏被吸附的分子；空穴之间又由许多直径相同的孔道相连。因此，分子筛能使比其孔道直径小的分子通过孔道，吸附到空穴内部，而比孔径大的物质分子则排斥在外面，从而使分子大小不同的混合物分离，起了筛选分子的作用。

由于分子筛突出的吸附性能，使它在吸附分离中的应用十分广泛，如环境保护中的水处理、脱除重金属离子、海水提钾、各种气体和液体的干燥、烃类气体或液体混合物的分离等。

11.2.2　吸附速率

11.2.2.1　吸附平衡

在一定条件下，当气体或液体与固体吸附剂接触时，气体或液体中的吸附质将被吸附剂吸附。吸附剂对吸附质的吸附，包含吸附质分子碰撞到吸附剂表面被截留在吸附剂表面的过程（吸附）和吸附剂表面截留的吸附质分子脱离吸附质表面的过程（脱附）。经过足够长的时间，吸附质在两相中的含量不再改变，互呈平衡，称为吸附平衡，图 11-15 是空气中不同溶剂蒸气在活性炭上的吸附平衡曲线。实际上，当气体或液体与吸附剂接触时，若流体中吸附质浓度高于其平衡浓度，则吸附质被吸附；反之，若气体或液体中吸附质的浓度低于其平衡浓度，则已吸附在吸附剂上的吸附质将脱附。因此，吸附平衡关系决定了吸附过程的方向和限度，是吸附过程的基本依据。

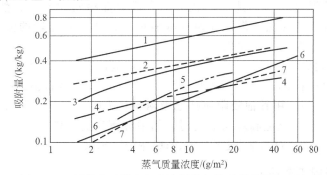

图 11-15　活性炭吸附空气中溶剂蒸气的吸附平衡（20℃）
1—四氯化碳；2—乙酸乙酯；3—苯；4—乙醚；5—乙醇；6—氯甲烷；7—丙酮

11.2.2.2　吸附速率

吸附速率是指单位时间内被吸附的吸附质的量（kg/s）。通常一个吸附过程包括以下 3 个步骤。

① 外扩散　即吸附质分子从流体主体以对流扩散方式传递到吸附剂固体表面的过程。由于流体与固体接触时，在紧贴固体表面附近有一个滞流膜层，因此此步的传递速率主要取决于吸附质以分子扩散方式通过此滞流膜层的传递速率。

② 内扩散　即吸附质分子从吸附剂的外表面进入其微孔道，进而扩散到孔道的内部表面的过程。

③ 吸附　在吸附剂微孔道的内表面上，吸附质被吸附剂吸附。

对于物理吸附，通常吸附剂表面上的吸附速率很快，因此影响总速率的是外扩散与内扩散速率。有的情况下外扩散速率比内扩散慢得多，吸附速率由外扩散速率决定，称为外扩散控制。较多的情况是内扩散的速率比外扩散慢，过程称为内扩散控制。

11.2.2.3　影响吸附的因素

影响吸附（吸附速率）的因素很多，主要有体系性质（吸附剂、吸附质及其混合物的物理化学性质）、吸附过程的操作条件（温度、压力、两相接触状况）以及两相组成等。

11.2.3　吸附工艺简介

11.2.3.1　工业吸附过程

工业吸附过程多包括两个步骤：吸附操作和吸附剂的脱附与再生操作。有时不用回收吸附质与吸附剂，则这一步改为更换新的吸附剂。在多数工业吸附装置中，都要考虑吸附剂的多次使用问题，因而吸附操作流程中，除吸附设备外，还需具有脱附与再生设备。

脱附的方法有多种，由吸附平衡性质可知，提高温度和降低吸附质的分压以改变平衡条件使吸附质脱附。工业上根据不同的脱附方法，吸附分离过程有以下几种吸附循环。

(1) 变温吸附循环　变温吸附循环就是在较低温度下进行吸附，在较高温度下吸附剂的吸附能力降低从而使吸附的组分脱附出来，即利用温度变化来完成循环操作。

变温吸附循环在工业上用途十分广泛，如用于气体干燥、原料气净化、废气中脱除或回收低浓度溶剂以及应用于环保中的废气废液处理等。

(2) 变压吸附循环　变压吸附循环就是在较高压力下进行吸附，在较低压力下（降低系统压力或抽真空）使吸附质脱附出来，即利用压力的变化完成循环操作。变压吸附循环技术在气体分离和纯化领域中的应用范围日益扩大，如从合成氨弛放气回收氢气、从含一氧化碳混合气中提纯一氧化碳、合成氨变换气脱碳、天然气净化、空气分离制富氧、空气分离制纯氮、煤矿瓦斯气浓缩甲烷、从富含乙烯的液化气中浓缩乙烯、从二氧化碳液化气中提纯二氧化碳等。

(3) 变浓度吸附循环　利用惰性溶剂冲洗或萃取剂抽提而使吸附质脱附，从而完成循环操作。这种方法仅仅适用于具有弱吸附性、易于脱附和没有多大价值的吸附质的脱附。

(4) 置换吸附循环　用其他吸附质把原吸附质从吸附剂上置换下来，从而完成循环操作。如用 5A 分子筛从含支链和环状烃类混合物中分离直链石蜡（$C_{10} \sim C_{18}$），以氨气作为置换气体，而氨气可以很容易地通过闪蒸从石蜡中分离出来。

11.2.3.2　吸附工艺简介

(1) 气体的净化　工业废气中夹带的各种有机溶剂蒸气是造成大气污染的一个重要原因，目前常用活性炭和分子筛等进行吸附以净化排气和回收有用的溶剂。如图 11-16 所示，为溶剂回收吸附装置的工艺流程。装置中设有两个吸附塔，一个进行吸附操作；另一个进行再生。对有机溶剂蒸气吸附后的再生应注意防止二次污染，再生时先通入蒸汽（常用水蒸气），加热活性炭使有机溶剂脱附，再生排出气冷凝后使溶剂和水分离，用室温的空气冷却。

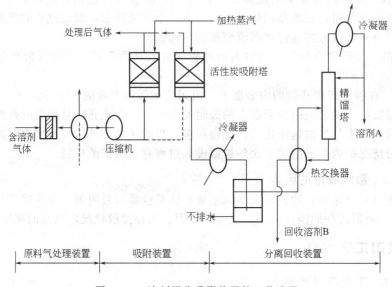

图 11-16　溶剂回收吸附装置的工艺流程

（2）**液体的净化**　有机物的脱水、废水中少量有机物的除去以及石油制品、食用油和溶液的脱色是常见的用吸附法净化液体产品的例子。如图 11-17 所示，为粒状活性炭三级处理炼油废水工艺流程。炼油废水经隔油、浮选、生化和砂滤后，由下而上流经吸附塔活性炭层，到集水井 4，由真空泵 6 送到循环水场，部分水作为活性炭输送用水。处理后挥发酚小于 0.01 mg/L、氰化物小于 0.05mg/L、油含量小于 0.3mg/L，主要指标达到和接近地面水标准。

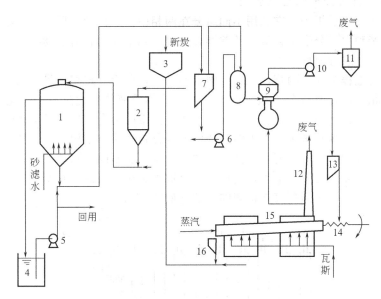

图 11-17　粒状活性炭三级处理炼油废水工艺流程图

1—吸附塔；2—冲洗罐；3—新炭投加斗；4—集水井；5—水泵；6—真空泵；7—脱水罐；
8—贮料罐；9—沸腾干燥床；10—引风机；11—旋风分离器；12—烟筒；
13—干燥罐；14—进料机；15—再生炉；16—冷急罐

（3）**气体混合物分离**　从含氢原料气中除去 CH_4、CO_2、CO、烃类等气体可以采用变压吸附循环，用合成沸石与活性炭混合物作为吸附剂。图 11-18 所示为四塔变压吸附循环流程，其中四个塔完全相同，分别处于不同的操作状态（吸附、减压、脱附、加压），隔一定时间依次切换，循环操作。

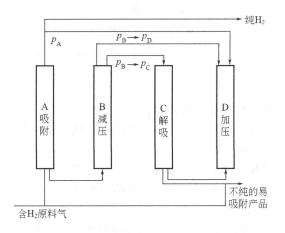

图 11-18　四塔变压吸附循环流程示意图

11.3 色谱分离技术

11.3.1 概述

11.3.1.1 色谱分离原理及应用

色谱分离法又称层析法，它利用不同组分在两相中物理化学性质（如吸附力、分子极性和大小、分子亲和力、分配系数等）的差别，通过两相不断的相对运动，使各组分以不同的速率移动，而将各组分分离。

在色谱分离过程中存有两相，一相是固定不动的，称为固定相；另一相则不断流过固定相，称为流动相。使含有待分离组分的流动相（气体或液体）通过一个固定于柱中或平板上、与流动相互不相溶的固定相表面。当流动相中携带的混合物流经固定相时，混合物中的各组分与固定相发生相互作用。由于混合物中各组分在性质和结构上的差异，与固定相之间产生的作用力（分配、吸附、离子交换等）的大小、强弱不同，随着流动相的移动，混合物在两相间经过反复多次的分配平衡，使得各组分被固定相保留的时间不同，从而按一定次序由固定相中先后流出，达到分离与检测的目的（如图 11-19 所示）。

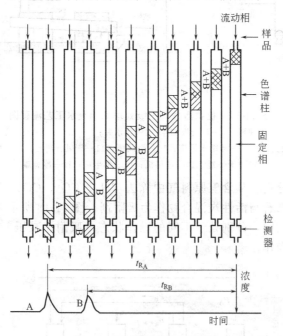

图 11-19　色谱过程示意图

固定相（在柱色谱中也称为柱填料）通常是一些具有特定的分离性质，具有一定粒度和刚性的颗粒均匀的多孔物质，如吸附剂、离子交换剂、反相填料等。减少固定相粒度，可提高分离柱效，但流动阻力增加，需要加压流动相才能过柱。

液相色谱的流动相（在柱色谱中也称为洗脱剂）通常由混合溶剂以及一些添加剂（如无机盐、酸等）组成。流动相对分离组分要有一定的溶解度，黏度小，易流动，纯度要高。

色谱分离应根据被分离物质的结构和性质，选择合适的固定相和流动相，使分配系数 K 值适当，以实现分离的目的。因此，固定相和流动相的选择是色谱分离的关键。

与其他分离方法相比，色谱分离具有分离效率高、应用范围广、选择性强、分离速度快、检测灵敏度高、操作方便的优点，但它的处理量小、不能连续生产。因此，色谱分离主要应用于物质的分离纯化、物质的分析鉴定、粗制品的精制纯化和成品纯度的检查等。

11.3.1.2　色谱分离分类

（1）按色谱过程的机理分类　可分为吸附色谱、分配色谱、离子交换色谱、凝胶色谱（排阻色谱）和亲和色谱等。

① 吸附色谱　利用各组分在吸附剂与洗脱剂之间的吸附和解吸能力的差异而达到分离的一种色谱方法。

② 分配色谱　利用各组分在两种互不混溶溶剂间的溶解度差异来达到分离的一种色谱方法。

③ 离子交换色谱　利用不同组分对离子交换剂亲和力的不同而达到分离的一种色谱方法。

④ 凝胶色谱（排阻色谱）　利用惰性多孔物（如凝胶）对不同组分分子的大小产生不同的滞留作用，而达到分离的一种色谱方法。

⑤ 亲和色谱　利用生物大分子和固定相表面存在某种特异亲和力，进行选择性分离的一种色谱方法。

（2）按固定相所处的状态分类　可分为柱色谱、纸色谱和薄层色谱等。

① 柱色谱　将固定相颗粒装填在金属或玻璃柱内进行色谱分离。

② 纸色谱　用滤纸作为固定相进行色谱分离。

③ 薄层色谱　把吸附剂粉末做成薄层作为固定相进行色谱分离。

柱色谱是最常见的色谱分离形式，它具有高效、简便和分离容量较大等特点，常用于复杂样品分离和精制化合物的纯化。

（3）按两相物理状态分类　可分为气相色谱、液相色谱和超临界色谱等。

① 气相色谱　分气液色谱和气固色谱两种。

② 液相色谱　分液固色谱和液液色谱两种。

③ 超临界色谱　超临界是流体处于高于临界压力与临界温度时的一种状态。超临界流体性质介于液体和气体之间，具有气体的低黏度、液体的高密度特性，扩散系数位于两者之间。超临界色谱可处理高沸点、不挥发试样，比液相色谱有更高的柱效和分离效率。

11.3.2　色谱分配系数

在色谱分离时，溶质随着流动相向前迁移，在这个过程中，它既能进入固定相，又能进入流动相，即在两相之间进行分配。分配系数定义为

$$K = \frac{\text{组分在固定相的浓度}}{\text{组分在流动相的浓度}}$$

对于确定的色谱体系，K 值在低浓度和一定温度下是个常数，它的大小取决于的溶质的溶解、吸附、离子交换等性质。

在色谱分离过程中，K 值大的溶质在固定相的停留时间长，移动速度慢。两个化合物之间的 K 值相差越大，越容易分离。

11.3.3　柱色谱的分离过程及应用

柱色谱主要有吸附色谱和分配色谱两类。前者常用氧化铝或硅胶为柱填料。后者以硅胶、硅藻土和纤维素为支持剂，以吸收一定量的特殊液体作为固定相。

11.3.3.1 吸附柱色谱法分离原理

吸附柱色谱法是利用各组分在吸附剂与洗脱剂之间的吸附和溶解（解吸）能力的差异而达到分离的。当组分分子到达吸附剂表面时，由于吸附剂表面和组分分子的相互作用，使组分分子吸附在吸附剂表面。当洗脱剂连续通过吸附剂表面时，由于洗脱剂对组分分子的作用力，组分分子会被洗脱剂溶解下来，在一定的温度下，吸附和溶解达到平衡。但由于洗脱剂不断地移动，这种吸附和溶解过程会反复发生并建立新的平衡，组分分子就随洗脱剂移动，移动速度与组分分子的平衡常数和洗脱剂的流速有关。当流速一定时，各组分就依据吸附平衡常数的不同而得到分离。

在吸附色谱中，为了使试样中各种吸附能力稍有差异的组分能够分开，必须选择适当的固定相（吸附剂）和流动相（洗脱剂）。吸附剂的选择主要根据吸附剂性质和分离要求，通过实验来确定。

常用的吸附剂有硅胶、氧化铝、活性炭、聚酰胺、纤维素等。

① 硅胶　色谱硅胶是由弹性多聚硅酸脱水制成，其吸附中心是硅醇基。硅酸性能稳定，是带有微弱酸性的极性吸附剂，特别是它具有很好的惰性、吸附容量大、容易制成各种不同尺寸的颗粒。硅胶可用于分离酸性和中性物质，如有机酸、氨基酸、萜类等。

② 氧化铝　色谱氧化铝由氢氧化铝在 $300 \sim 400℃$ 时脱水制得，它吸附能力比硅胶强。氧化铝通常有中性、酸性和碱性三种。在实际使用中，酸性氧化铝（pH＝4～5）主要用于有机酸、某些酯类、酸性多肽类、酸性色素等化合物的分离；碱性氧化铝（pH＝9.5～10.5）主要用于碱性化合物的分离；中性氧化铝用于生物碱类、挥发油、萜类、油脂、树脂、皂苷类以及酸性、碱性氧化铝可分离的化合物。

11.3.3.2 分配柱色谱法分离原理

分配色谱是利用各组分在两种互不混溶溶剂间的溶解度差异来达到分离的。在分配柱色谱分离时，这两种互不混溶的溶剂之一是流动相；另一种是吸收在载体或担体中的溶剂，例如，含有一定量水分的硅胶，其所含的水分可作为固定相。当流动相带着试样中的各种组分通过色谱柱时，样品组分就在流动相和固定相之间进行多次反复分配。当不同的组分分配系数有差异时，它们就以不同的迁移速度通过色谱柱得以分离。

常用的载体有硅藻土型、硅胶型、纤维素和高分子聚合物型等；使用的固定相多是一些极性较强的溶剂，如水及各种水溶液、甲醇、甲酰胺等。

常用的流动相溶剂有石油醚、醇类、酮类、酯类、卤代烷烃和苯等，以及它们的混合物。在实际操作中，为了防止色谱过程中流动相把吸附于载体上的少量水分带走，流动相应预先以水饱和，并应加入乙酸、氨水等弱酸、弱碱，以防止某些被分离组分离解。

11.3.3.3 柱色谱操作技术

分配柱色谱法分离速度较慢，处理量小，温度的影响较大，因此能用吸附柱色谱分离的试样总是尽量采用吸附柱色谱法来解决。

柱色谱操作技术包括柱子的准备、固定相和流动相的选择、加样和洗脱、组分收集和鉴定等步骤。每一步操作都会给分离带来影响，因此，要使混合物得到良好分离，必须根据操作规程仔细进行操作。

① 装柱　根据样品量和分离要求选择分离柱。分离柱常用直径和长度比为 1：10～1：50 的玻璃管，下端用玻璃丝塞住或固定一个砂芯板。样品量和吸附剂之比，通常为 1：50～1：30。吸附剂的粒度一般为 80～100 目。使用前应根据需要进行活化处理。

② 加样　溶解样品的溶剂极性要小，样品浓度要适当，但加样体积要尽量小，使样品带尽可能窄。

③ 洗脱　选择合适的洗脱剂进行洗脱。在洗脱时要控制流速，对于 1cm 直径的玻璃柱，通常是 0.5~2.0mL/min。流速太快，分离不好；流速太慢，分离时间太长。洗脱时应注意不让洗脱剂流干，以免影响分离效果。

④ 组分收集和鉴定　对于有色组分，可以直接看到各个分离后的色带；对于无色物质，可以定体积收集流出液，用薄层色谱或其他检测方法鉴定。

分离后的各个组分，可分段洗脱，分别测定；也可以将整条吸附剂从柱中推出，分段切开，分别洗脱后测定。

11.3.3.4　应用举例

① 顺、反偶氮苯的色谱分离　偶氮苯的顺反异构体可以相互转化，平衡时 15%~40% 的偶氮苯以顺式存在。由于达到平衡速度慢，可用色谱柱分离。采用极性氧化铝柱，石油醚洗脱剂，极性较大的顺式异构体吸附更强烈，后流出色谱柱。而采用炭黑疏水柱，甲醇洗脱剂，反式异构体吸附更强烈，后流出色谱柱。

② a,b,g,d-四苯基卟啉（TPP）合成产物的纯化　TPP 粗品溶于氯仿，用 $f1.8cm \times 12cm$ 中性氧化铝柱，氯仿淋洗，上部为黄绿色带，下部为紫红色 TPP 样品带。

③ 脂肪族氨基酸和芳香族氨基酸的分配柱色谱分离　将活性炭用 KCN 溶液处理，使 KCN 吸留在活性炭表面，然后装柱。样品液加入色谱柱后，用 5% 的苯酚＋20% 的乙酸溶液洗脱，芳香族氨基酸留在色谱柱，而脂肪族氨基酸不被保留。

思　考　题

1. 什么是膜分离？按推动力和传递机理的不同，膜分离过程可分为哪些类型？
2. 根据膜组件的形式不同，膜分离设备可分为哪几种？
3. 什么叫浓差极化？它对膜分离过程有哪些影响？如何减弱浓差极化？
4. 什么叫膜污染？如何防止膜污染？
5. 简叙反渗透、超滤、微滤的分离机理？
6. 举例说明膜分离操作在生产中的应用？
7. 吸附分离的基本原理是什么？
8. 作为吸附剂主要有哪些性能？
9. 常用的吸附剂有哪几种？各有什么特点？
10. 吸附分离有哪几种常用的吸附脱附循环操作？
11. 吸附过程有哪几个传质步骤？
12. 什么是色谱分离技术？
13. 简述色谱分离技术的分类？
14. 什么是吸附色谱？
15. 什么是分配色谱？

第12章 分离方法的选择

> ### 学习目标
>
> **1. 了解**
> 选择分离方法的意义。
> **2. 理解**
> 选择分离方法依据。
> **3. 掌握**
> 初步学会根据混合物的性质选择适当的分离方法。

前面重点介绍了工业生产中常用的几种分离方法，也介绍了一些新型的分离方法，随着科学技术的进步，分离技术还在不断发展，分离方法愈来愈多。一种混合物可以采用多种方法分离，但其选择经济性、可行性、安全可靠性等是不一样的，因此，必须选择适当的分离方法，以达到获取最大经济效益和社会效益的目的。

12.1 分离方法的比较

弄清各种分离方法的特点及适应性，是合理选取分离方法的基础，表 12-1 列出了各种分离方法的简要情况，供选择时参考。

表 12-1 分离方法概况

分 离 方 法	分 离 对 象	分 离 依 据	分 离 剂
1. 机械分离	非均相混合物	物性差异	
1.1 沉降	气体或液体非均相混合物	密度差异	重力或离心力
1.2 过滤	液固或气固混合物	微孔截留	多孔介质
1.3 离心分离	液固或液液混合物	密度差异	离心力
1.4 旋风(液)分离	气体(液体)非均相混合物	密度差异	离心力
1.5 静电除尘	气固混合物	颗粒荷电	高压不均匀静电场
2. 传质分离	均相混合物	质量传递	
2.1 平衡分离	主要是均相混合物	两相平衡分配	
2.1.1 蒸馏	均相液体混合物	挥发能力差异	热量
2.1.2 吸收	均相气体混合物	溶解度差异	不挥发性液体
2.1.3 蒸发	不挥发性溶质的溶液	挥发能力差异	热量
2.1.4 萃取	均相液体混合物	溶解度差异	不互溶液体
2.1.5 干燥	含湿固体	湿分的挥发性	热量
2.1.6 结晶	溶液	过饱和度	热量
2.1.7 离子交换	液体	质量作用定律	离子交换树脂
2.1.8 吸附	气体或液体混合物	吸附选择性	吸附剂
2.1.9 浸取	固体混合物	溶解度差异	液体

续表

分 离 方 法	分 离 对 象	分 离 依 据	分 离 剂
2.2 速率分离	均相混合物	扩散速率差异	
2.2.1 反渗透	液体混合物	膜的透过性	压力差和膜
2.2.2 超滤	液体混合物	膜的选择透过性	压力差和膜
2.2.3 电渗析	液体混合物	膜的选择透过性	电位差和膜
2.2.4 电泳	液体混合物	迁移特性差异	电场力
2.2.5 热扩散	气体或液体混合物	扩散速率差异	温度梯度
2.2.6 气体扩散	气体混合物	扩散速率差异	压力梯度和膜

12.2 分离方法的选择

在选择分离方法时，主要从经济性、可行性、物性、成熟性及健康安全环保特性等方面考查。但想全面兼顾的可能性不大，选择时应综合考虑，把握重点目标。比如，通常好的分离方法必须是能够带来更大经济效益的，但如果在战争时期，可能更会考虑战争需要，而不是经济性。

12.2.1 经济合理性

经济合理性是指分离方法在使用过程中所需投入费用的大小能够为人们所接受的特性。完成同样的分离任务，投入费用越少越经济。

但在选择分离方法时，要准确比较两种方法总投入的大小是比较困难的，通常只能通过综合比较估算设备费及操作费的大小。在设备投入方面，使用标准设备比非标设备投入少，使用静态设备比使用动态设备投入少，使用结构简单设备比使用结构复杂的设备投入少等；在操作费用方面，原材料及动力消耗是主要的，应该消耗越少越好，需要的人员越少越经济等。

12.2.2 技术可行性

技术可行性是指分离方法能够完成分离任务的技术可能。比如，分离液体混合物的方法很多，但对于一个具体的液体混合物，并不是每一种分离液体混合物的方法都是可行的。以分离丙酮和乙醚的混合液为例，由于两者都是非极性的，因此，不能用离子交换或电渗析方法分离，由于找不到合适的吸附剂，用吸附分离的方法也是不可能的。可以考虑用精馏、萃取等方法来分离。在确定一种分离方法技术上是否可行时，应围绕各种分离方法的分离原理进行分析比较，然后作出选择。

但是，仅仅在原理上可行还是不够的，还要考查分离方法所需要的温度、压力等操作条件是否能够实现和维持。比如，某一分离方法需要使用 200℃的蒸汽，对于没有高压蒸汽的工厂来说，此方法是不可行的，但对已经有高压蒸汽的另一个厂来说，此方法就是可行的。

当分离多组分混合物时，技术的可行性还包括分离路线的可行。比如，在蒸馏分离三组分混合物时，需要两个塔，三个组分在不同的塔顶或塔釜取出时，构成了不同的分离路线，在有些情况下，不是每一种分离路线都是可行的。如果，其中某一组分是热敏性的，在选择分离路线时，应该考虑首先将其蒸出的路线。

当有多种分离方法或路线可行时，就应该比较各方法的经济性，然后进行选优。

12.2.3 系统适应性

系统适应性是指分离方法对特定分离对象及分离任务的适宜程度。根据经验，混合物的处理量、混合物的组成、混合物的性质及分离指标等常常成为选择分离方法的决定性因素。

比如，生产规模比较小时，主要考虑设备费用，宜采用设备少、流程短、较为简单的分离方法；而生产规模比较大时，主要考虑能耗、物耗等经常操作费用的大小。以空气分离为例，当规模比较小时，可以采用变压吸附的方法分离，当规模比较大时，多采用精馏分离的方法分离，而中等规模时，采用中空纤维膜分离方法分离。

又如，分离某稀溶液时，为了避免气化量过大，而不宜采用精馏或蒸发的方法，而应该采用萃取或吸附等能耗相对较少的方法。

再如，当物料为热敏性（如食品、药品等）时，加热可能会导致物料变质或失去营养，最好不采用平衡分离方法而采用速率分离方法。

12.2.4 方法可靠性

方法可靠性是指分离方法在设计上是否可靠，经验是否充足，因此也称为成熟性。目前，选择工业生产中现成的具有成熟经验的分离方法，几乎是一个常识性的问题。这样做的好处在于风险小、成功率大，一旦出了问题有先例可循。所以，传统的分离方法仍然是被优先选择的。尽管如此，一种传统方法用于分离新的物系时，仍然需要先在较小规模的装置上进行试运行。只有试运行成功，才可以使用。

但是，一种新的分离方法工业化后，往往会带来显著的经济效益，建议在选取分离方法时，能谨慎考虑。

通常，当产品附加值高而寿命短时，应该选择成熟的分离方法，以确保尽早占有市场；如果产品有持续生命力但竞争对手多，就可以考虑研究新的更加经济的分离方法，以确保在市场上的领先地位。

12.2.5 公共安全性

公共安全性是指分离方法在使用过程中，对劳动者健康、社会安全及环境不会构成损害的特性。一个负责任的工程技术人员必须正确估计分离方法可能对劳动者健康、社会安全及环境等带来的影响。不管分离方法使用性能如何、经济性如何，只要存在安全隐患，那就是不能接受的，对于化工企业，这是特别重要的质量指标。

当待分离的物系存在安全隐患时，所选的分离方法应该有利于避免安全事故的发生，比如，当物质遇空气易形成爆炸性混合物时，分离不宜在真空条件下操作。当使用质量分离剂时，应该考虑其在生产过程中是否会给劳动者带来伤害，是否会给工厂或最终用户带来安全隐患，是否会造成环境污染等。

附　　录

一、中华人民共和国法定计量单位（摘录）

1. 化工中常用的单位与其符号

项　　目		单 位 符 号	词　　头
基本单位	长度	m	k,c,m,μ
	时间	s	k，m,μ
		min	
		h	
	质量	kg	m,μ
		t(吨)	
	温度	K	
		℃	
	物质的量	mol	k,m,μ
辅助单位	平面角	rad	
		°(度)	
		′(分)	
		″(秒)	
导出单位	面积	m²	k,d,c,m
	容积	m³	d,c,m
		L 或 l	
	密度	kg/m³	
	角速度	rad/s	
	速度	m/s	
	加速度	m/s²	
	旋转速度	r/min	
	力	N	k,m,μ
	压强,压力,应力	Pa	k,m,μ
	黏度	Pa·s	m
	功,能,热量	J	k,m
	功率	W	k,m,μ
	热流量	W	k
	热导率(导热系数)	W/(m·K)或	k
		W/(m·℃)	

2. 化工中常用单位的词头

词 头 符 号	词 头 名 称	所 表 示 的 因 数
k	千	10^3
d	分	10^{-1}
c	厘	10^{-2}
m	毫	10^{-3}
μ	微	10^{-6}

3. 应废除的常用计量单位

名　称	单 位 符 号	用法定计量单位表示的形式
标准大气压	atm	Pa
工程大气压	at	Pa
毫米水柱	mmH₂O	Pa
毫米汞柱	mmHg	Pa
达因	dyn	N
公斤(力)	kgf	N
泊	P	Pa·s

二、某些气体的重要物理性质

名　称	分子式	密度(0℃, 101.3kPa) /(kg/m³)	比热容 /[kg /(kg·℃)]	黏度 $\mu \times 10^5$ /(Pa·s)	沸点 (101.3kPa) /℃	汽化热 /(kJ/kg)	临界点 温度 /℃	临界点 压力 /kPa	热导率 /[W/ (m·℃)]
空气		1.293	1.009	1.73	−195	197	−140.7	3768.4	0.0244
氧	O_2	1.429	0.653	2.03	−132.98	213	−118.82	5036.6	0.0240
氮	N_2	1.251	0.745	1.70	−195.78	199.2	−147.13	3392.5	0.0228
氢	H_2	0.0899	10.13	0.842	−252.75	454.2	−239.9	1296.6	0.163
氦	He	0.1785	3.18	1.88	−268.95	19.5	−267.96	228.94	0.144
氩	Ar	1.7820	0.322	2.09	−185.87	163	−122.44	4862.4	0.0173
氯	Cl_2	3.217	0.355	1.29(16℃)	−33.8	305	+144.0	7708.9	0.0072
氨	NH_3	0.771	0.67	0.918	−33.4	1373	+132.4	11295.0	0.0215
一氧化碳	CO	1.250	0.754	1.66	−191.48	211	−140.2	3497.9	0.0226
二氧化碳	CO_2	1.976	0.653	1.37	−78.2	574	+31.1	7384.8	0.0137
硫化氢	H_2S	1.539	0.804	1.166	−60.2	548	+100.4	19136.0	0.0131
甲烷	CH_4	0.717	1.70	1.03	−161.58	511	−82.15	4619.3	0.0300
乙烷	C_2H_6	1.357	1.44	0.850	−88.5	486	+32.1	4948.5	0.0180
丙烷	C_3H_8	2.020	1.65	0.795(18℃)	−42.1	427	+95.6	4355.0	0.0148
正丁烷	C_4H_{10}	2.673	1.73	0.810	−0.5	386	+152.0	3798.8	0.0135
正戊烷	C_5H_{12}	—	1.57	0.874	−36.08	151	+197.1	3342.9	0.0128
乙烯	C_2H_4	1.261	1.222	0.935	+103.7	481	+9.7	5135.9	0.0164
丙烯	C_3H_8	1.914	2.436	0.835(20℃)	−47.7	440	+91.4	4599.0	—
乙炔	C_2H_2	1.171	1.352	0.935	−83.66(升华)	829	+35.7	6240.0	0.0184
氯甲烷	CH_3Cl	2.303	0.582	0.989	−24.1	406	+148.0	6685.8	0.0085
苯	C_6H_6	—	1.139	0.72	+80.2	394	+288.5	4832.0	0.0088
二氧化硫	SO_2	2.927	0.502	1.17	−10.8	394	+157.5	7879.1	0.0077
二氧化氮	NO_2	—	0.315	—	+21.2	712	+158.2	10130.0	0.0400

三、某些液体的重要物理性质

名　　称	分子式	密度 (20℃) /(kg/m³)	沸点 (101.3kPa) /℃	汽化热 /(kJ/kg)	比热容 (20℃)/[kJ/(kg·℃)]	黏度 (20℃) /(mPa·s)	热导率 (20℃)/[W/(m·℃)]	体积膨胀系数 $\beta\times10^4$ (20℃) /℃⁻¹	表面张力 σ ×10³(20℃) /(N/m)
水	H_2O	998	100	2258	4.183	1.005	0.599	1.82	72.8
氯化钠盐水(25%)	—	1186	107 (25℃)	—	3.39	2.3	0.57(30℃)	(4.4)	
氯化钙盐水(25%)	—	1228	107	—	2.89	2.5	0.57	(3.4)	
硫酸	H_2SO_4	1831	340(分解)	—	1.47 (98%)		0.38	5.7	
硝酸	HNO_3	1513	86	481.1		1.17 (10℃)			
盐酸(30%)	HCl	1149			2.55	2 (31.5%)	0.42		
二硫化碳	CS_2	1262	46.3	352	1.005	0.38	0.16	12.1	32.0
戊烷	C_5H_{12}	626	36.07	357.4	2.24 (15.6℃)	0.229	0.113	15.9	16.2
己烷	C_6H_{14}	659	68.74	335.1	2.31 (15.6℃)	0.313	0.119		18.2
庚烷	C_7H_{16}	684	98.43	316.5	2.21 (15.6℃)	0.411	0.123		20.1
辛烷	C_8H_{18}	763	125.67	306.4	2.19 (15.6℃)	0.540	0.131		21.3
三氯甲烷	$CHCl_3$	1489	61.2	253.7	0.992	0.58	0.138(30℃)	12.6	28.5 (10℃)
四氯化碳	CCl_4	1594	76.8	195	0.850	1.0	0.12		26.8
二氯乙烷-1,2	$C_2H_4Cl_2$	1253	83.6	324	1.260	0.83	0.14(60℃)		30.8
苯	C_6H_6	879	80.10	393.9	1.704	0.737	0.148	12.4	28.6
甲苯	C_7H_8	867	110.63	363	1.70	0.675	0.138	10.9	27.9
邻二甲苯	C_8H_{10}	880	144.42	347	1.74	0.811	0.142		30.2
间二甲苯	C_8H_{10}	864	139.10	343	1.70	0.611	0.167	10.1	29.0
对二甲苯	C_8H_{10}	861	138.35	340	1.704	0.643	0.129		28.0
苯乙烯	C_8H_9	911 (15.6℃)	145.2	352	1.733	0.72			
氯苯	C_6H_5Cl	1106	131.8	325	1.298	0.85	1.14 (30℃)		32
硝基苯	$C_6H_5NO_2$	1203	210.9	396	1.47	2.1	0.15		41
苯胺	$C_6H_5NH_2$	1022	184.4	448	2.07	4.3	0.17	8.5	42.9
酚	C_6H_5OH	1050 (50℃)	181.8(熔点 40.9℃)	511		3.4(50℃)			
萘	$C_{16}H_8$	1145 (固体)	217.9(熔点 80.2℃)	314	1.80 (100℃)	0.59 (100℃)			
甲醇	CH_3OH	791	64.7	1101	2.48	0.6	0.212	12.2	22.6
乙醇	C_2H_5OH	789	78.3	846	2.39	1.15	0.172	11.6	22.8
乙醇(95%)		804	78.2			1.4			
乙二醇	$C_2H_4(OH)_2$	1113	197.6	780	2.35	23			47.7
甘油	$C_3H_5(OH)_3$	1261	290 (分解)	—		1499	0.59	5.3	63
乙醚	$(C_2H_5)_2O$	714	34.6	360	2.34	0.24	0.14	16.3	8
乙醛	CH_3CHO	783 (18℃)	20.2	574	1.9	1.3 (18℃)			21.2
糠醛	$C_5H_4O_2$	1168	161.7	452	1.6	1.15 (50℃)			43.5
丙酮	CH_3COCH_3	792	56.2	523	2.35	0.32	0.17		23.7
甲酸	$HCOOH$	1220	100.7	494	2.17	1.9	0.26		27.8
乙酸	CH_3COOH	1049	118.1	406	1.99	1.3	0.17	10.7	23.9
乙酸乙酯	$CH_3COOC_2H_5$	901	77.1	368	1.92	0.48	0.14(10℃)		
煤油		780~820				3	0.15	10.0	
汽油		680~800				0.7~0.8	0.19(30℃)	12.5	

四、干空气的物理性质 (101.33kPa)

温度 $t/℃$	密度 ρ /(kg/m^3)	比热容 c_p /[kJ/(kg·℃)]	热导率 $k×10^2$ /[W/(m·℃)]	黏度 $\mu×10^5$ /(Pa·s)	普兰德数 Pr
−50	1.584	1.013	2.035	1.46	0.728
−40	1.515	1.013	2.117	1.52	0.728
−30	1.453	1.013	2.198	1.57	0.723
−20	1.395	1.009	2.279	1.62	0.716
−10	1.342	1.009	2.360	1.67	0.712
0	1.293	1.005	2.442	1.72	0.707
10	1.247	1.005	2.512	1.77	0.705
20	1.205	1.005	2.593	1.81	0.703
30	1.165	1.005	2.675	1.86	0.701
40	1.128	1.005	2.756	1.91	0.699
50	1.093	1.005	2.826	1.96	0.698
60	1.060	1.005	2.896	2.01	0.696
70	1.029	1.009	2.966	2.06	0.694
80	1.000	1.009	3.047	2.11	0.692
90	0.972	1.009	3.128	2.15	0.690
100	0.946	1.009	3.210	2.19	0.688
120	0.898	1.009	3.338	2.29	0.686
140	0.854	1.013	3.489	2.37	0.684
160	0.815	1.017	3.640	2.45	0.682
180	0.779	1.022	3.780	2.53	0.681
200	0.746	1.026	3.931	2.60	0.680
250	0.674	1.038	4.288	2.74	0.677
300	0.615	1.048	4.605	2.97	0.674
350	0.566	1.059	4.908	3.14	0.676
400	0.524	1.068	5.210	3.31	0.678
500	0.456	1.093	5.745	3.62	0.687
600	0.404	1.114	6.222	3.91	0.699
700	0.362	1.135	6.711	4.18	0.706
800	0.329	1.156	7.176	4.43	0.713
900	0.301	1.172	7.630	4.67	0.717
1000	0.277	1.185	8.041	4.90	0.719
1100	0.257	1.197	8.502	5.12	0.722
1200	0.239	1.206	9.153	5.35	0.724

五、水的物理性质

温度 /℃	饱和蒸气压 /kPa	密度 /(kg/m³)	焓 /(kJ/kg)	比热容/[kJ /(kg·℃)]	热导率 $k \times 10^2$ /[W/(m·℃)]	黏度/$\mu \times 10^5$ /(Pa·s)	体积膨胀系数 $\beta \times 10^4$/℃$^{-1}$	表面张力 $\sigma \times$ 10^5/(N/m)	普兰德 数 Pr
0	0.6082	999.9	0	4.212	55.13	179.21	−0.63	75.6	13.66
10	1.2262	999.7	42.04	4.191	57.45	130.77	+0.70	74.1	9.52
20	2.3346	998.2	83.90	4.183	59.89	100.50	1.82	72.6	7.01
30	4.2474	995.7	125.69	4.174	61.76	80.07	3.21	71.2	5.42
40	7.3766	992.2	167.51	4.174	63.38	65.60	3.87	69.6	4.32
50	12.34	988.1	209.30	4.174	64.78	54.94	4.49	67.7	3.54
60	19.923	983.2	251.12	4.178	65.94	46.88	5.11	66.2	2.98
70	31.164	977.8	292.99	4.187	66.76	40.61	5.70	64.3	2.54
80	47.379	971.8	334.94	4.195	67.45	35.65	6.32	62.6	2.22
90	70.136	965.3	376.98	4.208	68.04	31.65	6.95	60.7	1.96
100	101.33	958.4	419.10	4.220	68.27	28.38	7.52	58.8	1.76
110	143.31	951.0	461.34	4.238	68.50	25.89	8.08	56.9	1.61
120	198.64	943.1	503.67	4.260	68.62	23.73	8.64	54.8	1.47
130	270.25	934.8	546.38	4.266	68.62	21.77	9.17	52.8	1.36
140	361.47	926.1	589.08	4.287	68.50	20.10	9.72	50.7	1.26
150	476.24	917.0	632.20	4.312	68.38	18.63	10.3	48.6	1.18
160	618.28	907.4	675.33	4.346	68.27	17.36	10.7	46.6	1.11
170	792.59	897.3	719.29	4.379	67.92	16.28	11.3	45.3	1.05
180	1003.5	886.9	763.25	4.417	67.45	15.30	11.9	42.3	1.00
190	1255.6	876.0	807.63	4.460	66.99	14.42	12.6	40.0	0.96
200	1554.77	863.0	852.43	4.505	66.29	13.63	13.3	37.7	0.93
210	1917.72	852.8	897.65	4.555	65.48	13.04	14.1	35.4	0.91
220	2320.88	840.3	943.70	4.614	64.55	12.46	14.8	33.1	0.89
230	2798.59	827.3	990.18	4.681	63.73	11.97	15.9	31	0.88
240	3347.91	813.6	1037.49	4.756	62.80	11.47	16.8	28.5	0.87
250	3977.67	799.0	1085.64	4.844	61.76	10.98	18.1	26.2	0.86
260	4693.75	784.0	1135.04	4.949	60.48	10.59	19.7	23.8	0.87
270	5503.99	767.9	1185.28	5.070	59.96	10.20	21.6	21.5	0.88
280	6417.24	750.7	1236.28	5.229	57.45	9.81	23.7	19.1	0.89
290	7443.29	732.3	1289.95	5.485	55.82	9.42	26.2	16.9	0.93
300	8592.94	712.5	1344.80	5.736	53.96	9.12	29.2	14.4	0.97
310	9877.6	691.1	1402.16	6.071	52.34	8.83	32.9	12.1	1.02
320	11300.3	667.1	1462.03	6.573	50.59	8.3	38.2	9.81	1.11
330	12879.6	640.2	1526.19	7.243	48.73	8.14	43.3	7.67	1.22
340	14615.8	610.1	1594.75	8.164	45.71	7.75	53.4	5.67	1.38
350	16538.5	574.4	1671.37	9.504	43.03	7.26	66.8	3.81	1.60
360	18667.1	528.0	1761.39	13.984	39.54	6.67	109	2.02	2.36
370	21040.9	450.5	1892.43	40.319	33.73	5.69	264	0.471	6.80

六、常用固体材料的密度和比热容

名　　称	密度/(kg/m³)	质量热容/[kJ/(kg·℃)]
钢	7850	0.4605
不锈钢	7900	0.5024
铸铁	7220	0.5024
铜	8800	0.4062
青铜	8000	0.3810
黄铜	8600	0.3768
铝	2670	0.9211
镍	9000	0.4605
铅	11400	0.1298
酚醛	1250～1300	1.2560～1.6747
脲醛	1400～1500	1.2560～1.6747
聚氨乙烯	1380～1400	1.8422
聚苯乙烯	1050～1070	1.3398
低压聚氯乙烯	940	2.5539
高压聚氯乙烯	920	2.2190
干砂	1500～1700	0.7955
黏土	1600～1800	0.7536(−20～20℃)
黏土砖	1600～1900	0.9211
耐火砖	1840	0.8792～1.0048
混凝土	2000～2400	0.8374
松木	500～600	2.7214(0～100℃)
软木	100～300	0.9630
石棉板	770	0.8164
玻璃	2500	0.6699
耐酸砖和板	2100～2400	0.7536～0.7955
耐酸搪瓷	2300～2700	0.8374～1.2560
有机玻璃	1180～1190	
多孔绝热砖	600～1400	

七、饱和水蒸气（以温度为基准）

温度/℃	压力/kPa	蒸汽的密度/(kg/m³)	液体的焓/(kJ/kg)	蒸汽的焓/(kJ/kg)	汽化热/(kJ/kg)
0	0.6082	0.00484	0.00	2491.1	2491.1
5	0.8730	0.00680	20.94	2500.8	2479.9
10	1.2262	0.00940	41.87	2510.4	2468.5
15	1.7068	0.01283	62.80	2520.5	2457.7
20	2.3346	0.01719	83.74	2530.1	2446.4
25	3.1684	0.02304	104.67	2539.7	2435.0
30	4.2474	0.03036	125.60	2549.3	2423.7
35	5.6207	0.03960	146.54	2559.0	2412.5
40	7.3766	0.05114	167.47	2568.6	2401.1
45	9.5837	0.06543	188.41	2577.8	2389.4
50	12.3400	0.08300	209.34	2587.4	2378.1
55	15.7430	0.10430	230.27	2596.7	2366.4
60	19.9230	0.13010	251.21	2606.3	2355.1
65	25.0140	0.16110	272.14	2615.5	2343.4
70	31.1640	0.19790	293.08	2624.3	2331.2
75	38.5510	0.24160	314.01	2633.5	2319.5
80	47.3790	0.29290	334.94	2642.3	2307.4
85	57.8750	0.35310	355.88	2651.1	2295.2
90	70.1360	0.42290	376.81	2659.9	2283.1
95	84.5560	0.50390	397.75	2668.7	2271.0
100	101.3300	0.59700	418.68	2677.0	2258.3
105	120.8500	0.70360	440.03	2685.0	2245.0
110	143.3100	0.82540	460.97	2693.4	2232.4
115	169.1100	0.96350	482.32	2701.3	2219.0
120	198.6400	1.11990	503.67	2708.9	2205.2
125	232.1900	1.29600	525.02	2716.4	2191.4
130	270.2500	1.49400	546.38	2723.9	2177.5
135	313.1100	1.71500	567.73	2731.0	2163.3
140	361.4700	1.96200	589.08	2737.7	2148.6
145	415.7200	2.23800	610.85	2744.4	2133.6
150	476.2400	2.54300	632.21	2750.7	2118.5
160	618.2800	3.25200	675.75	2762.9	2087.2
170	792.5900	4.11300	719.29	2773.3	2054.0
180	1003.5000	5.14500	763.25	2782.5	2019.3
190	1255.6000	6.37800	807.64	2790.1	1982.5
200	1554.7700	7.84000	852.01	2795.5	1943.5
210	1917.7200	9.56700	897.23	2799.3	1902.1
220	2320.8800	11.60000	942.45	2801.1	1858.7
230	2798.5900	13.98000	988.50	2800.1	1811.6
240	3347.9100	16.76000	1034.56	2796.8	1762.2
250	3977.6700	20.01000	1081.45	2790.1	1708.7
260	4693.7500	23.82000	1128.76	2780.9	1652.1
270	5503.9900	28.27000	1176.91	2768.3	1591.4
280	6417.2400	33.47000	1225.48	2752.0	1526.5
290	7443.2900	39.60000	1274.46	2732.3	1457.8
300	8592.9400	46.93000	1325.54	2708.0	1382.5
310	9877.9600	55.59000	1378.71	2680.0	1301.3
320	11300.3000	65.95000	1436.07	2648.2	1212.1
330	12879.6000	78.53000	1446.78	2610.5	1163.7
340	14615.8000	93.98000	1562.93	2568.6	1005.7
350	16538.5000	113.20000	1636.20	2516.7	880.5
360	18667.1000	139.60000	1729.15	2442.6	713.0
370	21040.9000	171.00000	1888.25	2301.9	411.1
374	22070.9000	322.60000	2098.00	2098.0	0.0

八、饱和水蒸气(以压力为基准)

绝对压力/kPa	温度/℃	蒸汽的密度/(kg/m³)	焓/(kJ/kg)		汽化热/(kJ/kg)
			液 体	蒸 汽	
1.0	6.3	0.00773	26.48	2503.1	2476.8
1.5	12.5	0.01133	52.26	2515.3	2463.0
2.0	17.0	0.01486	71.21	2524.2	2452.9
2.5	20.9	0.01836	87.45	2531.8	2444.3
3.0	23.5	0.02179	98.38	2536.8	2438.4
3.5	26.1	0.02523	109.30	2541.8	2432.5
4.0	28.7	0.02867	120.23	2546.8	2426.6
4.5	30.8	0.03205	129.00	2550.9	2421.9
5.0	32.4	0.03537	135.69	2554.0	2418.3
6.0	35.6	0.04200	149.06	2560.1	2411.0
7.0	38.8	0.04864	162.44	2566.3	2403.8
8.0	41.3	0.05514	172.73	2571.0	2398.2
9.0	43.3	0.06156	181.16	2574.8	2393.6
10.0	45.3	0.06798	189.59	2578.5	2388.9
15.0	53.5	0.09956	224.03	2594.0	2370.0
20.0	60.1	0.13068	251.51	2606.4	2854.9
30.0	66.5	0.19093	288.77	2622.4	2333.7
40.0	75.0	0.24975	315.93	2634.1	2312.2
50.0	81.2	0.30799	339.80	2644.3	2304.5
60.0	85.6	0.36514	358.21	2652.1	2393.9
70.0	89.9	0.42229	376.61	2659.8	2283.2
80.0	93.2	0.47807	390.08	2665.3	2275.3
90.0	96.4	0.53384	403.49	2670.8	2267.4
100.0	99.6	0.58961	416.90	2676.3	2259.5
120.0	104.5	0.69868	437.51	2684.3	2246.8
140.0	109.2	0.80758	457.67	2692.1	2234.4
160.0	113.0	0.82981	473.88	2698.1	2224.2
180.0	116.6	1.0209	489.32	2703.7	2214.3
200.0	120.2	1.1273	493.71	2709.2	2204.6
250.0	127.2	1.3904	534.39	2719.7	2185.4
300.0	133.3	1.6501	560.38	2728.5	2168.1
350.0	138.8	1.9074	583.76	2736.1	2152.3
400.0	143.4	2.1618	603.61	2742.1	2138.5
450.0	147.7	2.4152	622.42	2747.8	2125.4
500.0	151.7	2.6673	639.59	2752.8	2113.2
600.0	158.7	3.1686	670.22	2761.4	2091.1
700	164.7	3.6657	696.27	2767.8	2071.5
800	170.4	4.1614	720.96	2773.7	2052.7
900	175.1	4.6525	741.82	2778.1	2036.2
1.0×10^3	179.9	5.1432	762.68	2782.5	2019.7
1.1×10^3	180.2	5.6339	780.34	2785.5	2005.1
1.2×10^3	187.8	6.1241	797.92	2788.5	1990.6
1.3×10^3	191.5	6.6141	814.25	2790.9	1976.7
1.4×10^3	194.8	7.1038	829.06	2792.4	1963.7

续表

绝对压力/kPa	温度/℃	蒸汽的密度/(kg/m³)	焓/(kJ/kg)		汽化热/(kJ/kg)
			液　体	蒸　汽	
1.5×10^3	198.2	7.5935	843.86	2794.5	1950.7
1.6×10^3	201.3	8.0814	857.77	2796.0	1938.2
1.7×10^3	204.1	8.5674	870.58	2797.1	1926.5
1.8×10^3	206.9	9.0533	883.39	2798.1	1914.8
1.9×10^3	209.8	9.5392	896.21	2799.2	1903.0
2×10^3	212.2	10.0338	907.32	2799.7	1892.4
3×10^3	233.7	15.0075	1005.4	2798.9	1793.5
4×10^3	250.3	20.0969	1082.9	2789.8	1706.8
5×10^3	263.8	25.3663	1146.9	2776.2	1629.2
6×10^3	275.4	30.8494	1203.2	2759.5	1556.3
7×10^3	285.7	36.5744	1253.2	2740.8	1487.6
8×10^3	294.8	42.5768	1299.2	2720.5	1403.7
9×10^3	303.2	48.8945	1343.5	2699.1	1356.6
10×10^3	310.9	55.5407	1384.0	2677.1	1293.1
12×10^3	324.5	70.3075	1463.4	2631.2	1167.7
14×10^3	336.5	87.3020	1567.9	2583.2	1043.4
16×10^3	347.2	107.8010	1615.8	2531.1	915.4
18×10^3	356.9	134.4813	1699.8	2466.0	766.1
20×10^3	365.6	176.5961	1817.8	2364.2	544.9

附录图 1 示出几种常用液体的热导率与温度的关系。

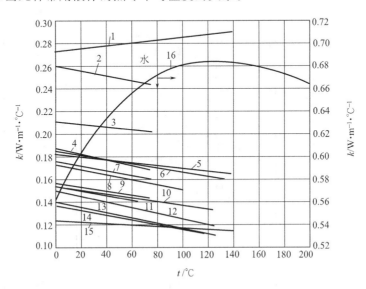

附录图 1　液体的热导率与温度的关系

1—无水甘油；2—蚁酸；3—甲醇；4—乙醇；5—蓖麻油；6—苯胺；7—乙酸；

8—丙酮；9—丁醇；10—硝基苯；11—异丙醇；12—苯；13—甲苯；

14—二甲苯；15—凡士林油；16—水（用右边的坐标）

九、某些液体的热导率

液　体	温度 t/℃	热导率 k /[W/(m·℃)]	液　体	温度 t/℃	热导率 k /[W/(m·℃)]
乙酸			苯	30	0.159
100%	20	0.171		60	0.151
50%	20	0.35	正丁醇	30	0.168
丙酮	30	0.177		75	0.164
	75	0.164	异丁醇	10	0.157
丙烯醇	25～30	0.180	氯化钙盐水		
氨	25～30	0.50	30%	32	0.55
氨,水溶液	20	0.45	15%	30	0.59
	60	0.50	二硫化碳	30	0.161
正戊醇	30	0.163		75	0.152
	100	0.154	四氯化碳	0	0.185
异戊醇	30	0.152		68	0.163
	75	0.151	甲醇		
氯苯	10	0.144	20%	20	0.492
三氯甲烷	30	0.138	100%	50	0.197
乙酸乙酯	20	0.175	氯甲烷	－15	0.192
乙醇				30	0.154
100%	20	0.182	硝基苯	30	0.164
80%	20	0.237		100	0.152
60%	20	0.305	硝基甲苯	30	0.216
40%	20	0.388		60	0.208
20%	20	0.486	正辛烷	60	0.14
100%	50	0.151		0	0.138～0.156
乙苯	30	0.149	石油	20	0.180
	60	0.142	蓖麻油	0	0.173
乙醚	30	0.138		20	0.168
	75	0.135	橄榄油	100	0.164
汽油	30	0.135	正戊烷	30	0.135
三元醇				75	0.128
100%	20	0.284	氯化钾		
80%	20	0.327	15%	32	0.58
60%	20	0.381	30%	32	0.56
40%	20	0.448	氢氧化钾		
20%	20	0.481	21%	32	0.58
100%	100	0.284	42%	32	0.55
正庚烷	30	0.140	硫酸钾		
	60	0.137	10%	32	0.60
正己烷	30	0.138	正丙醇	30	0.171
	60	0.135		75	0.164
正庚醇	30	0.163	异丙醇	30	0.157
	75	0.157		60	0.155
正己醇	30	0.164	氯化钠盐水		
	75	0.156	25%	30	0.57
煤油	20	0.149	12.5%	30	0.59
	75	0.140	硫酸		
盐酸			90%	30	0.36
12.5%	32	0.52	60%	30	0.43
25%	32	0.48	30%	30	0.52
28%	32	0.44	二氯化硫	15	0.22
水银	28	0.36		30	0.192
甲醇			甲苯	75	0.149
100%	20	0.215		15	0.145
80%	20	0.267	松节油	20	0.128
60%	20	0.329	二甲苯　　邻位	20	0.155
40%	20	0.405	对位		0.155
苯胺	0～20	0.173			

十、某些气体和蒸气的热导率

下表中所列出的极限温度数值是实验范围的数值。若外推到其他温度时，建议将所列出的数据按 $\lg k$ 对 $\lg T$ [k 为热导率，$W/(m\cdot℃)$；T 为温度，K] 作图，或者假定 Pr 数与温度（或压力，在适当范围内）无关。

物　质	温度/℃	热导率/[W/(m·℃)]	物　质	温度/℃	热导率/[W/(m·℃)]
丙酮	0	0.0098	氨	100	0.0320
	46	0.0128	苯	0	0.0090
	100	0.0171		46	0.0126
	184	0.0254		100	0.0178
空气	0	0.0242		184	0.0263
	100	0.0317		212	0.0305
	200	0.0391	正丁烷	0	0.0135
	300	0.0459		100	0.0234
氨	−60	0.0164	异丁烷	0	0.0138
	0	0.0222		100	0.0241
	50	0.0272	二氧化碳	−50	0.0118
二氧化碳	0	0.0147	乙醚	100	0.0227
	100	0.0230		184	0.0327
	200	0.0313		212	0.0362
	300	0.0396	乙烯	−71	0.0111
二硫化物	0	0.0069		0	0.0175
	−73	0.0073		50	0.0267
一氧化碳	−189	0.0071		100	0.0279
	−179	0.0080	正庚烷	200	0.0194
	−60	0.0234		100	0.0178
四氯化碳	46	0.0071	正己烷	0	0.0125
	100	0.0090		20	0.0138
	184	0.01112	氢	−100	0.0113
氯	0	0.0074		−50	0.0144
三氯甲烷	0	0.0066		0	0.0173
	46	0.0080		50	0.0199
	100	0.0100		100	0.0223
	184	0.0133		300	0.0308
硫化氢	0	0.0132	氮	−100	0.0164
水银	200	0.0341		0	0.0242
甲烷	−100	0.0173		50	0.0277
	−50	0.0251		100	0.0312
	0	0.0302	氧	−100	0.0164
	50	0.0372		−50	0.0206
甲醇	0	0.0144		0	0.0246
	100	0.0222		50	0.0284
氯甲烷	0	0.0067		100	0.0321
	46	0.0085	丙烷	0	0.0151
	100	0.0109		100	0.0261
	212	0.0164	二氧化硫	0	0.0087
乙烷	−70	0.0114		100	0.0119
	−34	0.0149	水蒸气	46	0.0208
	0	0.0183		100	0.0237
	100	0.0303		200	0.0324
乙醇	20	0.0154		300	0.0429
	100	0.0215		400	0.0545
乙醚	0	0.0133		500	0.0763
	46	0.0171			

十一、某些固体材料的热导率

（一）常用金属的热导率

热导率 /[W/(m·℃)]	温 度/℃				
	0	100	200	300	400
铝	277.95	227.95	227.95	227.95	227.95
铜	383.79	379.14	372.16	367.51	362.86
铁	73.27	67.45	61.64	54.66	48.85
铅	35.12	33.38	31.40	29.77	—
镁	172.12	167.47	162.82	158.17	—
镍	93.04	82.57	73.27	63.97	59.31
银	414.03	409.38	373.32	361.69	359.37
锌	112.81	109.90	105.83	401.18	93.04
碳钢	52.34	48.85	44.19	41.87	34.89
不锈钢	16.28	17.45	17.45	18.49	—

（二）常用非金属材料

材 料	温度 t/℃	热导率 k /[W/(m·℃)]	材 料	温度 t/℃	热导率 k /[W/(m·℃)]
软木	30	0.04303	木材		
玻璃棉	—	0.03489~0.06978	横向	—	0.1396~0.1745
保温灰	—	0.06978	纵向	—	0.3838
锯屑	20	0.04652~0.05815	耐火砖	230	0.8723
棉花	100	0.06978		1200	1.6398
厚纸	20	0.01369~0.3489	混凝土		1.2793
玻璃	30	1.0932	绒毛毡	—	0.0465
	−20	0.7560	85％氧化镁粉	0~100	0.06978
搪瓷	—	0.8723~1.163	聚氯乙烯	—	0.1163~0.1745
云母	50	0.4303	酚醛加玻璃纤维	—	0.2593
泥土	20	0.6978~0.9304	酚醛加石棉纤维	—	0.2942
冰	0	2.326	聚酯加玻璃纤维	—	0.2594
软橡胶	—	0.1291~0.1593	聚碳酸酯	—	0.1907
硬橡胶	0	0.1500	聚苯乙烯泡沫	25	0.04187
聚四氟乙烯	—	0.2419		−150	0.001745
泡沫玻璃	−15	0.004885	聚乙烯	—	0.3291
	−80	0.003489	石墨	—	139.56
泡沫塑料	—	0.04652			

十二、液体的黏度共线图

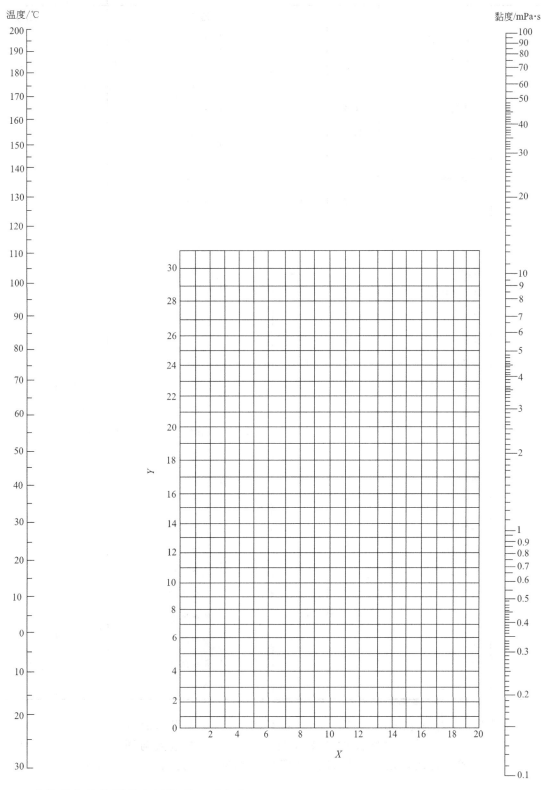

液体黏度共线图的坐标值列于下表中。

序号	名 称	X	Y	序号	名 称	X	Y
1	水	10.2	13.0	31	乙苯	13.2	11.5
2	盐水(25%NaCl)	10.2	16.6	32	氯苯	12.3	12.4
3	盐水(25%CaCl$_2$)	6.6	15.9	33	硝基苯	10.6	16.2
4	氨	12.6	2.2	34	苯胺	8.1	18.7
5	氨水(26%)	10.1	13.9	35	酚	6.9	20.8
6	二氧化碳	11.6	0.3	36	联苯	12.0	18.3
7	二氧化硫	15.2	7.1	37	萘	7.9	18.1
8	二硫化碳	16.1	7.5	38	甲醇(100%)	12.4	10.5
9	溴	14.2	18.2	39	甲醇(90%)	12.3	11.8
10	汞	18.4	16.4	40	甲醇(40%)	7.8	15.5
11	硫酸(110%)	7.2	27.4	41	乙醇(100%)	10.5	13.8
12	硫酸(100%)	8.0	25.1	42	乙醇(95%)	9.8	14.3
13	硫酸(98%)	7.0	24.8	43	乙醇(40%)	6.5	16.6
14	硫酸(60%)	10.2	21.3	44	乙二醇	6.0	23.6
15	硝酸(95%)	12.8	13.8	45	甘油(100%)	2.0	30.0
16	硝酸(60%)	10.8	17.0	46	甘油(50%)	6.9	19.6
17	盐酸(31.5%)	13.0	16.6	47	乙醚	14.5	5.3
18	氢氧化钠(50%)	3.2	25.8	48	乙醛	15.2	14.8
19	戊烷	14.9	5.2	49	丙酮	14.5	7.2
20	己烷	14.7	7.0	50	甲酸	10.7	15.8
21	庚烷	14.1	8.4	51	乙酸(100%)	12.1	14.2
22	辛烷	13.7	10.0	52	乙酸(70%)	9.5	17.0
23	三氯甲烷	14.4	10.2	53	乙酸酐	12.7	12.8
24	四氯化碳	12.7	13.1	54	乙酸乙酯	13.7	9.1
25	二氯乙烷	13.2	12.2	55	乙酸戊酯	11.8	12.5
26	苯	12.5	10.9	56	氟里昂-11	14.4	9.0
27	甲苯	13.7	10.4	57	氟里昂-12	16.8	5.6
28	邻二甲苯	13.5	12.1	58	氟里昂-21	15.7	7.5
29	间二甲苯	13.9	10.6	59	氟里昂-22	17.2	4.7
30	对二甲苯	13.9	10.9	60	煤油	10.2	16.9

用法举例：求苯在 60℃ 时的黏度，从本表序号 26 查得苯的 $X=12.5$，$Y=10.9$。把这两个数值标在前页共线图的 X-Y 坐标上得一点，把这点与图中左方温度标尺上 50℃ 的点取成一直线，延长，与右方黏度标尺相交，由此交点定出 60℃ 苯的黏度为 0.42mPa·s。

十三、101.33kPa 压力下气体的黏度共线图

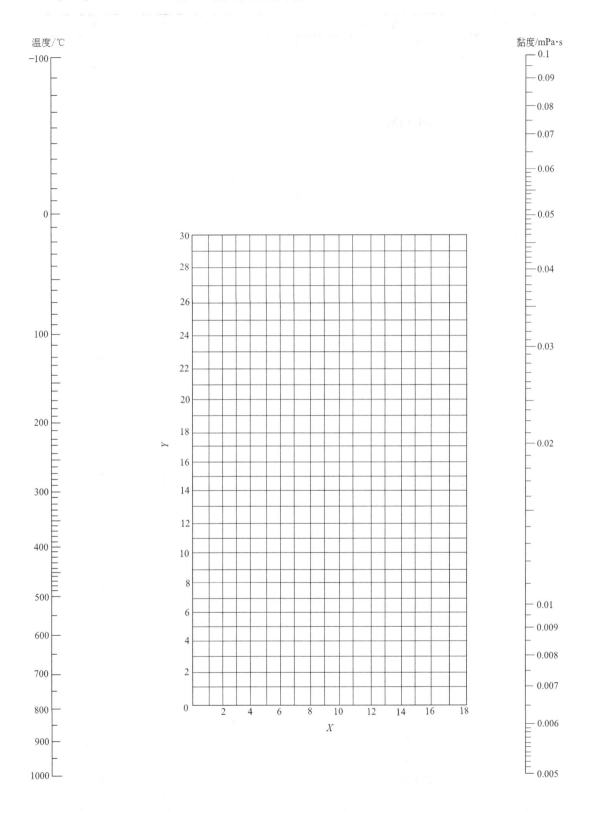

气体黏度共线图坐标值列于下表中。

序 号	名 称	X	Y
1	空气	11.0	20.0
2	氧	11.0	21.3
3	氮	10.6	20.0
4	氢	11.2	12.4
5	$3H_2+1N_2$	11.2	17.2
6	水蒸气	8.0	16.0
7	二氧化碳	9.5	18.7
8	一氧化碳	11.0	20.0
9	氨	8.4	16.0
10	硫化氢	8.6	18.0
11	二氧化硫	9.6	17.0
12	二硫化碳	8.0	16.0
13	一氧化二氮	8.8	19.0
14	一氧化氮	10.9	20.5
15	氟	7.3	23.8
16	氯	9.0	18.4
17	氯化氢	8.8	18.7
18	甲烷	9.9	15.5
19	乙烷	9.1	14.5
20	乙烯	9.5	15.1
21	乙炔	9.8	14.9
22	丙烷	9.7	12.9
23	丙烯	9.0	13.8
24	丁烯	9.2	13.7
25	戊烷	7.0	12.8
26	己烷	8.6	11.8
27	三氯甲烷	8.9	15.7
28	苯	8.5	13.2
29	甲苯	8.6	12.4
30	甲醇	8.5	15.6
31	乙醇	9.2	14.2
32	丙醇	8.4	13.4
33	乙酸	7.7	14.3
34	丙酮	8.9	13.0
35	乙醚	8.9	13.0
36	乙酸乙酯	8.5	13.2
37	氟里昂-11	10.6	15.1
38	氟里昂-12	11.1	16.0
39	氟里昂-21	10.8	15.3
40	氟里昂-22	10.1	17.0

十四、液体的比热容共线图

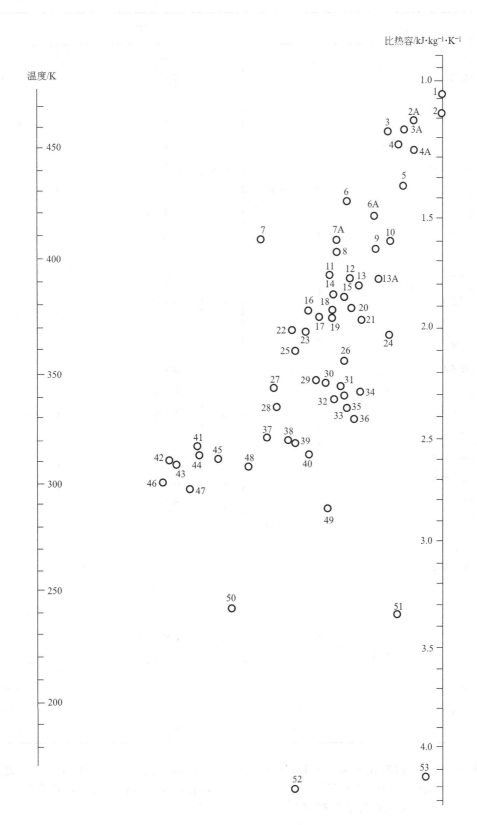

液体比热容共线图中的编号列于下表中。

编号	名 称	温度范围/℃	编号	名 称	温度范围/℃
53	水	10~200	35	己烷	−80~20
51	盐水(25%NaCl)	−40~20	28	庚烷	0~60
49	盐水(25%CaCl$_2$)	−40~20	33	辛烷	−50~25
52	氨	−70~50	34	壬烷	−50~25
11	二氧化硫	−20~100	21	癸烷	−80~25
2	二氧化碳	−100~25	13A	氯甲烷	−80~20
9	硫酸(98%)	10~45	5	二氯甲烷	−40~50
48	盐酸(30%)	20~100	4	三氯甲烷	0~50
22	二苯基甲烷	30~100	46	乙醇(95%)	20~80
3	四氯化碳	10~60	50	乙醇(50%)	20~80
13	氯乙烷	−30~40	45	丙醇	−20~100
1	溴乙烷	5~25	47	异丙醇	20~50
7	碘乙烷	0~100	44	丁醇	0~100
6A	二氯乙烷	−30~60	43	异丁醇	0~100
3	过氯乙烯	−30~140	37	戊醇	−50~25
23	苯	10~80	41	异戊醇	10~100
23	甲苯	0~60	39	乙二醇	−40~200
17	对二甲苯	0~100	38	甘油	−40~20
18	间二甲苯	0~100	27	苯甲醇	−20~30
19	邻二甲苯	0~100	36	乙醚	−100~25
8	氯苯	0~100	31	异丙醚	−80~200
12	硝基苯	0~100	32	丙酮	20~50
30	苯胺	0~130	29	乙酸	0~80
10	苯甲基氯	−30~30	24	乙酸乙酯	−50~25
25	乙苯	0~100	26	乙酸戊酯	−20~70
15	联苯	80~120	20	吡啶	−40~15
16	联苯醚	0~200	2A	氟里昂-11	−20~70
16	道舍姆 A(DowthermA)(联苯-联苯醚)	0~200	6	氟里昂-12	−40~15
14	萘	90~200	4A	氟里昂-21	−20~70
40	甲醇	−40~20	7A	氟里昂-22	−20~60
42	乙醇(100%)	30~80	3A	氟里昂-113	−20~70

用法举例：求丙醇在47℃(320K) 时的比热容，从本表找到丙醇的编号为45，通过图中标号45的圆圈与图中左边温度标尺上320K的点联成直线并延长与右边比热容标尺相交，由此交点定出320K时丙醇的比热容为2.71kJ/(kg·K)。

十五、气体的比热容共线图 （101.33kPa）

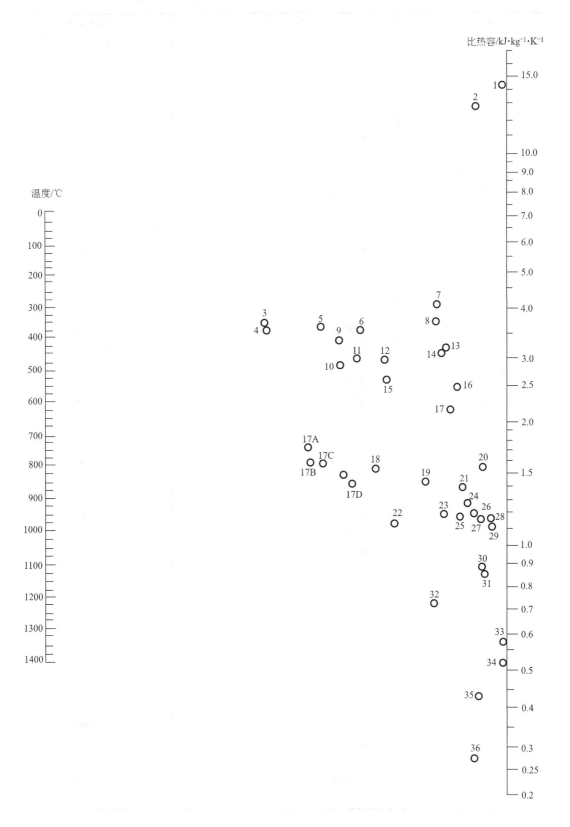

气体比热容共线图的编号列于下表中。

编　　号	气　　体	温度范围/K
10	乙炔	273～473
15	乙炔	473～673
16	乙炔	673～1673
27	空气	273～1673
12	氨	273～873
14	氨	873～1673
18	二氧化碳	273～673
24	二氧化碳	673～1673
26	一氧化碳	273～1673
32	氯	273～473
34	氯	473～1673
3	乙烷	273～473
9	乙烷	473～873
8	乙烷	873～1673
4	乙烯	273～473
11	乙烯	473～873
13	乙烯	873～1673
17B	氟里昂-11(CCl_3F)	273～423
17C	氟里昂-21($CHCl_3F$)	273～423
17A	氟里昂-22($CHClF_2$)	273～423
17D	氟里昂-113($CCl_2F\text{-}CClF_2$)	273～423
1	氢	273～873
2	氢	873～1673
35	溴化氢	273～1673
30	氯化氢	273～1673
20	氟化氢	273～1673
36	碘化氢	273～1673
19	硫化氢	273～973
21	硫化氢	973～1673
5	甲烷	273～573
6	甲烷	573～973
7	甲烷	973～1673
25	一氧化氮	273～973
28	一氧化氮	973～1673
26	氮	273～1673
23	氧	273～773
29	氧	773～1673
33	硫	573～1673
22	二氧化硫	272～673
31	二氧化硫	673～1673
17	水	273～1673

十六、蒸发潜热（汽化热）共线图

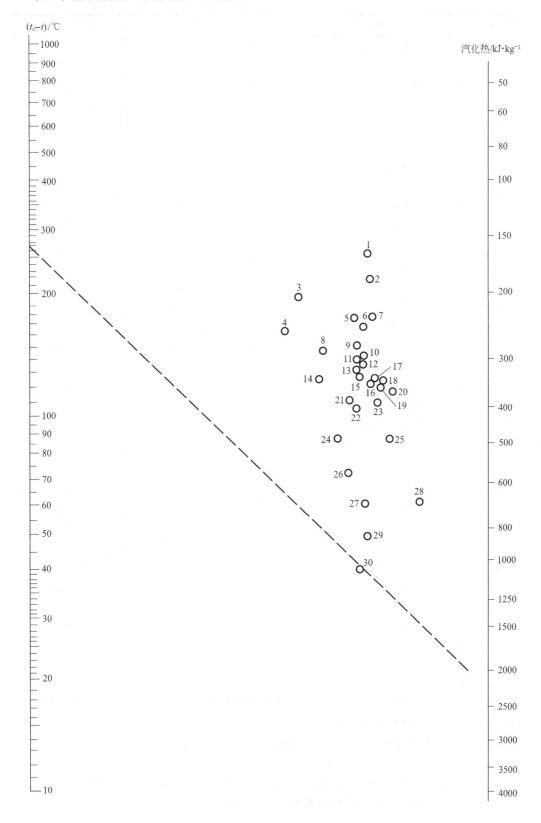

蒸发潜热共线图的编号列于下表中。

编 号	化 合 物	范围(t_c-t)/℃	临界温度 t_c/℃
18	乙酸	100~225	321
22	丙酮	120~210	235
29	氨	50~200	133
13	苯	10~400	289
16	丁烷	90~20	153
21	二氧化碳	10~100	31
4	二硫化碳	140~275	273
2	四氯化碳	30~250	283
7	三氯甲烷	140~275	263
8	二氯甲烷	150~250	216
3	联苯	175~400	527
25	乙烷	25~150	32
26	乙醇	20~140	243
28	乙醇	140~300	243
17	氯乙烷	100~250	187
13	乙醚	10~400	194
2	氟里昂-11(CCl_3F)	70~250	198
2	氟里昂-12(CCl_2F_2)	40~200	111
5	氟里昂-21($CHCl_2F$)	70~250	178
6	氟里昂-22($CHClF_2$)	50~170	96
1	氟里昂-113($CCl_2F-CClF_2$)	90~250	214
10	庚烷	20~300	267
11	己烷	50~225	235
15	异丁烷	80~200	134
27	甲醇	40~250	240
20	氯甲烷	70~250	143
19	一氧化二氮	25~150	36
9	辛烷	30~300	296
12	戊烷	20~200	197
23	丙烷	40~200	96
24	丙醇	20~200	264
14	二氧化硫	90~160	157
30	水	10~500	374

【例】 求 100℃水蒸气的蒸发潜热。

解：从表中查出水的编号为 30，临界温度 t_c 为 374℃，故

$$t_c-t=374-100=274℃$$

在温度标尺上找出相应于 274℃ 的点，将该点与编号 30 的点相连，延长与蒸发潜热标尺相交，由此读出 100℃时水的蒸发潜热为 2257kJ/kg。

十七、某些有机液体的相对密度共线图

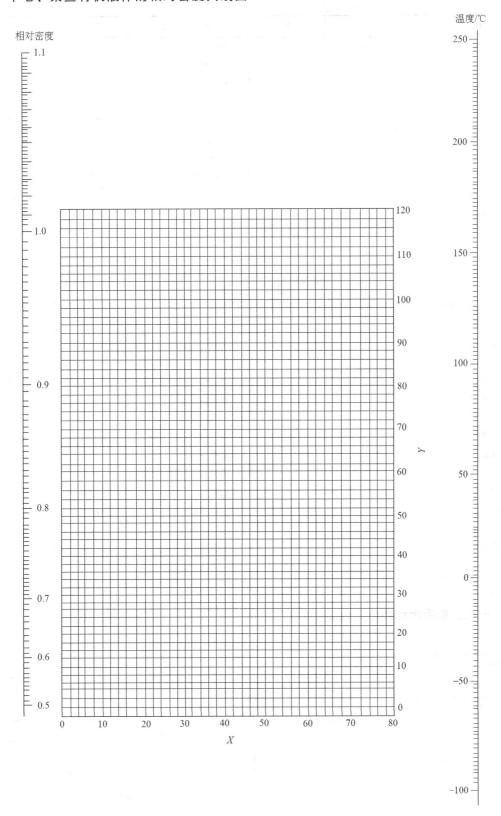

有机液体相对密度共线图的坐标值。

有 机 液 体	X	Y	有 机 液 体	X	Y
乙炔	20.8	10.1	甲酸乙酯	37.6	68.4
乙烷	10.8	4.4	甲酸丙酯	33.8	66.7
乙烯	17.0	3.5	丙烷	14.2	12.2
乙醇	24.2	48.6	丙酮	26.1	47.8
乙醚	22.8	35.8	丙醇	23.8	50.8
乙丙醚	20.0	37.0	丙酸	35.0	83.5
乙硫醇	32.0	55.5	丙酸甲酯	36.5	68.3
乙硫醚	25.7	55.3	丙酸乙酯	32.1	63.9
二乙胺	17.8	33.5	戊烷	12.6	22.6
二氧化碳	78.6	45.4	异戊烷	13.5	22.5
异丁烷	13.7	16.5	辛烷	12.7	32.5
丁酸	31.3	78.7	庚烷	12.6	29.8
丁酸甲酯	31.5	65.5	苯	32.7	63.0
异丁酸	31.5	75.9	苯酚	35.7	103.8
丁酸(异)甲酯	33.0	64.1	苯胺	33.5	92.5
十一烷	14.4	39.2	氯苯	41.9	86.7
十二烷	14.3	41.4	癸烷	16.0	38.2
十三烷	15.3	42.4	氨	22.4	24.6
十四烷	15.8	43.3	氯乙烷	42.7	62.4
三乙胺	17.9	37.0	氯甲烷	52.3	62.9
三氯化磷	38.0	22.1	氯苯	41.7	105.0
己烷	13.5	27.0	氰丙烷	20.1	44.6
壬烷	16.2	36.5	氰甲烷	27.8	44.9
六氢吡啶	27.5	60.0	环己烷	19.6	44.0
甲乙醚	25.0	34.4	乙酸	40.6	93.5
甲醇	25.8	49.1	乙酸甲酯	40.1	70.3
甲硫醇	37.3	59.6	乙酸乙酯	35.0	65.0
甲硫醚	31.9	57.4	乙酸丙酯	33.0	65.5
甲醚	27.2	30.1	甲苯	27.0	61.0
甲酸甲酯	46.4	74.6	异戊醇	20.5	52.0

十八、壁面污垢热阻（污垢系数）

1. 冷却水

加热液体温度/℃	115 以下		115～205	
水的温度/℃	25 以下		25 以上	
水的速度/(m/s)	1 以下	1 以上	1 以下	1 以上
	热 阻/(m² · ℃/W)			
海水	0.8598×10^{-4}	0.8598×10^{-4}	1.7197×10^{-4}	1.7197×10^{-4}
自来水、井水、潮水、软化锅炉水	1.7197×10^{-4}	1.7197×10^{-4}	3.4394×10^{-4}	3.4394×10^{-4}
蒸馏水	0.8598×10^{-4}	0.8598×10^{-4}	0.8598×10^{-4}	0.8598×10^{-4}
硬水	5.1590×10^{-4}	5.1590×10^{-4}	8.5980×10^{-4}	8.5980×10^{-4}
河水	5.1590×10^{-4}	3.4394×10^{-4}	6.8788×10^{-4}	5.1590×10^{-4}

2. 工业用气体

气 体 名 称	热阻/(m² · ℃/W)	气 体 名 称	热阻/(m² · ℃/W)
有机化合物	$0.8598×10^{-4}$	溶剂蒸气	$1.7197×10^{-4}$
水蒸气	$0.8598×10^{-4}$	天然气	$1.7197×10^{-4}$
空气	$3.4394×10^{-4}$	焦炉气	$1.7197×10^{-4}$

3. 工业用液体

液 体 名 称	热阻/(m² · ℃/W)	液 体 名 称	热阻/(m² · ℃/W)
有机化合物	$1.7197×10^{-4}$	溶盐	$0.8598×10^{-4}$
盐水	$1.7197×10^{-4}$	植物油	$5.1590×10^{-4}$

4. 石油分馏物

馏出物名称	热阻/(m² · ℃/W)	馏出物名称	热阻/(m² · ℃/W)
原油	$(3.4394～12.098)×10^{-4}$	柴油	$(3.4394～5.1590)×10^{-4}$
汽油	$1.7197×10^{-4}$	重油	$8.5980×10^{-4}$
石脑油	$1.7197×10^{-4}$	沥青油	$17.197×10^{-4}$
煤油	$1.7197×10^{-4}$		

十九、离子泵的规格（摘录）

1. IS 型单级单吸离心泵性能表（摘录）

型　号	转速 n /(r/min)	流　量		扬程 H/m	效率 η /%	功率/kW		必需汽蚀余量 $(NPSH)_r$/m	质量 （泵/底座） /kg
		m³/h	L/s			轴功率	电机功率		
IS50-32-125	2900	7.5	2.08	22	47	0.96		2.0	
		12.5	3.47	20	60	1.13	2.2	2.0	32/46
		15	4.17	18.5	60	1.26		2.5	
	1450	3.75	1.04	5.4	43	0.13		2.0	
		6.3	1.74	5	54	0.16	0.55	2.0	32/38
		7.5	2.08	4.6	55	0.17		2.5	
IS50-32-160	2900	7.5	2.08	34.3	44	1.59		2.0	
		12.5	3.47	32	54	2.02	3	2.0	50/46
		15	4.17	29.6	56	2.16		2.5	
	1450	3.75	1.04	13.1	35	0.25		2.0	
		6.3	1.74	12.5	48	0.29	0.55	2.0	50/38
		7.5	2.08	12	49	0.31		2.5	
IS50-32-200	2900	7.5	2.08	82	38	2.82		2.0	
		12.5	3.47	80	48	3.54	5.5	2.0	52/66
		15	4.17	78.5	51	3.95		2.5	
	1450	3.75	1.04	20.5	33	0.41		2.0	
		6.3	1.74	20	42	0.51	0.75	2.0	52/38
		7.5	2.08	19.5	44	0.56		2.5	
IS50-32-250	2900	7.5	2.08	21.8	23.5	5.87		2.0	
		12.5	3.47	20	38	7.16	11	2.0	88/110
		15	4.17	18.5	41	7.83		2.5	
	1450	3.75	1.04	5.35	23	0.91		2.0	
		6.3	1.74	5	32	1.07	1.5	2.0	88/64
		7.5	2.08	4.7	35	1.14		3.0	

型 号	转速 n /(r/min)	流 量		扬程 H/m	效率 η /%	功率/kW		必需汽 蚀余量 $(NPSH)_r$/m	质量 (泵/底座) /kg
		m³/h	L/s			轴功率	电机 功率		
IS65-50-125	2900	7.5	4.17	35	58	1.54		2.0	50/41
		12.5	6.94	32	69	1.97	3	2.0	
		15	8.33	30	68	2.22		3.0	
	1450	3.75	2.08	8.8	53	0.21		2.0	50/38
		6.3	3.47	8.0	64	0.27	0.55	2.0	
		7.5	4.17	7.2	65	0.30		2.5	
IS65-50-160	2900	15	4.17	53	54	2.65		2.0	51/66
		25	6.94	50	65	3.35	5.5	2.0	
		30	8.33	47	66	3.71		2.5	
	1450	7.5	2.08	13.2	50	0.36		2.0	51/38
		12.5	3.47	12.5	60	0.45	0.75	2.0	
		15	4.17	11.8	60	0.49		2.5	
IS65-40-200	2900	15	4.17	53	49	4.42		2.0	62/66
		25	6.94	50	60	5.67	7.5	2.0	
		30	8.33	47	61	6.29		2.5	
	1450	7.5	2.08	13.2	43	0.63		2.0	62/46
		12.5	3.47	12.5	55	0.77	1.1	2.0	
		15	4.17	11.8	57	0.85		2.5	
IS65-40-250	2900	15	4.17	82	37	9.05		2.0	82/110
		25	6.94	80	50	10.89	15	2.0	
		30	8.33	78	53	12.02		2.5	
	1450	7.5	2.08	21	35	1.23		2.0	82/67
		12.5	3.47	20	46	1.48	2.2	2.0	
		15	4.17	19.4	48	1.65		2.5	
IS65-40-315	2900	15	4.17	127	28	18.5		2.5	152/110
		25	6.94	125	40	21.3	30	2.5	
		30	8.33	123	44	22.8		3.0	
	1450	7.5	2.08	32.2	25	6.63		2.5	152/67
		12.5	3.47	32.0	37	2.94	4	2.5	
		15	4.17	31.7	41	3.16		3.0	
IS80-65-125	2900	30	8.33	22.5	64	2.87		3.0	44/46
		50	13.9	20	75	3.63	5.5	3.0	
		60	16.7	18	74	3.98		3.5	
	1450	15	4.17	5.6	55	0.42		2.5	44/38
		25	6.94	5	71	0.48	0.75	2.5	
		30	8.33	4.5	72	0.51		3.0	
IS80-65-160	2900	30	8.33	36	61	4.82		2.5	48/66
		50	13.9	32	73	5.97	7.5	2.5	
		60	16.7	29	72	6.59		3.0	
	1450	15	4.17	9	55	0.67		2.5	48/46
		25	6.94	8	69	0.79	1.5	2.5	
		30	8.33	7.2	68	0.86		3.0	
IS80-50-200	2900	30	8.33	53	55	7.87		2.5	64/124
		50	13.9	50	69	9.87	15	2.5	
		60	16.7	47	71	10.8		3.0	
	1450	15	4.17	13.2	51	1.06		2.5	64/46
		25	6.94	12.5	65	1.31	2.2	2.5	
		30	8.33	11.8	67	1.44		3.0	

续表

型　号	转速 n /(r/min)	流　量		扬程 H/m	效率 η /%	功率/kW		必需汽 蚀余量 $(NPSH)_r$/m	质量 (泵/底座) /kg
		m³/h	L/s			轴功率	电机 功率		
IS80-50-250	2900	30	8.33	84	52	13.2		2.5	90/110
		50	13.9	80	63	17.3	22	2.5	
		60	16.7	75	64	19.2		3.0	
	1450	15	4.17	21	49	1.75		2.5	90/64
		25	6.94	20	60	2.22	3	2.5	
		30	8.33	18.8	61	2.52		3.0	
IS80-50-315	2900	30	8.33	128	41	25.5		2.5	125/160
		50	13.9	125	54	31.5	37	2.5	
		60	16.7	123	57	35.3		3.0	
	1450	15	4.17	32.5	39	3.4		2.5	125/66
		25	6.94	32	52	4.19	5.5	2.5	
		30	8.33	31.5	56	4.6		3.0	
IS100-80-125	2900	60	16.7	24	67	5.86		4.0	49/64
		100	27.8	20	78	7.00	11	4.5	
		120	33.3	16.5	74	7.28		5.0	
	1450	30	8.33	6	64	0.77		2.5	49/46
		50	13.9	5	75	0.91	1	2.5	
		60	16.7	4	71	0.92		3.0	
IS100-80-160	2900	60	16.7	36	70	8.42		3.5	69/110
		100	27.8	32	78	11.2	15	4.0	
		120	33.3	28	75	12.2		5.0	
	1450	30	8.33	9.2	67	1.12		2.0	69/64
		50	13.9	8.0	75	1.45	2.2	2.5	
		60	16.7	6.8	71	1.57		3.5	
IS100-65-200	2900	60	16.7	54	65	13.6		3.0	81/110
		100	27.8	50	76	17.9	22	3.6	
		120	33.3	47	77	19.9		4.8	
	1450	30	8.33	13.5	60	1.84		2.0	81/64
		50	13.9	12.5	73	2.33	4	2.0	
		60	16.7	11.8	74	2.61		2.5	
IS100-65-250	2900	60	16.7	87	61	23.4		3.5	90/160
		100	27.8	80	72	30.0	37	3.8	
		120	33.3	74.5	73	33.3		4.8	
	1450	30	8.33	21.3	55	3.16		2.0	90/66
		50	13.9	20	68	4.00	5.5	2.0	
		60	16.7	19	70	4.44		2.5	
IS100-65-315	2900	60	16.7	133	55	39.6		3.0	180/295
		100	27.8	125	66	51.6	75	3.6	
		120	33.3	118	67	57.5		4.2	
	1450	30	8.33	34	51	5.44		2.0	180/112
		50	13.9	32	63	6.92	11	2.0	
		60	16.7	30	64	7.67		2.5	
IS125-100-200	2900	120	33.3	57.5	67	28.0		4.5	108/160
		200	55.6	50	81	33.6	45	4.5	
		240	66.7	44.5	80	36.4		5.0	
	1450	60	16.7	14.5	62	3.83		2.5	108/66
		100	27.8	12.5	76	4.48	7.5	2.5	
		120	33.3	11	75	4.79		3.0	

型　号	转速 n /(r/min)	流　量		扬程 H/m	效率 η /%	功率/kW		必需汽蚀余量 $(NPSH)_r$/m	质量（泵/底座） /kg
		m³/h	L/s			轴功率	电机功率		
IS125-100-250	2900	120	33.3	87	66	43.0	75	3.8	166/295
		200	55.6	80	78	55.9		4.2	
		240	66.7	72	75	62.8		5.0	
	1450	60	16.7	21.5	63	5.59	11	2.5	166/112
		100	27.8	20	76	7.17		2.5	
		120	33.3	18.5	77	7.84		3.0	
IS125-100-315	2900	120	33.3	132.5	60	72.1	110	4.0	189/330
		200	55.6	125	75	90.8		4.5	
		240	66.7	120	77	101.9		5.0	
	1450	60	16.7	33.5	58	9.4	15	2.5	189/160
		100	27.8	32	73	7.9		2.5	
		120	33.3	30.5	74	13.5		3.0	
IS125-100-400	1450	60	16.7	52	53	16.1	30	2.5	205/233
		100	27.8	50	65	21.0		2.5	
		120	33.3	48.5	67	23.6		3.0	
IS150-125-250	1450	120	33.3	22.5	71	10.4	18.5	3.0	188/158
		200	55.6	20	81	13.5		3.0	
		240	66.7	17.5	78	14.7		3.5	
IS150-125-315	1450	120	33.3	34	70	15.9	30	2.5	192/233
		200	55.6	32	79	22.1		2.5	
		240	66.7	29	80	23.7		3.0	
IS150-125-400	1450	120	33.3	53	62	27.9	45	2.0	223/233
		200	55.6	50	75	36.3		2.8	
		240	66.7	46	74	40.6		3.5	
IS200-150-250	1450	240	66.7				37		203/233
		400	111.1	20	82	26.6			
		460	127.8						
IS200-150-315	1450	240	66.7	37	70	34.6	55	3.0	262/295
		400	111.1	32	82	42.5		3.5	
		460	127.8	28.5	80	44.6		4.0	
IS200-150-400	1450	240	66.7	55	74	48.6	90	3.0	295/298
		400	111.1	50	81	67.2		3.8	
		460	127.8	48	76	74.2		4.5	

2．Y型离心油泵性能表

型　　号	流量/(m³/h)	扬程/m	转速/(r/min)	功率/kW 轴	功率/kW 电机	效率/%	气蚀余量/m	泵壳许用应力/Pa	结构形式	备注
50Y-60	12.5	60	2950	5.95	11	35	2.3	1570/2550	单级悬臂	泵壳许用应力内的分子表示第Ⅰ类材料相应的许用应力数．分母表示第Ⅱ类、第Ⅲ类材料相应的许用应力数
50Y-60A	11.2	49	2950	4.27	8			1570/2550	单级悬臂	
50Y-60B	9.9	38	2950	2.39	5.5	35		1570/2550	单级悬臂	
50Y-60×2	2.5	120	2950	11.7	15	35	2.3	2158/3138	两级悬臂	
50Y-60×2A	11.7	105	2950	9.55	15			2158/3138	两级悬臂	
50Y-60×2B	10.8	90	2950	7.65	11			2158/3138	两级悬臂	
50Y-60×2C	9.9	75	2950	5.9	8			2158/3138	两级悬臂	
65Y-60	25	60	2950	7.5	11	55	2.6	1570/2550	单级悬臂	
65Y-60A	22.5	49	2950	5.5	8			1570/2550	单级悬臂	
65Y-60B	19.8	38	2950	3.75	5.5			1570/2550	单级悬臂	
65Y-100	25	100	2950	17.0	32	40	2.6	1570/2550	单级悬壁	
65Y-100A	23	85	2950	13.3	20			1570/2550	单级悬臂	
65Y-100B	21	70	2950	10.0	15			1570/2550	单级悬臂	
65Y-100×2	25	200	2950	34	55	40	2.6	2942/3923	两级悬臂	
65Y-100×2A	23.3	175	2950	27.8	40			2942/3923	两级悬臂	
65Y-100×2B	21.6	150	2950	22.0	32			2942/3923	两级悬臂	
65Y-100×2C	19.8	125	2950	16.8	20			2942/3923	两级悬臂	
80Y-60	50	60	2950	12.8	15	64	3.0	1570/2550	单级悬臂	
80Y-60A	45	49	2950	9.4	11			1570/2550	单级悬臂	
80Y-60B	39.5	38	2950	6.5	8			1570/2550	单级悬臂	
80Y-100	50	100	2950	22.7	32	60	3.0	1961/2942	单级悬臂	
80Y-100A	45	85	2950	18.0	25			1961/2942	单级悬臂	
80Y-100B	39.5	70	2950	12.6	20			1961/2942	单级悬臂	
80Y-100×2	50	200	2950	45.4	75	60	3.0	2942/3923	单级悬臂	
80Y-100×2A	46.6	175	2950	37.0	55	60	3.0	2942/3923	两级悬臂	
80Y-100×2B	43.2	150	2950	29.5	40				两级悬臂	
80Y-100×2C	39.6	125	2950	22.7	32				两级悬臂	

　　注：与介质接触的且受温度影响的零件，根据介质的性质需要采用不同性质的材料，所以分为三种材料，但泵的结构相同。第Ⅰ类材料不耐腐蚀，操作温度在－20～200℃之间，第Ⅱ类材料不耐硫腐蚀，操作温度在－45～400℃之间，第Ⅲ类材料耐硫腐蚀，操作温度在－45～200℃之间。

二十、管壳式换热器系列标准（摘录）

1. 固定管板式（代号 G）

公称直径 DN/mm	管程数 N_p	换热管数量 n	换热器面积 S_o/m^2（换热管长 L/mm）				管程通道截面积/m² 碳钢管 $\phi25\times2.5$ 不锈耐酸钢管 $\phi25\times2$	管程流速为 0.5m/s 时的流量/(m³/h)	公称压力 /MPa
			1500	2000	3000	6000			
159	I	13	$\frac{1}{1.43}$	$\frac{2}{1.94}$	$\frac{3}{2.96}$	—	$\frac{0.0041}{0.0045}$	$\frac{7.35}{8.10}$	2.5
273	I	38	$\frac{4}{4.18}$	$\frac{5}{5.66}$	$\frac{8}{8.66}$	$\frac{16}{17.6}$	$\frac{0.0119}{0.0132}$	$\frac{21.5}{23.7}$	
	II	32	$\frac{3}{3.52}$	$\frac{4}{4.76}$	$\frac{7}{7.30}$	$\frac{14}{14.8}$	$\frac{0.0050}{0.0055}$	$\frac{9.05}{9.98}$	
400	I	109	$\frac{12}{12.0}$	$\frac{16}{16.3}$	$\frac{25}{24.8}$	$\frac{50}{50.5}$	$\frac{0.0342}{0.0378}$	$\frac{61.6}{68.0}$	1.6
	II	102	$\frac{10}{11.2}$	$\frac{15}{15.2}$	$\frac{22}{23.2}$	$\frac{45}{47.2}$	$\frac{0.0160}{0.0177}$	$\frac{28.8}{31.8}$	
	IV	86	$\frac{10}{9.46}$	$\frac{12}{12.8}$	$\frac{20}{19.6}$	$\frac{40}{39.8}$	$\frac{0.0068}{0.0074}$	$\frac{12.2}{13.4}$	
500	I	177	—	—	$\frac{40}{40.4}$	$\frac{80}{82.0}$	$\frac{0.0556}{0.0613}$	$\frac{100.1}{110.4}$	2.5
	II	168	—	—	$\frac{40}{38.3}$	$\frac{80}{77.9}$	$\frac{0.0264}{0.0291}$	$\frac{47.5}{52.4}$	
	IV	152	—	—	$\frac{35}{34.6}$	$\frac{70}{70.5}$	$\frac{0.0119}{0.0132}$	$\frac{21.5}{23.7}$	
600	I	269	—	—	$\frac{60}{61.2}$	$\frac{125}{124.5}$	$\frac{0.0845}{0.0932}$	$\frac{152.1}{167.7}$	1.0
	II	254	—	—	$\frac{55}{58.0}$	$\frac{120}{118}$	$\frac{0.0399}{0.0440}$	$\frac{71.8}{79.2}$	1.6
	IV	242	—	—	$\frac{55}{55.0}$	$\frac{110}{112}$	$\frac{0.0190}{0.0210}$	$\frac{34.2}{37.7}$	2.5
800	I	501	—	—	$\frac{110}{114}$	$\frac{230}{232}$	$\frac{0.1574}{0.1735}$	$\frac{283.3}{312.3}$	0.6
	II	488	—	—	$\frac{110}{111}$	$\frac{225}{227}$	$\frac{0.0767}{0.0845}$	$\frac{138.0}{152.1}$	1.0
	IV	456	—	—	$\frac{100}{104}$	$\frac{210}{212}$	$\frac{0.0358}{0.0395}$	$\frac{64.5}{71.1}$	1.6
	VI	444	—	—	$\frac{100}{101}$	$\frac{200}{206}$	$\frac{0.0232}{0.0258}$	$\frac{41.8}{46.1}$	2.5
1000	I	801	—	—	$\frac{180}{183}$	$\frac{370}{371}$	$\frac{0.2516}{0.2774}$	$\frac{453.0}{499.4}$	0.6
	II	770	—	—	$\frac{175}{176}$	$\frac{350}{356}$	$\frac{0.1210}{0.1333}$	$\frac{217.7}{240}$	1.0
	IV	758	—	—	$\frac{170}{173}$	$\frac{350}{352}$	$\frac{0.0595}{0.0656}$	$\frac{107.2}{118.1}$	1.6
	VI	750	—	—	$\frac{170}{171}$	$\frac{350}{348}$	$\frac{0.0393}{0.0433}$	$\frac{70.7}{77.9}$	2.5

注：1. 表中换热面积按下式计算

$$S_o = \pi n d_o(L - 0.1)$$

式中　S_o——计算换热面积，m²；

　　　L——换热管长，m；

　　　d_o——换热管外径，m；

　　　n——换热管数目。

2. 通道截面积按各程平均值计算。

3. 管内流速 0.5m/s 为 20℃的水在 $\phi25mm\times2.5mm$ 的管内达到湍流状态时的速度。

4. 换热管排列方式为正三角形，管间距 $t=32mm$。

2. 浮头式（代号 F）

（1）F_A 系列

公称直径 DN/mm	325	400	500	600	700	800
公称压力/MPa	4.0	4.0	1.6 2.5 4.0	1.6 2.5 4.0	1.6 2.5 4.0	2.5
公称面积/m²	10	25	80	130	185	245
管长/m	3	3	6	6	6	6
管子尺寸/mm	$\phi19\times2$	$\phi19\times2$	$\phi19\times2$	$\phi19\times2$	$\phi19\times2$	$\phi19\times2$
管子总数	76	138	228(224)[①]	372(368)	528(528)	700(696)
管程数	2	2	2(4)[①]	2(4)	2(4)	2(4)
管子排列方法	△[②]	△	△	△	△	△

① 括号内的数据为四管程的。

② 表示管子为正三角形排列，管子中心距为25mm。

（2）F_B 系列

公称直径 DN/mm	325	400	500	600	700	800	900	1100
公称压力/MPa	4.0	4.0	1.6 2.5 4.0	1.6 2.5 4.0	1.6 2.5 4.0	1.0 1.6 2.5	1.0 1.6 2.5	1.0 1.6
公称面积/m²	10	25	65	95	135	180	225	365
管长/m	3	3	6	6	6	6	6	6
管子尺寸/mm	$\phi25\times2.5$	$\phi25\times2.5$	$\phi25\times2.5$	$\phi25\times2.5$	$\phi25\times2.5$	$\phi25\times2.5$	$\phi25\times2.5$	$\phi25\times2.5$
管子总数	36	72	124(120)[①]	208(192)	292(292)	388(384)	512(508)	(748)
管程数	2	2	2(4)[①]	2(4)	2(4)	2(4)	2	4
管子排列方法	◇[②]	◇	◇	◇	◇	◇	◇	◇

① 括号内的数据为四管程的。

② 表示管子为正方形斜转45°排列，管子中心距为32mm。

3. 冷凝器规格

序号	DN/mm	公称压力/MPa	管程数	壳程数	管长/m	管径/m	管束图型号	公称换热面积/m²	计算换热面积/m²	规 格 型 号	设备质量/kg
1	400	2.5	2	1	3	19	A	25	23.7	FL$_A$400-25-25-2	1300
						25	B	15	16.5	FL$_B$400-15-25-2	1250
2	500	2.5	2	1	3	19	A	40	39.0	FL$_A$500-40-25-2	2000
						25	B	30	32.0	FL$_B$500-30-25-2	2000
3	500	2.5	2	1	6	19	A	80	79.0	FL$_A$500-80-25-2	3100
						25	B	65	65.0	FL$_B$500-65-25-2	3100
4	500	2.5	4	1	6	19	A	80	79.0	FL$_A$500-80-25-4	3100
						25	B	65	65.0	FL$_B$500-65-25-4	3100
5	600	1.6	2	1	6	19	A	130	131	FL$_A$600-130-16-2	4100
						25	B	95	97.0	FL$_B$600-95-16-2	4000
6	600	1.6	4	1	6	19	A	130	131	FL$_A$600-130-16-4	4100
						25	B	95	97.0	FL$_B$600-95-16-4	4000
7	600	2.5	2	1	6	19	A	130	131	FL$_A$600-130-25-2	4500
						25	B	95	97.0	FL$_B$600-95-25-2	4350
8	600	2.5	4	1	6	19	A	130	131	FL$_A$600-130-25-4	4500
						25	B	95	97.0	FL$_B$600-95-25-4	4350
9	700	1.6	2	1	6	19	A	185	187	FL$_A$700-185-16-2	5500
						25	B	135	135	FL$_B$700-135-16-2	5250
10	700	1.6	4	1	6	19	A	185	187	FL$_A$700-185-16-4	5500
						25	B	135	135	FL$_B$700-135-16-4	5250
11	700	2.5	2	1	6	19	A	185	187	FL$_A$700-185-25-2	5800
						25	B	135	135	FL$_B$700-135-25-2	5550
12	700	2.5	4	1	6	19	A	185	187	FL$_A$700-185-25-4	5800
						25	B	135	135	FL$_B$700-135-25-4	5550
13	800	1.6	2	1	6	19	A	245	246	FL$_A$800-240-16-2	7100
						25	B	180	182	FL$_B$800-185-16-2	6850
14	800	1.6	4	1	6	19	A	245	246	FL$_A$800-245-16-4	7100
						25	B	180	182	FL$_B$800-180-16-4	6850
15	800	2.5	2	1	6	19	A	245	246	FL$_A$800-245-25-2	7800
						25	B	180	182	FL$_B$800-180-25-2	7550
16	800	2.5	4	1	6	19	A	245	246	FL$_A$800-245-25-4	7800
						25	B	180	182	FL$_B$800-180-25-4	7550
17	900	1.6	4	1	6	19	A	325	325	FL$_A$900-325-16-4	8500
						25	B	225	224	FL$_B$900-225-16-4	7900
18	900	2.5	4	1	6	19	A	325	325	FL$_A$900-325-25-4	8900
						25	B	225	224	FL$_B$900-225-25-4	8300
19	1000	1.6	4	1	6	19	A	410	412	FL$_A$1000-410-16-4	10500
						25	B	285	285	FL$_B$1000-285-16-4	10050
20	1100	1.6	4	1	6	19	A	500	502	FL$_A$1100-500-16-4	12800
						25	B	365	366	FL$_B$1100-365-16-4	12300
21	1200	1.6	4	1	6	19	A	600	604	FL$_A$1200-600-16-4	14900
						25	B	430	430	FL$_B$1200-430-16-4	13700
22	800	1.0	2	1	6	25	B	180	182	FL$_B$800-180-10-2	6600
23	800	1.0	4	1	6	25	B	180	182	FL$_B$800-180-10-4	6600
24	900	1.0	4	1	6	25	B	225	224	FL$_B$900-225-10-4	7500
25	1000	1.0	4	1	6	25	B	285	285	FL$_B$1000-285-10-4Ⅲ	9400
26	1100	1.0	4	1	6	25	B	365	366	FL$_B$1100-365-10-4Ⅲ	11900
27	1200	1.0	4	1	6	25	B	430	430	FL$_B$1200-430-10-4Ⅲ	13500

二十一、某些二元物系在 101.3kPa（绝压）下的气液平衡组成

1. 苯-甲苯

苯摩尔分数		温度/℃	苯摩尔分数		温度/℃
液　相　中	气　相　中		液　相　中	气　相　中	
0.0	0.0	110.6	59.2%	78.9%	89.4
8.8%	21.2%	106.1	70.0%	85.3%	86.8
20.0%	37.0%	102.2	80.3%	91.4%	84.4
30.0%	50.0%	98.6	90.3%	95.7%	82.3
39.7%	61.8%	95.2	95.0%	97.0%	81.2
48.9%	71.0%	92.1	100.0%	100.0%	80.2

2. 乙醇-水

乙醇摩尔分数		温度/℃	乙醇摩尔分数		温度/℃
液　相　中	气　相　中		液　相　中	气　相　中	
0.00	0.00	100	32.73%	58.26%	81.5
1.90%	17.00%	95.5	39.65%	61.22%	80.7
7.21%	38.91%	89.0	50.79%	65.64%	79.8
9.66%	43.75%	86.7	51.98%	65.99%	79.7
12.38%	47.04%	85.3	57.32%	68.41%	79.3
16.61%	50.89%	84.1	67.63%	73.85%	78.74
23.37%	54.45%	82.7	74.72%	78.15%	78.41
26.08%	55.80%	82.3	89.43%	89.43%	78.15

3. 硝酸-水

硝酸摩尔分数		温度/℃	硝酸摩尔分数		温度/℃
液　相　中	气　相　中		液　相　中	气　相　中	
0	0	100.0	45%	64.6%	119.5
5%	0.3%	103.0	50%	83.6%	115.6
10%	1.0%	109.0	55%	92.0%	109.0
15%	2.5%	114.3	60%	95.2%	101.0
20%	5.2%	117.4	70%	98.0%	98.0
25%	9.8%	120.1	80%	99.3%	81.8
30%	16.5%	121.4	90%	99.8%	85.6
38.4%	38.4%	121.9	100%	100%	85.4
40%	46.0%	121.6			

4. 甲醇-水

甲醇摩尔分数		温度/℃	甲醇摩尔分数		温度/℃
液　相　中	气　相　中		液　相　中	气　相　中	
0	0	100.0	29.09	68.01	77.8
5.31	28.34	92.9	33.33	69.18	76.7
7.67	40.01	90.3	35.13	73.47	76.2
9.26	43.53	88.9	46.20	77.56	73.8
12.57	48.31	86.6	52.92	79.71	72.7
13.15	54.55	85.0	59.37	81.83	71.3
16.74	55.85	83.2	68.49	84.92	70.0
18.18	57.75	82.3	77.01	89.62	68.0
20.83	62.73	81.6	87.41	91.94	66.9
23.19	64.85	80.2	100.00	100.00	64.7
28.18	67.75	78.0			

二十二、热轧无缝钢管规格与质量(摘自 GB 8163—87)

壁厚/mm；表中数值为钢管理论质量/(kg/m)

外径/mm	2.5	3	3.5	4	4.5	5	5.5	6	7	8	9	10	11	12	13	14	15	16	17
32	1.82	2.15	2.46	2.76	3.05	3.33	3.59	3.85	4.32	4.74	—	—	—	—	—	—	—	—	—
38	2.19	2.59	2.98	3.35	3.72	4.07	4.41	4.74	5.35	5.92	—	—	—	—	—	—	—	—	—
42	2.44	2.89	3.32	3.75	4.16	4.56	4.95	5.33	6.04	6.71	7.32	7.88	—	—	—	—	—	—	—
45	2.62	3.11	3.58	4.04	4.49	4.93	5.36	5.77	6.56	7.30	7.99	8.63	—	—	—	—	—	—	—
50	2.93	3.48	4.01	4.54	5.05	5.55	6.04	6.51	7.42	8.29	9.10	9.86	—	—	—	—	—	—	—
54	—	3.77	4.36	4.93	5.49	6.04	6.58	7.10	8.11	9.08	9.99	10.85	11.67	—	—	—	—	—	—
57	—	4.00	4.62	5.23	5.83	6.41	6.99	7.55	8.63	9.67	10.65	11.59	12.48	13.32	14.11	—	—	—	—
60	—	4.22	4.88	5.52	6.16	6.78	7.39	7.99	9.15	10.26	11.32	12.33	13.29	14.21	15.07	15.88	—	—	—
63.5	—	4.48	5.18	5.87	6.55	7.21	7.87	8.51	9.75	10.95	12.10	13.19	14.24	15.24	16.19	17.09	—	—	—
68	—	4.81	5.57	6.31	7.05	7.77	8.48	9.17	10.53	11.84	13.10	14.30	15.46	16.57	17.63	18.64	19.61	20.52	—
70	—	4.96	5.74	6.51	7.27	8.01	8.75	9.47	10.88	12.23	13.54	14.80	16.01	17.16	18.27	19.33	20.35	21.31	—
73	—	5.18	6.00	6.81	7.60	8.38	9.16	9.91	11.39	12.82	14.21	15.54	16.82	18.05	19.24	20.37	21.46	22.49	23.48
76	—	5.40	6.26	7.10	7.93	8.75	9.56	10.36	11.91	13.42	14.87	16.28	17.63	18.94	20.20	21.41	22.57	23.68	24.74
83	—	—	6.86	7.79	8.71	9.62	10.51	11.39	13.12	14.80	16.42	18.00	19.53	21.01	22.44	23.82	25.15	26.44	27.67
89	—	—	7.38	8.38	9.38	10.36	11.33	12.28	14.16	15.98	17.76	19.48	21.16	22.79	24.37	25.89	27.37	28.80	30.19
95	—	—	7.90	8.98	10.04	11.10	12.14	13.17	15.19	17.16	19.09	20.96	22.79	24.56	26.29	27.97	29.59	31.17	32.70
102	—	—	8.50	9.67	10.82	11.96	13.09	14.21	16.40	18.55	20.64	22.69	24.69	26.63	28.53	30.38	32.18	33.93	35.64
108	—	—	—	10.26	11.49	12.70	13.90	15.09	17.44	19.73	21.97	24.17	26.31	28.41	30.46	32.45	34.40	36.30	38.15
114	—	—	—	10.85	12.15	13.44	14.72	15.98	18.47	20.91	23.31	25.65	27.94	30.19	32.38	34.53	36.62	38.67	40.67
121	—	—	—	11.54	12.93	14.30	15.67	17.02	19.68	22.29	24.86	27.37	29.84	32.26	34.62	36.94	39.21	41.43	43.60
127	—	—	—	12.13	13.59	15.04	16.48	17.90	20.72	23.48	26.19	28.85	31.47	34.03	36.55	39.01	41.43	43.80	46.12
133	—	—	—	12.73	14.26	15.78	17.29	18.79	21.75	24.66	27.52	30.33	33.10	35.81	38.47	41.09	43.65	46.17	48.63

续表

外径 /mm	壁　厚　度 /mm　钢 管 理 论 质 量 /(kg/m)																		
	18	19	20	22	24	25	26	28	30	32	34	35	36	38	40	42	45	48	50
32	—	—	—	—	—	—	—	—	—	—	—	—	—	—	—	—	—	—	—
38	—	—	—	—	—	—	—	—	—	—	—	—	—	—	—	—	—	—	—
42	—	—	—	—	—	—	—	—	—	—	—	—	—	—	—	—	—	—	—
45	—	—	—	—	—	—	—	—	—	—	—	—	—	—	—	—	—	—	—
50	—	—	—	—	—	—	—	—	—	—	—	—	—	—	—	—	—	—	—
54	—	—	—	—	—	—	—	—	—	—	—	—	—	—	—	—	—	—	—
57	—	—	—	—	—	—	—	—	—	—	—	—	—	—	—	—	—	—	—
60	—	—	—	—	—	—	—	—	—	—	—	—	—	—	—	—	—	—	—
63.5	—	—	—	—	—	—	—	—	—	—	—	—	—	—	—	—	—	—	—
68	—	—	—	—	—	—	—	—	—	—	—	—	—	—	—	—	—	—	—
70	—	—	—	—	—	—	—	—	—	—	—	—	—	—	—	—	—	—	—
73	24.41	25.30	—	—	—	—	—	—	—	—	—	—	—	—	—	—	—	—	—
76	25.75	26.71	—	—	—	—	—	—	—	—	—	—	—	—	—	—	—	—	—
83	28.85	29.99	34.03	36.35	38.47	—	—	—	—	—	—	—	—	—	—	—	—	—	—
89	31.52	32.80	36.99	39.61	40.02	—	—	—	—	—	—	—	—	—	—	—	—	—	—
95	—	—	—	—	—	—	—	—	—	—	—	—	—	—	—	—	—	—	—
102	37.29	38.89	43.40	45.66	49.72	51.17	52.58	55.24	—	—	—	—	—	—	—	—	—	—	—
108	39.95	41.70	46.36	49.91	53.27	54.87	56.43	59.38	—	—	—	—	—	—	—	—	—	—	—
114	42.62	44.51	49.82	53.71	57.41	59.19	60.90	64.22	—	—	—	—	—	—	—	—	—	—	—
121	45.72	47.79	52.78	56.97	60.96	62.89	64.76	68.36	71.76	—	—	—	—	—	—	—	—	—	—
127	48.39	50.61	55.73	60.22	64.51	66.59	68.61	72.50	76.20	79.71	—	—	—	—	—	—	—	—	—
133	51.65	53.42	59.19	64.02	68.66	70.90	73.10	77.34	81.38	85.23	—	—	—	—	—	—	—	—	—

续表

钢管理论质量/(kg/m)

外径/mm	2.5	3	3.5	4	4.5	5	5.5	6	7	8	9	10	11	12	13	14	15	16	17
140	—	—	—	—	15.04	16.65	18.24	19.83	22.96	26.04	29.08	32.06	34.99	37.88	40.72	43.50	46.24	48.93	51.57
146	—	—	—	—	15.70	17.39	19.06	20.72	24.00	27.23	30.41	33.54	36.62	37.66	42.64	45.57	48.46	51.30	54.08
152	—	—	—	—	16.37	18.13	19.87	21.60	25.03	28.41	31.74	35.02	38.25	41.43	44.56	47.65	50.68	53.66	56.60
159	—	—	—	—	17.15	18.99	20.82	22.64	26.24	29.79	33.29	36.75	40.15	43.50	46.81	50.06	53.27	56.43	59.53
168	—	—	—	—	—	20.10	22.04	23.97	27.79	31.57	35.29	38.79	42.59	46.17	49.69	53.17	56.60	59.98	63.31
180	—	—	—	—	—	21.59	23.70	25.75	29.87	33.93	37.95	41.92	45.85	49.72	53.54	57.31	61.04	64.71	68.34
194	—	—	—	—	—	23.31	25.60	27.82	32.28	36.70	41.06	45.38	49.64	53.86	58.03	62.15	66.22	70.24	74.21
203	—	—	—	—	—	—	—	29.14	33.83	38.47	43.05	47.59	52.08	56.52	60.91	65.94	69.54	73.78	77.97
219	—	—	—	—	—	—	—	31.52	36.60	41.63	46.61	51.54	56.43	61.26	66.04	70.78	75.46	80.10	84.69
245	—	—	—	—	—	—	—	—	41.09	46.76	52.38	57.95	63.43	68.95	74.38	79.76	85.08	90.36	95.59
273	—	—	—	—	—	—	—	—	45.92	52.28	58.60	64.80	71.07	77.24	83.36	89.42	95.44	101.41	107.33
299	—	—	—	—	—	—	—	—	—	57.41	64.37	71.27	78.13	84.93	91.69	98.40	105.06	111.67	118.23
325	—	—	—	—	—	—	—	—	—	62.54	70.14	77.68	85.18	92.63	100.03	107.38	114.68	121.93	129.13
351	—	—	—	—	—	—	—	—	—	67.67	75.91	84.10	92.23	100.32	108.36	116.35	124.29	132.19	140.03
377	—	—	—	—	—	—	—	—	—	—	81.68	90.51	99.29	108.02	117.00	125.33	133.91	142.44	150.93
402	—	—	—	—	—	—	—	—	—	—	87.21	96.67	106.06	115.41	124.71	133.94	143.15	152.30	161.40
426	—	—	—	—	—	—	—	—	—	—	92.55	102.59	112.58	122.52	132.41	142.25	152.04	161.78	171.47
450	—	—	—	—	—	—	—	—	—	—	97.87	108.50	119.08	130.61	140.09	150.52	160.90	171.24	181.52
480	—	—	—	—	—	—	—	—	—	—	104.54	115.90	127.22	139.49	149.71	160.88	172.00	—	—
500	—	—	—	—	—	—	—	—	—	—	108.96	120.83	132.65	145.41	156.12	167.79	179.40	—	—
530	—	—	—	—	—	—	—	—	—	—	115.62	128.23	140.78	154.29	165.74	178.14	190.50	—	—
560	—	—	—	—	—	—	—	—	—	—	122.28	135.63	148.92	163.16	175.36	188.50	201.46	—	—
600	—	—	—	—	—	—	—	—	—	—	131.17	145.50	159.78	175.05	188.18	202.31	216.39	—	—

壁 厚 度/mm

续表

钢管理论质量表（壁 厚/mm；钢管理论质量 /（kg/m））

外径/mm	18	19	20	22	24	25	26	28	30	32	34	35	36	38	40	42	45	48	50
140	54.16	56.70	59.18	64.02	68.66	70.90	73.10	77.34	81.38	85.23	88.88	90.63	92.33	—	—	—	—	—	—
146	56.82	59.51	62.15	67.27	72.21	74.60	76.94	81.48	85.82	89.97	93.91	95.81	97.66	—	—	—	—	—	—
152	59.48	62.32	65.11	70.53	75.76	78.30	80.79	85.62	90.26	94.70	98.94	100.99	102.99	—	—	—	—	—	—
159	62.59	65.60	68.56	74.33	79.90	82.62	85.28	90.46	95.44	100.22	104.81	107.03	109.20	—	—	—	—	—	—
168	66.59	69.82	73.00	79.21	85.23	88.16	91.05	96.67	102.10	107.33	112.36	114.80	117.19	121.83	126.27	130.51	136.50	—	—
180	71.91	75.44	78.92	85.72	92.33	95.56	98.74	104.96	110.98	116.80	122.42	125.16	127.85	133.07	138.10	142.94	149.82	—	—
194	78.13	82.00	85.82	93.32	100.62	104.19	107.72	114.63	121.33	127.85	134.16	137.24	140.27	146.19	151.91	157.44	165.36	—	—
203	82.12	86.21	90.26	98.20	105.94	109.74	113.49	120.83	127.99	134.94	141.70	145.00	148.26	154.62	160.78	166.75	175.33	183.47	188.65
219	89.23	93.71	98.15	106.88	115.42	119.61	123.75	131.89	139.83	147.57	155.12	158.82	162.47	169.62	176.58	183.33	193.10	202.41	208.38
245	100.77	105.90	110.98	120.99	130.80	135.64	140.42	149.84	159.07	168.09	176.92	181.26	185.55	193.99	202.22	210.26	221.95	233.25	240.44
273	113.20	119.02	124.79	136.18	147.38	152.90	158.38	169.16	179.78	190.19	200.40	205.43	210.41	220.23	229.85	239.27	253.03	266.40	274.96
299	124.74	131.20	137.61	150.29	162.77	168.93	175.05	187.13	199.02	210.70	222.20	227.87	233.50	244.59	255.49	266.20	281.88	297.10	307.02
325	136.28	143.38	150.44	164.39	178.15	184.96	191.72	205.09	218.25	231.23	244.00	250.31	256.53	268.94	281.14	293.13	310.73	327.90	339.10
351	147.82	155.56	163.26	178.50	193.54	200.99	208.39	223.04	237.49	251.74	265.80	272.76	279.66	293.32	306.79	320.06	339.59	358.68	371.16
377	159.86	167.75	176.08	192.61	208.93	217.02	225.06	240.99	256.73	272.26	287.61	295.20	302.77	317.69	332.44	346.99	368.44	389.45	403.22
402	170.45	179.45	188.40	206.16	223.72	232.42	241.08	258.24	275.21	291.18	308.55	310.76	324.92	341.10	357.08	372.86	396.16	419.02	434.01
426	181.11	190.71	200.25	219.19	237.93	247.23	256.48	274.83	292.98	310.93	328.69	337.49	346.27	363.61	380.77	397.71	422.82	447.46	463.64
450	191.76	201.94	212.08	232.20	252.12	262.01	271.85	291.38	310.72	329.84	348.79	358.19	367.53	386.08	404.42	422.56	449.43	475.84	493.20
480	—	—	—	—	—	280.84	291.47	312.10	332.91	353.53	373.94	384.08	394.17	414.19	436.01	453.64	482.72	511.3	530.19
500	—	—	—	—	—	292.80	303.91	325.91	347.71	369.30	390.70	401.34	411.92	432.93	453.74	474.35	504.91	535.02	554.85
530	—	—	—	—	—	311.33	323.14	346.62	369.90	392.92	415.87	427.23	438.55	461.04	483.34	505.42	538.20	570.53	591.84
560	—	—	—	—	—	323.66	335.97	360.43	384.70	408.76	—	—	—	—	—	—	—	—	—
600	—	—	—	—	—	—	—	—	—	—	—	—	—	—	—	—	—	—

注：目前国内可最大生产 φ426mm 的无缝钢管。

二十三、冷拔无缝钢管规格与质量（摘自 GB 8163—87）

壁　厚　度/mm（钢管理论质量/(kg/m)）

外径/mm	1.0	1.2	1.5	2.0	2.5	3.0	3.5	4.0	4.5	5.0	5.5	6.0	7.0	8.0	10	12
4	0.074	0.083	—	—	—	—	—	—	—	—	—	—	—	—	—	—
5	0.099	0.112	0.129	—	—	—	—	—	—	—	—	—	—	—	—	—
6	0.123	0.142	0.166	0.197	—	—	—	—	—	—	—	—	—	—	—	—
7	0.148	0.172	0.203	0.247	0.277	—	—	—	—	—	—	—	—	—	—	—
8	0.173	0.202	0.240	0.296	0.339	—	—	—	—	—	—	—	—	—	—	—
9	0.197	0.231	0.277	0.345	0.401	—	—	—	—	—	—	—	—	—	—	—
10	0.222	0.261	0.314	0.395	0.462	0.518	0.561	—	—	—	—	—	—	—	—	—
11	0.247	0.290	0.351	0.444	0.524	0.592	0.647	—	—	—	—	—	—	—	—	—
12	0.271	0.320	0.388	0.493	0.586	0.666	0.734	0.789	—	—	—	—	—	—	—	—
13	0.296	0.349	0.425	0.543	0.647	0.740	0.820	0.888	—	—	—	—	—	—	—	—
14	0.321	0.379	0.462	0.592①	0.709	0.814①	0.906	0.986	—	—	—	—	—	—	—	—
15	0.345	0.409	0.499	0.641	0.771	0.888	0.993	1.09	1.17	1.23	—	—	—	—	—	—
16	0.370	0.438	0.536	0.691	0.832	0.962	1.08	1.18	1.28	1.35	—	—	—	—	—	—
17	0.395	0.468	0.573	0.740	0.894	1.04	1.17	1.28	1.39	1.48	—	—	—	—	—	—
18	0.419	0.497	0.610	0.789	0.956	1.11①	1.25	1.38	1.50	1.60	—	—	—	—	—	—
19	0.444	0.527	0.647	0.838	1.02	1.18	1.34	1.48	1.61	1.73	1.83	1.92	—	—	—	—
20	0.469	0.556	0.684	0.888	1.08	1.26	1.42	1.58	1.72	1.85	1.97	2.07	—	—	—	—
21	0.493	0.586	0.721	0.937	1.14	1.33	1.51	1.68	1.83	1.97	2.10	2.22	—	—	—	—
22	0.518	0.616	0.758	0.986	1.20	1.41①	1.60	1.77	1.94	2.10	2.24	2.37	—	—	—	—
23	0.543	0.645	0.795	1.04	1.26	1.48	1.68	1.87	2.05	2.22	2.37	2.52	—	—	—	—
24	0.567	0.674	0.832	1.09	1.33	1.56	1.77	1.97	2.16	2.34	2.51	2.66	2.93	—	—	—
25	0.592	0.703	0.869	1.13	1.39	1.63①	1.86	2.07	2.28	2.47	2.64	2.81	3.11	—	—	—
27	0.641	0.762	0.943	1.23	1.51	1.78	2.03	2.27	2.50	2.71	2.92	3.11	3.45	—	—	—
28	0.666	0.792	0.98	1.28	1.57	1.85	2.11	2.37	2.61	2.84	3.05	3.26	3.63	—	—	—
29	0.691	0.823	1.02	1.33	1.63	1.92	2.20	2.47	2.72	2.96	3.19	3.40	3.80	—	—	—
30	0.715	0.851	1.05	1.38	1.70	2.00	2.29	2.56	2.83	3.08	3.32	3.55	3.97	4.34	—	—
32	0.755	0.910	1.13	1.48	1.82	2.15	2.46①	2.76	3.05	3.33	3.59	3.85	4.32	4.78	—	—
34	0.814	0.968	1.20	1.58	1.94	2.29	2.63	2.96	3.27	3.58	3.87	4.14	4.66	5.13	—	—
35	0.838	0.998	1.24	1.63	2.00	2.37	2.72	3.06	3.38	3.70	4.00	4.29	4.83	5.33	—	—
36	0.863	1.027	1.28	1.68	2.07	2.44	2.81	3.16	3.50	3.82	4.14	4.44	5.01	5.52	—	—
38	0.912	1.087	1.35	1.78	2.19	2.59	2.98①	3.35	3.72	4.07	4.41	4.74	5.35	5.92	—	—
40	0.962	1.146	1.42	1.87	2.31	2.74	3.15	3.55	3.94	4.32	4.68	5.03	5.70	6.31	—	—
42	1.010	1.208	1.50	1.97	2.44	2.89	3.32	3.75	4.16	4.56	4.95	5.33	6.04	6.71	—	—

续表

外径/mm	1.0	1.2	1.5	2.0	2.5	3.0	3.5	4.0	4.5	5.0	5.5	6.0	7.0	8.0	10	12
	壁厚/mm　钢管理论质量/(kg/m)															
45	1.090	1.295	1.61	2.12	2.62	3.11	3.58	4.04	4.49	4.93	5.36	5.77	6.56	7.30	—	—
48	1.150	1.382	1.72	2.27	2.81	3.33	3.84	4.34	4.83	5.30	5.76	6.21	7.08	7.89	—	—
50	1.21	1.44	1.79	2.37	2.93	3.48	4.01	4.54	5.05	5.55	6.04	6.51	7.42	8.29	9.86	11.25
51	1.23	1.47	1.83	2.42	2.99	3.55	4.10	4.64	5.16	5.67	6.17	6.66	7.60	8.48	—	11.54
53	1.28	1.53	1.90	2.51	3.11	3.70	4.27	4.85	5.38	5.92	6.44	6.95	7.94	8.88	10.60	12.13
54	1.31	1.59	1.94	2.56	3.18	3.77	4.36	4.93	5.49	6.04	6.58	7.10	8.11	9.08	10.85	12.43
56	1.36	1.62	2.02	2.66	3.30	3.92	4.53	5.13	5.71	6.29	6.85	7.40	8.40	9.47	11.34	13.02
57	1.38	1.65	2.05	2.71	3.36	4.00	4.62	5.23	5.83	6.41	6.99	7.56	8.63	9.67	11.59	13.32
60	1.46	1.74	2.16	2.86	3.55	4.22	4.83	5.52	6.16	6.78	7.39	7.99	9.15	10.26	12.33	14.21
63	1.53	1.83	2.27	3.01	3.72	4.44	5.13	5.81	6.49	7.14	7.77	8.41	9.57	10.81	13.05	15.09
65	1.58	1.89	2.35	3.11	3.85	4.59	5.31	6.02	6.71	7.40	8.07	8.73	10.01	11.25	13.56	15.68
68	1.65	1.98	2.46	3.26	4.04	4.81	5.57	6.31	7.05	7.77	8.48	9.17	10.63	11.84	14.30	16.57
70	1.70	2.03	2.53	3.35	4.16	4.96	5.74	6.51	7.27	8.01	8.75	9.47	10.88	12.23	14.80	17.16
73	1.78	2.12	2.64	3.50	4.35	5.18	6.00	6.81	7.60	8.38	9.16	9.91	11.39	12.82	15.54	18.05
75	1.82	2.18	2.71	3.60	4.46	5.32	6.17	7.00	7.82	8.62	9.41	10.18	11.71	13.17	15.99	18.65
76	1.85	2.21	2.76	3.65	4.53	5.40	6.26	7.10	7.93	8.75	9.59	10.36	11.91	13.42	16.28	18.94
80	—	—	2.90	3.84	4.77	5.69	6.60	7.49	8.37	9.24	10.07	10.91	12.59	14.15	17.22	20.10
83	—	—	3.02	4.00	4.96	5.92	6.86	7.79	8.71	9.62	10.51	11.39	13.12	14.80	18.00	21.01
85	—	—	3.08	4.09	5.08	6.06	7.04	7.98	8.93	9.86	10.75	11.65	13.45	15.13	18.45	21.60
89	—	—	3.24	4.29	5.33	6.36	7.38	8.38	9.38	10.38	11.33	12.28	14.16	15.93	19.48	22.79
90	—	—	3.27	4.34	5.39	6.43	7.47	8.47	9.49	10.47	11.42	12.39	14.31	16.11	19.67	23.03
95	—	—	3.46	4.59	5.70	6.81	7.90	8.98	10.04	11.10	12.14	13.17	15.17	17.16	20.96	24.56
100	—	—	3.64	4.83	6.00	7.17	8.32	9.46	10.59	11.71	12.77	13.87	16.03	18.09	22.19	26.04
102	—	—	3.73	4.93	6.13	7.32	8.50	9.67	10.82	11.96	13.09	14.21	16.40	18.55	22.69	26.63
108	—	—	3.95	5.23	6.50	7.77	9.02	10.26	11.49	12.70	13.90	15.09	17.44	19.73	24.17	28.41
110	—	—	4.03	5.32	6.62	7.92	9.19	10.46	11.70	12.93	14.19	15.40	17.75	20.08	24.66	29.00
120	—	—	4.36	5.81	7.24	8.66	10.06	11.44	12.93	14.30	15.51	16.89	19.50	22.10	27.13	31.96
125	—	—	—	6.06	7.54	9.02	10.50	11.91	13.37	14.80	16.15	17.55	20.35	23.08	28.36	33.44
130	—	—	—	—	7.86	9.40	10.92	12.43	13.92	15.48	16.88	18.35	21.20	24.10	29.59	34.92
133	—	—	—	—	8.05	9.59	11.18	12.75	14.25	15.75	17.29	18.79	21.75	24.66	30.33	35.81
140	—	—	—	—	—	10.11	11.80	13.42	15.05	16.65	18.24	19.83	22.96	26.04	32.06	37.88
150	—	—	—	—	—	10.85	12.65	14.39	16.11	17.85	19.55	21.25	24.68	28.01	34.52	40.84

① 表示常用规格。

自测题参考答案

绪论

1. 质量传递　热量传递　　动量传递
2. 连续　间歇　定态　非定态
3. 单元操作　单元反应
4. 空间位置　时间
5. 过程推动力　过程阻力
6. 物理量　经验
7. 平衡关系　极限
8. 相平衡　传质平衡　传热平衡　化学反应平衡（任意 4 个即可）
9. 流体流动　传热　蒸发　结晶　干燥（任意 5 个即可）

第 1 章　流体输送

一、填空

1. 反比　越小　越大
2. $Re=du\rho/\mu$　10^5　湍流
3. 绝压＝大气压－真空度　绝压＝大气压＋表压
4. 泵壳　叶轮　轴封
5. 最多不应超过
6. 离心泵　往复泵　齿轮泵　螺杆泵　漩涡泵
7. 内能　位能　动能　静压能
8. 16
9. 泵的　管路的
10. 改变阀门的开度　改变叶轮的直径　改变泵的转速
11. 通风机　鼓风机　压缩机　真空泵
12. 外加机械的能量阻力损失交换的热量
13. 扬程　流量　轴功率　机械效率
14. 转子流量计　文氏流量计　孔板流量计　测速管
15. 相等
16. Re　ε/a　ε/d　Re
17. 出口阀，电机
18. $H\text{-}Q$　$N\text{-}Q$　$\eta\text{-}Q$
19. 黏性
20. 直管阻力　局部阻力　阻力系数　当量长度
21. 压缩　排气　膨胀　吸气
22. $\tau=-\mu\dfrac{\mathrm{d}u}{\mathrm{d}y}$（$\tau=\mu\dfrac{\mathrm{d}u}{\mathrm{d}y}$）　牛顿型 层流
23. 常数
24. 零 滞流（或层流）薄（或小）
25. 出口阀门　旁路

二、单项选择题

1. C　2. D　3. A　4. C　5. A　6. A　　7. C　　8. B　9. D　　10. B
11. D　12. C　13. B　14. A　15. A　16. D　17. B　18. A　19. B　20. D

第 2 章　传热

一、填空

1. 传导　对流　辐射

2. 间壁式　混合式　蓄热式

3. 对流　传导　对流

4. 加热器　预热器　蒸发器　冷却器　冷凝器

5. 单位温度梯度下的热传导通量　W/(m·K)

6. 滞流内层　对流传热

7. $Q=\alpha S\Delta t$　流体　壁面

8. 并流　逆流　错流　折流

9. 种类　性质　流动状态　是否相变　传热面

10. 传热壁面上形成了污垢

11. 膜状　滴状

12. 总热阻　设法减小

13. 管间

14. 管　原油

15. 50℃　补偿圈式　U形管式　浮头式

16. 套管式　管壳式　平板式　翅片管式

17. 饱和蒸气

18. 传热面积　传热推动力　传热系数

二、单项选择题

1. B　2. A　3. D　4. B　5. A　6. A　7. C　8. B　9. C　10. B

11. C　12. A　13. D　14. A　15. C　16. A　17. A　18. B

第3章　冷冻

一、填空

1. 低沸点液体气化　节流或减压

2. 针形

3. 空气　水　盐水

4. 过冷器　直接蒸发　回热器　中间冷却器

5. 绝热压缩　冷却与冷凝　节流膨胀　等压等温蒸发

二、单项选择题

1. A　2. D　3. B　4. A　5. A

第4章　非均相物系分离

一、填空

1. 加速运动　等速运动　等速运动

2. 2　1/2

3. 气体在室内的停留时间 θ 应≥颗粒的沉降时间 θ_t 滞流

4. 降尘室底面积　高度

5. 降尘室　惯性除尘　旋风分离器

6. 物料特性　过滤压强差　过滤介质阻力大小

7. 板框压滤机　加压叶滤机　转筒真空过滤机

8. 过滤式　沉降式　分离式

9. 常速离心机　高速离心机　超高速离心机

10. 压速

11. 越小

12. u_T^2/gR（或 u_r/u_t）

13. 过滤　洗涤　辅助

14. 板框过滤机　叶滤机

15. 多

二、单项选择题

1. D　2. A　3. C　4. B　5. A　6. B　7. A　8. C　9. B　10. D　11. B　12. D　13. C

14. B　15. B　16. B　17. B　18. D　19. B　20. D　21. B　22. C　23. B

第5章　蒸馏

一、填空

1. 均　挥发性差异　气液

2. 相等　相平衡　杠杆规则

3. 大于

4. 易挥发组分　难挥发组分　不能　远

5. 多次　多次　回流

6. 精馏段　提浓上升蒸汽中易挥发组分　提馏段　提浓下降液体中难挥发组分

7. 塔顶易挥发组分含量高　塔底压力高于塔顶

8. $R = \dfrac{L}{D}$　　　∞　　　全回流　　　$R_{\min}$

9. 五　　　冷液体

10. ∞　　　零　　　$y_{n+1} = x_n$

11. 再沸　冷凝

二、单项选择题

1. D　2. C　3. C　4. D　5. D　6. C　7. C　8. D　9. C　10. C　11. C　12. A

13. B　14. A　15. C　16. B　17. A　18. B　19. C　20. D　21. C　22. A　23. D　24. D

第6章　气体吸收

一、填空

1. 吸收　脱吸（解吸）

2. 1.2～2

3. 塔底

4. 难溶　增加　降低

5. 溶解度　低温　高温

6. 惰性气体　吸收剂

7. 稀溶液

8. 推动力　阻力

9. 增加　降低

10. 填料　逆流

二、单项选择题

1. B　2. D　3. D　4. C　5. C　6. A　7. D　8. C　9. D　10. A　11. B　12. D

13. D　14. D　15. D　16. B　17. A　18. B　19. D　20. D

第7章　干燥

一、填空

1. 机械去湿　物化去湿　供热干燥（只写三个）

2. 传质　传热

3. 大于　及时带走

4. 恒速干燥　降速干燥

5. 非结合水分　结合水分　自由水分　平衡水分。

6. 湿度

7. 小

8. $t \geqslant t_{as}$　$(t_w) \geqslant t_d$

二、单项选择

1. B　2. D　3. C　4. D　5. D　6. C　7. C　8. B　9. C　10. A

11. D　12. D　13. B

第8章　蒸发

一、填空

1. 蒸发　1kg 水分消耗的加热蒸汽量 kg/kg

2. 循环型（非膜式）　非循环型（膜式）

3. 用来加热水溶液的新鲜蒸汽

4. 将二次蒸汽直接冷凝，而不再利用其冷凝热加热混合物的操作

5. 加压　常压　真空蒸发

6. 并流（顺流）加料法　逆流加料法　平流加料法

7. 大于

8. 清除　排放

9. 温度差损失过大可能导致蒸发无法进行流程过于复杂综合经济性差

10. 大于　也越大

二、单项选择

1. D　2. C　3. D　4. C　5. B　6. A　7. A　8. C　9. B　10. C　11. D　12. D
13. D　14. A　15. B　16. B　17. B　18. D　19. B　20. A

第9章　结晶

一、填空

1. 冷却结晶　蒸发结晶　真空冷却结晶　盐析结晶　沉淀结晶　升华结晶　熔融结晶

2. 过饱和度

3. 组成　性质　操作条件

4. 过饱和度　温度　搅拌状况　冷却速度　杂质　晶种

5. 扩散过程　表面反应过程　传热过程。

二、单项选择题

1. D　2. B　3. D　4. A　5. B　6. D

第10章　萃取

一、填空

1. 萃取剂（溶剂）　萃取剂（溶剂）

2. 溶解度

3. 溶质的溶解能力强　　选择性高　　易于回收

4. 小于

5. 增大

6. B-S 完全不互溶

7. 靠近

8. 最小溶剂比

二、单项选择

1. D　2. A　3. D　4. A　5. C　6. A　7. D　8. B　9. B　10. A　11. B
12. A　13. B　14. C　15. D

参 考 文 献

[1] 冷士良. 化工单元过程及操作. 北京：化学工业出版社，2002.
[2] 柴诚敬，张国亮. 化工流体流动与传热. 北京：化学工业出版社，2000.
[3] 张洪流. 流体流动与传热. 北京：化学工业出版社，2001.
[4] 汤金石，赵锦全. 化工过程及设备. 北京：化学工业出版社，1996.
[5] 姚玉英等. 化工原理. 天津：天津大学出版社，1996.
[6] 陆美娟，张浩勤. 化工原理. 第2版. 北京：化学工业出版社，2006.
[7] 柴诚敬. 化工原理. 北京：高等教育出版社，2005.
[8] 王国栋等. 化工原理. 吉林：吉林人民出版社，1994.
[9] 大连理工大学. 化工原理. 北京：高等教育出版社，2002.
[10] 周立雪，周波. 传质与分离过程. 北京：化学工业出版社，2002.
[11] 陈敏恒等. 化工原理. 北京：化学工业出版社，1999.
[12] 严希康. 生化分离工程. 北京：化学工业出版社，2001.
[13] 陈性永. 操作工. 北京：化学工业出版社，1999.
[14] 化学工业部人事教育司. 化学工业部教育培训中心组织编写. 流体力学基础. 北京：化学工业出版社，1997.
[15] 化学工业部人事教育司. 化学工业部教育培训中心组织编写. 化工管路安装与维修. 北京：化学工业出版社，1997.
[16] 丛德滋，方图南. 化工原理示例与练习. 上海：华东化工学院出版社，1992.
[17] 王锡玉，刘建忠. 化工基础. 北京：化学工业出版社，2000.
[18] 陈裕清. 化工原理. 上海：上海交通大学出版社，2000.
[19] 化学工业部人事教育司. 化学工业部教育培训中心组织编写. 气相非均一系分离. 北京：化学工业出版社，1997.
[20] 罗曼科夫 ΠΓ 等. 化工过程及设备. 北京：化学工业出版社，1993.
[21] 化学工业部人事教育司. 化学工业部教育培训中心组织编写. 加热与冷却. 北京：化学工业出版社，1997.
[22] 贾绍义，柴诚敬. 化工传质与分离过程. 北京：化学工业出版社，2001.
[23] 王树楹. 现代填料塔技术指南. 北京：中国石化出版社，1998.
[24] 化学工业部人事教育司. 化学工业部教育培训中心组织编写. 吸收. 北京：化学工业出版社，1996.
[25] 何潮洪等. 化工原理操作型问题的分析. 北京：化学工业出版社，1998.
[26] 氯碱化工工人考工试题丛书编写组编. 氯碱化工工人考工试题丛书. 第一分册. 北京：化学工业出版社，1994.
[27] 谭天恩等. 化工原理. 下册. 第二版. 北京：化学工业出版社，1998.
[28] 佟玉衡. 实用废水处理技术. 北京：化学工业出版社，1998.
[29] 邓修，吴俊生编. 化工分离工程. 北京：科学出版社，2000.
[30] 陈敏恒等. 化工原理教与学. 北京：化学工业出版社，1996.
[31] 李德华. 化学工程基础. 北京：化学工业出版社，1999.
[32] 张弓编. 化工原理. 第二版. 北京：化学工业出版社，2000.
[33] 化学工业部人事教育司. 化学工业部教育培训中心组织编写. 结晶. 北京：化学工业出版社，1997.
[34] 王忠厚，王少辉. 化工原理. 北京：中国轻工业出版社，1995.
[35] 陈常贵等编. 化工原理. 下册. 天津：天津大学出版社，1996.
[36] 涂晋林，吴志泉编. 化学工业中的吸收操作——原理与应用. 上海：华东理工大学出版社，1994.
[37] 刘盛宾. 化工基础. 北京：化学工业出版社，1999.
[38] 张早校等. 制冷与热泵. 北京：化学工业出版社，1999.
[39] 化学工业部人事教育司，化学工业部教育培训中心组织编写. 制冷. 北京：化学工业出版社，1997.
[40] 冯孝庭. 吸附分离技术. 北京：化学工业出版社，2000.
[41] 刘茉娥等. 膜分离技术. 北京：化学工业出版社，1998.
[42] 王学松. 膜分离技术与应用. 北京：科学出版社，1994.
[43] 张镜澄. 超临界流体萃取. 北京：化学工业出版社，2000.
[44] 刘茉娥. 膜分离技术应用手册. 北京：化学工业出版社，2001.
[45] 朱自强. 超临界流体技术——原理和应用. 北京：化学工业出版社，2000.
[46] 叶振华. 化工吸附分离过程. 北京：中国石化出版社，1992.
[47] 刘凡清. 固液分离与工业水处理. 北京：中国石化出版社，2000.

[48] 王湛. 膜分离技术基础. 北京：化学工业出版社，2000.

[49] 蒋维钧. 新型传质分离技术. 北京：化学工业出版社，1992.

[50] 高以烜，叶凌碧. 膜分离技术基础. 北京：化学工业出版社，1992.

[51] 刘茉娥，陈欢林. 新型分离技术基础. 杭州：浙江大学出版社，1993.

[52] 张国俊等. 化工原理 800 例. 北京：国防工业出版社，2005.

[53] 蒋维钧，余立新. 化工原理. 北京：清华大学出版社，2005